Python 数据科学项目实战

[美] 伦纳德·阿佩尔辛(Leonard Apeltsin) 著

殷海英 史跃东 译

清华大学出版社

北京

北京市版权局著作权合同登记号 图字：01-2022-1218

Leonard Apeltsin

Data Science Bookcamp Five Python Projects

EISBN: 9781617296253

Original English language edition published by Manning Publications, USA © 2021 by Manning Publi
cations. Simplified Chinese-language edition copyright © 2022 by Tsinghua University Press
Limited. All rights reserved.

图书在版编目(CIP)数据

Python数据科学项目实战 / (美) 伦纳德·阿佩尔辛(Leonard Apeltsin) 著；殷海英，史跃东译.
—北京：清华大学出版社，2022.10
书名原文：Data Science Bookcamp, Five Python Projects
ISBN 978-7-302-61814-0

Ⅰ. ①P… Ⅱ. ①伦… ②殷… ③史… Ⅲ. ①软件工具—程序设计 Ⅳ. ①TP311.561

中国版本图书馆 CIP 数据核字(2022)第 167975 号

责任编辑：王　军
装帧设计：孔祥峰
责任校对：成凤进
责任印制：宋　林

出版发行：清华大学出版社
　　　　　网　　　址：http://www.tup.com.cn，http://www.wqbook.com
　　　　　地　　　址：北京清华大学学研大厦 A 座　　　邮　　编：100084
　　　　　社 总 机：010-83470000　　　　　　　　　邮　　购：010-62786544
　　　　　投稿与读者服务：010-62776969，c-service@tup.tsinghua.edu.cn
　　　　　质 量 反 馈：010-62772015，zhiliang@tup.tsinghua.edu.cn
印 装 者：艺通印刷（天津）有限公司
经　　销：全国新华书店
开　　本：170mm×240mm　　　印　　张：37　　　字　　数：945 千字
版　　次：2022 年 11 月第 1 版　　　印　　次：2022 年 11 月第 1 次印刷
定　　价：139.00 元

产品编号：095564-01

译者序

在介绍本书之前，我要和大家分享一个小故事。我所在的学院去年秋季迎来两位新老师。主任让我们这些"过来人"为这两位新加入的老师分享一些教学经验和教训。我记得当时我与他们分享的是"案例的力量"。那可能是我从事教学工作的第三年，每个学习的期末，学生都会在评价系统中为本学期所选的课程评分，其中主要是对教学人员的评分。很感谢我的学生们，我的评分平时基本都是院里最高，但就在那个学期，我所讲授的"Python 编程基础"课程，在评分表中居然出现 5 个 strong disagree(5 分制中的 0 分)，我的玻璃心碎了一地。一开始，我觉得会不会因为学生的恶作剧，或者单纯是因为不喜欢我本人呢？也许吧，一百多位学生，有 5 个 0 分评价也还算正常，同事和我的老师也让我不要在意。但我仔细看了这几张匿名调查表的内容，这些学生是很认真地在每个项目下写了注释，他们对我不满的主要原因是，过于注重理论知识的讲解，缺少案例，他们完全不知道学完这个课程后，要如何将所学的知识应用到实际工作和研究中。这确实是我所讲授课程存在的巨大缺陷，我真的很想当面感谢这些学生，但因为调查表是匿名的，无法与他们联络。在来年的课程中，针对每个知识点，我设计了小型场景实验，并在每章后面，加入了与本章相关的综合实验。在来年的期末调查表中，这门课获得98%的满意率。我想告诉那两位新同事的是：理论基础固然重要，但在学生的学习过程中，一定要加入精心设计的实验和示例，这样才能让学生更好地了解并运用所学知识。

Python 现在可以说是运用最广泛的编程语言之一，使用 Python 的人不只局限在计算机相关专业的从业者，很多来自金融领域、医疗领域以及其他我们无法想象的领域的人，每天都在使用 Python 处理各种数据、使用机器学习进行预测以及完成各种有趣的工作。长久以来，很多使用 Python 的人都存在一个困扰，他们知道 Python 的具体技术，但无法与实际工作结合起来，虽然有很多"Python 案例"书籍和博客，但内容过于零散，不够系统和完整。如果你也存在这样的困扰，那么这本《Python 数据科学项目实战》可以说就是为解决你的困扰而写的。本书不仅提供丰富的案例，而且通过非常严谨和完整的结构，介绍使用 Python 进行数据科学工作所需的知识。本书通过 5 个案例进行讲解。第一个案例介绍如何在 Python 中处理与概率论相关的内容，这是很多其他书籍所没有的，如果你去研读概率论相关的专业书籍，那一定是非常痛苦的，毕竟你没打算成为概率论方面的专家。本书在第一个案例中介绍的内容，可以满足你在工作中所涉及的绝大多数与概率论相关的需求。第二个案例介绍如何在 Python 中使用统计学相关的知识，对数据进行处理，这里通过非常巧妙的方式，讲解很多枯燥的统计学知识，让你对这些内容有更深刻的了解。第三个案例介绍如何使用 Python 处理与地理信息相关的数据，并介绍如何使用 scikit-learn 库实现高效聚类。第四个案例介绍如何使用当今比较流行的自然语言处理技术处理实际问题。第五个案例介绍网络理论和监督学习相关的内容。通过这 5 个案例的学习，我相信，一定能让你对 Python 及数据科学有更深刻的认识，并将这些技术应用到你的工作和学习中。

最后,我想衷心感谢清华大学出版社的王军老师,感谢他帮我出版了多本机器学习、人工智能以及高性能计算的书籍,感谢他为我提供一种新的与大家分享知识的方式。

——殷海英
作于加利福尼亚州埃尔赛贡多市

作 者 简 介

　　Leonard Apeltsin 是 Anomaly 的数据科学主管。他的团队应用高级分析来发现医疗保健欺诈、浪费和滥用的情况。在加盟 Anomaly 之前，Leonard 领导了 Primer AI 的机器学习开发工作；Primer AI 是一家专门从事自然语言处理的初创公司。作为创始成员，Leonard 帮助 Primer AI 团队从 4 名员工发展到近 100 名员工。在进入创业公司之前，Leonard 在学术界工作，他发现了遗传相关疾病的隐藏模式。他的发现发表在《科学》和《自然》杂志的附属期刊上。Leonard 拥有卡内基梅隆大学的生物学和计算机科学学士学位，以及加州大学旧金山分校的生物信息学博士学位。

序　言

又有一位有前途的候选人在数据科学面试中失败了，我开始想知道为什么。那是 2018 年，我在初创公司努力扩大数据科学团队。我面试了几十个看似合格的候选人，结果他们都没有被录取。最近被拒的申请者是名校经济学博士。不久前，应聘者在完成为期 10 周的训练营后转入了数据科学领域。我请应聘者讨论一个与我们公司非常相关的分析问题。他们立即提出了一种不适用于这种情况的流行算法。当我试图讨论算法的不兼容性时，应聘者不知所措。他们不知道算法实际上是如何工作的，也不知道在什么情况下使用它。这些细节在训练营中没有教给他们。

在被拒绝的应聘者离开后，我开始反思自己的数据科学教育。早在 2006 年，数据科学还不是一个令人垂涎的职业选择，DS 训练营还不存在。那时，我是一个贫穷的研究生，在生活成本昂贵的旧金山努力支付房租。当时需要我研究分析数百万种与疾病遗传相关的联系。我意识到我的技能可以转移到其他分析领域，因此我的数据科学咨询公司诞生了。

在我的研究生导师不知情的情况下，我开始随机向湾区公司寻求分析工作。自由职业收入帮助我支付了账单，因此我不能对我处理的数据驱动的任务过于挑剔。我报名参加各种数据科学任务，从简单的统计分析到复杂的预测建模。有时我会发现自己被一个看似棘手的数据问题压得喘不过气来，但最后还是坚持了下来。在奋斗历程中，我认识到各种分析技术的细微差别，以及如何采用最合理的方式将它们结合起来，从而提供最佳解决方案。更重要的是，我了解了常见技术如何失败，以及如何避免这些失败，从而提供有影响力的结果。随着我的技能不断增长，我的数据科学事业开始蓬勃发展。最终，我成为该领域的佼佼者。

在为期 10 周的训练营中，通过死记硬背，我能取得同样的成功吗？可能不会。许多训练营优先考虑独立算法的研究，而不是更有凝聚力的解决问题技能。此外，对算法优势的炒作往往会强调其弱点。因此，学生有时无法处理现实世界中的数据科学问题。这也是我撰写本书的原因。

我决定将自己的数据科学学习过程分享给大家，让读者了解一组逐步具有挑战性的分析问题。此外，我选择为你提供有效处理这些问题所需的工具和技术。我的目标是从整体上帮助你培养分析问题和解决问题的能力。这样当应征那些初级数据科学职位时，你将更有可能得到工作。

开放式解决问题的能力对于数据科学职业至关重要。遗憾的是，这些能力不能仅通过阅读获得。要成为问题解决者，你必须坚持不懈地解决难题。考虑到这一点，我围绕案例研究构思了本书：以现实世界情况为模型的开放式问题。案例研究范围从在线广告分析到使用新闻数据跟踪疾病暴发。完成这些案例研究后，你将可以开始你的数据科学事业。

本书的目标读者

本书的目标读者是具有基本的分析基础且有兴趣转行到数据科学职业的人。我的设想是，他也许是一位想探索更多的分析机会的经济学大四学生，或者是一位已经毕业的化学专业学生正在寻找以数据为中心的职业道路。又或者，读者可能是一位成功的前端 Web 开发人员，其数学背景非常有限，但也想尝试数据科学。本书的潜在读者都没有上过数据科学课程，这让他们在进行各种数据分析时感到力不从心。本书的目的是消除这些技能缺陷。

本书的读者需要了解 Python 编程的最基本知识。自学 Python 入门知识的水平应该能足以探索本书中的练习。至于数学知识，读者只需要理解基本的高中三角函数即可。

本书组织结构

本书包含 5 个难度由浅入深的案例研究。每个案例研究都以你需要解决的问题的详细陈述开始。问题陈述之后是用 2~5 章介绍解决问题所需的数据科学技能。这些技能部分涵盖了 Python 基础库以及数学和算法技术。每个案例研究的最后一章都描述了问题的解决方案。

案例研究 1 与基本概率论有关。

- 第 1 章讨论如何使用简单的 Python 计算概率。
- 第 2 章介绍概率分布的概念。该章还介绍 Matplotlib 可视化库，通过它可以对分布进行可视化。
- 第 3 章讨论如何使用随机模拟来估计概率。该章引入 NumPy 数值计算库，从而促进有效的模拟执行。
- 第 4 章包含案例研究的解决方案。

案例研究 2 从概率扩展到统计。

- 第 5 章介绍中心性和离散性的简单统计测量。该章还介绍 SciPy 科学计算库，其中包含一个有用的统计模块。

- 第 6 章深入探讨可用于进行统计预测的中心极限定理。
- 第 7 章讨论各种统计推断技术，这些技术可用于将有趣的数据模式与随机噪声区分开。此外，该章说明了错误使用推理的危险以及如何更好地避免这些危险发生。
- 第 8 章介绍 Pandas 库，可用于在统计分析之前对表格数据进行预处理。
- 第 9 章包含案例研究的解决方案。

案例研究 3 侧重于介绍地理数据的无监督聚类。

- 第 10 章介绍如何使用中心性度量将数据聚类到组中。该章还引入 scikit-learn 库以促进高效聚类。
- 第 11 章侧重于介绍地理数据提取和可视化。在该章中，使用 GeoNamesCache 库从文本中进行提取并使用 Cartopy 地图绘制库实现可视化。
- 第 12 章包含案例研究的解决方案。

案例研究 4 侧重于介绍使用大规模数值计算的自然语言处理。

- 第 13 章说明如何使用矩阵乘法有效地计算文本之间的相似度。NumPy 的内置矩阵优化被广泛用于此目的。
- 第 14 章展示如何利用降维来进行更有效的矩阵分析。该章结合 scikit-learn 的降维方法讨论数学理论。
- 第 15 章将自然语言处理技术应用于超大文本数据集。该章讨论如何更好地探索和聚类这类文本数据。
- 第 16 章展示如何使用 Beautiful Soup HTML 解析库从在线数据中提取文本。
- 第 17 章包含案例研究的解决方案。

案例研究 5 侧重于对网络理论和监督机器学习的讨论。

- 第 18 章结合 NetworkX 图分析库介绍基本网络理论。
- 第 19 章展示如何利用网络流在网络数据中寻找聚类。该章将概率模拟和矩阵乘法用于实现有效的聚类。
- 第 20 章介绍一种基于网络理论的简单监督机器学习算法。该章还使用 scikit-learn 说明常见的机器学习评估技术。
- 第 21 章讨论其他机器学习技术，这些技术依赖内存高效的线性分类器。
- 第 22 章深入探讨之前介绍的监督学习方法的缺陷。随后使用非线性决策树分类器来规避这些缺陷。
- 第 23 章包含案例研究的解决方案。

本书的每一章都建立在前几章中介绍的算法和库的基础上。因此，我们鼓励你从头到尾阅读本书，以减少困惑。但如果你已经熟悉书中的某些内容，可直接跳过它们。最后，强烈建议你在阅读解决方案之前自己解决每个案例研究的问题。独立解决每一个问题将使本书的价值最大化。

另外，读者可扫描封底二维码，来下载源代码。

关于本书封面

　　本书封面中的插图标题是 Habitante du Tyrol，意思是"蒂罗尔州居民"。插图取自 Jacques Grasset de Saint-Sauveur(1757—1810)创作的各国服饰集，标题为 *Costumes de Différents Pays*，于 1797 年在法国出版。每一幅插图都是手工精细绘制和着色的。Jacques Grasset de Saint-Sauveur 的藏品种类繁多，生动展现了 200 年前世界各地的城镇和地区在文化上的巨大差异。人们彼此隔绝，说着不同的方言和语言。无论是在街上还是在乡村，只要看一眼他们的衣着，就很容易知道他们住在哪里、从事什么行业以及在社会中处于什么地位。

　　从那时起，我们的穿着方式发生了改变。地域的多样性在当时是如此丰富，但现在已经逐渐消失。现在很难区分不同地域的居民，更不用说区分不同的城镇、地区或国家了。也许我们用文化多样性换来了更多样化的个人生活——当然也换来了更多样化和快节奏的科技生活。

　　在一个计算机书籍同质化严重的时代，Manning 出版社将图书封面以两个世纪前丰富多样的地区生活为基础，通过 Jacques Grasset de Saint-Sauveur 的图片使其重焕活力，颂扬了计算机行业的创造性和主动性。

致　　谢

撰写本书非常辛苦。我绝对不可能独自完成。幸运的是，我的家人和朋友在这段艰难的旅程中给予了大力支持。首先，我要感谢我的母亲 Irina Apeltsin。在那些困难的日子里，当我面前的任务似乎无法克服时，她就是我的动力。此外，我还要感谢我的祖母 Vera Fisher，在我为本书翻阅材料时，她的务实建议使我走上了正轨。

此外，我要感谢我儿时的朋友 Vadim Stolnik。Vadim 是一位出色的平面设计师，他帮助我完成了书中的无数插图。另外，我要感谢我的朋友兼同事 Emmanuel Yera，在我最初的写作过程中，他一直支持我。此外，我不得不提一下我亲爱的舞伴 Alexandria Law，她在我感到苦闷时，让我精神振奋，还帮助我挑选了本书的封面。

接下来，我要感谢 Manning 的编辑 Elesha Hyde。在过去的 3 年中，你孜孜不倦地工作，以确保我向读者提供真正有价值的东西。我将永远感谢你的耐心、乐观和对质量的不懈承诺。你推动我成为一个更好的作者，我的读者最终会从这些努力中受益。此外，我要感谢技术开发编辑 Arthur Zubarov 和技术校对员 Rafaella Ventaglio。你们的投入帮助我制作了一本更好、更有条理的书籍。我还要感谢项目编辑 Deirdre Hiam、文案编辑 Tiffany Taylor、校对员 Katie Tennant，以及 Manning 的其他所有参与过本书工作的人。

致所有审稿人：Adam Scheller、Adriaan Beiertz、Alan Bogusiewicz、Amaresh Rajasekharan、Ayon Roy、Bill Mitchell、Bob Quintus、David Jacobs、Diego Casella、Duncan McRae、Elias Rangel、Frank L Quintana、Grzegorz Bernas、Jason Hales、JeanFrançois Morin、Jeff Smith、Jim Amrhein、Joe Justesen、John Kasiewicz、Maxim Kupfer、Michael Johnson、Michał Ambroziewicz、Raffaella Ventaglio、Ravi Sajnani、Robert Diana、Simone Sguazza、Sriram Macharla 和 Stuart Woodward。谢谢你们，你们的建议使本书变得更出色。

目 录

在纸牌游戏中寻找制胜策略

问题描述

想赢一点钱吗？让我们用纸牌游戏下一个小赌注。在你面前是一副洗好的纸牌。所有 52 张牌都面朝下。一半的牌是红色的，另一半的牌是黑色的。我将一张一张地翻转纸牌。如果我翻转的最后一张牌是红色的，你将赢得 1 美元；否则，你将损失 1 美元。

这里有一个规则：你可以随时要求我停止游戏。一旦你说"停止"，我会翻转下一张牌并结束游戏。下一张牌将作为最后一张牌。如果它是红色的，你将赢得 1 美元，如图 CS1-1 所示。

我们可以根据你的要求多次玩这个游戏。所有纸牌每次都会重新洗牌。每一轮结束后，都会进行赌资的结算。你赢得这场游戏的最佳方法是什么？

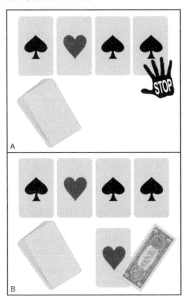

图 CS1-1　翻牌游戏。首先洗牌，然后我来翻纸牌。图 A 为我刚刚翻开了第 4 张牌，你让我停下来；图 B 为我翻转第 5 张也就是最后一张牌。最后一张牌是红色的，你赢了 1 美元

概述

为解决这个问题，我们需要知道如何执行以下操作。

- 通过样本空间分析，计算可观察事件的概率。
- 在区间值范围内绘制事件的概率。
- 使用 Python 模拟随机过程，如抛硬币和洗牌。
- 使用置信区间分析评估我们从模拟中得出的决策的置信度。

第 *1* 章

使用 Python 计算概率

> **本章主要内容**
> - 概率论基础
> - 计算单个观察的概率
> - 计算一系列观察的概率

生活中很少有事情是确定的；大多数事情都是偶然的。每当我们购买彩票或投资股市时，都希望有一些特定的结果，但这种结果永远无法保证。随机性已渗透到我们的日常生活中。幸运的是，这种随机性仍然可以被降低并被控制。我们知道，一些不可预测的事件比其他事件的发生概率更低，并且某些决策比其他风险更大的决策具有更少的不确定性。例如，开车上班比骑摩托车更安全；将你的部分储蓄投资在退休账户上比将其全部押在 21 点游戏上更安全。通常我们可以很好地对这些不确定的事情做出适当的决策，因为即使是最不可预测的系统，仍然会表现出一些可预测的行为。概率论中已对这些行为作了大量研究。概率论是数学的一个内在复杂的分支。但你可以在不了解数学基础知识的情况下，理解该理论的各个方面。事实上，不需要使用数学方程就可以利用 Python 解决困难的概率问题。这种无方程的概率方法要求我们对数学家所说的样本空间有一个基本了解。

1.1 样本空间分析：一种用于测量结果不确定性的无方程方法

某些行为具有可衡量的结果。样本空间是一个行为的所有可能结果的集合。让我们以简单的抛硬币为例，硬币将落在正面或反面。因此，抛硬币会产生两种可衡量的结果：正面或反面。通过将这些结果存储在 Python 集合中，可以创建一个掷硬币的样本空间(如代码清单 1-1 所示)。

代码清单 1-1　创建抛硬币的样本空间

```
sample_space = {'Heads', 'Tails'}
```
◀── 将元素存储在大括号中会创建一个 Python 集合。Python 集合是唯一的无序元素的集合假设随机选择 sample_space 的一个元素。这个元素多少次会是正面(即 Heads)？样本空间包含两个可能的元素，每个元素在集合中占据相等比例的空间。因此，我们知道出现正面的可能性是50%。这个可能性被正式定义为结果的概率。sample_space 中的所有结果具有相同的概率，等于1/len(sample_space)，如代码清单 1-2 所示。

代码清单 1-2 计算出现正面的概率

```
probability_heads = 1 / len(sample_space)
print(f'Probability of choosing heads is {probability_heads}')

Probability of choosing heads is 0.5
```

选择正面的概率等于 0.5。这与抛硬币的动作直接相关。假设硬币是标准无偏差的，这意味着硬币出现正面和反面的概率相等。因此，抛硬币在概念上等同于从 sample_space 中随机选择一个元素。硬币正面朝上的概率为 0.5，反面朝上的概率也等于 0.5。

我们已经为两个可测量的结果分配了概率，但还可以提出其他问题。硬币落在正面或反面的概率是多少？或者更奇特的是，硬币在空中一直旋转，既不正面也不反面着陆的概率是多少？为找到准确的答案，需要定义事件的概念。事件是 sample_space 中满足某些事件条件的那些元素的子集(如图 1-1 所示)。事件条件是一个简单的布尔函数，其输入是单个 sample_space 元素。只有当元素满足条件约束时，该函数才返回 True。

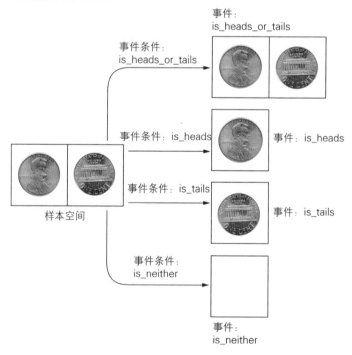

图 1-1 应用于样本空间的 4 个事件条件。样本空间包含两个结果：正面和反面。箭头代表事件条件。每个事件条件都是一个返回"是或否"的函数。每个函数过滤掉那些不满足要求的结果。剩余的结果形成一个事件。每个事件对应样本空间中满足特定条件的子集。4 种事件可能为：正面、反面、正面或反面，以及既不是正面也不是反面

让我们定义两个事件条件：一个是硬币落在正面或反面，另一个是硬币既不是正面也不是反面(如代码清单 1-3 所示)。

代码清单 1-3　定义事件条件

```
def is_heads_or_tails(outcome): return outcome in {'Heads', 'Tails'}
def is_neither(outcome): return not is_heads_or_tails(outcome)
```

此外，为完整起见，我们定义另外两个基本事件的事件条件(如代码清单 1-4 所示)。

代码清单 1-4　定义额外的事件条件

```
def is_heads(outcome): return outcome == 'Heads'
def is_tails(outcome): return outcome == 'Tails'
```

我们可以将事件条件传递给通用的 get_matching_event 函数，代码清单 1-5 中对该函数进行了定义。它的输入是一个事件条件和一个通用样本空间。该函数遍历通用样本空间并返回 event_condition(outcome)为 True 的结果集。

代码清单 1-5　定义事件检测函数

```
def get_matching_event(event_condition, sample_space):
    return set([outcome for outcome in sample_space
                if event_condition(outcome)])
```

我们在 4 个事件条件上执行 get_matching_event 函数，然后输出 4 个提取的事件(如代码清单 1-6 所示)。

代码清单 1-6　使用事件条件检测事件

```
event_conditions = [is_heads_or_tails, is_heads, is_tails, is_neither]

for event_condition in event_conditions:
    print(f"Event Condition: {event_condition.__name__}")      ◀────┐
    event = get_matching_event(event_condition, sample_space)        │
    print(f'Event: {event}\n')                                       │
                                                          输出 event_condition
Event Condition: is_heads_or_tails                        函数的名称
Event: {'Tails', 'Heads'}

Event Condition: is_heads
Event: {'Heads'}

Event Condition: is_tails
Event: {'Tails'}

Event Condition: is_neither
Event: set()
```

我们已经成功地从 sample_space 中提取 4 个事件。每个事件发生的概率是多少？前面证明了均匀材质硬币的单个元素结果的概率是 1/len(sample_space)。这个属性可以泛化为包括多元素事件。

事件的概率等于 len(event)/len(sample_space)，但只有在所有结果都以相同的可能性发生的情况下才适用。换句话说，一枚均匀材质硬币出现多元素事件的概率等于事件大小除以样本空间大小。现在我们使用事件大小计算 4 个事件的概率，如代码清单 1-7 所示。

代码清单 1-7 计算事件概率

```
def compute_probability(event_condition, generic_sample_space):
    event = get_matching_event(event_condition, generic_sample_space)
    return len(event) / len(generic_sample_space)
```

概率等于事件大小除以
样本空间大小

compute_probability 函数提取与输入事件条件相关联的事件，以计算其概率

```
for event_condition in event_conditions:
    prob = compute_probability(event_condition, sample_space)
    name = event_condition.__name__
    print(f"Probability of event arising from '{name}' is {prob}")
```

```
Probability of event arising from 'is_heads_or_tails' is 1.0
Probability of event arising from 'is_heads' is 0.5
Probability of event arising from 'is_tails' is 0.5
Probability of event arising from 'is_neither' is 0.0
```

执行上述代码，输出不同的事件概率，最小的是 0.0，最大的是 1.0。这些值代表概率的上限和下限。概率不可能低于 0.0 或高于 1.0。

分析有偏硬币

我们已计算了一枚无偏硬币的概率。如果硬币是有偏差的，会发生什么？例如，假设一枚硬币正面朝上的概率是反面的 4 倍。如何计算未以相同方式加权的结果可能性？可以构造一个由 Python 字典表示的加权样本空间(如代码清单 1-8 所示)。每个结果都被视为一个键，其值映射到相关的权重。在本示例中，Heads 的权重是 Tails 的 4 倍，因此将 Tails 映射到 1，Heads 映射到 4。

代码清单 1-8 表示加权样本空间

```
weighted_sample_space = {'Heads': 4, 'Tails': 1}
```

新样本空间存储在字典中。这允许我们将样本空间的大小重新定义为所有字典权重的总和。在 weighted_sample_space 中，该总和将等于 5(如代码清单 1-9 所示)。

代码清单 1-9 检查加权样本空间大小

```
sample_space_size = sum(weighted_sample_space.values())
assert sample_space_size == 5
```

我们可以用类似的方式重新定义事件大小。每个事件都是一组结果，这些结果映射到权重。对权重进行求和将得到事件大小。因此，满足 is_heads_or_tails 事件条件的事件的大小也是 5(如代码清单 1-10 所示)。

代码清单 1-10　检查加权事件大小

```
event = get_matching_event(is_heads_or_tails, weighted_sample_space)
event_size = sum(weighted_sample_space[outcome] for outcome in event)
assert event_size == 5
```

提示：这个函数迭代输入的样本空间中的每个结果。因此，将字典作为输入将得到预期结果。这是因为 Python 迭代字典键，而不是许多其他流行的编程语言中的键值对

通过对样本空间大小和事件大小的广义定义，可以创建一个 compute_event_probability 函数(如代码清单 1-11 所示)。该函数将 generic_sample_space 变量作为输入，该变量可以是加权字典或未加权的集合。

代码清单 1-11　定义广义事件概率函数

```
def compute_event_probability(event_condition, generic_sample_space):
    event = get_matching_event(event_condition, generic_sample_space)
    if type(generic_sample_space) == type(set()):
        return len(event) / len(generic_sample_space)

    event_size = sum(generic_sample_space[outcome]
                     for outcome in event)
    return event_size / sum(generic_sample_space.values())
```

检查 generic_event_space 是否是一个集合

我们现在可以输出有偏硬币的所有事件概率，而无须重新定义 4 个事件条件函数(如代码清单 1-12 所示)。

代码清单 1-12　计算加权事件概率

```
for event_condition in event_conditions:
    prob = compute_event_probability(event_condition, weighted_sample_space)
    name = event_condition.__name__
    print(f"Probability of event arising from '{name}' is {prob}")

Probability of event arising from 'is_heads' is 0.8
Probability of event arising from 'is_tails' is 0.2
Probability of event arising from 'is_heads_or_tails' is 1.0
Probability of event arising from 'is_neither' is 0.0
```

仅用几行代码，就构建了一个用于解决许多概率问题的工具。我们可将此工具应用于比抛硬币更复杂的问题。

1.2　计算非平凡概率

我们将使用 compute_event_probability 解决几个示例问题。

1.2.1　问题 1：分析一个有 4 个孩子的家庭

假设一个家庭有 4 个孩子。正好有两个孩子是男孩的概率是多少？我们将假设每个孩子是男孩

或女孩的可能性均等。因此，可以构建一个未加权的样本空间(如代码清单 1-13 所示)，其中每个结果代表一种 4 个孩子性别的可能序列，如图 1-2 所示。

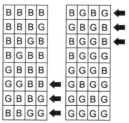

图1-2　4 个兄弟姐妹的样本空间。样本空间中的每一行包含 16 种可能结果中的 1 种。每个结果都代表 4 个孩子性别的独特组合。每个孩子的性别用字母表示：B 代表男孩，G 代表女孩。两个男孩的结果用箭头标记。有 6 个这样的箭头；因此，两个男孩的概率等于6/16

代码清单 1-13　计算孩子性别的样本空间

```python
possible_children = ['Boy', 'Girl']
sample_space = set()
for child1 in possible_children:
    for child2 in possible_children:
        for child3 in possible_children:
            for child4 in possible_children:
                outcome = (child1, child2, child3, child4)
                sample_space.add(outcome)
```

> 4 个孩子的每个可能序列都由一个四元素元组表示

我们通过 4 个嵌套的 for 循环来探索 4 个孩子的出生顺序，但这不是常规的编码方式，效率较低。我们实际可以使用 Python 的内置 itertools.product 函数更轻松地生成样本空间，该函数返回输入列表中所有元素的所有组合(如代码清单 1-14 所示)。这里将 possible_children 列表的 4 个实例输入 itertools.product 中。然后 product 函数遍历列表的所有 4 个实例，计算列表元素的所有组合。最终输出样本空间。

代码清单 1-14　使用 product 函数计算样本空间

> *运算符解包存储在列表中的多个参数，然后将这些参数传递给指定的函数。因此，调用 product(*(4*[possible_children]))等效于调用 product(possible_children,possible_children,possible_children,possible_children)

```python
from itertools import product
all_combinations = product(*(4 * [possible_children]))
assert set(all_combinations) == sample_space
```

> 注意，运行这行代码后，all_combinations 将为空。这是因为 product 返回一个 Python 迭代器，它只能迭代一次。对我们来说，这不是问题。我们将更有效地计算样本空间，在以后的代码中将不会使用 all_combinations

我们可以通过执行 set(product(possible_children,repeat=4))使代码更高效(如代码清单 1-15 所示)。通常，运行 product(possible_children,repeat=n)会返回 n 个孩子的所有可能组合的可迭代对象。

代码清单 1-15　将 repeat 传递到 product

```python
sample_space_efficient = set(product(possible_children, repeat=4))
assert sample_space == sample_space_efficient
```

现在计算家庭中有两个男孩的 sample_space 比例(如代码清单 1-16 所示)。我们定义一个 has_two_boys 事件条件，然后将该条件传递给 compute_event_probability。

代码清单 1-16　计算两个男孩的概率

```
def has_two_boys(outcome): return len([child for child in outcome
                                        if child == 'Boy']) == 2

prob = compute_event_probability(has_two_boys, sample_space)
print(f"Probability of 2 boys is {prob}")

Probability of 2 boys is 0.375
```

在一个有 4 个孩子的家庭中，恰好有两个男孩出生的概率是 0.375。这意味着，我们预计 37.5% 的有 4 个孩子的家庭中的男孩和女孩数量相同。当然，实际观察到的有两个男孩的家庭的百分比会因随机因素而有所不同。

1.2.2　问题 2：分析掷骰子游戏

假设有一个标准的六面骰子，其各面编号为 1~6。骰子被掷 6 次。这 6 次投掷的结果加起来是 21 的概率是多少？

首先定义随机投掷可以得到的可能值，这个值的范围是 1~6 的整数(如代码清单 1-17 所示)。

代码清单 1-17　定义六面骰子的所有可能投掷值

```
possible_rolls = list(range(1, 7))
print(possible_rolls)

[1, 2, 3, 4, 5, 6]
```

接下来，使用 product 函数为 6 次连续的投掷创建样本空间(如代码清单 1-18 所示)。

代码清单 1-18　创建 6 次连续投掷的样本空间

```
sample_space = set(product(possible_rolls, repeat=6))
```

最后，定义一个 has_sum_of_21 事件条件，随后将其传递给 compute_event_probability(如代码清单 1-19 所示)。

代码清单 1-19　计算掷骰子总和的概率

```
def has_sum_of_21(outcome): return sum(outcome) == 21

prob = compute_event_probability(has_sum_of_21, sample_space)
print(f"6 rolls sum to 21 with a probability of {prob}")

6 rolls sum to 21 with a probability of 0.09284979423868313
```

从理论上讲，投掷一个骰子 6 次相当于同时投掷 6 个骰子

通过结果可以看到有差不多 9%的可能性使 6 次投掷的总和为 21。注意，我们的分析可以通过

lambda 表达式更简洁地编码(如代码清单 1-20 所示)。lambda 表达式是不需要名称的单行匿名函数。在本书中,我们会使用 lambda 表达式将短函数传递给其他函数。

代码清单 1-20 使用 lambda 表达式计算概率

```
prob = compute_event_probability(lambda x: sum(x) == 21, sample_space)
assert prob == compute_event_probability(has_sum_of_21, sample_space)
```

lambda 表达式允许我们在一行代码中定义短函数。lambda x:在功能上等同于 func(x):。因此,lambda x: sum(x)==21 在功能上等同于 has_sum_of_21

1.2.3 问题 3: 使用加权样本空间计算掷骰概率

我们刚刚计算了 6 次掷骰子总和为 21 的可能性。现在,使用加权样本空间重新计算这个概率,需要将未加权样本空间集合转换为一个加权样本空间字典。这将要求我们确定所有可能的骰子值总和。然后必须计算每个总和在所有可能的骰子组合中出现的次数。这些组合已存储在我们计算的 sample_space 集合中。通过将骰子总和映射到它们的出现次数,将得到一个 weighted_sample_space 结果(如代码清单 1-21 所示)。

代码清单 1-21 将骰子值总和映射到出现次数

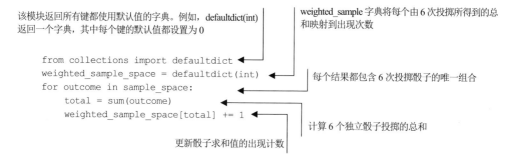

该模块返回所有键都使用默认值的字典。例如,defaultdict(int) 返回一个字典,其中每个键的默认值都设置为 0

weighted_sample 字典将每个由 6 次投掷所得到的总和映射到出现次数

```
from collections import defaultdict
weighted_sample_space = defaultdict(int)
for outcome in sample_space:
    total = sum(outcome)
    weighted_sample_space[total] += 1
```

每个结果都包含 6 次投掷骰子的唯一组合

计算 6 个独立骰子投掷的总和

更新骰子求和值的出现计数

在重新计算概率之前,我们先简要地探讨 weighted_sample_space 的属性。样本空间中的所有权重并不都相等——有些权重比其他的要小得多。例如,只有一种方法可以使掷出的骰子和为 6: 必须精确地掷出 6 个 1 才能达到这种效果。因此,期望 weighted_sample_space[6]等于 1。我们期望 weighted_sample_space[36]也等于 1,因为必须投掷出 6 个 6,才能达到这种效果(如代码清单 1-22 所示)。

代码清单 1-22 查看非常罕见的投掷结果组合

```
assert weighted_sample_space[6] == 1
assert weighted_sample_space[36] == 1
```

相比之下,weighted_sample_space[21]的值明显更高(如代码清单 1-23 所示)。

代码清单 1-23　查看更常见的投掷结果组合

```
num_combinations = weighted_sample_space[21]
print(f"There are {num_combinations } ways for 6 die rolls to sum to 21")

There are 4332 ways for 6 die rolls to sum to 21
```

如输出所示，有 4 332 种方式使 6 次骰子掷出的总和为 21。例如，可以掷出 4 个 4、1 个 3 以及 1 个 2；或者可以掷出 3 个 4，然后 1 个 5、1 个 3 和 1 个 1(如代码清单 1-24 所示)。还有其他数以千计的投掷组合可以得到 21 点，这就是为什么掷出 21 点比 6 点更常见。

代码清单 1-24　探索掷出 21 点的不同方法

```
assert sum([4, 4, 4, 4, 3, 2]) == 21
assert sum([4, 4, 4, 5, 3, 1]) == 21
```

注意，之前观察到的掷出 21 点的 4 332 种方法等于掷出 21 点的未加权事件的长度。此外，weighted_sample 中值的总和等于 sample_space 的长度(如代码清单 1-25 所示)。因此，未加权和加权事件概率计算之间存在直接联系。

代码清单 1-25　比较加权事件和常规事件

```
event = get_matching_event(lambda x: sum(x) == 21, sample_space)
assert weighted_sample_space[21] == len(event)
assert sum(weighted_sample_space.values()) == len(sample_space)
```

现在使用 weighted_sample_space 字典重新计算概率(如代码清单 1-26 所示)。最终掷出 21 点的概率应该保持不变。

代码清单 1-26　计算掷骰子的加权事件概率

```
prob = compute_event_probability(lambda x: x == 21,
                                 weighted_sample_space)
assert prob == compute_event_probability(has_sum_of_21, sample_space)
print(f"6 rolls sum to 21 with a probability of {prob}")

6 rolls sum to 21 with a probability of 0.09284979423868313
```

使用加权样本空间相对于未加权样本空间有什么好处？答案是更少的内存使用。正如接下来将看到的，未加权的 sample_space 集合的元素数量是加权样本空间字典的 150 倍(如代码清单 1-27 所示)。

代码清单 1-27　比较加权事件与未加权事件的样本空间大小

```
print('Number of Elements in Unweighted Sample Space:')
print(len(sample_space))
print('Number of Elements in Weighted Sample Space:')
print(len(weighted_sample_space))
Number of Elements in Unweighted Sample Space:
46656
Number of Elements in Weighted Sample Space:
31
```

1.3 计算区间范围内的概率

到目前为止，我们只分析了满足某个单一值的事件条件。现在将分析某一区间范围内的事件条件。区间是两个边界点中间(包括两个边界点)的所有数字的集合。这里定义一个 is_in_interval 函数来检查某个数字是否在指定的区间内(如代码清单 1-28 所示)。我们将通过最小值参数和最大值参数控制区间边界。

代码清单 1-28 定义区间函数

定义包含最小值和最大值在内的闭合区间。但你也可以根据需要定义开放区间。在开放区间中，最多只有一个边界值是包含在内的

```python
def is_in_interval(number, minimum, maximum):
    return minimum <= number <= maximum
```

给定 is_in_interval 函数，我们可以计算事件的关联值落在某个数值范围内的概率。例如，计算连续 6 次掷骰子其总和为 10~21(含)的可能性(如代码清单 1-29 所示)。

代码清单 1-29 计算区间内的概率

```python
prob = compute_event_probability(lambda x: is_in_interval(x, 10, 21),
                                 weighted_sample_space)
print(f"Probability of interval is {prob}")

Probability of interval is 0.5446244855967078
```

lambda 函数接收输入 x，如果 x 落在 10~21 之间，则返回 True。这个单行 lambda 函数被用作事件条件

在超过 54%的情况下，6 次掷骰子的总和将落入该区间范围内。因此，如果掷出的总和为 13 或 20，我们不会感到惊讶。

使用区间分析评估极端情况

区间分析对于解决概率和统计中的一类非常重要的问题很关键。其中一个问题是对极端情况的评估：问题归结为观察到的数据是否过于极端以至于不可信。

当发生不平常的随机事件时，数据将表现为很极端。例如，假设我们观察 10 次抛硬币的实验(硬币是标准无偏差的)，并且该硬币 10 次中有 8 次正面朝上。对于一枚标准无偏差的硬币来说，这是一个合理的结果吗？还是硬币暗中偏向于正面向上？为找出答案，必须回答以下问题：10 次抛硬币导致极端数量的正面朝上的概率是多少？我们将极端数量定义为 8 或更多。因此，可以将问题描述如下：在 10 次抛硬币的实验中，产生 8~10 次正面的概率是多少？

我们将通过计算区间概率找到答案。然而，首先需要 10 次抛硬币实验中每种可能结果序列的样本空间。让我们生成一个加权样本空间。如前所述，这比使用非加权样本空间效率更高。

代码清单 1-30 创建了一个 weighted_sample_space 字典。它的键为 10 次抛硬币实验中出现正面朝上的次数总和，范围为 0~10。这个字典的值为出现指定正面朝上次数的可能组合数。因此，我们期望 weighted_sample_space[10]等于 1，因为只有一种可能的方法可以将硬币抛 10 次并得到 10

次正面。同时，预计 weighted_sample_space[9]等于 10，因为这种情况下，9 次正面朝上，1 次反面朝上。而发生反面朝上的那一次可以是第 1 次、第 2 次、第 3 次……或者第 10 次，有 10 种可能。

代码清单 1-30　计算 10 次抛硬币的样本空间

为了可以重复使用，我们定义了一个通用函数，该函数返回 num_flips 次投掷硬币的加权样本空间。num_flips 参数预设为 10，表示投掷 10 次

```python
def generate_coin_sample_space(num_flips=10):
    weighted_sample_space = defaultdict(int)
    for coin_flips in product(['Heads', 'Tails'], repeat=num_flips):
        heads_count = len([outcome for outcome in coin_flips
                           if outcome == 'Heads'])
        weighted_sample_space[heads_count] += 1
    return weighted_sample_space
```

在 num_flips 次抛硬币实验的唯一序列中正面的次数

```python
weighted_sample_space = generate_coin_sample_space()
assert weighted_sample_space[10] == 1
assert weighted_sample_space[9] == 10
```

加权样本空间已准备好。现在可以计算观察到 8~10 次正面向上的概率(如代码清单 1-31 所示)。

代码清单 1-31　计算投掷硬币正面向上的极端概率

```python
prob = compute_event_probability(lambda x: is_in_interval(x, 8, 10),
                                 weighted_sample_space)
print(f"Probability of observing more than 7 heads is {prob}")

Probability of observing more than 7 heads is 0.0546875
```

在 10 次抛硬币实验中，得到 7 次以上正面的概率约为 5%。这表明之前看到的 10 次有 8 次正面向上的情况并不常见。这是否意味着硬币是有偏差的？不一定，因为还没考虑过极端的反面向上的情况。即使观察到 8 次反面向上，而不是 8 次正面向上，我们仍然会对硬币产生怀疑。之前的计算区间没有考虑这种极端情况。如果将 8 次正面向上视为极端情况，在不考虑其他极端可能的情况下，8 次或更多次的反面向上将被视为正常的，这样的想法并不正确。为评估硬币的公平性，必须纳入观察到 8 次或更多次反面向上的可能性。这样可以让结果更科学。

我们可以把问题表述为：在 10 次抛硬币实验中，得到 0~2 个正面或 8~10 次正面的概率是多少？或者，更简单地说，在 10 次抛硬币实验中，出现超过 7 次正面或 7 次反面的概率是多少？这可以通过代码清单 1-32 进行计算。

代码清单 1-32　计算极端区间概率

```python
prob = compute_event_probability(lambda x: not is_in_interval(x, 3, 7),
                                 weighted_sample_space)
print(f"Probability of observing more than 7 heads or 7 tails is {prob}")

Probability of observing more than 7 heads or 7 tails is 0.109375
```

在 10 次抛硬币实验中，大约有 10%的概率会产生至少 8 次相同的结果。这种可能性很低，但仍在合理范围内。如果没有额外证据，就很难判断这枚硬币是否真的有偏差。因此，我们需要搜集证据。假设再抛 10 次硬币，8 次正面朝上。结果就是 20 次抛硬币中有 16 次正面朝上。我们对硬币公平性的信心下降了，但下降了多少？可以通过测量概率的变化找出答案。如代码清单 1-33 所示，求 20 次抛硬币没有得到 5~15 次正面的概率(即得到超过 15 次正面或者超过 15 次反面的概率)。

代码清单 1-33　分析在 20 次抛硬币实验中正面向上的极端次数

```
weighted_sample_space_20_flips = generate_coin_sample_space(num_flips=20)
prob = compute_event_probability(lambda x: not is_in_interval(x, 5, 15),
                                 weighted_sample_space_20_flips)
print(f"Probability of observing more than 15 heads or 15 tails is {prob}")

Probability of observing more than 15 heads or 15 tails is 0.01181793212890625
```

更新后的概率从大约 0.1 下降到大约 0.01。因此，额外的证据导致我们对硬币公平性的信心仅为原来的 1/10。尽管概率下降，正面与反面的比率仍然保持为 4 比 1。最初和更新后的实验都产生了 80%的正面和 20%的反面。这就引出了一个有趣的问题：为什么随着投掷次数的增加，观察到极端结果的概率会降低？可以通过详细的数学分析找到答案。然而，一个更直观的解决方案是将正面向上的计数在两个样本空间字典中的分布可视化。可视化实际上是字典中每个键(正面向上的次数)与值(这种情况的可能组合数)的关系图。我们可以使用 Python 最流行的可视化库 Matplotlib 绘制这个图。在第 2 章中，将讨论 Matplotlib 的使用及其在概率论中的应用。

1.4　本章小结

- 样本空间是一个行为可以产生的所有可能结果的集合。
- 事件是样本空间的子集，仅包含满足某些事件条件的那些结果。事件条件是一个布尔函数，它将一种结果作为输入并返回 True 或 False。
- 事件的概率等于事件结果占整个样本空间中所有可能结果的比例。
- 概率可以在数值区间内计算。区间是夹在两个边界值之间的所有数的集合。
- 区间概率对于判断观察结果是否极端有重要意义。

第 *2* 章

使用 **Matplotlib** 绘制概率图

本章主要内容
- 使用 Matplotlib 创建简单图表
- 在图中标记数据
- 什么是概率分布
- 绘制和比较多个概率分布

数据图表是所有数据科学家武器库中最有价值的工具之一。如果没有良好的可视化效果，我们对数据的洞察能力就会被大幅削弱。幸运的是，可以在 Python 中使用 Matplotlib 库，该库针对输出高质量绘图和数据可视化进行了全面优化。本章将通过 Matplotlib 更好地理解在第 1 章中计算的抛硬币概率。

2.1 基本的 **Matplotlib** 图

首先需要安装 Matplotlib 库。

注意
可以在命令行中通过 pip install matplotlib 命令安装 Matplotlib 库。

安装完成后，如代码清单 2-1 所示，在 Python 程序中需要导入 matplotlib.pyplot，这是库的主要绘图模块。按照惯例，这个模块通常使用 plt 作为简短的别名。

代码清单 2-1　导入 Matplotlib

```
import matplotlib.pyplot as plt
```

现在可以使用 plt.plot 进行绘图。对于简单的二维图，只需要向 plt.plot 提供 x 和 y 即可；并且在绘制图形后，调用 plt.show() 将图形显示出来。例如，将 x 的值设定为 0~10 的整数，将 y 的值设定为 x 的 2 倍。代码清单 2-2 运行后将得到如图 2-1 所示的结果。

代码清单 2-2　绘制线性关系图

```
x = range(0, 10)
y = [2 * value for value in x]
plt.plot(x, y)
plt.show()
```

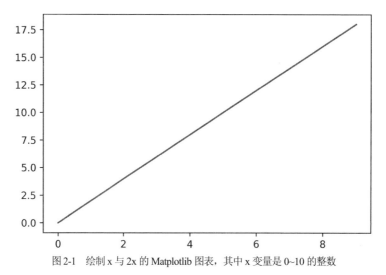

图 2-1　绘制 x 与 2x 的 Matplotlib 图表，其中 x 变量是 0~10 的整数

警告

线性图中的轴不是等间距分布的，因此绘制的线的斜率看起来没有实际陡峭。我们可以通过调用 plt.axis('equal') 使两个轴的坐标刻度相等。然而，这将导致图中出现大量空白。本书中将使用 Matplotlib 的自动轴调整功能，但同时也请你仔细观察自动调整后的轴的刻度。

通过图 2-1 可以看出 10 个点是用平滑的线段连接在一起。如果不想将这些点连接在一起，如代码清单 2-3 所示，可以通过 plt.scatter 将图像以散点图的形式显示，如图 2-2 所示。

代码清单 2-3　使用散点图

```
plt.scatter(x, y)
plt.show()
```

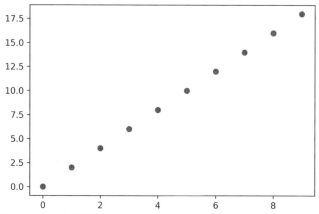

图 2-2　通过 Matplotlib 散点图显示 x 与 2*x。x 是 0~10 的整数，图中的数据通过圆点进行表示

假设我们想强调 x 从 2 开始到 6 结束的区间。可以通过使用 plt.fill_between 方法在指定区间内对绘制的曲线下方区域进行着色来实现这一点。该方法将 x 和 y 以及定义区间覆盖范围的 where 参数作为输入。where 参数的输入是一个布尔值列表，如果相应数据点坐标的 x 值落在指定的区间内，则其值为 True。在代码清单 2-4 中，将 where 参数设置为等于[is_in_interval(value, 2, 6) for value in x]。我们还使用 plt.plot(x,y)将阴影区间与平滑连线一同显示，如图 2-3 所示。

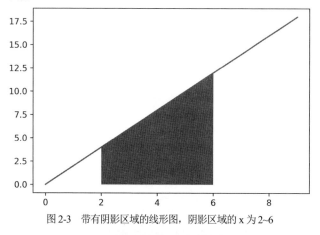

图 2-3　带有阴影区域的线形图，阴影区域的 x 为 2~6

代码清单 2-4　对线形图下方的区间进行着色

```
plt.plot(x, y)
where = [is_in_interval(value, 2, 6) for value in x]
plt.fill_between(x, y, where=where)
plt.show()
```

到目前为止，我们已看到 3 种可视化方法：plt.plot、plt.scatter 和 plt.fill_between。代码清单 2-5 在一个图中同时使用这 3 种方法(如图 2-4 所示)。这样做不但可以通过阴影显示我们所关注的区域，还可以将单个点清晰地进行显示。

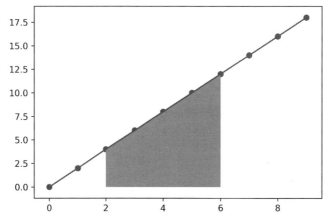

图2-4 同时使用线形图、散点图和阴影图。通过阴影将我们关心的区域标识出来，并且将散点图与线形图结合，清晰显示每个数据点

代码清单 2-5 在同一个图中同时使用线形图、散点图和阴影图

```
plt.scatter(x, y)
plt.plot(x, y)
plt.fill_between(x, y, where=where)
plt.show()
```

在图中如果不使用"轴标签"，那么绘制的图形将是不完整的。使用"轴标签"可以让我们对图中的数据有更好的理解。如代码清单 2-6 所示，可以通过 plt.xlabel 和 plt.ylabel 为两个轴添加轴标签，如图 2-5 所示。

代码清单 2-6 添加轴标签

```
plt.plot(x, y)
plt.xlabel('Values between zero and ten')
plt.ylabel('Twice the values of x')
plt.show()
```

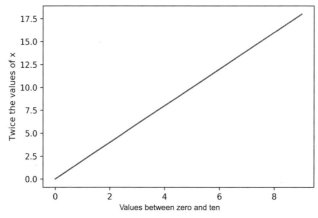

图2-5 带有轴标签的 Matplotlib 图

常用的 Matplotlib 方法

- plt.plot(x, y)：绘制 x 的元素与 y 的元素。绘制的点使用平滑的线段连接。
- plt.scatter(x, y)：绘制 x 的元素与 y 的元素。对绘制的点单独进行可视化，不通过任何线连接。
- plt.fill_between(x, y, where=booleans)：突出显示绘制的曲线下方区域。图中的线是通过绘制 x 与 y 获得的。where 参数定义要突出显示的区间，它需要一个对应 x 的元素的布尔值列表。如果对应的 x 值位于突出显示的区间内，则每个布尔值为 True。
- plt.xlabel(label)：为图中的 x 轴设定轴标签。
- plt.ylabel(label)：为图中的 y 轴设定轴标签。

2.2 绘制抛硬币概率

现在可以通过工具可视化抛硬币的概率问题。在第 1 章中，我们知道在一系列抛硬币实验中，有 80% 及以上硬币正面向上的概率。随着掷硬币次数的增加，这种可能性会降低，原因是什么？我们很快可以通过图形了解抛硬币次数与得到的正面向上次数之间的关系，所需的值已在第 1 章的分析中计算出来。weighted_sample_space 字典中的键包含在 10 次抛硬币实验中得到正面向上的次数。同时，weighted_sample_space_20_flips 字典包含 20 次抛硬币实验中所得到的数据。

我们的目标是使用这两个字典进行绘图并比较它们的差异。如代码清单 2-7 所示，首先绘制 weighted_sample_space 的元素：在 x 轴上绘制它的键，在 y 轴上绘制相关值。x 轴对应硬币正面向上的次数，y 轴表示在 10 次抛硬币实验中得到 x 次正面向上的情况的组合数。如图 2-6 所示，使用散点图将结果显示出来。

代码清单 2-7 绘制抛硬币的加权样本空间

```
x_10_flips = list(weighted_sample_space.keys())
y_10_flips = [weighted_sample_space[key] for key in x_10_flips]
plt.scatter(x_10_flips, y_10_flips)
plt.xlabel('Head-count')
plt.ylabel('Number of coin-flip combinations with x heads')
plt.show()
```

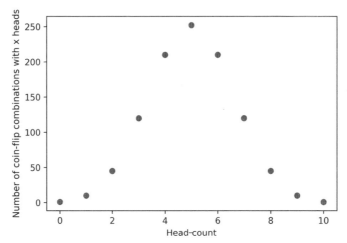

图2-6　通过散点图显示 10 次抛硬币的样本空间。可以看到图像呈现对称的形状且峰值在 5 左右

　　可视化的样本空间呈现对称形状。峰值出现在 5 左右，表示在 10 次抛硬币实验中大概有 5 次出现正面向上。通过图还可以看出，接近 5 次正面向上的情况比远离 5 次正面向上的情况更容易发生。正如在上一章中了解到的，这些频率就是它们对应的概率。因此，在这些实验中，5 次正面向上的概率更大。如代码清单 2-8 所示，可以通过直接在 y 轴上绘制概率强调这一点(如图 2-7 所示)。概率图可让我们用更简洁的标签名 Probability 替换之前冗长的 y 轴标签。我们可以通过将现有组合计数除以总样本空间大小计算概率并在 y 轴显示出来。

代码清单 2-8　绘制抛硬币概率

```
sample_space_size = sum(weighted_sample_space.values())
prob_x_10_flips = [value / sample_space_size for value in y_10_flips]
plt.scatter(x_10_flips, prob_x_10_flips)
plt.xlabel('Head-count')
plt.ylabel('Probability')
plt.show()
```

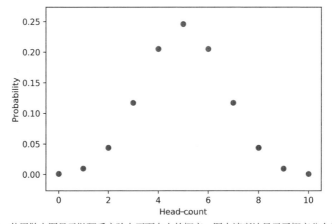

图 2-7　使用散点图显示抛硬币实验中正面向上的概率。图中清晰地显示了概率分布的情况

通过图 2-7，可以直观地了解所有硬币正面向上的概率。因此仅通过看图，就可以确定观察到 5 个正面向上的概率约为 0.25。这种在 x 值和概率之间的映射被称为概率分布。概率分布表现出某些数学上一致的特性，这使得它们可用于似然分析。例如，考虑任意概率分布的 x 值：它们对应随机变量 r 的所有可能值。r 落在某个区间内的概率等于该区间跨度内概率曲线下方的面积。因此，概率分布下方的总面积始终等于 1.0。这适用于任何分布，包括我们用于显示硬币正面向上的概率图。代码清单 2-9 通过执行 sum(prob_x_10_flips)验证了这一点。

注意

我们可以使用垂直矩形计算每种正面向上情况的概率 p 下方的面积。矩形的高度是 p，宽度为 1.0，因为 x 轴上所有连续的正面向上的次数都相隔一个单位。因此，矩形的面积是 p*1.0，等于 p。由此，概率分布下方的总面积等于 sum([p for p in prob_x_10_flips])。在第 3 章中，我们将深入探讨如何使用矩形确定面积。

代码清单 2-9　验证所有概率总和为 1.0

```
assert sum(prob_x_10_flips) == 1.0
```

在图 2-8 中，通过 plt.fill_between 显示出现 8~10 次正面向上的概率。为了使图中的内容更清晰，我们使用 plt.plot 和 plt.scatter 显示具体数据点并使用线段将各个点连接起来(如代码清单 2-10 所示)。

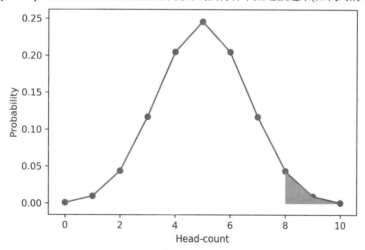

图 2-8　通过散点图、线形图和阴影图一同显示抛硬币的概率分布。图中阴影区域表示出现 8~10 次正面向上的概率

代码清单 2-10　对概率曲线下的区域进行着色

```
plt.plot(x_10_flips, prob_x_10_flips)
plt.scatter(x_10_flips, prob_x_10_flips)
where = [is_in_interval(value, 8, 10) for value in x_10_flips]
plt.fill_between(x_10_flips, prob_x_10_flips, where=where)
plt.xlabel('Head-count')
plt.ylabel('Probability')
plt.show()
```

注意

在图 2-8 中看到的阴影上方是平滑的，但在实际中是不可能平滑的，应该是类似于台阶形状的矩形块，因为在本例中，抛硬币的次数是整数，是不可以分割的。如果你希望可视化表现为实际的阶梯形区域，可将 ds="steps-mid" 参数传递给 plt.plot，将 step="mid" 参数传递给 plt.fill_between。

现在，我们将 8 次或更多次出现反面向上的概率也用阴影进行处理。代码清单 2-11 将对概率分布中两端的极端值进行突出显示(如图 2-9 所示)。

代码清单 2-11 对概率曲线中的极端值区域进行着色

```
plt.plot(x_10_flips, prob_x_10_flips)
plt.scatter(x_10_flips, prob_x_10_flips)
where = [not is_in_interval(value, 3, 7) for value in x_10_flips]
plt.fill_between(x_10_flips, prob_x_10_flips, where=where)
plt.xlabel('Head-count')
plt.ylabel('Probability')
plt.show()
```

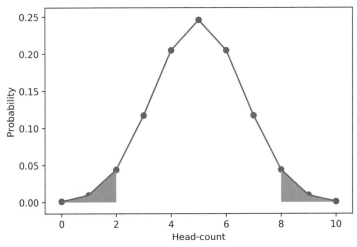

图 2-9 通过散点图和线形图显示抛硬币的概率。图中的两块阴影区域表示出现极端次数的正面和反面的概率。图形是对称的，这从视觉上暗示它们的概率应该是相等的

两个对称的阴影区间覆盖了抛硬币曲线的左右尾端。根据之前的分析，我们知道观察到超过 7 个正面向上或反面向上的概率约为 10%。因此，对称的每个阴影区域约覆盖曲线下总面积的 5%。

比较多个抛硬币的概率分布

绘制 10 次抛硬币的概率分布可以很容易地直观理解相关的区间概率。现在让我们扩展图，从而包含 20 次抛硬币的概率分布。我们将在一个图形上绘制这两种分布，但首先必须计算 20 次抛硬币相关的概率(如代码清单 2-12 所示)。

代码清单 2-12　计算 20 次抛硬币的概率分布

```
x_20_flips = list(weighted_sample_space_20_flips.keys())
y_20_flips = [weighted_sample_space_20_flips[key] for key in x_20_flips]
sample_space_size = sum(weighted_sample_space_20_flips.values())
prob_x_20_flips = [value / sample_space_size for value in y_20_flips]
```

现在准备同时可视化这两个概率分布(如图 2-10 所示)。如代码清单 2-13 所示，通过在两个概率分布上执行 plt.plot 和 plt.scatter 实现这一点。我们还将一些与样式相关的参数传递到这些方法中。参数之一是 color：为区分第二个概率分布，我们通过传递 color='black' 将其颜色设置为黑色。或者，可以通过传递 'k' (Matplotlib 中表示黑色的单字符代码)来避免输入整个颜色名称。我们可以通过其他方式使第二个分布更明显：将 linestyle=='--' 传递到 plt.plot 使分布点使用虚线而不是常规的实线显示；还可以通过将 marker='x' 传递到 plt.scatter 来使用 x 形标记，而不是用默认的实心圆点显示各个数据点。最后，可以通过向两个 plt.plot 调用中的每一个传递一个 label 参数并通过 plt.legend() 方法显示图例。在图例中，10 次抛硬币和 20 次抛硬币所对应的概率分布分别使用 A 和 B 进行标记。

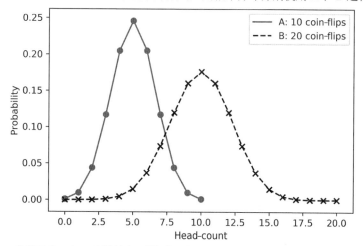

图 2-10　10 次抛硬币(A)和 20 次抛硬币(B)的概率分布。20 次抛硬币的概率分布由虚线和 x 形散点显示

代码清单 2-13　同时绘制两个概率分布

```
plt.plot(x_10_flips, prob_x_10_flips, label='A: 10 coin-flips')
plt.scatter(x_10_flips, prob_x_10_flips)
plt.plot(x_20_flips, prob_x_20_flips, color='black', linestyle='--',
         label='B: 20 coin-flips')
plt.scatter(x_20_flips, prob_x_20_flips, color='k', marker='x')
plt.xlabel('Head-count')
plt.ylabel('Probability')
plt.legend()
plt.show()
```

常用的 Matplotlib 样式参数

- color：设定绘图时图形的颜色，可以使用颜色名称或单字符代码。例如 color='black'和 color='k'都将生成黑色图，而 color='red'和 color='r' 都将生成红色图。
- linestyle：设定连接数据点的线条样式。默认值是'-'。linestyle='-'将生成实线，linestyle='--' 将生成虚线，linestyle=':'将生成由小点组成的点状线，linestyle='.'将生成由点和横线组成的点画线。
- marker：设置标记点的样式，默认值是'o'。marker='o'将生成圆点标记，marker='x'将生成 x 形标记，marker='s'将使用方块作为标记，marker='p'将使用五边形作为标记。
- label：将标签映射到指定的颜色和样式。这种映射将在图例中显示。设定完后，需要执行 plt.legend()才能将它在图例中显示出来。

我们已对两个概率分布进行了可视化。接下来，如图 2-11 所示，将突出显示每条曲线的极端区间(80%出现正面向上或反面向上)，如代码清单 2-14 所示。注意，概率分布 B 尾部下方的区域非常小。我们不使用散点图，以便更清楚地突出尾端间隔。同时，为了更好地观察，将曲线 B 的线条样式设定为 linestyle=':'。

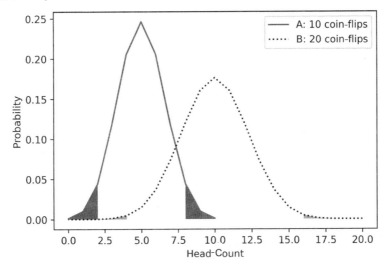

图2-11　10次抛硬币(A)和20次抛硬币(B)的概率分布。两个分布下方的阴影区间代表极端数量的正面向上和反面向上。B 下方的阴影区间占 A 下方阴影区间面积的 1/10

代码清单 2-14　突出显示两个概率分布下方的间隔区域

```
plt.plot(x_10_flips, prob_x_10_flips, label='A: 10 coin-flips')
plt.plot(x_20_flips, prob_x_20_flips, color='k', linestyle=':',
         label='B: 20 coin-flips')

where_10 = [not is_in_interval(value, 3, 7) for value in x_10_flips]
plt.fill_between(x_10_flips, prob_x_10_flips, where=where_10)
where_20 = [not is_in_interval(value, 5, 15) for value in x_20_flips]
plt.fill_between(x_20_flips, prob_x_20_flips, where=where_20)
```

```
plt.xlabel('Head-Count')
plt.ylabel('Probability')
plt.legend()
plt.show()
```

概率分布 B 尾端下方的阴影区域远低于概率分布 A 下方的阴影区间。这是因为分布 A 覆盖了更多(高)的区域数量。尾部的高度说明了区间概率的差异。

可视化可以表达很多丰富的信息，但前提是突出显示两条曲线下方的间隔区域。如果没有使用 plt.fill_between，就无法回答之前提出的问题：为什么随着抛硬币次数增加，观察到 80%或更多正面向上的概率会降低？答案很难推断，因为这两个分布几乎没有重叠，所以很难进行直接的视觉比较。也许可以通过将分布峰值对齐来改进图形的绘制。分布 A 以 5 次正面向上(一共抛 10 次硬币)为中心，分布 B 以 10 次正面向上(一共抛 20 次硬币)为中心。如果将正面向上的次数转换为频率(将正面向上的次数除以总抛硬币次数)，那么两个分布峰值应该以 0.5 的频率对齐。这种转换还应使正面向上的间隔"8~10"和"16~20"保持一致，因为它们都位于 0.8~1.0 的区间内。让我们执行这个转换(如代码清单 2-15 所示)并重新生成图，如图 2-12 所示。

代码清单 2-15　将正面向上的次数转换为频率

```
x_10_frequencies = [head_count /10 for head_count in x_10_flips]
x_20_frequencies = [head_count / 20 for head_count in x_20_flips]

plt.plot(x_10_frequencies, prob_x_10_flips, label='A: 10 coin-flips')
plt.plot(x_20_frequencies, prob_x_20_flips, color='k', linestyle=':',
    label='B: 20 coin-flips')
plt.legend()

plt.xlabel('Head-Frequency')
plt.ylabel('Probability')
plt.show()
```

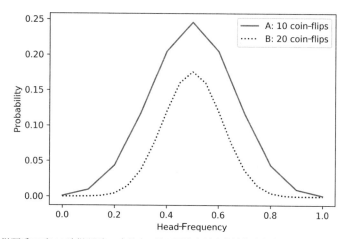

图 2-12　在 10 次抛硬币(A)和 20 次抛硬币(B)实验中，将正面向上的次数转换为发生的频率。两个 y 轴峰值都以 0.5 的频率对齐。A 的面积完全覆盖 B 的面积，因为每个图的总面积不再为 1.0

正如预期的那样，两个峰值现在都在 0.5 的频率处对齐。然而，按正面向上次数划分后，两条曲线下方的面积分别减少为 1/10 和 1/20。每条曲线下方的总面积不再等于 1.0。这是一个问题：正如我们所讨论的，如果希望推断区间概率，曲线下的总面积必须为 1.0。但是，如果将曲线 A 和 B 的 y 轴值乘以 10 和 20，就可以修复面积总和。调整后的 y 值将不再指概率，因此必须为它们命名；可以将它命名为"相对似然"，这在数学上指总面积为 1.0 的曲线内的 y 轴值。因此，将新的 y 轴变量命名为 relative_likelihood_10 和 relative_likelihood_20(如代码清单 2-16 所示)。

代码清单 2-16 计算频率的相对似然

```
relative_likelihood_10 = [10 * prob for prob in prob_x_10_flips]
relative_likelihood_20 = [20 * prob for prob in prob_x_20_flips]
```

至此转换完成。现在绘制两条新曲线(如代码清单 2-17 所示)，同时突出显示与 where_10 和 where_20 布尔数组相关的间隔区间，如图 2-13 所示。

代码清单 2-17 绘制对齐的相对似然曲线

```
plt.plot(x_10_frequencies, relative_likelihood_10, label='A: 10 coin-flips')
plt.plot(x_20_frequencies, relative_likelihood_20, color='k',
         linestyle=':', label='B: 20 coin-flips')

plt.fill_between(x_10_frequencies, relative_likelihood_10, where=where_10)
plt.fill_between(x_20_frequencies, relative_likelihood_20, where=where_20)

plt.legend()
plt.xlabel('Head-Frequency')
plt.ylabel('Relative Likelihood')
plt.show()
```

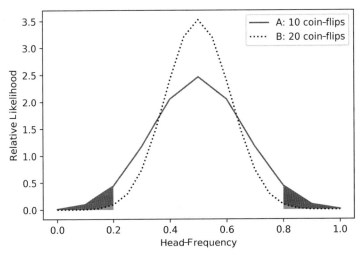

图 2-13 在 10 次抛硬币(A)和 20 次抛硬币(B)实验中，使用正面向上的频率作为横坐标，将"相对似然"作为纵坐标进行绘图。两个图下方的阴影区间代表极端数量的正面向上和反面向上。这些区间的面积对应概率，因为每个图的面积总和为 1.0

在图 2-13 中，曲线 A 类似一个身材矮但肩宽的健美运动员，而曲线 B 类似一个又高又瘦的人。由于曲线 A 更宽，它在更极端的正面向上频率间隔上的面积更大，因此当抛 10 次硬币时，观察到的此类频率结果更有可能发生。同时，更细、更垂直的曲线 B 覆盖了中心频率 0.5 周围的更多区域。

如果抛硬币的次数超过 20 次，这将如何影响频率分布？根据概率论，每一次额外的抛硬币实验都会导致频率曲线变得更高、更细(如图 2-14 所示)。曲线将像一条被垂直向上拉伸的橡皮筋一样变形：它会失去宽度以换取垂直长度。随着抛硬币总数达到数百万或数十亿，曲线将完全失去宽度，得到一个非常高的垂直峰值，其中心位于 0.5 的频率处。超过该频率，垂直线两侧的区域将接近 0。因此，峰值下方的面积将接近 1.0，因为我们的总面积必须始终等于 1.0。1.0 的面积对应 1.0 的概率。因此，随着抛硬币的次数接近无穷大，正面向上的频率将等于正面向上的实际概率。

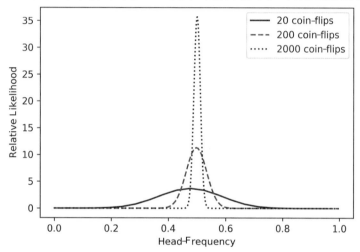

图 2-14　随着不断增加的抛硬币次数得到的概率分布。所有 y 轴峰值以 0.5 的频率对齐。随着抛硬币次数的增加，峰值会变得更高、更窄。在抛 2 000 次硬币时，峰值的收缩区域几乎完全集中在 0.5 处。在无限次抛硬币的情况下，最终的峰值应该延伸成一条单独的垂线，恰好位于 0.5 处

无限次抛硬币和绝对确定性之间的关系由概率论中的一个基本定理"大数定律"来保证。根据该定律，当观察次数增加时，观察的频率与该观察的概率几乎无法区分。因此，如果有足够的抛硬币实验，正面向上的频率将等于正面向上的实际概率，即 0.5。除了抛硬币，我们还可以将这个定律应用于更复杂的场景，例如纸牌游戏。如果运行足够多次的纸牌游戏模拟，那么获胜的频率将等于获胜的实际概率。

在接下来的章节中，我们将展示如何将大数定律与随机模拟相结合来逼近复杂概率。最终，我们将执行模拟，从而找出随机抽牌的概率。然而，正如大数定律所表明的那样，这些模拟必须运行在处理大量计算的高性能仿真环境中。因此，高效的仿真实现需要我们熟悉 NumPy 数值计算库，该库将在第 3 章中讨论。

2.3 本章小结

- 通过绘制每个可能的数值观察与其概率的关系可生成一个概率分布。概率分布下的面积总和为1.0。概率分布的特定区间下方的面积等于在该区间内观察到某个值的概率。

- 概率分布的 y 轴值不一定需要等于概率，只要绘制的区域面积总和为 1.0 即可。

- 抛硬币的概率分布类似于对称曲线。它的 x 轴可由正面向上的次数转换成频率。在该转换期间，可通过将 y 轴概率转换为相对似然来保持曲线下的面积为 1.0。转换曲线的峰值以 0.5 的频率为中心。如果增加抛硬币的次数，那么随着曲线两侧变窄，峰值也会上升。

- 根据大数定律，随着观察次数的增加，任何观察的频率都会接近该观察的概率。因此，随着抛硬币次数的增加，硬币正面向上的概率将等于中心频率 0.5。

第 *3* 章

在 NumPy 中运行随机模拟

本章主要内容
- NumPy 库的基本用法
- 使用 NumPy 模拟随机观察
- 对模拟数据进行可视化
- 从模拟观察中估计未知概率

NumPy 代表 Numerical Python，是支持 Python 式数据科学的引擎。尽管 Python 有许多优点，但它并不适合大规模数值分析。因此，数据科学家必须依靠外部 NumPy 库来有效地操作和存储数字数据。NumPy 是一个非常强大的工具，可用于处理大量原始数字。因此，许多 Python 的外部数据处理库都与 NumPy 兼容，例如之前已经使用的 Matplotlib。本书后续部分将讨论 NumPy 驱动的其他库。本章重点介绍随机数值模拟，将使用 NumPy 分析数十亿个随机数据点，这些随机观察将使我们能够学习隐藏的概率。

3.1　使用 NumPy 模拟随机抛硬币和掷骰子实验

在安装 Matplotlib 时，作为依赖项的 NumPy 已安装到 Python 环境中。按照惯例，在使用 NumPy 时经常通过别名 np 将其导入 Python 文件中(如代码清单 3-1 所示)。

注意

可以通过命令 pip install numpy 独立于 Matplotlib 安装 NumPy。

代码清单 3-1　导入 NumPy

```
import numpy as np
```

现在已经导入 NumPy，我们可以使用 np.random 模块进行随机模拟。该模块可用于生成随机值和模拟随机过程。例如，调用 np.random.randint(1,7)会生成一个介于 1 和 6 之间的随机整数(如代码清单 3-2 所示)。该方法从 6 个可能的整数中以相同的可能性进行随机选择，从而可以模拟标准骰子的单次投掷结果。

代码清单 3-2　模拟随机投掷骰子的结果

```
die_roll = np.random.randint(1, 7)
assert 1 <= die_roll <= 6
```

生成的 die_roll 值是随机的，得到的具体结果也许每次都不同。我们需要一种方法确保所有随机输出都可以在你的环境中复现。通过调用 np.random.seed(0)可以很容易保持随机输出结果的一致性，这个方法调用让随机选择的值序列可以重现。调用后，可以保证前三个骰子落在值 5、6 和 1 上(如代码清单 3-3 所示)。

代码清单 3-3　通过 seed 实现可复现的随机骰子实验

```
np.random.seed(0)
die_rolls = [np.random.randint(1, 7) for _ in range(3)]
assert die_rolls == [5, 6, 1]
```

将输入的 x 调整为 np.random.randint(0,x)将允许我们模拟任意数量的离散结果。例如，将 x 设置为 52 可模拟随机抽取的扑克牌；或者将 x 设置为 2 可模拟无偏硬币的单次投掷。通过调用 np.random.randint(0,2)将返回一个等于 0 或 1 的随机值(如代码清单 3-4 所示)。我们假设 0 代表反面，1 代表正面。

代码清单 3-4　模拟单次硬币投掷

```
np.random.seed(0)
coin_flip = np.random.randint(0, 2)
print(f"Coin landed on {'heads' if coin_flip == 1 else 'tails'}")

Coin landed on tails
```

接下来，我们模拟 10 次抛硬币，然后计算观察到的正面朝上的频率(如代码清单 3-5 所示)。

代码清单 3-5　模拟 10 次硬币投掷

```
np.random.seed(0)
def frequency_heads(coin_flip_sequence):
    total_heads = len([head for head in coin_flip_sequence if head == 1])   ◀── 注意，我们可以通过运行 sum(coin_
    return total_heads / len(coin_flip_sequence)                              flip_sequence)更有效地计算正面向上
                                                                              的次数
coin_flips = [np.random.randint(0, 2) for _ in range(10)]
freq_heads = frequency_heads(coin_flips)
print(f"Frequency of Heads is {freq_heads}")

Frequency of Heads is 0.8
```

观察到的频率为 0.8，这与正面向上的实际概率相差较大。然而，正如所了解的，大约 10%的时间里掷硬币 10 次会产生如此极端的频率。我们需要通过更多次投掷硬币来估计实际概率。

现在观察投掷硬币 1 000 次会发生什么。每次投掷后，我们都会记录截至本次投掷所得到的正面向上的频率，然后如图 3-1 所示，将正面向上的频率与投掷的次数显示出来。为方便进行比较，我们绘制了一条 y=0.5 的水平线，表示这个实验应有的实际概率(如代码清单 3-6 所示)。可以通过调用 plt.axhline(0.5, color='k')绘制这条水平线。

代码清单 3-6　绘制模拟的抛硬币频率

```
np.random.seed(0)
coin_flips = []
frequencies = []
for _ in range(1000):
    coin_flips.append(np.random.randint(0, 2))
    frequencies.append(frequency_heads(coin_flips))

plt.plot(list(range(1000)), frequencies)
plt.axhline(0.5, color='k')
plt.xlabel('Number of Coin Flips')
plt.ylabel('Head-Frequency')
plt.show()
```

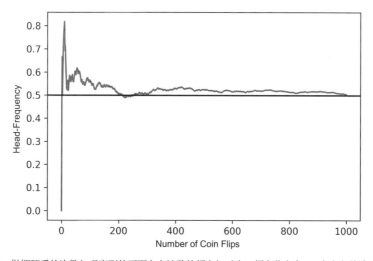

图 3-1　抛掷硬币的次数与观察到的正面向上计数的频率相对应。频率稳定在 0.5 左右之前波动很大

正面向上的概率慢慢收敛到 0.5。因此，这似乎满足大数定律。

分析有偏硬币投掷实验

我们已经模拟了一系列无偏硬币的投掷实验，但如果希望模拟 70%的时间里都出现正面向上的硬币呢? 可以通过调用 np.random.binomial(1,0.7)生成有偏差的输出。这个二项式方法名称指的是通用的抛掷硬币分布，数学家称之为二项式分布。该方法将两个参数作为输入：掷硬币的次数和期望得到的抛硬币结果的概率。该方法执行指定次数的有偏硬币抛掷，然后计算观察到所需结果的次数(如代码清单 3-7 所示)。当硬币投掷次数设置为 1 时，该方法返回一个二进制值 0 或 1。在本例中，值 1 表示我们期望观察到硬币正面向上。

代码清单 3-7　模拟有偏硬币的投掷实验

```
np.random.seed(0)
print("Let's flip the biased coin once.")
coin_flip = np.random.binomial(1, 0.7)
print(f"Biased coin landed on {'heads' if coin_flip == 1 else 'tails'}.")

print("\nLet's flip the biased coin 10 times.")
number_coin_flips = 10
head_count = np.random.binomial(number_coin_flips, .7)
print((f"{head_count} heads were observed out of "
       f"{number_coin_flips} biased coin flips"))

Let's flip the biased coin once.
Biased coin landed on heads.

Let's flip the biased coin 10 times.
6 heads were observed out of 10 biased coin flips
```

现在生成一个包含 1 000 次有偏硬币投掷的实验,然后检查频率是否收敛到 0.7(如代码清单 3-8 所示)。

代码清单 3-8　计算抛硬币实验的频率收敛

```
np.random.seed(0)
head_count = np.random.binomial(1000, 0.7)
frequency = head_count / 1000
print(f"Frequency of Heads is {frequency}")

Frequency of Heads is 0.697
```

正面向上的频率接近 0.7,但实际并不等于 0.7。事实上,该频率值比正面向上的真实概率小 0.003 个单位。假设我们将 1 000 次投掷硬币的实验重复做 5 次。所有频率都会低于 0.7 吗?某些频率会准确达到 0.7 吗?我们将通过在 5 次循环迭代中执行 np.random.binomial(1000,0.7)来找出答案 (如代码清单 3-9 所示)。

代码清单 3-9　重新计算投掷硬币的频率收敛

```
np.random.seed(0)
assert np.random.binomial(1000, 0.7) / 1000 == 0.697  ◄
for i in range(1, 6):
    head_count = np.random.binomial(1000, 0.7)
    frequency = head_count / 1000
    print(f"Frequency at iteration {i} is {frequency}")
    if frequency == 0.7:
        print("Frequency equals the probability!\n")

Frequency at iteration 1 is 0.69
Frequency at iteration 2 is 0.7
Frequency equals the probability!

Frequency at iteration 3 is 0.707
Frequency at iteration 4 is 0.702
```

注意,我们为随机数生成器设置了种子以保持一致的输出。因此,第一次伪随机采样将返回先前观察到的频率 0.697。我们将跳过此结果,从而生成 5 个新频率

```
Frequency at iteration 5 is 0.699
```

5 次迭代中只有 1 次生成了等于真实概率的测量值。另外 4 次中两次测得的频率略低，两次略高。观察到的频率在每轮 1 000 次的投硬币采样中存在波动。尽管大数定律似乎允许我们接近实际概率，但仍然存在一些不确定性。数据科学有时有点混乱，因为我们不能总是确定从数据中得出的结论。尽管如此，"不确定性"可以使用数学家所说的置信区间来衡量和控制。

3.2　使用直方图和 NumPy 数组计算置信区间

假设我们拿到一枚有偏差的硬币，但不知道它的有偏频率是多少。我们将硬币抛出 1 000 次并观察到频率为 0.709。这个频率接近实际概率，但具体是多少呢？更准确地说，实际概率落在接近 0.709 的区间(例如 0.7 和 0.71 之间的区间)内的可能性有多大？为找出答案，必须进行额外的采样。

我们之前已经对硬币投掷实验进行了 5 次迭代，每次投掷硬币 1 000 次。样本产生了一些频率波动。现在准备通过将迭代次数从 5 增加到 500 来探索这些波动。我们可以通过运行 [np.random.binomial(1000,0.7)for _inrange(500)] 来执行此补充采样(如代码清单 3-10 所示)。

代码清单 3-10　计算将每个样本进行 500 次迭代的频率

```
np.random.seed(0)
head_count_list = [np.random.binomial(1000, 0.7) for _ in range(500)]
```

我们也可以通过运行 np.random.binomial(coin_flip_count,0.7,size=500) 更有效地对 500 次迭代进行采样(如代码清单 3-11 所示)。可选的 size 参数允许我们在使用 NumPy 的内部优化时执行 500 次 np.random.binomial(coin_flip_count,0.7)。

代码清单 3-11　优化投硬币实验的频率计算

```
np.random.seed(0)
head_count_array = np.random.binomial(1000, 0.7, 500)
```

程序的输出结果不是 Python 列表，而是 NumPy 数组数据结构。如前所述，NumPy 数组可以更有效地存储数值数据。存储在 head_count_array 和 head_count_list 中的实际数据量保持不变。我们可以通过使用 head_count_array.tolist() 方法将数组转换为列表来证明这一点(如代码清单 3-12 所示)。

代码清单 3-12　将 NumPy 数组转换为 Python 列表

```
assert head_count_array.tolist() == head_count_list
```

同样，我们也可以通过调用 np.array(head_count_list) 将 Python 列表转换为值等价的 NumPy 数组。可以使用 np.array_equal 方法确认转换后的数组和 head_count_array 之间的相等性(如代码清单 3-13 所示)。

代码清单 3-13 将 Python 列表转换为 NumPy 数组

```
new_array = np.array(head_count_list)
assert np.array_equal(new_array, head_count_array) == True
```

为什么我们更喜欢使用 NumPy 数组而不是标准 Python 列表呢?除了前面提到的内存优化和分析加速,NumPy 还可以更轻松地实现干净、简洁的代码。例如,NumPy 提供了更直接的乘法和除法。将 NumPy 数组直接除以 x 会创建一个新数组,其中的元素都会除以 x。因此,执行 head_count_array/1000 会自动将正面向上的次数转换为频率(如代码清单 3-14 所示)。相比之下,针对 head_count_list 的频率计算要求我们迭代列表中的所有元素或使用 Python 的卷积函数 map。

代码清单 3-14 使用 NumPy 计算频率

```
frequency_array = head_count_array / 1000
assert frequency_array.tolist() == [head_count / 1000
                                    for head_count in head_count_list]
assert frequency_array.tolist() == list(map(lambda x: x / 1000,
                                        head_count_list))
```

用于运行随机模拟的实用 NumPy 方法

- np.random.randint(x, y): 返回一个介于 x(含)和 y - 1(含)之间的随机整数。
- np.random.binomial(1, p): 返回一个等于 0 或 1 的随机值。该值等于 1 的概率是 p。
- np.random.binomial(x, p): 运行 np.random.binomial(1,p)的 x 次迭代并返回求和结果。返回的值表示跨 x 个样本的非 0 观察数。
- np.random.binomial(x,p,size=y): 返回一个包含 y 个元素的数组。每个数组元素等于 np.random.binomial(x,p)的随机输出。
- np.random.binomial(x, p, size=y)/x: 返回一个包含 y 个元素的数组。每个元素代表跨 x 个样本的非 0 观察数的频率。

我们已经使用简单的除法运算将正面向上计数的数组转换为频率数组。现在准备更详细地探索 frequency_array 的内容。首先通过与 Python 列表所用的切片技术相同的方法,获得前 20 个采样频率。注意,与打印列表不同,NumPy 数组在其输出中不包含逗号(如代码清单 3-15 所示)。

代码清单 3-15 打印 NumPy 频率数组

```
print(frequency_array[:20])

[ 0.697 0.69  0.7   0.707 0.702 0.699 0.723 0.67  0.702 0.713
  0.721 0.689 0.711 0.697 0.717 0.691 0.731 0.697 0.722 0.728]
```

采样频率在 0.69 和 0.731 之间波动。当然,frequency_array 中还保留了额外的 480 个频率。我们通过调用 frequency_array.min()和 frequency_array.max()方法提取数组中的最小值和最大值(如代码清单 3-16 所示)。

代码清单 3-16 查找最大和最小频率值

```
min_freq = frequency_array.min()
```

```
max_freq = frequency_array.max()
print(f"Minimum frequency observed: {min_freq}")
print(f"Maximum frequency observed: {max_freq}")
print(f"Difference across frequency range: {max_freq - min_freq}")
```

```
Minimum frequency observed: 0.656
Maximum frequency observed: 0.733
Difference across frequency range: 0.07699999999999996
```

0.656~0.733 的频率范围内的某处是正面向上的真实概率。该区间跨度非常大，最大和最小采样值之间的差异超过 7%。如代码清单 3-17 所示，也许我们可以通过绘制所有单个频率与其出现次数的关系缩小频率范围(见图 3-2)。

代码清单 3-17　绘制测量频率

```
frequency_counts = defaultdict(int)
for frequency in frequency_array:
    frequency_counts[frequency] += 1

frequencies = list(frequency_counts.keys())
counts = [frequency_counts[freq] for freq in frequencies]

plt.scatter(frequencies, counts)
plt.xlabel('Frequency')
plt.ylabel('Count')
plt.show()
```

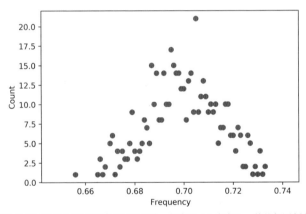

图 3-2　通过散点图显示 500 次迭代中各种频率出现的次数。频率以 0.7 为中心，某些相近频率在图中显示为重叠点

通过可视化的图表，我们可以观察到：接近 0.7 的频率出现次数最多。然而，这个图也有缺陷，因为几乎相同的频率在图表中显示为重叠点。我们应该将这些邻近频率组合在一起，而不是将它们视为单独的点。

3.2.1　通过直方图合并显示邻近值

现在准备通过将彼此非常接近的频率合并在一起，尝试优化图表输出。我们将频率范围细分为 N 个等距的 bin，然后将所有频率值放入它们对应的 bin 中。根据定义，任何给定 bin 中的值最多相隔 1/N 个单位。然后计算每个 bin 中的总值并将它们通过直方图显示出来。

我们所描述的基于 bin 的图被称为直方图。可以通过调用 plt.hist 在 Matplotlib 中生成直方图。该方法将要处理的值序列和可选的 bins 参数(该参数指定 bin 的总数)作为输入。因此,通过 plt.hist(frequency_array,bins=77)会将数据分成 77 个 bin,每个 bin 的宽度为 0.01 个单位。我们也可以使用 bins='auto',Matplotlib 将用常见的优化技术选择合适的 bin 宽度(其细节超出了本书的范围)。这里通过调用 plt.hist(frequency_array,bins='auto')在优化 bin 宽度的同时绘制直方图,结果如图3-3 所示。

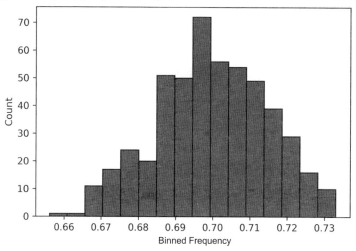

图 3-3　通过直方图显示 500 次迭代中各种频率出现的次数。元素最多的 bin 以 0.7 的频率为中心

注意

在代码清单 3-18 中,还包含一个 edgecolor='black'参数。这有助于我们通过将 bin 边缘着色为黑色来更好地区分 bin 之间的边界。

代码清单 3-18　使用 plt.hist 绘制频率直方图

```
plt.hist(frequency_array, bins='auto', edgecolor='black')
plt.xlabel('Binned Frequency')
plt.ylabel('Count')
plt.show()
```

在绘制的直方图中,频率计数最高的 bin 介于 0.69 和 0.70 之间。这个 bin 明显高于其他十几个 bin。我们可以使用 counts 获得更精确的 bin 计数,这是 plt.hist 返回的 NumPy 数组。该数组保存每个 bin 的 y 轴频率计数。这里调用 plt.hist 返回 counts,然后通过 counts.size 得到 bin 的总数(如代码清单 3-19 所示)。

代码清单 3-19　计算绘制的直方图中 bin 的个数

```
counts, _, _ = plt.hist(frequency_array, bins='auto',
                        edgecolor='black')
```
counts 是 plt.hist 返回的 3 个变量之一。本节稍后将讨论其他变量

```
print(f"Number of Bins: {counts.size}")
```

```
Number of Bins: 16
```

直方图中有 16 个 bin。每个 bin 的宽度是多少？可以通过将总频率范围除以 16 得到该值。我们也可以使用 bin_edges 数组，它是 plt.hist 返回的第二个变量。该数组保存图中垂直 bin 边缘的 x 轴位置。因此，任何两个连续边缘位置之间的差值等于 bin 的宽度(如代码清单 3-20 所示)。

代码清单 3-20　在直方图中查找 bin 的宽度

```
counts, bin_edges, _ = plt.hist(frequency_array, bins='auto',
                                edgecolor='black')

bin_width = bin_edges[1] - bin_edges[0]
assert bin_width == (max_freq - min_freq) / counts.size
print(f"Bin width: {bin_width}")

Bin width: 0.004812499999999997
```

注意

bin_edges 的大小总是比 counts 的大小大 1。为什么会这样？想象如果我们只有一个矩形 bin，它将被两条垂直线包围。添加一个额外的 bin 会将边界大小增加 1。如果我们将该逻辑外推到 N 个 bin，那么预计会看到 N+1 条边界线。

bin_edges 数组可以与 counts 一起使用，从而输出任何指定 bin 的元素计数和覆盖范围。我们定义一个 output_bin_coverage 函数，该函数输出位置 i 所对应的 bin 计数和覆盖范围(如代码清单 3-21 所示)。

代码清单 3-21　获取 bin 的频率和大小

位置 i 处的 bin 包含 counts[i]个频率

```
def output_bin_coverage(i):
    count = int(counts[i])
    range_start, range_end = bin_edges[i], bin_edges[i+1]
    range_string = f"{range_start} - {range_end}"
    print((f"The bin for frequency range {range_string} contains "
           f"{count} element{'' if count == 1 else 's'}"))

output_bin_coverage(0)
output_bin_coverage(5)
```

位置 i 处的 bin 覆盖 bin_edges[i] 到 bin_edges[i+1]的频率范围

```
The bin for frequency range 0.656 - 0.6608125 contains 1 element
The bin for frequency range 0.6800625 - 0.684875 contains 20 elements
```

现在计算直方图中最高峰的计数和频率范围。为此，我们需要获得 counts.max()的索引。方便的是，NumPy 数组有一个内置的 argmax 方法，它可以返回数组中最大值的索引(如代码清单 3-22 所示)。

代码清单 3-22 查找数组最大值的索引

```
assert counts[counts.argmax()] == counts.max()
```

因此，调用 output_bin_coverage(counts.argmax())可以提供我们所需的结果(如代码清单 3-23 所示)。

代码清单 3-23 使用 argmax 返回直方图的峰值

```
output_bin_coverage(counts.argmax())

The bin for frequency range 0.6945 - 0.6993125 contains 72 elements
```

3.2.2 利用直方图进行概率推导

直方图中元素最多的 bin 包含 72 个元素，覆盖大约 0.694~0.699 的频率范围。我们如何确定硬币正面向上的实际概率是否在该范围内(事先不知道答案)？一种选择是计算随机测量的频率落在 0.694~0.699 之间的可能性。如果可能性为 1.0，则该范围将 100%覆盖测量频率。这些测量的频率偶尔会包括硬币正面向上的实际概率，因此我们 100%确信真实概率介于 0.694 和 0.699 之间。即使可能性较低(为 95%)，我们仍然相当确信该范围包含真实概率值。

我们应该如何计算这种可能性？早些时候已证明区间的似然等于它在曲线下的面积，但前提是总绘制面积为 1.0。直方图下方的面积大于 1.0，因此必须通过将 density=True 传递到 plt.hist 进行修改，这将使得保持直方图形状的同时强制其面积的总和等于 1.0(如代码清单 3-24 所示)。

代码清单 3-24 绘制直方图的相对似然

```
likelihoods, bin_edges, _ = plt.hist(frequency_array, bins='auto',
                                     edgecolor='black', density=True)
plt.xlabel('Binned Frequency')
plt.ylabel('Relative Likelihood')
plt.show()
```

每个 bin 的计数现在已被存储在 likelihoods 数组中的相对似然取代(如图 3-4 所示)。正如前面所讨论的，相对似然指一个面积总和为 1.0 的图中的 y 值。当然，直方图下方的区域现在的面积总和为 1.0。我们可以通过对每个 bin 的矩形面积求和证明这一点，它等于 bin 的垂直似然值乘以 bin_width。因此，直方图下方的面积等于总似然乘以 bin_width，执行 likelihoods.sum() * bin_width 应该返回 1.0 的面积(如代码清单 3-25 所示)。

注意

总面积等于直方图中矩形面积的总和。在图 3-4 中，最长矩形的长度相当大，因此我们可以直观地估计总面积大于 1.0。

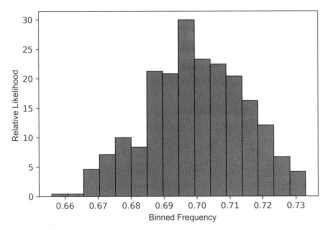

图 3-4　通过直方图显示 500 次迭代中各种频率出现的相对似然。直方图的面积总和为 1.0。这个面积可以通过对每个 bin 的矩形面积求和来计算

代码清单 3-25　计算直方图下的总面积

```
assert likelihoods.sum() * bin_width == 1.0
```

直方图的总面积为 1.0。因此，其峰值下方的面积现在等于随机采样频率落在 0.694~0.699 区间范围内的概率。我们通过计算位于 likelihoods.argmax() 的 bin 的面积得到这个值(如代码清单 3-26 所示)。

代码清单 3-26　计算峰值频率的概率

```
index = likelihoods.argmax()
area = likelihoods[index] * bin_width
range_start, range_end = bin_edges[index], bin_edges[index+1]
range_string = f"{range_start} - {range_end}"
print(f"Sampled frequency falls within interval {range_string} with
        probability {area}")

Sampled frequency falls within interval 0.6945 - 0.6993125 with probability
    0.144
```

概率约为 14%。该值很低，但可以通过将区间范围扩大到多个 bin 增加它。我们可以将邻近的位于 likelihoods.argmax() - 1 和 likelihoods.argmax() +1 处的 bin 纳入进来，从而扩大区间范围。

注意

Python 的索引表示法中包括开始索引，但不包括结束索引。因此，我们需要将结束索引设置为等于 likelihood.argmax() + 2，从而可以包含 likelihood.argmax() + 1 对应的记录。

代码清单 3-27 所示为增加频率范围后的概率。

代码清单 3-27　增加频率范围后的概率

```
peak_index = likelihoods.argmax()
```

```
start_index, end_index = (peak_index - 1, peak_index + 2)
area = likelihoods[start_index: end_index + 1].sum() * bin_width
range_start, range_end = bin_edges[start_index], bin_edges[end_index]
range_string = f"{range_start} - {range_end}"
print(f"Sampled frequency falls within interval {range_string} with
        probability {area}")
```

```
Sampled frequency falls within interval 0.6896875 - 0.704125 with probability
    0.464
```

这 3 个 bin 覆盖大约 0.689~0.704 的频率范围。它们的相关概率为 0.464。因此，3 个 bin 代表了统计学家所说的 46.4%的置信区间，这意味着我们有 46.4%的信心让真实概率落在 3 个 bin 的范围内。得到的这个置信度较低，统计学家更喜欢 95%或更高的置信区间。我们通过迭代扩展最左边的bin和最右边的bin达到这个较高的置信区间，直到区间面积延伸超过0.95(如代码清单3-28所示)。

代码清单 3-28　计算较高的置信区间

```
def compute_high_confidence_interval(likelihoods, bin_width):
    peak_index = likelihoods.argmax()
    area = likelihoods[peak_index] * bin_width
    start_index, end_index = peak_index, peak_index + 1
    while area < 0.95:
        if start_index > 0:
            start_index -= 1
        if end_index < likelihoods.size - 1:
            end_index += 1

        area = likelihoods[start_index: end_index + 1].sum() * bin_width

    range_start, range_end = bin_edges[start_index], bin_edges[end_index]
    range_string = f"{range_start:.6f} - {range_end:.6f}"
    print((f"The frequency range {range_string} represents a "
        f"{100 * area:.2f}% confidence interval"))
    return start_index, end_index

compute_high_confidence_interval(likelihoods, bin_width)
```

```
The frequency range 0.670438 - 0.723375 represents a 95.40% confidence interval
```

大约 0.670~0.723 的频率范围提供了 95.4%的置信区间。因此，1 000 次有偏硬币投掷的采样序列应该在 95.4%的时间里落在该范围内。我们相当确信真实概率介于 0.670 和 0.723 之间。但是，仍然无法确定真实概率是接近 0.67 还是 0.72。我们需要缩小这个范围，从而提供更精准的概率估计。

3.2.3　缩小较高置信区间的范围

如何在保持 95%的置信区间的同时缩小范围呢？也许应该把迭代次数从 500 提升到更高。之前，我们进行了 500 次迭代，每次迭代实验得到的频率代表 1 000 次有偏硬币的投掷结果。现在，让我们在保持每次迭代实验进行 1 000 次硬币投掷不变的情况下，执行 100 000 次频率采样(如代码清单 3-29 所示)。

代码清单 3-29　执行 100 000 次频率采样

```
np.random.seed(0)
head_count_array = np.random.binomial(1000, 0.7, 100000)
frequency_array = head_count_array / 1000
assert frequency_array.size == 100000
```

我们将在更新后的 frequency_array 上重新计算直方图，与之前相比，它现在拥有 200 倍的频率元素。然后绘制直方图，同时搜索高置信区间。如代码清单 3-30 所示，通过在置信区间范围内对直方图条进行着色将其纳入可视化中(见图 3-5)。直方图条可以通过 patches 进行可视化修改，patches 是 plt.hist 返回的第三个变量。索引 i 处的每个 bin 的图形详细信息可通过 patch[i] 访问。如果希望将第 i 个 bin 着色为黄色，可以简单地调用 patch[i].set_facecolor('yellow')。通过这种方式，可以突出显示所有落在指定更新区间范围内的直方图条。

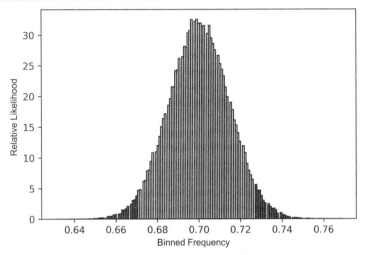

图 3-5　带有 100 000 个频率(针对它们相关的相对似然进行绘制)的直方图。突出显示的直方图条表示 95%的置信区间，
代表 95%的直方图面积。该区间涵盖大约 0.670~0.727 的频率范围

代码清单 3-30　对直方图条进行着色

```
likelihoods, bin_edges, patches = plt.hist(frequency_array, bins='auto',
                                            edgecolor='black', density=True)
bin_width = bin_edges[1] - bin_edges[0]
start_index, end_index = compute_high_confidence_interval(likelihoods,
                                                          bin_width)
for i in range(start_index, end_index):
    patches[i].set_facecolor('yellow')
plt.xlabel('Binned Frequency')
plt.ylabel('Relative Likelihood')

plt.show()

The frequency range 0.670429 - 0.727857 represents a 95.42% confidence interval
```

重新计算的直方图类似于对称的钟形曲线。它的许多直方图条已使用 set_facecolor 方法突出显示。突出显示的直方图条代表 95% 的置信区间。该区间涵盖大约 0.670~0.727 的频率范围。这个新频率范围与之前看到的几乎相同：增加频率样本大小并没有减小频率范围。也许我们还应该将每个频率样本的抛硬币次数从 1 000 次增加到 50 000 次(如图 3-6 所示)。如果保持频率样本大小稳定在100 000，这将导致 50 亿次抛掷硬币(如代码清单 3-31 所示)。

代码清单 3-31　进行 50 亿次硬币投掷

```python
np.random.seed(0)
head_count_array = np.random.binomial(50000, 0.7, 100000)
frequency_array = head_count_array / 50000

likelihoods, bin_edges, patches = plt.hist(frequency_array, bins='auto',
                                           edgecolor='black', density=True)
bin_width = bin_edges[1] - bin_edges[0]
start_index, end_index = compute_high_confidence_interval(likelihoods,
                                                          bin_width)

for i in range(start_index, end_index):
    patches[i].set_facecolor('yellow')
plt.xlabel('Binned Frequency')
plt.ylabel('Relative Likelihood')

plt.show()

The frequency range 0.695769 - 0.703708 represents a 95.06% confidence interval
```

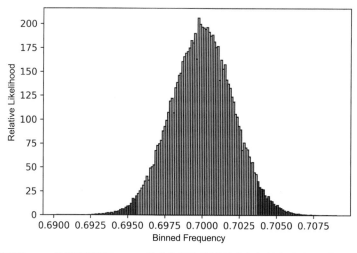

图 3-6　每次实验抛掷 50 000 次硬币并进行 100 000 次实验所得到的频率分布直方图。突出显示的直方图条表示 95% 的置信区间，代表 95% 的直方图面积。该区间涵盖大约 0.695~0.703 的频率范围

新的 95.06% 的置信区间涵盖大约 0.695~0.703 的频率范围。如果将范围四舍五入到两位小数，则为 0.70~0.70。因此，我们非常确信真实概率约为 0.70。通过增加每次实验的抛硬币次数，成功缩小了 95% 的置信区间的范围。

更新后的直方图再次类似于钟形曲线。该曲线被称为高斯分布或正态分布。由于存在中心极限定理，因此正态分布对概率论和统计学非常重要。根据该定理，当样本数量较多时，采样频率分布呈正态分布。此外，该定理预测，随着每个频率样本大小的增加，可能的频率范围会变窄。这与我们的观察完全一致，总结如下。

(1) 最初对 1 000 次抛硬币进行了 500 次采样。

(2) 将每次实验投掷 1 000 次硬币的结果转换为频率。

(3) 绘制 500 个频率的直方图，代表 50 000 次硬币投掷。

(4) 直方图形状不对称，它在大约 0.7 处达到峰值。

(5) 将频率计数从 500 增加到 100 000。

(6) 绘制 100 000 个频率的直方图，代表 100 万次硬币抛掷。

(7) 新的直方图形状类似正态曲线，它继续在 0.7 达到峰值。

(8) 不断将峰值周围的 bin 添加进来并对这些 bin 的面积进行求和。一旦面积达到总面积的 95%，就停止继续添加新 bin。

(9) 这些 bin 代表大约 0.670~0.723 的频率范围。

(10) 将每次实验抛掷 1 000 次硬币增加到每次实验抛掷 50 000 次硬币。

(11) 绘制 100 000 个频率的直方图，代表 50 亿次硬币抛掷。

(12) 更新后的直方图的形状仍然类似于正态曲线。

(13) 重新计算覆盖 95% 的直方图面积的频率范围。

(14) 频率范围宽度缩小到大约 0.695~0.703。

(15) 因此，当增加每次实验投掷硬币的次数时，可能频率的范围开始缩小到 0.7 左右。

3.2.4　在 NumPy 中计算直方图

调用 plt.hist 方法会自动生成直方图。我们可以在不创建图的情况下直接获取直方图的相关信息吗？答案是肯定的，可以使用 NumPy 的非可视化函数 np.histogram。该函数将所有与直方图可视化无关的参数作为输入，例如 frequency_arrays、bins='auto' 和 density=True。然后它返回两个与绘图操作无关的变量：likelihoods 和 bin_edges。因此，可以通过调用 np.histogram 在不显示图形的情况下获得直方图的相关信息，同时运行 compute_high_confidence_interval(如代码清单 3-32 所示)。

代码清单 3-32　使用 np.histogram 计算直方图

我们不再存储此函数返回的开始和结束索引变量，因为不再需要在直方图中突出显示区间范围

```
np.random.seed(0)

likelihoods, bin_edges = np.histogram(frequency_array, bins='auto',
                                      density=True)
bin_width = bin_edges[1] - bin_edges[0]
compute_high_confidence_interval(likelihoods, bin_width)

The frequency range 0.695769 - 0.703708 represents a 95.06% confidence interval
```

常用的直方图函数

- plt.hist(data, bins=10)：绘制一个直方图，其中数据元素分布在 10 个等距的 bin 中。

- plt.hist(data, bins='auto')：绘制一个直方图，其 bin 的数量是根据数据分布自动确定的。auto 是 bins 的默认设置。

- plt.hist(data, edges='black')：在绘制直方图时，每个 bin 的边缘都用黑色垂直线进行标记。

- counts, _, _ = plt.hist(data)：counts 数组是 plt.hist 返回的 3 个变量中的第一个。它保存每个 bin 中包含的元素的数量。这些数值将出现在直方图的 y 轴上。

- _, bin_edges, _ = plt.hist(data)：bin_edges 数组是 plt.hist 返回的 3 个变量中的第二个。它保存图中垂直 bin 边缘的 x 轴位置。bin_edges[i+1]减去 bin_edges[i]将得到每个 bin 的宽度。将宽度乘以 counts[i]可以得到位置 i 处矩形 bin 的面积。

- likelihoods, _, _ = plt.hist(data, density=True)：将 bin 对应的计数转换为 likelihoods，使得直方图下方的总面积为 1.0。因此，直方图被转换为概率分布。将 bin 的宽度乘以 likelihoods[i] 可以得到落在 bin_edges[i]到 bin_edges[i+1]范围内的随机结果的概率。

- _, _, patches = plt.hist(data)：patches 列表是 plt.hist 返回的 3 个变量中的第三个。索引 i 处的每个 bin 的图形设置存储在 patch[i]中。通过调用 patch[i].set_facecolor('yellow')，可以更改位置 i 处的直方图 bin 的颜色。

- likelihoods, bin_edges = np.histogram(data, density=True)：返回直方图的 likelihoods 和 bin_edges，而不实际绘制结果。

3.3 使用置信区间分析一副有偏纸牌

假设你有一副有偏的 52 张的牌。每张牌不是红的就是黑的，但颜色数是不相等的。这副牌里有多少张红牌？你可以一个一个地数所有的红牌，但那太容易了。让我们添加一个约束使问题更有趣。你每次可以从这副牌中抽出一张，如果想看下一张，就必须洗牌。你可以无数次地洗牌并抽出一张牌看它是红色还是黑色。

有了这些约束条件，我们必须使用随机采样解决这个问题。从模拟一副 52 张的纸牌开始。红色纸牌的数量是一个 0~52 的整数，可以使用 np.random.randint 生成它(如代码清单 3-33 所示)。我们将随机生成的 red_card_count 值隐藏起来，直到找到确定红色纸牌数量的解决方案为止。

代码清单 3-33 生成随机数量的红色纸牌

```
np.random.seed(0)
total_cards = 52
red_card_count = np.random.randint(0, total_cards + 1)
```

因为纸牌一共 52 张，所以可以通过从 52 张牌中减去 red_card_count 张红色纸牌得到黑色纸牌的数量 black_card_count，并且因为我们假设这是一副有偏的纸牌，所以 red_card_count 和 black_card_count 的值不相等(如代码清单 3-34 所示)。

代码清单 3-34 生成黑色纸牌的数量

```
black_card_count = total_cards - red_card_count
assert black_card_count != red_card_count
```

在建模阶段，我们先洗牌，然后从中抽出一张牌，这张牌的颜色不是红色就是黑色。这样的结果可以使用样本空间{'red_card', 'black_card'}进行描述，但这种描述只适用于无偏的纸牌；换句话说，52 张纸牌中红色纸牌和黑色纸牌的数量是相等的。然后，在实验中，纸牌是有偏的，也就是红色纸牌的数量和黑色纸牌的数量不相等，是经过 red_card_count 和 black_card_count 加权的。因此需要一个加权的样本空间字典，其字典值等于纸牌的数量。我们将使用'red_card'和'black_card'作为字典的键。把 weighted_sample_space 传递给 compute_event_probability 将允许我们计算抽到红牌的概率(如代码清单 3-35 所示)。

代码清单 3-35 使用样本空间计算纸牌概率

```
weighted_sample_space = {'red_card': red_card_count,
                         'black_card': black_card_count}
prob_red = compute_event_probability(lambda x: x == 'red_card',
                                     weighted_sample_space)
```

需要注意的是，compute_event_probability 函数使用 red_card_count/(red_card_count+black_card_count)计算概率。此外，total_cards=red_card_count+black_card_count。因此，抽到红色纸牌的概率为 red_card_count/total_cards(如代码清单 3-36 所示)。

代码清单 3-36 使用除法计算纸牌概率

```
assert prob_red == red_card_count / total_cards
```

我们应该如何利用 prob_red 模拟翻纸牌呢？翻纸牌的结果不是红色就是黑色，这与之前讨论的抛掷硬币的场景一样，只不过将正面和反面使用颜色进行替换。因此，我们可以使用二项分布对翻纸牌的场景进行建模。如果翻开的第一张纸牌是红色的，那么认为 np.random.binomial (1, prob_red)返回的结果是 1，否则返回的是 0(如代码清单 3-37 所示)。

代码清单 3-37 模拟随机抽取纸牌

```
np.random.seed(0)
color = 'red' if np.random.binomial(1, prob_red) else 'black'
print(f"The first card in the shuffled deck is {color}")

The first card in the shuffled deck is red
```

现在进行 10 次洗牌，每次洗牌后，都翻开一张纸牌查看它的颜色(如代码清单 3-38 所示)。

代码清单 3-38 模拟 10 次随机翻牌

```
np.random.seed(0)
red_count = np.random.binomial(10, prob_red)
print(f"In {red_count} of out 10 shuffles, a red card came up first.")
```

```
In 8 of out 10 shuffles, a red card came up first.
```

在 10 次洗牌并随机翻牌的实验中,有 8 次翻出一张红牌。这是否意味着 80% 的牌都是红色的?当然不是。我们之前已经展示了当采样规模较小时这种结果为什么很常见。因此可以设置如下场景,每次实验进行 50 000 次洗牌和翻牌,执行 100 000 次实验。我们可以通过将 np.random.binomial (50000,prob_red,100000) 的结果除以 50 000 得到频率。生成的频率数组可以转换为直方图,这将允许我们计算翻到红牌的 95% 的置信区间。这里通过扩大直方图峰值周围的区间范围计算置信区间,直到该范围覆盖直方图面积的 95%(如代码清单 3-39 所示)。

代码清单 3-39　计算纸牌游戏的置信区间

将 100 000 次红牌出现的次数转换为 100 000 个频率

每次实验通过 50 000 次洗牌和翻牌观察红牌出现的情况,然后将实验执行 100 000 次

```
np.random.seed(0)
red_card_count_array = np.random.binomial(50000, prob_red, 100000)
frequency_array = red_card_count_array / 50000

likelihoods, bin_edges = np.histogram(frequency_array, bins='auto',
                                      density=True)
bin_width = bin_edges[1] - bin_edges[0]
start_index, end_index = compute_high_confidence_interval(likelihoods,
                                                          bin_width)
The frequency range 0.842865 - 0.849139 represents a 95.16% confidence interval
```

计算频率直方图

计算直方图的 95% 的置信区间

我们非常有信心 prob_red 位于 0.842865 和 0.849139 之间,也知道 prob_red 等于 red_card_count/total_cards,因此 red_card_count 等于 prob_red*total_cards。我们非常确信 red_card_count 介于 0.842865*total_cards 和 0.849139*total_cards 之间。现在计算 red_card_count 的可能范围。因为 red_card_count 是整数,所以将范围的端点四舍五入到最接近的整数(如代码清单 3-40 所示)。

代码清单 3-40　估算红色纸牌的数量

```
range_start = round(0.842771 * total_cards)
range_end = round(0.849139 * total_cards)
print(f"The number of red cards in the deck is between {range_start} and
    {range_end}")

The number of red cards in the deck is between 44 and 44
```

我们对这 52 张纸牌中有 44 张红色纸牌非常有信心,现在验证这一想法是否正确(如代码清单 3-41 所示)。

代码清单 3-41　验证红色纸牌的数量

```
if red_card_count == 44:
    print('We are correct! There are 44 red cards in the deck')
else:
    print('Oops! Our sampling estimation was wrong.')
```

```
We are correct! There are 44 red cards in the deck
```

在这副纸牌中确实有 44 张红牌，我们无须手动对这些纸牌进行计算就可以确信这一点。因此，使用洗牌并随机采样的方法以及置信区间计算足以证明我们的解决方案是正确的。

3.4　使用排列来洗牌

洗牌要求我们随机重新排列一副牌中的所有纸牌。我们可以使用 np.random.shuffle 方法进行随机重新排序。该函数将有序数组或列表作为输入并将其元素原地打乱。代码清单 3-42 将对一副牌随机洗牌，其中包含两张红牌(用 1 表示)和两张黑牌(用 0 表示)。

代码清单 3-42　洗一副包含 4 张牌的纸牌

```
np.random.seed(0)
card_deck = [1, 1, 0, 0]
np.random.shuffle(card_deck)
print(card_deck)
```

```
[0, 0, 1, 1]
```

shuffle 方法重新排列了 card_deck 中的元素。如果你希望保留一份原始未洗过的纸牌的副本，可以使用 np.random.permutation(如代码清单 3-43 所示)。它将返回一个新的随机顺序的 NumPy 数组，而原始输入的数组中的元素的顺序保持不变。

代码清单 3-43　返回一副洗过的纸牌副本

```
np.random.seed(0)
unshuffled_deck = [1, 1, 0, 0]
shuffled_deck = np.random.permutation(unshuffled_deck)
assert unshuffled_deck == [1, 1, 0, 0]
print(shuffled_deck)
```

```
[0 0 1 1]
```

np.random.permutation 返回的元素的随机排序在数学上称为排列。大多数情况下，随机排列与原始排序不同。但极少数情况下，它们可能等于原始的、未打乱的排列。随机排列后的序列完全等于 unshuffled_deck(未排列的原始序列)的概率是多少？

我们当然可以通过采样方法计算这个概率。因为只有 4 个元素，所以可以使用样本空间进行分析。构造样本空间需要我们循环遍历所有可能的牌组排列，可以使用 itertools.permutations 函数来实现。调用 itertools.permutations(unshuffled_deck)将返回所有可能的排列情况。这里使用该函数输出前三个排列(如代码清单 3-44 所示)。注意，这些排列被输出为 Python 元组，而不是数组或列表。与数组或列表不同，元组不能原地修改：它们使用括号表示。

代码清单 3-44 迭代纸牌排列

代码清单 3-44 迭代纸牌排列

```
import itertools
for permutation in list(itertools.permutations(unshuffled_deck))[:3]:
    print(permutation)

(1, 1, 0, 0)
(1, 1, 0, 0)
(1, 0, 1, 0)
```

生成的前两个排列彼此相同。为什么会这样？因为第一个排列只是原始的 unshuffled_deck，没有重新排列的元素。然后，通过交换第一个排列的第三个和第四个元素生成第二个排列。但是，这两个元素都是 0，因此看起来和第一个排列结果是一样的。我们可以通过将原始数据改成[0,1,2,3]并获取前三个排列来确认确实发生了元素交换，如代码清单 3-45 所示。

代码清单 3-45 验证排列中的位置交换

```
for permutation in list(itertools.permutations([0, 1, 2, 3]))[:3]:
    print(permutation)

(0, 1, 2, 3)
(0, 1, 3, 2)
(0, 2, 1, 3)
```

4 张牌的某些排列不止出现一次。因此，可以假设某些排列可能比其他排列更频繁地发生。我们通过将排列计数存储在 weighted_sample_space 字典中来验证这个假设(如代码清单 3-46 所示)。

代码清单 3-46 计算排列发生次数

```
weighted_sample_space = defaultdict(int)
for permutation in itertools.permutations(unshuffled_deck):
    weighted_sample_space[permutation] += 1

for permutation, count in weighted_sample_space.items():
    print(f"Permutation {permutation} occurs {count} times")

Permutation (1, 1, 0, 0) occurs 4 times
Permutation (1, 0, 1, 0) occurs 4 times
Permutation (1, 0, 0, 1) occurs 4 times
Permutation (0, 1, 1, 0) occurs 4 times
Permutation (0, 1, 0, 1) occurs 4 times
Permutation (0, 0, 1, 1) occurs 4 times
```

所有排列都以相同的频率发生。因此，所有牌排列的可能性都相同，并且不需要加权样本空间。通过 set(itertools.permutations(unshuffled_deck))得到的未加权样本空间应该足以解决问题(如代码清单 3-47 所示)。

代码清单 3-47　计算排列概率

定义一个 lambda 函数,它将某个 x 作为输入,如果　　　　　　未加权的样本空间等于纸
x 等于我们未洗过的牌组,则返回 True。我们将这　　　　　　牌所有唯一排列的集合
个单行 lambda 函数作为事件条件

```
sample_space = set(itertools.permutations(unshuffled_deck))
event_condition = lambda x: list(x) == unshuffled_deck
prob = compute_event_probability(event_condition, sample_space)
assert prob == 1 / len(sample_space)
print(f"Probability that a shuffle does not alter the deck is {prob}")

Probability that a shuffle does not alter the deck is 0.16666666666666666
```

计算观察到满足事件条件的事件的概率

假设我们有一个大小为 N 的通用 unshuffled_deck,其中包含 N/2 张红牌。从数学上讲,可以证明纸牌的所有颜色排列发生的可能性相同。因此,可以直接使用未加权样本空间计算概率。遗憾的是,创建这个样本空间对于一副 52 张的牌是不可行的,因为可能的排列数量是天文数字 (8.06×10^{67}),比地球上的原子数量还多。如果尝试计算一个 52 张纸牌的样本空间,程序将运行很多天,最终会以内存耗尽而失败。然而,对于一副较小的 10 张的牌,可以很容易地计算出这样的样本空间(如代码清单 3-48 所示)。

代码清单 3-48　计算 10 张纸牌组成的样本空间

```
red_cards = 5 * [1]
black_cards = 5 * [0]
unshuffled_deck = red_cards + black_cards
sample_space = set(itertools.permutations(unshuffled_deck))
print(f"Sample space for a 10-card deck contains {len(sample_space)}
        elements")

Sample space for a 10-card deck contains 252 elements
```

我们的任务是寻找抽到红牌的最佳策略。10 张牌的 sample_space 集合可以证明它在这些努力中是有用的:该集合允许我们直接计算各种竞争策略的概率。因此,可以根据 10 张牌的表现对策略进行排名,然后将排名靠前的策略应用到 52 张牌上。

3.5　本章小结

- np.random.binomial 方法可以模拟随机抛硬币。该方法得名于二项分布,二项分布是一种捕获抛硬币概率的通用分布。

- 当一枚硬币被反复抛掷时,其正面向上的频率会趋向于正面向上的实际概率。但是,最终频率可能与实际概率略有不同。

- 可以通过绘制直方图对抛硬币频率的可变性进行可视化。直方图显示了观察到的值的 bin 计数。bin 计数可以转换为相对似然,使直方图下方的面积总和为 1.0。实际上,转换后的

直方图变成了概率分布。概率分布的峰值周围的区域代表一个置信区间。置信区间是未知概率落在某一频率范围内的可能性。一般来说，我们倾向于 95%或更高的置信区间。

- 当采样频率较多时，频率直方图的形状类似于钟形曲线。这条曲线被称为高斯分布或正态分布。根据中心极限定理，与钟形曲线相关的 95%的置信区间随着每个频率样本大小的增加而变窄。

- 模拟洗牌可以使用 np.random.permutation 方法进行。此方法返回一组随机排列的纸牌。排列表示纸牌元素的随机顺序。通过调用 itertools.permutation 可以遍历每一个可能的排列。对 52 张牌的所有排列进行迭代在计算上是不可能的。然而，可以很容易地捕获 10 张牌的所有排列。这些排列可以用来计算小型牌组的样本空间。

第4章

案例研究 1 的解决方案

本章主要内容
- 模拟纸牌游戏
- 概率策略优化
- 置信区间

我们是玩一个纸牌游戏,在这个游戏中,纸牌被不断翻开,直到告诉发牌者停止翻牌。然后发牌者将再翻开一张纸牌。如果这张牌是红色的,我们赢 1 美元,否则我们会损失 1 美元。我们的目标是找到一种策略,它能很好地预测出一副牌中的红牌。这将通过如下方法实现。

(1) 在随机洗牌中开发多种预测红牌的策略。

(2) 在多个模拟中应用每种策略以在高置信区间内计算其成功的概率。如果这些计算被证明难以处理,我们将转而关注那些在 10 张牌的样本空间中表现最好的策略。

(3) 确定达到最高成功概率的最简单的策略。

警告

案例研究 1 的解决方案即将揭晓。我强烈建议你在阅读解决方案之前尝试解决问题。原始问题的陈述可以参考案例研究的开始部分。

4.1 对红牌进行预测

首先创建一个包含 26 张红牌和 26 张黑牌的牌组(如代码清单 4-1 所示)。黑牌用 0 表示,红牌用 1 表示。

代码清单 4-1 为一副 52 张的纸牌建模

```
red_cards = 26 * [1]
black_cards = 26 * [0]
unshuffled_deck = red_cards + black_cards
```

接下来对 52 张牌进行洗牌，如代码清单 4-2 所示。

代码清单 4-2 对 52 张牌进行洗牌

```
np.random.seed(1)
shuffled_deck = np.random.permutation(unshuffled_deck)
```

现在开始游戏，进行翻牌，并且当下一张牌可能是红色时停止。如果下一张牌是红色，我们就赢了。

如何决定何时停止？一种简单的策略是当牌组中剩余的红牌数量大于剩余的黑牌数量时终止游戏(如代码清单 4-3 所示)。我们在洗牌后执行这个策略。

代码清单 4-3 编写纸牌游戏策略

```
remaining_red_cards = 26
for i, card in enumerate(shuffled_deck[:-1]):
    remaining_red_cards -= card
    remaining_total_cards = 52 - i - 1          ◄──
    if remaining_red_cards / remaining_total_cards > 0.5:
        break

print(f"Stopping the game at index {i}.")
final_card = shuffled_deck[i + 1]
color = 'red' if final_card else 0
print(f"The next card in the deck is {'red' if final_card else 'black'}.")
print(f"We have {'won' if final_card else 'lost'}!")

Stopping the game at index 1.
The next card in the deck is red.
We have won!
```

> 从 52 中减去目前看到的总牌数。这个总数等于 i+1，因为 i 最初设置为 0。或者，可以运行 enumerate(shuffled_deck [:-1],1)，以便将 i 最初设置为 1

这个策略在我们的第一次尝试中就取得了胜利。当剩余红牌的比例大于剩余总牌数的一半时，我们停止游戏。可以通过 min_red_fraction 参数控制游戏的运行，在红牌比例大于输入的参数值时停止。这个通用策略是在 min_red_fraction 预设为 0.5 的情况下实现的(如代码清单 4-4 所示)。

代码清单 4-4 泛化纸牌游戏策略

```
np.random.seed(0)
total_cards = 52
total_red_cards = 26
def execute_strategy(min_fraction_red=0.5, shuffled_deck=None,
                     return_index=False):
    if shuffled_deck is None:
        shuffled_deck = np.random.permutation(unshuffled_deck)   ◄──

    remaining_red_cards = total_red_cards

    for i, card in enumerate(shuffled_deck[:-1]):
```

> 如果没有提供牌组，那么对未洗过的牌组进行洗牌

```
    remaining_red_cards -= card
    fraction_red_cards = remaining_red_cards / (total_cards - i - 1)
    if fraction_red_cards > min_fraction_red:
        break

return (i+1, shuffled_deck[i+1]) if return_index else shuffled_deck[i+1]
```

　　　　　　　　　　　　　　　　　　　　　　　选择性地返回最后一张
　　　　　　　　　　　　　　　　　　　　　　　纸牌及其索引

评估策略成功的可能性

　　我们将基本策略应用于一系列 1 000 次随机洗牌，如代码清单 4-5 所示。

代码清单 4-5　对 1 000 次洗牌应用基本策略

```
observations = np.array([execute_strategy() for _ in range(1000)])
```

　　在实验中，观察到的 1 的总比例对应观察到的红牌的比例，因此对应获胜的比例。可以通过将 observations 中的 1(代表红色纸牌)相加并除以数组大小计算这个比例。顺便说一句，该计算也可以通过调用 observations.mean()执行(如代码清单 4-6 所示)。

代码清单 4-6　计算获胜频率

```
frequency_wins = observations.sum() / 1000
assert frequency_wins == observations.mean()
print(f"The frequency of wins is {frequency_wins}")

The frequency of wins is 0.511
```

　　我们赢得 51.1%的游戏。策略似乎奏效了，511 胜 489 负将使我们的总利润为 22 美元(如代码清单 4-7 所示)。

代码清单 4-7　计算总利润

```
dollars_won = frequency_wins * 1000
dollars_lost = (1 - frequency_wins) * 1000
total_profit = dollars_won - dollars_lost
print(f"Total profit is ${total_profit:.2f}")

Total profit is $22.00
```

　　上面的策略是在大小为 1 000 的样本上进行的。如代码清单 4-8 所示，我们绘制样本大小从 1 到 10 000 的获胜频率(见图 4-1)。

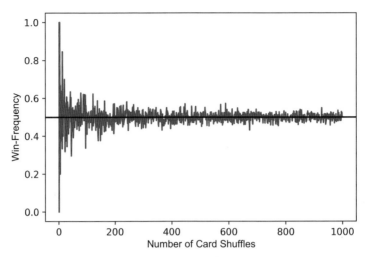

图 4-1 获胜频率与游戏次数之间的关系。我们观察到频率在 0.5 周围波动，
但无法判断获胜的概率是高于还是低于 0.5

代码清单 4-8 绘制获胜的模拟频率

返回指定游戏次数的
获胜频率

```
np.random.seed(0)
def repeat_game(number_repeats):
    observations = np.array([execute_strategy()
                                for _ in range(number_repeats)])
    return observations.mean()

frequencies = []
for i in range(1, 1000):
    frequencies.append(repeat_game(i))
plt.plot(list(range(1, 1000)), frequencies)
plt.axhline(0.5, color='k')
plt.xlabel('Number of Card Shuffles')
plt.ylabel('Win-Frequency')
plt.show()
print(f"The win-frequency for 10,000 shuffles is {frequencies[-1]}")

The win-frequency for 10,000 shuffles is 0.5035035035035035
```

在 10 000 次洗牌并翻牌的游戏中，上面的策略产生超过 50% 的获胜频率。然而，在整个采样过程中，该策略对应的获胜频率也在 50% 上下波动。我们对获胜概率实际上大于 0.5 的信心有多大？可以使用置信区间进行分析，如图 4-2 所示。我们通过对 10 000 次洗牌进行 300 次采样计算置信区间，总共洗牌 300 万次。对数组进行这种洗牌操作是一个计算成本很高的过程，因此代码清单 4-9 大约需要 40 秒才能运行完成。

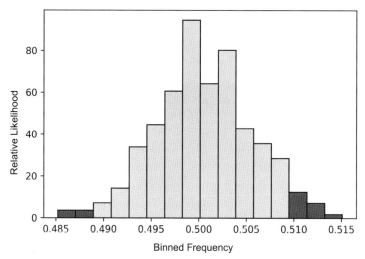

图4-2　通过直方图显示 300 次采样(每次采样进行 10 000 次洗牌)的频率分布。突出显示的直方图条表示 95% 的置信区
间。该区间涵盖大约 0.488~0.508 的频率范围

代码清单 4-9　计算 300 万次洗牌的置信区间

```
np.random.seed(0)
frequency_array = np.array([repeat_game(10000) for _ in range(300)])

likelihoods, bin_edges, patches = plt.hist(frequency_array, bins='auto',
                                     edgecolor='black', density=True)
bin_width = bin_edges[1] - bin_edges[0]
start_index, end_index = compute_high_confidence_interval(likelihoods,
    bin_width)

for i in range(start_index, end_index):
    patches[i].set_facecolor('yellow')
plt.xlabel('Binned Frequency')
plt.ylabel('Relative Likelihood')

plt.show()

The frequency range 0.488938 - 0.509494 represents a 97.00% confidence
    interval
```

注意，compute_high_confidence_interval 函数是在
第 3 章中定义的

我们对实际概率介于 0.488 和 0.509 之间非常有信心。但是，仍然不知道这个概率是高于还是
低于 0.5。这是一个问题：即使是对真实概率的微小误解也可能带来损失。

假设真实概率为 0.5001。如果将我们的策略应用于 10 亿次游戏(洗牌并翻牌)，应该会赢得 20
万美元。现在假定出现错误，实际概率是 0.4999。这种情况下，将损失 20 万美元。第 4 个小数位
上的微小错误可能会使我们损失数十万美元。

我们必须确定策略的真实概率是高于 0.5，因此只能通过增加样本数量来缩小 95% 的置信区间。
代码清单 4-10 将对 5 万次洗牌(每一次洗牌视为一次新游戏)进行 3 000 次迭代，即进行 1.5 亿次的
游戏，它需要运行约 1 小时。

警告

代码清单 4-10 可能需要运行 1 小时的时间。

代码清单 4-10　计算 1.5 亿次游戏的置信区间

```
np.random.seed(0)

frequency_array = np.array([repeat_game(50000) for _ in range(3000)])
likelihoods, bin_edges = np.histogram(frequency_array, bins='auto',
                                      density=True)
bin_width = bin_edges[1] - bin_edges[0]
compute_high_confidence_interval(likelihoods, bin_width)

The frequency range 0.495601 - 0.504345 represents a 96.03% confidence
    interval
```

即便运行 1.5 亿次游戏，新置信区间仍然无法辨别真实概率是否高于 0.5。那么应该怎么办呢？增加样本数量在计算上是不可行的(除非我们愿意让模拟运行几天)。也许将 min_red_fraction 从 0.5 增加到 0.75 会带来改进。我们准备更新策略，而对新策略的模拟也需要 1 小时才能完成。

警告

代码清单 4-11 可能需要运行 1 小时的时间。

代码清单 4-11　计算更新后策略的置信区间

```
np.random.seed(0)
def repeat_game(number_repeats, min_red_fraction):
    observations = np.array([execute_strategy(min_red_fraction)
                             for _ in range(number_repeats)])
    return observations.mean()

frequency_array = np.array([repeat_game(50000, 0.75) for _ in range(3000)])
likelihoods, bin_edges = np.histogram(frequency_array, bins='auto',
                                      density=True)
bin_width = bin_edges[1] - bin_edges[0]
compute_high_confidence_interval(likelihoods, bin_width)

The frequency range 0.495535 - 0.504344 represents a 96.43% confidence
    interval
```

很遗憾，置信区间的跨度仍未确定，因为它仍然包括盈利和不盈利的概率。

也许可以通过将策略应用到 10 张牌的牌组中来获得更多想法。我们可以完整地探索纸牌的样本空间，从而计算出获胜的确切概率。

4.2　使用 10 张牌的样本空间来优化策略

代码清单 4-12 计算一副 10 张的牌的样本空间，然后它将基本策略应用于该样本空间。最终输出是该策略获胜的概率。

代码清单 4-12　对由 10 张牌组成的牌组应用基本策略

```
total_cards = 10
total_red_cards = int(total_cards / 2)
total_black_cards = total_red_cards
unshuffled_deck = [1] * total_red_cards + [0] * total_black_cards
sample_space = set(itertools.permutations(unshuffled_deck))
win_condition = lambda x: execute_strategy(shuffled_deck=np.array(x))
prob_win = compute_event_probability(win_condition, sample_space)
print(f"Probability of a win is {prob_win}")

Probability of a win is 0.5
```

itertools 已在第 3 章中导入

compute_event_probability
函数已在第 1 章中定义

基本策略取得胜
利的事件条件

令人惊讶的是，基本策略的获胜概率依旧是 50%，这并没有比随机抽取一张牌获得更好的效果。也许 min_red_fraction 参数不够低。我们可以将 0.5~1.0 之间的所有两位小数作为 min_red_fraction 进行采样。代码清单 4-13 计算 min_red_fraction 值范围内的获胜概率并返回最小和最大概率。

代码清单 4-13　对由 10 张牌组成的牌组应用多种策略

```
def scan_strategies():
    fractions = [value / 100 for value in range(50, 100)]
    probabilities = []
    for frac in fractions:
        win_condition = lambda x: execute_strategy(frac,
                                      shuffled_deck=np.array(x))
        probabilities.append(compute_event_probability(win_condition,
                                      sample_space))
    return probabilities

probabilities = scan_strategies()
print(f"Lowest probability of win is {min(probabilities)}")
print(f"Highest probability of win is {max(probabilities)}")

Lowest probability of win is 0.5
Highest probability of win is 0.5
```

最低和最高概率都等于 0.5，我们的策略都没有优于随机抽取纸牌的效果。也许调整纸牌总数会带来一些改进。让我们分析包含 2 张、4 张、6 张和 8 张牌的牌组的样本空间。这里将所有策略应用于每个样本空间并返回它们的获胜概率，然后搜索不等于 0.5 的概率(如代码清单 4-14 所示)。

代码清单 4-14　将多种策略应用于多个牌组

```
for total_cards in [2, 4, 6, 8]:
    total_red_cards = int(total_cards / 2)
    total_black_cards = total_red_cards
    unshuffled_deck = [1] * total_red_cards + [0] * total_black_cards

    sample_space = set(itertools.permutations(unshuffled_deck))
    probabilities = scan_strategies()
    if all(prob == 0.5 for prob in probabilities):
        print(f"No winning strategy found for deck of size {total_cards}")
    else:
    print(f"Winning strategy found for deck of size {total_cards}")

No winning strategy found for deck of size 2
No winning strategy found for deck of size 4
No winning strategy found for deck of size 6
No winning strategy found for deck of size 8
```

所有策略在小型牌组中都产生 0.5 的概率。每次增加牌组大小时，我们都会向牌组中添加两张额外的牌，但这并不能提高最终的表现。在 2 张牌上失败的策略在 4 张牌上继续失败，在 8 张牌上失败的策略在 10 张牌上继续失败。我们可以进一步推断这个逻辑。在 10 张的牌组上失败的策略很可能在 12 张的牌组上失败，因此在 14 张的牌组和 16 张的牌组上也可能失败。最终，它会在 52 张的牌组上失败。严格地说，这种归纳论证是有道理的。在数学上，它可以被证明是正确的。现在，我们不需要关心数学。重要的是，直觉已被证明是错误的。我们的策略不适用于 10 张牌，而且没有理由相信它们会适用于 52 张牌。为什么这些策略会失败？

直觉上，最初的策略是有道理的：如果一副牌中的红牌多于黑牌，那么更有可能从一副牌中选出一张红牌。但是，我们没有考虑红牌永远不会超过黑牌的情况。例如，假设前 26 张牌为红色，其余为黑色。这种情况下，我们的策略是一直翻牌到最后，结果将失败。另外，让我们考虑一个洗过牌的牌组，其中前 25 张牌是红色，接下来的 26 张牌是黑色，最后一张牌是红色。这种情况下，我们的策略还是一直翻牌到最后，结果会赢。因此，似乎每种策略都可能导致以下 4 种情况之一。

- 按照策略停止翻牌，下一张牌是红色，我们获胜。
- 按照策略停止翻牌，下一张牌是黑色，我们失败。
- 按照策略一直翻牌到最后，最后一张牌是红色，我们获胜。
- 按照策略一直翻牌到最后，最后一张牌是黑色，我们失败。

下面举例说明这 4 种场景在 50 000 次洗牌中发生的频率，如代码清单 4-15 所示。我们在两位小数的 min_red_fraction 值范围内记录这些频率。然后，根据从 4 种场景中观察到的发生率绘制每个 min_red_fraction 值，如图 4-3 所示。

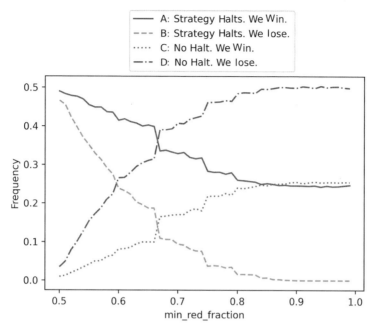

图4-3　针对所有4种可能场景的采样频率绘制 min_red_fraction 参数。场景 A 最初的频率约为 0.49，但最终下降到 0.25。
场景 C 的频率大约为 0.01，但最终会增加到 0.25。A 和 C 的频率总和保持在大约 0.5，因此反映了 50% 的获胜机会

代码清单 4-15　对 52 张牌的牌组绘制策略结果

我们在 num_repeats 模拟中执行
一个策略

这个列表包含所有失
败的情况

```
np.random.seed(0)
total_cards = 52
total_red_cards = 26
unshuffled_deck = red_cards + black_cards

def repeat_game_detailed(number_repeats, min_red_fraction):

    observations = [execute_strategy(min_red_fraction, return_index=True)
                for _ in range(num_repeats)]
    successes = [index for index, card, in observations if card == 1]
    halt_success = len([index for index in successes if index != 51])
    no_halt_success = len(successes) - halt_success

    failures = [index for index, card, in observations if card == 0]
    halt_failure = len([index for index in failures if index != 51])
    no_halt_failure = len(failures) - halt_failure
    result = [halt_success, halt_failure, no_halt_success, no_halt_failure]
    return [r / number_repeats for r in result]
```

策略停止而我们获胜
的场景

此列表包含所有
获胜的情况

策略不停止而我
们获胜的场景

我们返回所有 4 种场
景的观察频率

策略不停止而我们失
败的场景

策略停止而我们失败
的场景

```
fractions = [value / 100 for value in range(50, 100)]
num_repeats = 50000
result_types = [[], [], [], []]                            我们扫描多个策略的
                                                           场景频率
for fraction in fractions:
    result = repeat_game_detailed(num_repeats, fraction)
    for i in range(4):
        result_types[i].append(result[i])

plt.plot(fractions, result_types[0],
        label='A) Strategy Halts. We Win.')
plt.plot(fractions, result_types[1], linestyle='--',
        label='B) Strategy Halts. We Lose.')
plt.plot(fractions, result_types[2], linestyle=':',
        label='C) No Halt. We Win.')
plt.plot(fractions, result_types[3], linestyle='-.',
        label='D) No Halt. We Lose.')
plt.xlabel('min_red_fraction')               bbox_to_anchor 参数用于将图例定位在图的上方，
plt.ylabel('Frequency')                      从而避免与绘制的 4 条曲线重叠
plt.legend(bbox_to_anchor=(1.0, 0.5))
plt.show()
```

现在查看 min_red_fraction 值为 0.5 的情况。其中，场景 A 是最常见的结果，频率约为 0.49。同时，策略停止导致大约 46%的时间里出现损失。那么为什么要保持 50%的获胜概率呢？在 1%的情况下，策略未停止，但我们仍然获胜(场景 C)。策略的弱点将被随机机会抵消。

在图中，随着 min_red_fraction 上升，场景 A 的频率下降。我们越保守，就越不可能过早地停止游戏并取得胜利。同时，场景 C 的成功率增加。我们越保守，拿到最后一张牌并恰好获胜的可能性就越大。

随着 min_red_fraction 的增加，场景 A 和场景 C 都收敛到 0.25 的频率。因此获胜的概率保持在 50%。有时策略停止继续翻牌，但我们确实获胜。而其他时候，策略停止翻牌，我们将会失败。每种策略提供的优势都会被这些损失自动抹去。然而，我们偶尔会走运：策略没有停止，我们一直翻牌，最终赢得了游戏。这些幸运的胜利弥补了之前的损失，我们获胜的概率保持不变。无论做什么，获胜的可能性仍然是 50%。因此，我们可以提供的最佳策略居然是最简单的：选择洗好的牌组中的第一张牌(如代码清单 4-16 所示)。

代码清单 4-16 最佳制胜策略

```
def optimal_strategy(shuffled_deck):
    return shuffled_deck[0]
```

4.3　本章小结

- 概率可能是违反直觉的。我们会很自然地假设设计的纸牌游戏策略将比随机策略表现得更好。然而，事实证明并非如此。我们在处理随机过程时必须小心。在使用任何设计好的策略之前，最好严格测试所有的直觉假设。

- 有时，即使是大规模模拟也无法在所需的精度水平内找到概率。然而，通过简化问题，我们可以利用样本空间提供思路。样本空间允许对我们的直觉假设进行测试。如果直觉解决方案在问题的小规模版本上失败，那么它也可能在问题的实际版本上失败。

案例研究2

评估在线广告点击的显著性

问题描述

Fred 是我的好朋友，他需要你的帮助。Fred 刚刚在布里斯班市开设了一家汉堡小酒馆。小酒馆开门营业，但生意起步很慢。Fred 想吸引新顾客前来品尝他的美味汉堡。为此，Fred 将针对布里斯班的居民启动在线广告活动。每个工作日的上午 11:00 到下午 1:00 之间，Fred 将购买 3 000 个针对打算用餐的当地人的广告。每个广告都将被一位布里斯班居民看到。每个广告的文字都会写着"饿了吗？尝尝布里斯班最好的汉堡。来 Fred 家吧"。点击文本会将潜在客户带到 Fred 的网站。每次广告展示将需要 Fred 花费 1 美分，但 Fred 相信这笔投资是值得的。

Fred 准备执行他的广告活动。然而，他遇到了一个问题。Fred 预览了他的广告，其文字为蓝色。Fred 认为蓝色是一种无聊的颜色。他认为其他颜色可以产生更多点击。幸运的是，Fred 的广告软件允许他从 30 种不同的颜色中进行选择。是否有一种文字颜色会比蓝色带来更多点击？Fred 决定一探究竟。

Fred 发起了一项实验。在每个工作日，Fred 都会购买 3 000 个在线广告。每个广告的文字都被指定为 30 种可能的颜色之一。广告按颜色均匀分布。因此，每天有 100 人观看 100 个具有相同颜色的广告。例如，100 人观看蓝色广告，另外 100 人观看绿色广告。这将使 3 000 个广告分布在 30 种颜色中。Fred 的广告软件会自动跟踪所有日观看量。它还记录与 30 种颜色中的每一种相关联的每日点击次数。软件将此数据存储在表格中。该表包含每种指定颜色的每天点击次数和每天观看次数。表格中的每一行详细记录每天每种颜色广告的观看数和点击数。

Fred 完成了他的实验。他获得了这个月所有 20 个工作日的广告点击数据。这些数据是按颜色组织的。现在，Fred 想知道是否有一种颜色能比蓝色吸引更多的广告点击。可惜，Fred 不知道如何正确地解释这些结果。他不确定哪些点击是有意义的以及哪些点击纯粹是随机发生的。Fred 擅长做汉堡，但没有接受过数据分析方面的培训。这就是 Fred 向你求助的原因。Fred 请你帮忙分析他的表格并比较每天的点击次数。他正在寻找一种可以比蓝色吸引更多广告点击的颜色。你愿意帮助Fred 吗？如果愿意，他答应你免费吃一年的汉堡。

数据集描述

Fred 的广告点击数据存储在 colored_ad_click_table.csv 文件中。CSV 是 Comma-Separated Values 的首字母缩写。CSV 文件是存储为文本的表格，表格列用逗号分隔。文件中的第一行是表格列的以逗号分隔的标签。该行的前 99 个字符为 Color, Click Count: Day 1, View Count: Day 1, Click Count: Day 2, View Count: Day 2, Click Count: Day 3…。

下面简单地对列标签进行说明。

- 列 1：Color。该列中的每一行对应 30 种可能的文本颜色中的一种。
- 列 2：Click Count: Day 1。该列记录 Fred 实验的第 1 天每个颜色广告被点击的次数。
- 列 3：View Count: Day 1。该列记录 Fred 实验的第 1 天每个广告被观看的次数。据 Fred 介绍，预计所有的日观看量都将达到 100。
- 剩下的 38 列包含实验的其他 19 天中每天的点击量和每天的观看量。

概述

为解决这个问题，我们需要知道如何执行以下操作。

- 测量采样数据的中心性和离散性。
- 通过 p 值计算解释两个发散均值的显著性。
- 尽量减少与误导性 p 值测量相关的错误。
- 使用 Python 加载和操作存储在表中的数据。

第 5 章

使用 SciPy 进行基本概率和统计分析

本章主要内容

- 使用 SciPy 库分析二项式
- 定义数据集的中心性
- 定义数据集的离散性
- 计算概率分布的中心性和离散性

统计学是用来处理数字数据的收集和解释的数学分支。它是所有现代数据科学的先驱。统计一词最初表示"国家的科学",因为统计方法最初是用来分析政府数据的。自古以来,政府机构就一直在收集与其民众有关的数据。这些数据将用于征税和组织大型军事行动。因此,关键的国家决策取决于数据的质量。糟糕的数据记录可能会导致潜在的灾难性结果。这就是为什么国家机关非常关注他们记录中的任何随机波动。概率理论最终驯服了这些波动,使随机性可以解释。从那时起,统计学和概率论就紧密地交织在一起。

统计学和概率论是密切相关的,但在某些方面,它们依旧存在较大差异。概率论研究的是存在无限个测量可能的随机过程。它不受现实世界的限制。这让我们可以通过想象数百万次抛硬币模拟硬币的行为。在现实生活中,抛数百万次硬币是一件毫无意义的事情。当然,我们可以牺牲一些数据,而不是整日整夜地抛硬币。统计学家承认数据收集过程给我们带来了这些限制。真实世界的数据收集既昂贵又耗时。每一个数据点都要付出代价。我们调查一个国家的人口时必须雇用政府官员。如果不为每一个点击的广告付费,我们就无法测试在线广告。因此,最终数据集的大小通常取决于初始预算的大小。如果预算受到限制,那么数据也会受到限制。这种数据和资源之间的权衡是现代统计学的核心。统计学可帮助我们准确地理解需要多少数据支撑我们获得见解并做出有影响力的决定。统计的目的是找到数据的意义,即使数据的大小有限。

统计学与数学有着极高的相关度,通常用数学方程表示。然而,直接接触方程并不是理解统计学的先决条件。事实上,许多数据科学家在进行统计分析时并不使用公式。相反,他们使用诸如 SciPy 的 Python 库处理所有复杂的数学计算。然而,正确使用这些软件库仍然需要对统计过程有直观的理解。在本章中,我们通过将概率论应用于现实问题形成对统计学的理解。

5.1 使用 SciPy 探索数据和概率之间的关系

SciPy 是 Scientific Python 的缩写，为科学分析提供了许多有用的方法。SciPy 库包含一个用于解决概率和统计问题的完整模块：scipy.stats。现在安装这个库并导入 stats 模块(如代码清单 5-1 所示)。

注意

可以通过在命令行终端执行 pip install scipy 命令安装 SciPy 库。

代码清单 5-1　从 SciPy 导入 stats 模块

```
from scipy import stats
```

stats 模块对于评估数据的随机性非常有用。例如，在第 1 章中，我们计算了一枚均匀硬币在投掷 20 次后至少产生 16 次正面向上的概率。它要求检查 20 枚硬币的所有可能组合。然后计算观察到 16 次或以上正面向上或者 16 次或以上反面向上的概率来衡量观察的随机性。SciPy 允许我们使用 stats.binom_test 方法直接测量这个概率。该方法以二项式分布命名，分布描述了抛掷时硬币将如何落下。stas.binom_test 需要 3 个参数：得到正面向上的次数、抛硬币的总次数和硬币正面向上的概率。我们将二项式检验应用于从 20 次抛硬币中观察到的 16 次正面向上，得到的结果应该等于之前计算的大约为 0.011 的值(如代码清单 5-2 所示)。

代码清单 5-2　使用 SciPy 分析极端的硬币正面向上的情况

```
num_heads = 16
num_flips = 20
prob_head = 0.5
prob = stats.binom_test(num_heads, num_flips, prob_head)
print(f"Probability of observing more than 15 heads or 15 tails is {prob:.17f}")

Probability of observing more than 15 heads or 15 tails is 0.01181793212890625
```

注意

SciPy 和标准 Python 处理低值小数点的方式不同。在第 1 章中，当计算概率时，最终值四舍五入为 17 位有效数字。另一方面，SciPy 返回一个包含 18 个有效数字的值。因此，为了一致性，我们将 SciPy 输出四舍五入为 17 位数字。

值得强调的是，stats.binom_test 没有计算观察到 16 次正面向上的概率，而是返回 16 次或更多次同一面(都是正面或都是反面)向上的概率。如果想要看到恰好 16 次正面向上的概率，那么必须使用 stats.binom.pmf 方法。该方法表示二项式分布的概率质量函数。概率质量函数将输入的整数值映射到它们的出现概率。因此，调用 stats.binom.pmf(num_heads,num_flips,prob_heads)返回硬币出现 num_heads 次正面向上的可能性(如代码清单 5-3 所示)。在当前设置下，这等于一枚公平(无偏)硬币在 20 次投掷中有 16 次正面朝上的概率。

代码清单 5-3　使用 stats.binom.pmf 计算精确概率

```
prob_16_heads = stats.binom.pmf(num_heads, num_flips, prob_head)
print(f"The probability of seeing {num_heads} of {num_flips} heads is
    {prob_16_heads}")

The probability of seeing 16 of 20 heads is 0.004620552062988271
```

我们已经使用 stats.binom.pmf 找到正好看到 16 次硬币正面向上的概率。然而，该方法也能同时计算多个概率。可以通过传入正面向上的次数列表处理多个正面向上的统计概率。例如，传递[4,16]返回一个两元素的 NumPy 数组，分别包含看到 4 次正面向上和 16 次正面向上的概率。从概念上讲，看到 4 次正面向上和 16 次反面向上的概率等于看到 4 次反面向上和 16 次正面向上的概率。因此，执行 stats.binom.pmf([4,16],num_flips,prob_head)应该返回一个元素值相等的两元素数组(如代码清单 5-4 所示)。

代码清单 5-4　使用 stats.binom.pmf 计算概率数组

```
probabilities = stats.binom.pmf([4, 16], num_flips, prob_head)
assert probabilities.tolist() == [prob_16_heads] * 2
```

列表传递允许我们计算跨区间的概率。例如，如果将 range(21)传递给 stats.binom.pmf，那么输出的数组将包含每个可能的正面向上次数对应的所有概率。正如在第 1 章中了解到的，这些概率的总和应该等于 1.0。

注意

对低值小数求和在计算上很棘手。在求和过程中，微小的误差会发生累积。由于这些误差，除非将其四舍五入到 14 位有效数字，否则最终的总概率将与 1.0 略有不同。我们将在代码清单 5-5 中进行四舍五入。

代码清单 5-5　使用 stats.binom.pmf 计算区间概率

```
interval_all_counts = range(21)
probabilities = stats.binom.pmf(interval_all_counts, num_flips, prob_head)
total_prob = probabilities.sum()
print(f"Total sum of probabilities equals {total_prob:.14f}")

Total sum of probabilities equals 1.00000000000000
```

另外，正如第 2 章所讨论的，绘制 interval_all_counts 与 probabilities 的关系图可以揭示 20 枚硬币抛掷所得到的概率分布情况。因此，我们可以生成概率分布图，而无须迭代所有可能的抛硬币组合，如图 5-1 和代码清单 5-6 所示。

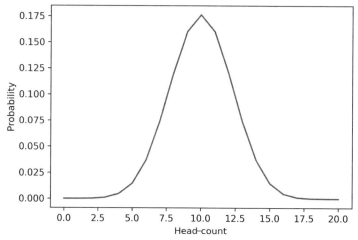

图 5-1 使用 SciPy 生成的 20 次抛硬币的概率分布

代码清单 5-6 绘制 20 次抛硬币的二项式分布

```
import matplotlib.pyplot as plt
plt.plot(interval_all_counts, probabilities)
plt.xlabel('Head-count')
plt.ylabel('Probability')
plt.show()
```

在第 2 章中，我们对二项式进行可视化的能力受到需要计算的抛硬币组合总数的限制。现在通过 stats.binom.pmf 方法可以显示与任意抛硬币次数相关的所有分布。我们利用这一点同时绘制 20、80、140 和 200 次抛硬币的概率分布，如图 5-2 和代码清单 5-7 所示。

代码清单 5-7 绘制 5 种不同的二项式分布

```
flip_counts = [20, 80, 140, 200]
linestyles = ['-', '--', '-.', ':']
colors = ['b', 'g', 'r', 'k']

for num_flips, linestyle, color in zip(flip_counts, linestyles, colors):
    x_values = range(num_flips + 1)
    y_values = stats.binom.pmf(x_values, num_flips, 0.5)
    plt.plot(x_values, y_values, linestyle=linestyle, color=color,
             label=f'{num_flips} coin-flips')
plt.legend()
plt.xlabel('Head-count')
plt.ylabel('Probability')
plt.show()
```

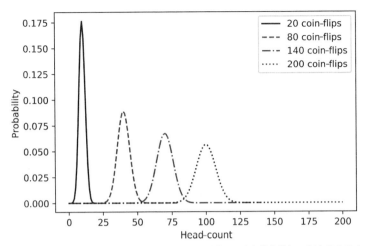

图 5-2　20、80、140 和 200 次抛硬币的多个二项式概率分布。随着抛硬币次数的增加，概率分布的中心向右移动。此外，每个分布都变得在其中心周围更分散

在图 5-2 中，随着掷硬币次数的增加，每个二项式的中心峰值似乎向右移动。此外，20 枚硬币投掷的分布明显比 200 枚硬币投掷的分布要窄。换句话说，随着这些中心位置向右移动，绘制的分布在其中心位置周围变得更分散。

这种中心性和离散性的转变在数据分析中很常见。之前在第 3 章中观察到离散偏移，其中使用随机采样的数据可视化几个直方图分布。随后，我们观察到绘制的直方图厚度取决于样本大小。当时，我们的观察纯粹是定性的，因为缺乏比较两个厚度的指标。然而，仅注意到一个图看起来比另一个更厚是不够的。同样，说一个图比另一个图更靠右也是不够的。我们需要量化分布差异，必须为中心性和离散性分配特定的数字，从而辨别这些数字如何发生变化。这就要求我们熟悉方差和均值的概念。

5.2　将均值作为中心性的度量

假设现在希望研究当地夏季第一周的温度。夏天来了，我们观察窗外的温度计。中午时分，温度正好是 80 华氏度。然后在接下来的 6 天里重复中午的温度观测，得到的测量值是 80、77、73、61、74、79 和 81 华氏度。我们将这些测量值存储在一个 NumPy 数组中，如代码清单 5-8 所示。

代码清单 5-8　在 NumPy 数组中记录观察到的温度

```
import numpy as np
measurements = np.array([80, 77, 73, 61, 74, 79, 81])
```

我们尝试使用单个中心值总结测量结果。首先，通过调用 measurements.sort() 对测量进行排序。然后，绘制排序后的温度，从而评估它们的中心性，如图 5-3 和代码清单 5-9 所示。

代码清单 5-9　绘制温度记录

```
measurements.sort()
number_of_days = measurements.size
plt.plot(range(number_of_days), measurements)
plt.scatter(range(number_of_days), measurements)
plt.ylabel('Temperature')
plt.show()
```

根据图 5-3 可知，中心温度在 60 华氏度和 80 华氏度之间。因此，可以简单地将中心值估计为大约 70 华氏度。我们将估计值量化为图中最低值和最高值之间的中点。可以通过取最低和最高温度之间的差值的一半并将其加到最低温度上来计算该中点(如代码清单 5-10 所示)，也可以通过将最小值和最大值直接相加并将该总和除以 2 来获得相同的值。

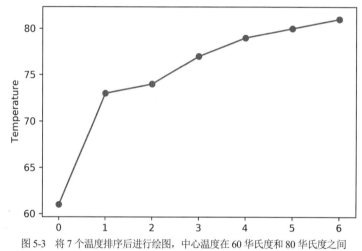

图 5-3　将 7 个温度排序后进行绘图，中心温度在 60 华氏度和 80 华氏度之间

代码清单 5-10　查找中点温度值

```
difference = measurements.max() - measurements.min()
midpoint = measurements.min() + difference / 2
assert midpoint == (measurements.max() + measurements.min()) / 2
print(f"The midpoint temperature is {midpoint} degrees")

The midpoint temperature is 71.0 degrees
```

中心点的温度是 71 华氏度，我们在图中使用一条水平线标记这个中心点温度。可以通过调用 plt.axhline(midpoint)绘制水平线，如图 5-4 和代码清单 5-11 所示。

代码清单 5-11　绘制中点温度

```
plt.plot(range(number_of_days), measurements)
plt.scatter(range(number_of_days), measurements)
plt.axhline(midpoint, color='k', linestyle='--')
plt.ylabel('Temperature')
plt.show()
```

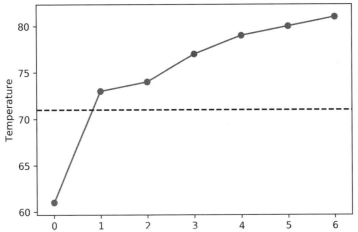

图 5-4　包含 7 个排序后温度的图。71 华氏度是最高和最低温度的中点，但该中点似乎较低，
因为 7 个温度中有 6 个都高于这个中点

　　我们绘制的中点似乎有点低：7 个测量值中有 6 个高于中点。直观地说，中心值应该更接近各
个温度点，即中心上方和下方的温度数量应该大致相等。我们可以通过将这个七元素数组进行排
序并选择中间的元素实现这种相等性。这个中间元素(统计学家称之为中位数)将测量值分成两个
相等的部分。这样 3 个测量值将出现在中位数之下，另外 3 个测量值将出现在中位数之上。3 也
是 measurements 数组的中位数的索引。现在将中位数添加到图中，如图 5-5 和代码清单 5-12
所示。

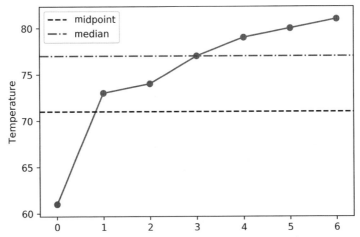

图 5-5　包含 7 个排序后温度的图。77 华氏度作为中位数将温度分成两半。这个中位数似乎有些不平衡：它更接近 3
个较高的温度而不是 3 个较低的温度

代码清单 5-12　绘制中位数温度

```
median = measurements[3]
print(f"The median temperature is {median} degrees")
```

```
plt.plot(range(number_of_days), measurements)
plt.scatter(range(number_of_days), measurements)
plt.axhline(midpoint, color='k', linestyle='--', label='midpoint')
plt.axhline(median, color='g', linestyle='-.', label='median')
plt.legend()
plt.ylabel('Temperature')
plt.show()
```

```
The median temperature is 77 degrees
```

我们使用 77 华氏度这个中位数将温度分成两半。但是，由于中位数更接近图中的前三个温度，因此分割并不平衡。特别是中位数明显远离最小测量值(61 华氏度)。也许可以通过惩罚离最小值太远的中位数平衡这种分裂情况。我们将使用平方距离实现这种惩罚，它是两个值之间差值的平方。随着两个值被推得更远，平方距离呈二次方增长。因此，如果根据到 61 华氏度的距离来惩罚中心值，当它偏离 61 华氏度时，平方距离惩罚将显著增加，如图 5-6 和代码清单 5-13 所示。

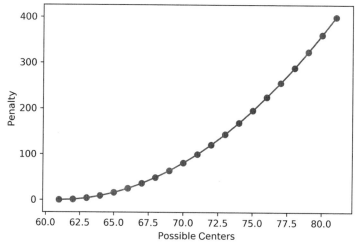

图 5-6　根据与最低温度 61 华氏度的平方距离可能被惩罚的中心值。毫不奇怪，最小的惩罚发生在 61 华氏度处。不过这一惩罚没有考虑到与其他 6 次温度记录的距离

代码清单 5-13　使用与最小值的平方距离来惩罚中心值

```
def squared_distance(value1, value2):
    return (value1 - value2) ** 2

possible_centers = range(measurements.min(), measurements.max() + 1)
penalties = [squared_distance(center, 61) for center in possible_centers]
plt.plot(possible_centers, penalties)
plt.scatter(possible_centers, penalties)
plt.xlabel('Possible Centers')
plt.ylabel('Penalty')
plt.show()
```

使用最小和最大测量温度之间的范围值作为可能的中心值集合

图中显示了基于与最小值的距离得到的一系列可能的中心值惩罚。随着中心值向 61 的方向移

动，惩罚降低，但它们与其余 6 个测量值的距离增加。因此，应该根据每个潜在的中心值到所有 7 个测量值的平方距离来惩罚它们。我们将通过定义平方距离和函数做到这一点，它将把一些值和测量数组之间的平方距离相加。这个函数将成为新惩罚。绘制可能的中心值与它们的惩罚将使我们找到哪个中心值的惩罚是最小的，如图 5-7 和代码清单 5-14 所示。

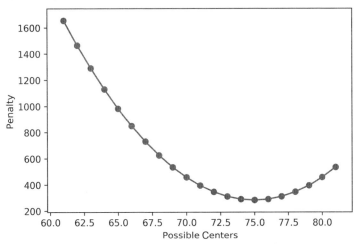

图 5-7　根据相对于所有温度记录的平方距离之和得出的可能被惩罚的中心值。最小的惩罚发生在 75 华氏度处

代码清单 5-14　使用平方距离总和来惩罚中心值

```
def sum_of_squared_distances(value, measurements):
    return sum(squared_distance(value, m) for m in measurements)

penalties = [sum_of_squared_distances(center, measurements)
             for center in possible_centers]
plt.plot(possible_centers, penalties)
plt.scatter(possible_centers, penalties)
plt.xlabel('Possible Centers')
plt.ylabel('Penalty')
plt.show()
```

从图中可以看出，在 75 华氏度处可以得到最低的惩罚。我们非正式地将这个温度值称为"惩罚最小的中心值"。我们通过水平线标记它，如图 5-8 和代码清单 5-15 所示。

代码清单 5-15　绘制最小惩罚温度

```
least_penalized = 75
assert least_penalized == possible_centers[np.argmin(penalties)]

plt.plot(range(number_of_days), measurements)
plt.scatter(range(number_of_days), measurements)
plt.axhline(midpoint, color='k', linestyle='--', label='midpoint')
plt.axhline(median, color='g', linestyle='-.', label='median')
plt.axhline(least_penalized, color='r', linestyle='-',
            label='least penalized center')
plt.legend()
```

```
plt.ylabel('Temperature')
plt.show()
```

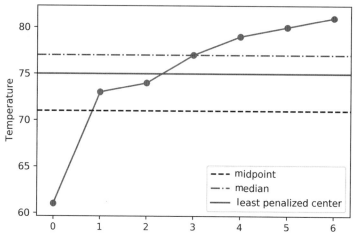

图5-8 带有 7 个排序后温度的图。使用位于 75 华氏度处的最小惩罚中心值对测量温度进行分割

惩罚最少的中心值将测量到的温度相对均匀地分割开：4 个测量值出现在它上面，3 个测量值出现在它下面。因此，该中心值保持均衡的数据分割，同时相对于中位数温度提供更接近最冷温度记录的距离。

惩罚最少的中心值也是衡量中心性的一个很好的方法。它最大限度地减少了因离任意给定点太远而导致的所有惩罚，从而使中心值和每个数据点之间的距离达到平衡。遗憾的是，计算该中心值的效率很低。扫描所有可能的惩罚不是一个可扩展的解决方案。有没有更有效的方法来计算中心值？答案是肯定的。数学家已经证明，平方距离和的误差总是通过数据集的平均值达到最小化。因此，可以直接计算最小惩罚中心值。我们只需要将 measurements 中的所有元素相加，然后将该总和除以数组大小即可(如代码清单 5-16 所示)。

代码清单5-16 使用平均值计算最小惩罚中心值

```
assert measurements.sum() / measurements.size == least_penalized
```

数组值的总和除以数组大小被称为算术平均值，该值也被称为数组的平均值。我们可以通过调用 NumPy 数组的 mean 方法计算平均值，也可以通过调用 np.mean 和 np.average 方法计算平均值(如代码清单 5-17 所示)。

代码清单5-17 使用 NumPy 计算平均值

```
mean = measurements.mean()
assert mean == least_penalized
assert mean == np.mean(measurements)
assert mean == np.average(measurements)
```

np.average 方法与 np.mean 方法不同，因为它需要一个可选的 weights 参数作为输入(如代码清单 5-18 所示)。weights 参数是一个数字权重列表，用于捕获相对于彼此的测量的重要性。当所有权重都相等时，np.average 的输出与 np.mean 没有区别。但是，调整权重会导致输出存在差异。

代码清单 5-18　将权重传递给 np.average

```
equal_weights = [1] * 7
assert mean == np.average(measurements, weights=equal_weights)

unequal_weights = [100] + [1] * 6
assert mean != np.average(measurements, weights=unequal_weights)
```

weights 参数可用于计算重复测量值的平均值。假设分析了 10 个温度测量值，其中 75 华氏度出现 9 次，而 77 华氏度仅出现 1 次。完整的测量列表用 9*[75]+[77]表示。我们可以通过对该列表调用 np.mean 计算平均值，还可以通过调用 np.average([75,77],weights=[9,1])计算平均值，两个计算得到的结果是相等的(如代码清单 5-19 所示)。

代码清单 5-19　计算重复值的加权平均值

```
weighted_mean = np.average([75, 77], weights=[9, 1])
print(f"The mean is {weighted_mean}")
assert weighted_mean == np.mean(9 * [75] + [77]) == weighted_mean

The mean is 75.2
```

当存在重复项时，计算加权平均值是计算常规平均值的捷径。在计算中，唯一测量计数的相对比率由权重的比率表示。因此，即使将 9 和 1 的绝对计数转换为 900 和 100 的相对权重，weighted_mean 的最终值也应该保持不变。如果将权重转换为 0.9 和 0.1 的相对概率，结果也是一样(如代码清单 5-20 所示)。

代码清单 5-20　计算相对权重的加权平均值

```
assert weighted_mean == np.average([75, 77], weights=[900, 100])
assert weighted_mean == np.average([75, 77], weights=[0.9, 0.1])
```

可以把概率作为权重。因此，这将允许我们计算任何概率分布的均值。

计算概率分布的均值

现在，我们对 20 次抛硬币实验的二项分布已经很熟悉。在分布图中，图像以峰值为对称轴，并且峰值出现在 10 次正面向上的位置。这个峰值与分布的均值相比有怎样的关系？让我们找出答案。可以将一个 probabilities 数组传递给 np.average 的 weights 参数来计算平均值(如代码清单 5-21 所示)。然后如图 5-9 所示，平均值(用垂直线表示)将概率分布图一分为二。

代码清单 5-21　计算二项分布的均值

```
num_flips = 20
interval_all_counts = range(num_flips + 1)
probabilities = stats.binom.pmf(interval_all_counts, 20, prob_head)
mean_binomial = np.average(interval_all_counts, weights=probabilities)
print(f"The mean of the binomial is {mean_binomial:.2f} heads")
```

```
plt.plot(interval_all_counts, probabilities)
plt.axvline(mean_binomial, color='k', linestyle='--')
plt.xlabel('Head-count')
plt.ylabel('Probability')
plt.show()
```

axvline 方法在指定的 x 坐标上绘制
一条垂直线

```
The mean of the binomial is 10.00 heads
```

二项式的平均值是 10 次正面向上。它穿过分布的中心峰值并完美捕捉到二项式的中心性。出于这个原因，SciPy 允许我们通过调用 stats.binom.mean 获得任何二项式的均值(如代码清单 5-22 所示)。stats.binom.mean 方法将两个参数作为输入：抛硬币的次数和正面概率。

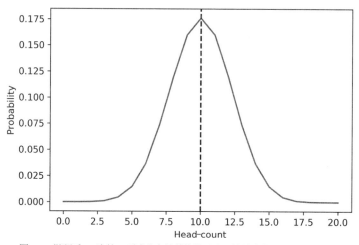

图 5-9   抛硬币 20 次的二项式分布被其均值平分。均值直接位于分布的中心

代码清单 5-22   使用 SciPy 计算二项式均值

```
assert stats.binom.mean(num_flips, 0.5) == 10
```

通过使用 stats.binom.mean 方法，可以严格地分析二项式中心性和抛硬币次数之间的关系。我们绘制 0~500 次抛硬币范围内的二项式均值，如图 5-10 和代码清单 5-23 所示。

代码清单 5-23   绘制多个二项式均值

```
means = [stats.binom.mean(num_flips, 0.5) for num_flips in range(500)]
plt.plot(range(500), means)
plt.xlabel('Coin Flips')
plt.ylabel('Mean')
plt.show()
```

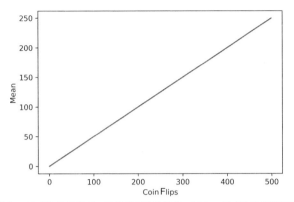

图 5-10　抛硬币次数与二项式均值的关系。这种关系是线性的。每个二项式的均值等于其掷硬币次数的一半

　　抛硬币次数和平均值具有线性关系，其中平均值等于抛硬币次数的一半。鉴于这一点，让我们考虑单次抛硬币的二项式分布(通常称为伯努利分布)的均值。伯努利分布的抛硬币次数为 1，因此其均值等于 0.5。毫不奇怪，一枚公平硬币正面朝上的概率等于伯努利均值(如代码清单 5-24 所示)。

代码清单 5-24　预测伯努利分布的均值

```
num_flips = 1
assert stats.binom.mean(num_flips, 0.5) == 0.5
```

　　可以利用观察到的线性关系预测 1 000 次抛硬币分布的均值。我们预测平均值等于 500 且位于分布的中心。这里通过代码清单 5-25 确认这一点(如图 5-11 所示)。

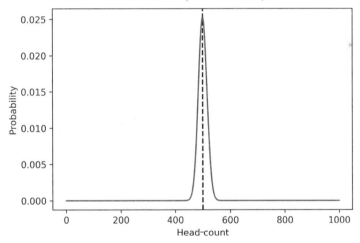

图 5-11　抛硬币 1 000 次的二项式分布被其均值平分。均值直接位于分布的中心

代码清单 5-25　预测 1 000 次抛硬币分布的均值

```
num_flips = 1000
assert stats.binom.mean(num_flips, 0.5) == 500

interval_all_counts = range(num_flips)
```

```
probabilities = stats.binom.pmf(interval_all_counts, num_flips, 0.5)
plt.axvline(500, color='k', linestyle='--')
plt.plot(interval_all_counts, probabilities)
plt.xlabel('Head-count')
plt.ylabel('Probability')
plt.show()
```

分布的均值是衡量中心性的极好方法。现在让我们探索通过方差对离散性进行度量。

5.3　将方差作为离散性的度量

离散性是指数据点围绕某个中心值的分散情况。较小的离散性表示更可预测的数据。较大的离散性表示较大的数据波动。现在假设有一个测量加利福尼亚州和肯塔基州夏季温度的场景。我们随机获取每个州的 3 个测量值。加利福尼亚州是一个很大的州，气候非常多样化，因此预计测量值会出现波动。我们测得的加利福尼亚州的温度分别为 52、77 和 96 华氏度，测得的肯塔基州的温度分别为 71、75 和 79 华氏度。我们存储这些测量的温度并计算它们的平均值(如代码清单 5-26 所示)。

代码清单 5-26　计算多个温度数组的平均值

```
california = np.array([52, 77, 96])
kentucky = np.array([71, 75, 79])

print(f"Mean California temperature is {california.mean()}")
print(f"Mean Kentucky temperature is {california.mean()}")

Mean California temperature is 75.0
Mean Kentucky temperature is 75.0
```

两个温度测量数组的均值都等于 75 华氏度。加利福尼亚州和肯塔基州似乎具有相同的中心温度值。尽管如此，这两个测量数组远非相等。加利福尼亚州的温度更分散和不可预测，它们的范围为 52~96 华氏度。与此同时，肯塔基州的温度范围相对稳定，都在 70 华氏度左右，它们更接近均值。我们通过绘制两个测量数组可视化这种离散差异，如图 5-12 和代码清单 5-27 所示。此外，通过绘制水平线标出均值。

代码清单 5-27　对离散差异进行可视化

```
plt.plot(range(3), california, color='b', label='California')
plt.scatter(range(3), california, color='b')
plt.plot(range(3), kentucky, color='r', linestyle='-.', label='Kentucky')
plt.scatter(range(3), kentucky, color='r')
plt.axhline(75, color='k', linestyle='--', label='Mean')
plt.legend()
plt.show()
```

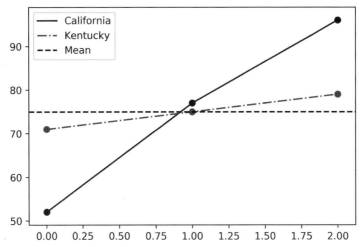

图 5-12　加利福尼亚州和肯塔基州的排序温度图。两个州的平均气温都为 75 华氏度。加利福尼亚州的温度在该平均值附近更分散

在图中，肯塔基州的 3 个温度几乎与水平的平均值重叠。同时，加利福尼亚州的大部分温度与平均值的距离明显更远。如果因为加利福尼亚州的测量值离它们的中心太远而惩罚它们，就可以量化这些观察结果。之前，我们使用平方距离和函数计算这类惩罚。现在将计算加利福尼亚州的测量值与其平均值之间的平方距离之和。统计学家将与均值的平方距离和称为平方和。我们定义了 sum_of_squares 函数，然后将其应用于加利福尼亚州的测量温度(如代码清单 5-28 所示)。

代码清单 5-28　计算加利福尼亚州的平方和

```
def sum_of_squares(data):
    mean = np.mean(data)
    return sum(squared_distance(value, mean) for value in data)

california_sum_squares = sum_of_squares(california)
print(f"California's sum of squares is {california_sum_squares}")

California's sum of squares is 974.0
```

加利福尼亚州的平方和为 974。我们预计肯塔基州的平方和会比这个值低得多，如代码清单 5-29 所示。

代码清单 5-29　计算肯塔基州的平方和

```
kentucky_sum_squares = sum_of_squares(kentucky)
print(f"Kentucky's sum of squares is {kentucky_sum_squares}")

Kentucky's sum of squares is 32.0
```

肯塔基州的平方和为 32。因此，我们看到加利福尼亚州的结果与肯塔基州的结果之间存在 30 倍的差异。这并不奇怪，因为肯塔基州的数据点的分散程度要低得多。平方和有助于衡量这种离散性，但这种衡量并不完美。假设我们通过记录每个温度两次复制 California 数组中的温度。即使平

方和加倍，离散程度也将保持不变(如代码清单 5-30 所示)。

代码清单 5-30　计算数组复制后的平方和

```
california_duplicated = np.array(california.tolist() * 2)
duplicated_sum_squares = sum_of_squares(california_duplicated)
print(f"Duplicated California sum of squares is {duplicated_sum_squares}")
assert duplicated_sum_squares == 2 * california_sum_squares

Duplicated California sum of squares is 1948.0
```

平方和不是衡量离散性的最佳方法，因为它受输入数组大小的影响。幸运的是，如果将平方和除以数组大小，就可以很容易地消除这种影响。将 california_sum_squares 除以 california.size 会得到一个等于 duplicated_sum_squares/california_duplicated.size 的值(如代码清单 5-31 所示)。

代码清单 5-31　平方和除以数组大小

```
value1 = california_sum_squares / california.size
value2 = duplicated_sum_squares / california_duplicated.size
assert value1 == value2
```

将平方和除以测量次数可以得到统计学家所说的方差。从概念上讲，方差是每个样本值与均值之差的平方值的平均数(如代码清单 5-32 所示)。

代码清单 5-32　从均方距离计算方差

```
def variance(data):
    mean = np.mean(data)
    return np.mean([squared_distance(value, mean) for value in data])

assert variance(california) == california_sum_squares / california.size
```

california 和 california_duplicated 数组的方差是相等的，因为它们的离散水平是相同的(如代码清单 5-33 所示)。

代码清单 5-33　计算数组复制后的方差

```
assert variance(california) == variance(california_duplicated)
```

与此同时，California 和 Kentucky 数组的方差仍然保持着由离散差异造成的 30 倍的比率(如代码清单 5-34 所示)。

代码清单 5-34　比较 California 和 Kentucky 数组的方差

```
california_variance = variance(california)
kentucky_variance = variance(kentucky)
print(f"California Variance is {california_variance}")
print(f"Kentucky Variance is {kentucky_variance}")

California Variance is 324.6666666666667
Kentucky Variance is 10.666666666666666
```

方差是一个很好的用来观察离散性的度量，可以通过在 Python 列表或 NumPy 数组上调用 np.var 计算它。NumPy 数组的方差也可以使用数组的内置 var 方法计算(如代码清单 5-35 所示)。

代码清单 5-35　使用 NumPy 计算方差

```
assert california_variance == california.var()
assert california_variance == np.var(california)
```

方差取决于均值。如果计算加权平均值，那么还必须计算加权方差。计算加权方差很容易：如前所述，方差是每个样本值与均值之差的平方值的平均数，因此加权方差是与加权均值的所有平方距离的加权平均值。让我们定义一个 weighted_variance 函数，它将两个参数作为输入：数据列表和权重。然后计算加权均值并使用 np.average 方法计算与该平均值的平方距离的加权平均值(如代码清单 5-36 所示)。

代码清单 5-36　使用 np.average 计算加权方差

```
def weighted_variance(data, weights):
    mean = np.average(data, weights=weights)
    squared_distances = [squared_distance(value, mean) for value in data]
    return np.average(squared_distances, weights=weights)

assert weighted_variance([75, 77], [9, 1]) == np.var(9 * [75] + [77])
```

> weighted_variance 让我们将重复的元素视为权重

weighted_variance 函数可以将一组概率作为输入。这使我们能够计算任何概率分布的方差。

计算概率分布的方差

现在我们计算 20 次抛硬币的二项式分布的方差。我们通过将 probabilities 数组赋给 weighted_variance 的 weights 参数进行计算(如代码清单 5-37 所示)。

代码清单 5-37　计算二项式分布的方差

```
interval_all_counts = range(21)
probabilities = stats.binom.pmf(interval_all_counts, 20, prob_head)
variance_binomial = weighted_variance(interval_all_counts, probabilities)
print(f"The variance of the binomial is {variance_binomial:.2f} heads")

The variance of the binomial is 5.00 heads
```

二项式的方差为 5，等于二项式均值的一半。可以通过 SciPy 的 stats.binom.var 方法更直接地计算这个方差，如代码清单 5-38 所示。

代码清单 5-38　使用 SciPy 计算二项式方差

```
assert stats.binom.var(20, prob_head) == 5.0
assert stats.binom.var(20, prob_head) == stats.binom.mean(20, prob_head) / 2
```

通过利用 stats.binom.var 方法，我们可以严格地分析二项式离散性与抛硬币次数之间的关系。现在绘制 0~500 次抛硬币的二项式方差，如图 5-13 和代码清单 5-39 所示。

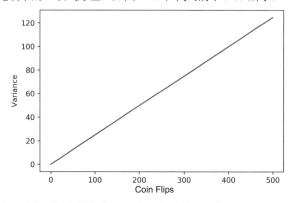

图 5-13　抛硬币次数与二项式方差之间的关系。这种关系是线性的。每个二项式的方差都等于掷硬币次数的 1/4

代码清单 5-39　绘制多个二项式方差

```
variances = [stats.binom.var(num_flips, prob_head)
             for num_flips in range(500)]
plt.plot(range(500), variances)
plt.xlabel('Coin Flips')
plt.ylabel('Variance')
plt.show()
```

二项式的方差就像它的均值一样，与抛硬币次数线性相关。方差等于抛硬币次数的 1/4。因此，伯努利分布的方差为 0.25，因为它的抛硬币次数是 1。根据这个逻辑，我们可以预期 1 000 次抛硬币的分布的方差为 250(如代码清单 5-40 所示)。

代码清单 5-40　预测二项式方差

```
assert stats.binom.var(1, 0.5) == 0.25
assert stats.binom.var(1000, 0.5) == 250
```

用于二项式分析的常用 SciPy 方法

- stats.binom.mean(num_flips, prob_heads)：返回二项式的平均值，其中抛硬币次数为 num_flips，正面向上的概率为 prob_heads。
- stats.binom.var(num_flips, prob_heads)：返回二项式的方差，其中翻转计数等于 num_flips，正面概率等于 prob_heads。
- stats.binom.pmf(head_count_int, num_flips, prob_heads)：返回在 num_flips 次投硬币实验中观察到 head_count_int 次正面向上的概率。单次抛硬币的正面向上的概率设置为 prob_heads。
- stats.binom.pmf(head_count_array, num_flips, prob_heads)：返回一个二项式概率数组。这些是通过对 head_count_array 中的每个元素 e 执行 stats.binom.pmf(e,num_flips,prob_head)获得的。
- stats.binom_test(head_count_int, num_flips, prob_heads)：返回 num_flips 次投硬币产生至少 head_count_int 次正面向上或 tail_count_int 次反面向上的概率。单次抛硬币的正面向上概率设置为 prob_heads。

方差是数据离散性的有效衡量标准。然而，统计学家经常使用另一种衡量标准，他们称之为标准差。标准差等于方差的平方根。它可以通过调用 np.std 计算(如代码清单 5-41 所示)。如果将 np.std 的输出结果进行平方计算，那么自然会返回方差。

代码清单 5-41　计算标准差

```
data = [1, 2, 3]
standard_deviation = np.std(data)
assert standard_deviation ** 2 == np.var(data)
```

我们有时使用标准差而不是方差来更容易地跟踪"单位"的变化。所有的测量都有单位。例如，温度以华氏度为单位。当我们将温度与平均值的距离进行平方计算时，也会将它们的单位进行平方计算。因此，方差以华氏度的平方为单位。这种平方单位很难概念化。取平方根可将单位转换回华氏度，因此以华氏度为单位的标准差比方差更容易解释。

均值和标准差都是非常有用的计算结果，它们允许我们执行以下操作。

- 比较数字数据集。假设有两个记录夏季温度的数组，其中一个记录去年的温度，另一个记录今年的温度。我们可以使用均值和标准差量化这些夏季温度记录之间的差异。
- 比较概率分布。假设两个气候研究实验室发布了概率分布。每个分布都捕获了标准夏日的所有温度概率。我们可以通过比较它们的均值和标准差总结两个分布之间的差异。
- 将数字数据集与概率分布进行比较。假设一个众所周知的概率分布捕获了 10 年的温度概率。然而，最近记录的夏季温度似乎与这些概率输出结果相矛盾。这是气候变化的迹象还是随机异常？我们可以通过将分布和温度数据集的中心性和离散性进行对比找出答案。

其中第三个用例是许多统计数据的基础。在随后的章节中，将学习如何将数据集与分布似然进行比较。在数据分析中，许多比较都集中在正态分布上。方便的是，这种分布的钟形曲线是均值和标准差的直接函数。我们很快可以使用 SciPy 以及这两个参数更好地掌握正态曲线的显著性。

5.4　本章小结

- 概率质量函数将输入的整数值映射到它们出现的概率。
- 二项式分布的概率质量函数可以通过调用 stats.binom.pmf 生成。
- 均值可以很好地衡量数据集的中心性。它可以最小化相对于数据集的平方和。我们可以通过对数据集值求和并除以数据集大小来计算未加权均值，还可以通过将 weights 数组输入 np.average 计算加权平均值。二项式分布的加权平均值随抛硬币次数线性增加。
- 方差是衡量数据集离散性的一个很好的方法。它是每个样本值与均值之差的平方值的平均数。二项式分布的加权方差随抛硬币次数线性增加。
- 标准偏差是离散性的另一种度量。它等于方差的平方根。标准差可以保持数据集中使用的原有单位。

第 **6** 章

使用中心极限定理和 SciPy 进行预测

本章主要内容
- 使用 SciPy 库分析正态曲线
- 使用中心极限定理预测均值和方差
- 使用中心极限定理预测总体属性

正态分布是第 3 章中介绍的钟形曲线。该曲线是对随机数据采样应用中心极限定理而生成的。在前面，我们已注意到根据这个定理重复采样的频率是如何呈现正态曲线形状的。此外，该定理预测，当每个频率样本的大小增加时，曲线会变窄。换句话说，分布的标准差应会随着样本量的增加而减小。

中心极限定理是所有经典统计学的核心。在本章中，将通过 SciPy 详细探讨这个定理。最后，将介绍如何利用这个定理根据有限的数据进行预测。

6.1　使用 SciPy 处理正态分布

第 3 章中展示了随机抛硬币采样如何产生正态曲线。现在通过绘制抛硬币样本的直方图生成正态分布。这里将使用 10 万次抛硬币正面向上的频率作为直方图的输入，计算频率需要我们对一系列抛硬币进行 10 万次采样。每个样本将包含一个由 0 和 1 组成的数组，代表 1 万次抛硬币。数组长度即为样本大小。如果将样本值的总和除以样本大小，就可以得到正面向上的频率。从概念上讲，这个频率等于简单地计算样本的平均值。

代码清单 6-1 计算单个随机样本的正面向上次数的频率并确认其与平均值的关系。注意样本中的每个数据点都来自伯努利分布。

代码清单 6-1　从平均值计算硬币正面向上的频率

```
np.random.seed(0)
sample_size = 10000
sample = np.array([np.random.binomial(1, 0.5) for _ in range(sample_size)])
head_count = sample.sum()
head_count_frequency = head_count / sample_size
```

```
assert head_count_frequency == sample.mean()
```

正面向上的频率与样
本平均值相同

当然，可以在一行代码中计算所有 10 万次的硬币正面向上的频率(见代码清单 6-2)，如第 3 章
所述。

代码清单 6-2　计算 10 万次硬币正面向上的频率

```
np.random.seed(0)
frequencies = np.random.binomial(sample_size, 0.5, 100000) / sample_size
```

每个采样频率等于 1 万次随机投掷硬币的平均值。因此，我们将频率变量重命名为 sample_means。
然后将 sample_means 的数据通过直方图显示出来，如图 6-1 和代码清单 6-3 所示。

代码清单 6-3　通过直方图进行可视化

```
sample_means = frequencies
likelihoods, bin_edges, _ = plt.hist(sample_means, bins='auto',
                                    edgecolor='black', density=True)
plt.xlabel('Binned Sample Mean')
plt.ylabel('Relative Likelihood')
plt.show()
```

直方图呈现正态分布的形状。接下来计算分布的均值和标准差，如代码清单 6-4 所示。

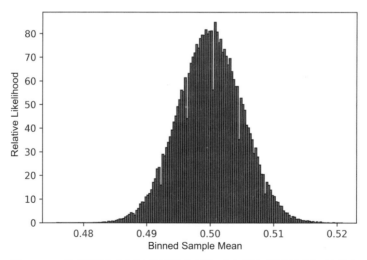

图 6-1　10 万次采样的均值与相对似然的直方图。直方图呈现类似钟形的正态分布

代码清单 6-4　计算直方图的均值和标准差

```
mean_normal = np.average(bin_edges[:-1], weights=likelihoods)
var_normal = weighted_variance(bin_edges[:-1], likelihoods)
std_normal = var_normal ** 0.5
print(f"Mean is approximately {mean_normal:.2f}")
```

```
print(f"Standard deviation is approximately {std_normal:.3f}")
```

```
Mean is approximately 0.50
Standard deviation is approximately 0.005
```

该分布的均值约为 0.5，其标准差约为 0.005。在正态分布中，这些值可以直接从分布的峰值计算出来。我们只需要峰值的 x 和 y 坐标值。x 值等于分布的均值，标准差等于 y 乘以$(2\pi)^{1/2}$ 的值的倒数。这些属性源自对正态曲线的数学分析。让我们仅使用峰值的坐标重新计算均值和标准差(如代码清单 6-5 所示)。

代码清单 6-5　从峰值坐标计算均值和标准差

```
import math
peak_x_value = bin_edges[likelihoods.argmax()]
print(f"Mean is approximately {peak_x_value:.2f}")
peak_y_value = likelihoods.max()
std_from_peak = (peak_y_value * (2* math.pi) ** 0.5) ** -1
print(f"Standard deviation is approximately {std_from_peak:.3f}")
```

```
Mean is approximately 0.50
Standard deviation is approximately 0.005
```

此外，可以简单地调用 stats.norm.fit(sample_means)计算均值和标准差。这个 SciPy 方法将返回两个值，分别是均值和标准差，如代码清单 6-6 所示。

代码清单 6-6　使用 stats.norm.fit 计算均值和标准差

```
fitted_mean, fitted_std = stats.norm.fit(sample_means)
print(f"Mean is approximately {fitted_mean:.2f}")
print(f"Standard deviation is approximately {fitted_std:.3f}")
```

```
Mean is approximately 0.50
Standard deviation is approximately 0.005
```

计算的均值和标准差可用于重现正态曲线。可以通过调用 stats.norm.pdf (bin_edges,fitted_mean, fitted_std)重新生成曲线。SciPy 的 stats.norm.pdf 方法表示正态分布的概率密度函数。概率密度函数类似概率质量函数，但有一个关键区别：它不返回概率。它返回相对似然。如第 2 章所述，相对似然是曲线的 y 轴值，其总面积为 1.0。与概率不同，这些相对似然可以是大于 1.0 的值。尽管如此，绘制的似然区间下方的总面积仍然等于在该区间内观察到随机值的概率。

让我们通过 stats.norm.pdf 计算相对似然。然后将似然与采样的抛硬币直方图绘制在一起，如图6-2 和代码清单 6-7 所示。

代码清单 6-7　使用 stats.norm.pdf 计算正态似然

```
normal_likelihoods = stats.norm.pdf(bin_edges, fitted_mean, fitted_std)
plt.plot(bin_edges, normal_likelihoods, color='k', linestyle='--',
        label='Normal Curve')
plt.hist(sample_means, bins='auto', alpha=0.2, color='r', density=True)  ◀
plt.legend()
plt.xlabel('Sample Mean')
```

alpha 参数用来调整直方图的透明度，从而更好地将直方图与绘制的似然曲线进行对比

```
plt.ylabel('Relative Likelihood')
plt.show()
```

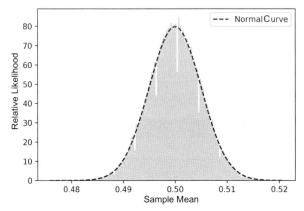

图 6-2　与正态概率密度函数重叠的直方图。使用 SciPy 计算定义绘制的正态曲线的参数。
绘制的正态曲线与直方图很好地契合在一起

　　绘制的曲线与直方图贴合度较高。曲线的峰值位于 x=0.5 和 y=80 的位置。需要注意的是，峰值的 x 和 y 坐标是 fitted_mean 和 fitted_std 的直接函数。为强调这一重要关系，让我们做一个简单练习：将峰值向右移动 0.01 个单位，同时将峰值的高度加倍，如图 6-3 所示。如何执行移位？峰值的 x 轴坐标等于均值，因此将输入均值调整为 fitted_mean + 0.01。峰高与标准差成反比。因此，使用 fitted_std/2 可使峰值高度加倍(如代码清单 6-8 所示)。

代码清单 6-8　处理正态曲线的峰值坐标

```
adjusted_likelihoods = stats.norm.pdf(bin_edges, fitted_mean + 0.01,
                                      fitted_std / 2)
plt.plot(bin_edges, adjusted_likelihoods, color='k', linestyle='--')
plt.hist(sample_means, bins='auto', alpha=0.2, color='r', density=True)
plt.xlabel('Sample Mean')
plt.ylabel('Relative Likelihood')
plt.show()
```

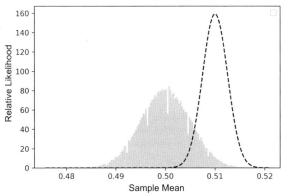

图 6-3　修改后的正态曲线，它的中心位于直方图右侧 0.01 个单位。曲线的峰值是直方图峰值高度的两倍。
这些修改是通过处理直方图的均值和标准差实现的

比较两个采样的正态曲线

SciPy 允许我们根据输入的参数探索和调整正态分布的形状。此外，这些输入参数的值取决于如何对随机数据进行采样。让我们将掷硬币的样本量翻 4 倍至 40 000 并绘制由此产生的分布变化。代码清单 6-9 比较了原有和更新的正态分布曲线，它们分别被标记为 A 和 B，如图 6-4 所示。

代码清单 6-9　绘制具有不同样本大小的两条曲线

```
np.random.seed(0)
new_sample_size = 40000
new_head_counts = np.random.binomial(new_sample_size, 0.5, 100000)
new_mean, new_std = stats.norm.fit(new_head_counts / new_sample_size)
new_likelihoods = stats.norm.pdf(bin_edges, new_mean, new_std)
plt.plot(bin_edges, normal_likelihoods, color='k', linestyle='--',
         label='A: Sample Size 10K')
plt.plot(bin_edges, new_likelihoods, color='b', label='B: Sample Size 40K')
plt.legend()
plt.xlabel('Sample Mean')
plt.ylabel('Relative Likelihood')
plt.show()
```

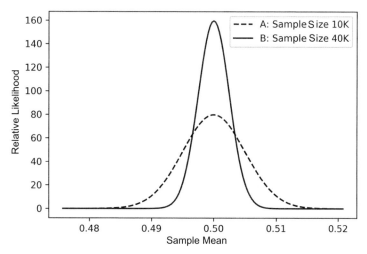

图 6-4　使用抛硬币数据生成的两个正态分布。分布 A 的样本容量为 10 000。分布 B 的样本容量是 40 000。两种分布都以平均值 0.5 为中心。然而，分布 B 在其中心附近更快收敛，它的峰值是分布 A 峰值的两倍。鉴于峰值高度和方差之间的关系，我们可以推断分布 B 的方差为分布 A 方差的 1/4

两个正态分布都以样本平均值 0.5 为中心。然而，具有较大样本量的分布图像更窄地集中在其峰值周围。这与在第 3 章中看到的一致。在该章中，我们观察到随着样本量的增加，峰值位置保持不变，而峰值周围的区域宽度收缩。峰值变宽导致置信区间范围下降。置信区间表示涵盖正面向上的概率的可能值范围。以前，我们通过 x 轴正面向上次数的频率所对应的置信区间估计硬币正面向上的概率。现在 x 轴代表样本均值，其中每个样本均值代表一个硬币正面向上次数的频率。因此，可以使用样本均值找到硬币正面向上的概率。此外，需要注意的是，所有硬币样本均来自伯努利分布。我们已经证明了伯努利分布的均值等于硬币正面向上的概率，因此每个样本的均值可以用作对真实伯努利均值的估计。可以将置信区间解释为涵盖真实伯努利均值的可能值范围。

现在使用正态分布 B 计算真实伯努利均值的 95%的置信区间。之前，我们通过探索峰值周围的曲线区域手动计算 95%的置信区间。但是，SciPy 允许我们通过调用 stats.norm.interval (0.95, mean, std)自动获取该范围(如代码清单 6-10 所示)。该方法返回一个区间，该区间覆盖由 mean 和 std 定义的正态分布下方 95%的面积。

代码清单6-10 使用 SciPy 计算置信区间

```
mean, std = new_mean, new_std
start, end = stats.norm.interval(0.95, mean, std)
print(f"The true mean of the sampled binomial distribution is between
    {start:.3f} and {end:.3f}")

The true mean of the sampled binomial distribution is between 0.495 and 0.505
```

我们 95%确信采样的伯努利分布的真实平均值介于 0.495 和 0.505 之间。事实上，这个平均值正好等于 0.5。可以使用 SciPy 确认这一点(如代码清单 6-11 所示)。

代码清单6-11 确认伯努利均值

```
assert stats.binom.mean(1, 0.5) == 0.5
```

现在尝试根据绘制的正态曲线估计伯努利分布的方差。乍一看，这似乎是一项艰巨的任务。尽管两个分布的均值保持不变，都为 0.5，但它们的方差出现显著的变化。可以通过比较峰值估计方差的相对偏移。分布 B 的峰值是分布 A 峰值的两倍。峰值高度与标准差成反比，因此分布 B 的标准差是分布 A 标准差的一半。因为标准差是方差的平方根，所以可以推断分布 B 的方差是分布 A 方差的 1/4。因此，将样本量增加 4 倍(从 10 000 增加到 40 000)会导致方差减少为 1/4(如代码清单 6-12 所示)。

代码清单6-12 增加样本数量后评估方差的变化

```
variance_ratio = (new_std ** 2) / (fitted_std ** 2)
print(f"The ratio of variances is approximately {variance_ratio:.2f}")

The ratio of variances is approximately 0.25
```

正态曲线分析的常用 SciPy 方法

- stats.norm.fit(data)：返回拟合正态曲线到 data 所需的均值和标准差。
- stats.norm.pdf(observation,mean,std)：返回映射到由均值 mean 和标准差 std 定义的正态曲线的单个值的似然。
- stats.norm.pdf(observation_array, mean, std)：返回正态似然的数组。这可以通过在 observation_artray 的每个元素 e 上执行 stats.norm.pdf(e, mean,std)获得。
- stats.norm.interval(x_percent, mean, std)：返回由均值 mean 和标准差 std 定义的 x_percent 置信区间。

方差似乎与样本量成反比。如果是这样，将样本量减少到原来的 1/4，即从 10 000 减少到 2 500，应该会使方差增加 4 倍。让我们使用 2 500 的样本量进行确认，如代码清单 6-13 所示。

代码清单 6-13　减少样本量后评估方差的变化

```
np.random.seed(0)
reduced_sample_size = 2500
head_counts = np.random.binomial(reduced_sample_size, 0.5, 100000)
_, std = stats.norm.fit(head_counts / reduced_sample_size)
variance_ratio = (std ** 2) / (fitted_std ** 2)
print(f"The ratio of variances is approximately {variance_ratio:.1f}")

The ratio of variances is approximately 4.0
```

结果是肯定的，样本量减少到原来的 1/4 将导致方差增加 4 倍。因此，如果将样本量从 10 000 减少到 1，可以预期方差会增加 10 000 倍。样本大小为 1 的方差应等于(fitted_std**2)*10000，如代码清单 6-14 所示。

代码清单 6-14　预测样本大小为 1 的方差

```
estimated_variance = (fitted_std ** 2) * 10000
print(f"Estimated variance for a sample size of 1 is
    {estimated_variance:.2f}")

Estimated variance for a sample size of 1 is 0.25
```

我们估计的样本大小是 1 的方差为 0.25。但是，如果样本大小为 1，那么 sample_means 数组将只是一个随机记录的 1 和 0 的序列。根据定义，该数组将代表伯努利分布的输出，运行 sample_means.var 将近似于伯努利分布的方差。因此，我们估计的样本大小为 1 的方差等于伯努利分布的方差。事实上，伯努利方差确实等于 0.25(如代码清单 6-15 所示)。

代码清单 6-15　确认样本大小为 1 的预测方差

```
assert stats.binom.var(1, 0.5) == 0.25
```

我们使用正态分布计算了伯努利分布的方差和均值，下面回顾是如何得到最终结果的。

(1) 从伯努利分布中随机抽取一些 1 和 0。

(2) 每个由 1 和 0 组成的大小为 sample_size 的序列被归纳为一个独立样本。

(3) 计算每个样本的平均值。

(4) 样本均值生成一条正态曲线。我们确定它的均值和标准差。

(5) 正态曲线的均值等于伯努利分布的均值。

(6) 正态曲线的方差乘以样本容量等于伯努利分布的方差。

如果从其他非伯努利分布中进行采样呢？我们还能通过随机采样估计均值和方差吗？答案是肯定，我们依旧可以获得想要的结果。根据中心极限定理，对几乎任何分布的均值进行采样都会生成一条正态曲线，包括如下分布。

- 泊松分布(stats.poisson.pmf)，通常用于如下场景的建模。
  - 每小时光顾一家商店的顾客人数；

◆ 每秒钟在线广告的点击次数。
- 伽马分布(scipy.stats.gamma.pdf)，通常用于如下场景的建模。
  - ◆ 一个地区每月的降雨量;
  - ◆ 基于贷款规模的银行贷款违约情况。
- 对数正态分布(scipy.stats.lognorm.pdf)，通常用于如下场景的建模。
  - ◆ 股价波动;
  - ◆ 传染病潜伏期。
- 自然界中发生的无数尚未命名的分布。

警告

在边缘情况下，采样不会生成正态曲线。帕累托分布偶尔会出现这种情况，它用于模拟收入不平等。

一旦获得一条正态曲线，就可以用它分析潜在的分布。正态曲线的均值近似于基础分布的均值。此外，正态曲线的方差乘以样本量近似于基础分布的方差。

注意

换句话说，如果从一个方差为 var 的分布中采样，会得到一条方差为 sample_size / var 的正态曲线。当样本容量趋于无穷时，正态曲线的方差趋于 0。在方差为 0 时，正态曲线坍缩成一条位于均值处的垂线。这个性质可以用来推导大数定律(第 2 章中介绍过)。

采样产生的正态分布与基础分布的属性之间的关系是所有统计的基础。利用这种关系，我们可以使用正态曲线通过随机采样估计几乎任何分布的均值和方差。

6.2 通过随机采样确定总体的均值和方差

假设我们的任务是了解一个城镇居民的平均年龄。该镇的人口正好是 50 000 人。代码清单 6-16 使用 np.random.randint 方法模拟城镇居民的年龄。

代码清单 6-16 随机生成城镇居民的年龄

```
np.random.seed(0)
population_ages = np.random.randint(1, 85, size=50000)
```

如何计算居民的平均年龄? 一种繁琐的方法是对镇上的每个居民进行人口普查。可以记录所有 50 000 名居民的年龄，然后计算它们的平均值。这个确切的平均值将涵盖整个人口群体，这就是为什么它被称为总体均值。此外，整个总体的方差称为总体方差。让我们快速计算该模拟城镇的总体均值和总体方差(如代码清单 6-17 所示)。

代码清单 6-17 计算总体均值和总体方差

```
population_mean = population_ages.mean()
population_variance = population_ages.var()
```

当有模拟数据时，计算总体均值很容易。然而，在现实生活中获取这些数据将非常耗时。我们必须采访所有 50 000 人。如果没有足够的人力，采访整个城镇几乎是不可能的。

一个更简单的方法是在镇上随机采访 10 个人。我们将从这个随机样本中记录年龄，然后计算样本均值。这里通过从 np.random.choice 方法中抽取 10 个随机年龄模拟采样过程(如代码清单 6-18 所示)。执行 np.random.choice(age,size=sample_size)将返回一个包含 10 个随机采样年龄的数组。采样完成后，将计算生成的十元素数组的平均值。

代码清单 6-18　模拟采访 10 位居民并获取他们的年龄

```
np.random.seed(0)
sample_size = 10
sample = np.random.choice(population_ages, size=sample_size)
sample_mean = sample.mean()
```

当然，这样的样本均值可能有噪声且不准确。我们可以通过计算 sample_mean 和 population_mean 之间的百分比差异来测量噪声(如代码清单 6-19 所示)。

代码清单 6-19　比较样本均值与总体均值

```
percent_diff = lambda v1, v2: 100 * abs(v1 - v2) / v2
percent_diff_means = percent_diff(sample_mean, population_mean)
print(f"There is a {percent_diff_means:.2f} percent difference between
         means.")

There is a 27.59 percent difference between means
```

样本均值和总体均值之间大约有 27%的差异。显然，这些样本不足以用于估计均值，因此需要收集更多样本。也许应该增加采样范围以覆盖该镇的 1 000 名居民。这似乎是一个合理的目标，比对所有 50 000 名居民进行调查更可取。可惜的是，采访 1 000 人仍然非常耗时：即使假设理想的采访速度为每分钟 2 人，也需要 8 小时才能达到采访目标。也许可以通过并行化采访过程来优化采访时间。我们可以在当地报纸上发布一则广告，要求招募 100 名志愿者：每个志愿者将随机调查 10 个人并对他们的年龄进行采样，然后将计算出的样本平均值发送给我们。因此，将收到 100 个样本均值，代表总共 1 000 次年龄采访。

注意

每个志愿者都会向我们发送样本均值，他们也可以发送完整的数据。然而，出于以下原因，发送样本均值是首选。首先，均值减少了数据所需的存储空间。其次，可以将均值绘制为直方图以检查样本量的质量。如果直方图不接近正态曲线，则需要更多样本。

接下来让我们模拟这个调研过程，如代码清单 6-20 所示。

代码清单 6-20　计算 1 000 人的样本均值

```
np.random.seed(0)
sample_means = [np.random.choice(population_ages, size=sample_size).mean()
                for _ in range(100)]
```

根据中心极限定理，样本均值的直方图应该类似正态分布。此外，正态分布的均值应接近总体均值。我们可以通过将样本均值拟合为正态分布来确认情况是否属实，如图 6-5 和代码清单 6-21 所示。

代码清单 6-21　将样本均值拟合为正态曲线

```
likelihoods, bin_edges, _ = plt.hist(sample_means, bins='auto', alpha=0.2,
                                      color='r', density=True)
mean, std = stats.norm.fit(sample_means)
normal_likelihoods = stats.norm.pdf(bin_edges, mean, std)
plt.plot(bin_edges, normal_likelihoods, color='k', linestyle='--')
plt.xlabel('Sample Mean')
plt.ylabel('Relative Likelihood')
plt.show()
```

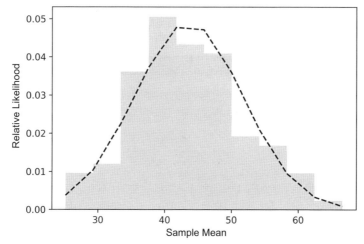

图 6-5　对 100 个年龄样本计算的直方图。直方图与其关联的正态分布重叠。
使用的正态分布的均值和标准差参数来自绘制的直方图数据

这个直方图不是很平滑，因为只处理了 100 个数据点。然而，直方图的形状仍然近似于正态分布。接下来输出该分布的均值并将其与总体均值进行比较(如代码清单 6-22 所示)。

代码清单 6-22　比较正态均值与总体均值

```
print(f"Actual population mean is approximately {population_mean:.2f}")
percent_diff_means = percent_diff(mean, population_mean)
print(f"There is a {percent_diff_means:.2f}% difference between means.")

Actual population mean is approximately 42.53
There is a 2.17% difference between means.
```

我们估计的年龄平均值约为 43。实际总体均值约为 42.5。估计平均值与实际平均值之间存在大约 2%的差异。因此，结果虽然不完美，但仍然非常接近实际平均年龄。

现在，将注意力转向根据正态分布计算的标准差。对标准差进行平方计算会生成分布的方差。

根据中心极限定理，可以使用该方差估计城镇年龄的方差。我们只需要将计算出的方差乘以样本大小即可(如代码清单 6-23 所示)。

代码清单 6-23　估计总体方差

```
normal_variance = std ** 2
estimated_variance = normal_variance * sample_size
```

接下来，让我们比较估计方差与总体方差(如代码清单 6-24 所示)。

代码清单 6-24　比较估计方差与总体方差

```
print(f"Estimated variance is approximately {estimated_variance:.2f}")
print(f"Actual population variance is approximately
    {population_variance:.2f}")
percent_diff_var = percent_diff(estimated_variance, population_variance)
print(f"There is a {percent_diff_var:.2f} percent difference between
    variances.")

Estimated variance is approximately 576.73
Actual population variance is approximately 584.33
There is a 1.30 percent difference between variances.
```

估计方差与总体方差之间大约有 1.3% 的差异。因此，这与该城镇居民的年龄实际方差相差不大，同时我们仅对居住在该镇的 2% 的人进行了采样。虽然这个估计可能不是 100% 完美，但节省的时间足以弥补准确度的微小下降。

到目前为止，只使用中心极限定理来估计总体均值和方差。然而，该定理的作用不只是对分布参数的估计，我们还可以使用它对人进行预测。

6.3　使用均值和方差进行预测

现在考虑一个分析某班级的新场景。Mann 老师是一位出色的五年级老师。她花了 25 年的时间来激发学生对学习的热爱。每年她的班上有 20 名学生。因此，多年来，她总共教了 500 名学生。

注意

假设 Mann 老师每年教 20 名学生。当然，在现实生活中，每年教的学生数可能都不相同。

她学生的成绩经常超过所在州其他五年级的学生。这种表现是通过每年对所有五年级学生进行的学术评估考试来衡量的。这些考试的评分为 0~100。所有成绩都可以通过查询州评估数据库来获取。但是，由于数据库设计不佳，可查询的考试记录没有指定每次考试的年份。

假设我们的任务是解决以下问题：Mann 老师是否曾经教过一个全体通过评估考试的班级？更具体地说，她有没有教过一个由 20 名学生组成的班级并且平均评估成绩在 89 分以上？

为回答这个问题，假设已经查询了成绩数据库。我们已获得 Mann 老师过去所有学生的成绩。当然，由于缺乏时间信息，无法按年份对成绩进行分组。因此，我们不能简单地查询年均值高于 89 分的记录。但是，仍然可以计算 500 个总成绩的均值和方差。假设均值等于 84，方差等于 25(如代码清单 6-25 所示)。我们将这些值称为总体均值和总体方差,因为它们涵盖了 Mann 老师教过的所有学生。

代码清单 6-25　成绩的总体均值和方差

```
population_mean = 84
population_variance = 25
```

让我们将 Mann 老师班级的年度测试结果建模为从具有均值 population_mean 和方差 population_variance 的分布中随机抽取的 20 个成绩的集合。这个模型很简单,它做出了几个极端的假设。

- 班上每个学生的表现不依赖于任何其他学生。在现实生活中,这种假设并不总是成立。例如,表现不佳的学生会对他人的表现产生负面影响。
- 每年的考试难度都一样。在现实生活中,标准化考试可以由政府部门进行调整。
- 当地经济因素可以忽略不计。在现实生活中,经济波动会影响学区预算以及学生家庭环境。这些外部因素最终都会对学生的成绩造成影响。

我们对模型的简化可能会影响预测准确性。然而,鉴于数据有限,因此在这件事上别无选择。统计学家经常被迫作出这样的妥协,从而解决其他棘手的问题。大多数时候,他们的简化预测仍然合理地反映了现实世界中的情况。

给定这个简单模型,我们可以随机抽取 20 个成绩样本。成绩的平均值至少为 90 的概率是多少?使用中心极限定理可以很容易地计算出这个概率。根据定理,平均成绩的似然分布将类似正态曲线。正态曲线的平均值将等于 population_mean。正态曲线的方差等于 population_variance 除以学生的样本量(20)。计算该方差的平方根将获得曲线的标准差,统计学家将其称为均值标准差(SEM)。根据定义,SEM 等于总体标准差除以样本大小的平方根。接下来计算曲线参数并绘制正态曲线,如图 6-6 和代码清单 6-26 所示。

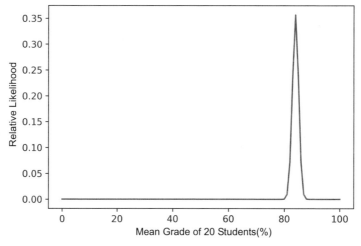

图 6-6　从总体均值和均值标准差得出的正态分布。SEM 等于标准差除以样本量的平方根。
绘制的曲线下方的面积可用于计算概率

代码清单 6-26　使用均值和 SEM 绘制正态曲线

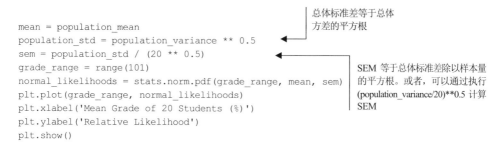

```
mean = population_mean
population_std = population_variance ** 0.5
sem = population_std / (20 ** 0.5)
grade_range = range(101)
normal_likelihoods = stats.norm.pdf(grade_range, mean, sem)
plt.plot(grade_range, normal_likelihoods)
plt.xlabel('Mean Grade of 20 Students (%)')
plt.ylabel('Relative Likelihood')
plt.show()
```

总体标准差等于总体方差的平方根

SEM 等于总体标准差除以样本量的平方根。或者，可以通过执行 (population_variance/20)**0.5 计算 SEM

曲线下的面积在大于 89 分时趋近于 0。这个面积也等于观察结果的概率。因此，观察到平均成绩在 90 分或以上的概率非常低。当然，我们还需要计算实际概率。因此，需要精确地测量正态分布下的面积。

6.3.1　计算正态曲线下方的面积

第 3 章中计算了直方图下方的面积。事实证明，确定这些面积很容易。根据定义，所有直方图都由小的矩形单元组成：可以对组成指定区间的矩形的面积进行求和，总和等于区间的面积。不过，平滑的正态曲线不能分解成矩形。那么如何计算它的面积呢？一种简单的解决方案是将正态曲线细分为很小的梯形单元。这种古老的技术被称为梯形法则。梯形是具有两条平行边的四边多边形，其面积等于这些平行边之和乘以它们之间距离的一半。对多个连续梯形面积求和可近似计算一个区间上的面积，如图 6-7 所示。

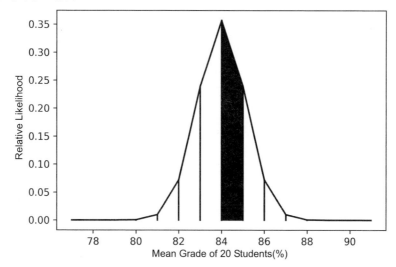

图 6-7　细分为梯形区域的正态分布。每个梯形的左下角位于 i 的 x 坐标处。每个梯形的平行边由 stats.norm.pdf(i) 和 stats.norm.pdf(i+1) 定义。这些平行边相距 1 个单位。位置 84 处的梯形面积已被阴影化。该面积等于 (stats.norm.pdf(84) + stats.norm.pdf(85))/2。对一个区间范围内的梯形面积求和近似于计算该区间内的总面积

只用几行代码就可以很容易地执行梯形法则。或者，可以利用 NumPy 的 np.trapz 方法获取输

入数组的面积。这里将梯形法则应用于正态分布。我们想要测试这个规则在多大程度上近似于 normal_likelihoods 所覆盖的总面积(如代码清单 6-27 所示)。理想情况下，该面积将接近 1.0。

代码清单 6-27　使用梯形法则计算面积

每个梯形的面积等于两个连续似然的总和除以 2。梯形两边之间的 x 坐标距离是 1，因此它不会影响计算结果

```
total_area = np.sum([normal_likelihoods[i: i + 2].sum() / 2
                     for i in range(normal_likelihoods.size - 1)])

assert total_area == np.trapz(normal_likelihoods)
print(f"Estimated area under the curve is {total_area}")

Estimated area under the curve is 1.0000000000384808
```

注意，NumPy 通过更有效的数学方法执行梯形法则

估计的面积非常接近 1.0，但并不完全等于 1.0。事实上，它略大于 1.0。如果我们愿意容忍这种细微的误差，那么梯形法则的计算结果是可以接受的。否则，需要正态分布面积的精确解。该精度由 SciPy 提供。我们可以使用 stats.norm.sf 方法获取数学上的精确解(如代码清单 6-28 所示)。该方法表示正态曲线的生存函数。生存函数等于一个大于某个 x 的区间上的分布面积。换句话说，生存函数是近似于 np.trapz(normal_likelihoods[x:])的面积的精确解。因此，我们可以认为 stats.norm.sf (0,mean,sem)等于 1.0。

代码清单 6-28　使用 SciPy 计算总面积

```
assert stats.norm.sf(0, mean, sem) == 1.0
```

理论上，正态曲线的 x 的下界延伸到负无穷。因此，这个实际面积在微观上小于 1.0。然而，这个误差微不足道，SciPy 无法检测到它。为达到我们的目的，可以将精确面积视为 1.0

类似地，我们预测 stats.norm.sf(mean,mean,sem)等于 0.5，因为平均值完美地将正态曲线分割成两个相等的部分(如图 6-8 所示)。因此，超过平均值的值区间(图中阴影部分)覆盖了正态曲线面积的一半。同时，预测 np.trapz(normal_likelihoods[mean:])近似但不完全等于 0.5。让我们确认这一点，如代码清单 6-29 所示。

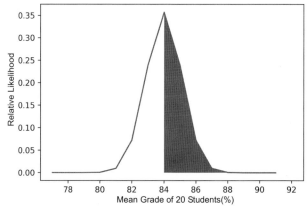

图 6-8　我们突出显示了由 stats.norm.sf(mean,mean,sem)表示的面积。该面积覆盖了大于或等于均值的值区间。阴影面积等于曲线总面积的一半。它的精确值为 0.5

代码清单 6-29　将平均值输入生存函数

```
assert stats.norm.sf(mean, mean, sem) == 0.5
estimated_area = np.trapz(normal_likelihoods[mean:])
print(f"Estimated area beyond the mean is {estimated_area}")

Estimated area beyond the mean is 0.5000000000192404
```

测量曲线面积的常用方法

- numpy.trapz(array)：通过梯形法则估计数组的面积。数组元素之间的 x 坐标差设置为 1。
- numpy.trapz(array, dx=dx)：通过梯形法则估计数组的面积。数组元素之间的 x 坐标差设置为 dx。
- stats.norm.sf(x_value, mean, std)：返回正态曲线下方的面积，覆盖大于或等于 x_value 的区间。正态曲线的均值和标准差分别设置为 mean 和 std。
- stats.norm.sf(x_array, mean, std)：返回一个面积数组。这些是通过对 x_array 的每个元素 e 执行 stats.norm.sf(e,mean,std)获得的。

现在，让我们执行 stats.norm.sf(90,mean,sem)。这将返回超过 90 分的值区间的面积。该面积代表 20 名学生全部通过考试的可能性(如代码清单 6-30 所示)。

代码清单 6-30　计算 20 名学生全部通过考试的概率

```
area = stats.norm.sf(90, mean, sem)
print(f"Probability of 20 students acing the exam is {area}")

Probability of 20 students acing the exam is 4.012555633463782e-08
```

正如预期的那样，这个可能性很小。

6.3.2　对计算的概率进行解释

所有学生通过考试的概率约为 1/25000000。考试每年仅举行一次，因此随机安排的学生需要大约 2 500 万年才能达到该水平。与此同时，Mann 老师只教了 25 年。这代表了数百万倍的差异。她教过的学生中有一届学生的平均成绩至少为 90 分的概率是多少？几乎为 0。我们可以得出结论，从来没有哪个班级满足这种成绩要求。

注意

可以通过执行 1 - stats.binom.pmf(0,25, stats.norm.sf(90, mean, sem))计算实际概率。你知道为什么吗？

当然，我们可能是错的。也许一群非常优秀的五年级学生随机出现在同一个班级里。虽然可能性很低，但还是有存在的可能。此外，这样的简单计算并未将考试的变化考虑在内。如果考试每年都变得更容易会怎么样？这将使我们把分数作为随机抽取样本的做法无效。

看来最终结论并不完美。虽然我们已经尽了最大努力，但仍有一些不确定性。为消除这种不确定性，需要在考试记录中补充缺失的日期。可惜，该数据并未提供。很常见的是，统计学家被迫从有限的记录中做出相应的决定。考虑以下两个场景。

- 一个咖啡农场每年生产 500 吨咖啡豆，每袋 5 磅。平均来说，有 1%的豆子发霉，标准差为 0.2%。美国食品和药物管理局(FDA)允许每袋发霉的豆子最多不超过 3%。那么是否存在违反 FDA 要求的咖啡产品？如果假设霉菌生长与时间无关，就可以应用中心极限定理。然而，霉菌在潮湿的夏季生长得更快。不过，我们缺乏可以确认的记录。

- 一个海滨小镇正在建造海堤来抵御海啸。根据历史资料，平均海啸高度为 23 英尺，标准差为 4 英尺。现在计划修建高度为 33 英尺的防浪墙。这个高度足以保护这个小镇吗？人们很容易假设海啸的平均高度每年都保持不变。然而，某些研究表明气候变化正在导致海平面上升。未来气候变化可能会导致更强大的海啸。遗憾的是，科学数据还不够确凿，因此无法确定这一点。

这两种情况下，我们都必须依靠统计技术做出重要决策。这些技术取决于某些可能不成立的假设。因此，当我们从不完整的信息中得出结论时，必须非常谨慎。在接下来的章节中，将继续探讨基于有限数据做出决策的风险和优势。

6.4　本章小结

- 正态分布的均值和标准差由其峰值位置决定。平均值等于峰值的 x 坐标。同时，标准差等于 y 坐标乘以$(2\pi)^{1/2}$的值的倒数。
- 概率密度函数将输入的浮点值映射到它们的似然权重。计算曲线下的面积可以得到概率。
- 对几乎所有分布的均值重复采样都会得到一条正态曲线。正态曲线的均值近似于基础分布的均值。此外，正态曲线的方差乘以样本量近似于基础分布的方差。
- 均值标准差(SEM)等于总体标准差除以样本大小的平方根。因此，用总体方差除以样本大小，然后取平方根也可以得到 SEM。SEM 与总体均值结合使我们能够计算观察到某些样本组合的概率。
- 梯形法则允许我们通过将曲线分解为梯形单位来估计曲线下的面积。然后简单地对每个梯形的面积进行求和。
- 生存函数衡量一个分布在大于某个 x 的区间上的面积。
- 在通过有限的数据进行推断时，必须谨慎地考虑我们的假设。

第7章

统计假设检验

许多普通人每天都被迫做出艰难的选择。这对于美国司法系统中的陪审员来说尤其如此。陪审员在审判期间掌握着被告的命运。他们根据证据进行判断，然后在两个相互竞争的假设之间做出决定。

- 被告无罪。
- 被告有罪。

这两个假设的权重不同：被告在被证明有罪之前被假定为无罪。因此，陪审员假定无罪假设是正确的。如果控方的证据令人信服，他们只能拒绝无罪假设。然而，证据很少是100%确凿的，对被告有罪的一些怀疑仍然存在。这种怀疑被纳入法律程序。如果对被告的罪行有"合理怀疑"，陪审团将接受无罪假设。只有在"排除合理怀疑"的情况下，他们才能拒绝被告无罪假设。

合理怀疑是一个难以准确定义的抽象概念。尽管如此，我们可以在一系列真实世界场景中区分合理怀疑和不合理怀疑。现在看以下两个审判案例。

- DNA证据将被告与犯罪直接联系起来。DNA不属于被告的可能性为1/1000000000。
- 血型证据将被告与犯罪直接联系起来。血液不属于被告的可能性为1/15。

在第一种情况下，陪审团不能100%确定被告有罪。被告无罪的可能性是1/1000000000。然而，这种情况是极不可能的。因此，陪审团应该拒绝无罪假设。

与此同时，在第二种情况下，怀疑更为普遍：每15个人中就有1人与被告血型相同。有理由认为犯罪现场可能有其他人在场。虽然陪审员可能会怀疑被告的清白，但他们也会合理地怀疑被告是否有罪。因此，陪审员不能拒绝无罪假设，除非提供额外的有罪证据。

在这两个场景中，陪审员正在进行的是统计假设检验。这种检验允许统计学家在两个相互竞争的假设之间进行选择，这两个假设都来自不确定的数据。一个假设的接受或拒绝基于检验的怀疑水平。本章将探讨几种著名的统计假设检验方法。我们从一个简单的检验开始，以衡量样本均值是否明显偏离现有总体。

7.1 评估样本均值和总体均值之间的差异

第 6 章使用统计数据分析一个五年级班级的成绩。现在，让我们想象一个场景，分析北达科他州的每个五年级班级。在春天里的一天，该州所有五年级学生都参加相同的评估考试。考试成绩被输入北达科他州的评估数据库并计算该州所有成绩的总体均值和方差(如代码清单 7-1 所示)。根据记录，总体均值为 80，总体方差为 100。现在将这些结果保存起来，以备后用。

代码清单 7-1　北达科他州成绩的总体均值和方差

```
population_mean = 80
population_variance = 100
```

接下来，假设我们前往南达科他州，遇到一个平均考试成绩为 84 分的五年级班级。该班级有 18 名学生，其成绩比北达科他州班级成绩总体均值高出 4%。南达科他州的五年级学生是否比北达科他州的五年级学生接受更好的教育？如果是这样，北达科他州应该将南达科他州的教学方法纳入课程。虽然课程调整成本很高，但对学生的回报是值得的。当然，也有可能观察到的考试差异仅是统计上的偶然。原因到底是哪个？这里将尝试使用假设检验来找出答案。

我们面临两种相互竞争的可能性。首先，相邻州的整体学生成绩可能相同。换句话说，典型的南达科他州班级与典型的北达科他州班级没有区别。这种情况下，南达科他州的总体均值和方差值将与其邻居无法区分。统计学家将这种假设的参数等价性称为原假设(也称为零假设)。如果原假设为真，那么南达科他州表现出色的班级只是一个异常值，并不代表实际均值。

或者，之前看到的平均成绩为 84 分的南达科他州班级代表了南达科他州的一般教育水平。因此，南达科他州的成绩总体均值和总体方差值与北达科他州不同。统计学家称之为替代假设。如果替代假设成立，我们将更新北达科他州的五年级课程。然而，替代假设只有在原假设为假时才为真(反之亦然)。因此，为证明课程改革的合理性，必须首先证明原假设不太可能成立。我们可以使用中心极限定理衡量这种可能性。

现在暂时假设原假设为真，并且两个达科他州具有相同的总体均值和方差。因此，可以将 18 名学生的班级建模为从正态分布中抽取的随机样本。该分布的均值将等于 population_mean，其标准差等于均值标准差(SEM)，定义为(population_variance/18)**0.5，如代码清单 7-2 所示。

代码清单 7-2　原假设为真时的正态曲线参数

```
mean = population_mean
sem = (population_variance / 18) ** 0.5
```

如果原假设为真，则遇到平均考试成绩至少为 84 分的概率等于 stats.norm.sf(84mean,sem)。我们可以检查这个概率，如代码清单 7-3 所示。

代码清单 7-3　计算成绩优异班级存在的概率

```
prob_high_grade = stats.norm.sf(84, mean, sem)
print(f"Probability of an average grade >= 84 is {prob_high_grade}")

Probability of an average grade >= 84 is 0.044843010885182284
```

在原假设下，随机的南达科他州班级获得至少 84 分的平均成绩，概率为 0.044。这个概率很低，因此与总体均值的 4% 的成绩差异显得很极端。但这真的是极端的吗？在第 1 章中，当我们检查在 10 次抛硬币中观察到 8 次正面向上的可能性时，提出了一个类似的问题。在抛硬币分析中，将表现优异的概率与表现不佳的概率相加。换句话说，将观察到 8 个或更多正面向上的概率与观察到 2 个或更少正面向上的概率相加。这里，我们的困境是相同的。分析优异成绩不足以评估极端情况，还必须考虑同样极端的成绩不佳的可能性。因此，需要计算观察到样本均值至少比总体均值(80 分)低 4 个百分点的概率。

我们现在计算观察到小于或等于 76 分的成绩平均值的概率。可以使用 SciPy 的 stats.norm.cdf 方法进行计算，该方法计算正态曲线的累积分布函数。累积分布函数与生存函数正好相反，如图 7-1 所示。将 stats.norm.cdf 应用于 x 会返回范围从负无穷大到 x 的正态曲线下的面积。

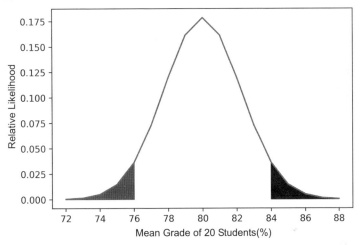

图 7-1 正态曲线下方突出显示了两个区域。最左边的区域涵盖所有小于或等于 76 分的 x 值。可以使用累积分布函数计算该面积。要执行该函数，只需要调用 stats.norm.cdf(76,mean,sem)。同时，最右边的区域覆盖至少 84 分的所有 x 值。可以使用生存函数计算该面积。要执行该函数，可调用 stats.norm.sf(84,mean,sem)

现在使用 stats.norm.cdf 计算观察到较低平均成绩的概率，如代码清单 7-4 所示。

代码清单 7-4 计算出现较低平均成绩的概率

```
prob_low_grade = stats.norm.cdf(76, mean, sem)
print(f"Probability of an average grade <= 76 is {prob_low_grade}")

Probability of an average grade <= 76 is 0.044843010885182284
```

看起来 prob_low_grade 等于 prob_high_grade。这种相等源于正态曲线的对称形状。累积分布函数和生存函数是反映在平均值上的镜像。因此，对于任何输入 x，stats.norm.sf(mean+x,mean,sem) 总是等于 stats.norm.cdf(mean-x,mean,sem)。接下来，我们将对这两个函数进行可视化，从而确认它们是以平均值为中心的镜像，如图 7-2 和代码清单 7-5 所示。

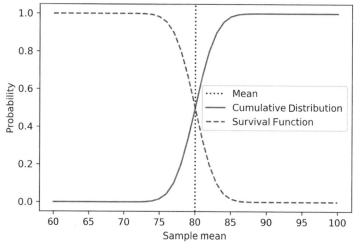

图 7-2 同时绘制生存函数和正态分布的累积分布函数。累积分布函数和生存函数是镜像。
它们以垂直的正态曲线平均值为轴进行镜像

代码清单 7-5 比较生存函数和累积分布函数

```
for x in range(-100, 100):
    sf_value = stats.norm.sf(mean + x, mean, sem)
    assert sf_value == stats.norm.cdf(mean - x, mean, sem)

plt.axvline(mean, color='k', label='Mean', linestyle=':')
x_values = range(60, 101)
plt.plot(x_values, stats.norm.cdf(x_values, mean, sem),
         label='Cumulative Distribution')
plt.plot(x_values, stats.norm.sf(x_values, mean, sem),
         label='Survival Function', linestyle='--', color='r')
plt.xlabel('Sample Mean')
plt.ylabel('Probability')
plt.legend()
plt.show()
```

现在准备对 prob_high_grade 和 prob_low_grade 求和。由于对称性,该总和等于 2*prob_high_grade。从概念上讲,总和表示当原假设为真时观察到与总体均值存在极端差异的概率。统计学家将这种原假设驱动的概率称为 p 值。让我们计算由本例的数据得到的 p 值(如代码清单 7-6 所示)。

代码清单 7-6 计算原假设驱动的 p 值

```
p_value = prob_low_grade + prob_high_grade
assert p_value == 2 * prob_high_grade
print(f"The p-value is {p_value}")

The p-value is 0.08968602177036457
```

在原假设下，大约有 9%的机会可以随机观察到极端成绩。因此，原假设是正确的，并且极端测试平均值只是随机波动。现在尚未明确证明这一点，但我们的计算引发了对重组北达科他州五年级课程的严重怀疑。如果南达科他州的平均成绩等于 85 分，而不是 84 分，那会怎样？让我们检查轻微的成绩变化是否会影响 p 值(如代码清单 7-7 所示)。

代码清单 7-7　计算调整样本均值后的 p 值

```
def compute_p_value(observed_mean, population_mean, sem):
    mean_diff = abs(population_mean - observed_mean)
    prob_high = stats.norm.sf(population_mean + mean_diff, population_mean, sem)
    return 2 * prob_high

new_p_value = compute_p_value(85, mean, sem)
print(f"The updated p-value is {new_p_value}")

The updated p-value is 0.03389485352468927
```

平均成绩的微小增加导致 p 值下降为原来的 1/3。现在，在原假设下，只有 3.3%的机会观察到至少与 85 分一样极端的平均测试成绩。这种可能性很低，因此我们可能会拒绝原假设。那是否应该接受替代假设并投入时间和金钱来改造北达科他州的学校课程系统？

这不是一个容易回答的问题。通常，如果 p 值小于或等于 0.05，统计学会家倾向于拒绝原假设。0.05 的阈值被称为显著性水平，低于该阈值的 p 值被认为具有统计显著性。然而，0.05 只是一个任意的临界值，旨在启发式地发现值得注意的数据，而不是做出关键决策。该阈值于 1935 年由著名统计学家 Ronald Fisher 首次提出。后来，Fisher 认为显著性水平不应保持静态，应根据分析的性质手动进行调整。遗憾的是，那时为时已晚：0.05 临界值已被用作衡量显著性的标准。如今，大多数统计学家都同意低于 0.05 的 p 值意味着数据中存在值得注意的数据，因此 0.033 的 p 值足以暂时拒绝原假设并使数据发表在科学期刊上。不过，0.05 的阈值实际上并非来自数学和统计学定律，它是学术界作为研究发表的要求选择的一个临时值。因此，许多研究期刊充斥着 I 类错误(也称为拒真错误)。I 类错误被定义为错误地拒绝原假设。当随机数据波动被解释为与总体均值的真正偏差时，就会出现此类错误。包含 I 类错误的科学文章错误地断言了不存在均值之间的差异。

如何限制 I 类错误？一些科学家认为 0.05 的阈值高得不合理，应该大幅度降低用于拒绝原假设的 p 值。但是目前对于使用较低的阈值是否合适还没有达成共识，因为这样做会导致 II 类错误的增加，我们会错误地拒绝替代假设。当科学家犯 II 类错误时，他们没有注意到合理的发现。

选择最佳显著性水平很困难。尽管如此，可以暂时将显著性水平设置为非常严格的值 0.001。低于此阈值时，得到的最低平均成绩是多少？让我们来寻找答案。首先循环遍历所有高于 80 分的成绩平均值，同时计算 p 值。当遇到小于或等于 0.001 的 p 值时，将停止程序的运行，如代码清单 7-8 所示。

代码清单 7-8　计算一个严格 p 值对应的成绩

```
for grade in range(80, 100):
    p_value = compute_p_value(grade, mean, sem)
    if p_value < 0.001:
        break
```

```
print(f"An average grade of {grade} leads to a p-value of {p_value}")

An average grade of 88 leads to a p-value of 0.0006885138966450773
```

针对新阈值，需要至少 88 分(如果满分为 100 分)的平均成绩来拒绝原假设。因此，87 分的平均成绩不会被认为具有统计学意义，即使它明显高于总体均值。降低临界值不可避免地使我们面临更大的 II 类错误风险。因此，本书中使用普遍接受的 p 值 0.05。但我们还是会非常谨慎，从而避免错误地拒绝原假设，即尽最大努力减少 I 类错误的产生。

7.2　数据捕捞：过采样将导致错误的结论

有时，统计学专业的学生会错误地使用 p 值。考虑以下简单场景。两个人倒出一袋糖果。袋子里有 5 种不同颜色的糖果。袋子里的蓝色糖果比任何其他颜色的糖果都多。第一个人假设蓝色是所有糖果袋中糖果的主要颜色。第二个人不同意：她根据所有颜色出现的可能性相等的原假设计算 p 值，该 p 值大于 0.05。然而，第一个人不同意她的观点。于是他又打开了一袋糖果。根据该袋子的情况重新计算 p 值。这一次 p 值等于 0.05。第一个人声称胜利：他断言，鉴于 p 值较低，原假设可能是假的。然而他错了。

第一个人从根本上误解了 p 值的含义。他错误地认为它代表了原假设为真的概率。事实上，p 值表示在原假设成立的情况下观察到偏差的概率。这两个定义之间的区别很微妙，但非常重要：第一个定义意味着，如果 p 值很低，原假设很可能是假的；但是第二个定义保证了我们将通过反复计算糖果来最终观察到一个较低的 p 值，即使原假设成立。此外，观察到低 p 值的频率将等于 p 值本身。因此，如果打开 100 袋糖果，应该可以观察到大约 5 次 p 值为 0.05。通过重复随机实验，最终会得到一个统计上显著的结果，即使真实的统计上不存在显著性。

多次运行相同的实验会增加犯 I 类错误的风险。让我们在五年级考试分析的背景下探讨这个概念。假设北达科他州的全州考试成绩与其他 49 个州的考试成绩没有差异。更准确地说，将假设全国均值和方差等于北达科他州考试成绩的 population_mean 和 population_variance。因此，原假设对美国所有州都成立。

此外，假定目前还不知道原假设总是正确的。我们唯一确定的是北达科他州的总体均值和总体方差。于是开始寻找一个成绩分布与北达科他州分布不同的州。遗憾的是，这样的搜索注定是徒劳，因为不存在这样的州。

第一站是蒙大拿州。在那里，我们随机选择一个有 18 名学生的五年级班级。然后计算班级的平均成绩(如代码清单 7-9 所示)。由于原假设实际为真，因此可以通过从 mean 和 sem 定义的正态分布中采样来模拟该平均成绩的值。我们通过调用 np.random.normal(mean,sem) 模拟考试成绩。该方法从输入变量定义的正态分布中调用样本。

代码清单 7-9　对蒙大拿州的考试成绩进行随机采样

```
np.random.seed(0)
random_average_grade = np.random.normal(mean, sem)
print(f"Average grade equals {random_average_grade:.2f}")

Average grade equals 84.16
```

这个班级的平均考试成绩大约为 84.16 分。可以通过检查其 p 值是否小于或等于 0.05 来确定该平均值是否具有统计学意义(如代码清单 7-10 所示)。

代码清单 7-10　测试蒙大拿州考试成绩的显著性

```
if compute_p_value(random_average_grade, mean, sem) <= 0.05:
    print("The observed result is statistically significant")
else:
    print("The observed result is not statistically significant")

The observed result is not statistically significant
```

结果显示平均成绩在统计学意义上并不显著。我们将继续旅程并访问剩余 48 个州的每个由 18 名学生组成的班级,并且计算每个班级的平均成绩,同时还将计算 p 值。一旦发现有统计学意义的 p 值,就结束旅程。

代码清单 7-11 模拟了我们的旅行。它遍历剩下的 48 个州,随机抽取每个州的平均成绩。一旦发现统计上有意义的平均成绩,迭代循环就会停止。

代码清单 7-11　为获取具有显著性的结果而进行随机搜索

```
np.random.seed(0)
for i in range(1, 49):
    print(f"We visited state {i + 1}")
    random_average_grade = np.random.normal(mean, sem)
    p_value = compute_p_value(random_average_grade, mean, sem)
    if p_value <= 0.05:
        print("We found a statistically significant result.")
        print(f"The average grade was {random_average_grade:.2f}")
        print(f"The p-value was {p_value}")
        break

if i == 48:
    print("We visited every state and found no significant results.")

We visited state 2
We visited state 3
We visited state 4
We visited state 5
We found a statistically significant result.
The average grade was 85.28
The p-value was 0.025032993883401307
```

我们访问的第 5 个州产生了统计上显著的结果,该州一个班级的平均成绩是 85.28 分。对应的 p 值为 0.025,低于 0.05 的临界值。看来可以拒绝原假设。然而,这个结论是错误的,因为我们知道原假设是正确的。到底是哪里出了问题?如前所述,观察到低 p 值的频率等于 p 值本身。因此,即使原假设是正确的,我们预计有 2.5%的可能性会遇到 p 值为 0.025 的情况。因为要访问 49 个州,而 49 的 2.5%是 1.225,所以可以获得大约 1 个州,其随机 p 值大约为 0.025。

寻找具有统计学意义结果的想法从一开始就注定要失败,因为它滥用了统计数据。我们沉溺于数据捕捞,这也被称为数据钓鱼或 p-hacking。在数据捕捞过程中,会不断重复实验,直到发现有统计学意义的结果。然后将有统计学意义的结果呈现给其他人，而将其余失败的实验丢弃。数据捕捞是导致科学出版物中 I 类错误的最常见原因。遗憾的是，有时研究人员会设定一个假设并重复一个实验，直到特定的错误假设被证实为正确为止。例如，他们可能会假设某些糖果会使老鼠致癌。之后不断给一组老鼠喂食一种特定品牌的糖果，但没有发现致癌的联系。然后换掉糖果的牌子，再次进行实验，一次又一次。多年以后，一个与癌症有关的糖果品牌终于被发现了。当然，实际的实验结果是有欺骗性的。在癌症和糖果之间并没有真正的统计联系——研究人员只是进行了多次实验，直到随机测量到一个较低的 p 值。

避免数据捕捞并不困难：只需要提前选择有限数量的实验，然后设置显著性水平为 0.05 除以计划的实验次数。这种简单的方法被称为 Bonferroni 校正。这里用 Bonferroni 校正重新对美国考试成绩进行分析(如代码清单 7-12 所示)。该分析需要我们访问 49 个州，评估 49 个班级，显著性水平应该设置为 0.05 / 49。

代码清单 7-12　使用 Bonferroni 校正调整显著性

```
num_planned_experiments = 49
significance_level = .05 / num_planned_experiments
```

我们重新进行分析，如果找到一个小于或等于 significance_level 的 p 值，分析就会终止(如代码清单 7-13)。

代码清单 7-13　使用调整后的显著性水平重新运行分析

```
np.random.seed(0)
for i in range(49):
    random_average_grade = np.random.normal(mean, sem)
    p_value = compute_p_value(random_average_grade, mean, sem)

    if p_value <= significance_level:
        print("We found a statistically significant result.")
        print(f"The average grade was {random_average_grade:.2f}")
        print(f"The p-value was {p_value}")
        break

if i == 48:
    print("We visited every state and found no significant results.")

We visited every state and found no significant results.
```

我们访问了 49 个州，发现它们与北达科他州的总体均值和方差没有统计学上的显著偏差。Bonferroni 校正使我们能够避免 I 类错误。

需要注意的是，Bonferroni 校正仅在我们将 0.05 除以计划的实验次数时才有效。如果除以已完成的实验次数，则效果不佳。例如，如果计划运行 1 000 次实验，但第 1 次实验的 p 值等于 0.025，则不应将显著性水平更改为 0.05/1。同样，如果在完成第 2 次实验时，p 值等于 0.025，则应该保持 0.05/1000 的显著性水平，而不是将其调整为 0.05/2。否则，可能会错误地将结论偏向前几次实验结果。所有实验都必须一视同仁，这样才能得出公平、正确的结论。

Bonferroni 校正是一种用于提高假设检验准确性的实用技术。它可应用于各种统计假设检验，而不只是利用总体均值和方差的简单检验。这是幸运的，因为统计检验的复杂程度各不相同。在 7.3 节中，我们将探索不依赖于已知总体方差的更复杂的检验。

7.3　有放回的自举法：当总体方差未知时检验假设

我们可以使用总体均值和方差轻松计算 p 值。遗憾的是，在许多现实生活中，总体方差是未知的。考虑以下场景，我们拥有一个非常大的水族箱。它可容纳 20 条长度从 2 厘米到大约 120 厘米不等的热带鱼。平均鱼长等于 27 厘米。这里使用 fish_lengths 数组表示这些鱼的长度(如代码清单 7-14 所示)。

代码清单 7-14　定义水族箱中鱼的长度

```
fish_lengths = np.array([46.7, 17.1, 2.0, 19.2, 7.9, 15.0, 43.4,
                         8.8, 47.8, 19.5, 2.9, 53.0, 23.5, 118.5,
                         3.8, 2.9, 53.9, 23.9, 2.0, 28.2])
assert fish_lengths.mean() == 27
```

那么是否准确获取了真实热带鱼的长度分布？有可靠消息告诉我们，野生热带鱼的总体平均长度为 37 厘米。总体均值与我们的样本均值之间存在 10 厘米的巨大差异。这种差异让人感觉很明显，但在严格的统计中，"感觉"不值一提。为得出一个有效的结论，必须确定这个差异在统计上是否显著。

到目前为止，我们已经使用 compute_p_value 函数计算了统计显著性。然而，并不能将这个函数应用到鱼类数据中，因为不知道总体方差。如果没有总体方差，就无法计算 SEM，这是运行 compute_p_value 所需的变量。在总体方差未知的情况下如何求均值标准差呢？

乍一看，似乎无法得到 SEM。通过执行 fish_lengths.var()，可以简单地将样本方差视为总体方差的估计。可惜，小样本容易出现随机方差波动，因此任何此类估计都非常不可靠。因此，我们陷入了困境。现在面临一个看似难以解决的问题，必须依赖一个看似不可能的解决方案: bootstrapping with replacement(有放回的自举法)。bootstrapping 一词源于"靠自己的力量振作起来"这句话，指的是通过拉鞋带把自己提到空中。当然，这样做是不可能的。在自举法中，将尝试通过直接从有限的数据计算 p 值来实现同样不可能的事情。尽管这个解决方案看似可笑，但我们的努力将会取得成功。

首先从水族箱中随机取出一条鱼来开始自举过程(如代码清单 7-15 所示)。我们将对鱼的长度进行测量，以备后用。

代码清单 7-15　从水族箱里随机抽取一条鱼

```
np.random.seed(0)
random_fish_length = np.random.choice(fish_lengths, size=1)[0]
sampled_fish_lengths = [random_fish_length]
```

现在把选中的鱼放回水族箱。这个放回的动作指的就是 bootstrapping with replacement 中的 replacement。在把鱼放回鱼缸后，再次将手伸进鱼缸，随机选择另一条鱼。我们有 1/20 的机会捞到之前那条鱼，这是完全可以接受的。接着记录捞出的鱼的长度并把它放回水中。然后再重复这个过程 18 次，直到随机测量了 20 条鱼的长度(如代码清单 7-16 所示)。

代码清单 7-16 重复随机采样 20 条鱼的长度

```
np.random.seed(0)
for _ in range(20):
    random_fish_length = np.random.choice(fish_lengths, size=1)[0]
    sampled_fish_lengths.append(random_fish_length)
```

sampled_fish_lengths 列表包含 20 个测量值，全部取自 20 个元素的 fish_lengths 数组。然而，fish_lengths 和 sampled_fish_lengths 的元素并不相同。由于是随机采样，因此数组和列表的平均值可能不同(如代码清单 7-17 所示)。

代码清单 7-17 将样本平均值与水族箱总体平均值进行比较

```
sample_mean = np.mean(sampled_fish_lengths)
print(f"Mean of sampled fish lengths is {sample_mean:.2f} cm")

Mean of sampled fish lengths is 26.03 cm
```

采样的鱼的平均长度为 26.03 厘米。它与原始平均值相差 0.97 厘米。因此，放回采样给我们的观察带来了一些差异。如果从水族箱中再采样 20 个测量值，可以想象到随后的样本平均值也会偏离 27 厘米。这里通过使用一行代码重复采样过程来确认这件事: np.random.choice(fish_lengths, size=20,replace=True)。将 replace 参数设置为 True 可确保我们从 fish_lengths 数组中进行放回采样(如代码清单 7-18 所示)。

代码清单 7-18 使用 NumPy 进行放回采样

replace 参数在当前函数中默认为 True

```
np.random.seed(0)
new_sampled_fish_lengths = np.random.choice(fish_lengths, size=20,
                                            replace=True)
new_sample_mean = new_sampled_fish_lengths.mean()
print(f"Mean of the new sampled fish lengths is {new_sample_mean:.2f} cm")

Mean of the new sampled fish lengths is 26.16 cm
```

新样本平均值等于 26.16 厘米。当使用放回采样时，平均值会出现波动: 波动意味着随机性，因此平均值是随机分布的。让我们通过重复采样过程 150 000 次来探索这种随机分布的形状。在每次采样中，都计算随机捞起的 20 条鱼的长度平均值，然后绘制 150 000 个采样均值的直方图，如图 7-3 和代码清单 7-19 所示。

代码清单 7-19 绘制 150 000 个采样均值的分布

```
np.random.seed(0)
sample_means = [np.random.choice(fish_lengths,
                                 size=20,
                                 replace=True).mean()
                for _ in range(150000)]
likelihoods, bin_edges, _ = plt.hist(sample_means, bins='auto',
                                     edgecolor='black', density=True)
```

```
plt.xlabel('Binned Sample Mean')
plt.ylabel('Relative Likelihood')
plt.show()
```

通过观察发现，生成的直方图不是正态曲线。其形状不对称，左侧比右侧更陡峭。数学家将这种不对称称为"偏态"。可以通过调用 stats.skew(sample_means)来确认直方图中的偏态(如代码清单7-20 所示)。当输入的数据不对称时，stats.skew 方法返回一个非 0 值。

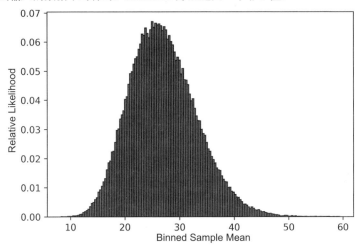

图 7-3　使用放回采样的样本均值直方图，该直方图不是对称的钟形

代码清单 7-20　计算非对称分布的偏态

```
assert abs(stats.skew(sample_means)) > 0.4
```

没有数据是完全对称的，即使数据是从正态曲线中采样的，偏态也很少为 0.0。然而，正常数据往往具有非常接近 0.0 的偏态。任何绝对值大于 0.04 的偏态数据都不太可能来自正态分布

非对称直方图不能使用正态分布建模。然而，直方图代表了一个连续的概率分布。与所有连续分布一样，直方图可以映射到概率密度函数、累积分布函数和生存函数。了解这些函数的输出会很有用。例如，生存函数会为我们提供观察到样本均值大于总体均值的概率。可以通过手动编写代码来获得函数输出，该代码使用 bin_edges 和 likelihoods 数组计算曲线面积。

或者，可以只使用 SciPy，它为我们提供一种从直方图中获取所有 3 个函数的方法。这个方法是 stats.rv_histogram，它将 bin_edges 和 likelihoods 数组定义的元组作为输入。调用 stats.rv_histogram((likelihoods,bin_edges))将返回一个包含 pdf、cdf 和 sf 方法的 SciPy 对象 random_variable，就像 stats.norm 一样。random_variable.pdf 方法输出直方图的概率密度。同样，random_variable.cdf 和 random_variable.sf 方法分别输出累积分布函数和生存函数。

代码清单 7-21 计算由直方图生成的 random_variable 对象。然后通过调用 random_variable.pdf (bin_edges)绘制概率密度函数，如图 7-4 所示。

代码清单 7-21 使用 SciPy 将数据拟合到一般分布

```
random_variable = stats.rv_histogram((likelihoods, bin_edges))
plt.plot(bin_edges, random_variable.pdf(bin_edges))
plt.hist(sample_means, bins='auto', alpha=0.1, color='r', density=True)
plt.xlabel('Sample Mean')
plt.ylabel('Relative Likelihood')
plt.show()
```

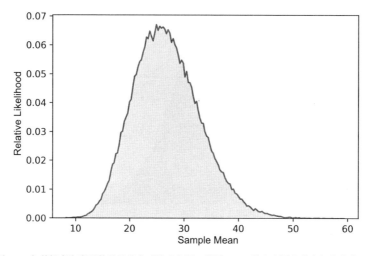

图 7-4 与其概率密度函数重叠的非对称直方图。使用 SciPy 从直方图中获取概率密度函数

正如预期的那样，概率密度函数非常类似直方图的形状。现在绘制与 random_variable 相关的累积分布函数和生存函数。我们应该预想到这两个绘制的函数不会围绕平均值对称。为检验这种不对称性，用一条垂直线绘制出分布的均值(如代码清单 7-22 所示)。我们通过调用 random_variable.mean()获得平均值，如图 7-5 所示。

代码清单 7-22 绘制一般分布的均值和间隔区域

```
rv_mean = random_variable.mean()
print(f"Mean of the distribution is approximately {rv_mean:.2f} cm")

plt.axvline(random_variable.mean(), color='k', label='Mean', linestyle=':')
plt.plot(bin_edges, random_variable.cdf(bin_edges),
         label='Cumulative Distribution')

plt.plot(bin_edges, random_variable.sf(bin_edges),
         label='Survival', linestyle='--', color='r')
plt.xlabel('Sample Mean')
plt.ylabel('Probability')
plt.legend()
plt.show()

Mean of the distribution is approximately 27.00 cm
```

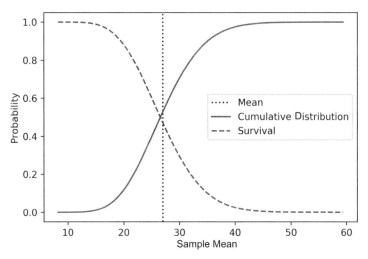

图 7-5 同时绘制非对称分布的累积分布函数与生存函数。这两个函数不再像正态曲线分析中那样以均值为对称轴。因此，不能再简单地通过将生存函数的输出翻倍来计算 p 值

分布的平均值大约是 27 厘米，这也是水族箱里鱼的平均长度。一个随机的鱼类样本很可能产生一个接近水族箱平均值的值。然而，使用放回采样有时会产生大于 37 厘米或小于 17 厘米的值。观察到这些极端情况的概率可以从绘制的两个函数中计算出来。让我们更详细地检查这两个函数。

根据图 7-5 可知，累积分布函数和生存函数不是镜像的。它们也不像正态曲线分析中那样在均值处直接相交。分布不像对称的正态曲线会带来一些后果。利用对称曲线，我们可以通过将生存函数翻倍来计算 p 值。在非对称分布中，生存函数本身不足以计算尾部概率。幸运的是，可以同时使用生存函数和累积分布函数来揭示极端观察的概率。通过使用这些概率，可以对显著性进行评估。

我们可以通过回答一个问题来衡量显著性：20 条采样鱼(测量后放回鱼缸)产生的均值与总体均值完全相同的概率是多少？总体均值为 37 厘米，比分布均值大 10 厘米。因此，极端性被定义为距离 rv_mean 至少 10 厘米的采样输出。基于之前的讨论，这个问题可分解为计算两个不同的值。首先，必须计算观察到样本均值至少为 37 厘米的概率，然后必须计算观察到样本均值小于或等于 17 厘米的概率。前者概率等于 random_variable.sf(37)，而后者等于 random_variable.cdf(17)。将这两个值相加将得到我们想要的答案，如代码清单 7-23 所示。

代码清单 7-23 计算极端样本均值的概率

```
prob_extreme= random_variable.sf(37) + random_variable.cdf(17)
print("Probability of observing an extreme sample mean is approximately "
    f"{prob_extreme:.2f}")

Probability of observing an extreme sample mean is approximately 0.10
```

从采样中观察到极值的概率约为 0.10。换句话说，1/10 的随机水族箱采样将产生与总体均值完全一样的极端均值。总体均值并不像我们想象的那么遥远。事实上，对这些鱼 10%的采样会出现 10 厘米或更多的平均差异。因此，样本平均值(27 厘米)与总体平均值(37 厘米)之间的差异没有统计学意义。

到目前为止，我们掌握了许多信息。prob_extreme 值只是 p 值的伪装。当原假设为真时，在 10% 的采样中，样本均值与总体均值之间的差异将至少为 10 厘米。这个 p 值 0.1 大于阈值 0.05。因此，不能拒绝原假设。样本均值和总体均值之间没有统计学上的显著差异。

我们以迂回的方式计算了 p 值。有些读者可能会怀疑这种方法——毕竟，从有限的 20 条鱼中采样似乎是一种得出统计见解的奇怪方法。然而，我们所使用的方法是完全正确的。有放回的自举法是获得 p 值的可靠方法，尤其是在处理有限数据时。

有放回的自举法的常用方法

- rv = stats.rv_histogram((likelihoods, bin_edges))：根据 likelihoods,bin_edges = np.hist(data)的直方图输出，创建一个随机变量对象 rv。
- p_value = rv.sf(head_extreme) + random_variable.cdf(tail_extreme)：分别基于头部极值和尾部极值的生存函数输出和累积分布输出，从随机变量对象计算 p 值。
- z = np.random.choice(x, size=y, replace=True)：使用放回采样方法，从数组 x 中采集 y 个元素。然后将采集的样本存储在数组 z 中。在有放回的自举法中，y = x.size。

自举技术已经被人们研究了四十多年。统计学家已发现这种技术的多种变体，可用于精确的 p 值计算。我们刚刚就学习了一个这样的变体。现在将简要介绍另一个。已有研究表明，放回采样近似于数据集的 SEM。基本上，当原假设成立时，采样分布的标准差等于 SEM。因此，如果原假设为真，缺失的 SEM 就等于 random_variable.std。这给了我们另一种求 p 值的方法，只需要运行 compute_p_value(27, 37, random_variable.std)即可。计算出的 p 值应该大约等于 0.1。让我们通过代码清单 7-24 来确认。

代码清单 7-24　使用自举法估计 SEM

```
estimated_sem = random_variable.std()
p_value = compute_p_value(27, 37, estimated_sem)
print(f"P-value computed from estimated SEM is approximately {p_value:.2f}")

P-value computed from estimated SEM is approximately 0.10
```

正如预期的那样，计算出的 p 值大约为 0.1。前面已经展示了有放回的自举法如何提供两种不同的计算 p 值的方法。第一种方法要求我们执行以下操作。

(1) 对数据进行放回采样。重复数万次以获得样本均值列表。

(2) 从样本均值生成直方图。

(3) 使用 stats.rv_histogram 方法将直方图转换为分布。

(4) 使用生存函数和累积分布函数获取分布曲线左右两端极值下方的面积。

同时，第二种方法似乎简单一些。

(1) 对数据进行放回采样。重复数万次以获得样本均值列表。

(2) 计算平均值的标准差以近似于 SEM。

(3) 使用估计的 SEM 并利用 compute_p_value 函数执行基本假设检验。

下面简要讨论第三种方法，它更容易实现。这种方法不需要直方图，也不依赖自定义的计算值函数。该技术使用第 2 章中介绍的大数定律。根据该定律，如果样本数量足够大，则观察到的事件频率近似于事件发生的概率。因此，可以简单地通过计算极端观察的频率来估计 p 值。让我们将此技术快速应用到 sample_means 中，计算不在 17～37 厘米之间的平均值的个数。这里将满足条件的平均值个数除以 len(sample_means)来计算 p 值，如代码清单 7-25 所示。

代码清单 7-25　从直接计数计算 p 值

```
number_extreme_values = 0
for sample_mean in sample_means:
    if not 17 < sample_mean < 37:
        number_extreme_values += 1

p_value = number_extreme_values / len(sample_means)
print(f"P-value is approximately {p_value:.2f}")

P-value is approximately 0.10
```

有放回的自举法是一种简单而强大的技术，可以从有限的数据中进行推断。然而，该技术仍然以总体均值的知识为前提。遗憾的是，在现实生活中，总体均值很少为人所知。例如，在本案例研究中，我们需要分析一个不包含总体均值的在线广告点击数据表。别担心，这些缺失的信息不会阻碍我们：在 7.4 节中，将学习如何在总体均值和总体方差未知的情况下对收集的样本进行比较。

7.4　置换检验：当总体参数未知时比较样本的均值

有时，在统计中，需要在总体参数未知的情况下比较两个不同的样本均值。让我们探索一个这样的场景。

假设我们的邻居也有一个水族箱。她的水族箱里有 10 条平均长度为 46 厘米的鱼。这里使用 new_fish_lengths 数组存储这些鱼的长度(如代码清单 7-26 所示)。

代码清单 7-26　定义新水族箱中鱼的长度

```
new_fish_lengths = np.array([51, 46.5, 51.6, 47, 54.4, 40.5, 43, 43.1,
                             35.9, 47.0])
assert new_fish_lengths.mean() == 46
```

我们想将邻居水族箱中的鱼与我们自己水族箱中的鱼进行比较。于是，首先计算 new_fish_lengths.mean()和 fish_lengths.mean()之间的差异(如代码清单 7-27 所示)。

代码清单 7-27　计算两个样本均值之间的差异

```
mean_diff = abs(new_fish_lengths.mean() - fish_lengths.mean())
print(f"There is a {mean_diff:.2f} cm difference between the two means")

There is a 19.00 cm difference between the two means
```

两个水族箱中鱼长度的平均值有 19 厘米的差异。这种差异是巨大的，但它在统计学意义上是否显著？之前的所有分析都依赖总体均值。目前，我们有两个样本均值，但没有总体均值。这使得评估原假设变得困难，原假设为来自两个水族箱的鱼具有相同的总体均值。这个假设的总体均值现在未知，那么应该怎么办？

我们需要重新构建原假设，使其不直接依赖总体均值。如果原假设为真，则第一个水族箱中的 20 条鱼和第二个水族箱中的 10 条鱼都来自同一总体。在这个假设下，哪 20 条鱼最后进入 A 水族箱和哪 10 条鱼最后进入 B 水族箱其实并不重要。鱼在两个水族箱之间进行交换不会有什么影响。鱼的随机交换将导致 mean_diff 变量波动，但均值之间的差异应以可预测的方式进行波动。

因此，不需要知道样本均值来评估原假设。可以专注于两个水族箱之间鱼的随机排列。这将允许我们进行置换检验，其中 mean_diff 用于计算统计显著性。与有放回的自举法一样，置换检验依赖数据的随机采样。

我们通过将所有 30 条鱼放入一个水族箱开始置换检验。可以使用 np.hstack 方法对这些鱼进行建模(如代码清单 7-28 所示)。该方法将 NumPy 数组列表作为输入，然后将它们合并为一个 NumPy 数组。

代码清单 7-28　使用 np.hstack 合并两个数组

```
total_fish_lengths = np.hstack([fish_lengths, new_fish_lengths])
assert total_fish_lengths.size == 30
```

一旦将这些鱼放在一起，就可以允许它们随意游动。这将使鱼在水族箱中的位置完全随机化。我们使用 np.random.shuffle 方法打乱鱼的位置(如代码清单 7-29 所示)。

代码清单 7-29　随机排列鱼在水族箱中的位置

```
np.random.seed(0)
np.random.shuffle(total_fish_lengths)
```

接下来，随机选择 20 条鱼。这 20 条鱼将被转移到一个单独的水族箱中。其余 10 条鱼将被保留。这样，在水族箱 A 中有 20 条鱼，在水族箱 B 中有 10 条鱼。但是，每个水族箱中鱼的平均长度可能会与 fish_lengths.mean() 和 new_fish_lengths.mean() 不同，因此这两个值的差异也会发生变化。让我们通过代码清单 7-30 来确认。

代码清单 7-30　计算两个随机样本均值之间的差异

```
random_20_fish_lengths = total_fish_lengths[:20]
random_10_fish_lengths = total_fish_lengths[20:]
mean_diff = random_20_fish_lengths.mean() - random_10_fish_lengths.mean()
print(f"The new difference between mean fish lengths is {mean_diff:.2f}")

The new difference between mean fish lengths is 14.33
```

两个水族箱中鱼长度的平均值差值不再是 19 厘米，而是 14.33 厘米。正如预期的那样，mean_diff 是一个波动的随机变量，因此可以通过随机采样找到它的分布情况。我们将重复鱼的位置置换程序 30 000 次以获得 mean_diff 值的直方图，如图 7-6 和代码清单 7-31 所示。

代码清单 7-31　绘制均值之间的波动差异

```
np.random.seed(0)
mean_diffs = []
```

```
for _ in range(30000):
    np.random.shuffle(total_fish_lengths)
    mean_diff = total_fish_lengths[:20].mean() -
        total_fish_lengths[20:].mean()
    mean_diffs.append(mean_diff)

likelihoods, bin_edges, _ = plt.hist(mean_diffs, bins='auto',
                                    edgecolor='black', density=True)
plt.xlabel('Binned Mean Difference')
plt.ylabel('Relative Likelihood')
plt.show()
```

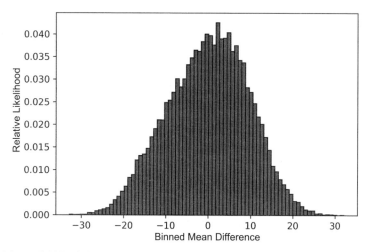

图 7-6　将样本随机排成两个组，然后计算两组均值之间的差值并将结果绘制成直方图

接下来，将直方图通过 stats.rv_histogram 方法拟合为一个随机变量(如代码清单 7-32 所示)。

代码清单 7-32　将直方图拟合为一个随机变量

```
random_variable = stats.rv_histogram((likelihoods, bin_edges))
```

最后，使用 random_variable 对象进行假设检验。我们想知道当原假设为真时观察到极值的概率。这里将极值定义为绝对值至少为 19 厘米的均值之间的差异。因此，p 值将等于 random_variable.cdf(-19) + random_variable.sf(19)，如代码清单 7-33 所示。

代码清单 7-33　计算置换检验中的 p 值

```
p_value = random_variable.sf(19) + random_variable.cdf(-19)
print(f"P-value is approximately {p_value:.2f}")

P-value is approximately 0.04
```

p 值约为 0.04，低于显著性阈值 0.05。因此，鱼的长度之间的平均差异在统计上是显著的。两个水族箱中的鱼并非来自同一总体。

另外，可以通过使用大数定律简化置换检验，只需要计算极端记录样本的频率。让我们使用这种替代方法重新计算大约 0.04 的 p 值，如代码清单 7-34 所示。

代码清单 7-34　从直接计数计算置换检验中的 p 值

```
number_extreme_values = 0.0
for min_diff in mean_diffs:
    if not -19 < min_diff < 19:
        number_extreme_values += 1

p_value = number_extreme_values / len(mean_diffs)
print(f"P-value is approximately {p_value:.2f}")

P-value is approximately 0.04
```

　　置换检验使我们能够从统计学上比较两个样本集之间的差异。这些样本的性质并不重要，它们可以是鱼的长度，也可以是广告点击次数。因此，当我们对各种颜色的广告点击数进行比较并确定最佳的广告颜色时，置换检验可能非常有帮助。

7.5　本章小结

- 统计假设检验要求我们在两个相互竞争的假设之间进行选择。依据原假设，两个总体是相同的；依据替代假设，两个总体是不同的。
- 为评估原假设，必须计算 p 值。p 值等于原假设为真时观察到数据的概率。如果 p 值低于指定的显著性水平阈值，则拒绝原假设。通常，显著性水平设置为 0.05。
- 如果拒绝原假设，且原假设为真，就犯了 I 类错误。如果不能拒绝原假设，而替代假设为真，就犯了 II 类错误。
- 数据捕捞会增加发生 I 类错误的风险。在数据捕捞过程中，重复实验直到 p 值低于显著性水平。可以通过执行 Bonferroni 校正最小化数据捕捞，即使用显著性水平除以实验次数。
- 可以依靠中心极限定理将样本均值与总体均值和方差进行比较。计算 SEM 需要总体方差。如果没有提供总体方差，那么可以使用有放回的自举法估计 SEM。
- 可以通过置换检验比较两个不同样本的均值。

第 **8** 章

使用 Pandas 分析表格

本章主要内容

- 使用 Pandas 库存储二维表
- 汇总二维表中的内容
- 操作行和列的内容
- 使用 Seaborn 库对表格进行可视化

案例研究 2 的广告点击数据保存在一个二维表中。数据表通常用于存储信息。表格可能以不同的格式进行存储：一些表格保存为 Excel 中的电子表格；其他表格可能是基于文本的 CSV 文件，列之间用逗号分隔。表格的格式并不重要，重要的是它的结构。所有表格都有共同的结构特性：每个表包含水平的行和垂直的列，而且通常第一行是显式的列名。

8.1 使用基本 Python 存储表格

现在用 Python 定义一个示例表。这个表格以厘米为单位存储各种鱼类的尺寸。测量表包含 3 个列：Fish、Length 和 Width。Fish 列存储有标签的鱼种，Length 和 Width 列存储每个鱼种的长度和宽度。我们将这个表通过字典来表示(如代码清单 8-1 所示)：将表格的列名作为字典的键，然后将这些键映射到存储具体列值的列表。

代码清单 8-1　使用 Python 数据结构存储数据表

```
fish_measures = {'Fish': ['Angelfish', 'Zebrafish', 'Killifish', 'Swordtail'],
                 'Length':[15.2, 6.5, 9, 6],
                 'Width': [7.7, 2.1, 4.5, 2]}
```

假设我们想知道斑马鱼的长度。要获得它的长度，必须首先访问 fish_measures['Fish']中'Zebrafish'元素的索引。然后需要查看 fish_measures['Length']中的索引。这个过程有点复杂，如代码清单 8-2 所示。

代码清单 8-2 使用字典访问表格中的列

```
zebrafish_index = fish_measures['Fish'].index('Zebrafish')
zebrafish_length = fish_measures['Length'][zebrafish_index]
print(f"The length of a zebrafish is {zebrafish_length:.2f} cm")

The length of a zebrafish is 6.50 cm
```

虽然可以使用 Python 中的字典表示数据表，但是使用起来很不方便。Pandas 库提供了一个更好的解决方案，因为它是专为表格操作而设计的。

8.2 使用 Pandas 探索表格

首先需要安装 Pandas 库。安装 Pandas 后，将通过常见的 Pandas 使用约定将其导入为 pd(如代码清单 8-3 所示)。

注意

在命令行中通过 pip install pandas 命令安装 Pandas 库。

代码清单 8-3 导入 Pandas 库

```
import pandas as pd
```

现在通过调用 pd.DataFrame(fish_measures)将 fish_measures 表加载到 Pandas 中(如代码清单 8-4 所示)。该方法调用返回一个 Pandas DataFrame 对象。术语"数据框架"是统计软件中表格的同义词。基本上，DataFrame 对象会将字典转换为二维表。按照惯例，Pandas DataFrame 对象被赋给一个变量 df。这里执行 df=pd.DataFrame(fish_measures)，然后打印 df 的内容。

代码清单 8-4 将表加载到 Pandas 中

```
df = pd.DataFrame(fish_measures)
print(df)

        Fish   Length   Width
0   Angelfish    15.2     7.7
1   Zebrafish     6.5     2.1
2   Killifish     9.0     4.5
3   Swordtail     6.0     2.0
```

表格行和列之间的对齐方式在打印输出中清晰可见。这个数据表很小，因此很容易展示。但是，对于较大的表，我们可能更愿意只打印前几行。调用 print(df.head(x))仅打印表中的前 x 行。这里通过调用 print(df.head(2))打印前两行(如代码清单 8-5 所示)。

代码清单 8-5 打印表的前两行

```
print(df.head(2))

        Fish    Length    Width
```

```
0    Angelfish      15.2      7.7
1    Zebrafish       6.5      2.1
```

如果想了解较大的 Pandas 表，可以使用 df.describe()。默认情况下，使用这个方法可以得到表中数字列的完整统计信息。打印结果包括最小和最大列值以及平均值和标准差等。当打印 df.describe()时，可以看到数字列 Length 和 Width 的统计信息，但看不到字符串列 Fish 的信息(如代码清单 8-6 所示)。

代码清单 8-6　汇总数字列的统计信息

```
print(df.describe())

          Length        Width
count   4.000000     4.000000
mean    9.175000     4.075000
std     4.225616     2.678775
min     6.000000     2.000000
25%     6.375000     2.075000
50%     7.750000     3.300000
75%    10.550000     5.300000
max    15.200000     7.700000
```

df.describe()方法的输出结果

- count：每一列中元素的数量。
- mean：每一列中元素的平均值。
- std：每一列中元素的标准差。
- min：每一列中的最小值。
- 25%：25%的列元素低于此值。
- 50%：50%的列元素低于此值。这个值与中位数相同。
- 75%：75%的列元素低于此值。
- max：每一列中的最大值。

根据输出结果，Length 的均值为 9.175 厘米，Width 的均值为 4.075 厘米。输出中还包括其他统计信息。有时其他信息用处不大，如果只关心平均值，那么可以通过调用 df.mean()忽略其他统计输出(如代码清单 8-7 所示)。

代码清单 8-7　计算列的均值

```
print(df.mean())

Length    9.175
Width     4.075
dtype: float64
```

df.describe()方法被设计为应用在数字列上。但是，可以通过调用 df.describe(include= [np.object]) 强制它处理字符串(如代码清单 8-8 所示)。把 include 参数设置为[np.object]将指示 Pandas 搜索构建在 NumPy 字符串数组之上的表列。因为不能对字符串运行统计分析，所以结果输出不包含统计信息，但它会输出字符串列中唯一值的个数和出现次数最多的字符串的频率。同时还包括最常见的字符串。Fish 列包含 4 个唯一的字符串，每个字符串只出现 1 次。因此，最频繁出现的字符串的频率为 1 且内容为随机选择的。

代码清单 8-8　获取字符串列的统计信息

```
print(df.describe(include=[np.object]))
```

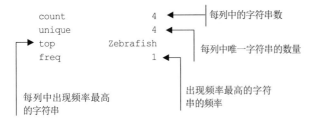

Pandas 汇总方法

- df.head()：返回数据框架 df 中的前 5 行。
- df.head(x)：返回数据框架 df 中的前 x 行。
- df.describe()：返回与 df 中数字列相关的统计信息。
- df.describe(include=[np.object])：返回与 df 中字符串列相关的统计信息。
- df.mean()：返回 df 中所有数字列的平均值。

如前所述，Fish 列建立在 NumPy 字符串数组之上。事实上，整个数据框架都是建立在二维 NumPy 数组之上的。Pandas 将所有数据存储在 NumPy 中以便可以快速操作。可以通过使用 df.values 访问底层的 NumPy 数组(如代码清单 8-9 所示)。

代码清单 8-9　以二维 NumPy 数组的形式返回数据表

```
print(df.values)
assert type(df.values) == np.ndarray

[['Angelfish' 15.2 7.7]
 ['Zebrafish' 6.5 2.1]
 ['Killifish' 9.0 4.5]
 ['Swordtail' 6.0 2.0]]
```

8.3　检索表中的列

现在将注意力转向检索单个列，这些列可以使用列名进行访问。可以通过调用 print(df.columns) 输出所有列的名称，如代码清单 8-10 所示。

代码清单 8-10　获取表中所有列的名称

```
print(df.columns)
```

```
Index(['Fish', 'Length', 'Width'], dtype='object')
```

现在通过使用 df.Fish 打印 Fish 列中存储的所有数据(如代码清单 8-11 所示)。

代码清单 8-11　访问表中单独的列

```
print(df.Fish)

0    Angelfish
1    Zebrafish
2    Killifish
3    Swordtail
Name: Fish, dtype: object
```

需要注意的是，打印结果不是一个 NumPy 数组，df.Fish 是一个表示一维数组的 Pandas 对象。如果要打印 NumPy 数组，必须执行 print(df.Fish.values)，如代码清单 8-12 所示。

代码清单 8-12　从表中检索一列作为 NumPy 数组

```
print(df.Fish.values)
assert type(df.Fish.values) == np.ndarray

['Angelfish' 'Zebrafish' 'Killifish' 'Swordtail']
```

我们通过 df.Fish 访问 Fish 列，也可以使用字典样式的方括号 df['Fish'] 来获得 Fish 列的信息(如代码清单 8-13 所示)。

代码清单 8-13　使用方括号访问列中的数据

```
print(df['Fish'])

0    Angelfish
1    Zebrafish
2    Killifish
3    Swordtail
Name: Fish, dtype: object
```

方括号表示允许我们通过运行 df[name_list]检索多个列，其中 name_list 是表中列名的列表。假设要检索 Fish 列和 Length 列。通过执行 df[['Fish','Length']]，将返回一个只包含这两列的截断表(如代码清单 8-14 所示)。

代码清单 8-14　使用方括号访问多个列

```
print(df[['Fish', 'Length']])

        Fish   Length
0   Angelfish     15.2
1   Zebrafish      6.5
2   Killifish      9.0
3   Swordtail      6.0
```

我们可以通过多种方式分析存储在 df 中的数据。例如，可以根据某一列中的值对表中的数据行进行排序。调用 df.sort_values('Length')将返回一个新表,其中数据行将根据 Length 值进行排序(如代码清单 8-15 所示)。

代码清单 8-15　按列值对表中数据行进行排序

```
print(df.sort_values('Length'))

        Fish    Length   Width
3   Swordtail      6.0     2.0
1   Zebrafish      6.5     2.1
2   Killifish      9.0     4.5
0   Angelfish     15.2     7.7
```

此外,可以使用列中的值过滤掉不需要的行。例如,通过 df[df.Width>=3]将返回一个新表,其中行的 Width 值至少为 3 厘米(如代码清单 8-16 所示)。

代码清单 8-16　按列值过滤行

```
print(df[df.Width >= 3])

        Fish    Length   Width
0   Angelfish     15.2     7.7
2   Killifish      9.0     4.5
```

Pandas 中检索列的方法

- df.columns:返回数据框架 df 中的列名。
- df.x:返回列 x。
- df[x]:返回列 x。
- df[[x,y]]:返回列 x 和 y。
- df.x.values:将列 x 作为 NumPy 数组返回。
- df.sort_values(x):返回按列 x 中的值排序后的数据框架。
- df[df.x > y]:返回满足 x 列的值大于 y 的数据框架。

8.4　检索表中的行

现在把注意力转向在 df 中检索行。与列不同,我们的行记录没有预先分配的标签值。作为补偿,Pandas 为每一行分配了一个特殊的索引。这些索引出现在打印表格的最左侧。根据打印输出,Angelfish 所在行的索引为 0,Swordtail 所在行的索引为 3。可以通过使用 df.loc[[0,3]]访问这些行。作为一般规则,执行 df.loc[[index_list]]将得到索引在 index_list 中的所有行记录。现在通过索引找到Swordtail 和 Angelfish 所在的行记录(如代码清单 8-17 所示)。

代码清单 8-17　通过索引访问行记录

```
print(df.loc[[0, 3]])
```

```
        Fish    Length  Width
0   Angelfish     15.2    7.7
3   Swordtail      6.0    2.0
```

假设我们希望使用鱼的名称而不是数字索引来检索行记录。更准确地说，想要查找那些 Fish 列包含 Angelfish 或 Swordtail 的行记录。在 Pandas 中，检索过程有点棘手：需要执行 df[booleans]，其中 booleans 是一个布尔值列表，如果它们与我们要查找的记录行匹配，则为 True。基本上，True 值的索引必须对应匹配 Angelfish 或 Whitefish 的行。如何获得这个布尔值列表？一种简单的方法是迭代 df.Fish，如果列值出现在['Angelfish','Swordtail']中，则返回 True。接下来运行这个朴素的算法(如代码清单 8-18 所示)。

代码清单 8-18　按照列值检索行记录

```
booleans = [name in ['Angelfish', 'Swordtail']
            for name in df.Fish]
print(df[booleans])


        Fish    Length   Width
0   Angelfish     15.2     7.7
3   Swordtail      6.0     2.0
```

可以使用 isin 方法更简洁地查找所需的行记录。调用 df.Fish.isin(['Angelfish',Swordtail'])将返回与之前计算的布尔值列表相同的结果。因此，可以通过运行 df[df.Fish.isin (['Angelfish','Swordtail'])]在一行代码中检索所有我们想要的行记录(如代码清单 8-19 所示)。

代码清单 8-19　使用 isin 按列值访问行记录

```
print(df[df.Fish.isin(['Angelfish', 'Swordtail'])])


        Fish    Length  Width
0   Angelfish     15.2    7.7
3   Swordtail      6.0    2.0
```

df 表存储了 4 种鱼类的两个测量值。我们可以轻松访问列中的测量值。不过，按鱼的名称访问行比较困难，因为行索引不等于鱼的名称。现在通过用鱼的名称替换行索引来纠正这种情况。我们使用 df.set_index 方法可以将鱼的名称作为索引来使用(如代码清单 8-20 所示)。调用 df.set_index ('Fish', inplace=True)将索引设置为等于 Fish 列中鱼的名称。inplace=True 参数表示在内部修改索引，而不是返回一个修改后的 df 副本。

代码清单 8-20　将列值设定为索引

```
df.set_index('Fish', inplace=True)
print(df)


      Fish    Length    Width
Angelfish     15.2      7.7
Zebrafish      6.5      2.1
Killifish      9.0      4.5
Swordtail      6.0      2.0
```

通过观察，我们发现最左边不再是数字，已被替换为具体的鱼类名称。现在可以通过运行 df.loc[['Angelfish', 'Swordtail']]访问 Angelfish 和 Swordtail 的行记录(如代码清单 8-21 所示)。

代码清单 8-21　使用字符串索引访问行记录

```
print(df.loc[['Angelfish', 'Swordtail']])

           Fish     Length    Width
Angelfish            15.2      7.7
Swordtail             6.0      2.0
```

Pandas 中检索行的方法

- df.loc[[x, y]]: 返回索引为 x 和 y 的行记录。
- df[booleans]: 返回布尔值列表中元素为 True 所对应的记录。
- df[name in array for name in df.x]: 返回 x 列的值包含在 array 数组中的行记录。
- df[df.x.isin(array)]): 返回 x 列的值包含在 array 数组中的行记录。
- df.set_index('x', inplace=True): 将 x 列设定为数据框架的索引。

8.5　修改表格行和列

目前，每个表格行都包含指定鱼种的长度和宽度。如果交换行和列会发生什么？可以通过运行 df.T 对表格进行转置，T 表示 transpose。在转置操作中，表格的元素沿着其对角线进行翻转，以便切换行和列。让我们对之前的表格进行转置，然后查看输出效果(如代码清单 8-22 所示)。

代码清单 8-22　转置表格的行和列

```
df_transposed = df.T
print(df_transposed)

Fish    Angelfish    Zebrafish    Killifish    Swordtail
Length     15.2         6.5          9.0          6.0
Width       7.7         2.1          4.5          2.0
```

这里对表格的结构进行了修改：现在每一列都代表一种鱼，每一行代表一种特定的测量类型。第一行是长度，第二行是宽度。因此，调用 print(df_transposed.Swordtail)将打印 Swordtail 的长度和宽度(如代码清单 8-23 所示)。

代码清单 8-23　打印转置的列

```
print(df_transposed.Swordtail)

Length     6.0
Width      2.0
Name: Swordtail, dtype: float64
```

让我们通过向 df_transposed 添加 Clownfish 的测量值来增加表格内容。Clownfish 的长度和宽度分别为 10.6 厘米和 3.7 厘米。这里通过运行 df_transposed['Clownfish']=[10.6,3.7]添加这些测量值(如代码清单 8-24 所示)。

代码清单 8-24　向表格中添加新列

```
df_transposed['Clownfish'] = [10.6, 3.7]
print(df_transposed)

Fish    Angelfish  Zebrafish  Killifish   Swordtail   Clownfish
Length       15.2        6.5        9.0         6.0        10.6
Width         7.7        2.1        4.5         2.0         3.7
```

或者，可以使用 df_transposed.assign 方法分配新列。该方法允许我们通过传入多个列名添加多个列。例如，执行 df_transposed.assign(Clownfish2=[10.6,3.7],Clownfish3=[10.6,3.7])返回一个包含两个新列的表格(如代码清单 8-25 所示)。注意，assign 方法不会修改原来表的结构，它将返回包含新数据列的表格副本。

代码清单 8-25　向表格中同时添加多个新列

```
df_new = df_transposed.assign(Clownfish2=[10.6, 3.7], Clownfish3=[10.6, 3.7])
assert 'Clownfish2' not in df_transposed.columns
assert 'Clownfish2' in df_new.columns
print(df_new)

Fish   Angelfish  Zebrafish  Killifish  Swordtail  Clownfish  Clownfish2  \
Length      15.2        6.5        9.0        6.0       10.6        10.6
Width        7.7        2.1        4.5        2.0        3.7         3.7

Fish    Clownfish3
Length        10.6
Width          3.7
```

如果想删除表中的列，可以使用 df_new.drop 方法。例如，执行 df_new.drop(columns=['Clownfish2', 'Clownfish3'], inplace=True)将删除之前新添加的两个列(如代码清单 8-26 所示)。

代码清单 8-26　删除多个列

```
df_new.drop(columns=['Clownfish2', 'Clownfish3'], inplace=True)
print(df_new)

Fish    Angelfish  Zebrafish  Killifish   Swordtail   Clownfish
Length       15.2        6.5        9.0         6.0        10.6
Width         7.7        2.1        4.5         2.0         3.7
```

现在利用存储在表中的测量值来计算每种鱼的表面积。可以将每种鱼视为面积为 math.pi*length*width/4 的椭圆。要计算每个面积，必须遍历每一列中的值。遍历数据框架中的列就像遍历字典中的元素一样：只需要执行 df_new.items()即可。这样做会返回一个包含列名和列值的可迭代元组。让我们遍历 df_new 中的列，从而获取每种鱼的面积(如代码清单 8-27 所示)。

代码清单 8-27　遍历表中的列值

```
areas = []
for fish_species, (length, width) in df_new.items():
    area = math.pi * length * width / 4
    print(f"Area of {fish_species} is {area}")
    areas.append(area)

Area of Angelfish is 91.92300104403735
Area of Zebrafish is 10.720684930375171
Area of Killifish is 31.808625617596654
Area of Swordtail is 9.42477796076938
Area of Clownfish is 30.80331596844792
```

让我们将计算的面积添加到表中。可以通过执行 df_new.loc['Area']=area 在表格中增加一个新
Area 行(如代码清单 8-28 所示)。然后需要运行 df_new.reindex()，从而使用新添加的名称 Area 更新
行索引。

代码清单 8-28　向表格中添加新行

```
df_new.loc['Area'] = areas
df_new.reindex()
print(df_new)

Fish      Angelfish    Zebrafish    Killifish     Swordtail    Clownfish
Length    15.200000     6.500000     9.000000      6.000000    10.600000
Width      7.700000     2.100000     4.500000      2.000000     3.700000
Area      91.923001    10.720685    31.808626      9.424778    30.803316
```

更新后的表格包含 3 行和 5 列。可以通过运行 df_new.shape 确认表格的形状(如代码清单 8-29
所示)。

代码清单 8-29　确认表格的形状

```
row_count, column_count = df_new.shape
print(f"Our table contains {row_count} rows and {column_count} columns")

Our table contains 3 rows and 5 columns
```

在 Pandas 中修改数据框架
- **df.T**：返回一个转置后的数据框架，其中行和列进行交换。
- **df[x] = array**：创建一个新列 x。这个新列 x 的值与 array 数组中的值一一对应。
- **df.assign(x=array)**：返回包含 df 的所有元素和新列 x 的数据框架。这个新列 x 的值与 array 数组中的值一一对应。
- **df.assign(x=array, y=array2)**：返回包含两个新列 x 和 y 的数据框架。
- **df.drop(columns=[x, y])**：返回一个被删除 x 和 y 列的数据框架。
- **df.drop(columns=[x, y], inplace=True)**：就地删除 x 和 y 列，从而修改 df。
- **df.loc[x] = array**：在索引 x 处添加一个新行。添加后，需要运行 df.reindex()才能访问该行。

8.6　保存和加载表格数据

我们已经完成对表格的更改，现在可以将它保存起来以备后用。通过 df_new.to_csv('Fish_measurements.csv')可以将表格保存为 CSV 文件，这是用逗号分隔列的文本文件(如代码清单 8-30 所示)。

代码清单 8-30　将表格保存为 CSV 文件

```
df_new.to_csv('Fish_measurements.csv')
with open('Fish_measurements.csv') as f:
  print(f.read())

,Angelfish,Zebrafish,Killifish,Swordtail,Clownfish
Length,15.2,6.5,9.0,6.0,10.6
Width,7.7,2.1,4.5,2.0,3.7
Area,91.92300104403735,10.720684930375171,31.808625617596654,9.42477796076938
    ,30.80331596844792
```

可以使用 pd.read_csv 方法将 CSV 文件加载到 Pandas 中。调用 pd.read_csv('Fish_measurements.csv', index_col=0)将返回一个包含所有表信息的数据框架，如代码清单 8-31 所示。可选的 index_col 参数指定哪一列作为索引，index_col=0 表示第一列作为索引值。如果未指定列，则自动分配数字行索引。

代码清单 8-31　从 CSV 文件加载表

```
df = pd.read_csv('Fish_measurements.csv', index_col=0)
print(df)
print("\nRow index names when column is assigned:")
print(df.index.values)

df_no_assign = pd.read_csv('Fish_measurements.csv')
print("\nRow index names when no column is assigned:")
print(df_no_assign.index.values)


        Angelfish   Zebrafish   Killifish   Swordtail   Clownfish
Length  15.200000    6.500000    9.000000    6.000000   10.600000
Width    7.700000    2.100000    4.500000    2.000000    3.700000
Area    91.923001   10.720685   31.808626    9.424778   30.803316

Row index names when column is assigned:
['Length' 'Width' 'Area']

Row index names when no column is assigned:
[0 1 2]
```

通过使用 pd.csv，可以将之前的广告点击案例中的表加载到 Pandas 中。这将让我们更有效地对该表进行分析。

> **在 Pandas 中保存和加载数据框架**
> - pd.DataFrame(dictionary)：将 dictionary 中的数据转换为数据框架。
> - pd.read_csv(filename)：将 CSV 文件转换为数据框架。
> - pd.read_csv(filename, index_col=i)：将 CSV 文件转换为数据框架。第 i 列提供行索引名称。
> - df.to_csv(filename)：将 df 的内容保存到 CSV 文件。

8.7 使用 Seaborn 对表格进行可视化

我们可以使用简单的 print 命令查看 Pandas 表的内容。但是，某些数据表太大而无法通过打印输出查看。使用热图更容易显示此类表格。热图是表格的图形表示形式，其中数字单元格按值进行着色，颜色深浅会根据值的大小发生变化，从而可以很直观地得到数据表中值的差异。

创建热图的最简单方法是使用外部 Seaborn 库。Seaborn 是一个建立在 Matplotlib 之上的可视化库，它与 Pandas 数据框架紧密集成。现在安装这个库，然后将 Seaborn 导入为 sns(如代码清单 8-32 所示)。

注意
通过在命令行执行 pip install seaborn 可以安装 Seaborn 库。

代码清单 8-32 导入 Seaborn 库

```
import seaborn as sns
```

现在通过调用 sns.heatmap(df) 将数据框架可视化为热图，如图 8-1 和代码清单 8-33 所示。

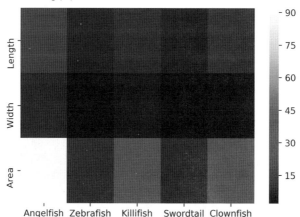

图 8-1 鱼类测量值的热图。它的颜色图例指示了测量值和颜色之间的映射。较深的颜色对应较低的测量值。较浅的颜色对应较高的测量值

代码清单 8-33 使用 Seaborn 可视化热图

```
sns.heatmap(df)
plt.show()
```

我们绘制了鱼类测量数据的热图。显示的颜色与测量值相对应。颜色深浅和值之间的映射显示在图右侧的图例中。较浅的颜色映射到较高的测量值。因此，可以立即看出 Angelfish 的面积对应图中的最大值。

可以通过 cmap 参数改变热图的调色板(如代码清单 8-34 所示)。通过执行 sns.heatmap(df, cmap='YlGnBu')可以创建一个热图，其中颜色阴影从黄色过渡到绿色，然后再过渡到蓝色，如图 8-2 所示。

代码清单 8-34　调整热图颜色

```
sns.heatmap(df, cmap='YlGnBu')
plt.show()
```

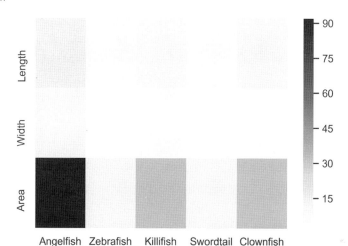

图 8-2　鱼类测量值的热图。较深的颜色对应较高的测量值。较浅的颜色对应较低的测量值

在更新的热图中，色调发生了变化：现在颜色越深，测量值越高。可以通过在 sns.heatmap 方法中使用 annot=True，将具体的值显示在图中，以便于更好地观察，如图 8-3 和代码清单 8-35 所示。

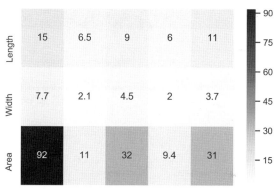

图 8-3　鱼类测量值的热图(将实际测量值显示在图中)

代码清单8-35 向热图中添加测量值注释

```
sns.heatmap(df, cmap='YlGnBu', annot=True)
plt.show()
```

如前所述，Seaborn 库建立在 Matplotlib 之上。因此，可以使用 Matplotlib 命令修改热图的元素。例如，通过 plt.yticks(rotation=0)可以旋转 y 轴标签，这使它们更易于阅读，如图 8-4 和代码清单 8-36 所示。

代码清单8-36 使用 Matplotlib 旋转热图标签

```
sns.heatmap(df, cmap='YlGnBu', annot=True)
plt.yticks(rotation=0)
plt.show()
```

最后要注意的是，sns.heatmap 方法也可以处理二维列表和数组。因此，运行 sns.heatmap(df.values)也会创建热图，但 y 轴和 x 轴标签将缺失。如果要指定标签，需要将 xticklabels 和 yticklabels 参数传递给 sns.heatmap 方法。代码清单 8-37 通过数组实现图 8-4 的效果。

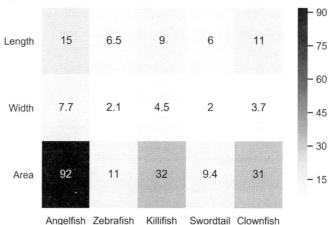

图 8-4 鱼类测量值的热图(y 轴标签已水平旋转，以便于查看)

代码清单8-37 为 NumPy 数组生成热图

```
sns.heatmap(df.values,                        注意，df.values 返回数据框架底层的二维 NumPy 数组
            cmap='YlGnBu', annot=True,
            xticklabels=df.columns,
            yticklabels=df.index)              将 x 轴标签手动设置
plt.yticks(rotation=0)                         为列的名称
plt.show()
                                               将 y 轴标签手动设置
                                               为行索引
```

Seaborn 热图的可视化命令

- sns.heatmap(array)：由二维数组的内容生成热图。
- sns.heatmap(array, xticklabels=x, yticklabels=y)：由二维数组的内容生成热图。x 轴标签和 y 轴标签分别设置为 x 和 y。
- sns.heatmap(df)：由 df 的内容生成热图。x 轴标签和 y 轴标签分别自动设置为 df.columns 和 df.index。
- sns.heatmap(df, cmap=m)：生成热图，其中的配色方案由 m 指定。
- sns.heatmap(df, annot=True)：生成热图并将每个具体的数值在图中显示出来。

8.8　本章小结

- 使用 Pandas 可以轻松处理二维表结构，可以使用字典或外部文件将数据加载到 Pandas 中。
- Pandas 将每个表存储在一个构建在 NumPy 数组之上的数据框架中。
- 数据框架中的每个列都有一个名称，可以使用这些名称访问列中的数据。同时，数据框架中的行默认分配了数字索引，可以通过这些索引访问数据。另外，可以将字符串类型的列作为数据框架的索引。
- 可以使用 describe 方法汇总数据框架中的内容。该方法返回关于数据框架的统计数据，例如平均值和标准差。
- 可以通过彩色热图对数据框架中的内容进行可视化。

第 *9* 章

案例研究 2 的解决方案

本章主要内容

- 测量统计显著性
- 置换检验
- 使用 Pandas 操作表格

我们要对 Fred 收集的在线广告点击数据进行分析。他的广告数据表包含 30 种不同颜色的广告点击量。我们的目标是找到一种比蓝色广告带来更多点击量的广告颜色。这里将按照以下步骤进行操作。

(1) 使用 Pandas 加载和清理广告数据。

(2) 在蓝色广告和其他颜色广告之间进行置换检验。

(3) 使用合适的显著性水平检查 p 值的统计显著性。

警告

案例研究 2 的解决方案即将揭晓。我强烈建议你在阅读解决方案之前尝试解决问题。原始问题的陈述可以参考案例研究的开始部分。

9.1　在 Pandas 中处理广告点击数据表

首先将广告点击表加载到 Pandas 中，如代码清单 9-1 所示。然后检查表中的行数和列数。

代码清单 9-1　将广告点击表加载到 Pandas 中

```
df = pd.read_csv('colored_ad_click_table.csv')
num_rows, num_cols = df.shape
print(f"Table contains {num_rows} rows and {num_cols} columns")

Table contains 30 rows and 41 columns
```

该表包含 30 行和 41 列。这些行对应各个颜色相关联的每天点击次数和每天观看次数。让我们通过列名确认这一点，如代码清单 9-2 所示。

代码清单 9-2 检查表格的列名

```
print(df.columns)

Index(['Color', 'Click Count: Day 1', 'View Count: Day 1',
       'Click Count: Day 2', 'View Count: Day 2', 'Click Count: Day 3',
       'View Count: Day 3', 'Click Count: Day 4', 'View Count: Day 4',
       'Click Count: Day 5', 'View Count: Day 5', 'Click Count: Day 6',
       'View Count: Day 6', 'Click Count: Day 7', 'View Count: Day 7',
       'Click Count: Day 8', 'View Count: Day 8', 'Click Count: Day 9',
       'View Count: Day 9', 'Click Count: Day 10', 'View Count: Day 10',
       'Click Count: Day 11', 'View Count: Day 11', 'Click Count: Day 12',
       'View Count: Day 12', 'Click Count: Day 13', 'View Count: Day 13',
       'Click Count: Day 14', 'View Count: Day 14', 'Click Count: Day 15',
       'View Count: Day 15', 'Click Count: Day 16', 'View Count: Day 16',
       'Click Count: Day 17', 'View Count: Day 17', 'Click Count: Day 18',
       'View Count: Day 18', 'Click Count: Day 19', 'View Count: Day 19',
       'Click Count: Day 20', 'View Count: Day 20'],
      dtype='object')
```

这些列与预期的一样：第一列包含所有分析的颜色，其余 40 列包含每天的点击计数和观看计数。作为完整性检查，让我们检查存储在表中的数据的质量。首先输出要分析的颜色名称，如代码清单 9-3 所示。

代码清单 9-3 检查颜色名称

```
print(df.Color.values)

['Pink' 'Gray' 'Sapphire' 'Purple' 'Coral' 'Olive' 'Navy' 'Maroon' 'Teal'
 'Cyan' 'Orange' 'Black' 'Tan' 'Red' 'Blue' 'Brown' 'Turquoise' 'Indigo'
 'Gold' 'Jade' 'Ultramarine' 'Yellow' 'Viridian' 'Violet' 'Green'
 'Aquamarine' 'Magenta' 'Silver' 'Bronze' 'Lime']
```

Color 列中包含 30 种常见颜色。每个颜色名称的第一个字母都大写。因此，可以通过 assert 'Blue' in df.Color 确认蓝色是否存在，如代码清单 9-4 所示。

代码清单 9-4 检查蓝色是否存在

```
assert 'Blue' in df.Color.values
```

基于字符串的 Color 列看起来不错。现在把注意力转向剩下的 40 个数字列。输出所有 40 列将产生较大的数据集。首先查看第一天的数据：Click Count: Day 1 和 View Count: Day 1。我们选择这两列并使用 describe() 描述它们的内容，如代码清单 9-5 所示。

代码清单 9-5 汇总第一天的实验数据

```
selected_columns = ['Color', 'Click Count: Day 1', 'View Count: Day 1']
print(df[selected_columns].describe())

       Click Count: Day 1  View Count: Day 1
count           30.000000               30.0
mean            23.533333              100.0
```

```
std              7.454382                    0.0
min             12.000000                  100.0
25%             19.250000                  100.0
50%             24.000000                  100.0
75%             26.750000                  100.0
max             49.000000                  100.0
```

Click Count: Day 1 这一列中的数据范围为 12~49。同时，View Count:Day1 中的最小值和最大值都等于 100。因此，该列中的所有值都等于 100。这种行为是意料之中的。因为我们知道，每种颜色每天都会有 100 次观看。让我们确认所有的日观看次数都等于 100，如代码清单 9-6 所示。

代码清单 9-6　确认每日观看数都相等

```
view_columns = [column for column in df.columns if 'View' in column]
assert np.all(df[view_columns].values == 100)    ◄──────  使用 NumPy 高效地
                                                           确认 NumPy 数组中
                                                           的值是否都等于 100
```

所有观看次数都等于 100。因此，所有 20 个 View Count 列都是多余的。可以将它们从表中删除，如代码清单 9-7 所示。

代码清单 9-7　从表中删除观看次数

```
df.drop(columns=view_columns, inplace=True)
print(df.columns)

Index(['Color', 'Click Count: Day 1', 'Click Count: Day 2',
       'Click Count: Day 3', 'Click Count: Day 4', 'Click Count: Day 5',
       'Click Count: Day 6', 'Click Count: Day 7', 'Click Count: Day 8',
       'Click Count: Day 9', 'Click Count: Day 10', 'Click Count: Day 11',
       'Click Count: Day 12', 'Click Count: Day 13', 'Click Count: Day 14',
       'Click Count: Day 15', 'Click Count: Day 16', 'Click Count: Day 17',
       'Click Count: Day 18', 'Click Count: Day 19', 'Click Count: Day 20'],
      dtype='object')
```

多余的列已被删除，仅保留颜色和点击次数的数据。20 个 Click Count 列对应每天 100 次观看的点击次数，因此可以将这些点击数视为百分比。实际上，每一行中的颜色都映射到每日广告点击百分比。让我们汇总蓝色广告的每日广告点击百分比。为生成这个摘要信息，可按颜色对每一行进行索引，然后调用 df.T.Blue.describe()，如代码清单 9-8 所示。

代码清单 9-8　汇总每日蓝色广告点击的统计信息

```
df.set_index('Color', inplace=True)
print(df.T.Blue.describe())

count    20.000000
mean     28.350000
std       5.499043
min      18.000000
25%      25.750000
50%      27.500000
```

```
75%          30.250000
max          42.000000
Name: Blue, dtype: float64
```

蓝色广告的日点击百分比为 18%~42%，平均点击率为 28.35%。换句话说，在每次广告点击中，有 28.35%的可能性点击的是蓝色广告。这个平均点击率相当不错。它与其他 29 种颜色相比怎么样呢？我们将通过后面的内容进行说明。

9.2　根据均值差异计算 p 值

让我们从过滤数据开始。首先将蓝色删除，留下其他 29 种颜色。然后对表进行转置，从而通过列名访问颜色对应的数据(如代码清单 9-9 所示)。

代码清单 9-9　创建一个没有蓝色广告的表

```
df_not_blue = df.T.drop(columns='Blue')
print(df_not_blue.head(2))

Color                 Pink  Gray  Sapphire  Purple  Coral  Olive  Navy  Maroon  \
Click Count: Day 1      21    27        30      26     26     26    38      21
Click Count: Day 2      20    27        32      21     24     19    29      29

Color                 Teal  Cyan  ...  Ultramarine  Yellow  Viridian  Violet  \
Click Count: Day 1      25    24   ...           49      14        27      15
Click Count: Day 2      25    22   ...           41      24        23      22

Color                Green  Aquamarine  Magenta  Silver  Bronze  Lime
Click Count: Day 1      14          24       18      26      19    20
Click Count: Day 2      25          28       21      24      19    19

[2 rows x 29 columns]
```

df_not_blue 表包含 29 种颜色的点击百分比。我们想将这些百分比与蓝色百分比进行比较。更准确地说，想知道是否有平均点击率与蓝色的平均点击率在统计上存在不同的颜色。应该如何实现？每种颜色的样本均值很容易获得，但我们没有总体均值。因此，最好的选择是进行置换检验。为运行这个检验，需要定义一个可重用的置换检验函数(如代码清单 9-10 所示)。该函数将两个 NumPy 数组作为输入并返回一个 p 值作为其输出。

代码清单 9-10　定义置换检验函数

```
def permutation_test(data_array_a, data_array_b):
    data_mean_a = data_array_a.mean()
    data_mean_b = data_array_b.mean()
    extreme_mean_diff = abs(data_mean_a - data_mean_b)   ◀——┐ 观察到的样本平均值之
    total_data = np.hstack([data_array_a, data_array_b])     │ 间的差异
    number_extreme_values = 0.0
    for _ in range(30000):
        np.random.shuffle(total_data)
        sample_a = total_data[:data_array_a.size]
        sample_b = total_data[data_array_a.size:]
```

```
    if abs(sample_a.mean() - sample_b.mean()) >= extreme_mean_diff:
        number_extreme_values += 1

    p_value = number_extreme_values / 30000
    return p_value
```

重采样均值的差异极大

我们将在蓝色和其他 29 种颜色之间运行置换检验(如代码清单 9-11 所示)。然后根据它们的 p 值结果对这些颜色进行排序。结果将输出为如图 9-1 所示的热图，以便于我们更好地观察 p 值之间的差异。

代码清单 9-11　对颜色进行置换检验

```
np.random.seed(0)
blue_clicks = df.T.Blue.values
color_to_p_value = {}
for color, color_clicks in df_not_blue.items():
    p_value = permutation_test(blue_clicks, color_clicks)
    color_to_p_value[color] = p_value

sorted_colors, sorted_p_values = zip(*sorted(color_to_p_value.items(),
                                             key=lambda x: x[1]))
plt.figure(figsize=(3, 10))
sns.heatmap([[p_value] for p_value in sorted_p_values],
            cmap='YlGnBu', annot=True, xticklabels=['p-value'],
            yticklabels=sorted_colors)
plt.show()
```

使用高效的 Python 代码对字典进行排序并返回两个列表：排序值列表和关联键列表。位置 i 处的每个排序后的 p 值与 sorted_colors[i] 中的颜色一致

sns.heatmap 方法将二维表作为输入。因此，我们将 p 值的一维列表转换为 29 行 1 列的二维表

将绘制的热图的宽度和高度分别调整为 3 英寸和 10 英寸。这些调整提高了热图可视化的质量

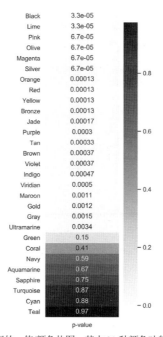

图 9-1　置换检验返回的 p 值/颜色热图：其中 21 种颜色映射到低于 0.05 的 p 值

大多数颜色生成的 p 值明显低于 0.05。黑色的 p 值最低：它的广告点击百分比与蓝色显著不同。从设计的角度看，黑色也不是一种非常容易获得点击的颜色。文本链接通常不是黑色的，因为黑色链接很难与普通文本进行区分。这里有一些值得研究的事情：黑色广告和蓝色广告的点击之间究竟有什么区别？可以通过打印 df_not_blue.Black.mean() 了解情况(如代码清单 9-12 所示)。

代码清单 9-12 检查黑色广告的平均点击率

```
mean_black = df_not_blue.Black.mean()
print(f"Mean click-rate of black is {mean_black}")

Mean click-rate of black is 21.6
```

黑色的平均点击率为 21.6。该值明显低于蓝色平均值 28.35。因此，颜色之间的统计差异是由于点击黑色的人较少造成的。也许其他低 p 值也是由较差的点击率引起的。让我们过滤掉那些均值小于蓝色均值的颜色，然后打印剩余的颜色(如代码清单 9-13 所示)。

代码清单 9-13 过滤点击率较低的颜色

```
remaining_colors = df[df.T.mean().values > blue_clicks.mean()].index
size = remaining_colors.size
print(f"{size} colors have on average more clicks than Blue.")
print("These colors are:")
print(remaining_colors.values)

5 colors have on average more clicks than Blue.
These colors are:
['Sapphire' 'Navy' 'Teal' 'Ultramarine' 'Aquamarine']
```

通过高效代码对颜色进行过滤。首先，代码创建一个布尔数组。该数组指定哪些颜色包含大于蓝色的平均值。布尔数组被送入 df 进行过滤。剩余颜色的名称被作为过滤结果的索引

现在只剩下 5 种颜色。每一种颜色都是不同深浅的蓝色。让我们打印剩余 5 种颜色的排序 p 值(如代码清单 9-14 所示)。为便于分析，还打印了平均点击量。

代码清单 9-14 打印剩余的 5 种颜色

```
for color, p_value in sorted(color_to_p_value.items(), key=lambda x: x[1]):
    if color in remaining_colors:
        mean = df_not_blue[color].mean()
        print(f"{color} has a p-value of {p_value} and a mean of {mean}")

Ultramarine has a p-value of 0.0034 and a mean of 34.2
Navy has a p-value of 0.5911666666666666 and a mean of 29.3
Aquamarine has a p-value of 0.6654666666666667 and a mean of 29.2
Sapphire has a p-value of 0.7457666666666667 and a mean of 28.9
Teal has a p-value of 0.9745 and a mean of 28.45
```

9.3 确定统计显著性

在剩余的 5 种颜色中，有 4 种颜色具有较大的 p 值，只有一种颜色的 p 值很小。这种颜色是群青色：一种特殊的蓝色。它的均值为 34.2，大于蓝色的均值 28.35。群青色的 p 值为 0.0034。这个

p 值有统计学意义吗？它只占标准显著性水平 0.05 的 1/10。然而，这个显著性水平并没有考虑到我们对蓝色和其他 29 种颜色的比较。每次比较都是测试某种颜色是否与蓝色不同的实验。如果我们做了足够多的实验，那么迟早会遇到一个较低的 p 值。纠正这种情况的最好方法是执行 Bonferroni 校正；否则，我们将成为 p-hacking 的受害者。为进行 Bonferroni 校正，这里将显著性水平降低到 0.05/29(如代码清单 9-15 所示)。

代码清单 9-15　应用 Bonferroni 校正

```
significance_level = 0.05 / 29
print(f"Adjusted significance level is {significance_level}")
if color_to_p_value['Ultramarine'] <= significance_level:
    print("Our p-value is statistically significant")
else:
    print("Our p-value is not statistically significant")

Adjusted significance level is 0.001724137931034483
Our p-value is not statistically significant
```

得到的 p 值在统计上并不显著，因为 Fred 做了太多次实验，我们无法得出有意义的结论。并非所有这些实验都是必要的。没有合理的理由断定黑色、棕色或灰色的表现会优于蓝色。也许 Fred 忽略掉其中的某些颜色，我们的分析会更有效。可以想象，如果 Fred 简单地将蓝色与其他 5 种深浅不一的蓝色进行比较，可能会得到一个具有统计学意义的结果。我们假设 Fred 做了 5 次实验，群青色的 p 值保持不变(如代码清单 9-16 所示)。

代码清单 9-16　探索一个假设的显著性水平

```
hypothetical_sig_level = 0.05 / 5
print(f"Hypothetical significance level is {hypothetical_sig_level}")
if color_to_p_value['Ultramarine'] <= hypothetical_sig_level:
    print("Our hypothetical p-value would have been statistically significant")
else:
    print("Our hypothetical p-value would not have been statistically
            significant")

Hypothetical significance level is 0.01
Our hypothetical p-value would have been statistically significant
```

在这些假设条件下，我们的结果在统计学上是显著的。遗憾的是，不能用假设条件降低显著性水平。我们不能保证重新进行实验会重现 0.0034 的 p 值。p 值是存在波动的，多余的实验增加了不可信波动的机会。鉴于 Fred 的实验次数很多，因此根本无法得出有统计学意义的结论。

然而，之前的分析并不是没有意义的。群青色仍然是蓝色的潜在替代品。Fred 应该进行这种替代吗？让我们考虑两种替代方案。在第一种情况下，原假设为真。如果是这种情况，那么蓝色和群青色具有相同的总体均值。这种情况下，将蓝色换成群青色不会影响广告点击率。在第二种情况下，较高的群青色点击率实际上具有统计学意义。如果是这种情况，那么将蓝色换成群青色会产生更多的广告点击。因此，Fred 将他的所有广告都设置为群青色可以带来更好的销量。

从逻辑上讲，Fred 应该把蓝色换成群青色。但如果他进行更换，一些不确定性仍将存在。Fred 永远不会知道群青色是否真的比蓝色能够带来更多的点击量。要是 Fred 的好奇心占了上风怎么办？

如果他真的想知道答案，唯一的选择就是再做一次实验。在那个实验中，一半广告是蓝色的，另一半广告是群青色的。Fred 的软件会显示这些广告，同时记录所有的点击量和观看量。然后可以重新计算 p 值并将其与适当的显著性水平(保持在 0.05)进行比较。这并不需要进行 Bonferroni 校正，因为只需要做一个实验。经过对 p 值的比较，Fred 最终可以知道群青色是否优于蓝色。

9.4   一个真实的警世故事

Fred 认为分析每一种颜色会产生更有影响力的结果，但他错了。更多的数据不一定更好，有时更多的数据将导致更多的不确定性。

Fred 不是统计学家。他未能理解过度分析的后果，这是可以原谅的。而在现今的商业活动中，某些量化专家却不能这样说。以发生在一家知名公司的著名事件为例，该公司需要为网站上的链接选择一种颜色。首席设计师选择了一种视觉上很吸引人的蓝色，但一位高管不相信这个决定。为什么设计师选择了这种蓝色而不是另一种？

这位高管具有量化研究背景，他坚持认为，链接颜色应该通过大规模分析测试来科学地选择，以确定完美的蓝色。于是将 41 种蓝色完全随机地应用到公司的网络链接并记录了数百万次点击。最终，根据每次观看的最大点击量选择"最佳"蓝色。

他们的公司执行了这个决定。全世界范围内的统计学家都觉得很难为情。因为高管的决定暴露出对基本统计学的无知，这种无知让高管和他的公司都感到尴尬。

9.5   本章小结

- 更多的数据并不总是更好。运行无意义的多余分析测试将增加出现异常结果的可能。
- 在运行分析之前，花时间思考问题是值得的。如果 Fred 仔细考虑了 30 种颜色，他就会意识到测试所有颜色是没有意义的。许多颜色会产生很难识别的链接，像黑色这样的颜色不太可能比蓝色产生更多的点击量。对颜色集进行过滤将带来一个更有效的测试。
- 尽管 Fred 的实验有缺陷，但我们仍然设法获取了有意义的结果。虽然需要更多测试，但群青色被证明可能是蓝色的合理替代色。有时，数据科学家会收到有缺陷的数据，但仍有可能获得很好的结果。

利用新闻标题跟踪疾病暴发

问题描述

假设你刚被美国卫生研究所聘用。该研究所监测国内外的疾病流行情况。监控过程的一个关键组成部分是分析已发布的新闻数据。该研究所每天都会收到数百个描述不同地区疾病暴发的新闻标题。新闻标题数量众多，无法手动分析。

你的第一个任务如下：处理每日的新闻标题并提取其中提及的位置信息，然后根据其地理分布对标题进行聚类。最后，你要总结美国境内外最大的聚类。任何值得注意的发现都应报告给你的直接上级。

数据集描述

文件 headlines.txt 包含你必须分析的数百个标题。在该文件中，每一行表示一个新闻标题。

概述

为解决这个问题，我们需要知道如何执行以下操作。

- 使用多种技术和距离度量对数据集进行聚类。
- 测量地球上各个位置之间的距离。
- 在地图上对位置信息进行可视化。
- 从标题文本中提取位置坐标。

第 *10* 章

对数据进行聚类

本章主要内容

- 按中心性对数据进行聚类
- 按密度对数据进行聚类
- 聚类算法之间的权衡
- 使用 scikit-learn 库执行聚类操作
- 使用 Pandas 对聚类进行迭代

聚类是将数据点组织为具有概念意义的组的过程。什么是"具有概念意义"呢？这个问题没法简单地回答。任何聚类输出的意义都取决于我们被分配的任务。

假设我们被要求对一组宠物照片进行聚类。是否要将鱼和蜥蜴归为一组，而将毛茸茸的宠物(例如仓鼠、猫和狗)归为另一组？或者将仓鼠、猫和狗分配到 3 个独立的组？如果是这样，也许应该考虑按品种对宠物进行聚类。因此，吉娃娃和大丹犬属于不同的组。区分狗的品种并不容易。但是，可以根据犬类体型大小轻松区分吉娃娃和大丹犬。也许我们应该妥协：通过绒毛的蓬松度和体型大小进行聚类，从而忽略凯恩梗和外观相似的诺维奇梗之间的区别。

这种妥协值得吗？它取决于我们的数据科学任务。假设我们在一家宠物食品公司工作，目标是估算对狗粮、猫粮和蜥蜴粮的需求。在这些条件下，必须区分毛茸茸的狗、毛茸茸的猫和有鳞的蜥蜴。但是，不需要考虑不同犬种之间的差异。或者，想象兽医办公室的分析师试图按品种对宠物患者进行分组，而这个任务需要更精细的分组级别。

不同的情况需要不同的聚类技术。作为数据科学家，我们必须选择正确的聚类解决方案。在我们的职业生涯中，将使用各种聚类技术对数千个甚至更多的数据集进行聚类。最常用的算法依赖某些中心性的概念进行聚类。

10.1　使用中心性发现聚类

第 5 章中学习了如何使用均值表示数据的中心性。然后，第 7 章中计算了一组鱼的平均长度。最后，通过分析它们的平均值之间的差异来比较两组不同的鱼。我们利用这种差异确定所有鱼是否属于同一组。直观地说，单个组中的所有数据点都应该围绕一个中心值进行聚集。同时，两个不同组的测量值应该聚集在两个不同的均值周围。因此，可以利用中心性区分两个不同的组。让我们具体探讨这个概念。

假设我们去一家当地的酒吧进行实地考察，看到两个并排悬挂的飞镖盘。每个飞镖盘都布满了飞镖，有些飞镖被射到了墙上。酒吧里醉酒的玩家会瞄准这两个飞镖盘的靶心进行投掷。通常他们都不会射中，于是我们将观察到以两个飞镖盘靶心为中心的散射飞镖分布。

现在用数值模拟飞镖散射的情况。我们将每个靶心位置视为二维坐标。然后玩家在这个坐标系内随机投掷飞镖。因此，飞镖的二维位置是随机分布的。对飞镖位置建模最合适的分布是正态分布，原因如下。

- 玩家在瞄准时，都是瞄准靶心而不是飞镖盘的边缘，因此每个飞镖更可能击中靠近靶心的位置。这种行为与随机正态采样一致，其中更接近均值的值比那些远离均值的值出现得更频繁。
- 我们预计飞镖射中飞镖盘的位置以靶心为中心，呈现对称状态。因此，飞镖射在靶心左侧 3 英寸的位置与射在靶心右侧 3 英寸的位置的频率相同。这种对称性满足钟形正态曲线。

假设第一个靶心的坐标为[0,0]，向该坐标处投掷飞镖。我们将使用两个正态分布对飞镖的 x 和 y 位置进行建模。这些分布的均值为 0，同时还假设它们的方差为 2。通过代码清单 10-1 可生成飞镖的随机坐标。

代码清单 10-1　使用两个正态分布对飞镖坐标建模

```
import numpy as np
np.random.seed(0)
mean = 0
variance = 2
x = np.random.normal(mean, variance ** 0.5)
y = np.random.normal(mean, variance ** 0.5)
print(f"The x coordinate of a randomly thrown dart is {x:.2f}")
print(f"The y coordinate of a randomly thrown dart is {y:.2f}")

The x coordinate of a randomly thrown dart is 2.49
The y coordinate of a randomly thrown dart is 0.57
```

注意

可以使用 np.random.multivariate_normal 方法更有效地模拟飞镖位置。此方法从多元正态分布中选择单个随机点。多元正态曲线是扩展到多维的正态曲线。二维多元正态分布将类似于山顶位于[0,0]处的圆形山丘。

现在模拟向位于[0,0]处的靶心随机投掷 5 000 次飞镖。同时还模拟在第二个靶心处随机投掷 5 000 次飞镖，其靶心坐标为[6,0]。然后生成所有随机投掷飞镖的坐标散点图，如图 10-1 和代码清单 10-2 所示。

代码清单 10-2　模拟随机投掷飞镖

```
import matplotlib.pyplot as plt
np.random.seed(1)
bulls_eye1 = [0, 0]
```

```
bulls_eye2 = [6, 0]
bulls_eyes = [bulls_eye1, bulls_eye2]
x_coordinates, y_coordinates = [], []
for bulls_eye in bulls_eyes:
    for _ in range(5000):
        x = np.random.normal(bulls_eye[0], variance ** 0.5)
        y = np.random.normal(bulls_eye[1], variance ** 0.5)
        x_coordinates.append(x)
        y_coordinates.append(y)

plt.scatter(x_coordinates, y_coordinates)
plt.show()
```

注意

代码清单 10-2 包含一个以 for _ in range(5000)开头的 5 行嵌套 for 循环代码。可以使用 NumPy 在一行代码中实现相同的循环：运行 x_coordinates, y_coordinates = np.random.multivariate_normal (bulls_eye, np.diag(2 * [variance]), 5000).T 将从多元正态分布采样中返回 5 000 个 x 和 y 坐标。

图中出现两组有部分重叠的飞镖结果。这两组结果代表 10 000 次飞镖投掷实验。一半的飞镖瞄准左侧的靶心，其余的瞄准右侧的靶心。每个飞镖都存在一个预期目标，我们可以通过查看图来估计。接近[0,0]的飞镖可能瞄准左侧的靶心。我们将把这个假设纳入飞镖图。

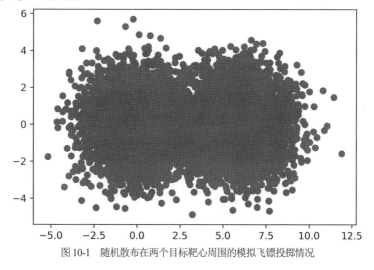

图 10-1　随机散布在两个目标靶心周围的模拟飞镖投掷情况

让我们将每个飞镖分配到最近的靶心。首先定义一个 nearest_bulls_eye 函数，它将一个包含飞镖的 x 和 y 坐标的 dart 列表作为输入。该函数返回飞镖更接近于哪个靶心。我们用欧氏距离测量飞镖的距离，欧氏距离是两点之间的标准直线距离。

注意

欧氏距离(也称为欧几里得距离)源于勾股定理。假设我们检查位置[x_dart,y_dart]处的飞镖相对于位置[x_bull,y_bull]处的靶心的距离。根据勾股定理 $distance^2 = (x\_dart - x\_bull)^2 + (y\_dart - y\_bull)^2$，可以使用自定义欧几里得函数对距离进行求解。或者，可以使用 SciPy 提供的 scipy.spatial.distance.euclidean

函数进行求解。

代码清单 10-3 定义了 nearest_bulls_eye 函数并将其应用于飞镖坐标[0,1]和[6,1]。

代码清单 10-3 将飞镖归到最近的靶心

使用从 SciPy 导入的欧几里
得函数获得飞镖和每个靶
心之间的欧几里得距离

```
from scipy.spatial.distance import euclidean
def nearest_bulls_eye(dart):
    distances = [euclidean(dart, bulls_e) for bulls_e in bulls_eyes]  ◀
    return np.argmin(distances)  ◀

darts = [[0,1], [6, 1]]
for dart in darts:

    index = nearest_bulls_eye(dart)
    print(f"The dart at position {dart} is closest to bulls-eye {index}")

The dart at position [0, 1] is closest to bulls-eye 0
The dart at position [6, 1] is closest to bulls-eye 1
```

返回匹配数组中最短靶心
距离的索引

现在将 nearest_bulls_eye 函数应用到所有飞镖坐标。我们使用两种颜色进行绘图，每个靶心对
应一种颜色，如图 10-2 和代码清单 10-4 所示。

代码清单 10-4 根据最近的靶心为飞镖坐标着色

选择最接近 bulls_eyes[bs_index]
的飞镖

绘制输入的飞镖坐标列表的颜色元素的辅助函数。darts 中
的每个 dart 作为 nearest_bulls_eye 的输入

```
def color_by_cluster(darts):  ◀
    nearest_bulls_eyes = [nearest_bulls_eye(dart) for dart in darts]
    for bs_index in range(len(bulls_eyes)):
        selected_darts = [darts[i] for i in range(len(darts))
                          if bs_index == nearest_bulls_eyes[i]]
        x_coordinates, y_coordinates = np.array(selected_darts).T  ◀
        plt.scatter(x_coordinates, y_coordinates,
                    color=['g', 'k'][bs_index])
    plt.show()

darts = [[x_coordinates[i], y_coordinates[i]]
         for i in range(len(x_coordinates))]  ◀
color_by_cluster(darts)
```

通过转置选定飞镖的数组来分离每个飞镖
的 x 和 y 坐标。如第 8 章所述，转置操作
将交换二维数据结构中的行和列位置

将每个飞镖的坐标组合成一个由 x 和
y 坐标构成的单独列表

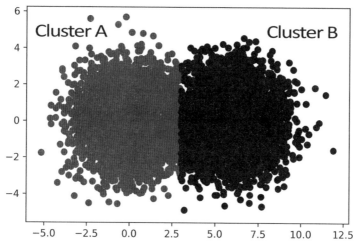

图 10-2　根据与最近的靶心的距离对飞镖进行着色。聚类 A 代表所有离左侧靶心最近的点，
聚类 B 代表所有离右侧靶心最近的点

　　我们利用颜色将飞镖的坐标均匀地分成两个聚类。如果没有提供中心坐标，将如何识别这样的聚类？一种原始的策略是简单地猜测靶心的位置。可以随机选择两个飞镖并认为这两个飞镖在某种程度上相对分别靠近每个靶心(尽管发生这种情况的可能性非常低)。大多数情况下，基于两个随机选择的靶心位置对飞镖位置进行着色恐怕不会产生令人满意的结果，如图 10-3 和代码清单 10-5 所示。

代码清单 10-5　将飞镖坐标分配到随机选择的靶心

```
bulls_eyes = np.array(darts[:2])
color_by_cluster(darts)
```

随机选择前两个飞镖坐标作为靶心

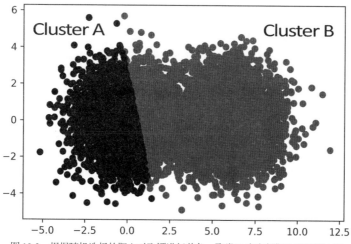

图 10-3　根据随机选择的靶心对飞镖进行着色。聚类 B 向左侧靶心延伸得太远

通过随机选择的靶心所实现的效果很不理想。例如，右侧的聚类 B 似乎向左侧延伸得太远。我们指定的随机靶心与其实际的靶心不匹配。但有一种方法可以纠正该错误：可以计算所有右侧飞镖的平均坐标，然后将这个平均坐标作为靶心坐标。之后可以重新应用基于距离的分组技术调整右侧的聚类边界。事实上，为获得最大的有效性，在重新运行基于中心性的聚类之前，还可以将左边的聚类中心重置为其平均值，如图 10-4 和代码清单 10-6 所示。

注意

当计算一维数组的平均值时，结果返回一个值。现在对这个定义进行扩展，从而涵盖多个维度。当计算二维数组的平均值时，返回所有 x 坐标和 y 坐标的平均值。最终返回一个包含 x 轴和 y 轴均值的二维数组。

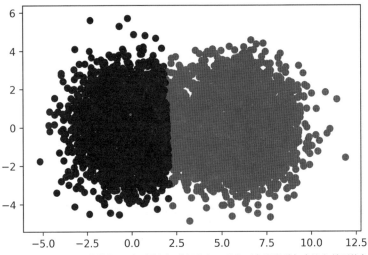

图 10-4 根据重新计算的靶心对飞镖坐标进行着色。现在两个聚类看起来比之前更均匀

代码清单 10-6 根据由均值得到的靶心分配飞镖

```python
def update_bulls_eyes(darts):
    updated_bulls_eyes = []
    nearest_bulls_eyes = [nearest_bulls_eye(dart) for dart in darts]
    for bs_index in range(len(bulls_eyes)):
        selected_darts = [darts[i] for i in range(len(darts))
                          if bs_index == nearest_bulls_eyes[i]]
        x_coordinates, y_coordinates = np.array(selected_darts).T
        mean_center = [np.mean(x_coordinates), np.mean(y_coordinates)]  ◄──┐
        updated_bulls_eyes.append(mean_center)                             │

    return updated_bulls_eyes

bulls_eyes = update_bulls_eyes(darts)
color_by_cluster(darts)
```

根据对应于特定靶心的所有飞镖坐标计算 x 和 y 坐标的平均值并将这个平均值作为新的靶心位置。我们可以通过执行 np.mean(selected_darts, axis=0) 更有效地运行这个计算

虽然没有达到应有的效果，但目前得到的结果与之前相比已有很大改善。不过目前的聚类中心仍然显得有些偏离。让我们重新执行之前的操作并将这个操作重复 10 次(如代码清单 10-7 所示)，将得到如图 10-5 所示的修正后结果。

代码清单 10-7　通过 10 次迭代调整靶心的位置

```
for i in range(10):
    bulls_eyes = update_bulls_eyes(darts)

color_by_cluster(darts)
```

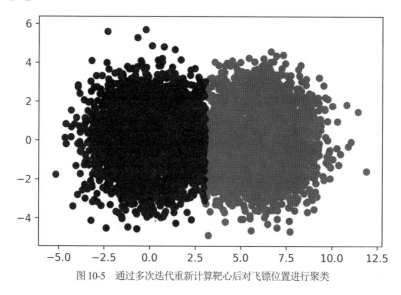

图 10-5　通过多次迭代重新计算靶心后对飞镖位置进行聚类

现在两组飞镖已经完美地进行了聚类操作，我们基本上复制了 K-means 聚类算法，该算法使用中心性组织数据。

10.2　K-means：一种将数据分组为 K 个中心组的聚类算法

K-means 算法假设输入的数据点围绕 K 个不同的中心旋转。每个中心坐标就像一个隐藏的靶心，周围是分散的数据点。该算法的目的是揭示这些隐藏的中心坐标。

首先通过选择 K 来初始化 K-means，这是将要搜索的中心坐标的数量。在飞镖分析中，K 设置为 2，但通常它可以是任何整数。该算法随机选择 K 个数据点。这些数据点被视为真正的中心。然后，算法通过更新所选的中心位置进行迭代，数据科学家称这些中心位置为质心。在每次迭代中，每个数据点都被分配到其最近的中心，从而形成 K 个组。接下来，对每个组的中心进行更新。新的中心等于该组坐标的平均值。如果重复这个过程足够长的时间，组均值将收敛到 K 个代表中心(如图 10-6 所示)。收敛在数学上是有保证的。但是，我们无法提前知道发生收敛所需的迭代次数。一个常见的技巧是当新计算的中心不再与之前的中心存在显著偏离时停止迭代。

K-means 并非没有局限性。该算法基于我们对 K 的了解：要查找的聚类数量。通常，此类信息是不可用的。此外，虽然 K-means 通常会找到合理的中心，但在数学上并不能保证在数据中找到最佳中心。有时，由于在算法的初始化步骤中对随机质心的选择不当，K-means 将返回次优组。最后，K-means 假设数据中的聚类实际上围绕 K 个中心位置旋转。但正如本章后面所述，这种假设并不总是成立。

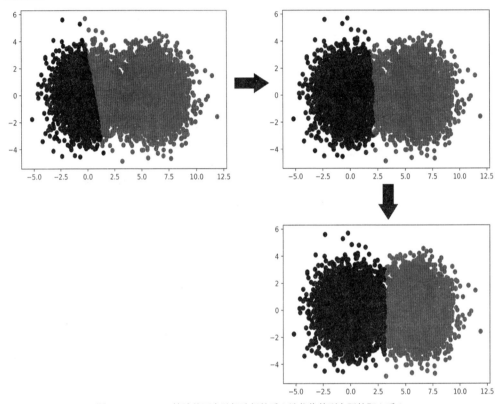

图 10-6　K-means 算法从两个随机选择的质心迭代收敛到实际的靶心质心

10.2.1　使用 scikit-learn 进行 K-means 聚类

如果 K-means 算法得到有效的实现，它可以在合理的时间内运行。该算法的快速实现可以通过外部的 scikit-learn 库获得。scikit-learn 是一个非常流行的机器学习工具包，它建立在 NumPy 和 SciPy 之上。它具有多种核心分类、回归和聚类算法，当然也包括 K-means 算法。让我们安装这个库，然后导入 scikit-learn 的 KMeans 类(如代码清单 10-8 所示)。

注意

在命令行执行 pip install scikit-learn 可安装 scikit-learn 库。

代码清单 10-8　从 scikit-learn 导入 KMeans

```
from sklearn.cluster import KMeans
```

将 KMeans 应用于 darts 数据很容易。首先，需要运行 KMeans(n_clusters=2)，这将创建一个能够找到两个靶心的 cluster_model 对象。然后，可以通过运行 cluster_model.fit_predict(darts)执行 K-means。此方法将返回一个 assigned_bulls_eyes 数组，该数组存储每次飞镖投掷对应的靶心索引(如代码清单 10-9 所示)。

代码清单 10-9　使用 scikit-learn 进行 K-means 聚类

```
cluster_model = KMeans(n_clusters=2)
assigned_bulls_eyes = cluster_model.fit_predict(darts)

print("Bull's-eye assignments:")
print(assigned_bulls_eyes)

Bull's-eye assignments:
[0 0 0 ... 1 1 1]
```

创建一个 cluster_model 对象并将中心数设置为 2

使用 K-means 算法优化两个中心并为每次飞镖投掷返回对应的聚类

如图 10-7 和代码清单 10-10 所示，根据聚类分配为飞镖进行着色，从而验证结果。

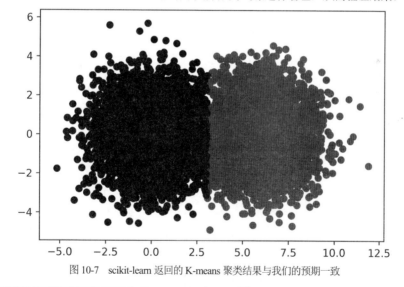

图 10-7　scikit-learn 返回的 K-means 聚类结果与我们的预期一致

代码清单 10-10　绘制 K-means 聚类分配

```
for bs_index in range(len(bulls_eyes)):
    selected_darts = [darts[i] for i in range(len(darts))
                      if bs_index == assigned_bulls_eyes[i]]
    x_coordinates, y_coordinates = np.array(selected_darts).T
```

```
    plt.scatter(x_coordinates, y_coordinates,
                color=['g', 'k'][bs_index])
plt.show()
```

我们通过聚类模型定位了数据中的质心。现在可以重用这些质心分析模型中以前没有见过的新数据点。通过执行 cluster_model.predict([x,y])，可以对位于[x,y]的新数据点分配质心。在代码清单10-11 中，通过 predict 方法预测两个新数据点所对应的靶心。

代码清单 10-11 使用 cluster_model 对新数据进行聚类

```
new_darts = [[500, 500], [-500, -500]]
new_bulls_eye_assignments = cluster_model.predict(new_darts)
for i, dart in enumerate(new_darts):
    bulls_eye_index = new_bulls_eye_assignments[i]
    print(f"Dart at {dart} is closest to bull's-eye {bulls_eye_index}")

Dart at [500, 500] is closest to bull's-eye 0
Dart at [-500, -500] is closest to bull's-eye 1
```

10.2.2 使用肘部法选择最佳 K 值

K-means 依赖输入的 K。当事先不知道数据中真实聚类的数量时，这可能是一个严重的障碍。但是，可以使用称为肘部法的技术估计适当的 K 值。

肘部法取决于一个称为惯性的计算值，它是每个点与其最近的 K-means 中心之间距离的平方之和。如果 K 为 1，则惯性等于到数据集均值的所有平方距离之和。如第 5 章所述，该值与方差成正比，而方差是离散性的度量。因此，如果 K 为 1，则惯性是对离散性的估计。即使 K 大于 1，这个性质也成立。基本上，惯性估计的是 K 个计算均值周围的总离散性。

通过估计离散性，可以确定 K 值是过高还是过低。例如，假设将 K 设为 1。许多数据点可能会离一个中心太远。因此离散性会很大，惯性也会很大。当 K 趋于一个更合理的数时，额外的中心将导致惯性减小。最终，如果将 K 极端地设置为总数据点数，那么每个数据点都将落入它自己的私有聚类中。离散性将被消除，惯性将降至 0，如图 10-8 所示。

有些惯性值过大，有些却过小，如何在过大和过小的惯性值之间找到一个合适的值呢？

让我们设计一个解决方案。首先在大范围的 K 值上绘制飞镖数据集的惯性，如图 10-9 所示。然后每个 scikit-learn KMeans 对象将自动计算惯性，可以通过模型的 inertia_ 属性访问这个值(如代码清单 10-12 所示)。

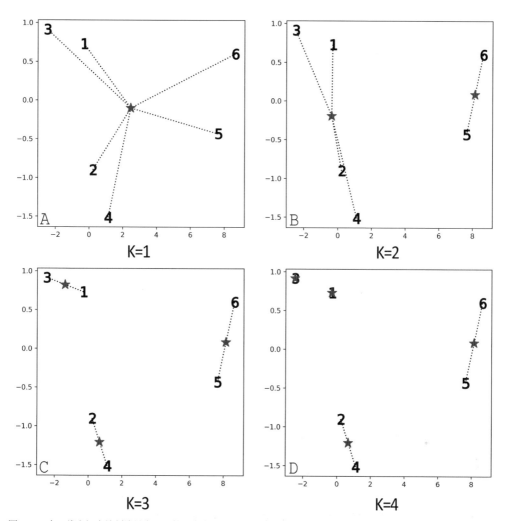

图 10-8　在二维空间中绘制编号为 1~6 的 6 个点。由星星标记的中心通过不同的 K 值进行计算。从每个点到最近的中心绘制一条线。惯性是通过对 6 条线的平方长度求和来计算的。A 图中 K=1。所有 6 条线都连接到一个中心，惯性相当大；B 图中 K=2。点 5 和 6 非常靠近第二个中心，惯性减小；C 图中 K=3。点 1 和 3 基本上更接近新形成的中心。点 2 和 4 也更接近新形成的中心。惯性已大幅度降低；D 图中 K=4。点 1 和 3 现在与它们的中心重叠。它们对惯性的贡献已从非常低的值变为 0。其余 4 个点与其关联中心之间的距离保持不变。因此，将 K 从 3 增加到 4 带来的惯性下降非常少

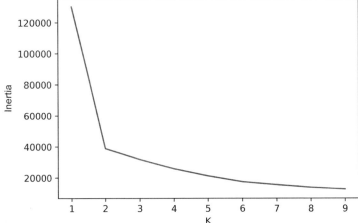

图 10-9 包含两个靶心目标的飞镖盘模拟情况的惯性图。曲线类似于肘部弯曲的手臂。肘部直接对应 K 值 2

代码清单 10-12 绘制 K-means 惯性

```
k_values = range(1, 10)
inertia_values = [KMeans(k).fit(darts).inertia_
                  for k in k_values]

plt.plot(k_values, inertia_values)
plt.xlabel('K')
plt.ylabel('Inertia')
plt.show()
```

生成的图类似于肘部弯曲的手臂，肘部指向 K 值 2。我们已经知道，这个 K 准确地捕获了预先设置到数据集中的两个中心。

如果现有中心的数量增加，这种方法是否仍然有效？可以通过在飞镖盘模拟中添加一个额外的靶心找出答案。将聚类数增加到 3 后，重新生成惯性图，如图 10-10 和代码清单 10-13 所示。

代码清单 10-13 绘制 3 个飞镖盘的惯性

```
new_bulls_eye = [12, 0]
for _ in range(5000):
    x = np.random.normal(new_bulls_eye[0], variance ** 0.5)
    y = np.random.normal(new_bulls_eye[1], variance ** 0.5)
    darts.append([x, y])

inertia_values = [KMeans(k).fit(darts).inertia_
                  for k in k_values]

plt.plot(k_values, inertia_values)
plt.xlabel('K')
plt.ylabel('Inertia')
plt.show()
```

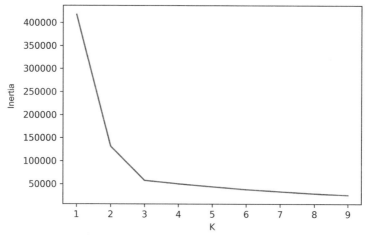

图 10-10　包含 3 个靶心目标的飞镖盘的惯性图。曲线类似于肘部弯曲的手臂。肘部的最低部分指向 K 值 3

添加第三个中心会导致一个新的弯折点，其最低倾角指向 K 值 3。从本质上说，惯性图跟踪了每一个增量 K 所捕获的离散度。连续 K 值之间惯性的迅速减少意味着离散的数据点被分配到一个更紧密的聚类中。当惯性曲线变得平缓时，惯性的减小逐渐失去其影响。从垂直下降到平缓角度的转变导致了图中肘部形状的出现。在 K-means 算法中，可以利用肘部的位置选择合适的 K 值。

肘部法的选择准则是一种启发式方法，但它不能保证在所有情况下都有效。在某些条件下，折点在多个 *K* 值上缓慢变平，这使得选择一个有效的聚类数量变得困难。

注意
实际上还有更强大的选择 K 的方法，如剪影得分，它捕获每个点到邻近聚类的距离。对剪影得分的详细讨论超出了本书的范围。但是，我们鼓励你使用 sklearn.metrics.silhouette_score 方法自行探索得分。

肘部法并不完美，但如果数据集中在 K 个不同的平均值上，则它具有相当好的表现。当然，这是假设数据聚类可以通过中心性进行区分。然而，许多情况下，数据聚类根据空间中数据点的密度进行区分。让我们探索使用密度进行聚类的方法，它不依赖中心性。

K-means 聚类方法
- k_means_model = KMeans(n_clusters=K)：创建一个 K-means 模型来搜索 K 个不同的质心。我们需要这些质心与输入的数据相拟合。
- clusters = k_means_model.fit_predict(data)：使用初始化的 KMeans 对象对输入的数据执行 K-means。返回的 clusters 数组包含 0~K 的聚类 ID。data[i]的聚类 ID 等于 clusters[i]。
- clusters=KMeans(n_clusters=K).fit_predict(data)：在一行代码中执行 K-means 并返回结果聚类。
- new_clusters = k_means_model.predict(new_data)：通过优化后的 KMeans 对象中的现有质心预测新数据所对应的质心。
- inertia = k_means_model.inertia_：返回经过数据优化后的 KMeans 对象的惯性。
- inertia = KMeans(n_clusters=K).fit(data).inertia_：在一行代码中执行 K-means 并返回生成的惯性。

10.3　使用密度发现聚类

　　假设一位天文学家在太阳系的遥远边缘发现了一颗新行星。这颗行星与土星非常相似。它具有多个环，围绕其中心以恒定轨道旋转。每个环都是由数以千计的岩石形成的。我们将这些岩石建模为由 x 和 y 坐标定义的单个点。这里使用 scikit-learn 的 make_circles 函数生成由许多岩石组成的 3 个岩石环，如图 10-11 和代码清单 10-14 所示。

代码清单 10-14　模拟行星环

```
from sklearn.datasets import make_circles

x_coordinates = []
y_coordinates = []
for factor in [.3, .6, 0.99]:
    rock_ring, _ = make_circles(n_samples=800, factor=factor,
                                noise=.03, random_state=1)
    for rock in rock_ring:
        x_coordinates.append(rock[0])
        y_coordinates.append(rock[1])

plt.scatter(x_coordinates, y_coordinates)
plt.show()
```

make_circles 函数创建两个二维同心圆。小圆半径相对于大圆的比例由 factor 参数确定

　　图 10-12 中清楚地显示了 3 个环。我们通过将 K 设置为 3 来使用 K-means 搜索这 3 个聚类，如代码清单 10-15 所示。

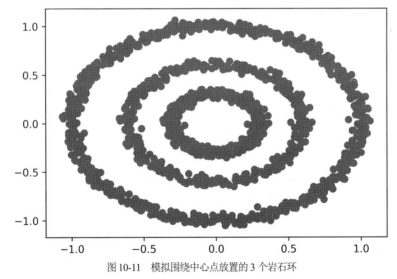

图 10-11　模拟围绕中心点放置的 3 个岩石环

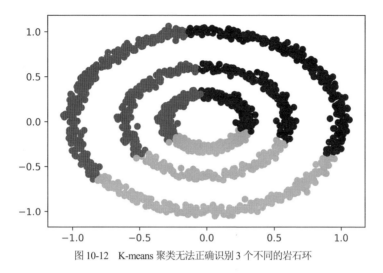

图 10-12 K-means 聚类无法正确识别 3 个不同的岩石环

代码清单 10-15 使用 K-means 对环进行聚类

```
rocks = [[x_coordinates[i], y_coordinates[i]]
         for i in range(len(x_coordinates))]
rock_clusters = KMeans(3).fit_predict(rocks)

colors = [['g', 'y', 'k'][cluster] for cluster in rock_clusters]
plt.scatter(x_coordinates, y_coordinates, color=colors)
plt.show()
```

得到的结果完全不是我们所想要的。K-means 将数据分解成 3 个对称的段，每个段跨越多个环。该解决方案与预期不符，我们希望每个环都应该属于自己独特的组。什么地方出了错？K-means 假设 3 个聚类由 3 个独立的中心定义，但实际的环却围绕一个中心点旋转。聚类之间的差异不是由中心性决定的，而是由密度决定的。每个环都由密集的点集合构成，其中稀疏的空间区域作为环之间的边界。

我们需要设计一种算法，在密集的空间区域中对数据进行聚类。这就要求我们定义给定区域是密集的还是稀疏的。密度的简单定义如下：一个点至少与 Y 个其他点的距离小于 X 时，这个点才处于密集区域当中。我们将 X 和 Y 分别称为 epsilon 和 min_points。代码清单 10-16 将 epsilon 设置为 0.1，将 min_points 设置为 10。因此，如果一颗岩石与至少 10 颗其他岩石的距离小于 0.1，则这颗岩石处于密集空间当中。

代码清单 10-16 指定密度参数

```
epsilon = 0.1
min_points = 10
```

让我们分析 rocks 列表中第一块岩石对应的密度。首先在 rocks[0]位置以 epsilon 为半径搜索所有其他岩石。这里将这些相邻岩石的索引存储在 neighbor_indices 列表中(如代码清单 10-17 所示)。

代码清单 10-17　寻找 rocks[0]的邻居

```
neighbor_indices = [i for i, rock in enumerate(rocks[1:])
                    if euclidean(rocks[0], rock) <= epsilon]
```

现在将邻居的数量与 min_points 进行比较，以确定岩石[0]是否位于空间的密集区域(如代码清单 10-18 所示)。

代码清单 10-18　计算 rocks[0]的密度

```
num_neighbors = len(neighbor_indices)
print(f"The rock at index 0 has {num_neighbors} neighbors.")

if num_neighbors >= min_points:
    print("It lies in a dense region.")
else:
    print("It does not lie in a dense region.")

The rock at index 0 has 40 neighbors.
It lies in a dense region.
```

索引 0 处的岩石位于空间的密集区域。rocks[0]的邻居是否也存在于那个密集的空间区域？这是一个很难回答的问题。毕竟，每个邻居都有可能存在少于自己的 min_points 个邻居的情况。根据严格的密度定义，我们不会将这些邻居视为在密集区域当中。然而，这会导致一种荒谬的情况，其中密集区域仅由一个点组成：rocks[0]。可以通过更新密度定义避免这种荒谬的结果。现在重新对密度进行定义。

- 如果一个点在以 epsilon 为半径内有 min_points 个邻居，那么这个点是在密集区域当中。
- 密集区域中的点的每个邻居也被聚类在这个密集区域中。

根据更新的定义，可以把 rocks[0]和它的邻居组合成一个单一的密集聚类(如代码清单 10-19 所示)。

代码清单 10-19　创建密集聚类

```
dense_region_indices = [0] + neighbor_indices
dense_region_cluster = [rocks[i] for i in dense_region_indices]
dense_cluster_size = len(dense_region_cluster)
print(f"We found a dense cluster containing {dense_cluster_size} rocks")

We found a dense cluster containing 41 rocks
```

索引为 0 的岩石和它的邻居形成了一个由 41 个元素组成的密集聚类。某个点的邻居的所有其他邻居是否属于同一个密集的空间区域？如果是这样，那么根据更新的定义，这些岩石也属于密集聚类。因此，通过分析额外的相邻点，可以扩大 dense_region_cluster 的大小(如代码清单 10-20 所示)。

代码清单 10-20　扩展密集聚类

```
dense_region_indices = set(dense_region_indices)
```
◀ 将 dense_region_indices 转换为一个集合。这允许我们用额外的索引更新集合，而不必担心出现重复问题

```
for index in neighbor_indices:
    point = rocks[index]
    neighbors_of_neighbors = [i for i, rock in enumerate(rocks)
                              if euclidean(point, rock) <= epsilon]
    if len(neighbors_of_neighbors) >= min_points:
        dense_region_indices.update(neighbors_of_neighbors)

dense_region_cluster = [rocks[i] for i in dense_region_indices]
dense_cluster_size = len(dense_region_cluster)
print(f"We expanded our cluster to include {dense_cluster_size} rocks")

We expanded our cluster to include 781 rocks
```

我们迭代了邻居的邻居并将密集聚类扩大了近 20 倍。可以继续进行扩展，通过分析新遇到的邻居的密度进一步扩展聚类。不断重复分析过程将增加聚类边界的范围。最终，边界将形成完全包含所有岩石的环。然后，在没有新邻居要吸收的情况下，可以对迄今为止还没有被分析过的 rocks 元素重复迭代分析。这种重复可以生成更多的密集环。

刚刚描述的过程被称为 DBSCAN。DBSCAN 算法根据数据的空间分布对数据进行组织。

10.4　DBSCAN：一种基于空间密度对数据进行分组的聚类算法

DBSCAN 是 Density-Based Spatial Clustering of Applications with Noise 的首字母缩写。这个聚类方法的名称很长，但实现的技术非常简单。

(1) 从 data 列表中选择一个随机坐标点 point。

(2) 获取以该 point 为圆心和 epsilon 为半径的范围内的所有邻居。

(3) 如果发现的邻居的个数少于 min_points，则使用不同的随机点重复步骤(1)。否则，将 point 和它的邻居组成一个聚类。

(4) 对所有新发现的邻居重复迭代步骤(2)和(3)。将所有邻近的稠密点合并到聚类当中。聚类停止扩展后，迭代将终止。

(5) 在获得完整的聚类后，对尚未分析密度的所有数据点重复步骤(1)~(4)。

DBSCAN 程序可以用不到 20 行代码来实现。但是，任何基本实现在 rocks 列表中都会运行得很慢。因此需要通过对程序进行优化来提高邻居遍历的速度，这超出了本书的范围。幸运的是，我们不需要从头开始重新构建算法：scikit-learn 提供了一个快速的 DBSCAN 类，可以从 sklearn.cluster 导入它。这里通过使用 eps 和 min_samples 参数分配 epsilon 和 min_points 来导入和初始化这个类。然后利用 DBSCAN 对 3 个环进行聚类，如图 10-13 和代码清单 10-21 所示。

代码清单 10-21　使用 DBSCAN 对环进行聚类

创建一个 cluster_model 对象进行密度聚类。通过 min_samples 参数设定 min_points 的值为 10，使用 eps 参数设定 epsilon 的值为 0.1

```
from sklearn.cluster import DBSCAN
cluster_model = DBSCAN(eps=epsilon, min_samples=min_points)
```

```
rock_clusters = cluster_model.fit_predict(rocks)
colors = [['g', 'y', 'k'][cluster] for cluster in rock_clusters]
plt.scatter(x_coordinates, y_coordinates, color=colors)
plt.show()
```

根据密度对岩石环进行聚类并为每
个岩石返回对应的聚类

DBSCAN 算法已成功识别出 3 个岩石环，而之前的 K-means 算法则无法识别。

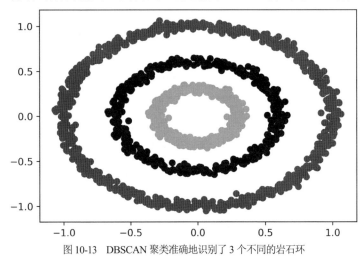

图 10-13　DBSCAN 聚类准确地识别了 3 个不同的岩石环

10.4.1　比较 DBSCAN 和 K-means

DBSCAN 算法是一种对由曲线形状和密集形状组成的数据进行聚类的优秀算法。与 K-means 不同的是，该算法在执行前不需要获取聚类数量的近似值。此外，DBSCAN 可以过滤位于空间稀疏区域的随机离群值。例如，如果添加一个位于环边界之外的异常值，DBSCAN 将为它分配一个聚类 ID，值为 - 1(如代码清单 10-22 所示)。负值表示离群值，不能与数据集的其余部分进行聚类。

注意

与 K-means 不同，拟合的 DBSCAN 模型不能重新应用于全新的数据。相反，需要合并新旧数据并从头开始执行聚类。这是因为计算出的 K-means 中心可以轻松地与其他数据点进行比较。但是，额外的数据点可能会影响先前存在的数据的密度分布，这会迫使 DBSCAN 重新计算所有聚类。

代码清单 10-22　使用 DBSCAN 查找异常值

```
noisy_data = rocks + [[1000, -1000]]
clusters = DBSCAN(eps=epsilon,
                  min_samples=min_points).fit_predict(noisy_data)
assert clusters[-1] == -1
```

DBSCAN 技术的另一个优点是它不依赖均值，而 K-means 算法要求我们计算分组点的平均坐标。正如在第 5 章中讨论的，这些平均坐标可以使到中心的距离的平方和最小。只有当距离的平方满足欧几里得定理时,极小化属性才成立。因此,如果坐标不满足欧几里得定理,则均值并不是有效的,不应使用 K-means 算法。然而,欧几里得距离并不是测量点之间距离的唯一指标——实际上存在定义距离的无限指标。我们将在随后的章节中进行探讨。在这个过程中,将学习如何把这些指标集成到 DBSCAN 聚类输出中。

10.4.2 基于非欧几里得距离的聚类方法

假设我们在游览曼哈顿并希望知道从帝国大厦到哥伦布圆环的步行距离。帝国大厦位于第 34 街和第五大道的交汇处,而哥伦布圆环位于第 57 街和第八大道的交汇处。曼哈顿的街道总是相互垂直的。这让我们可以将曼哈顿表示为二维坐标系,用 x 轴表示街(如 57 街),用 y 轴表示大道(如第五大道)。在这种表示形式下,帝国大厦位于坐标(34,5)处,哥伦布圆环位于坐标(57,8)处。可以很容易地计算出两个坐标点之间的欧几里得距离。然而,这个距离不可以被用于实际的导航,因为高耸的大厦占据了每个城市的街区。更合适的解决方案是在这些建筑物中确定可以行走的最短距离。这样的路线需要我们在第五大道和第八大道之间步行 3 个街区,然后在 34 街和 57 街之间步行 23 个街区,总共 26 个街区。曼哈顿的平均街区长度为 0.17 英里,因此可以估计步行距离为 4.42 英里。这里使用通用的 manhattan_distance 函数直接计算步行距离(如代码清单 10-23 所示)。

代码清单 10-23　计算曼哈顿距离

```
def manhattan_distance(point_a, point_b):
    num_blocks = np.sum(np.absolute(point_a - point_b))
    return 0.17 * num_blocks

x = np.array([34, 5])
y = np.array([57, 8])
distance = manhattan_distance(x, y)

print(f"Manhattan distance is {distance} miles")

Manhattan distance is 4.42 miles
```

我们也可以通过从 scipy.spatial.distance 导入 cityblock,然后运行 0.17 * cityblock (x, y)来生成这个结果

现在,假设希望对两个以上的曼哈顿位置进行聚类。我们将假设每个聚类包含一个点,该点距离其他 3 个聚类点在 1 英里以内。这个假设让我们可以通过 scikit-learn 的 DBSCAN 类来使用 DBSCAN 聚类。在 DBSCAN 初始化期间,将 eps 设置为 1,将 min_samples 设置为 3。此外,将 metric=manhattan_distance 传递到初始化方法中。metric 参数将欧几里得距离替换为我们的自定义距离指标,因此聚类距离正确反映了城市内基于网格的约束情况(需要按照街道的人行道进行移动,而不是在建筑物当中"穿墙而过")。代码清单 10-24 对曼哈顿坐标进行聚类,并且将坐标与它们的聚类标记一起绘制在网格上,如图 10-14 所示。

代码清单 10-24　使用曼哈顿距离进行聚类

通过 metric 参数将 manhattan_distance 函数传入 DBSCAN

```
points = [[35, 5], [33, 6], [37, 4], [40, 7], [45, 5]]
clusters = DBSCAN(eps=1, min_samples=3,
                  metric=manhattan_distance).fit_predict(points)

for i, cluster in enumerate(clusters):
```

```
        point = points[i]
        if cluster == -1:
            print(f"Point at index {i} is an outlier")
            plt.scatter(point[0], point[1], marker='x', color='k')
        else:
            print(f"Point at index {i} is in cluster {cluster}")
            plt.scatter(point[0], point[1], color='g')

plt.grid(True, which='both', alpha=0.5)
plt.minorticks_on()

plt.show()
```

使用 x 形标记绘制
异常值

通过网格方法显示我们计算曼哈
顿距离所跨越的矩形网格

```
Point at index 0 is in cluster 0
Point at index 1 is in cluster 0
Point at index 2 is in cluster 0
Point at index 3 is an outlier
Point at index 4 is an outlier
```

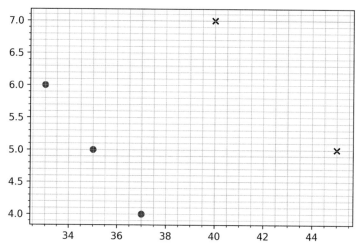

图 10-14　使用曼哈顿距离对网格中的 5 个点进行聚类。网格左下角的 3 个点属于一个单独聚类。
剩下的两个点是异常值，用 x 标记

　　前三个位置属于一个聚类，其余的点是离群值。可以用 K-means 算法检测到那个聚类吗？也许可以，毕竟曼哈顿街区坐标可以被进行平均化，与 K-means 实现兼容。如果把曼哈顿距离换成另一个不那么容易获得平均坐标的指标呢？这里定义一个具有以下性质的非线性距离指标：如果两点的所有元素为负，则两点之间的距离为 0 个单位；如果两点的所有元素为非负，则两点之间的距离为 2 个单位；否则，两点之间的距离为 10 个单位。有了这个荒谬的距离度量，能计算任意两个点的均值吗？不能，因此 K-means 不能用。该算法的一个缺点是它依赖平均距离。与 K-means 不同，DBSCAN 算法不要求距离函数是线性可除的。因此，可以很容易地通过 DBSCAN 聚类使用刚才提到的荒谬的距离指标(如代码清单 10-25 所示)。

代码清单 10-25 使用荒谬的距离指标进行聚类

```
def ridiculous_measure(point_a, point_b):
    is_negative_a = np.array(point_a) < 0          ◀── 返回一个布尔数组，如果 point_a[i]<0，则
    is_negative_b = np.array(point_b) < 0               is_negative_a[i] 为 True
    if is_negative_a.all() and is_negative_b.all():  ◀── point_a 和 point_b 的所有元素都
        return 0                                          是负数
    elif is_negative_a.any() or is_negative_b.any(): ◀──
        return 10                                         存在负元素，但并非所有
    else:                                      ◀──        元素都是负元素
        return 2
                        所有元素都是非负的
points = [[-1, -1], [-10, -10], [-1000, -13435], [3,5], [5,-7]]

clusters = DBSCAN(eps=.1, min_samples=2,
                  metric=ridiculous_measure).fit_predict(points)

for i, cluster in enumerate(clusters):
    point = points[i]
    if cluster == -1:
        print(f"{point} is an outlier")
    else:
        print(f"{point} falls in cluster {cluster}")

[-1, -1] falls in cluster 0
[-10, -10] falls in cluster 0
[-1000, -13435] falls in cluster 0
[3, 5] is an outlier
[5, -7] is an outlier
```

使用 ridiculous_measure 指标运行 DBSCAN 会导致负坐标聚类到一个组中。所有其他坐标都被视为异常值。这样的结果在理论上没有什么实际意义，但由于指标选择方面有较大的灵活性，这使我们不受指标选择的限制。例如，可以设置指标，从而根据地球的曲率计算距离。这种指标对于聚类地理位置特别有用。

DBSCAN 聚类方法

- dbscan_model = DBSCAN(eps=epsilon, min_samples=min_points)：创建一个 DBSCAN 模型，从而通过密度进行聚类。一个密集点被定义为在 epsilon 的距离内至少有 min_points 个邻居。邻居被视为该点聚类的一部分。

- clusters = dbscan_model.fit_predict(data)：使用初始化的 DBSCAN 对象对输入的数据运行 DBSCAN。clusters 数组包含聚类 ID。data[i] 的聚类 ID 为 cluster[i]。未聚类的异常点的 ID 为 -1。

- clusters = DBSCAN(eps=epsilon, min_samples=min_points).fit_predict(data)：通过一行代码执行 DBSCAN 并返回结果聚类。

- dbscan_model = DBSCAN(eps=epsilon, min_samples=min_points, metric=metric_function)：创建一个 DBSCAN 模型，其中距离指标由自定义指标函数定义。metric_function 距离指标不需要是欧几里得距离。

DBSCAN 确实存在一些缺点。该算法旨在检测具有相似点密度分布的聚类。然而，现实世界的数据密度不同。例如，曼哈顿的披萨店比加利福尼亚州奥兰治县的披萨店分布更密集。因此，在选择密度参数时可能会遇到问题，这将使我们在错误的位置上对披萨店进行聚类。这突出了该算法的另一个限制：DBSCAN 要求 eps 和 min_samples 参数的值有意义。特别是，不同的 eps 输入将极大地影响聚类的质量。遗憾的是，没有一种可靠的程序来估计适当的 eps。虽然一些文献中偶尔会提到某些启发式方法，但它们的收益微乎其微。大多数时候，我们必须依靠对问题的直觉理解来为两个 DBSCAN 参数分配具体的输入值。例如，如果要对一组地理位置进行聚类，则 eps 和 min_samples 值将取决于这些位置是分布在全球还是仅限于单个地理区域。在每种情况下，我们对密度和距离的理解都会有所不同。一般来说，如果对全球分布的随机城市进行聚类，那么可以将 min_samples 和 eps 参数分别设置为等于 3 个城市和 250 英里。这是假设每个聚类拥有的城市与至少 3 个其他聚类城市在 250 英里内。对于小范围的区域性位置分布，必须使用较低的 eps 值。

10.5 使用 Pandas 分析聚类

到目前为止，我们是将数据输入和聚类输出分开的。例如，在岩石环分析中，输入数据在 rocks 列表中，聚类输出在 rock_clusters 数组中。跟踪坐标和聚类需要我们在输入列表和输出数组之间映射索引。因此，如果想提取聚类 0 中的所有岩石，必须获得所有 rocks[i] 的实例，其中 rock_clusters[i]==0。这个索引分析是复杂的。通过将坐标和聚类组合在一个 Pandas 表中，可以更直观地对聚类岩石进行分析。

代码清单 10-26 创建了一个包含 3 个列的 Pandas 表：X、Y 和 Cluster。表中的第 i 行包含 x 坐标、y 坐标和位于 rocks[i] 处的岩石聚类。

代码清单 10-26 在表中存储聚类坐标

```
import pandas as pd
x_coordinates, y_coordinates = np.array(rocks).T
df = pd.DataFrame({'X': x_coordinates, 'Y': y_coordinates,
                   'Cluster': rock_clusters})
```

Pandas 表让我们可以轻松访问任何聚类中的岩石。这里使用第 8 章中学习的技术绘制属于聚类 0 的岩石，如图 10-15 和代码清单 10-27 所示。

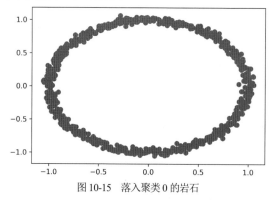

图 10-15 落入聚类 0 的岩石

代码清单 10-27　使用 Pandas 绘制单个聚类

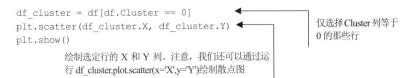

```
df_cluster = df[df.Cluster == 0]
plt.scatter(df_cluster.X, df_cluster.Y)
plt.show()
```

仅选择 Cluster 列等于
0 的那些行

绘制选定行的 X 和 Y 列。注意，我们还可以通过运
行 df_cluster.plot.scatter(x='X',y='Y')绘制散点图

Pandas 允许我们从任何单个聚类中获取包含元素的表。或者，我们可能想获取多个表，其中每
个表都映射到一个聚类 ID。在 Pandas 中，这通过调用 df.groupby('Cluster')来完成。groupby 方法将
创建 3 个表：每个聚类一个。它将返回一个可迭代的聚类 ID 和表之间的映射关系。这里使用 groupby
方法迭代 3 个聚类(如代码清单 10-28 所示)。随后将绘制聚类 1 和聚类 2 中的岩石，但不绘制聚类
0 中的岩石，结果如图 10-16 所示。

注意

调用 df.groupby('Cluster') 返回的不只是一个可迭代对象：它返回一个 DataFrameGroupBy 对象，
为聚类过滤和分析提供额外的方法。

代码清单 10-28　使用 Pandas 迭代聚类

```
for cluster_id, df_cluster in df.groupby('Cluster'):
    if cluster_id == 0:
        print(f"Skipping over cluster {cluster_id}")
        continue

    print(f"Plotting cluster {cluster_id}")
    plt.scatter(df_cluster.X, df_cluster.Y)

plt.show()

Skipping over cluster 0
Plotting cluster 1
Plotting cluster 2
```

df.groupby('Cluster')返回的可迭代对象的
每个元素都是一个元组。元组的第一个元
素是从 df.Cluster 获取的聚类 ID。第二个
元素是一个由所有行组成的表，其中
df.Cluster 等于聚类 ID

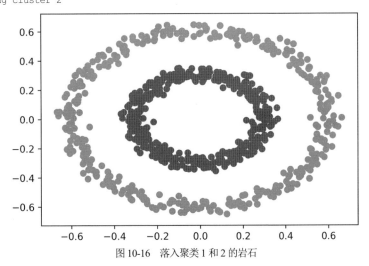

图 10-16　落入聚类 1 和 2 的岩石

Pandas 的 groupby 方法让我们可以通过迭代的方式检查不同的聚类。这在案例研究 3 的分析中被证明是有效的。

10.6　本章小结

- K-means 算法通过搜索 K 个质心对输入的数据进行聚类。这些质心代表发现的数据组的平均坐标。K-means 通过选择 K 个随机质心进行初始化。然后根据最近的质心对每个数据点进行聚类并通过迭代方式重新计算质心，直到它们收敛到稳定的位置。
- K-means 可以确保收敛到一个解决方案。但是，该解决方案可能不是最佳的。
- K-means 需要用欧几里得距离区分数据点。该算法对非欧几里得坐标不能进行聚类。
- 执行 K-means 聚类后，可以计算结果的惯性。惯性等于每个数据点与其最近中心之间距离的平方之和。
- 绘制一系列 K 值的惯性会生成肘部图。肘部图中的肘部应向下指向合理的 K 值。通过使用肘部图，可以启发式地为 K-means 选择一个有意义的 K 输入值。
- DBSCAN 算法基于密度对数据进行聚类。密度是通过 epsilon 和 min_points 参数定义的。如果一个点位于有 min_points 个邻居的半径为 epsilon 的范围内，则该点位于空间的密集区域中。空间密集区域中一个点的每个邻居也聚类在该密集空间中。DBSCAN 可以迭代扩展空间密集区域的边界，直到检测到完整的聚类为止。
- DBSCAN 算法不会对非密集区域中的点进行聚类。这些点被视为异常值。
- DBSCAN 是一种对由曲线形状和密集形状组成的数据进行聚类的优秀算法。
- DBSCAN 可以使用任意的非欧几里得距离进行聚类。
- 没有可靠的启发式方法可用来选择合适的 epsilon 和 min_points 参数。但是，如果希望对全球的城市进行聚类，那么可以将这两个参数分别设置为 250 英里和 3 个城市。
- 将聚类数据存储在 Pandas 表中将允许我们使用 groupby 方法直观地遍历聚类。

第11章

对地理位置进行可视化与分析

本章主要内容

- 计算地理位置之间的距离
- 使用 Cartopy 库在地图上绘制位置
- 从位置名称中提取地理坐标
- 使用正则表达式在文本中查找位置名称

在有记载的历史出现之前,人们就依赖位置信息。穴居人曾经将狩猎路线地图刻在猛犸象牙上。这种地图随着文明的繁荣而发展。古代巴比伦人完整地绘制了他们庞大帝国的边界。很久以后,在公元前 3000 年,希腊学者利用数学创新改进了制图技术。希腊人发现地球是圆的并准确地计算出其周长。希腊数学家为测量地球曲面上的距离奠定了基础。此类测量需要创建地理坐标系:公元前 2000 年引入了基于经度和纬度的基本坐标系。

将制图技术与经纬度相结合有助于彻底改变海上航行。水手可以通过在地图上查看他们的位置自由地在海上航行。一般来讲,海上导航协议遵循以下 3 个步骤。

(1) 数据观察。水手记录一系列的观测结果,包括风向、星星的位置以及指南针的北向(大约公元 1300 年以后)。

(2) 数据的数学和算法分析。导航员对所有数据进行分析,从而估计船舶的位置。有时,分析需要用到三角函数计算。更常见的是,导航员会查阅一系列基于规则的测量图表。根据航海图中的规则,通过算法计算出船舶的坐标。

(3) 可视化及决策。船长检查地图上与预期目的地相关的计算位置。然后,他会根据可视化的结果下令调整船的航向。

这种导航范式完美地涵盖了标准的数据科学过程。作为数据科学家,我们得到了原始的观察结果。我们通过算法分析这些数据,然后将结果可视化,从而做出关键的决定。因此,数据科学和位置分析是联系在一起的。几个世纪以来,这种联系越来越紧密。今天,无数的公司以古希腊人无法想象的方式对位置进行分析。对冲基金通过研究农田的卫星照片预测全球大豆市场;交通服务提供商通过分析庞大的交通模式高效地安排车辆运行;流行病学家处理报纸数据以监测疾病在全球范围内的传播。

在本章中,将学习分析和可视化地理位置的各种技术。我们将从计算两个地理位置之间的距离开始学习。

11.1　大圆距离：计算地球上两点间的距离

地球上任意两点之间的最短旅行距离是多少？距离不一定是直线，因为直接的线性旅行需要深入地壳。更可行的方法是需要沿着球形行星的弯曲表面行进。地球表面两点之间的直接路径称为大圆距离，如图 11-1 所示。

我们可以计算特定球体上两个点的大圆距离。球体表面上的任何点都可以使用球坐标 x 和 y 表示，其中 x 和 y 用于表示这个点相对于 x 轴和 y 轴的角度，如图 11-2 所示。

这里定义一个基本的 great_circle_distance 函数，它以两对球坐标作为输入。为简单起见，假设坐标应用于一个半径为 1 的单位球体上。这种简化使我们只需要用 4 行代码就可以定义 great_circle_distance 函数(如代码清单 11-1 所示)。这个函数依赖一系列众所周知的三角运算，这些运算的详细推导超出了本书的范围。

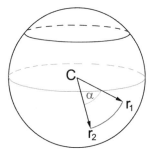

图 11-1　将球体表面两点之间的大圆距离进行可视化。这些点被标记为 r_1 和 r_2。弧线表示它们之间的移动距离。弧长等于球体半径乘以 α，其中 α 是点与球体中心 C 处的夹角

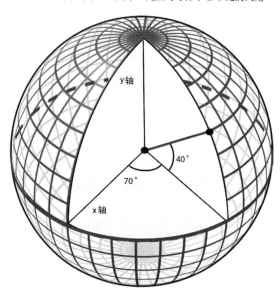

图 11-2　用球坐标表示球面上的一点。当我们从 x 轴旋转 70° 并从 y 轴旋转 40° 时，就到达这个点。因此，这个点的球坐标为(70,40)

代码清单 11-1　定义大圆距离函数

从 Python 的数学模块中导入 3 个常用的三角函数

```
from math import cos, sin, asin
```

计算两对球坐标之间的角差

```
def great_circle_distance(x1, y1, x2, y2):
    delta_x, delta_y = x2 - x1, y2 - y1
```

```
haversin = sin(delta_x / 2) ** 2 + np.product([cos(x1), cos(x2),
                                                sin(delta_y / 2) ** 2])
return 2 * asin(haversin ** 0.5)
```

运行一系列众所周知的三角运算来获得单位球体上的
大圆距离。np.product 函数将 3 个三角函数值相乘

Python 的三角函数假设输入角度以弧度为单位，其中 0° 等于 0 弧度，180° 等于 π 弧度。让我们计算相对于 x 轴和 y 轴相距 180° 的两点之间的大圆距离(如代码清单 11-2 所示)。

注意

弧度是单位圆弧相对于角的长度。最大弧长是 2π 的单位圆周长。遍历圆周需要 360° 的角度。因此，2π 弧度等于 360°，而 1° 等于 π/180 弧度。

代码清单 11-2　计算大圆距离

```
from math import pi
distance = great_circle_distance(0, 0, 0, pi)
print(f"The distance equals {distance} units")

The distance equals 3.141592653589793 units
```

这两个点之间的距离正好是 π 个单位，是绕一个单位圆所需距离的一半。这个值是两个球面点之间可能的最长距离。这类似在任何行星的南北两极之间进行旅行。我们将通过分析地球北极和南极的经纬度来确认这一点。地球的经度和纬度是以度为单位的球坐标。这里从记录每个极点的已知坐标开始(如代码清单 11-3 所示)。

代码清单 11-3　定义地球两极的坐标

```
latitude_north, longitude_north = (90.0, 0)
latitude_south, longitude_south = (-90.0, 0)
```

从技术上讲，北极和南极没有正式的经
度坐标。然而，数学上证明了为每个极
点分配 0 经度是合理的

经度和纬度是以度而不是弧度来度量球面坐标。因此，我们使用 np.radians 函数将度数转换为弧度。该函数将度数列表作为输入并返回一个弧度数组。这个结果随后可以作为 great_circle_distance 函数的输入(如代码清单 11-4 所示)。

代码清单 11-4 计算两极之间的大圆距离

```
to_radians = np.radians([latitude_north, longitude_north,
                         latitude_south, longitude_south])

distance = great_circle_distance(*to_radians.tolist())
print(f"The unit-circle distance between poles equals {distance} units")

The unit-circle distance between poles equals 3.141592653589793 units
```

提示: 在 Python 中, func(*[arg1,arg2]) 是 func(arg1,arg2)的快捷方式

正如预期的那样，单位球体上两极之间的距离是 π。现在，让我们测量地球上两极之间的距离。地球的半径为 3 956 英里，因此必须将两极之间的距离乘以 3956 才能获得地面测量值(如代码清单 11-5 所示)。

代码清单 11-5 计算地球两极之间的旅行距离

```
earth_distance = 3956 * distance
print(f"The distance between poles equals {earth_distance} miles")

The distance between poles equals 12428.14053760122 miles
```

两极之间的距离约为 12 400 英里。我们可以通过将经度和纬度转换为弧度，计算它们的单位球体距离，然后将该值乘以地球半径来计算它。现在可以创建一个通用的 travel_distance 函数来计算任意两个地面点之间的行驶里程(如代码清单 11-6 所示)。

代码清单 11-6 定义旅行距离函数

```
def travel_distance(lat1, lon1, lat2, lon2):
    to_radians = np.radians([lat1, lon1, lat2, lon2])
    return 3956 * great_circle_distance(*to_radians.tolist())

assert travel_distance(90, 0, -90, 0) == earth_distance
```

travel_distance 函数是用于测量位置之间距离的非欧几里得指标。正如上一章所讨论的，可以将这些指标传递给 DBSCAN 聚类算法，因此可以使用 travel_distance 函数根据位置的空间分布对位置进行聚类。然后可以通过在地图上绘制位置来直观地验证聚类。我们可以使用外部 Cartopy 可视化库进行地图的绘制。

11.2 使用 Cartopy 绘制地图

可视化地理数据是一项常见的数据科学任务。可进行这类工作的一个外部库是 Cartopy：一种与 Matplotlib 兼容的工具，用于在 Python 中生成地图。遗憾的是，Cartopy 安装起来有点麻烦。本书中的所有其他库都可以通过单行 pip install 命令进行安装。这将调用 pip 包管理系统，然后该系统连接到 Python 库的外部服务器。pip 随后安装选定的库及其所有 Python 依赖项，这些依赖项代表额

外的软件库要求。

注意

例如，NumPy 是 Matplotlib 的依赖项。如果尚未安装 NumPy，则调用 pip install matplotlib 会自动在本地计算机上安装它。

当依赖项全部用 Python 编写时，pip 可以很好地工作。但是，Cartopy 有一个用 C++编写的依赖项。GEOS 库是一个地理空间引擎，是 Cartopy 可视化的基础。因为 GEOS 库不能通过 pip 进行安装，所以不能直接通过 pip 安装 Cartopy。因此，我们有两个选择。

- 手动安装 GEOS 和 Cartopy；
- 使用 Conda 包管理器安装 Cartopy 库。

接下来讨论每种方法的优缺点。

注意

要更深入地了解 Python 依赖项，请参阅 Manning 的 Managing Python Dependencies 在线视频，地址为 www.manning.com/livevideo/talk-python-managing-python-dependencies。

11.2.1　手动安装 GEOS 和 Cartopy

GEOS 安装因操作系统而异。在 macOS 上，可以通过命令行调用 brew install proj geos 进行安装。在 Linux 上，可以通过调用 apt-get install proj geos 来安装。此外，Windows 用户可以从 https://trac.osgeo.org/geos 下载并安装该库。安装 GEOS 后，可以按顺序通过以下 pip 命令添加 Cartopy 及其依赖项。

(1) pip install --upgrade cython numpy pyshp six。这将安装除 Shapely 形状渲染库外的所有 Python 依赖项。

(2) pip install shapely --no-binary shapely。Shapely 库必须从头开始编译，从而让它链接到 GEOS。no-binary 命令可以确保执行重新编译。

(3) pip install cartopy。现在依赖项都已经安装完毕，可以使用 pip 安装 Cartopy。

手动安装可能很麻烦，替代方案是使用 Conda 包管理器进行安装。

11.2.2　使用 Conda 包管理器

Conda 和 pip 一样，是一个包管理器，可以下载和安装外部库。与 pip 不同，Conda 可以轻松处理非 Python 依赖项。需要注意的是，大多数操作系统上都没有预装 Conda：它必须从 https://docs.conda.io/en/latest/miniconda.html 下载并安装。然后可以通过运行 conda install-c conda-forge cartopy 安装 Cartopy 库。

在使用 Conda 时，有些事情需要格外注意。当 Conda 安装新 Python 库时，它会在一个称为虚拟环境的隔离区域中进行。虚拟环境有自己的 Python 版本，它与驻留在用户操作系统上的 Python 主版本是相互隔离的。因此，Cartopy 库将安装在虚拟环境而不是主环境中。这会在导入 Cartopy 时造成混淆，尤其是在 Jupyter Notebook 中，因为 Jupyter 默认指向主环境。要将 Conda 环境添加到

Jupyter 中，必须运行以下两个命令。

- conda install -c anaconda ipykernel
- python -m ipykernel install --user --name=base

这样做可确保 Jupyter Notebook 与名为 base 的 Conda 环境进行交互，这是 Conda 创建的环境的默认名称。

现在可以在创建新 Notebook 时从 Jupyter 的下拉菜单中选择 base 环境(如图 11-3 所示)。然后就可以在 Notebook 中导入 Cartopy。

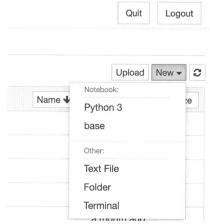

图 11-3　创建新 Notebook 时选择环境。可以从下拉菜单中选择 Conda 的 base 环境。
选择 base 将允许我们导入已安装的 Cartopy 库

注意

Conda 的默认虚拟环境称为 base。但是，Conda 允许我们创建和跟踪多个环境。要创建一个名为 new_env 的新虚拟环境，需要从命令行执行 conda create -n new_env。然后可以通过运行 conda activate new_env 切换到这个环境。运行 conda activate base 切换回安装 Cartopy 的 base 环境。此外，通过 conda deactivate 命令可以切换到操作系统的默认 Python 环境。我们还可以通过运行 conda info 检查当前环境的名称。

现在通过在 Jupyter Notebook 中运行 import cartopy 确认 Cartopy 是否安装成功(如代码清单 11-7 所示)。

代码清单 11-7　导入 Cartopy 库

```
import cartopy
```

Cartopy 安装可能会令人困惑，但这种困惑是值得的。Cartopy 是 Python 中最好、最常用的地图可视化工具。下面让我们绘制一些地图。

11.2.3　可视化地图

地图是地球上三维表面的二维表示。通过使用称为投影的技术可将球体展平。有许多不同类型的地图投影：最简单的方法是将球体叠加在一个展开的圆柱体上，这会生成一个二维地图，其(x,y)坐标与经度和纬度完美对应。

注意

在大多数其他投影技术中，二维网格坐标不等于球面坐标。因此，它们需要从一个坐标系转换到另一个坐标系。我们将在本章稍后部分遇到这个问题。

这种技术被称为等距圆柱投影或板卡雷投影。通过从 cartopy.crs 导入 PlateCarree 在图中使用这个标准投影(如代码清单 11-8 所示)。

注意

cartopy.crs 模块包括许多其他投影类型。例如，我们可以导入 Orthographic。这样做会返回一个正交投影，其中地球是从一个位于银河系外围的观察者的视角来表示的。

代码清单 11-8　导入板卡雷投影

```
from cartopy.crs import PlateCarree
```

PlateCarree 类可以与 Matplotlib 结合使用来对地球进行可视化。例如，运行 plt.axes (projection=PlateCarree()).coastlines() 将绘制地球七大洲的轮廓(如代码清单 11-9 所示)。更准确地说，plt.axes(projection=PlateCarree())初始化一个能够对地图进行可视化的自定义 Matplotlib 轴。随后，调用 coastlines 方法绘制大陆的海岸线边界，如图 11-4 所示。

代码清单 11-9　使用 Cartopy 对地球进行可视化

```
plt.axes(projection=PlateCarree()).coastlines()
plt.show()
```

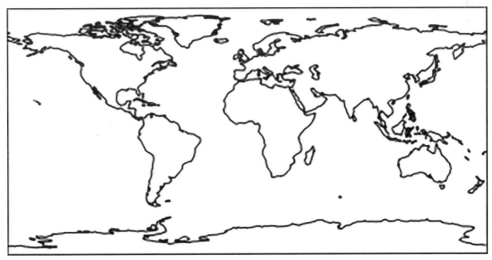

图 11-4　绘制了大陆海岸线的标准地图

这里绘制的地图有点小。我们可以使用 Matplotlib 的 plt.figure 函数调整地图大小。调用 plt.figure(figsize=(width, height))将创建一个 width 英寸宽和 height 英寸高的图形。代码清单 11-10 在生成世界地图之前将图形大小增加到 12×8 英寸，如图 11-5 所示。

注意

由于图像格式的原因，书中图形的实际尺寸不是 12×8 英寸。

代码清单 11-10　调整地图尺寸

```
plt.figure(figsize=(12, 8))
plt.axes(projection=PlateCarree()).coastlines()
plt.show()
```

创建一个更大的图形(宽 12 英寸，高 8 英寸)

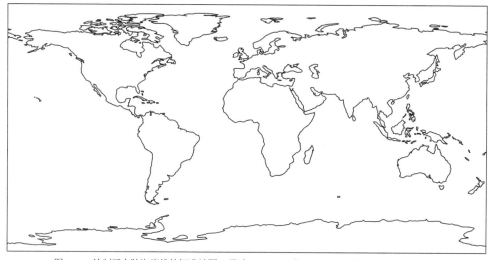

图 11-5　绘制了大陆海岸线的标准地图。通过 Matplotlib 的 plt.figure 函数增加了地图的大小

目前为止，地图看起来稀疏且过于平淡。可以通过调用 plt.axes(projection=PlateCarree()).stock_img()提高地图质量(如代码清单 11-11 所示)。该方法通过使用地形信息为地图进行着色：海洋为蓝色，森林区域为绿色，如图 11-6 所示。

代码清单 11-11　为地图着色

```
fig = plt.figure(figsize=(12, 8))
plt.axes(projection=PlateCarree()).stock_img()
plt.show()
```

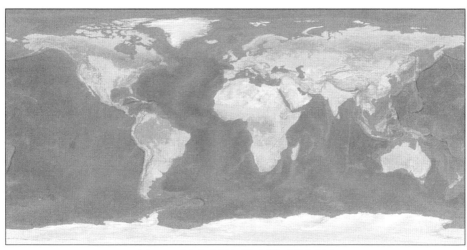

图 11-6　带有海洋和地形信息的标准着色地图

这个彩色地图未绘制沿海的边界线。添加这些边界将进一步提高地图的质量。但是，我们无法在一行代码中同时添加颜色和边界，而是需要执行以下 3 行代码。代码清单 11-12 执行后，将看到如图 11-7 所示的地图。

(1) ax = plt.axes(projection=PlateCarree())。这一行初始化一个能够可视化地图的自定义 Matplotlib 轴。按照标准约定，该轴被赋给 ax 变量。

(2) ax.coastlines()。通过这行代码在地图中添加海岸线。

(3) ax.stock_img()。通过这行代码在地图中为地形进行着色。

通过以上步骤，可以得到清晰的彩色地图。

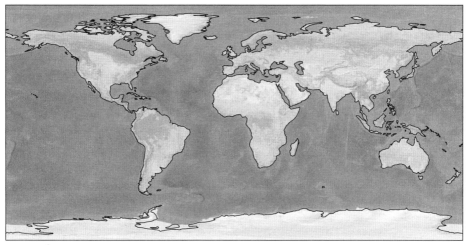

图 11-7　完成着色的带有海洋和地形详细信息的标准地图。图中通过海岸线为大陆边界提供清晰的细节信息

代码清单 11-12　绘制海岸线并为地图着色

```
plt.figure(figsize=(12, 8))
```

```
ax = plt.axes(projection=PlateCarree())
ax.coastlines()
ax.stock_img()
plt.show()
```

注意，ax.stock_img()依赖事先保存的地球图像来为地图着色。当用户放大地图时(我们很快会这样做)，该图像的渲染效果将严重下降。或者，可以使用 ax.add_feature 方法为海洋和大陆着色，该方法显示存储在 cartopy.feature 模块中的特殊 Cartopy 特征。例如，调用 ax.add_feature (cartopy.feature.OCEAN)将所有海洋着为蓝色，利用 cartopy.feature.LAND 将所有陆地着为米色。让我们利用这些特征为地图着色，如代码清单 11-13 所示。

代码清单 11-13 使用 feature 模块进行着色

```
plt.figure(figsize=(12, 8))
ax = plt.axes(projection=PlateCarree())
ax.coastlines()                    ◄——————  通过显示海岸线让地图更清晰
ax.add_feature(cartopy.feature.OCEAN)
ax.add_feature(cartopy.feature.LAND)
plt.show()
```

假设我们有一个通过经度和纬度定义的位置列表。可以通过调用 ax.scatter(longitudes,latitudes) 在全球地图上将这些位置绘制为标准散点图。但是，Matplotlib 默认会放大散点，这将导致地图图像不完整。可以通过调用 ax.set_global()防止这种情况发生，它将绘制的图像扩展到地球的所有 4个边缘。代码清单 11-14 绘制了一些地理点；为简单起见，这里将地图内容限制在沿海地区，如图 11-8 所示。

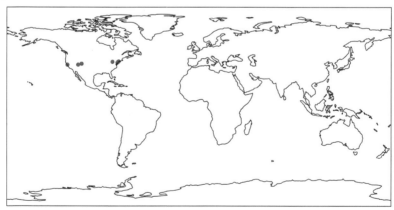

图 11-8 绘制了经纬度坐标的标准地图

注意

如前所述，板卡雷投影生成一个二维网格，其中经度和纬度可以直接绘制在轴上。对于其他投影，情况并非如此：它们需要在生成散点图之前进行经度和纬度转换。稍后将讨论如何正确处理这种转换。

代码清单 11-14　在地图上绘制坐标

```
plt.figure(figsize=(12, 8))
coordinates = [(39.9526, -75.1652), (37.7749, -122.4194),
               (40.4406, -79.9959), (38.6807, -108.9769),
               (37.8716, -112.2727), (40.7831, -73.9712)]

latitudes, longitudes = np.array(coordinates).T
ax = plt.axes(projection=PlateCarree())
ax.scatter(longitudes, latitudes)
ax.set_global()
ax.coastlines()
plt.show()
```

标绘点均位于北美边界内。我们可以通过放大特定区域简化地图。但是，首先需要调整地图范围，也就是地图上显示的地理区域。范围通过矩形确定，矩形的角位于显示的最大和最小经纬度坐标上。在 Cartopy 中，这些角由(min_lon,max_lon,min_lat,max_lat)这种形式的四元素元组定义。将该列表传递到 ax.set_extent 可调整地图的边界。

现在将北美地域范围赋给 north_america_extent 变量。然后利用 ax.set_extent 方法放大北美地区。我们重新生成散点图，这次通过将 color='r'传递给 ax.scatter 来添加颜色。同时还利用 feature 模块为地图着色，如图 11-9 和代码清单 11-15 所示。

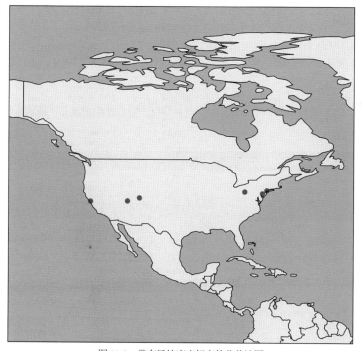

图 11-9　带有经纬度坐标点的北美地图

代码清单 11-15　绘制北美的坐标点

```
plt.figure(figsize=(12, 8))
```

```
ax = plt.axes(projection=PlateCarree())
north_america_extent = (-145, -50, 0, 90)          ◄─────
ax.set_extent(north_america_extent)
ax.scatter(longitudes, latitudes, color='r')

def add_map_features():                            ◄─────
    ax.coastlines()
    ax.add_feature(cartopy.feature.BORDERS)
    ax.add_feature(cartopy.feature.OCEAN)
    ax.add_feature(cartopy.feature.LAND)

add_map_features()
plt.show()
```

北美地区范围的经度
为–145°~–50°，纬度
为0°~90°

这个函数向地图中添加常用要素，它在
本章的其他地方会被重复使用

我们成功放大了北美地区。现在准备放大到美国地区。遗憾的是，板卡雷投影不足以达到这个目的：如果将任何国家放大得过大，这种技术会使地图出现扭曲。

因此，我们将使用 Lambert 等角圆锥投影。在这种投影中，一个圆锥体被放置在球体的顶部。圆锥体的圆形底部覆盖我们打算绘制的区域。然后，将区域中的坐标投影到锥体的表面。最后，将锥体展开，从而创建二维地图。但是，该地图的二维坐标并不直接等于经度和纬度。

Cartopy 在 csr 模块中包含一个 LambertConformal 类。执行 plt.axes(projection=LambertConformal()) 将产生对应于 Lambert 等角坐标系的轴。随后，把美国范围传递到 ax.set_extent 将地图缩放到美国地区。代码清单 11-16 定义了 us_extent 并将其传递给 ax.set_extent 方法。我们还将绘制地理数据，但首先需要将经度和纬度转换为与 LambertConformal 兼容的坐标；换句话说，必须将数据从与 PlateCarree 兼容的坐标系转换到其他坐标系。这可以通过将 transform=PlateCarree() 传递到 ax.scatter() 来实现。让我们通过这个转换可视化我们要在美国地图上绘制的点，如图 11-10 所示。

注意

首次运行代码清单 11-16 时，Cartopy 会下载并安装 Lambert 等角投影。因此，首次执行代码需要互联网连接。

代码清单 11-16　绘制美国的坐标点

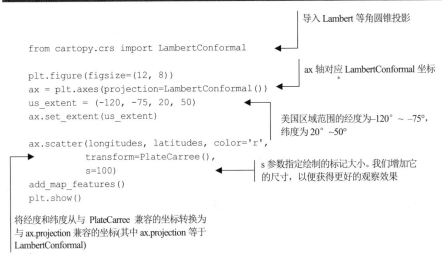

导入 Lambert 等角圆锥投影

```
from cartopy.crs import LambertConformal          ◄─────

plt.figure(figsize=(12, 8))
ax = plt.axes(projection=LambertConformal())      ◄─────
us_extent = (-120, -75, 20, 50)                    ◄─────
ax.set_extent(us_extent)

ax.scatter(longitudes, latitudes, color='r',
           transform=PlateCarree(),
           s=100)                                  ◄─────
add_map_features()
plt.show()
```

ax 轴对应 LambertConformal 坐标

美国区域范围的经度为–120°～–75°，
纬度为20°~50°

s 参数指定绘制的标记大小。我们增加它
的尺寸，以便获得更好的观察效果

将经度和纬度从与 PlateCarree 兼容的坐标转换为
与 ax.projection 兼容的坐标(其中 ax.projection 等于
LambertConformal)

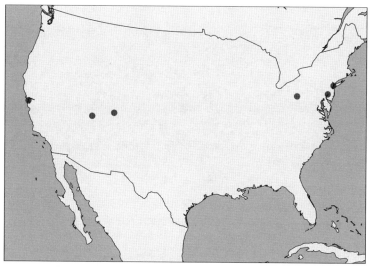

图 11-10　带有经纬度坐标的美国地区的 Lambert 等角投影图

现在这个美国地图看起来有点稀疏。让我们通过调用 ax.add_feature(cartopy.feature.STATES)添加各个州的边界，如图 11-11 和代码清单 11-17 所示。

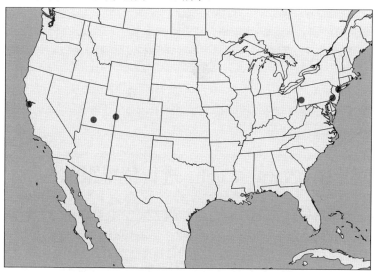

图 11-11　带有州边界的美国地区的 Lambert 等角投影图

代码清单 11-17　绘制带有州边界的美国地图

```
fig = plt.figure(figsize=(12, 8))
ax = plt.axes(projection=LambertConformal())
ax.set_extent(us_extent)

ax.scatter(longitudes, latitudes, color='r',
           transform=PlateCarree(),
           s=100)
```

```
ax.add_feature(cartopy.feature.STATES)
add_map_features()
plt.show()
```

常用的 Cartopy 方法

- ax = plt.axes(projection=PlateCarree())：创建一个自定义的 Matplotlib 轴，用于使用板卡雷投影生成地图。
- ax=plt.axes(projection=LambertConformal())：创建一个自定义的Matplotlib轴，用于使用Lambert 等角圆锥投影生成地图。
- ax.coastlines()：在地图上绘制大陆海岸线。
- ax.add_feature(cartopy.feature.BORDERS)：在地图上绘制国界。
- ax.add_feature(cartopy.feature.STATES)：在地图上绘制美国州界。
- ax.stock_img()：使用地形信息为地图着色。
- ax.add_feature(cartopy.feature.OCEAN)：将地图上的所有海洋着为蓝色。
- ax.add_feature(cartopy.feature.LAND)：将地图上的所有陆地着为米色。
- ax.set_global()：将绘制的图像扩展到地球的所有 4 个边缘。
- ax.set_extent(min_lon, max_lon, min_lat, max_lat)：使用经纬度范围调整地图显示的区域。
- ax.scatter(longitudes, latitudes)：在地图上绘制经纬度坐标。
- ax.scatter(longitudes, latitudes, transform=PlateCarree())：在地图上绘制经纬度坐标，同时将数据从与 PlateCarree 兼容的坐标系转换为其他坐标系(例如 Lambert 等角圆锥坐标)。

Cartopy 允许在地图上绘制任何位置，我们需要的只是该位置的纬度和经度。当然，在将它们绘制在地图上之前，必须知道这些地理坐标，因此需要在地名与其地理属性之间进行映射。该映射由 GeoNamesCache 位置跟踪库提供。

11.3 使用 GeoNamesCache 进行位置跟踪

GeoNames 数据库(http://geonames.org)是获取地理数据的绝佳资源，它包含世界范围内所有国家的超过 1100 万个地名。此外，GeoNames 还提供许多有价值的信息，例如经纬度。因此，可以使用这个数据库确定文本中发现的城市和国家的精确地理位置。

如何访问 GeoNames 数据呢？可以手动下载 GeoNames 数据转储文件(http://download.geonames.org/export/dump)并解析它，然后保存解析后的数据。这将需要完成很多工作。幸运的是，已经有人通过创建 GeoNamesCache 库为我们完成了这些复杂的工作。

GeoNamesCache 旨在有效地检索有关大陆、国家、城市以及美国县和州的数据。该软件库提供 6 种易于使用的方法来支持访问位置数据：get_continents、get_countries、get_cities、get_countries_by_name、get_cities_by_name 和 get_us_counties。让我们安装这个软件库并更详细地探索它的用法。首先需要初始化一个 GeonamesCache 位置跟踪对象，如代码清单 11-18 所示。

注意

通过在命令行执行 pip install geonamescache 安装 GeoNamesCache 软件库。

代码清单 11-18　初始化一个 GeonamesCache 对象

```
from geonamescache import GeonamesCache
gc = GeonamesCache()
```

我们使用刚创建的 gc 对象探索七大洲，如代码清单 11-19 所示。通过运行 gc.get_continents()
检索大陆相关信息的字典。然后通过打印出它的键研究字典的结构。

代码清单 11-19　从 GeoNamesCache 中获取所有七大洲的信息

```
continents = gc.get_continents()
print(continents.keys())

dict_keys(['AF', 'AS', 'EU', 'NA', 'OC', 'SA', 'AN'])
```

字典的键为大陆名称的速记编码，其中非洲用 AF 表示，北美用 NA 表示。可以通过传入北美
的代码检索相应的键值。

注意

continents 是一个嵌套字典。因此，这 7 个顶级键映射到特定于内容的字典结构。代码清单 11-20
输出 continents['NA'] 字典中包含的特定于内容的键。

代码清单 11-20　从 GeoNamesCache 获取北美信息

```
north_america = continents['NA']
print(north_america.keys())

dict_keys(['lng', 'geonameId', 'timezone', 'bbox', 'toponymName',
'asciiName', 'astergdem', 'fcl', 'population', 'wikipediaURL',
'adminName5', 'srtm3', 'adminName4', 'adminName3', 'alternateNames',
'cc2', 'adminName2', 'name', 'fclName', 'fcodeName', 'adminName1',
'lat', 'fcode', 'continentCode'])
```

许多 north_america 数据元素代表北美大陆的各种命名方案。这样的信息用处不大，如代码清
单 11-21 所示。

代码清单 11-21　打印北美的命名方案

```
for name_key in ['name', 'asciiName', 'toponymName']:
    print(north_america[name_key])

North America
North America
North America
```

然而，其他元素也许更有价值。例如，'lat' 和 'lng' 键表示北美最中心位置的纬度和经度。让我们
在地图上绘制这个位置，如图 11-12 和代码清单 11-22 所示。

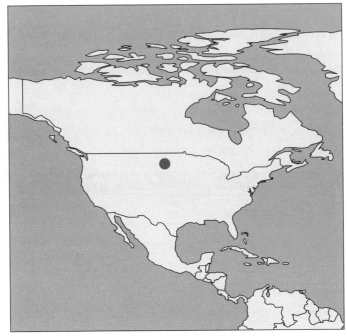

图 11-12 在北美地区的地图上绘制北美中心点坐标

代码清单 11-22 绘制北美的中心坐标

```
latitude = float(north_america['lat'])        ◀───────
longitude = float(north_america['lng'])                │
                                                       │  lat和lng键代表北美的中
plt.figure(figsize=(12, 8))                            │  心纬度和经度
ax = plt.axes(projection=PlateCarree())
ax.set_extent(north_america_extent)
ax.scatter([longitude], [latitude], s=200)
add_map_features()
plt.show()
```

11.3.1 获取国家/地区信息

获取大陆数据的能力很有用，但我们主要关注的是分析城市和国家/地区相关的数据。可使用 get_countries 方法分析国家或地区信息。它将返回一个字典，其两字符的键对 252 个不同国家或地区的名称进行编码。与各大洲一样，国家或地区代码采用缩写的国家或地区名称。例如，加拿大的代码是'CA'，美国的代码是'US'。访问 gc.get_countries()['US'] 将返回一个包含美国信息的字典(如代码清单 11-23 所示)。

代码清单 11-23 从 GeoNamesCache 中获取美国数据

```
countries = gc.get_countries()
num_countries = len(countries)
print(f"GeonamesCache holds data for {num_countries} countries.")
```

```
us_data = countries['US']
print("The following data pertains to the United States:")
print(us_data)

GeonamesCache holds data for 252 countries.
The following data pertains to the United States:
{'geonameid': 6252001,
 'name': 'United States',
 'iso': 'US',                          美国大陆代码
 'iso3': 'USA',
 'isonumeric': 840,                    美国的首都
 'fips': 'US',
 'continentcode': 'NA',
 'capital': 'Washington',              美国面积，单位为平
 'areakm2': 9629091,                   方千米
 'population': 310232863,
 'tld': '.us',                         美国人口
 'currencycode': 'USD',
 'currencyname': 'Dollar',             美国货币
 'phone': '1',
 'postalcoderegex': '^\\d{5}(-\\d{4})?$',
 'languages': 'en-US,es-US,haw,fr',    美国常用语言
 'neighbours': 'CA,MX,CU'}
                                       美国周边地区
```

输出的国家/地区数据包括许多有用的元素，例如国家的首都、货币、地区、语言和人口等。遗憾的是，GeoNamesCache 未能提供与该国家或地区相关的中心经纬度坐标。然而，我们很快会发现，一个国家/地区的中心坐标可以使用城市坐标来估计。

此外，每个国家/地区的'neighbours'元素(拼写采用英式英语)中也包含有价值的信息。'neighbors'键映射到以逗号分隔的国家/地区代码字符串，表示邻近国家或地区。可以通过拆分字符串并将代码传递到 countries 字典中来获取有关每个邻近国家或地区的更多详细信息(如代码清单 11-24 所示)。

代码清单 11-24　获取紧邻国家或地区信息

```
us_neighbors = us_data['neighbours']
for neighbor_code in us_neighbors.split(','):
    print(countries[neighbor_code]['name'])

Canada
Mexico
Cuba
```

根据 GeoNamesCache，美国的近邻是加拿大、墨西哥和古巴。我们都同意前两个地点，而古巴是否为邻国仍然值得怀疑。因为古巴不直接与美国接壤。另外，如果加勒比岛国真的是邻国，那么为什么海地不包括在该列表中？更重要的是，古巴最初是如何被纳入美国的邻国的？GeoNames 是一个由编辑社区运维的协作项目(就像一个以位置为中心的维基百科)。在某个时候，一位编辑决定将古巴视为美国的邻国。有些人可能不同意这个决定，因此重要的是要记住 GeoNames 不是位置信息的黄金标准软件库。它是一种用于快速访问大量位置数据的工具，其中一些数据可能不够精确，

因此在使用 GeoNamesCache 时需要十分谨慎。

get_countries 方法需要一个国家/地区的两字符代码。但是，对于大多数国家或地区，我们对其代码并不清楚。幸运的是，可以使用 get_countries_by_names 方法按名称查询所有国家或地区的信息，该方法返回一个字典，其元素是国家或地区名称而不是代码(如代码清单 11-25 所示)。

代码清单 11-25 按照名称获取国家或地区信息

```
result = gc.get_countries_by_names()['United States']
assert result == countries['US']
```

11.3.2 获取城市信息

现在，让我们将注意力转向分析城市信息。get_cities 方法返回一个字典，其键是映射到城市数据的唯一 ID。代码清单 11-26 输出单个城市的数据信息。

代码清单 11-26 从 GeoNamesCache 中获取 cities 信息

```
cities = gc.get_cities()
num_cities = len(cities)
print(f"GeoNamesCache holds data for {num_cities} total cities")
city_id = list(cities.keys())[0]
print(cities[city_id])
```

cities 是一个将唯一的 city_id 映射到地理信息的字典，如下所示。

每个城市的数据包含城市名称、经纬度、人口以及该城市所在国家或地区的代码。通过使用国家或地区代码，可以创建一个国家或地区与其所有领土城市之间的新映射。让我们计算所有存储在 GeoNamesCache 中的美国城市(如代码清单 11-27 所示)。

代码清单 11-27 从 GeoNamesCache 中获取美国城市

```
us_cities = [city for city in cities.values()
             if city['countrycode'] == 'US']
num_us_cities = len(us_cities)
print(f"GeoNamesCache holds data for {num_us_cities} US cities.")

GeoNamesCache holds data for 3248 US cities
```

注意

正如我们所讨论的，GeoNames 并不完美。数据库中可能缺少某些美国城市。随着时间的推移，这些城市将逐渐被添加进来。因此，观察到的城市数量会随着每次软件库更新而增加。

GeoNamesCache 包含超过 3 000 个美国城市的信息。每个城市的数据字典都包含一个经度和一个纬度。让我们找出美国的平均纬度和经度并将它作为美国中心的近似坐标。

注意，近似值并不完美。计算的平均值没有考虑地球的曲率，并且按城市位置进行了不当加权。分布不均的美国城市位于大西洋附近，因此近似值偏向东方。在代码清单 11-28 中，我们绘制近似的美国中心，同时也知道这个近似值并不理想，如图 11-13 所示。

代码清单 11-28　绘制美国的近似中心坐标

```python
center_lat = np.mean([city['latitude']
                      for city in us_cities])
center_lon = np.mean([city['longitude']
                      for city in us_cities])

fig = plt.figure(figsize=(12, 8))
ax = plt.axes(projection=LambertConformal())
ax.set_extent(us_extent)
ax.scatter([center_lon], [center_lat], transform=PlateCarree(), s=200)
ax.add_feature(cartopy.feature.STATES)
add_map_features()
plt.show()
```

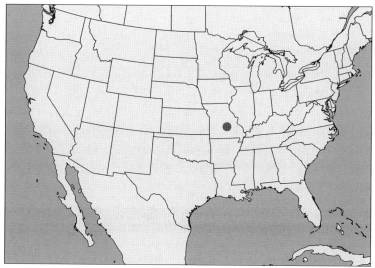

图 11-13　美国的中心位置是通过对每个美国城市在 GeoNamesCache 中的坐标进行均值计算来估算的。所得到的近似结果略微向东倾斜

get_cities 方法适用于遍历城市信息，但不适合按名称查询城市。要按名称搜索，必须依赖 get_cities_by_name。此方法将城市名称作为输入并返回该城市的所有数据信息列表(如代码清单 11-29 所示)。

代码清单 11-29　按名称获取城市信息

```
matched_cities_by_name = gc.get_cities_by_name('Philadelphia')
print(matched_cities_by_name)

[{'4560349': {'geonameid': 4560349, 'name': 'Philadelphia',
'latitude': 39.95233, 'longitude': -75.16379, 'countrycode': 'US',
'population': 1567442, 'timezone': 'America/New_York'}}]
```

get_cities_by_name 方法可能会返回多个城市，因为城市名称并不总是唯一的。例如，GeoNamesCache 将返回来自 5 个不同国家的 6 个名称为 San Francisco 的实例。调用 gc.get_cities_by_name('San Francisco')会返回每个 San Francisco 实例的数据。让我们迭代这些数据并打印出每个 San Francisco 所在的国家或地区(如代码清单 11-30 所示)。

代码清单 11-30　获取同名城市的信息

```
matched_cities_list = gc.get_cities_by_name('San Francisco')

for i, san_francisco in enumerate(matched_cities_list):
    city_info = list(san_francisco.values())[0]
    country_code = city_info['countrycode']
    country = countries[country_code]['name']
    print(f"The San Francisco at index {i} is located in {country}")

The San Francisco at index 0 is located in Argentina
The San Francisco at index 1 is located in Costa Rica
The San Francisco at index 2 is located in Philippines
The San Francisco at index 3 is located in Philippines
The San Francisco at index 4 is located in El Salvador
The San Francisco at index 5 is located in United States
```

多个城市可能使用相同的名称，在这些城市中进行选择会很困难。例如，假设有人在搜索引擎中查询"雅典天气"。然后搜索引擎必须在俄亥俄州雅典和希腊雅典之间进行选择。这需要额外的上下文信息来消除位置之间的歧义。用户是俄亥俄州的吗？他们打算去希腊旅行吗？没有那个上下文，搜索引擎必须猜测。通常，最安全的猜测是选择人口最多的城市。从统计的角度看，人口越多的城市就越有可能在日常对话中被提及。但选择人口最多的城市并不能保证一直是正确的，但总比作一个完全随机的选择要好。让我们查看当绘制人口最多的 San Francisco 位置时会发生什么，如图 11-14 和代码清单 11-31 所示。

代码清单 11-31　绘制人口最多的 San Francisco

```
best_sf = max(gc.get_cities_by_name('San Francisco'),
              key=lambda x: list(x.values())[0]['population'])
sf_data = list(best_sf.values())[0]
sf_lat = sf_data['latitude']
sf_lon = sf_data['longitude']

plt.figure(figsize=(12, 8))
```

```
ax = plt.axes(projection=LambertConformal())
ax.set_extent(us_extent)
ax.scatter(sf_lon, sf_lat, transform=PlateCarree(), s=200)
add_map_features()
ax.text(sf_lon + 1, sf_lat, ' San Francisco', fontsize=16,
        transform=PlateCarree())
plt.show()
```

ax.text 方法允许我们在图中指定的经纬度处生成文字
San Francisco。我们将文字稍微向右移动，以避免与散点
图点重叠。此外，在此地图上，未绘制州边界，从而可
以更好地显示文本

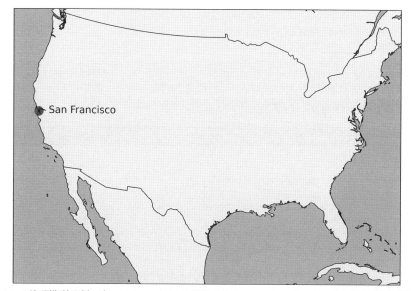

图 11-14　正如预期的那样，在 GeoNamesCache 存储的 6 个 San Francisco 中，人口最多的那个在加利福尼亚

选择人口最多的 San Francisco 将返回著名的加利福尼亚城市，而不是美国以外的其他鲜为人知
的地点。

> **常用的 GeoNamesCache 方法**
> - gc = GeonamesCache()：初始化一个 GeonamesCache 对象。
> - gc.get_continents()：返回一个将大陆 ID 映射到大陆数据的字典。
> - gc.get_countries()：返回一个将国家 ID 映射到国家数据的字典。
> - gc.get_countries_by_names()：返回一个将国家或地区名称映射到国家或地区数据的字典。
> - gc.get_cities()：返回一个将城市 ID 映射到城市数据的字典。
> - gc.get_cities_by_name(city_name)：通过 city_name 返回一个具有该名称的城市信息列表。

11.3.3　GeoNamesCache 库的使用限制

GeoNamesCache 是一个非常有用的工具，但它确实有一些明显的缺陷。首先，这个软件库对
城市的记录远未完成。存储的记录中缺少某些人口稀少的农村地区的位置及相关信息。此外，
get_cities_by_name 方法仅将城市名称的单一版本映射到其地理数据。如代码清单 11-32 所示，这对

像纽约这样拥有多个常用名称的城市造成了困扰(我们知道，纽约经常被称为 New York，但也常被称为 New York City)。

代码清单 11-32 从 GeoNamesCache 中获取 New York City 的信息

```
for ny_name in ['New York', 'New York City']:
    if not gc.get_cities_by_name(ny_name):
        print(f"'{ny_name}' is not present in the GeoNamesCache database")
    else:
        print(f"'{ny_name}' is present in the GeoNamesCache database")

'New York' is not present in the GeoNamesCache database
'New York City' is present in the GeoNamesCache database
```

由于城市名称中存在变音符号，因此单一名称到城市的映射尤其成问题。变音符号通常表示重音符号，用于指定非英语单词的正确发音。它们常见于城市名称中，例如科罗拉多的 Cañon City 和关岛的 Hagåtña(如代码清单 11-33 所示)。

代码清单 11-33 从 GeoNamesCache 中获取带有变音符号的城市

```
print(gc.get_cities_by_name(u'Cañon City'))
print(gc.get_cities_by_name(u'Hagåtña'))

[{'5416005': {'geonameid': 5416005, 'name': 'Cañon City',
'latitude': 38.44098, 'longitude': -105.24245, 'countrycode': 'US',
'population': 16400, 'timezone': 'America/Denver'}}]
[{'4044012': {'geonameid': 4044012, 'name': 'Hagåtña',
'latitude': 13.47567, 'longitude': 144.74886, 'countrycode': 'GU',
'population': 1051, 'timezone': 'Pacific/Guam'}}]
```

GeoNamesCache 中存储的城市里面有多少在其名称中包含变音符号？可以使用外部 Unidecode 库中的 unidecode 函数来找到答案。该函数从输入文本中去除所有重音符号。通过检查输入文本和输出文本之间的差异，能够检测到所有包含重音符号的城市名称(如代码清单 11-34 所示)。

注意

在命令行通过 pip install Unidecode 安装 Unidecode 库。

代码清单 11-34 计数 GeoNamesCache 中的所有包含重音符号的城市名称

```
from unidecode import unidecode
accented_names = [city['name'] for city in gc.get_cities().values()
                  if city['name'] != unidecode(city['name'])]
num_accented_cities = len(accented_names)

print(f"An example accented city name is '{accented_names[0]}'")
print(f"{num_accented_cities} cities have accented names")

An example accented city name is 'Khawr Fakka-n'
4896 cities have accented names
```

大约有 5 000 个城市在其名称中带有变音符号。在已发布的文本数据中，这些城市通常被通过没有重音的方式使用。确保我们能够匹配所有这些城市的一种方法是创建一个替代城市名称的字典，其中将无重音的 unidecode 输出映射回原始的重音名称(如代码清单 11-35 所示)。

代码清单 11-35 去除城市名称中的重音符号

```
alternative_names = {unidecode(name): name
                     for name in accented_names}
print(gc.get_cities_by_name(alternative_names['Hagatna']))

[{'4044012': {'geonameid': 4044012, 'name': 'Hagåtña',
'latitude': 13.47567, 'longitude': 144.74886, 'countrycode': 'GU',
 'population': 1051, 'timezone': 'Pacific/Guam'}}]
```

现在，只要找到匹配的键，就可以将带重音的字典值传递给 GeoNamesCache，然后获得正确的城市信息(如代码清单 11-36 所示)。

代码清单 11-36 在文本中找到不带重音符号的城市名称

```
text = 'This sentence matches Hagatna'
for key, value in alternative_names.items():
    if key in text:
        print(gc.get_cities_by_name(value))
        break

[{'4044012': {'geonameid': 4044012, 'name': 'Hagåtña',
  'latitude': 13.47567, 'longitude': 144.74886, 'countrycode': 'GU',
    'population': 1051, 'timezone': 'Pacific/Guam'}}]
```

GeoNamesCache 允许我们轻松获取位置及其地理坐标。使用该软件库，还可以在任何输入文本中搜索提到的位置名称。然而，在文本中查找名称并不是一个简单的过程。如果希望正确匹配位置名称，就必须学习相关的 Python 文本匹配技术，同时还要避免常见的陷阱。

注意
11.4 节是为不熟悉基本字符串匹配和正则表达式的读者准备的。如果你已经了解这些内容，则可以直接跳过。

11.4 在文本中匹配位置名称

在 Python 中，可以很容易地确定一个字符串是否是另一个字符串的子串，或者一个字符串的开头部分是否包含一些预定义的文本(如代码清单 11-37 所示)。

代码清单 11-37 基本的字串匹配

```
assert 'Boston' in 'Boston Marathon'
assert 'Boston Marathon'.startswith('Boston')
assert 'Boston Marathon'.endswith('Boston') == False
```

遗憾的是，Python 的基本字符串语法非常有限。例如，没有用于执行不区分大小写的子字符串比较方法。此外，Python 的字符串方法不能直接区分字符串中的子字符和句子中的短语。因此，如果想要确定短语 in a 是否存在于句子中，不能完全依赖基本匹配方法。否则，将面临字符序列不能正确匹配的风险，例如可能错误地匹配到 sin apple 或 win attached(如代码清单 11-38 所示)。

代码清单 11-38 常见的子串匹配错误

```
assert 'in a' in 'sin apple'
assert 'in a' in 'win attached'
```

为克服这些限制，必须依赖 Python 内置的正则表达式处理库 re。正则表达式(或简称 regex)是一种字符串编码模式，可以与某些文本进行比较。编码的正则表达式模式范围从简单的字符串副本到很难理解的极其复杂的公式。在本节中，我们专注于简单的正则表达式组合和匹配技术。

Python 中的大多数正则表达式匹配都可以使用 re.search 函数执行(如代码清单 11-39 所示)。该函数接收两个输入：正则表达式模式和需要匹配的文本。如果找到匹配项，则返回一个 Match 对象，否则返回 None。Match 对象包含一个 start 方法和一个 end 方法，这些方法返回文本中匹配字符串的开始索引和结束索引。

代码清单 11-39 使用正则表达式进行字符串匹配

```
import re
regex = 'Boston'
random_text = 'Clown Patty'
match = re.search(regex, random_text)
assert match is None

matchable_text = 'Boston Marathon'
match = re.search(regex, matchable_text)
assert match is not None
start, end = match.start(), match.end()
matched_string = matchable_text[start: end]
assert matched_string == 'Boston'
```

此外，不区分大小写的字符串匹配对于 re.search 来说是轻而易举的。我们只需要将 flags 参数设置为 re.IGNORECASE 即可(如代码清单 11-40 所示)。

代码清单 11-40 使用正则表达式实现不区分大小写的匹配

```
for text in ['BOSTON', 'boston', 'BoSTOn']:
    assert re.search(regex, text, flags=re.IGNORECASE) is not None
```

可以通过将 flags=re.I 传递给 re.search 得到相同的结果

正则表达式还允许我们使用词边界检测来匹配精确的词(如代码清单 11-41 所示)。将\b 模式添加到正则表达式字符串可捕获单词的起点和终点(由空格和标点符号进行区分)。但是，由于反斜杠在标准 Python 语法中是一个特殊字符，因此必须采取措施确保将其解释为原始的常规字符。我们通过为反斜杠添加另一个反斜杠(一种相当麻烦的方法)或在字符串前面加上一个字符 r 来做到这一点。后一种解决方案可以确保在分析期间将正则表达式视为原始字符串。

代码清单 11-41　使用正则表达式进行单词边界匹配

```
for regex in ['\\bin a\\b', r'\bin a\b']:
    for text in ['sin apple', 'win attached']:
        assert re.search(regex, text) is None

    text = 'Match in a string'
    assert re.search(regex, text) is not None
```

现在进行更复杂的匹配。我们对句子 f'I visited {city} yesterday 进行匹配，其中{city}代表 3 个可能的位置之一：Boston、Philadelphia 或 San Francisco。执行匹配的正则表达式语法为 r'I visited \b(Boston|Philadelphia|San Francisco)\b yesterday'(如代码清单 11-42 所示)。

注意

管道符 "|" 是一个 "或" 条件。它要求正则表达式与列表中的 3 个城市之一进行匹配。此外，括号限制了匹配城市的范围。如果没有括号，匹配的文本范围将超出'San Francisco'，一直延伸到 'San Francisco yesterday'。

代码清单 11-42　使用正则表达式进行多个城市匹配

```
regex = r'I visited \b(Boston|Philadelphia|San Francisco)\b yesterday.'
assert re.search(regex, 'I visited Chicago yesterday.') is None

cities = ['Boston', 'Philadelphia', 'San Francisco']
for city in cities:
    assert re.search(regex, f'I visited {city} yesterday.') is not None
```

最后讨论如何高效地运行正则表达式搜索。假设我们想要将正则表达式与 100 个字符串进行匹配。对于每次匹配，re.search 将正则表达式转换为 Python PatternObject。每一次这样的转换都具有很高的计算成本。最好使用 re.compile 只执行一次转换，它将返回一个已编译的 PatternObject(如代码清单 11-43 所示)。然后可以使用这个对象的内置 search 方法，同时避免不必要的额外编译。

注意

如果要使用编译模式进行不区分大小写的匹配，则必须在 re.compile 中设置 flags=re.IGNORECASE。

代码清单 11-43　使用编译过的正则表达式进行字符串匹配

```
compiled_re = re.compile(regex)
text = 'I visited Boston yesterday.'
for i in range(1000):
    assert compiled_re.search(text) is not None
```

常用的正则表达式匹配技术

- match = re.search(regex, text)：如果 regex 与 text 文本匹配，则返回 Match 对象，否则返回 None。

- match = re.search(regex, text, flags=re.IGNORECASE)：如果 regex 与 text 文本匹配，则返回 Match 对象，否则返回 None。匹配过程中忽略字母的大小写。
- match.start()：返回与输入文本匹配的正则表达式的起始索引。
- match.end()：返回与输入文本匹配的正则表达式的结束索引。
- compiled_regex = re.compile(regex)：将 regex 字符串转换为编译后的模式匹配对象。
- match = compiled_regex.search(text)：使用编译对象的内置 search 方法将正则表达式与 text 进行匹配。
- re.compile('Boston')：编译正则表达式，从而将文本与字符串'Boston'进行匹配。
- re.compile('Boston', flags=re.IGNORECASE)：编译正则表达式，从而将文本与字符串'Boston' 进行匹配。匹配过程中忽略字母的大小写。
- re.compile('\\bBoston\\b')：编译正则表达式，从而将单词'Boston'与文本相匹配。单词边界用于执行精确的单词匹配。
- re.compile(r'\bBoston\b')：编译正则表达式，从而将单词'Boston'与文本相匹配。因为使用字符 r，所以输入的正则表达式被视为原始字符串。因此，不需要在\b 单词边界定界符中添加额外的反斜杠。
- re.compile(r'\b(Boston|Chicago)\b')：编译正则表达式，从而将单词'Boston'或单词'Chicago' 与文本进行匹配。

正则表达式匹配允许我们在文本中查找位置名称。因此，re 模块对于解决案例研究 3 的问题将提供极大的帮助。

11.5 本章小结

- 陆地点之间的最短旅行距离是沿着地球表面进行测量的。这个大圆距离可以使用一系列众所周知的三角运算来计算。
- 经度和纬度是球坐标。这些坐标测量地球表面上某一点相对于 x 轴和 y 轴的角位置。
- 可以使用 Cartopy 库在地图上绘制纬度和经度。该库可以使用多种投影类型来可视化地图数据。我们对投影的选择取决于绘制的数据。如果数据是在全球范围内，可以使用标准的板卡雷投影。如果数据仅限于北美，可以考虑使用正交投影。如果数据点位于美国大陆，则应该使用 Lambert 等角圆锥投影。
- 可以使用 GeoNamesCache 库从位置名称中获取经纬度。GeoNamesCache 将城市名称映射到经纬度。它还提供国家或地区与城市名称的映射。因此，给定一个国家或地区名称，可以通过对它的城市经纬度进行均值计算找到其近似的中心坐标。然而，由于城市分布不均和地球的曲率，这种近似计算并不完美。
- 多个城市可能使用相同的名称。因此，GeoNamesCache 会将多个坐标映射到一个城市名称。如果只给出一个城市名而不提供任何其他上下文，它将返回该名称对应的人口最多的城市的坐标。

- GeoNamesCache 将坐标映射到带有重音的城市名称。可以使用外部 Unidecode 库中的 unidecode 函数去掉这些重音。
- 正则表达式可以在文本中找到位置名称。通过将 GeoNamesCache 与 Cartopy 以及正则表达式相结合，可以在地图上绘制文本中提到的位置信息。

第*12*章
案例研究 3 的解决方案

本章主要内容
- 提取位置信息并对其进行可视化
- 数据清理
- 对位置信息进行聚类

我们的目标是从与疾病相关的新闻标题中提取位置信息，从而发现美国境内外最活跃的流行病。我们将通过如下步骤完成任务。

(1) 载入数据。

(2) 使用正则表达式和 GeoNamesCache 库从文本中提取位置信息。

(3) 检查提取的位置信息是否有错误。

(4) 根据地理距离对位置进行聚类。

(5) 在地图上对聚类进行可视化并消除可能存在的错误。

(6) 找到最大的聚类所对应的位置信息并得出结论。

警告

案例研究 3 的解决方案即将揭晓。我强烈建议你在阅读解决方案之前尝试解决问题。原始问题的陈述可以参考案例研究的开始部分。

12.1 从标题数据中提取位置信息

首先加载标题数据，如代码清单 12-1 所示。

代码清单 12-1 加载标题数据

```
headline_file = open('headlines.txt','r')
headlines = [line.strip()
             for line in headline_file.readlines()]
num_headlines = len(headlines)
print(f"{num_headlines} headlines have been loaded")
```

```
650 headlines have been loaded
```

我们已加载 650 个标题。现在需要一种从标题文本中提取城市和国家/地区名称的机制。一个简单的解决方案是将 GeoNamesCache 中的位置与每个标题进行匹配。但是，这种方法无法让 GeoNamesCache 位置信息与标题中的大小写和重音标记进行匹配。为解决这个问题，应该将每个位置名称转换为独立于大小写和重音的正则表达式。可以使用自定义的 name_to_regex 函数完成这些转换(如代码清单 12-2 所示)。该函数将位置名称作为输入并返回一个编译后的正则表达式，该表达式能够识别我们选择的任何位置。

代码清单 12-2　将名称转换为正则表达式

```
def name_to_regex(name):
    decoded_name = unidecode(name)
    if name != decoded_name:
        regex = fr'\b({name}|{decoded_name})\b'
    else:
        regex = fr'\b{name}\b'
    return re.compile(regex, flags=re.IGNORECASE)
```

通过使用 name_to_regex 函数，可以在 GeoNamesCache 中创建正则表达式和原始名称之间的映射(如代码清单 12-3 所示)。让我们创建两个字典(country_to_name 和 city_to_name)，它们分别将正则表达式映射到国家/地区名称和城市名称。

代码清单 12-3　将名称映射到正则表达式

```
countries = [country['name']
             for country in gc.get_countries().values()]
country_to_name = {name_to_regex(name): name
                   for name in countries}

cities = [city['name'] for city in gc.get_cities().values()]
city_to_name = {name_to_regex(name): name for name in cities}
```

接下来，使用上面创建的映射定义一个在文本中查找位置名称的函数(如代码清单 12-4 所示)。该函数将标题和位置字典作为输入。它遍历字典中的每个正则表达式键，如果正则表达式模式与标题匹配，则返回字典中对应的值。

代码清单 12-4　在文本中查找位置信息

```
def get_name_in_text(text, dictionary):
    for regex, name in sorted(dictionary.items(),
                              key=lambda x: x[1]):      ◀
        if regex.search(text):
            return name
    return None
```

对字典进行迭代将会给我们一个不确定的结果序列。序列顺序的变化可能会改变与输入文本匹配的位置。如果文本中存在多个位置，则尤其如此。按位置名称排序可确保函数输出结果的顺序相对稳定

我们利用 get_name_in_text 来发现 headlines 列表中提到的城市和国家/地区(如代码清单 12-5 所

示)。然后将结果存储在 Pandas 表中以便于分析。

代码清单 12-5　在标题中查找位置信息

```
import pandas as pd

matched_countries = [get_name_in_text(headline, country_to_name)
                     for headline in headlines]
matched_cities = [get_name_in_text(headline, city_to_name)
                  for headline in headlines]
data = {'Headline': headlines, 'City': matched_cities,
        'Country': matched_countries}
df = pd.DataFrame(data)
```

让我们探索刚生成的位置表。首先使用 describe 方法来了解 df 的概要信息(如代码清单 12-6
所示)。

代码清单 12-6　位置数据概要

```
summary = df[['City', 'Country']].describe()
print(summary)

         City  Country
count     619       15
unique    511       10
top        Of   Brazil
freq       45        3
```

注意

数据中的多个国家/地区出现的频率都等于最高出现频率 3。Pandas 没有确定性的方法来选择一
个出现频率最高的国家/地区。在你自己的环境中，结果可能会是巴西以外的其他国家/地区，但它
的频率仍为 3。

该表包含 619 个被提及的城市名称，其中有 511 个唯一的城市名称。通过上面的信息，我们还
了解到，在新闻标题中提到了 15 个国家/地区的名称，这些国家/地区中有 10 个唯一值。巴西是被
提到次数最多的国家之一，它出现在 3 条新闻标题中。

出现次数最多的城市居然是 Of(一个位于土耳其的城市)，这看起来有些不正常。Of 这个词似
乎不是一个鲜为人知的土耳其城市，它看起来更像是英语中的介词。接下来，我们打印一些 df 中
City 等于 Of 的记录以进行确认(如代码清单 12-7 所示)。

代码清单 12-7　获取名为 Of 的城市

```
of_cities = df[df.City == 'Of'][['City', 'Headline']]
ten_of_cities = of_cities.head(10)
print(ten_of_cities.to_string(index=False))

City                                             Headline
Of                   Case of Measles Reported in Vancouver
Of      Authorities are Worried about the Spread of Br...
Of      Authorities are Worried about the Spread of Ma...
```

将 df 转换为已删除行索引的字符
串。这将让打印输出更简洁

```
Of      Rochester authorities confirmed the spread of ...
Of          Tokyo Encounters Severe Symptoms of Meningitis
Of      Authorities are Worried about the Spread of In...
Of             Spike of Pneumonia Cases in Springfield
Of      The Spread of Measles in Spokane has been Conf...
Of                      Outbreak of Zika in Panama City
Of      Urbana Encounters Severe Symptoms of Meningitis
```

通过观察可知,我们对 Of 的匹配肯定是错误的。可以通过确保所有匹配项都是首字母大写修复这个错误。然而,观察到的错误是一个更大问题的征兆:在所有错误匹配的标题中,匹配到的是 Of,而不是实际的城市名称。发生这种情况是因为没有在标题中考虑多个匹配项。标题包含多个匹配项的频率如何?让我们寻找答案。这里将使用额外的 Cities 列跟踪标题中所有匹配城市的列表(如代码清单 12-8 所示)。

代码清单 12-8 查找包含多个城市的新闻标题

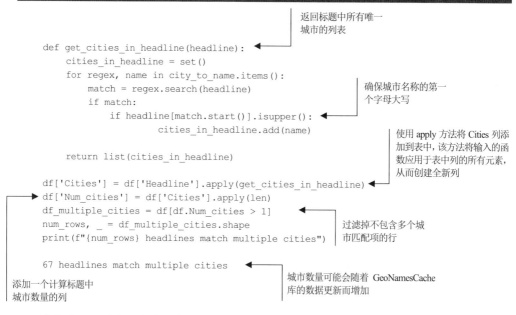

返回标题中所有唯一城市的列表

确保城市名称的第一个字母大写

使用 apply 方法将 Cities 列添加到表中,该方法将输入的函数应用于表中列的所有元素,从而创建全新列

过滤掉不包含多个城市匹配项的行

添加一个计算标题中城市数量的列

城市数量可能会随着 GeoNamesCache 库的数据更新而增加

```
def get_cities_in_headline(headline):
    cities_in_headline = set()
    for regex, name in city_to_name.items():
        match = regex.search(headline)
        if match:
            if headline[match.start()].isupper():
                cities_in_headline.add(name)

    return list(cities_in_headline)

df['Cities'] = df['Headline'].apply(get_cities_in_headline)
df['Num_cities'] = df['Cities'].apply(len)
df_multiple_cities = df[df.Num_cities > 1]
num_rows, _ = df_multiple_cities.shape
print(f"{num_rows} headlines match multiple cities")

67 headlines match multiple cities
```

我们发现 67 个标题包含一个以上的城市,约占数据的 10%。为什么这么多标题与多个位置匹配?也许通过仔细检查这些匹配结果会找到答案(如代码清单 12-9 所示)。

代码清单 12-9 对含有多个城市名称的标题进行采样

```
ten_cities = df_multiple_cities[['Cities', 'Headline']].head(10)
print(ten_cities.to_string(index=False))

Cities                              Headline
[York, New York City]               Could Zika Reach New York City?
[Miami Beach, Miami]                First Case of Zika in Miami Beach
[San Juan, San]                     San Juan reports 1st U.S. Zika-related death
    amid outbreak
[Los Angeles, Los Ángeles]          New Los Angeles Hairstyle goes Viral
```

```
[Bay, Tampa]                          Tampa Bay Area Zika Case Count Climbs
[Ho Chi Minh City, Ho]               Zika cases in Vietnam's Ho Chi Minh City
    surge
[San, San Diego]                      Key Zika Findings in San Diego Institute
[H?t, Kuala Lumpur]                   Kuala Lumpur is Hit By Zika Threat
[San, San Francisco]                  Zika Virus Reaches San Francisco
[Salvador, San, San Salvador]        Zika worries in San Salvador
```

结果显示似乎简短的、无效的城市名称与较长的、正确的城市名称一起与标题进行匹配。例如，城市 San 总是与我们熟知的 San Francisco 或 San Salvador 一起出现。如何修复这个错误？一种解决方案是，只要找到多个匹配的城市名称，就只返回最长的城市名称(如代码清单 12-10 所示)。

代码清单 12-10　选择最长的城市名称

```python
def get_longest_city(cities):
    if cities:
        return max(cities, key=len)
    return None

df['City'] = df['Cities'].apply(get_longest_city)
```

作为完整性检查，我们将输出包含较短城市名称(4 个字符或更少)的行，以确保不出现类似上面 Of 那样的错误(如代码清单 12-11 所示)。

代码清单 12-11　打印较短的城市名称列表

```python
short_cities = df[df.City.str.len() <= 4][['City', 'Headline']]
print(short_cities.to_string(index=False))
```

```
City                                              Headline
Lima                     Lima tries to address Zika Concerns
Pune                       Pune woman diagnosed with Zika
Rome         Authorities are Worried about the Spread of Ma...
Molo               Molo Cholera Spread Causing Concern
Miri                          Zika arrives in Miri
Nadi         More people in Nadi are infected with HIV ever...
Baud         Rumors about Tuberculosis Spreading in Baud ha...
Kobe              Chikungunya re-emerges in Kobe
Waco               More Zika patients reported in Waco
Erie                  Erie County sets Zika traps
Kent              Kent is infested with Rabies
Reno         The Spread of Gonorrhea in Reno has been Confi...
Sibu               Zika symptoms spotted in Sibu
Baku         The Spread of Herpes in Baku has been Confirmed
Bonn         Contaminated Meat Brings Trouble for Bonn Farmers
Jaen               Zika Troubles come to Jaen
Yuma               Zika seminars in Yuma County
Lyon              Mad Cow Disease Detected in Lyon
Yiwu         Authorities are Worried about the Spread of He...
Suva         Suva authorities confirmed the spread of Rotav...
```

结果似乎是合理的。现在让我们把注意力从城市名称转移到国家/地区名称。如代码清单 12-12 所示，只有 14 个标题包含实际的国家/地区信息。记录数很少，因此我们可以手动检查所有这些标题。

代码清单 12-12　查看带有国家/地区名称的新闻标题

> df.Country.notnull() 方法返回一个布尔值列表。只有在关联的行中存在国家/地区名称时，每个布尔值才等于 True

```
df_countries = df[df.Country.notnull()][['City',
                                          'Country',
                                          'Headline']]
print(df_countries.to_string(index=False))
```

```
           City     Country                                    Headline
         Recife      Brazil             Mystery Virus Spreads in Recife, Brazil
  Ho Chi Minh City   Vietnam          Zika cases in Vietnam's Ho Chi Minh City surge
        Bangkok     Thailand                       Thailand-Zika Virus in Bangkok
      Piracicaba     Brazil                  Zika outbreak in Piracicaba, Brazil
          Klang    Malaysia                   Zika surfaces in Klang, Malaysia
  Guatemala City   Guatemala       Rumors about Meningitis spreading in Guatemala...
     Belize City     Belize              Belize City under threat from Zika
       Campinas      Brazil                Student sick in Campinas, Brazil
    Mexico City      Mexico              Zika outbreak spreads to Mexico City
   Kota Kinabalu    Malaysia          New Zika Case in Kota Kinabalu, Malaysia
     Johor Bahru    Malaysia             Zika reaches Johor Bahru, Malaysia
     Panama City     Panama               Outbreak of Zika in Panama City
      Singapore    Singapore            Zika cases in Singapore reach 393
     Panama City     Panama           Panama City's first Zika related death
```

通过观察发现，所有带有国家/地区名称的标题中都同时带有城市名称。因此，可以不依赖国家/地区的中心坐标来获取所需的经纬度信息。我们可以在分析中忽略国家/地区名称(如代码清单 12-13 所示)。

代码清单 12-13　从表中删除 Country 列

```
df.drop('Country', axis=1, inplace=True)
```

现在我们似乎已经准备好将经纬度添加到表中。但是，首先需要考虑未匹配到位置信息的记录。这里计算不匹配标题的数量，然后打印该数据的一个子集(如代码清单 12-14 所示)。

代码清单 12-14　探索不匹配的新闻标题

```
df_unmatched = df[df.City.isnull()]
num_unmatched = len(df_unmatched)
print(f"{num_unmatched} headlines contain no city matches.")
print(df_unmatched.head(10)[['Headline']].values)

39 headlines contain no city matches.
[['Louisiana Zika cases up to 26']
 ['Zika infects pregnant woman in Cebu']
 ['Spanish Flu Sighted in Antigua']
 ['Zika case reported in Oton']
```

```
['Hillsborough uses innovative trap against Zika 20 minutes ago']
['Maka City Experiences Influenza Outbreak']
['West Nile Virus Outbreak in Saint Johns']
['Malaria Exposure in Sussex']
['Greenwich Establishes Zika Task Force']
['Will West Nile Virus vaccine help Parsons?']]
```

　　大约 6%的标题与任何城市都不匹配。其中一些标题提到了 GeoNamesCache 未能识别的城市名称。我们应该如何对待缺失的城市？鉴于它们的频率较低，也许应该将它们删除(如代码清单 12-15 所示)。这些删除的代价是数据质量略有下降，但这种损失不会显著影响最终结果，因为被删除的部分只占总体数据的 6%左右。

代码清单 12-15　删除未能匹配的标题记录

```
df = df[~df.City.isnull()][['City', 'Headline']]
```

~符号表示对 df.City.isnull()方法返回的列表中的布尔值进行取反操作。因此，仅当相关行中存在城市名称时，每个取反的布尔值才等于 True。换句话说，只有 City 列不为空时，结果才为 True

12.2　对提取的位置信息进行可视化和聚类

　　我们表中的所有行都包含一个城市名称。现在可以为每一行分配一个经纬度。我们利用 get_cities_by_name 返回城市的坐标，因为可能存在多个城市名称相同，这里获取人口最多的那个城市所对应的坐标信息(如代码清单 12-16 所示)。

代码清单 12-16　为城市分配地理坐标

```
latitudes, longitudes = [], []
for city_name in df.City.values:
    city = max(gc.get_cities_by_name(city_name),
            key=lambda x: list(x.values())[0]['population'])
    city = list(city.values())[0]
    latitudes.append(city['latitude'])
    longitudes.append(city['longitude'])

df = df.assign(Latitude=latitudes, Longitude=longitudes)
```

选择匹配到的城市中人口最多的那个城市

提取城市的经纬度

向表中添加 Latitude 列和 Longitude 列

　　分配纬度和经度后，可以尝试对数据进行聚类。让我们对一组二维坐标执行 K-means。这里使用肘部法为 K 选择一个合理的值，如图 12-1 和代码清单 12-17 所示。

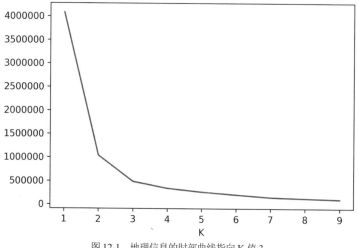

图 12-1 地理信息的肘部曲线指向 K 值 3

代码清单 12-17 绘制地理信息的肘部曲线

```
coordinates = df[['Latitude', 'Longitude']].values
k_values = range(1, 10)
inertia_values = []
for k in k_values:
    inertia_values.append(KMeans(k).fit(coordinates).inertia_)

plt.plot(range(1, 10), inertia_values)
plt.xlabel('K')
plt.ylabel('Inertia')
plt.show()
```

肘部图中的"肘部"指向 K 值 3。这个 K 值非常低,将范围限制在最多 3 个不同的地理区域。尽管如此,我们应该对此分析方法保持一定的信心。这里将这些位置分为 3 组并将它们绘制在地图上,如图 12-2 和代码清单 12-18 所示。

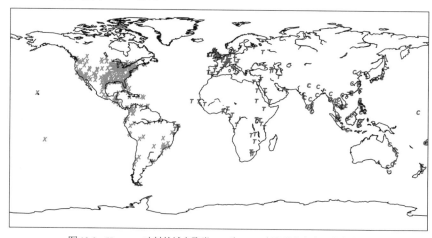

图 12-2 K-means 映射的城市聚类,K 为 3。3 个聚类分布在 6 个大陆中

代码清单 12-18　使用 K-means 将城市分为 3 组

```
def plot_clusters(clusters, longitudes, latitudes):
    plt.figure(figsize=(12, 10))
    ax = plt.axes(projection=PlateCarree())
    ax.coastlines()
    ax.scatter(longitudes, latitudes, c=clusters)
    ax.set_global()
    plt.show()


df['Cluster'] = KMeans(3).fit_predict(coordinates)
plot_clusters(df.Cluster, df.Longitude, df.Latitude)
```

在余下的分析中，将重复使用这个函数来绘制聚类

注意

图 12-1~图 12-5 中的标记形状已经过手动调整以便于区分聚类。

结果看起来有些可笑，这 3 个聚类包括如下。

- 北美和南美；
- 非洲和欧洲；
- 亚洲和澳大利亚。

这些大陆类别太宽泛，因此对分析无用。此外，东海岸的所有南美城市都与非洲和欧洲的地点尴尬地聚集在一起(尽管它们之间有一整片海洋)。这些聚类对理解数据并没有帮助。也许是我们使用了过低的 K 值造成的。这里忽略之前的肘部分析，将 K 的大小翻倍，设置 K 为 6，如图 12-3 和代码清单 12-19 所示。

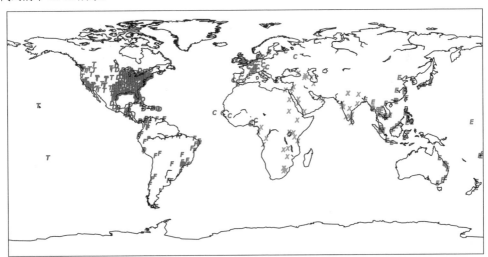

图 12-3　K-means 映射的城市聚类，K 为 6。非洲的聚类点在欧洲和亚洲大陆之间被错误地分割

代码清单 12-19　使用 K-means 将城市聚类为 6 个组

```
df['Cluster'] = KMeans(6).fit_predict(coordinates)
plot_clusters(df.Cluster, df.Longitude, df.Latitude)
```

提高 K 值有利于北美和南美的聚类。南美洲现在属于它自己独立的聚类，而北美则分裂为西部聚类和东部聚类。不过，在大西洋的另一边，聚类质量仍然很低。非洲的地理位置被错误地划分到欧洲和亚洲。K-mean 的中心性无法正确区分非洲、欧洲和亚洲。也许算法对欧几里得距离的依赖使它无法捕捉分布在地球曲面上的点之间的关系。

作为一种替代方法，可以尝试使用 DBSCAN 聚类。DBSCAN 算法将我们选择的任何距离指标作为输入，允许在点之间的大圆距离上进行聚类。首先创建一个大圆距离函数，它的输入是一对 NumPy 数组(如代码清单 12-20 所示)。

代码清单 12-20　定义基于 NumPy 的大圆指标

```
def great_circle_distance(coord1, coord2, radius=3956):
    if np.array_equal(coord1, coord2):
        return 0.0

    coord1, coord2 = np.radians(coord1), np.radians(coord2)
    delta_x, delta_y = coord2 - coord1
    haversin = sin(delta_x / 2) ** 2 + np.product([cos(coord1[0]),
                                                    cos(coord2[0]),
                                                    sin(delta_y / 2) ** 2])
    return 2 * radius * asin(haversin ** 0.5)
```

半径预设为地球的半径，单位为英里

现在已经定义了距离指标，似乎可以运行 DBSCAN 算法了。然而，首先需要为 eps 和 min_samples 参数选择合理的值。让我们进行如下假设：一个城市聚类至少包含 3 个城市，它们之间的平均距离不超过 250 英里。基于这种假设，分别将 eps 和 min_samples 设置为 250 和 3(如代码清单 12-21 所示)。

代码清单 12-21　使用 DBSCAN 对城市进行聚类

```
metric = great_circle_distance
dbscan = DBSCAN(eps=250, min_samples=3, metric=metric)
df['Cluster'] = dbscan.fit_predict(coordinates)
```

DBSCAN 将不聚类的离群数据点设置为－1。让我们从表中删除这些异常值，然后绘制其余结果，如图 12-4 和代码清单 12-22 所示。

代码清单 12-22　绘制删除了离群点的 DBSCAN 聚类

```
df_no_outliers = df[df.Cluster > -1]
plot_clusters(df_no_outliers.Cluster, df_no_outliers.Longitude,
              df_no_outliers.Latitude)
```

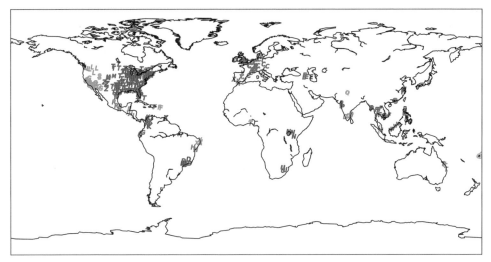

图 12-4　使用大圆距离指标计算的 DBSCAN 城市聚类

DBSCAN 在为南美、亚洲和非洲南部的部分地区生成离散聚类方面做得不错。然而，美国东部却成了一个过于密集的单一聚类。为什么会这样？部分原因在于西方媒体的某种叙事偏见，它意味着美国事件更有可能被报道。这将导致上述地点的分布更密集。克服地理偏差的一种方法是使用更严格的参数重新对美国城市进行聚类。在问题说明中，这种策略似乎是明智的，它要求将美国本土的头条新闻和全球范围内的头条新闻分开。因此，我们将把美国的地理位置独立于世界其他地区。为此，首先为每个城市分配国家/地区代码(如代码清单 12-23 所示)。

代码清单 12-23　为城市分配国家/地区代码

```
def get_country_code(city_name):
    city = max(gc.get_cities_by_name(city_name),
               key=lambda x: list(x.values())[0]['population'])
    return list(city.values())[0]['countrycode']

df['Country_code'] = df.City.apply(get_country_code)
```

国家/地区代码允许我们将数据分成两个不同的 DataFrame 对象(如代码清单 12-24 所示)。第一个对象为 df_us，用于保存美国的位置信息。第二个对象为 df_not_us，包含所有剩余的全球城市。

代码清单 12-24　将美国城市与其他城市分开

```
df_us = df[df.Country_code == 'US']
df_not_us = df[df.Country_code != 'US']
```

我们将美国和非美国的城市分开。现在需要对两个独立的表中的坐标进行重新聚类(如代码清单 12-25 所示)。由于删除了所有美国位置，这将导致密度变化，因此重新聚类 df_not_us 是不可避免的。但是，我们在对该表进行聚类时将把 eps 保持为 250。同时，将 df_us 的 eps 减少一半(设置为 125)，因为美国位置的密度更大。最后，在重新聚类后删除所有异常值。

代码清单 12-25　对城市重新聚类

```
def re_cluster(input_df, eps):
    input_coord = input_df[['Latitude', 'Longitude']].values
    dbscan = DBSCAN(eps=eps, min_samples=3,
                    metric=great_circle_distance)
    clusters = dbscan.fit_predict(input_coord)
    input_df = input_df.assign(Cluster=clusters)
    return input_df[input_df.Cluster > -1]

df_not_us = re_cluster(df_not_us, 250)
df_us = re_cluster(df_us, 125)
```

12.3　对位置聚类进行分析

让我们研究 df_not_us 表中的聚类数据。首先使用 Pandas groupby 方法对结果进行分组(如代码清单 12-26 所示)。

代码清单 12-26　按照聚类对城市进行分组

```
groups = df_not_us.groupby('Cluster')
num_groups = len(groups)
print(f"{num_groups} Non-US clusters have been detected")

31 Non-US clusters have been detected
```

一共有 31 个非美国聚类。让我们按大小对这些组进行排序并计算最大聚类中的新闻标题数(如代码清单 12-27 所示)。

代码清单 12-27　寻找最大的聚类

```
sorted_groups = sorted(groups, key=lambda x: len(x[1]),
                       reverse=True)
group_id, largest_group = sorted_groups[0]
group_size = len(largest_group)
print(f"Largest cluster contains {group_size} headlines")

Largest cluster contains 51 headlines
```

最大的聚类中包含 51 个新闻标题。逐一阅读所有这些标题将是一个非常耗时的过程。可以通过只输出那些聚类中代表最中心地理位置的标题来节省时间。通过计算一个组的平均经纬度可以确定中心位置坐标。然后可以计算每个具体位置和平均中心坐标之间的距离。较短的距离表示较高的中心性。

注意

正如在第 11 章中所讨论的，平均纬度和经度仅近似于中心，因为它们没有考虑地球的曲率。

接下来，定义一个 compute_centrality 函数，该函数将一个 Distance_to_center 列分配给输入的组(如代码清单 12-28 所示)。

代码清单 12-28　计算聚类的中心性

```
def compute_centrality(group):
    group_coords = group[['Latitude', 'Longitude']].values
    center = group_coords.mean(axis=0)
    distance_to_center = [great_circle_distance(center, coord)
                          for coord in group_coords]
    group['Distance_to_center'] = distance_to_center
```

现在可以按中心性对所有标题进行排序。让我们打印最大聚类中中心性最高的 5 个新闻标题(如代码清单 12-29 所示)。

代码清单 12-29　在最大的聚类中寻找中心性较高的新闻标题

```
def sort_by_centrality(group):
    compute_centrality(group)
    return group.sort_values(by=['Distance_to_center'], ascending=True)

largest_group = sort_by_centrality(largest_group)
for headline in largest_group.Headline.values[:5]:
    print(headline)

Mad Cow Disease Disastrous to Brussels
Scientists in Paris to look for answers
More Livestock in Fontainebleau are infected with Mad Cow Disease
Mad Cow Disease Hits Rotterdam
Contaminated Meat Brings Trouble for Bonn Farmers
```

largest_group 中的主要新闻标题关注的是欧洲各个城市暴发的疯牛病。通过输出与聚类中城市相关的排名靠前的国家/地区名称，可以确认聚类的位置以欧洲为中心(如代码清单 12-30 所示)。

代码清单 12-30　在最大的聚类中找到排名靠前的 3 个国家/地区名称

```
from collections import Counter
def top_countries(group):
    countries = [gc.get_countries()[country_code]['name']
                 for country_code in group.Country_code.values]
    return Counter(countries).most_common(3)    ◄────────┐   Counter 类跟踪列表
                                                          │   中重复次数最多的元
print(top_countries(largest_group))                       │   素及其具体计数

[('United Kingdom', 19), ('France', 7), ('Germany', 6)]
```

其中最常被提及的城市位于英国、法国和德国。largest_group 中的大部分地点也都分布在欧洲。

让我们在 4 个第二大的全球聚类中重复上面的分析。代码清单 12-31 有助于确定目前是否有其他流行病正在威胁全球。

代码清单 12-31 总结最大聚类中的内容

```
for _, group in sorted_groups[1:5]:
    sorted_group = sort_by_centrality(group)
    print(top_countries(sorted_group))
    for headline in sorted_group.Headline.values[:5]:
        print(headline)
    print('\n')


[('Philippines', 16)]
Zika afflicts patient in Calamba
Hepatitis E re-emerges in Santa Rosa
More Zika patients reported in Indang
Batangas Tourism Takes a Hit as Virus Spreads
Spreading Zika reaches Bacoor

[('El Salvador', 3), ('Honduras', 2), ('Nicaragua', 2)]
Zika arrives in Tegucigalpa
Santa Barbara tests new cure for Hepatitis C
Zika Reported in Ilopango
More Zika cases in Soyapango
Zika worries in San Salvador


[('Thailand', 5), ('Cambodia', 3), ('Vietnam', 2)]
More Zika patients reported in Chanthaburi
Thailand-Zika Virus in Bangkok
Zika case reported in Phetchabun
Zika arrives in Udon Thani
More Zika patients reported in Kampong Speu


[('Canada', 10)]
Rumors about Pneumonia spreading in Ottawa have been refuted
More people in Toronto are infected with Hepatitis E every year
St. Catharines Patient in Critical Condition after Contracting Dengue
Varicella has Arrived in Milton
Rabies Exposure in Hamilton
```

通过观察发现，寨卡病毒正在菲律宾蔓延。东南亚和中美洲也暴发了寨卡病毒。然而，加拿大的聚类只包含随机疾病的新闻标题，这意味着在加拿大北部地区没有发生主要疫情。

让我们把注意力转向美国的聚类。首先在美国地图上将这些聚类进行可视化，如图 12-5 和代码清单 12-32 所示。

代码清单 12-32 绘制美国的 DBSCAN 聚类

```
plt.figure(figsize=(12, 10))
ax = plt.axes(projection=LambertConformal())
ax.set_extent(us_extent)
ax.scatter(df_us.Longitude, df_us.Latitude, c=df_us.Cluster,
           transform=PlateCarree())
ax.coastlines()
ax.add_feature(cartopy.feature.STATES)
plt.show()
```

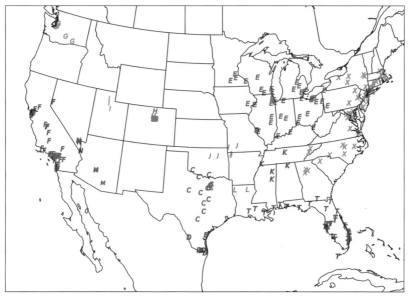

图 12-5 美国境内的 DBSCAN 位置聚类

可视化的地图生成了合理的输出结果。东部各州不再成为一个单一的密集聚类。我们将通过打印按中心性排序的新闻标题来分析美国的五大聚类(如代码清单 12-33 所示)。

代码清单 12-33 总结美国最大聚类中的内容

```
us_groups = df_us.groupby('Cluster')
us_sorted_groups = sorted(us_groups, key=lambda x: len(x[1]),
                          reverse=True)
for _, group in us_sorted_groups[:5]:
    sorted_group = sort_by_centrality(group)
    for headline in sorted_group.Headline.values[:5]:
        print(headline)
    print('\n')


Schools in Bridgeton Closed Due to Mumps Outbreak
Philadelphia experts track pandemic
Vineland authorities confirmed the spread of Chlamydia
Baltimore plans for Zika virus
Will Swine Flu vaccine help Annapolis?


Bradenton Experiences Zika Troubles
Tampa Bay Area Zika Case Count Climbs
Zika Strikes St. Petersburg
New Zika Case Confirmed in Sarasota County
Zika spreads to Plant City


Rhinovirus Hits Bakersfield
```

```
Schools in Tulare Closed Due to Mumps Outbreak
New medicine wipes out West Nile Virus in Ventura
Hollywood Outbreak Film Premieres
Zika symptoms spotted in Hollywood


How to Avoid Hepatitis E in South Bend
Hepatitis E Hits Hammond
Chicago's First Zika Case Confirmed
Rumors about Hepatitis C spreading in Darien have been refuted
Rumors about Rotavirus Spreading in Joliet have been Refuted


More Zika patients reported in Fort Worth
Outbreak of Zika in Stephenville
Zika symptoms spotted in Arlington
Dallas man comes down with case of Zika
Zika spreads to Lewisville
```

寨卡疫情已经袭击了佛罗里达州和得克萨斯州。这是非常令人不安的消息。然而，其他顶级聚类中不存在可辨别的疾病信息。目前，正在蔓延的寨卡病毒疫情仅限于美国南部。我们会立即向上级报告此事，以便他们采取适当的行动。在准备呈现这些信息时，我们绘制一张最终图像并将它放在报告的首页(如图 12-6 和代码清单 12-34 所示)。这张图像总结了寨卡病毒传播的范围：在美国和全球其他地区的聚类中，超过 50% 的新闻标题提到了寨卡病毒。

代码清单 12-34　绘制寨卡病毒的聚类

```
def count_zika_mentions(headlines):
    zika_regex = re.compile(r'\bzika\b',          ◄—————————  计算新闻标题列表中提
                            flags=re.IGNORECASE)              及寨卡病毒的次数

    zika_count = 0                                            标题中与单词 Zika 匹配的正则表达
    for headline in headlines:                               式。匹配不区分大小写
        if zika_regex.search(headline):
            zika_count += 1

    return zika_count

fig = plt.figure(figsize=(15, 15))
ax = plt.axes(projection=PlateCarree())
for _, group in sorted_groups + us_sorted_groups:   ◄———————  对美国和全球其他地区的聚类进行
    headlines = group.Headline.values                         迭代
    zika_count = count_zika_mentions(headlines)
    if float(zika_count) / len(headlines) > 0.5:    ◄———————  绘制有超过 50% 的新闻标题中提
        ax.scatter(group.Longitude, group.Latitude)           到寨卡病毒的聚类

ax.coastlines()
ax.set_global()
plt.show()
```

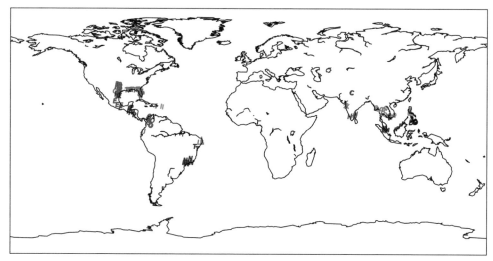

图 12-6　DBSCAN 位置聚类，其中超过 50% 的新闻标题中提到了寨卡病毒

　　我们已经成功地按位置对新闻标题进行聚类，并且绘制了寨卡病毒占主导地位的那些聚类。这些聚类与其文本内容之间的关系带来了一个有趣的问题：是否可以根据文本相似度而不是地理距离对新闻标题进行聚类？换句话说，能否按文本重叠对标题进行分组，以便所有与寨卡病毒相关的信息自动出现在一个聚类中？答案是肯定的。在随后的案例研究中，将学习如何测量文本之间的相似度并通过主题对文档进行分组。

12.4　本章小结

- 数据科学工具可能会以意想不到的方式失败。当我们在新闻标题上运行 GeoNamesCache 时，软件库错误地将短城市名称(例如 Of 和 San)与输入的文本进行匹配。通过数据探索，我们能够解释这些错误。相反，如果盲目地对位置信息进行聚类，最终结果将毫无价值。在认真分析之前，必须仔细探索数据。

- 有时，在数据集中存在有问题的数据点。在本章的案例中，约 6% 的标题没能正确地与地名进行匹配。纠正这些错误可能会很困难。可以选择从数据集中删除这些记录。如果有问题的数据对数据集的影响很小，则可以直接删除它们。但是，在做出最终决定之前，应该权衡删除操作的利弊。

- 通过肘部法，可以启发式地选择 K，进行 K-means 聚类。启发式工具不能保证每次都能达到预期的效果。在本章的分析中，肘部图返回的 K 值为 3。显然，这个值过低。因此，我们进行干预并尝试选择不同的 K 值。如果不加选择地信任肘部的输出结果，最终的聚类将毫无价值。

- 通过常识可以决定我们对聚类输出的分析。早些时候，我们检查了 K 为 6 的 K-means 输出，观察到中非和欧洲城市的聚类。这个结果显然是错误的：欧洲和中非是差异较大的地理位置。因此，我们改为采用不同的聚类方法。当常识表明聚类有误时，应该尝试其他聚类方法。

- 有时，对数据集进行分解并单独分析每个独立的数据集可以帮助我们更好地理解数据。在最初的 DBSCAN 分析中，该算法未能正确地对美国城市进行聚类。美国东部的大部分城市都被放入一个聚类。我们本可以放弃使用 DBSCAN 方法，但通过使用更合适的参数，将美国的城市单独进行聚类，最终得到了让人满意的结果。

使用在线招聘信息优化简历

问题描述

我们已准备好拓展数据科学职业生涯。6 个月后，将申请一份新工作。在准备过程中，我们开始起草简历。早期的草稿很粗糙，也不完整。它还未包括我们的职业目标或教育信息。尽管如此，简历涵盖了本书提到的包括本案例研究在内的前 4 个案例研究。

我们的简历草稿目前远未达到完美。有可能某些重要的数据科学技能还没有得到很好的体现。如果是这样，那些缺失的技能是什么？我们决定用分析的方法找出答案。毕竟，我们是数据科学家。我们用严格的分析来填补知识的空白，那么为什么不把这种严格的分析应用到自己身上呢？

首先需要一些数据。我们访问了一个很受欢迎的求职网站。该网站提供了许多雇主发布的数百万份职位列表。内置的搜索引擎允许我们根据关键词对职位进行过滤，如分析师或数据科学家。此外，搜索引擎还可以将工作与上传的简历文档进行匹配。这一功能旨在根据简历内容搜索相关工作信息。遗憾的是，我们的简历还在制作中。因此，我们将本书目录中列出的前 15 个章名复制并粘贴到一个文本文件中。

接下来，将该文件上传到求职网站。通过将前 4 个案例研究中的材料与数以百万计的职位列表进行比较，可返回成千上万的招聘信息。其中某些信息可能比其他信息的相关性更高。我们不能保证搜索引擎的整体质量，但还是很感激这些数据。我们将从每个招聘信息中下载 HTML 文件。

我们的目标是从下载的数据中提取常见的数据科学技能。然后，将这些技能与我们的简历进行比较，从而确定缺少哪些技能。为达到目标，我们通过如下方式进行操作。

(1) 从下载的 HTML 文件中解析出所有文本信息。

(2) 探索解析后的输出结果，了解在线招聘信息中通常如何描述工作技能。也许某些特定的 HTML 标签更常用于强调工作技能。

(3) 尝试从数据集中过滤掉所有不相关的招聘信息。因为搜索引擎并不完美，所以也许我们错误地下载了一些不相关的招聘信息。可以通过将招聘信息与我们的简历以及本书的目录进行比较，从而评估相关性。

(4) 对相关工作职位所提到的技能进行聚类，并且对聚类的结果进行可视化。

(5) 将聚类后的技能与我们的简历内容进行比较。然后，我们将制订计划，用缺失的数据科学技能更新简历。

数据集描述

我们将简历草稿存储在 resume.txt 文件中，该草稿的全文如下。

```
Experience

1. Developed probability simulations using NumPy
2. Assessed online ad clicks for statistical significance using permutation
     testing
3. Analyzed disease outbreaks using common clustering algorithms

Additional Skills

1. Data visualization using Matplotlib
2. Statistical analysis using SciPy
3. Processing structured tables using Pandas
4. Executing K-means clustering and DBSCAN clustering using scikit-learn
5. Extracting locations from text using GeoNamesCache
6. Location analysis and visualization using GeoNamesCache and Cartopy
7. Dimensionality reduction with PCA and SVD using scikit-learn
8. NLP analysis and text topic detection using scikit-learn
```

我们将在本案例研究的后
续部分学习技能 7 和 8

这份初稿很短且不完整。为弥补缺失的内容，我们还使用了本书的部分目录，该目录存储在文件 table_of_contents.txt 中。它涵盖了本书的前 15 章主题。目录文件用于搜索数千个被下载并存储在 job_postings 目录中的相关职位招聘信息。目录中的每个文件都是一个 HTML 文件，与单独的职位发布信息相关联。这些文件可通过 Web 浏览器查看。

概述

为解决这个问题，我们需要知道如何执行以下操作。
- 测量文本之间的相似度。
- 对大型文本数据集进行高效的聚类。
- 对多个文本聚类进行可视化显示。
- 解析 HTML 文件以获取文本内容。

第**13**章

测量文本相似度

本章主要内容

- 什么是自然语言处理
- 基于单词重叠的文本比较
- 使用称为向量的一维数组对文本进行比较
- 使用称为矩阵的二维数组对文本进行比较
- 使用 NumPy 进行高效的矩阵计算

快速文本分析可以挽救生命。让我们了解一个真实的事件,当时美国士兵冲进了一个恐怖分子聚集的大院。在大院中,他们发现了一台包含数 TB 级存档数据的计算机。这些数据包括与恐怖活动有关的文件、短信和电子邮件。由于文件过多,没人能够完成这些文件的阅读。幸运的是,士兵们配备了可以进行快速文本分析的特殊软件。该软件使士兵无须离开现场即可处理所有文本数据。现场分析立即揭示了在附近社区活跃的恐怖分子的阴谋。士兵们迅速对这些阴谋作出反应,成功阻止了恐怖袭击。

如果没有自然语言处理(Natural Language Processing,NLP)技术,这种快速的防御反应是不可能的。NLP 是数据科学的一个分支,专注于快速文本分析。通常,NLP 被用于处理非常大的文本数据集。它的适用场景多种多样,主要包括以下内容。

- 企业监控社交媒体帖子,以衡量公众对公司品牌的喜好。
- 分析转录为文字的呼叫中心对话,从而分析常见的客户投诉。
- 根据兴趣爱好的文字描述,为约会网站上的会员提供交友配对。
- 对医生的书面语进行处理,从而确保为患者开具正确的医疗诊断。

这些应用场景都依赖快速分析。延迟的信息提取可能代价高昂。遗憾的是,直接处理文本本身就是一个非常缓慢的过程。大多数计算技术针对数字而非文本进行了优化。因此,NLP 方法依赖从纯文本到数字表示的转换。一旦所有单词和句子都被数字取代,数据就可以非常快速地得到分析与处理。

本章关注一个基本的 NLP 问题:测量两个文本之间的相似度。我们将很快发现一个计算效率不高但可行的解决方案。然后,将探索一系列用于快速计算文本相似度的技术。这些计算要求我们将输入的文本转换为二维数值表,从而充分提升效率。

13.1　简单的文本比较

许多自然语言处理任务依赖文本之间的异同分析。假设我们想比较以下 3 个简单的文本。

- text1——She sells seashells by the seashore.
- text2——"Seashells! The seashells are on sale! By the seashore."
- text3——She sells 3 seashells to John, who lives by the lake.

我们的目标是确定 text1 与 text2 和 text3 哪个更相近，首先将文本赋值给 3 个变量，如代码清单 13-1 所示。

代码清单 13-1　将文本赋值给变量

```
text1 = 'She sells seashells by the seashore.'
text2 = '"Seashells! The seashells are on sale! By the seashore."'
text3 = 'She sells 3 seashells to John, who lives by the lake.'
```

现在需要量化文本之间的差异。一种基本方法是简单地计算每组文本之间相同的单词。这需要我们将每个文本拆分成一个单词列表。Python 中的文本拆分可以使用内置的字符串拆分方法 split 来完成(如代码清单 13-2 所示)。

注意

将文本拆分为单个单词的过程通常称为标记化。

代码清单 13-2　将文本拆分为单词

```
words_lists = [text.split() for text in [text1, text2, text3]]
words1, words2, words3 = words_lists

for i, words in enumerate(words_lists, 1):
    print(f"Words in text {i}")
    print(f"{words}\n")

Words in text 1
['She', 'sells', 'seashells', 'by', 'the', 'seashore.']

Words in text 2
['"Seashells!', 'The', 'seashells', 'are', 'on', 'sale!', 'By', 'the',
    'seashore."']

Words in text 3
['She', 'sells', '3', 'seashells', 'to', 'John,', 'who', 'lives', 'by',
    'the', 'lake.']
```

尽管我们已经对文本进行了拆分，由于以下原因，目前还是无法立即进行准确的单词比较。

- 大小写不一致。在一些文本中，she 和 seashells 是首字母大写的，而在另一些文本中则不是，这使得直接比较变得困难。
- 标点符号不一致。例如，在 text2 中，感叹号和引号被添加到 seashells 上，而在其他文本中则没有。

可以通过调用 Python 内置的 lower 字符串方法消除大小写不一致的问题，该方法将字符串转换为小写。此外，可以通过调用 word.replace(punctuation, ' ')从 word 字符串中去除标点符号，其中将 punctuation 设置为'!'或''。让我们使用这些内置的字符串方法消除所有的不一致情况。首先定义一个 simplify_text 函数，它将文本转换为小写并删除所有常见的标点符号(如代码清单 13-3 所示)。

代码清单 13-3　统一大小写并删除标点符号

```
def simplify_text(text):
    for punctuation in ['.', ',', '!', '?', '"']:
        text = text.replace(punctuation, '')

    return text.lower()

for i, words in enumerate(words_lists, 1):
    for j, word in enumerate(words):
        words[j] = simplify_text(word)

    print(f"Words in text {i}")
    print(f"{words}\n")
```

从字符串中去除常见的标点符号并将字符串转换为小写

接下来的目标如下。

(1) 计算在 text1 和 text2 中有多少种不同的单词同时出现。

(2) 计算在 text1 和 text3 中有多少种不同的单词同时出现。

(3) 通过前两步的计算结果，判断 text1 与 text2 和 text3 哪个更相近。

目前，我们只关心对唯一单词的比较。因此，重复的单词将只计算一次。可以通过将每个单词列表转换为一个集合消除所有重复的单词(如代码清单 13-4 所示)。

代码清单 13-4　将单词列表转换为集合

```
words_sets = [set(words) for words in words_lists]
for i, unique_words in enumerate(words_sets, 1):
    print(f"Unique Words in text {i}")
    print(f"{unique_words}\n")

Unique Words in text 1
{'sells', 'seashells', 'by', 'seashore', 'the', 'she'}

Unique Words in text 2
{'by', 'on', 'are', 'sale', 'seashore', 'the', 'seashells'}

Unique Words in text 3
{'to', 'sells', 'seashells', 'lake', 'by', 'lives', 'the', 'john', '3',
 'who', 'she'}
```

给定两个 Python 集合 set_a 和 set_b，可以通过运行 set_a & set_b 提取所有重叠的元素。让我们使用&运算符来计算文本对(text1,text2)和(text1,text3)之间重叠的单词(如代码清单 13-5 所示)。

注意

通常，集合中的重叠元素被称为两个集合的交集。

代码清单 13-5 提取两个文本之间的重叠词

```
words_set1 = words_sets[0]
for i, words_set in enumerate(words_sets[1:], 2):
    shared_words = words_set1 & words_set
    print(f"Texts 1 and {i} share these {len(shared_words)} words:")
    print(f"{shared_words}\n")

Texts 1 and 2 share these 4 words:
{'seashore', 'by', 'the', 'seashells'}

Texts 1 and 3 share these 5 words:
{'sells', 'by', 'she', 'the', 'seashells'}
```

text1 和 text2 有 4 个相同的单词，而 text1 和 text3 有 5 个相同的单词。这是否意味着 text1 更类似于 text3 而不是 text2？不一定。虽然 text1 和 text3 有 5 个相同的词，但它们也包含许多分歧词(这种单词只出现在 text1 或 text3 中)。让我们计算文本对(text1,text2)和(text1,text3)之间的所有分歧词。这里使用^运算符来提取它们的分歧元素(如代码清单 13-6 所示)。

代码清单 13-6 提取两个文本之间的分歧词

```
for i, words_set in enumerate(words_sets[1:], 2):
    diverging_words = words_set1 ^ words_set
    print(f"Texts 1 and {i} don't share these {len(diverging_words)} words:")
    print(f"{diverging_words}\n")

Texts 1 and 2 don't share these 5 words:
{'are', 'sells', 'sale', 'on', 'she'}

Texts 1 and 3 don't share these 7 words:
{'to', 'lake', 'lives', 'seashore', 'john', '3', 'who'}
```

text1 和 text3 包含的分歧词比 text1 和 text2 多两个。因此，text1 和 text3 同时显示出显著的单词重叠和单词分歧。要将它们的重叠和分歧合并成一个单一的相似度分数，必须首先合并文本之间所有重叠和分歧的单词。这种称为并集的聚合将包含两个文本中所有唯一单词。给定两个 Python 集合(set_a 和 set_b)，可以通过运行 set_a | set_b 计算它们的并集。

单词的分歧、交集和并集之间的区别如图 13-1 所示。这里，text1 和 text2 中的唯一单词显示在 3 个矩形框中。最左边的框和最右边的框分别代表 text1 和 text2 之间的分歧词。同时，中间的框包含 text1 和 text2 中所有词的交集。3 个框一起表示两个文本中所有词的并集。

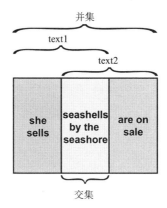

图 13-1　两个文本之间的并集、交集和分歧词

常用的 Python 集合操作

- set_a & set_b：返回 set_a 和 set_b 之间的所有重叠元素。
- set_a ^ set_b：返回 set_a 和 set_b 之间的所有分歧元素。
- set_a | set_b：返回 set_a 和 set_b 之间所有元素的并集。
- set_a - set_b：返回 set_a 中所有不存在于 set_b 中的元素。

让我们利用 | 运算符来计算文本对(text1,text2)和(text1,text3)中唯一单词的总数(如代码清单 13-7 所示)。

代码清单 13-7　提取两个文本之间单词的并集

```
for i, words_set in enumerate(words_sets[1:], 2):
    total_words = words_set1 | words_set
    print(f"Together, texts 1 and {i} contain {len(total_words)} "
          f"unique words. These words are:\n {total_words}\n")

Together, texts 1 and 2 contain 9 unique words. These words are:
{'sells', 'seashells', 'by', 'on', 'are', 'sale', 'seashore', 'the', 'she'}

Together, texts 1 and 3 contain 12 unique words. These words are:
{'sells', 'lake', 'by', 'john', 'the', 'she', 'to', 'lives', 'seashore',
    '3', 'who', 'seashells'}
```

text1 和 text3 包含 12 个唯一单词。这些词中有 5 个是重复出现的，7 个是没有重复出现的。因此，重叠和分歧代表了文本中唯一单词总数的互补百分比。让我们输出文本对(text1, text2)和(text1, text3)的这种百分比(如代码清单 13-8 所示)。

代码清单 13-8　计算两个文本之间重叠词的百分比

```
for i, words_set in enumerate(words_sets[1:], 2):
    shared_words = words_set1 & words_set
    diverging_words = words_set1 ^ words_set
    total_words = words_set1 | words_set
```

```
assert len(total_words) == len(shared_words) + len(diverging_words)
percent_shared = 100 * len(shared_words) / len(total_words)
percent_diverging = 100 * len(diverging_words) / len(total_words)

print(f"Together, texts 1 and {i} contain {len(total_words)} "
    f"unique words. \n{percent_shared:.2f}% of these words are "
    f"shared. \n{percent_diverging:.2f}% of these words diverge.\n")
```

与 text1 有分歧的单词数的百分比

与 text1 重叠的单词数的百分比

```
Together, texts 1 and 2 contain 9 unique words.
44.44% of these words are shared.
55.56% of these words diverge.

Together, texts 1 and 3 contain 12 unique words.
41.67% of these words are shared.
58.33% of these words diverge.
```

text1 和 text3 的重叠单词数约为 41.67%，其余 58.33%的单词是不同的。同时，text1 和 text2 的重叠单词数为 44.44%。这个百分比更高，因此可以推断 text1 与 text2 的相似度高于与 text3 的相似度。

现在，我们基本开发了一个用于评估文本相似度的简单指标。该指标的工作原理如下。

(1) 给定两个文本，从每个文本中提取一个单词列表。

(2) 计算文本之间共有的唯一单词个数。

(3) 将第(2)步得到的数字除以两个文本中的总唯一单词数可得到两个文本的相似度。

这种相似度指标被称为 Jaccard 相似度或 Jaccard 指数。

text1 和 text2 之间的 Jaccard 相似度如图 13-2 所示，其中文本表示为两个圆圈。左边的圆圈对应 text1，右边的圆圈对应 text2。每个圆圈包含其对应文本中的单词。两个圆圈相交，它们的交集包含文本之间共有的所有单词。Jaccard 相似度等于交集中存在的单词占总体的比例。图中 9 个单词中有 4 个出现在交集处。因此，Jaccard 相似度等于 4/9。

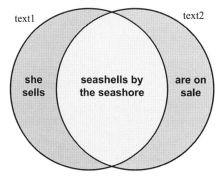

图 13-2 通过图形说明两个文本之间的 Jaccard 相似度

13.1.1 探索 Jaccard 相似度

Jaccard 相似度是文本相似性的合理衡量标准，原因如下。

● Jaccard 相似度考虑了文本重叠和文本分歧。

- Jaccard 相似度总是在 0 和 1 之间。这个数值很容易解释：0 表示没有共同的单词，0.5 表示具有一半的共同单词，1 表示所有单词都相同。
- Jaccard 相似度很容易实现。

让我们定义一个函数来计算 Jaccard 相似度，如代码清单 13-9 所示。

代码清单 13-9　计算 Jaccard 相似度

```
def jaccard_similarity(text_a, text_b):
    word_set_a, word_set_b = [set(simplify_text(text).split())
                              for text in [text_a, text_b]]
    num_shared = len(word_set_a & word_set_b)
    num_total = len(word_set_a | word_set_b)
    return num_shared / num_total

for text in [text2, text3]:
    similarity = jaccard_similarity(text1, text)
    print(f"The Jaccard similarity between '{text1}' and '{text}' "
          f"equals {similarity:.4f}." "\n")

The Jaccard similarity between 'She sells seashells by the seashore.' and
'"Seashells! The seashells are on sale! By the seashore."' equals 0.4444.

The Jaccard similarity between 'She sells seashells by the seashore.' and
'She sells 3 seashells to John, who lives by the lake.' equals 0.4167.
```

我们对 Jaccard 相似度的实现虽然可以达到效果，但效率并不高。该函数执行两个集合比较操作：word_set_a & word_set_b 和 word_set_a | word_set_b。这些操作将比较两个集合之间的所有单词。在 Python 中，与数值计算相比，这种比较操作的计算成本相当高。

如何提高函数的效率？可以从消除并集计算 word_set_a | word_set_b 开始。我们之前采用并集来计算集合之间的唯一单词，但有一种更简单的方法来获得相同的结果，具体如下。

(1) 将 len(word_set_a) 和 len(word_set_b) 相加会生成一个单词计数，其中两个集合都包含的单词被计算两次。

(2) 从该总和中减去 len(word_set_a & word_set_b) 即可消除重复计数。最终结果等于 len(word_set_a | word_set_b)。

可以用 len(word_set_a) + len(word_set_b) - num_shared 来替换并集计算，从而使函数效率更高 (如代码清单 13-10 所示)。让我们对函数进行修改，同时确保 Jaccard 输出保持不变。

代码清单 13-10　提高 Jaccard 相似度计算效率

```
def jaccard_similarity_efficient(text_a, text_b):
    word_set_a, word_set_b = [set(simplify_text(text).split())
                              for text in [text_a, text_b]]
    num_shared = len(word_set_a & word_set_b)
    num_total = len(word_set_a) + len(word_set_b) - num_shared   ◀────┐
    return num_shared / num_total                                     │
                                            与之前的 jaccard_similarity 函数不同，这里计
for text in [text2, text3]:                 算 num_total 时不执行任何集合比较操作
```

```
similarity = jaccard_similarity_efficient(text1, text)
assert similarity == jaccard_similarity(text1, text)
```

我们改进了 Jaccard 函数。遗憾的是，该函数仍然无法进行扩展：它可能会高效处理数百个句子，但对于由上千的句子组成的文档，它将无法处理。这是因为函数中存在 word_set_a & word_set_b 集合比较，这种比较操作计算成本较高，无法处理数千个复杂的文本。也许可以通过使用 NumPy 加速计算。但是，NumPy 旨在处理数字，而不是单词，除非将所有单词替换为数值，否则将无法使用该库。

13.1.2　用数值替换单词

可以把单词换成数字吗？答案是肯定的，只需要遍历所有文本中的所有单词并为每个唯一的第 i 个单词分配一个值 i。单词与其数值之间的映射可以存储在 Python 字典中。我们将这个词典称为词汇表。这里建立一个词汇表，涵盖 3 个文本中的所有单词。同时还将创建一个相应的 value_to_word 字典，通过它将数值映射回单词(如代码清单 13-11 所示)。

注意
本质上，这是在给文本并集中的所有单词编号。我们迭代地选择一个单词并给它赋值，从 0 开始。然而，选择单词的顺序并不重要——可以任意进入一个单词袋(将单词放入袋子中)，然后随机地把单词取出来。这就是为什么这种技术通常被称为词袋技术，相应的模型被称为词袋模型。

代码清单 13-11　将单词与词汇表中的数字进行映射

```
words_set1, words_set2, words_set3 = words_sets
total_words = words_set1 | words_set2 | words_set3
vocabulary = {word : i for i, word in enumerate(total_words)}
value_to_word = {value: word for word, value in vocabulary.items()}
print(f"Our vocabulary contains {len(vocabulary)} words. "
    f"This vocabulary is:\n{vocabulary}")

Our vocabulary contains 15 words. This vocabulary is:
{'sells': 0, 'seashells': 1, 'to': 2, 'lake': 3, 'who': 4, 'by': 5,
 'on': 6, 'lives': 7, 'are': 8, 'sale': 9, 'seashore': 10, 'john': 11,
 '3': 12, 'the': 13, 'she': 14}
```

注意
total_words 变量中单词的顺序可能因安装的 Python 版本而异。该顺序的变化将略微改变本章后面用于显示文本的某些图。设置 total_words 等于['sells','seashells','to','lake','who','by','on','lives','are', 'sale', 'seashore','john','3','the','she']可以确保输出的一致性。

当获得词汇表后，可以将任何文本转换为一维数字数组。在数学上，一维数字数组被称为向量。因此，将文本转换为向量的过程称为文本向量化。

注意
数组维度不同于数据维度。如果需要 d 个坐标在空间上表示一个点，则该数据点具有 d 维。同时，如果需要 d 个值描述数组的形状，则数组有 d 个维度。假设我们已经记录了 5 个数据点，每个

数据点都有 3 个坐标值。这个数据就是三维的，因为它可以绘制在三维空间中。此外，可以将数据
存储在一个包含 5 行 3 列的表中。该表具有(5,3)这样的二维形状，因此是二维的。这样，就可以将
三维数据存储在二维数组中。

对文本进行向量化的最简单方法是创建二进制元素向量。该向量的每个索引对应词汇表中的一
个词。因此，向量大小等于词汇表大小，即使相关文本中缺少某些词汇表中的单词。如果文本中缺
少索引 i 处的单词，则将第 i 个向量元素设置为 0；否则，将其设置为 1。因此，向量中的每个词汇
索引将映射到 0 或 1。

例如，在词汇表中，单词 john 映射到值 11。同样，john 这个词在 text1 中没有出现。因此，text1
的向量化表示在索引 11 处为 0。与此同时，john 这个词出现在 text3 中。因此，text3 的向量化表示
在索引 11 处为 1(如图 13-3 所示)。通过这种方式，可以将任何文本转换成由 0 和 1 组成的二进制
向量。

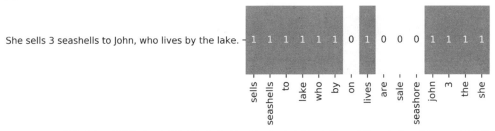

图 13-3　text3 被转换为二进制向量。向量中的每个索引都对应词汇表中的一个单词。例如，索引 0 对应 sells。因为这
个单词出现在文本中，所以向量的第一个元素被设置为 1。但 on、are、sale 和 seashore 等词没有出现在文本中，因此
它们在向量中对应的元素被设置为 0

现在使用二进制向量化将所有文本转换为 NumPy 数组(如代码清单 13-12 所示)。我们将计算出
的向量存储在一个二维的 vectors 列表中，可以将其视为一个表。表的行映射到文本，列映射到词
汇表。如图 13-4 所示，使用第 8 章中介绍过的技术将表格可视化为热图。

注意
如第 8 章所讨论的，最好使用 Seaborn 库对热图进行可视化。

代码清单 13-12　把单词转换成二进制向量

```
import matplotlib.pyplot as plt
import numpy as np
import seaborn as sns

vectors = []
for i, words_set in enumerate(words_sets, 1):
    vector = np.array([0] * len(vocabulary))
    for word in words_set:
        vector[vocabulary[word]] = 1
    vectors.append(vector)
```

生成一个都是 0 的数组。我们也可以
通过运行 np.zeros(len(vocabulary))生成
这个数组

```
sns.heatmap(vectors, annot=True, cmap='YlGnBu',
            xticklabels=vocabulary.keys(),
yticklabels=['Text 1', 'Text 2', 'Text 3'])
plt.yticks(rotation=0)
plt.show()
```

从 Python 3.6 开始，字典键方法根据插入顺序返回字典键。在词汇表中，插入的顺序相当于单词索引

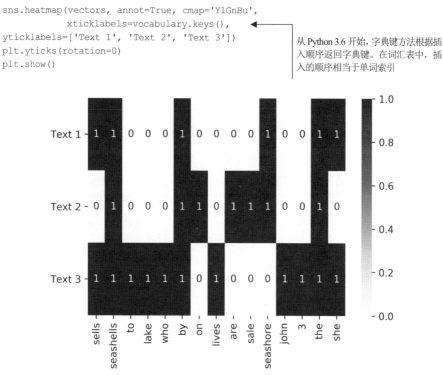

图 13-4   向量化文本的表格。行对应标记后的文本，列对应标记后的单词。二进制表元素要么是 0，要么是 1。非 0 值表示指定文本中存在这个单词。通过简单查看表格，我们能立刻分辨出哪些单词在哪个文本中出现

通过这种表格，可以很容易地分辨出哪些单词在哪些文本中出现。例如，在表的第一列中跟踪单词 sells。相对这一列，在表的第一和第三行中，sells 被赋值为 1。这些行对应 text1 和 text3。因此，我们知道 sells 这个单词在 text1 和 text3 中出现。更正式的说法是，这个词在文本中被共享，因为 vectors[0][0]==1 且 vectors[2][0]==1。此外，因为两个元素都等于 1，所以它们的乘积也必然等于 1。因此，如果 vectors[0][i]和 vectors[2][i]的乘积等于 1，则这些文本共享第 i 列的单词。

二进制向量表示形式允许我们以数字方式计算文本之间共享(同时出现)的单词。假设我们想知道第 i 列中的单词是否同时出现在 text1 和 text2 中。如果关联的向量被标记为 vector1 和 vector2，那么当 vector1[i] * vector2[i] == 1 时，则单词在两个文本中都存在。这里使用成对向量乘法来查找 text1 和 text2 共享的所有单词(如代码清单 13-13 所示)。

代码清单 13-13   使用向量运算查找文本之间的共享单词

```
vector1, vector2 = vectors[:2]
for i in range(len(vocabulary)):
    if vector1[i] * vector2[i]:
        shared_word = value_to_word[i]
        print(f"'{shared_word}' is present in both texts 1 and 2")

'seashells' is present in both texts 1 and 2
'by' is present in both texts 1 and 2
```

```
'seashore' is present in both texts 1 and 2
'the' is present in both texts 1 and 2
```

我们已经得到text1和text2之间共享的所有4个单词。该共享单词总数等于vector1[i] * vector2[i]的每个非0值的总和，如果 vector1[i] * vector2[i]的值为0，那么将这些0加总到一起，结果还是0。因此，可以仅通过对 vector1[i]和 vector2[i]的乘积求和计算共享单词数(如代码清单 13-14 所示)。换句话说，sum(vector1[i] * vector2[i] for i in range(len(vocabulary)))等于 len(words_set1 & words_set2)。

代码清单 13-14　通过向量运算计算共享单词数

```
shared_word_count = sum(vector1[i] * vector2[i]
                        for i in range(len(vocabulary)))
assert shared_word_count == len(words_set1 & words_set2)
```

所有向量索引的成对积的总和被称为点积。给定两个 NumPy 数组(vector_a 和 vector_b)，可以通过运行 vector_a.dot(vector_b)计算它们的点积(如代码清单 13-15 所示)。还可以通过运行 vector_a @ vector_b 计算点积。在本例中，点积等于 text1 和 text2 之间共享单词的数量，当然也等于它们的交集大小。因此，运行 vector1 @ vector2 会生成一个等于 len(words_set1 & words_set2)的值。

代码清单 13-15　使用 NumPy 计算向量点积

```
assert vector1.dot(vector2) == shared_word_count
assert vector1 @ vector2 == shared_word_count
```

vector1 和 vector2 的点积等于 text1 和 text2 之间的共享单词数。假设我们将 vector1 与它自己进行点积运算，结果应等于 text1 与 text1 共享的单词数。更简洁地说，vector1 @ vector1 应该等于 text1 中唯一单词的个数，这也等于 len(words_set1)。让我们确认这一点，如代码清单 13-16 所示。

代码清单 13-16　使用向量运算计算总单词数

```
assert vector1 @ vector1 == len(words_set1)
assert vector2 @ vector2 == len(words_set2)
```

我们能够使用向量点积计算共享单词数和总的唯一单词数。本质上，可以仅使用向量运算来计算 Jaccard 相似度。Jaccard 的这种向量化实现被称为 Tanimoto 相似度。

> **常用的 NumPy 向量运算**
>
> - vector_a.dot(vector_b)：返回 vector_a 和 vector_b 之间的点积。这相当于运行 sum(vector_a[i] * vector_b[i] for i in range(vector_a.size))。
> - vector_b @ vector_b：使用@运算符返回 vector_a 和 vector_b 之间的点积。
> - binary_text_vector_a @ binary_text_vector_b：返回 text_a 和 text_b 之间共享单词的数量。
> - binary_text_vector_a @ binary_text_vector_a：返回 text_a 中唯一单词的数量。

让我们定义一个 tanimoto_similarity 函数(如代码清单 13-17 所示)。该函数将两个向量作为输入，即 vector_a 和 vector_b。它的结果等于 jaccard_similarity(text_a,text_b)。

代码清单 13-17 使用向量运算计算文本相似度

```
def tanimoto_similarity(vector_a, vector_b):
    num_shared = vector_a @ vector_b
    num_total = vector_a @ vector_a + vector_b @ vector_b - num_shared
    return num_shared / num_total

for i, text in enumerate([text2, text3], 1):
    similarity = tanimoto_similarity(vector1, vectors[i])
    assert similarity == jaccard_similarity(text1, text)
```

这个 tanimoto_similarity 函数旨在比较二进制向量。如果输入两个值不是 0 或 1 的数组会发生什么？从技术上讲，该函数依旧返回相似度，但这种相似度有意义吗？例如，向量[5,3]和[5,2]几乎相同。我们预计它们的相似度几乎等于 1。这里通过将向量输入 tanimoto_similarity 函数进行测试(如代码清单 13-18 所示)。

代码清单 13-18 计算非二进制向量的相似度

```
non_binary_vector1 = np.array([5, 3])
non_binary_vector2 = np.array([5, 2])
similarity = tanimoto_similarity(non_binary_vector1, non_binary_vector2)
print(f"The similarity of 2 non-binary vectors is {similarity}")

The similarity of 2 non-binary vectors is 0.96875
```

输出值几乎等于 1。因此，tanimoto_similarity 函数成功地测量了两个几乎相同的向量之间的相似度。该函数可以分析非二进制的输入。这意味着可以在比较文本内容之前使用非二进制技术对文本进行向量化。

以非二进制的方式对文本进行向量化有很多优点，接下来将详细介绍这些优点。

13.2 使用字数对文本进行向量化

通过二进制向量化，可以捕获文本中单词是否存在的信息，但不捕获单词的数量。这不是我们想要的结果，因为单词数量可以提供文本之间的差异程度。例如，假设我们要对比两个文本：A 和 B。文本 A 提到 61 次 Duck，提到 2 次 Goose。文本 B 提到 71 次 Goose，只提到 1 次 Duck。根据统计，可以推断这两个文本相对于 Duck 和 Goose 的讨论有很大的不同。二进制向量化无法捕捉到这种差异，它为两个文本的 Duck 索引和 Goose 索引都分配 1。如果用实际字数替换所有二进制值会怎样？例如，可以将值 61 和 2 分配给向量 A 的 Duck 和 Goose 索引，将 1 和 71 分配给向量 B 的相应索引。

这种操作将生成单词个数向量。单词个数向量通常被称为词频统计向量或简称 TF 向量。让我们使用一个两元素的词汇表 {'duck': 0, 'goose': 1} 来计算 A 和 B 的 TF 向量。需要注意的是，词汇表中的每个单词都映射到一个向量索引。通过给定词汇表，可以将文本转换为 TF 向量[61,2]和[1,71]。然后打印两个向量的 Tanimoto 相似度(如代码清单 13-19 所示)。

代码清单 13-19 计算 TF 向量相似度

```
similarity = tanimoto_similarity(np.array([61, 2]), np.array([1, 71]))
```

```
print(f"The similarity between texts is approximately {similarity:.3f}")
```

```
The similarity between texts is approximately 0.024
```

文本之间的 TF 向量相似度非常低。让我们将其与两个文本的二进制向量相似度进行比较(如代码清单 13-20 所示)。每个文本都有一个[1,1]形式的二进制向量表示，因此二进制相似度应等于 1。

代码清单 13-20 评估相同的向量相似度

```
assert tanimoto_similarity(np.array([1, 1]), np.array([1, 1])) == 1
```

用单词计数替换二进制值会极大地影响相似度结果。如果根据单词计数对 text1、text2 和 text3 进行向量化会发生什么？首先使用存储在 words_lists 中的单词列表计算这 3 个文本的 TF 向量(如代码清单 13-21 所示)。利用热图将这些向量在图 13-5 中显示出来。

代码清单 13-21 从单词列表计算 TF 向量

```
tf_vectors = []
for i, words_list in enumerate(words_lists, 1):
    tf_vector = np.array([0] * len(vocabulary))
    for word in words_list:
        word_index = vocabulary[word]
        tf_vector[word_index] += 1    ◀─────────    使用单词的词汇表索
                                                      引更新单词计数
    tf_vectors.append(tf_vector)

sns.heatmap(tf_vectors, cmap='YlGnBu', annot=True,
            xticklabels=vocabulary.keys(),
yticklabels=['Text 1', 'Text 2', 'Text 3'])
plt.yticks(rotation=0)
plt.show()
```

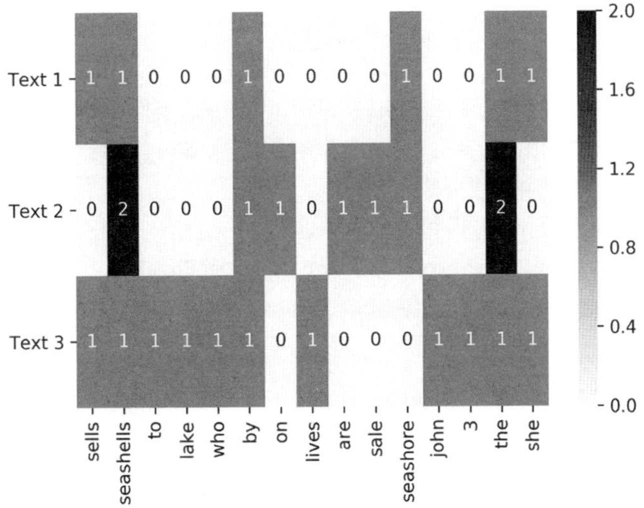

图 13-5 TF 向量表。行对应标记后的文本，列对应标记后的单词。每个值表示指定文本中指定单词出现的次数。
通过观察可发现，两个词被提及 2 次，所有其他词只被提及 1 次

text1 和 text3 的 TF 向量与之前看到的二进制向量结果相同。但是，text2 的 TF 向量不再是二进制的，因为两个词被多次提及。这将如何影响 text1 和 text2 之间的相似度？让我们进行探讨。代码清单 13-22 计算 text1 和其他两个文本之间的 TF 向量相似度。它还输出原始二进制向量相似度进行比较。根据观察，text1 和 text2 之间的相似度发生了变化，而 text1 和 text3 之间的相似度保持不变。

代码清单 13-22　比较向量相似度的指标

```
tf_vector1 = tf_vectors[0]
binary_vector1 = vectors[0]

for i, tf_vector in enumerate(tf_vectors[1:], 2):
    similarity = tanimoto_similarity(tf_vector1, tf_vector)
    old_similarity = tanimoto_similarity(binary_vector1, vectors[i - 1])
    print(f"The recomputed Tanimoto similarity between texts 1 and {i} is"
          f" {similarity:.4f}.")
    print(f"Previously, that similarity equaled {old_similarity:.4f} " "\n")

The recomputed Tanimoto similarity between texts 1 and 2 is 0.4615.
Previously, that similarity equaled 0.4444

The recomputed Tanimoto similarity between texts 1 and 3 is 0.4167.
Previously, that similarity equaled 0.4167
```

正如预期的那样，text1 和 text3 之间的相似度保持不变，而 text1 和 text2 之间的相似度有所增加。因此，TF 向量化使两个文本的亲和性更明显。

TF 向量带来了增强的比较结果，因为它们对文本之间的计数差异更敏感。这种敏感性将带来很大帮助。但是，在比较不同长度的文本时，它也可能带来糟糕的结果。在 13.2.1 节中，我们将了解与 TF 向量比较相关的缺陷，然后应用一种称为归一化的技术来消除这个缺陷。

13.2.1　使用归一化提高 TF 向量相似度

假设你正在测试一个非常简单的搜索引擎。该搜索引擎接收查询并将其与存储在数据库中的文档标题进行比较。查询的 TF 向量会与每个向量化的标题进行比较，最后返回具有非 0 的 Tanimoto 相似度的标题并根据它们的相似度分数进行排名。

假设你查询 Pepperoni Pizza 并得到以下两个标题。

- 标题 A——Pepperoni Pizza! Pepperoni Pizza! Pepperoni Pizza!
- 标题 B——Pepperoni

注意

上面例子中的这些标题特意进行了简化，从而便于可视化。大多数真正的文档标题要比它们更复杂。

这两个标题中哪一个最符合查询条件？许多数据科学家都会同意标题 A 比标题 B 更匹配。标题 A 和查询关键字本身都提到 Pepperoni Pizza。同时，标题 B 只提到 Pepperoni，没有迹象表明相关文件中的上下文里会讨论披萨相关的内容。

让我们查看标题 A 相对于查询的排名是否高于标题 B。首先从一个两元素的词汇表 {pepperoni:0,pizza:1} 构建 TF 向量(如代码清单 13-23 所示)。

代码清单 13-23　简单的搜索引擎向量化

```
query_vector = np.array([1, 1])
title_a_vector = np.array([3, 3])
title_b_vector = np.array([1, 0])
```

现在将查询与标题进行比较并根据 Tanimoto 相似度对标题进行排序(如代码清单 13-24 所示)。

代码清单 13-24　按查询相似度对标题进行排名

```
titles = ["A: Pepperoni Pizza! Pepperoni Pizza! Pepperoni Pizza!",
          "B: Pepperoni"]
title_vectors = [title_a_vector, title_b_vector]
similarities = [tanimoto_similarity(query_vector, title_vector)
                for title_vector in title_vectors]

for index in sorted(range(len(titles)), key=lambda i: similarities[i],
                    reverse=True):
    title = titles[index]
    similarity = similarities[index]
    print(f"'{title}' has a query similarity of {similarity:.4f}")

'B: Pepperoni' has a query similarity of 0.5000
'A: Pepperoni Pizza! Pepperoni Pizza! Pepperoni Pizza!' has a query
    similarity of 0.4286
```

遗憾的是，标题 A 的排名低于标题 B。这种排名差异是由文本大小引起的。标题 A 的单词数是查询的 3 倍，而标题 B 和查询仅相差 1 个单词。从表面上看，这种差异可以用来按大小区分文本。然而，在本例的搜索引擎中，尺寸信号会导致错误的排名。我们需要抑制文本大小对排名结果的影响。一种简单的方法是将 title_a_vector 除以 3。除法得到的输出结果等于 query_vector。因此，运行 tanimoto_similarity(query_vector,title_a_vector / 3)应返回的相似度为 1(如代码清单 13-25 所示)。

代码清单 13-25　通过除法消除文本大小差异

```
assert np.array_equal(query_vector, title_a_vector / 3)
assert tanimoto_similarity(query_vector,
                           title_a_vector / 3) == 1
```

通过使用简单的除法，title_a_vector 除以 3 之后的结果等于 query_vector。这样的操作对于 title_b_vector 是不可能的。为什么会这样？为说明答案，需要在二维空间中绘制所有这 3 个向量。

如何对向量进行可视化？从数学的角度看，所有向量都是几何对象。数学家将每个向量 v 视为一条从原点延伸到 v 中坐标的线。本质上，3 个向量只是从原点出发的二维线段。可以在二维图中对这些线段进行可视化，其中 x 轴代表提到 pepperoni，y 轴代表提到 pizza，如图 13-6 和代码清单 13-26 所示。

代码清单 13-26 在二维空间中绘制 TF 向量

```
plt.plot([0, query_vector[0]], [0, query_vector[1]], c='k',
         linewidth=3, label='Query Vector')
plt.plot([0, title_a_vector[0]], [0, title_a_vector[1]], c='b',
         linestyle='--', label='Title A Vector')
plt.plot([0, title_b_vector[0]], [0, title_b_vector[1]], c='g',
         linewidth=2, linestyle='-.', label='Title B Vector')
plt.xlabel('Pepperoni')
plt.ylabel('Pizza')
plt.legend()
plt.show()
```

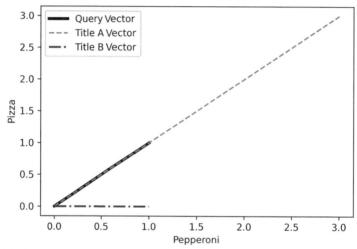

图 13-6 在二维空间中绘制 3 个 TF 向量。每个向量从原点延伸到其二维坐标。查询向量和标题 A 向量都朝向同一方向。这些向量之间的夹角为 0°。但是，其中一条线段的长度是另一条线段的 3 倍。调整线段长度后，可以使这两个向量相等

在图中，title_a_vector 和 query_vector 指向同一方向。它们之间的唯一区别是 title_a_vector 的长度为 query_vector 的 3 倍。缩小 title_a_vector 的长度将使这两个向量相等。同时可以看到，title_b_vector 和 query_vector 指向不同的方向。我们不能让它们重叠。对 title_b_vector 进行缩小或延长都不会使它与其他两条线段对齐。

通过将向量表示为线段，我们获得了一些见解。这些线段具有几何长度，因此每个向量都有一个几何长度，称为幅度。幅度也称为欧几里得范数或 L2 范数。所有向量都有一个幅度，即使是那些不能在二维图像中绘制的向量。例如，在图 13-7 中，演示了与 Pepperoni Pizza Pie 相关联的三维向量的幅度。

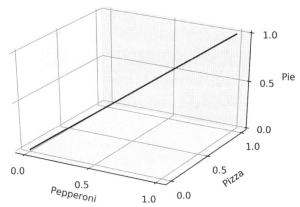

图 13-7　绘制三词标题 Pepperoni Pizza Pie 的 TF 向量。这个三维向量从原点延伸到它的坐标(1,1,1)。根据勾股定理，绘制的三维线段的长度等于(1 + 1 + 1) ** 0.5。该长度称为向量的幅度

测量幅度允许我们考虑几何长度的差异。在 Python 中有多种计算幅度的方法。给定向量 v，可以通过测量 v 和原点之间的欧几里得距离简单地测量幅度，也可以通过运行 np.linalg.norm(v)使用 NumPy 计算幅度。最后，还可以使用勾股定理计算幅度，如图 13-8 所示。

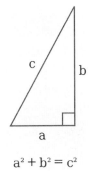

$$a^2 + b^2 = c^2$$

图 13-8　使用勾股定理计算向量的幅度。通常，一个二维向量[a,b]可以用直角三角形表示。三角形的垂直线段的长度为 a 和 b。同时，三角形斜边的长度等于 c。根据勾股定理，c * c == a * a + b * b。因此，向量的幅度等于 sum([value * value for value in vector]) ** 0.5。这个公式超出了二维范围，可以扩展到任意数量的维度

根据勾股定理，坐标 v 到原点的平方距离等于 sum([value * value for value in v])。这与之前对点积的定义相吻合。需要注意的是，两个向量 v1 和 v2 的点积等于 sum([value1 * value2 for value1, value2 in zip(v1, v2)])。因此，v 与自身的点积等于 sum([value * value for value in v])。v 的幅度等于(v @ v) ** 0.5。

让我们计算搜索引擎向量的幅度(如代码清单 13-27 所示)。根据观察，title_a_vector 的幅度应该等于 query_vector 幅度的 3 倍。

代码清单 13-27　计算向量幅度

```
from scipy.spatial.distance import euclidean
```

```
from numpy.linalg import norm

vector_names = ['Query Vector', 'Title A Vector', 'Title B Vector']
tf_search_vectors = [query_vector, title_a_vector, title_b_vector]
origin = np.array([0, 0])
for name, tf_vector in zip(vector_names, tf_search_vectors):
    magnitude = euclidean(tf_vector, origin)
    assert magnitude == norm(tf_vector)
    assert magnitude == (tf_vector @ tf_vector) ** 0.5
    print(f"{name}'s magnitude is approximately {magnitude:.4f}")

magnitude_ratio = norm(title_a_vector) / norm(query_vector)
print(f"\nVector A is {magnitude_ratio:.0f}x as long as Query Vector")

Query Vector's magnitude is approximately 1.4142
Title A Vector's magnitude is approximately 4.2426
Title B Vector's magnitude is approximately 1.0000

Vector A is 3x as long as Query Vector
```

幅度等于向量和原点之间的欧几里得距离

我们还可以使用点积计算幅度

NumPy 的 norm 函数计算幅度

正如预期的那样，query_vector 和 title_a_vector 的幅度之间存在 3 倍的差异。此外，两个向量的幅度都大于 1。同时，title_vector_b 的幅度正好等于 1。幅度为 1 的向量被称为单位向量。单位向量有许多有用的属性，我们将在稍后讨论。单位向量的一个好处是它们易于比较：由于单位向量具有相同的幅度，因此它们的相似度无关紧要。从根本上说，单位向量之间的差异完全由方向决定。

假设 title_a_vector 和 query_vector 的幅度都为 1。因此，它们的长度相同，同时指向相同的方向。本质上，这两个向量是相同的。查询内容和标题 A 之间的词数差异将不再重要。

为说明这一点，让我们将 TF 向量转换为单位向量。将任何向量除以它的幅度，结果都为 1。因此，将向量除以幅度被称为归一化，因为幅度也被称为 L2 范数。运行 v/norm(v)返回一个幅度为 1 的归一化向量。

现在对向量进行归一化并生成一个单位向量图(如图 13-9 和代码清单 13-28 所示)。在图中，两个向量应该相同。

代码清单 13-28　绘制归一化向量

这个向量已经是一个单位向量，没有必要进行归一化

两个归一化的单位向量现在是相同的。我们使用 np.allclose 而不是 np.array_equal 来确认，以补偿归一化过程中可能出现的微小浮点误差

```
unit_query_vector = query_vector / norm(query_vector)
unit_title_a_vector = title_a_vector / norm(title_a_vector)
assert np.allclose(unit_query_vector, unit_title_a_vector)
unit_title_b_vector = title_b_vector

plt.plot([0, unit_query_vector[0]], [0, unit_query_vector[1]], c='k',
         linewidth=3, label='Normalized Query Vector')
plt.plot([0, unit_title_a_vector[0]], [0, unit_title_a_vector[1]], c='b',
         linestyle='--', label='Normalized Title A Vector')
plt.plot([0, unit_title_b_vector[0]], [0, unit_title_b_vector[1]], c='g',
         linewidth=2, linestyle='-.', label='Title B Vector')
```

```
plt.axis('equal')
plt.legend()
plt.show()
```

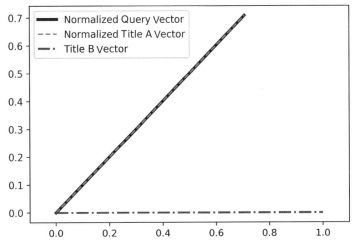

图 13-9　向量已被归一化。所有绘制的向量现在的幅度都为 1。归一化的查询向量和归一化的标题 A
向量在图中是相同的

归一化的查询向量和归一化的标题 A 向量现在完全相同。所有由文本大小引起的差异都已消除。同时，标题 B 向量的位置与查询向量不同，因为这两个线段指向不同的方向。如果根据与unit_query_vector 的相似度对单位向量进行排名，那么 unit_title_a_vector 的排名将超过unit_title_b_vector(如代码清单 13-29 所示)。因此，相对于查询内容来说，标题 A 的排名高于标题 B。

代码清单 13-29　按单位向量相似度对标题进行排名

```
unit_title_vectors = [unit_title_a_vector, unit_title_b_vector]
similarities = [tanimoto_similarity(unit_query_vector, unit_title_vector)
                for unit_title_vector in unit_title_vectors]

for index in sorted(range(len(titles)), key=lambda i: similarities[i],
                    reverse=True):
    title = titles[index]
    similarity = similarities[index]
    print(f"'{title}' has a normalized query similarity of {similarity:.4f}")

'A: Pepperoni Pizza! Pepperoni Pizza! Pepperoni Pizza!' has a normalized
query similarity of 1.0000
'B: Pepperoni' has a normalized query similarity of 0.5469
```

常见的向量幅度运算

- euclidean(vector, vector.size * [0])：返回向量的幅度，它等于向量和原点之间的欧几里得距离。
- norm(vector)：使用 NumPy 的 norm 函数返回向量的幅度。
- (vector @ vector) ** 0.5：使用勾股定理计算向量的幅度。
- vector / norm(vector)：将向量归一化，使其大小等于 1.0。

　　向量归一化修复了搜索引擎中的一个缺陷：搜索引擎不再对标题长度过于敏感。在这个过程中，我们意外地让 Tanimoto 计算更高效。现在让我们分析效率提升的原因。

　　假设测量两个单位向量 u1 和 u2 的 Tanimoto 相似度。从逻辑上讲，可以推断出以下内容。

- Tanimoto 相似度等于 u1 @ u2 / (u1 @ u1 + u2 @ u2 - u1 @ u2)。
- u1 @ u1 等于 norm(u1) ** 2。根据之前的讨论，我们知道 u1 @ u1 等于 u 幅度的平方。
- 因为 u1 是单位向量，所以 norm(u1) 等于 1。于是，norm(u1) ** 2 等于 1。因此 u1 @ u1 等于 1。
- 按照同样的逻辑，u2 @ u2 也等于 1。
- 因此，Tanimoto 相似度降低为 u1 @ u2 / (2 - u1 @ u2)。

　　我们不再需要对每个向量与自身进行点积运算。唯一需要的向量计算就是 u1 @ u2。

　　让我们定义一个 normalized_tanimoto 函数(如代码清单 13-30 所示)。该函数将两个归一化向量 u1 和 u2 作为输入，并且直接从 u1 @ u2 计算它们的 Tanimoto 相似度。其结果等于 tanimoto_similarity (u1,u2)。

代码清单 13-30　计算单位向量 Tanimoto 相似度

```
def normalized_tanimoto(u1, u2):
    dot_product = u1 @ u2
    return dot_product / (2 - dot_product)

for unit_title_vector in unit_title_vectors[1:]:
    similarity = normalized_tanimoto(unit_query_vector, unit_title_vector)
    assert similarity == tanimoto_similarity(unit_query_vector,
                                             unit_title_vector)
```

　　两个单位向量的点积是一个非常特殊的值。它可以很容易地转换为向量之间的夹角以及它们之间的空间距离。为什么这很重要？向量角度和距离等常见几何指标出现在所有向量分析库中。同时，Tanimoto 相似度在 NLP 之外的使用频率较低，它通常需要从头开始实现，这可能会产生严重的现实后果。假设存在下面的场景：你受雇于一家搜索引擎公司，以改进其所有与披萨相关的查询。你建议使用归一化的 Tanimoto 相似度作为查询相关性的指标。但是你的经理对此表示反对，他坚持认为根据公司政策，员工只能使用 scikit-learn 中已包含的相关性指标。

注意
　　遗憾的是，现实中的确存在这种情况。大多数公司倾向于同时对其核心指标进行速度和质量的验证。在大型公司中，验证过程可能需要数月的时间。因此，依赖预先验证的软件库通常比验证一个全新的指标更容易。

　　你的经理让你查看 scikit-learn 文档，该文档概述了可接受的指标函数(http://mng.bz/9aM1)。你可以在图 13-10 所示的表中看到 scikit-learn 指标名称和函数。多个指标名称被映射到同一个函数。8 个指标中包括欧几里得距离以及曼哈顿和哈弗森距离(也叫做大圆距离)，这些前面已介绍过。此外，还有一个指标叫做余弦，我们还没有讨论过。文档中没有提到 Tanimoto 指标，因此不能使用它来评估查询相关性。你应该怎么做？

The valid distance metrics, and the function they map to, are:

metric	Function
'cityblock'	metrics.pairwise.manhattan_distances
'cosine'	metrics.pairwise.cosine_distances
'euclidean'	metrics.pairwise.euclidean_distances
'haversine'	metrics.pairwise.haversine_distances
'l1'	metrics.pairwise.manhattan_distances
'l2'	metrics.pairwise.euclidean_distances
'manhattan'	metrics.pairwise.manhattan_distances
'nan_euclidean'	metrics.pairwise.nan_euclidean_distances

图 13-10　有效距离指标及其对应函数

幸运的是，数学给了你一条出路。如果你的向量已归一化，则它们的 Tanimoto 相似度可以替换为欧几里得和余弦指标。这是因为所有 3 个指标都与归一化点积密切相关。让我们研究为什么会这样。

13.2.2　使用单位向量点积在相关性指标之间进行转换

单位向量点积结合了多种类型的比较指标。我们已看到 tanimoto_similarity(u1,u2) 是 u1 @ u2 的直接函数。事实证明，单位向量之间的欧几里得距离也是 u1 @ u2 的函数。我们不难证明 euclidean(u1,u2) 等于 (2 - 2 * u1@u2) ** 0.5。此外，线性单位向量之间的夹角同样取决于 u1 @ u2。这些关系如图 13-11 所示。

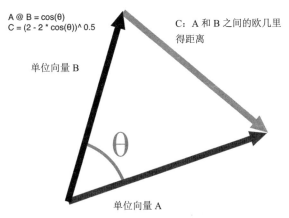

A @ B = cos(θ)
C = (2 - 2 * cos(θ))^ 0.5

C：A 和 B 之间的欧几里得距离

单位向量 B

θ

单位向量 A

图 13-11　两个单位向量 A 和 B。向量之间的夹角等于 θ。向量的点积等于 cosine(θ)。C 表示向量之间的欧几里得距离，等于 $(2 - 2 * cosine(θ))^{0.5}$

在几何上，两个单位向量的点积等于它们之间夹角的余弦。由于与余弦等价，因此两个单位向量的点积通常被称为余弦相似度。给定余弦相似度 cs，可以通过分别运行 (2 - 2 * cs) ** 0.5 或 cs / (2 - cs) 将其转换为欧几里得距离或 Tanimoto 相似度。

注意

余弦是三角学中一个非常重要的函数。它将线之间的夹角映射到一个范围从 - 1 到 1 的值。如果两条线指向同一方向，则它们之间的夹角为 0°，夹角的余弦等于 1。如果两条线指向相反的方向，那么它们之间的角度是 180°，该角度的余弦等于 −1。给定一对向量 v1 和 v2，可以通过运行 (v1 / norm(v1)) @ (v2 / norm(v2)) 计算它们的余弦相似度。然后可以将该结果输入反余弦函数 np.arccos 中，从而测量向量之间的夹角。

代码清单 13-31 演示了如何在 Tanimoto 相似度、余弦相似度和欧几里得距离之间进行转换。我们计算查询向量和每个单位标题向量之间的 Tanimoto 相似度。随后将 Tanimoto 相似度转换为余弦相似度，再将余弦相似度转换为欧几里得距离。

注意

此外，我们利用余弦相似度来计算向量之间的夹角。这样做是为了强调余弦指标如何反映线段之间的角度。

代码清单 13-31　单位向量指标之间的转换

```
unit_vector_names = ['Normalized Title A vector', 'Title B Vector']
u1 = unit_query_vector

for unit_vector_name, u2 in zip(unit_vector_names, unit_title_vectors):
    similarity = normalized_tanimoto(u1, u2)
    cosine_similarity = 2 * similarity / (1 + similarity)
    assert cosine_similarity == u1 @ u2
    angle = np.arccos(cosine_similarity)
    euclidean_distance = (2 - 2 * cosine_similarity) ** 0.5
    assert round(euclidean_distance, 10) == round(euclidean(u1, u2), 10)
    measurements = {'Tanimoto similarity': similarity,
                    'cosine similarity': cosine_similarity,
                    'Euclidean distance': euclidean_distance,
                    'angle': np.degrees(angle)}

    print("We are comparing Normalized Query Vector and "
          f"{unit_vector_name}")
    for measurement_type, value in measurements.items():
        output = f"The {measurement_type} between vectors is {value:.4f}"
        if measurement_type == 'angle':
            output += ' degrees\n'

    print(output)
```

normalized_tanimoto 是 cosine_similarity 的函数。利用基本代数，我们可以对函数求逆来求解 cosine_similarity

```
We are comparing Normalized Query Vector and Normalized Title A vector
The Tanimoto similarity between vectors is 1.0000
The cosine similarity between vectors is 1.0000
The Euclidean distance between vectors is 0.0000
The angle between vectors is 0.0000 degrees

We are comparing Normalized Query Vector and Title B Vector
The Tanimoto similarity between vectors is 0.5469
The cosine similarity between vectors is 0.7071
The Euclidean distance between vectors is 0.7654
The angle between vectors is 45.0000 degrees
```

归一化向量之间的 Tanimoto 相似度可以转换为其他相似度或距离指标。这对我们非常有帮助，原因如下。

- 将 Tanimoto 相似度替换为欧几里得距离允许我们对文本数据进行 K-means 聚类。我们将在第 15 章中讨论文本的 K-means 聚类。
- 将 Tanimoto 相似度替换为余弦相似度可以简化计算要求。我们所有的计算都将简化为基本的点积运算。

注意

NLP 专业人员通常使用余弦相似度而不是 Tanimoto 相似度。研究表明，从长期看，Tanimoto 相似度比余弦相似度更准确。然而，在许多实际应用中，这两种相似度是可以互换的。

常用单位向量比较指标

- u1 @ u2：单位向量 u1 和 u2 之间夹角的余弦。
- (u1 @ u2) / (2 - u1 @ u2)：单位向量 u1 和 u2 之间的 Tanimoto 相似度。
- (2 - 2 * u1 @ u2) ** 0.5：单位向量 u1 和 u2 之间的欧几里得距离。

向量归一化允许我们在多个比较指标之间进行交换。归一化的其他优点包括如下。

- 消除作为区分信号的文本长度的干扰：这让我们可以比较长度不同的具有相似内容的文本。
- 更高效的 Tanimoto 相似度计算：只需要单个点积运算。
- 更有效地计算每对向量之间的相似度：这被称为全相似度。

上述最后一个优点尚未讨论。然而，我们很快就会学到如何使用矩阵乘法优雅地计算跨文本的相似度表。在数学中，矩阵乘法将点积从一维向量推广到二维数组。广义的点积可以有效地计算所有文本对之间的相似度。

13.3　使用矩阵乘法提高相似度计算的效率

在分析以 seashell 为中心的文本时，我们分别比较了每个文本对。那么，如果在表格中将成对的相似度进行可视化，结果会怎样？行和列用于显示单个文本，而元素用于显示 Tanimoto 相似度。这个表格将为我们提供文本之间所有关系的鸟瞰图。我们最后将了解 text2 是与 text1 还是 text3 更相似。

让我们使用图 13-12 中介绍的过程生成一个归一化的 Tanimoto 相似度表(如代码清单 13-32 所示)。首先对之前计算的 tf_vectors 列表中的 TF 向量进行归一化。然后迭代每对向量并计算它们的 Tanimoto 相似度。我们将相似度存储在二维的 similarities 数组中，其中 similarities[i][j]等于第 i 个文本和第 j 个文本之间的相似度。最后，使用热图对 similarities 数组进行可视化，如图 13-13 所示。

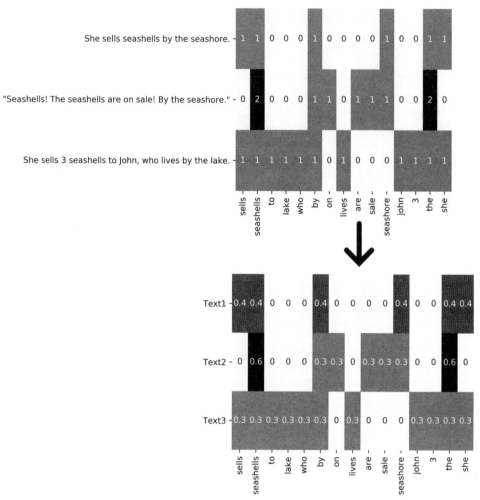

图 13-12 将 3 个文本转换为归一化矩阵。初始文本位于左上角。这些文本共享一个有 15 个唯一单词的词汇表。我们使用该词汇表将文本转换为单词计数矩阵，该矩阵位于右上角。它的 3 行对应 3 个文本，它的 15 列跟踪每个文本中每个单词的出现次数。我们通过将每一行除以其幅度归一化这些计数。归一化在右下角生成矩阵。归一化矩阵中任意两行之间的点积等于相应文本之间的余弦相似度。随后，通过 $\cos / (2 - \cos)$ 将余弦相似度转换为 Tanimoto 相似度

代码清单 13-32 计算归一化的 Tanimoto 相似度表

```
num_texts = len(tf_vectors)
similarities = np.array([[0.0] * num_texts for _ in range(num_texts)])
unit_vectors = np.array([vector / norm(vector) for vector in tf_vectors])
for i, vector_a in enumerate(unit_vectors):
    for j, vector_b in enumerate(unit_vectors):
        similarities[i][j] = normalized_tanimoto(vector_a, vector_b)

labels = ['Text 1', 'Text 2', 'Text 3']
sns.heatmap(similarities, cmap='YlGnBu', annot=True,
        xticklabels=labels, yticklabels=labels)
```

创建一个仅包含 0 的二维数组。可以通过运行 np.zeros((num_texts,num_texts)) 更有效地创建这个数组。我们用文本之间的相似度填充这个空数组

```
plt.yticks(rotation=0)
plt.show()
```

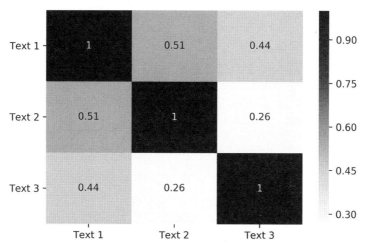

图 13-13　跨文本对的归一化 Tanimoto 相似度表。表格的对角线代表每个文本与其自身的相似度。毫不奇怪，相似度为 1。抛开对角线，我们看到 text1 和 text2 的相似度最高。同时，text2 和 text3 的相似度最低

通过表格提供的信息，我们可以立即判断哪些文本对具有最高的相似度。然而，表格计算的代码效率较低。以下计算是多余的，可以消除。

- 创建一个空的 3*3 数组。
- 通过嵌套的 for 循环遍历所有成对的向量组合。
- 每个成对向量相似度的单独计算。

我们可以使用矩阵乘法替代这些运算的代码。但是，首先需要介绍基本的矩阵运算。

13.3.1　基本矩阵运算

矩阵运算为数据科学的许多子领域提供了动力，包括 NLP、网络分析和机器学习。因此，了解矩阵操作的基础知识对于数据科学工作至关重要。矩阵是一维向量到二维的扩展。换句话说，矩阵只是一个数字表。根据这个定义，similarities 是一个矩阵，unit_vectors 也是一个矩阵。本书中讨论的大多数数值表自然也是矩阵。

注意

每个矩阵都是一个数值表，但并不是每个数值表都是一个矩阵。所有矩阵行必须具有相同的长度。所有矩阵列也是如此。因此，如果在一个表中，一个列有 5 个元素，另一个列有 7 个元素，那么它不是一个矩阵。

由于矩阵以表格形式存在，因此可以使用 Pandas 对其进行分析。数值表可以使用二维 NumPy 数组处理，两种矩阵表示都是有效的。事实上，Pandas DataFrame 和 NumPy 数组有时可以互换使用，因为它们具有某些相同属性。例如，matrix.shape 返回行和列的计数，而无论矩阵是 DataFrame 还是数组。同样，matrix.T 都会对行和列进行转置，而不管矩阵类型如何。让我们通过代码清单 13-33

进行确认。

代码清单 13-33 比较 Pandas 和 NumPy 矩阵属性

```
import pandas as pd

matrices = [unit_vectors, pd.DataFrame(unit_vectors)]
matrix_types = ['2D NumPy array', 'Pandas DataFrame']

for matrix_type, matrix in zip(matrix_types, matrices):      矩阵的转置交换了行
    row_count, column_count = matrix.shape                   与列
    print(f"Our {matrix_type} contains "
          f"{row_count} rows and {column_count} columns")
    assert (column_count, row_count) == matrix.T.shape ◀

Our 2D NumPy array contains 3 rows and 15 columns
Our Pandas DataFrame contains 3 rows and 15 columns
```

Pandas 和 NumPy 表结构很相似。尽管如此，将矩阵存储在二维 NumPy 数组中还有一些其他优点。一个直接的优点是 NumPy 集成了 Python 的内置算术运算符：可以直接在 NumPy 数组上运行基本的算术运算。

1. NumPy 矩阵的算术运算

在 NLP 中，我们有时需要使用基本的算法对一个矩阵进行修改。例如，假设希望根据文档的正文和标题比较一个文档集合。我们假定标题相似度的重要性是正文相似度的两倍，因为标题相似的文档在正文中很可能也是相关的。因此，决定将标题相似度矩阵加倍，从而可以更好地权衡它与正文的关系。

注意

标题与正文的这种相对重要性在新闻文章中尤其如此。具有相似标题的两篇文章很可能引用同一个新闻事件，即使它们的正文对该事件提供了不同的观点。衡量新闻文章相似度的一个很好的启发式方法是计算 2 * title_similarity + body_similarity。

在 NumPy 中很容易将矩阵的数值加倍。例如，可以通过运行 2 * similarities 加倍相似度矩阵，还可以通过运行 similarities + similarities 达到相同的效果。当然，这两个算术运算输出的结果是相等的。同时，运行 similarities - similarities 将返回一个 0 的矩阵。此外，运行 similarities - similarities - 1 将从每个 0 中减去 1(如代码清单 13-34 所示)。

注意

我们从 similarities 中减去 similarities + 1 只是为了展示 NumPy 的算术灵活性。通常，除非我们真的需要 - 1 的矩阵，否则没有理由执行此操作。

代码清单 13-34 NumPy 数组的加减法

```
double_similarities = 2 * similarities
np.array_equal(double_similarities, similarities + similarities)
zero_matrix = similarities - similarities
```

```
negative_1_matrix = similarities - similarities - 1

for i in range(similarities.shape[0]):
    for j in range(similarities.shape[1]):
        assert double_similarities[i][j] == 2 * similarities[i][j]
        assert zero_matrix[i][j] == 0
        assert negative_1_matrix[i][j] == -1
```

我们可以同样的方式乘除 NumPy 数组(如代码清单 13-35 所示)。运行 similarities / similarities 会将每个相似度除以自身，从而返回一个全是 1 的矩阵。同时，运行 similarities * similarities 将返回一个平方相似度的矩阵。

代码清单 13-35　NumPy 数组的乘法和除法

```
squared_similarities = similarities * similarities
assert np.array_equal(squared_similarities, similarities ** 2)
ones_matrix = similarities / similarities

for i in range(similarities.shape[0]):
    for j in range(similarities.shape[1]):
        assert squared_similarities[i][j] == similarities[i][j] ** 2
        assert ones_matrix[i][j] == 1
```

矩阵算术让我们可以方便地在相似度矩阵类型之间进行转换(如代码清单 13-36 所示)。例如，可以简单地通过运行 2 * similarities / (1 + similarities)将 Tanimoto 矩阵转换为余弦相似度矩阵。因此，如果希望将 Tanimoto 相似度与更流行的余弦相似度进行比较，可以仅用一行代码来计算余弦矩阵。

代码清单 13-36　相似度矩阵类型之间的转换

```
cosine_similarities = 2 * similarities / (1 + similarities)      ← 确认余弦相似度等于
for i in range(similarities.shape[0]):                              实际向量点积
    for j in range(similarities.shape[1]):
        cosine_sim = unit_vectors[i] @ unit_vectors[j]
        assert round(cosine_similarities[i][j],
                15) == round(cosine_sim, 15)                    ← 由于浮点误差而舍入
                                                                   结果
```

NumPy 二维数组与 Pandas 相比具有额外的优势。在 NumPy 中按索引访问行和列要简单得多。

2. NumPy 矩阵的行和列操作

对于给定的任何二维 matrix 数组，都可以通过运行 matrix[i]访问索引 i 处的行数据。同样，可以通过运行 matrix[:,j]访问索引 j 处的列数据。让我们使用 NumPy 索引打印 unit_vectors 和 similarities 的第一行和第一列(如代码清单 13-37 所示)。

代码清单 13-37　访问 NumPy 矩阵的行和列

```
for name, matrix in [('Similarities', similarities),
                     ('Unit Vectors', unit_vectors)]:
    print(f"Accessing rows and columns in the {name} Matrix.")
    row, column = matrix[0], matrix[:,0]
```

```
print(f"Row at index 0 is:\n{row}")
print(f"\nColumn at index 0 is:\n{column}\n")
```

```
Accessing rows and columns in the Similarities Matrix.
Row at index 0 is:
[1.         0.51442439 0.44452044]

Column at index 0 is:
[1.         0.51442439 0.44452044]

Accessing rows and columns in the Unit Vectors Matrix.
Row at index 0 is:
[0.40824829  0.40824829  0.         0.40824829  0.         0.
 0.          0.40824829  0.         0.         0.40824829  0.
 0.          0.         0.40824829]

Column at index 0 is:
[0.40824829  0.         0.30151134]
```

所有被打印出来的行和列都是一维 NumPy 数组。给定两个数组，可以计算它们的点积，但前提是数组长度必须相同。在输出中，similarities[0].size 和 unit_vectors[:,0].size 都等于 3。因此，可以取 similarities 的第一行和 unit_vectors 的第一列之间的点积(如代码清单 13-38 所示)。这种特殊的行与列的点积在文本分析中并没有用处，但它有助于说明我们能够轻松计算矩阵行和矩阵列之间的点积。稍后，将使用这种能力来高效地计算文本向量的相似度。

代码清单 13-38 计算一行和一列之间的点积

```
row = similarities[0]
column = unit_vectors[:,0]
dot_product = row @ column
print(f"The dot product between the row and column is: {dot_product:.4f}")
```

```
The dot product between the row and column is: 0.5423
```

同样，可以在 similarities 的每一行和 unit_vectors 的每一列之间计算点积。让我们打印所有可能的点积结果(如代码清单 13-39 所示)。

代码清单 13-39 计算所有行和列之间的点积

```
num_rows = similarities.shape[0]
num_columns = unit_vectors.shape[1]
for i in range(num_rows):
    for j in range(num_columns):
        row = similarities[i]
        column = unit_vectors[:,j]
        dot_product = row @ column
        print(f"The dot product between row {i} column {j} is: "
              f"{dot_product:.4f}")
```

```
The dot product between row 0 column 0 is: 0.5423
The dot product between row 0 column 1 is: 0.8276
The dot product between row 0 column 2 is: 0.1340
The dot product between row 0 column 3 is: 0.6850
```

```
The dot product between row 0 column 4 is: 0.1427
The dot product between row 0 column 5 is: 0.1340
The dot product between row 0 column 6 is: 0.1427
The dot product between row 0 column 7 is: 0.5423
The dot product between row 0 column 8 is: 0.1340
The dot product between row 0 column 9 is: 0.1340
The dot product between row 0 column 10 is: 0.8276
The dot product between row 0 column 11 is: 0.1340
The dot product between row 0 column 12 is: 0.1340
The dot product between row 0 column 13 is: 0.1427
The dot product between row 0 column 14 is: 0.5509
The dot product between row 1 column 0 is: 0.2897
The dot product between row 1 column 1 is: 0.8444
The dot product between row 1 column 2 is: 0.0797
The dot product between row 1 column 3 is: 0.5671
The dot product between row 1 column 4 is: 0.2774
The dot product between row 1 column 5 is: 0.0797
The dot product between row 1 column 6 is: 0.2774
The dot product between row 1 column 7 is: 0.2897
The dot product between row 1 column 8 is: 0.0797
The dot product between row 1 column 9 is: 0.0797
The dot product between row 1 column 10 is: 0.8444
The dot product between row 1 column 11 is: 0.0797
The dot product between row 1 column 12 is: 0.0797
The dot product between row 1 column 13 is: 0.2774
The dot product between row 1 column 14 is: 0.4874
The dot product between row 2 column 0 is: 0.4830
The dot product between row 2 column 1 is: 0.6296
The dot product between row 2 column 2 is: 0.3015
The dot product between row 2 column 3 is: 0.5563
The dot product between row 2 column 4 is: 0.0733
The dot product between row 2 column 5 is: 0.3015
The dot product between row 2 column 6 is: 0.0733
The dot product between row 2 column 7 is: 0.4830
The dot product between row 2 column 8 is: 0.3015
The dot product between row 2 column 9 is: 0.3015
The dot product between row 2 column 10 is: 0.6296
The dot product between row 2 column 11 is: 0.3015
The dot product between row 2 column 12 is: 0.3015
The dot product between row 2 column 13 is: 0.0733
The dot product between row 2 column 14 is: 0.2548
```

这里已生成 45 个点积：每个行和列的组合生成一个点积。我们的打印结果过多，而这些输出可以更简洁地存储在名为 dot_products 的表中，其中 dot_products[i][j] 等于 similarities[i] @ unit_vectors[:,j](如代码清单 13-40 所示)。当然，根据定义，该表也是一个矩阵。

代码清单 13-40 将所有点积存储在矩阵中

```
dot_products = np.zeros((num_rows, num_columns))    ◀──────┤ 返回一个由 0 组成的空数组
for i in range(num_rows):
    for j in range(num_columns):
        dot_products[i][j] = similarities[i] @ unit_vectors[:,j]

print(dot_products)
```

```
[[[0.54227624   0.82762755   0.13402795   0.6849519    0.14267565   0.13402795
   0.14267565   0.54227624   0.13402795   0.13402795   0.82762755   0.13402795
   0.13402795   0.14267565   0.55092394]
 [0.28970812   0.84440831   0.07969524   0.56705821   0.2773501    0.07969524
   0.2773501    0.28970812   0.07969524   0.07969524   0.84440831   0.07969524
   0.07969524   0.2773501    0.48736297]
 [0.48298605   0.62960397   0.30151134   0.55629501   0.07330896   0.30151134
   0.07330896   0.48298605   0.30151134   0.30151134   0.62960397   0.30151134
   0.30151134   0.07330896   0.25478367]]]
```

我们刚刚执行的操作被称为矩阵乘积。它是向量点积在二维空间中的扩展。给定两个矩阵 (matrix_a 和 matrix_b)，可以通过计算 matrix_c 得到它们的乘积，其中 matrix_c[i][j]等于 matrix_a[i] @ matrix_b[:,j](如图 13-14 所示)。矩阵乘积对许多现代技术的进步起着至关重要的作用。它们为 Google 等大型搜索引擎中的排名算法提供支持，是训练汽车自动驾驶模型的基础，也是现代 NLP 的基础。矩阵乘积的价值将很快显现出来，但首先必须更深入地讨论矩阵乘积运算的相关内容。

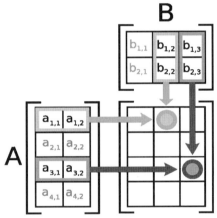

图 13-14　计算矩阵 A 和 B 的矩阵乘积。该运算将输出一个新矩阵。输出的第 i 行第 j 列中的元素等于 A 的第 i 行和 B 的第 j 列的点积。例如，输出的第 1 行第 2 列中的元素等于 $a_{1,1}*b_{1,2}+a_{1,2}*b_{2,2}$。再如，输出的第 3 行第 3 列中的元素等于 $a_{3,1}*b_{1,3}+a_{3,2}*b_{2,3}$

3. NumPy 矩阵乘积

可以通过在 matrix_a 和 matrix_b 之间运行嵌套的 for 循环计算 matrix_c。这种技术效率不高。可以简单地将 NumPy 的乘积运算符@应用于二维矩阵和一维数组。如果 matrix_a 和 matrix_b 都是 NumPy 数组，则 matrix_c 等于 matrix_a @ matrix_b。因此，similarities 和 unit_vectors 的矩阵乘积等于 similarities @ unit_vectors。让我们通过代码清单 13-41 确认这一点。

代码清单 13-41　使用 NumPy 计算矩阵乘积

```
matrix_product = similarities @ unit_vectors
assert np.allclose(matrix_product, dot_products)  ◄─────
```

我们断定 matrix_product 的所有元素与 dot_products 的所有元素几乎相同。由于浮点误差，结果可能存在微小差异如果翻转输入矩阵并运行 unit_vectors @ similarities 会发生什么？NumPy 会抛出错误(如代码清单 13-42 所示)。由于使用 unit_vectors 的行与 similarities 的列来计算向量点积，但这些行和列的长度不同，因此计算不可能完成，如图 13-15 所示。

代码清单 13-42　错误地计算矩阵乘积

```
try:
    matrix_product = unit_vectors @ similarities
except:
    print("We can't compute the matrix product")

We can't compute the matrix product
```

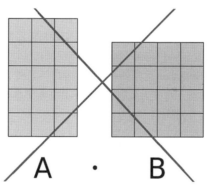

图 13-15　错误地计算矩阵 A 和 B 的矩阵乘积。矩阵 A 每行有 3 列，矩阵 B 每列有 4 行。我们不能在三元素行和四元素列之间计算点积。因此，运行 A @ B 会导致错误

矩阵乘积是顺序相关的。matrix_a @ matrix_b 的输出不一定与 matrix_b @ matrix_a 相同。具体来说，可以通过如下解释区分 matrix_a @ matrix_b 和 matrix_b @ matrix_a。

- matrix_a @ matrix_b 是 matrix_a 和 matrix_b 的乘积。
- matrix_b @ matrix_a 是 matrix_b 和 matrix_a 的乘积。

在数学中，乘积和乘法这两个词通常可以互换。因此，计算矩阵乘积通常被称为矩阵乘法。这个名称无处不在，以至于 NumPy 包含一个 np.matmul 函数(如代码清单 13-43 所示)。np.matmul (matrix_a,matrix_b)的输出与 matrix_a @ matrix_b 相同。

代码清单 13-43　使用 matmul 运行矩阵乘法

```
matrix_product = np.matmul(similarities, unit_vectors)
assert np.array_equal(matrix_product,
                      similarities @ unit_vectors)
```

常见的 NumPy 矩阵运算

- matrix.shape：返回一个包含矩阵的行数和列数的元组。
- matrix.T：返回行和列交换的转置矩阵。
- matrix[i]：返回矩阵中的第 i 行。
- matrix[:,j]：返回矩阵中的第 j 列。

- k * matrix：将矩阵的每个元素乘以常数 k。
- matrix + k：将矩阵的每个元素都与常数 k 相加。
- matrix_a + matrix_b：将 matrix_a 的每个元素添加到 matrix_b。这相当于对每个可能的 i 和 j 运行 matrix_c[i][j] = matrix_a[i][j] + matrix_b[i][j]。
- matrix_a * matrix_b：将 matrix_a 的每个元素与 matrix_b 的每个元素相乘。这相当于对每个可能的 i 和 j 运行 matrix_c[i][j] = matrix_a[i][j] * matrix_b[i][j]。
- matrix_a @ matrix_b：返回 matrix_a 和 matrix_b 的矩阵乘积。这相当于对每个可能的 i 和 j 运行 matrix_c[i][j] = matrix_a[i] @ matrix_b[:,j]。
- np.matmul(matrix_a, matrix_b)：返回 matrix_a 和 matrix_b 的矩阵乘积，而不依赖@运算符。

NumPy 允许我们在不依赖嵌套的 for 循环的情况下执行矩阵乘法。这种优化更深层次的意义在于，标准的 Python for 循环适用于通用的数据列表，它们没有针对数字进行优化；但 NumPy 巧妙地优化了它的数组迭代。因此，使用 NumPy 计算矩阵乘积将获得明显的性能提升。

让我们比较 NumPy 和常规 Python 之间的矩阵乘积速度，如图 13-16 所示。代码清单 13-44 使用 NumPy 和 Python for 循环执行了可变大小矩阵的乘法并将乘积速度绘制出来。Python 的内置 time 模块被用来计算矩阵乘法的运行时间。

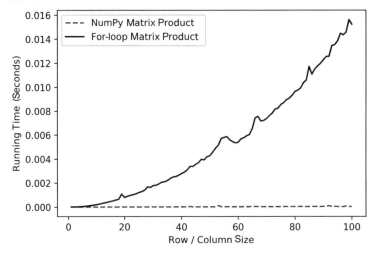

图 13-16 通过 NumPy 与常规 Python for 循环来实现矩阵乘积的效率对比。NumPy 比常规 Python for 循环的效率更高

注意

具体运行时间会因执行代码的机器运行时的状态不同而产生波动。

代码清单 13-44 比较矩阵乘法的运行时间

```
import time

numpy_run_times = []
for_loop_run_times = []
matrix_sizes = range(1, 101)
for size in matrix_sizes:
```

```
            matrix = np.ones((size, size))
```

创建一个 size * size 的由 1 组成的矩阵，size 的范围为 1~100

```
    start_time = time.time()
    matrix @ matrix
    numpy_run_times.append(time.time() - start_time)
```

以秒为单位返回当前时间

将矩阵乘积速度存储在 NumPy 中

```
    start_time = time.time()
    for i in range(size):
        for j in range(size):
            matrix[i] @ matrix[:,j]

    for_loop_run_times.append(time.time() - start_time)
```

存储 Python for 循环的矩阵乘积速度

```
plt.plot(matrix_sizes, numpy_run_times,
        label='NumPy Matrix Product', linestyle='--')
plt.plot(matrix_sizes, for_loop_run_times,
        label='For-Loop Matrix Product', color='k')
plt.xlabel('Row / Column Size')
plt.ylabel('Running Time (Seconds)')
plt.legend()
plt.show()
```

对于矩阵乘法来说，NumPy 的性能大大优于基本的 Python for 循环。NumPy 矩阵乘积代码的运行和编写效率更高。我们现在将使用 NumPy 以最大效率计算全文本相似度。

13.3.2　计算全矩阵相似度

我们之前通过迭代 unit_vectors 矩阵计算文本相似度。这个矩阵保存了 3 个 seashell 文本的归一化 TF 向量。如果将 unit_vectors 乘以 unit_vectors.T 会发生什么？unit_vectors.T 是 unit_vectors 的转置。因此，转置中的列等于 unit_vectors 中的行。取 unit_vectors[i]和 unit_vectors.T[:,i]的点积会返回单位向量与其自身的余弦相似度，如图 13-17 所示。当然，这种相似度将等于 1。根据这个逻辑，unit_vectors[i] @ unit_vectors[j].T 等于第 i 个和第 j 个向量之间的余弦相似度。因此，unit_vectors @ unit_vectors.T 返回一个由所有余弦相似度组成的矩阵。该矩阵应该等于之前计算的 cosine_similarities 数组。让我们通过代码清单 13-45 确认这一点。

代码清单 13-45　从矩阵乘积中获取余弦

```
cosine_matrix = unit_vectors @ unit_vectors.T
assert np.allclose(cosine_matrix, cosine_similarities)
```

cosine_matrix 中的每个元素等于两个向量化文本之间夹角的余弦值。该余弦值可以转换为 Tanimoto 值，Tanimoto 值通常反映文本之间的单词重叠和分歧。借助 NumPy 算法，可以通过运行 cosine_matrix/(2 - cosine_matrix)将 cosine_matrix 转换为 Tanimoto 相似度矩阵(如代码清单 13-46 所示)。

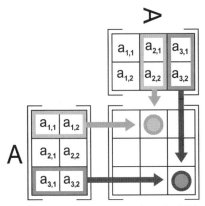

图 13-17 计算 A 和 A 的转置之间的点积。该运算将输出一个新矩阵。新矩阵的每个第 i 行第 j 列的元素等于 A 的第 i 行与第 j 列的点积。因此，新矩阵的第 3 行第 3 列的元素等于 A[2] 与自身的点积。如果矩阵 A 被归一化，那么点积将等于 1.0

代码清单 13-46　将余弦转换为 Tanimoto 矩阵

```
tanimoto_matrix = cosine_matrix / (2 - cosine_matrix)
assert np.allclose(tanimoto_matrix, similarities)
```

我们只用两行代码就计算了所有的 Tanimoto 相似度。还可以通过将 unit_vectors 和 unit_vectors.T 直接输入 normalized_tanimoto 函数计算这些相似度(如代码清单 13-47 所示)。该函数将执行以下操作。

(1) 将两个维度不受限制的 NumPy 数组作为输入。

(2) 将@运算符应用于 NumPy 数组。如果数组是矩阵，则该运算返回矩阵乘积。

(3) 使用算术运算来修改乘积，此运算同时适用于数字和矩阵。

因此，normalized_tanimoto(unit_vectors,unit_vectors.T)可以获得与 tanimoto_matrix 相同的结果。

代码清单 13-47　将矩阵作为 normalized_tanimoto 的输入

```
output = normalized_tanimoto(unit_vectors, unit_vectors.T)
assert np.array_equal(output, tanimoto_matrix)
```

对于给定的归一化 TF 向量矩阵，可以通过一行高效的代码计算它们所有的相似度。

> **常见的归一化矩阵比较**
> - norm_matrix @ norm_matrix.T：返回包含所有余弦相似度的矩阵。
> - norm_matrix @ norm_matrix.T / (2 - norm_matrix @ norm_matrix.T)：返回包含所有 Tanimoto 相似度的矩阵。

13.4　矩阵乘法的计算限制

矩阵乘法的运行速度由矩阵大小决定。NumPy 可能会优化运行速度，但即使是 NumPy 也有其局限性。当计算真实世界的文本矩阵乘积时，这些限制会变得更明显。问题来自矩阵的列数，它取决于词汇表的大小。当我们开始比较较大的文本时，词汇表中的总词数可能会失控。

以小说分析为例。一般的小说包含大约 5 000~10 000 个唯一单词。例如，《霍比特人》包含 6 175 个唯一单词，而《双城记》则包含 9 699 个唯一单词。两部小说中的一些单词有重叠，它们对应的词汇表中有 12 138 个单词。我们还可以再加入一部小说。加上《汤姆·索亚历险记》，词汇表将增加到 13 935 个单词。按照这个速度，再增加 27 本小说，词汇表就会增加到大约 5 万个单词。

让我们假设 30 本小说具有包含 50 000 个单词的词汇表。此外，假设需要计算这 30 本书的所有相似度(如代码清单 13-48 所示)。计算这些相似度需要多少时间？可以创建一个 30 本书与 5 万单词的 book_matrix。矩阵中的所有行都将被归一化。然后，测量 normalized_tanimoto (book_matrix, book_matrix.T)的运行时间。

注意

实验的目的是测试矩阵列数对运行时间的影响。这里，实际的矩阵内容并不重要。因此，我们将所有单词的计数设置为 1，从而对分析情况进行极度简化。每一行的归一化值都等于 1 / 5000。在现实世界中，情况并非如此。此外，请注意，可以通过跟踪所有 0 值矩阵元素优化运行时间。这里不考虑 0 值对矩阵乘法速度的影响。

代码清单 13-48　对 30 本小说进行全面比较

```
vocabulary_size = 50000
normalized_vector = [1 / vocabulary_size] * vocabulary_size
book_count = 30

def measure_run_time(book_count):                          ◀── 该函数计算一个book_count
    book_matrix = np.array([normalized_vector] * book_count)     * 50 000 的矩阵上的运行时
    start_time = time.time()                                      间。它将在后面两个代码清
    normalized_tanimoto(book_matrix, book_matrix.T)               单中被重复使用
    return time.time() - start_time

run_time = measure_run_time(book_count)
print(f"It took {run_time:.4f} seconds to compute the similarities across a "
    f"{book_count}-book by {vocabulary_size}-word matrix")

It took 0.0051 seconds to compute the similarities across a 30-book by 50000-
    word matrix
```

相似度矩阵的计算大约花了 5 毫秒。这是一个合理的运行时间。随着要分析书的数量继续增加，它还会保持在一个合理范围吗？让我们进行验证。这里将绘制 30~1 000 本书的运行时间，如图 13-18 和代码清单 13-49 所示。为保持一致性，将词汇表的大小保持在 50 000 个单词。

代码清单 13-49　绘制图书数量与运行时间的关系图

```
book_counts = range(30, 1000, 30)                    ◀── 我们不对30~1000本书进行连续采
run_times = [measure_run_time(book_count)                 样，这样运行的时间过长
            for book_count in book_counts]
plt.scatter(book_counts, run_times)                  ◀── 生成散点图而不是曲线。图 13-18 将离
plt.xlabel('Book Count')                                  散点拟合成一条连续的抛物线
```

```
plt.ylabel('Running Time (Seconds)')
plt.show()
```

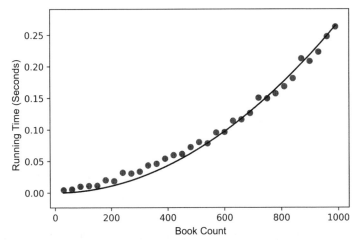

图 13-18 图书数量与文本比较所用的时间。运行时间呈平方级增加的趋势

相似度运行时间随书的数量增加呈二次方上升。当达到 1 000 本书时，运行时间增加到大约 0.27 秒。这种运行时间是可以容忍的。但是，如果进一步增加图书数量，则运行时间将变得不可接受。我们可以用简单的数学方法证明这一点。绘制的曲线呈现出由 $y = n*(x ** 2)$ 定义的抛物线形状。当 x 大约为 1 000 时，y 大约等于 0.27。因此，可以使用方程 $y = (0.27 / (1000 ** 2)) * (x ** 2)$ 模拟运行时间。让我们通过将方程输出和之前计算的测量值绘制在同一个图中来确认这一点，如图 13-19 和代码清单 13-50 所示。这两个图形大部分应该是重叠的。

图 13-19 将运行时间与之前计算的结果一同绘制。曲线的形状与运行时间散点图重叠

代码清单 13-50 使用二次曲线建模运行时间

```
def y(x): return (0.27 / (1000 ** 2)) * (x ** 2)
plt.scatter(book_counts, run_times)
plt.plot(book_counts, y(np.array(book_counts)), c='k')
```

```
plt.xlabel('Book Count')
plt.ylabel('Running Time (Seconds)')
plt.show()
```

我们绘制的方程与之前的测量时间重叠。因此，可以使用该方程来预测较大图书数量的比较速度。现在查看测量 30 万本书的相似度需要多长时间(如代码清单 13-51 所示)。

注意

30 似乎是一个异常大的数字。但是，它反映了每年出版的 20~30 万部英文小说的实际情况。如果想比较一年出版的所有小说，则需要乘以包含超过 20 万行的矩阵。

代码清单 13-51　预测 30 万本书的运行时间

通过除以 3600 将时间从秒转换为小时

```
book_count = 300000
run_time = y(book_count) / 3600
print(f"It will take {run_time} hours to compute all-by-all similarities "
      f"from a {book_count}-book by {vocabulary_size}-word matrix")

It will take 6.75 hours to compute all-by-all similarities from a 300000-book
      by 50000-word matrix
```

比较 30 万本书需要将近 7 个小时。这种运行时间是不可接受的，特别是在商业 NLP 系统中，这些系统需要在几秒钟内处理数百万个文本。我们需要以某种方式减少运行时间。一种方法是减小矩阵的大小。

我们的矩阵太大，部分原因是列的数量过多。每行包含 50 000 个列，对应 50 000 个单词。然而，在现实世界中，并不是所有词都是平均分布的。虽然有些词在小说中很常见，但其他词可能只出现一次。例如，以长篇小说《白鲸》为例，其中 44%的单词被提及一次，并且再也没有使用过。有些词在其他小说中也很少提及。将它们删除可大幅减少列的数量。

与上面所说的生僻词相比，每部小说都出现的常用词也不会为比较小说的相似度带来很大的收益，因此将常用词删除也是减少矩阵列数的好方法。

实际上，可以系统地将每个矩阵行的维数从 50 000 减少到一个更合理的值。在第 14 章中，将介绍一系列的降维技术，以缩小任何输入矩阵的形状。减少文本矩阵的维数可大幅降低 NLP 计算的运行时间。

13.5　本章小结

- 可以使用 Jaccard 相似度来比较文本。这个相似度指标表示两个文本之间共享的唯一单词的比例。
- 可以通过将文本转换为 0 和 1 的二进制向量来计算 Jaccard 相似度。取两个二进制文本向量的点积将返回文本之间的共享单词的个数。同时，文本向量与自身的点积将返回文本中单词的总数。通过这些值可以计算 Jaccard 相似度。
- Tanimoto 相似度将 Jaccard 相似度推广到包含非二进制向量。这允许我们比较单词计数的向量(这被称为 TF 向量)。

- TF 向量相似度过度依赖文本大小。可以使用归一化消除这种依赖性。向量可以通过计算它的幅度来归一化，幅度是向量到原点的距离。将向量除以其幅度会得到归一化的单位向量。
- 单位向量的幅度是 1。此外，Tanimoto 相似度部分依赖向量幅度。因此，如果只在单位向量上运行，则可以简化相似度函数。此外，该单位向量相似度可以转换为其他常用指标，例如余弦相似度和距离。
- 可以使用矩阵乘法有效地计算全相似度。矩阵就是一个二维的数字表。可以通过取每个矩阵行和矩阵列之间的成对点积来让两个矩阵相乘。如果将一个归一化矩阵乘以它的转置矩阵，会得到一个全余弦相似度矩阵。利用 NumPy 的矩阵算法，可以将这些余弦相似度转换为 Tanimoto 相似度。
- NumPy 中的矩阵乘法比单纯使用 Python for 循环效率高得多。然而，NumPy 也有其局限性。一旦一个矩阵变得太大，就必须找到一种缩小矩阵大小的方法。

第*14*章

矩阵数据的降维

降维是一系列在保留信息内容的同时缩小数据大小的技术。这些技术渗透到许多日常数字活动中。例如，假设你刚从伯利兹度假回来。你的手机上有 10 张假期照片要发送给朋友。遗憾的是，这些照片相当大，你当前的无线连接速度很慢。每张照片高 1 200 像素，宽 1 200 像素。它占用 5.5MB 存储空间，传输需要 15 秒。传输所有 10 张照片需要 2.5 分钟。幸运的是，你的消息传递应用程序为你提供了更好的解决方案：你可以将每张照片从 1 200×1 200 像素的分辨率缩小到 600×480 像素。这使得每张照片的尺寸缩小为 1/6。通过降低分辨率，你将牺牲一些图片细节。然而，度假照片将保留大部分信息，像茂密的丛林、蔚蓝的大海和迷人的沙滩等将在图像中清晰可见。因此，这种权衡是值得的。如果将维度减少为 1/6，传输速度将增加 6 倍：与你的朋友分享 10 张照片只需要 25 秒。

当然，降维的好处不只是传输速度。例如，可以将地图制作视为降维问题。地球是一个三维的球体，我们可以准确地将其建模为一个球体。通过将地球的三维形状投影到二维的纸上，可以将其变成地图。与地球仪相比，纸质地图更方便携带，我们可以将地图折叠起来放在口袋里。此外，二维地图为我们提供了额外的优势。假设要找到与至少 10 个其他国家/地区接壤的所有国家/地区。在地图上找到这些密集的边界区域很容易。相反，如果使用地球仪，则这项任务变得更具挑战性。我们需要从多个角度旋转地球仪，因为无法一次看到所有国家/地区。在某些方面，地球的曲率也是干扰我们完成这项任务的一个重要因素。消除曲率将简化我们的工作，但要付出代价：南极洲大陆基本上已从地图中被删除。当然，南极洲没有国家，因此从我们的任务角度看，这种权衡是值得的。

这里通过地图的例子展示了数据降维带来的如下优点。

- 更紧凑的数据更易于传输和存储。
- 当数据较小时，算法任务执行的时间更少。

● 某些复杂的任务(如聚类检测)可以通过删除不必要的信息实现简化。

后面两个优点与本案例研究非常相关。我们希望按主题对数千个文本文档进行聚类。聚类将需要对全文档相似度矩阵进行运算。正如上一章所讨论的,这种计算可能非常耗时。降维可以通过减少数据矩阵的列数来加快处理速度。作为进一步的优势,已证明降维后的文本数据可以产生更高质量的主题聚类。

让我们深入研究降维和数据聚类之间的关系。首先从一个简单的任务开始,将二维数据聚类到一维中。

14.1 将二维数据聚类到一维中

降维有很多用途,包括更易于解释的聚类。考虑这样一个场景,其中我们管理一个在线服装店。当客户访问我们的网站时,他们被要求提供他们的身高和体重。这些测量值被添加到客户数据库中。由于需要两个数据库列来存储每个客户的测量数据,因此数据是二维的。二维测量用于根据可用的库存为客户提供合适尺寸的服装。库存里有 3 种尺寸:小、中、大。假定有 180 位客户的测量数据,我们想进行如下操作。

● 根据衣服的尺寸将客户分成 3 个不同的聚类。

● 使用计算出的聚类创建一个可解释的模型,并且通过这个模型确定每位新客户的衣服尺寸。

● 简化我们的聚类,让非技术投资者能够很好地理解它。

第三点尤其限制了我们的决定。我们的聚类不能依赖技术概念,例如质心或到均值的距离。理想情况下,可以用一张图解释模型。可以使用降维来简化模型。但是,首先需要模拟 180 位客户的二维测量数据。让我们从模拟客户身高开始(如代码清单 14-1 所示)。身高范围从 60 英寸(5 英尺)到 78 英寸(6.5 英尺)。这里通过调用 np.arange(60,78,0.1)生成这些身高数据。这将返回 60 和 78 英寸之间的客户身高数组,其中两个连续身高之间的差值为 0.1 英寸。

代码清单 14-1 模拟一系列身高

```
import numpy as np
heights = np.arange(60, 78, 0.1)
```

接下来,模拟客户的体重,体重很大程度上取决于身高。一个较高的人很可能比一个较矮的人更重。平均而言,一个人的体重(以磅为单位)大约等于 4 * height - 130。当然,每个人的体重都会围绕这个平均值波动。我们将使用标准差为 10 磅的正态分布对这些随机数据波动进行建模(如代码清单 14-2 所示)。因此,给定 height 变量,可以将体重建模为 4 * height - 130 + np.random.normal(scale = 10)。接下来,通过这个公式计算 180 个身高对应的体重。

代码清单 14-2 使用身高模拟体重

```
np.random.seed(0)
random_fluctuations = np.random.normal(scale=10, size=heights.size)
weights = 4 * heights - 130 + random_fluctuations
```

通过 scale 参数设置标准差

可以将身高和体重视为 measurements 矩阵中的二维坐标。让我们存储并绘制这些测量坐标，如图 14-1 和代码清单 14-3 所示。

代码清单 14-3　绘制二维测量值

```python
import matplotlib.pyplot as plt
measurements = np.array([heights, weights])
plt.scatter(measurements[0], measurements[1])
plt.xlabel('Height (in)')
plt.ylabel('Weight (lb)')
plt.show()
```

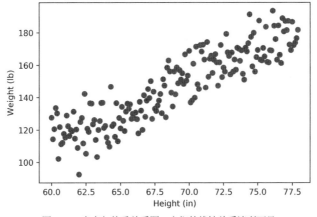

图 14-1　身高与体重关系图。它们的线性关系清晰可见

身高和体重之间的线性关系在图中清晰可见。此外，正如预期的那样，身高轴和体重轴的比例不同。需要注意的是，Matplotlib 操纵它的二维轴，从而使最终的绘图更美观。通常，这是一件好事。我们很快就会旋转绘图以简化数据。旋转会改变轴的缩放比例，使旋转后的数据难以与原始数据图进行比较。因此，应该调整轴，从而获得一致的视觉输出。让我们通过调用 plt.axis('equal')对轴进行调整，然后重新生成图，如图 14-2 和代码清单 14-4 所示。

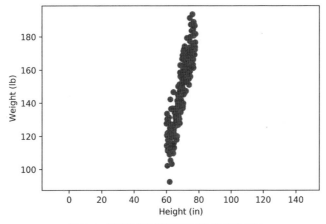

图 14-2　对轴进行调整后的身高与体重关系图

```
plt.scatter(measurements[0], measurements[1])
plt.xlabel('Height (in)')
plt.ylabel('Weight (lb)')
plt.axis('equal')
plt.show()
```

现在图呈现为一个细长的雪茄形状。如果将雪茄切成 3 个相等的部分，那么可以按衣服尺寸对雪茄进行聚类。获得聚类的一种方法是利用 K-means。当然，解释这种结果需要了解 K-means 算法。一个技术含量较低的解决方案是将雪茄放倒。如果将雪茄形图水平放置，则可以使用两条垂直线将其分成 3 个部分，如图 14-3 所示。第一段将隔离最左边的 60 个数据点，第二段将隔离最右边的 60 个客户点。这些操作将以易于解释的方式细分客户，即使是对非技术人员也是如此。

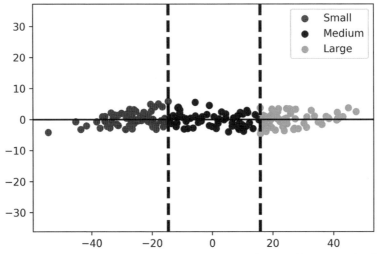

图 14-3 将线性测量值进行水平旋转，因此它们主要位于 x 轴上。两条垂直线将数据分成 3 个相等的聚类：小、中和大。在图中，x 轴足以区分测量值。因此，可以通过最小的信息损失消除 y 轴。注意，该图是使用代码清单 14-15 生成的

注意

出于练习的目的，我们假设小、中和大的尺寸是平均分布的。在现实世界的服装行业，情况可能并非如此。

如果向 x 轴旋转数据，水平 x 值应该足以区分各点。因此，可以在不依赖垂直 y 值的情况下对数据进行聚类。实际上，我们将能够以最小的信息损失删除 y 值。这种删除操作会将数据从二维减少到一维，如图 14-4 所示。

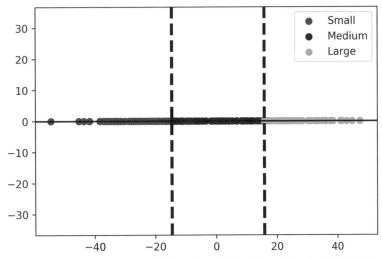

图 14-4　线性测量值使用水平旋转减少到一维。数据点已向 x 轴旋转，并且它们的 y 值坐标已被删除。尽管如此，剩
　　　　余的 x 值足以对这些点进行区分。因此，一维输出结果仍然允许我们将数据分成 3 个相等的聚类

　　现在将尝试通过翻转数据对二维数据进行聚类。这种水平旋转将使我们能够对数据进行聚类并
将其减少到一维。

通过旋转减少维度

　　如果要旋转数据，需要执行两个独立的步骤。

　　(1) 移动所有的数据点，使它们以图的原点为中心，原点位于坐标(0,0)处。这将使图更易于向
x 轴旋转。

　　(2) 旋转绘制的数据，直至数据点到 x 轴的总距离最小化。

　　将数据集中在原点是微不足道的。每个数据集的中心点等于它的平均值。因此，需要调整坐标
使它们的 x 值均值和 y 值均值都等于 0。这可以通过从每个坐标中减去当前的平均值来实现。换句
话说，用身高减去平均身高，用体重减去平均体重，将生成一个以(0,0)为中心的数据集(如代码清
单 14-5 所示)。

代码清单 14-5　将测量值居中于原点

```
centered_data = np.array([heights - heights.mean(),
                          weights - weights.mean()])
plt.scatter(centered_data[0], centered_data[1])
plt.axhline(0, c='black')          ◀────────────┐   对 x 轴和 y 轴进行可
plt.axvline(0, c='black')                        │   视化，从而标记原点
plt.xlabel('Centralized Height (in)')                位置
plt.ylabel('Centralized Weight (lb)')
plt.axis('equal')
plt.show()
```

　　让我们移动身高和体重坐标并将这些变化存储在一个 centered_data 数组中。然后绘制移动后的

坐标，从而验证它们是否以原点为中心，如图 14-5 所示。

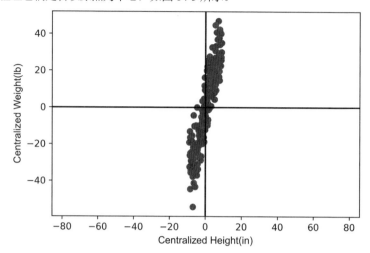

图14-5　以原点为中心的身高与体重关系图。居中的数据可以像螺旋桨一样旋转

数据现在完全集中在原点。然而，数据的方向更接近 y 轴而不是 x 轴。我们的目标是通过旋转调整这个方向。我们想让这些点绕着原点旋转直到它们与 x 轴重叠。围绕中心旋转二维图形需要使用旋转矩阵：一个 2*2 的数组，形式为 np.array([[cos(x), -sin(x)], [sin(x), cos(x)]])，其中 x 是旋转角度。该数组与 centered_data 的矩阵乘积将数据旋转 x 弧度。旋转是逆时针方向的，但也可以通过输入-x 顺时针旋转数据。

让我们利用旋转矩阵将 centered_data 顺时针旋转 90°（如代码清单 14-6 所示）。然后绘制旋转后的数据和原始的 centered_data 数组，如图 14-6 所示。

代码清单 14-6　将 centered_data 旋转 90°

```
from math import sin, cos
angle = np.radians(-90)
rotation_matrix = np.array([[cos(angle), -sin(angle)],          将角的表示由角
                            [sin(angle), cos(angle)]])          度转换为弧度
rotated_data = rotation_matrix @ centered_data
plt.scatter(centered_data[0], centered_data[1], label='Original Data')
plt.scatter(rotated_data[0], rotated_data[1], c='y', label='Rotated Data')
plt.axhline(0, c='black')
plt.axvline(0, c='black')
plt.legend()
plt.axis('equal')
plt.show()
```

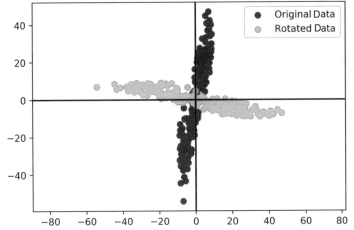

图 14-6　centered_data 旋转前后的对比图。数据已绕原点旋转 90°，它现在更靠近 x 轴

　　正如预期的那样，rotated_data 与 centered_data 垂直。我们已成功地将图像旋转 90°。此外，旋转使图像更靠近 x 轴。我们需要一种方法量化这种转变。这里生成一个惩罚分数，该分数随着数据向 x 轴旋转而降低。

　　我们将惩罚所有垂直的 y 轴值(如代码清单 14-7 所示)。惩罚基于第 5 章中介绍的平方距离的概念。惩罚平方等于 rotated_data 的平均平方 y 值。由于 y 值代表到 x 轴的距离，因此惩罚等于到 x 轴的平均平方距离。当旋转的数据集靠近 x 轴时，其平均平方 y 值会减小。

　　给定任何 y_values 数组，可以通过执行 sum([y ** 2 for y in y_values]) / y_values.size 计算惩罚。但是，也可以通过运行 y_values @ y_values/y.size 计算惩罚。两者结果相同，但点积计算效率更高。让我们比较 rotated_data 和 centered_data 的惩罚分数。

代码清单 14-7　惩罚垂直的 y 值

```
data_labels = ['unrotated', 'rotated']
data_list = [centered_data, rotated_data]
for data_label, data in zip(data_labels, data_list):
    y_values = data[1]
    penalty = y_values @ y_values / y_values.size
    print(f"The penalty score for the {data_label} data is {penalty:.2f}")

The penalty score for the unrotated data is 519.82
The penalty score for the rotated data is 27.00
```

　　数据旋转后，惩罚分数约降低为 1/20。这种惩罚分数下降具有统计解释，如果考虑以下因素，则可以将惩罚与方差联系起来。

- 惩罚分数等于 y_values 数组中与 0 相距的平均平方 y 值。
- y_values.mean()等于 0。
- 惩罚平方等于与均值相距的平均平方 y 值。
- 到均值的平均平方距离等于方差。
- 惩罚分数等于 y_values.var()。

现在已经推断出惩罚分数等于 y 轴方差。因此，数据旋转使 y 轴方差约减少为 1/20。让我们通过代码清单 14-8 进行确认。

代码清单 14-8　将惩罚等同于 y 轴方差

```
for data_label, data in zip(data_labels, data_list):
    y_var = data[1].var()                              考虑浮点误
    penalty = data[1] @ data[1] / data[0].size         差的舍入
    assert round(y_var, 14) == round(penalty, 14) ◄──
    print(f"The y-axis variance for the {data_label} data is {y_var:.2f}")

The y-axis variance for the unrotated data is 519.82
The y-axis variance for the rotated data is 27.00
```

可以根据方差对旋转进行评分。向 x 轴旋转数据会减少沿 y 轴的方差。这种旋转如何影响沿 x 轴的方差？让我们通过代码清单 14-9 进行了解。

代码清单 14-9　测量旋转的 x 轴方差

```
for data_label, data in zip(data_labels, data_list):
    x_var = data[0].var()
    print(f"The x-axis variance for the {data_label} data is {x_var:.2f}")

The x-axis variance for the unrotated data is 27.00
The x-axis variance for the rotated data is 519.82
```

旋转已经完全翻转了 x 轴方差和 y 轴方差。但是，方差值的总和保持不变。即使在旋转后，总方差也是守恒的。让我们通过代码清单 14-10 验证这个事实。

代码清单 14-10　确认总方差守恒

```
total_variance = centered_data[0].var() + centered_data[1].var()
assert total_variance == rotated_data[0].var() + rotated_data[1].var()
```

根据方差守恒，可以推断以下内容。

- x 轴方差和 y 轴方差可以组合成一个百分比分数，其中 x_values.var() / total_variance 等于 1 - y_values.var() / total_variance。
- 将数据向 x 轴旋转会导致 x 轴方差增加和 y 轴方差等效减少。如果垂直散布减少 p 个百分点，则水平散布会增加 p 个百分点。

代码清单 14-11 证实了这些结论。

代码清单 14-11　探索轴方差的百分比覆盖率

```
for data_label, data in zip(data_labels, data_list):
    percent_x_axis_var = 100 * data[0].var() / total_variance
    percent_y_axis_var = 100 * data[1].var() / total_variance
    print(f"In the {data_label} data, {percent_x_axis_var:.2f}% of the "
          "total variance is distributed across the x-axis")
    print(f"The remaining {percent_y_axis_var:.2f}% of the total "
          "variance is distributed across the y-axis\n")
```

```
In the unrotated data, 4.94% of the total variance is distributed across the
    x-axis
The remaining 95.06% of the total variance is distributed across the y-axis

In the rotated data, 95.06% of the total variance is distributed across the
    x-axis
The remaining 4.94% of the total variance is distributed across the y-axis
```

向 x 轴旋转数据使 x 轴方差增加了 90 个百分点。同时，旋转使 y 轴方差减少了同样的 90 个百分点。

让我们进一步旋转 centered_data，直到它与 x 轴的距离最小。将到 x 轴的距离最小化相当于如下内容。

- 使 y 轴覆盖的总方差的百分比最小化，这也最小化了垂直散布。
- 使 x 轴覆盖的总方差的百分比最大化。这也最大化了水平散布。

通过最大化水平散布，我们将 centered_data 旋转到 x 轴。这种散布可以从 1°~180°的各个角度进行测量。可以在图中对这些测量进行可视化，如图 14-7 所示。此外，我们提取最大化 x 轴覆盖率百分比的旋转角。代码清单 14-12 打印出这个角度和对应百分比，同时在图中对角度进行标记。

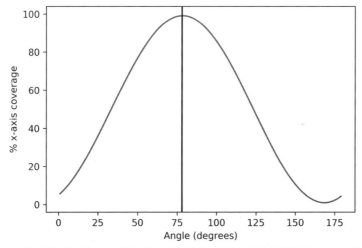

图 14-7　旋转角与 x 轴覆盖的总方差百分比的关系图。垂直线表示 x 轴方差最大化的角度。78.3°的旋转角度将影响超过 99% 的 x 轴总方差。以该角度旋转可以让我们按维度减少数据

代码清单 14-12　最大化水平散布

按输入度数旋转数据。数据变量被预设为 centered_data

```
def rotate(angle, data=centered_data):
    angle = np.radians(-angle)
    rotation_matrix = np.array([[cos(angle), -sin(angle)],
                                [sin(angle), cos(angle)]])
    return rotation_matrix @ data
```

```
angles = np.arange(1, 180, 0.1)
x_variances = [(rotate(angle)[0].var()) for angle in angles]
```

返回一个 0°~180° 的角度数组，其中每个连
续的角度以 0.1° 进行增加

计算每一个角度的旋转的
x 轴方差

```
percent_x_variances = 100 * np.array(x_variances) / total_variance
optimal_index = np.argmax(percent_x_variances)
optimal_angle = angles[optimal_index]
plt.plot(angles, percent_x_variances)
plt.axvline(optimal_angle, c='k')
plt.xlabel('Angle (degrees)')
plt.ylabel('% x-axis coverage')
plt.show()

max_coverage = percent_x_variances[optimal_index]
max_x_var = x_variances[optimal_index]

print("The horizontal variance is maximized to approximately "
      f"{int(max_x_var)} after a {optimal_angle:.1f} degree rotation.")
print(f"That rotation distributes {max_coverage:.2f}% of the total "
      "variance onto the x-axis.")
```

计算产生最大方差的旋转角度

通过 optimal_angle 绘制一
条垂直直线

```
The horizontal variance is maximized to approximately 541 after a 78.3 degree
      rotation.
That rotation distributes 99.08% of the total variance onto the x-axis.
```

将 centered_data 旋转 78.3° 会使水平散布最大化。在那个旋转角度，总方差的 99.08%将分布在 x 轴上。因此，可以预期旋转的数据大部分位于一维轴线上。让我们绘制旋转后的结果来确认这一点，如图 14-8 和代码清单 14-13 所示。

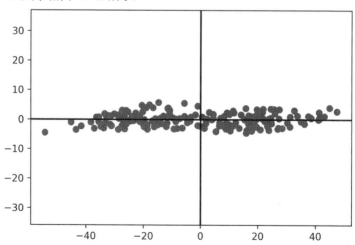

图 14-8　将 centered_data 旋转 78.3°。这种旋转使沿 x 轴的方差最大化和沿 y 轴的方差最小化。不到 1%的总方差位于
y 轴。因此，可以通过最小的信息损失删除 y 坐标

代码清单 14-13　绘制具有较高 x 轴覆盖范围的旋转数据

```
best_rotated_data = rotate(optimal_angle)
plt.scatter(best_rotated_data[0], best_rotated_data[1])
```

```
plt.axhline(0, c='black')
plt.axvline(0, c='black')
plt.axis('equal')
plt.show()
```

大多数数据靠近 x 轴。数据的散布在该水平方向上最大化。根据定义，高度分散的点是高度离散的。分开的点更容易相互区分。相比之下，沿垂直 y 轴的散布已被最小化。在纵向上，数据点难以区分。因此，可以通过最小的信息损失删除所有 y 轴坐标。该删除应占总方差的不到 1%，因此剩余的 x 轴值将足以对测量值进行聚类。

如代码清单 14-14 所示，通过处理 y 轴将 best_rotated_data 减少到一维。然后使用剩余的一维数组来提取两个聚类阈值。第一个阈值把小尺码客户和中尺码客户分开，第二个阈值把中尺码客户和大尺码客户分开。同时使用这两个阈值，将 180 位客户分成 3 个大小相同的聚类。

代码清单 14-14　将旋转数据减少到一维从而进行聚类

```
x_values = best_rotated_data[0]
sorted_x_values = sorted(x_values)
cluster_size = int(x_values.size / 3)
small_cutoff = max(sorted_x_values[:cluster_size])
large_cutoff = min(sorted_x_values[-cluster_size:])
print(f"A 1D threshold of {small_cutoff:.2f} separates the small-sized "
      "and medium-sized customers.")
print(f"A 1D threshold of {large_cutoff:.2f} separates the medium-sized "
      "and large-sized customers.")

A 1D threshold of -14.61 separates the small-sized and medium-sized
    customers.
A 1D threshold of 15.80 separates the medium-sized and large-sized customers.
```

可以使用垂直线对 best_reduced_data 进行分割，从而将两个阈值进行可视化。这两个切片(垂直线)将图分成 3 个部分，其中每个部分对应一个客户衣服尺寸。接下来，为分割后的每个部分进行着色，如图 14-9 和代码清单 14-15 所示。

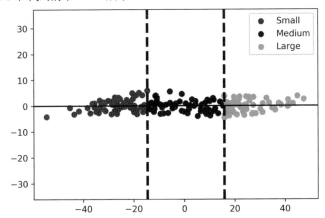

图 14-9　centered_data 的水平图，使用两个垂直阈值进行分割。通过阈值将图分成 3 个客户聚类：
小号尺寸、中号尺寸和大号尺寸。一维 x 轴足以提取这些聚类

代码清单 14-15　绘制被水平分为 3 个部分的客户数据

将水平放置的客户数据集作为输入，使用垂直阈值对数据进行分割并分别绘制每部分客户数据。此函数在本章的其他地方将被重用

```
def plot_customer_segments(horizontal_2d_data):
    small, medium, large = [], [], []
    cluster_labels = ['Small', 'Medium', 'Large']
    for x_value, y_value in horizontal_2d_data.T:          ◀── 一维 x 阈值用于分割数据
        if x_value <= small_cutoff:
            small.append([x_value, y_value])
        elif small_cutoff < x_value < large_cutoff:
            medium.append([x_value, y_value])
        else:
            large.append([x_value, y_value])

    for i, cluster in enumerate([small, medium, large]):   ◀── 对每个客户群体都单独
        cluster_x_values, cluster_y_values = np.array(cluster).T        进行绘制
        plt.scatter(cluster_x_values, cluster_y_values,
                    color=['g', 'b', 'y'][i],
                    label=cluster_labels[i])

    plt.axhline(0, c='black')
    plt.axvline(large_cutoff, c='black', linewidth=3, linestyle='--')
    plt.axvline(small_cutoff, c='black', linewidth=3, linestyle='--')
    plt.axis('equal')
    plt.legend()
    plt.show()

plot_customer_segments(best_rotated_data)
```

一维 x_values 数组可以很好地分割客户数据，因为它捕获了 99.08%的数据方差。因此，可以使用该数组重现 99.08%的 centered_data 数据集，如图 14-10 所示。我们只需要通过添加一个 0 的数组重新引入 y 轴维度即可。然后需要将结果数组旋转回其原始位置。接下来通过代码清单 14-16 实现它。

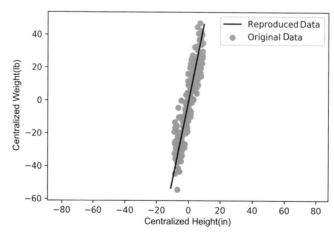

图 14-10　绘制再现数据与原始数据点。reproduced_data 数组形成一条穿过 centered_data 散点图的线。那条线代表数据方差最大化的线性方向。reproduced_data 线覆盖 99.08%的总方差

代码清单 14-16　通过一维数组再现二维数据

返回一个全为 0 的向量

```
zero_y_values = np.zeros(x_values.size)
reproduced_data = rotate(-optimal_angle, data=[x_values, zero_y_values])
```

这里同时绘制 reproduced_data 与 centered_data 矩阵,从而衡量数据复原的质量(如代码清单 14-17 所示)。

代码清单 14-17　绘制还原的数据与原始数据

```
plt.plot(reproduced_data[0], reproduced_data[1], c='k',
        label='Reproduced Data')
plt.scatter(centered_data[0], centered_data[1], c='y',
            label='Original Data')
plt.axis('equal')
plt.legend()
plt.show()
```

重新生成的数据形成一条直线,直接在 centered_data 散点图的中间穿过。直线表示第一主方向,这是数据方差最大化的线性方向。大多数二维数据集包含两个主方向。第二主方向垂直于第一主方向,它表示没有被第一主方向覆盖的剩余方差。

可以使用第一主方向来处理未来客户的身高和体重数据。我们将假设这些客户来自以现有 measurements 数据为基础的相同分布。如果是这样,那么它们的中心化身高和体重也沿着图 14-10 中看到的第一主方向。这种一致性最终将使我们能够使用现有阈值对新客户数据进行分类。

现在通过模拟新客户数据更具体地探索这个场景(如代码清单 14-18 所示)。然后将绘制测量数据,如图 14-11 所示。我们还绘制一条表示第一主方向的线,并且预期绘制的测量值与该方向线对齐。

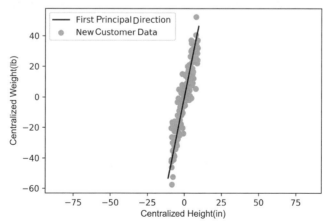

图 14-11　包含新客户数据以及原始客户数据集的主方向的中心化图。主方向直接穿过先前未见的数据。这个方向与 x 轴的夹角是已知的。因此,我们可以出于聚类的目的翻转该数据

注意

第一主方向与原点相交。为了对齐,需要确保新客户数据也与原点相交。因此,必须对这些数

据进行中心化处理。

代码清单 14-18 模拟和绘制新客户数据

将所有新身高数据以 0.11 英寸作为间隔，以尽量减少与之前身高数据的重叠

```
np.random.seed(1)
new_heights = np.arange(60, 78, .11)
random_fluctuations = np.random.normal(scale=10, size=new_heights.size)
new_weights = 4 * new_heights - 130 + random_fluctuations
new_centered_data = np.array([new_heights - heights.mean(),
                              new_weights - weights.mean()])
plt.scatter(new_centered_data[0], new_centered_data[1], c='y',
            label='New Customer Data')
plt.plot(reproduced_data[0], reproduced_data[1], c='k',
         label='First Principal Direction')
plt.xlabel('Centralized Height (in)')
plt.ylabel('Centralized Weight (lb)')
plt.axis('equal')
plt.legend()
plt.show()
```

我们假设新客户分布与之前看到的分布相同。这使我们能够利用现有的方法进行数据中心化

新客户数据继续位于第一主方向。该方向覆盖 99%以上的数据方差，同时还与 x 轴形成 78.3°角。因此，可以通过旋转 78.3°翻转新数据。生成的 x 值覆盖 99%以上的总方差。这种较高的水平散布使我们能够在不依赖 y 值信息的情况下对客户进行细分。现有的一维分割阈值应该足以满足这个目的。

接下来，将新客户数据水平放置并使用 plot_customer_segments 函数对该数据进行分段。如图 14-12 和代码清单 14-19 所示。

代码清单 14-19 旋转和细分新客户数据

```
new_horizontal_data = rotate(optimal_angle, data=new_centered_data)
plot_customer_segments(new_horizontal_data)
```

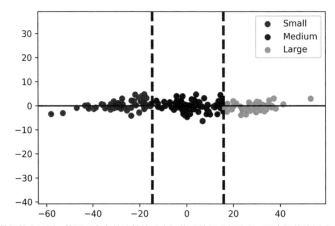

图 14-12 新客户数据的水平图。使用两个先前计算的垂直阈值对数据进行分段。两个阈值将图分成 3 个客户聚类：小号尺码、中号尺码和大号尺码。一维 x 轴足以完成这些聚类

我们现在将简要回顾观察过程。通过翻转数据,可以将客户测量值的任何二维数组减少到一维。一维水平 x 值应该足以按衣服尺寸对客户进行聚类。此外,当知道方差最大化的主方向时,更容易翻转数据。利用第一主方向,我们在维度上减少了客户数据,从而更容易进行聚类。

注意

作为额外的收益,降维使我们能够简化客户数据库。可以只存储水平 x 值,而不是同时存储身高和体重。将数据库存储从二维减少到一维将加快客户查找速度并降低存储成本。

到目前为止,我们已经通过旋转数据来最大化方差,从而提取第一主方向。遗憾的是,这种技术不能扩展到更高的维度。如果分析一个 1 000 维的数据集,检查 1 000 个不同轴上的每个角度在计算上是不可行的。幸运的是,有一种更简单的方法可以提取所有主方向。我们只需要应用一种称为主成分分析(Principal Component Analysis,PCA)的可扩展算法。

接下来的几个小节中将探讨 PCA。它实现起来很简单,但理解起来可能有些困难。因此,我们将逐步探索这个算法。首先运行 scikit-learn 的 PCA 实现。我们将 PCA 应用于多个数据集,从而实现更好的聚类和可视化。然后通过从头开始推导 PCA 来探索算法的缺点。最后,将学习如何消除这些缺点。

14.2　使用 PCA 和 scikit-learn 降维

PCA 算法会调整数据集的轴,以便大部分方差分布在少量维度上。因此,并不是每个维度都需要对数据点进行区分。简化的数据区分带来了简化的聚类。幸运的是,scikit-learn 提供了一个称为 PCA 的主成分分析类。让我们通过 sklearn.decomposition 导入 PCA(如代码清单 14-20 所示)。

代码清单 14-20　从 scikit-learn 导入 PCA

```
from sklearn.decomposition import PCA
```

如代码清单 14-21 所示,运行 PCA()会初始化一个 pca_model 对象,该对象的结构类似第 10 章中使用的 scikit-learn 对象 cluster_model。在那一章中,我们创建了能够对输入数组进行聚类的模型。现在,创建一个 PCA 模型,它能够对 measurements 数组进行翻转。

代码清单 14-21　初始化 pca_model 对象

```
pca_object = PCA()
```

借助 pca_model,可以通过运行 pca_model.fit_transform(data)水平翻转二维 data 矩阵。通过该方法将坐标轴赋给矩阵列,然后重新定向这些坐标轴,从而使方差最大化。然而,在 measurements 数组中,轴存储在矩阵行中。因此,需要通过矩阵的转置来交换行和列。运行 pca_model.fit_transform(measurements.T)将返回一个 pca_transformed_data 矩阵。第一个矩阵列表示方差最大化的 x 轴,第二个列表示方差最小化的 y 轴。这两个列所形成的图像应该像一支放平的雪茄。让我们进行验证:首先对 measurements.T 执行 fit_transform 方法,然后对结果进行绘制,如图 14-13 和代码清单 14-22 所示。需要注意的是,NumPy 矩阵 M 的第 i 列可以通过 M[:,i]访问。

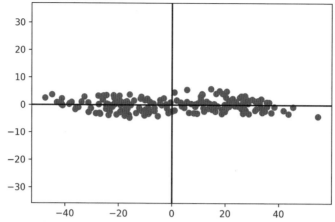

图 14-13　绘制通过 scikit-learn 的 PCA 计算的结果。该图是图 14-8 中水平放置的客户数据的镜像。PCA 重新定向了数据，因此它的方差主要是沿着 x 轴。这样，可以最小的信息损失删除 y 轴

代码清单 14-22　使用 scikit-learn 运行 PCA

```
pca_transformed_data = pca_object.fit_transform(measurements.T)
plt.scatter(pca_transformed_data[:,0], pca_transformed_data[:,1])
plt.axhline(0, c='black')
plt.axvline(0, c='black')
plt.axis('equal')
plt.show()
```

图 14-13 是图 14-8 的镜像，y 值反映在 y 轴上。在二维数据集上运行 PCA 一定会翻转该数据，使其水平位于 x 轴上。然而，数据的实际反映并不限于一种特定的方向。

注意

可以通过将所有 y 值乘以 - 1 来重新创建原始水平图。因此，运行 plot_customer_segments ((pca_transformed_data * np.array([1,-1])).T)会生成与图 14-9 等效的客户尺码细分图。

即使绘制的数据方向不同，其 x 轴方差覆盖范围应与之前的观察结果保持一致。可以使用 pca_object 的 explained_variance_ratio_属性进行确认。这个属性包含每个轴覆盖的百分比方差数组。因此，100 * pca_object.explained_variance_ratio_[0]应该等于之前观察到的大约 99.08%的 x 轴覆盖率。我们通过代码清单 14-23 进行验证。

代码清单 14-23　从 scikit-learn 的 PCA 输出中提取方差

该属性是一个 NumPy 数组，其中包含每个轴的覆盖率。乘以 100 会将这些数值转换为百分比

```
percent_variance_coverages = 100 * pca_object.explained_variance_ratio_
x_axis_coverage, y_axis_coverage = percent_variance_coverages
print(f"The x-axis of our PCA output covers {x_axis_coverage:.2f}% of "
      "the total variance")
```

数组的每个第 i 个元素对应第 i 个轴的方差覆盖率

```
The x-axis of our PCA output covers 99.08% of the total variance
```

pca_object 通过揭示数据集的两个主方向来最大化 x 轴方差。这些方向作为向量存储在 pca.components 属性(它本身就是一个矩阵)中。需要注意的是,向量是从原点指向某个方向的线段。此外,第一主方向是从原点射出的线。因此,可以将第一主方向表示为称作第一主成分的向量。可以通过打印 pca_object.components[0] 访问数据的第一主成分。接下来,输出该向量及其幅度(如代码清单 14-24 所示)。

代码清单 14-24　输出第一主成分

```
first_pc = pca_object.components_[0]
magnitude = norm(first_pc)
print(f"Vector {first_pc} points in a direction that covers "
      f"{x_axis_coverage:.2f}% of the total variance.")
print(f"The vector has a magnitude of {magnitude}")

Vector [-0.20223994 -0.979336 ] points in a direction that covers 99.08%
of the total variance.
The vector has a magnitude of 1.0
```

第一主成分是一个幅度为 1.0 的单位向量。它从原点延伸一个单位长度。将向量乘以一个数字会进一步扩展幅度。如果将其拉伸得足够远,就可以捕获数据的整个主方向。换句话说,可以拉伸向量直到它完全串接雪茄形图的内部数据点。可视化结果如图 14-10 所示。

注意

如果向量 pc 是主成分,则-pc 也是主成分。-pc 向量表示 pc 的镜像。两个向量都沿着第一主方向,即使它们彼此背离。因此,pc 和-pc 在降维过程中可以互换使用。

接下来,生成如图 14-14 所示的图像。首先,拉伸 first_pc 向量,直到它从原点在正负两个方向上延伸 50 个单位。然后,将拉伸的线段与之前计算的 centered_data 矩阵一起绘制(如代码清单 14-25 所示)。稍后,将使用绘制的图像来更深入地了解 PCA 算法的工作原理。

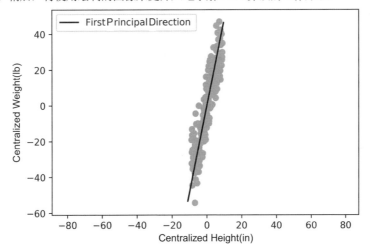

图 14-14　包含客户数据和第一主方向的中心化图。其中方向是通过拉伸第一主成分绘制的

注意

我们绘制 centered_data 而不是 measurements，因为前者以原点为中心。拉伸的向量也以原点为中心。这使得居中矩阵和向量在视觉上具有可比性。

代码清单 14-25 拉伸单位向量以覆盖第一主方向

```
def plot_stretched_vector(v, **kwargs):
    plt.plot([-50 * v[0], 50 * v[0]], [-50 * v[1], 50 * v[1]], **kwargs)

plt.plot(reproduced_data[0], reproduced_data[1], c='k',
         label='First Principal Direction')
plt.scatter(centered_data[0], centered_data[1], c='y')
plt.xlabel('Centralized Height (in)')
plt.ylabel('Centralized Weight (lb)')
plt.axis('equal')
plt.legend()
plt.show()
```

该函数将输入的单位向量 v 展开。被拉伸的线段从原点开始，在正负方向上都延伸 50 个单位。然后绘制拉伸线段。我们很快就会重用这个函数

我们已使用第一主成分沿其第一主方向串起数据集。以同样的方式，可以拉伸由 PCA 算法返回的另一个方向的单位向量。如前所述，大多数二维数据集包含两个主方向。第二个主方向垂直于第一主方向，它的向量化表示称为第二主成分。这个主成分存储在计算得出的 components 矩阵的第二行。

为什么要关心第二主成分？毕竟，它指向的方向只涵盖不到 1% 的数据方差。尽管如此，该主成分有其用途。第一和第二主成分都与数据的 x 轴和 y 轴具有特殊关系。直观地揭示这种关系将使 PCA 更容易理解。因此，现在拉伸并绘制 components 矩阵中的两个主成分。此外，绘制 central_data 以及两个轴(如代码清单 14-26 所示)。最终的可视化将为我们提供有价值的见解，如图 14-15 所示。

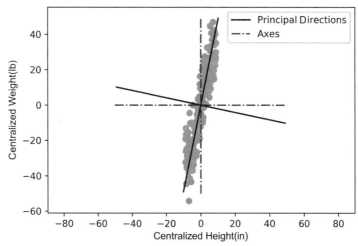

图 14-15 第一和第二主方向与客户数据一起绘制。这些方向相互垂直。如果将 x 轴和 y 轴旋转 78.3°，它们将与主方向完美对齐。因此，将轴与主方向交换将重现图 14-8 中所示的水平图

代码清单 14-26　绘制主方向、轴和数据信息

```
principal_components = pca_object.components_
for i, pc in enumerate(principal_components):
    plot_stretched_vector(pc, c='k',
                          label='Principal Directions' if i == 0 else None)

for i, axis_vector in enumerate([np.array([0, 1]), np.array([1, 0])]):
    plot_stretched_vector(axis_vector, c='g', linestyle='-.',
                          label='Axes' if i == 0 else None)

plt.scatter(centered_data[0], centered_data[1], c='y')
plt.xlabel('Centralized Height (in)')
plt.ylabel('Centralized Weight (lb)')
plt.axis('equal')
plt.legend()
plt.show()
```

通过拉伸两个垂直和水平的单位向量绘制 x 轴和 y 轴, 使它们的幅度与拉伸的主成分一致。因此, 拉伸的轴和拉伸的主成分在视觉上具有可比性

根据该图可知, 两个主方向基本上是 x 轴和 y 轴的旋转版本。假设我们将两个轴逆时针旋转 78.3°。旋转后, x 轴和 y 轴将与两个主成分对齐。这些轴所涵盖的方差将分别等于 99.02% 和 0.08%。因此, 这种轴交换将重现图 14-8 中的水平图。

注意

当查看图 14-15 时, 头向左倾斜可以帮助更好地理解这个结果。

前面提到的轴交换被称为投影。将两个轴交换为主方向被称为在主方向上的投影。利用三角函数, 可以证明 centered_data 在主方向上的投影等于 centered_data 和两个主成分的矩阵乘积。换句话说, 相对于主方向, principal_components @ centered_data 将重新定位数据集的 x 和 y 坐标。最后的输出应该等于 pca_transformed_data.T。让我们通过代码清单 14-27 中的代码进行确认。

注意

更常见的情况是, 第 i 个主成分和居中数据点之间的点积将该数据点投影到第 i 个主方向上。因此, 运行 first_pc @ centered_data[i] 会将第 i 个数据点投影到第一主方向上。结果等于 x 轴与第一主方向交换时(pca_transformed_data[i][0])获得的 x 值。通过这种方式, 可以使用矩阵乘法将多个数据点投影到多个主方向上。

代码清单 14-27　使用投影将标准轴交换为主方向

```
projections = principal_components @ centered_data
assert np.allclose(pca_transformed_data.T, projections)
```

PCA 的重定向输出取决于投影。一般而言, PCA 算法的工作原理如下。

(1) 通过从每个数据点中减去平均值对输入数据进行中心化。

(2) 计算数据集的主成分。本章稍后将讨论计算细节。

(3) 取中心化数据与主成分的矩阵乘积。这会将数据的标准轴交换为其主方向。

通常, 一个 N 维数据集有 N 个主方向(每个轴一个)。第 K 个主方向使第 K - 1 个方向所没有覆盖的方差最大化。因此, 一个四维数据集有 4 个主方向: 第一主方向最大化单向散布, 第二主方向

最大化第一主方向未覆盖的所有单向散布，最后两个主方向覆盖所有剩余的方差。

这就是有趣的地方。假设我们将四维数据集投影到其 4 个主方向上。因此，数据集的标准轴与其主方向交换。在适当的情况下，两个新轴将涵盖很大一部分方差。因此，剩余的轴可以被丢弃，信息损失最小。处理这两个轴会将四维数据集减少到二维。然后，将能够在二维散点图中对这些数据进行可视化。理想情况下，二维图将保持足够的分散性，以便我们正确识别数据聚类。让我们探索一个实际场景，将四维数据在二维中进行可视化。

关键术语

- 第一主方向：数据散布最大化的线性方向。将 x 轴与第一主方向交换会重新定向数据集，从而使其水平分布最大化。重新定向可以实现更直接的一维聚类。
- 第 K 个主方向：使第 K - 1 个主方向未涵盖的方差最大化的线性方向。
- 第 K 个主成分：代表第 K 个主方向的单位向量。这个向量可以用于方向投影。
- 投影：将数据投影到一个主方向类似于将标准轴与该方向交换。可以通过获得一个中心化数据集与其前 K 个主成分的矩阵乘积，将该数据集投射到其前 K 个主方向上。

14.3　将四维数据在二维中进行聚类

假设我们是研究花卉的植物学家，随机选择了 150 朵花。对于每一朵花，记录以下测量值。

- 彩色花瓣的长度；
- 彩色花瓣的宽度；
- 支撑花瓣的绿叶的长度；
- 支撑花瓣的绿叶的宽度。

这些四维的花卉测量数据可以使用 scikit-learn 访问。可以通过从 sklearn.datasets 导入 load_iris 来获得测量值（如代码清单 14-28 所示）。调用 load_iris()['data'] 返回一个包含 150 行和 4 列的矩阵：每行对应一朵花，每列对应叶子和花瓣的测量值。接下来，加载数据并打印一朵花的测量值。所有记录的测量值均以厘米为单位。

代码清单 14-28　从 scikit-learn 加载花卉测量数据

```
from sklearn.datasets import load_iris
flower_data = load_iris()
flower_measurements = flower_data['data']
num_flowers, num_measurements = flower_measurements.shape
print(f"{num_flowers} flowers have been measured.")

print(f"{num_measurements} measurements were recorded for every flower.")
print("The first flower has the following measurements (in cm): "
      f"{flower_measurements[0]}")

150 flowers have been measured.
4 measurements were recorded for every flower.
The first flower has the following measurements (in cm): [5.1 3.5 1.4 0.2]
```

基于这个花卉测量矩阵，我们的目标如下。

- 在二维空间中对花卉数据进行可视化。
- 确定二维可视化中是否存在聚类。
- 建立一个非常简单的模型来区分花卉聚类类型(假设发现花卉中存在聚类)。

首先从可视化数据开始。它是四维的，但想以二维方式绘制它。将数据缩减为二维需要我们将其投影到其第一和第二主方向上。剩下的两个方向可以舍弃。因此，这里的分析只需要前两个主成分。

通过使用 scikit-learn，可以将 PCA 分析限制在前两个主成分上。我们只需要在 PCA 对象的初始化过程中运行 PCA(n_components=2)。初始化的对象将能够把输入数据简化为二维投影。接下来，初始化一个由两个主成分构成的 PCA 对象并使用 fit_transform 将花卉测量数据减少到二维(如代码清单 14-29 所示)。

代码清单 14-29　将花卉测量数据减少到二维

```
pca_object_2D = PCA(n_components=2)
transformed_data_2D = pca_object_2D.fit_transform(flower_measurements)
```

计算出的 transformed_data_2D 矩阵应该是二维的，只包含两列。让我们通过代码清单 14-30 进行确认。

代码清单 14-30　检查降维后的矩阵形状

```
row_count, column_count = transformed_data_2D.shape
print(f"The matrix contains {row_count} rows, corresponding to "
    f"{row_count} recorded flowers.")
print(f"It also contains {column_count} columns, corresponding to "
    f"{column_count} dimensions.")

The matrix contains 150 rows, corresponding to 150 recorded flowers.
It also contains 2 columns, corresponding to 2 dimensions.
```

输出的数据矩阵覆盖了多少总数据方差？可以使用 pca_object_2D 的 explained_variance_ratio_ 属性寻找答案(如代码清单 14-31 所示)。

代码清单 14-31　测量一个降维矩阵的方差覆盖率

```
def print_2D_variance_coverage(pca_object):
    percent_var_coverages = 100 * pca_object.explained_variance_ratio_
    x_axis_coverage, y_axis_coverage = percent_var_coverages
    total_coverage = x_axis_coverage + y_axis_coverage
    print(f"The x-axis covers {x_axis_coverage:.2f}% "
        "of the total variance")
    print(f"The y-axis covers {y_axis_coverage:.2f}% "
        "of the total variance")
    print(f"Together, the 2 axes cover {total_coverage:.2f}% "
        "of the total variance")

print_2D_variance_coverage(pca_object_2D)
```

计算与 **pca_object** 关联的降到二维的数据集的方差覆盖率。此函数在本章的其他地方将被重用

```
The x-axis covers 92.46% of the total variance
The y-axis covers 5.31% of the total variance
Together, the 2 axes cover 97.77% of the total variance
```

这个降维矩阵覆盖 97%以上的总数据方差。因此，transformed_data_2D 的散点图应显示数据集中存在的大多数聚类模式，如图 14-16 所示。代码清单 14-32 以二维形式绘制花卉数据。

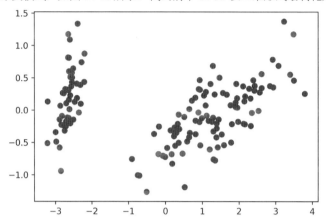

图 14-16　以二维形式绘制的四维花卉测量值。使用 PCA 将测量值缩减为二维。降维后的数据覆盖 97%以上的总方差。这个二维图像提供了丰富的信息：两到三个花卉聚类清晰可见

代码清单 14-32　以二维形式绘制花卉数据

```
plt.scatter(transformed_data_2D[:,0], transformed_data_2D[:,1])
plt.show()
```

当以二维方式绘制时，花卉数据会形成聚类。基于聚类，可以假设存在两种或三种花卉类型。事实上，这里的测量数据代表了 3 种独特的花卉。该种类信息存储在 flower_data 字典中。接下来，按种类为花卉图着色并验证颜色属于 3 个不同的聚类，如图 14-17 和代码清单 14-33 所示。

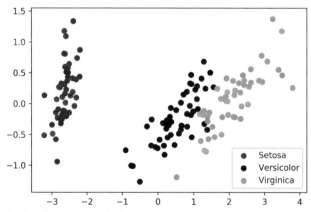

图 14-17　以二维形式绘制的四维花卉测量值。每个绘制的点都根据其种类进行着色。这 3 个种类归为 3 个聚类。因此，将四维降到二维可以正确捕获区分种类所需的信号

代码清单 14-33 按照花卉种类进行着色

绘制维度下降的花卉数据, 同时按种类对其进行着色。此函数将
在本章的其他地方重用

返回数据集中 3 种花
卉的名称

```
def visualize_flower_data(dim_reduced_data):
    species_names = flower_data['target_names']
    for i, species in enumerate(species_names):
        species_data = np.array([dim_reduced_data[j]
                            for j in range(dim_reduced_data.shape[0])
                            if flower_data['target'][j] == i]).T
        plt.scatter(species_data[0], species_data[1], label=species.title(),
                color=['g', 'k', 'y'][i])
    plt.legend()
    plt.show()

visualize_flower_data(transformed_data_2D)
```

用不同的颜色绘制每
种花卉

仅提取与特定种类相关的坐标。出于过滤目的,
我们使用了 flower_data[target], 它映射到种类 ID
列表。ID 对应于 3 个种类名称。如果第 j 朵花对
应 species_name[i], 则其种类 ID 等于 j

大多数情况下, 这 3 个种类在图中的空间分布是不同的。Versicolor 和 Virgincia 有一点重叠, 这意味着它们具有相似的花瓣特性。另一方面, Setosa 形成一个完全独立的聚类。–2 这个垂直 x 阈值足以将 Setosa 与所有其他种类隔离开。因此, 可以定义一个非常简单的 Setosa 检测函数。该函数将一个名为 flower_sample 的四元素数组作为输入, 其中包含 4 个花瓣测量值。该函数将执行以下操作。

(1) 通过从 flower_sample 中减去 flower_measurements 的平均值来中心化样本。该值作为属性存储在 pca_object_2D 中。它等于 pca_object_2D.mean_。

(2) 通过获得中心化样本与第一主成分的点积, 将其投影到第一主方向上。需要注意的是, 第一主成分存储在 pca_object_2D.components_[0]中。

(3) 检查投影值是否小于 – 2。如果小于 – 2, 那么花卉样本将被视为 Setosa 种类。

注意

Setosa 检测函数除了我们已经记录的 3 种外不考虑任何花卉。然而, 该函数仍应该充分分析我们在花园中看到的其他花朵, 当然花园中没有观察到其他花卉品种。

接下来, 定义 detect_setosa 函数, 然后分析测量值为[4.8,3.7,1.2,0.24](以厘米为单位)的花卉样本(如代码清单 14-34 所示)。

代码清单 14-34 基于降维数据定义 Setosa 检测器

```
def detect_setosa(flower_sample):
    centered_sample = flower_sample - pca_object_2D.mean_
    projection = pca_object_2D.components_[0] @ centered_sample
    if projection < -2:
        print("The sample could be a Setosa")
    else:
        print("The sample is not a Setosa")

new_flower_sample = np.array([4.8, 3.7, 1.2, 0.24])
detect_setosa(new_flower_sample)

The sample could be a Setosa
```

根据简单的阈值分析可知，此花卉样本可能是 Setosa，这是通过 PCA 实现的。PCA 的许多优势包括如下。

- 可以对复杂数据进行可视化。
- 简化数据分类和聚类。
- 简化分类。
- 减少内存使用。将数据从四维减少到二维可将存储数据所需的字节数减半。
- 加速计算。将数据从四维减少到二维可将计算相似度矩阵所需的时间减少为原来的 1/4。

那么现在准备好使用 PCA 来聚类文本数据了吗？遗憾的是，答案是否定的。我们必须首先讨论并解决该算法固有的某些缺陷。

常用的 scikit-learn PCA 方法

- pca_object = PCA()：创建一个能够重新定向输入数据的 PCA 对象，使其轴与其主方向对齐。
- pca_object = PCA(n_components=K)：创建一个能够重新定向输入数据的 PCA 对象，使其 K 个轴与前 K 个主方向对齐。所有其他轴都被忽略。这将把数据减少到 K 维。
- pca_transformed_data = pca_object.fit_transform(data)：使用初始化的 PCA 对象对输入数据执行 PCA。fit_transform 方法假设 data 矩阵的列对应空间轴。这些轴随后与数据的主方向对齐。这个结果存储在 pca_transformed_data 矩阵中。
- pca_object.explained_variance_ratio_：返回与拟合的 PCA 对象的每个主方向相关的方差覆盖率。第 i 个元素对应沿第 i 个主方向的方差覆盖率。
- pca_object.mean_：返回已拟合到 PCA 对象的输入数据的平均值。
- pca_object.components_：返回已拟合到 PCA 对象的输入数据的主成分。components_ 矩阵的每个第 i 行对应第 i 个主成分。运行 pca_object.components_[i] @ (data[j] - pca_object.mean_) 会将第 j 个数据点投影到第 i 个主成分上。投影输出等于 pca_transformed_data[j][i]。

PCA 的局限性

PCA 确实有一些严重的局限性。它对测量单位过于敏感。例如，这里的花朵测量值都以厘米为单位，但我们设想通过运行 10 * flower_measurements[0] 将第一个轴转换为毫米。该轴的信息内容不应改变，然而它的方差会发生变化。让我们转换轴单位，从而评估这将如何影响方差(如代码清单 14-35 所示)。

代码清单 14-35 测量单位变化对轴方差的影响

```
first_axis_var = flower_measurements[:,0].var()
print(f"The variance of the first axis is: {first_axis_var:.2f}")

flower_measurements[:,0] *= 10
first_axis_var = flower_measurements[:,0].var()
print("We've converted the measurements from cm to mm.\nThat variance "
      f"now equals {first_axis_var:.2f}")

The variance of the first axis is: 0.68
We've converted the measurements from cm to mm.
```

```
That variance now equals 68.11
```

方差增加了 100 倍。现在第一个轴方差主导了数据集。考虑在这些修改后的花朵测量值上运行 PCA 的结果：PCA 将试图找到方差最大化的轴。当然，结果是第一个轴，其中方差从 0.68 增加到 68。因此，PCA 将所有数据投影到第一个轴上。我们的数据将会压缩成一维。可以通过将 pca_object_2D 重新拟合为 flower_measurements，然后打印方差覆盖率来证明这一点(如代码清单 14-36 所示)。

代码清单 14-36　测量单位变化对 PCA 的影响

```
pca_object_2D.fit_transform(flower_measurements)
print_2D_variance_coverage(pca_object_2D)

The x-axis covers 98.49% of the total variance
The y-axis covers 1.32% of the total variance
Together, the 2 axes cover 99.82% of the total variance
```

使用更新后的 flower_measurements 数据重新拟合 PCA 对象

现在，超过 98%的方差位于单个轴上。以前需要两个维度来捕获 97%的数据方差。显然，我们在数据中引入了一个误差。该如何解决？一个明显的解决方案是确保所有轴使用相同的测量单位。然而，这种方法并不总是可行的。有时测量单位不可用。另外一些时候，轴对应不同的测量类型(例如长度和重量)，因此单位不兼容。应该如何处理？

让我们考虑方差变化的根本原因。因为增大了 flower_measurements[:,0]中的值，所以它们的方差也变大了。轴方差的差异是由值大小的差异引起的。在上一章中，我们使用归一化消除这种大小差异。需要注意的是，在归一化过程中，向量是除以其幅度。这会生成一个大小等于 1.0 的单位向量。如果对轴进行归一化，所有轴的值将位于 0 和 1 之间。因此第一个轴的主导地位将被消除。让我们对 flower_measurements 进行归一化,然后将归一化的数据减少到二维(如代码清单 14-37 所示)。由此产生的二维方差覆盖率应再次接近 97%。

代码清单 14-37　对数据进行归一化，从而消除测量单位差异

```
for i in range(flower_measurements.shape[1]):
    flower_measurements[:,i] /= norm(flower_measurements[:,i])

transformed_data_2D = pca_object_2D.fit_transform(flower_measurements)
print_2D_variance_coverage(pca_object_2D)

The x-axis covers 94.00% of the total variance
The y-axis covers 3.67% of the total variance
Together, the 2 axes cover 97.67% of the total variance
```

归一化对数据作了微小的修改。现在第一主方向覆盖了 94%而不是 92.46%的总方差。同时，第二主成分占总方差的 3.67%，而不是 5.31%。尽管发生这些变化，总的二维方差覆盖仍约为 97%。我们重新绘制 PCA 输出，从而确认二维聚类模式保持不变，如图 14-18 和代码清单 14-38 所示。

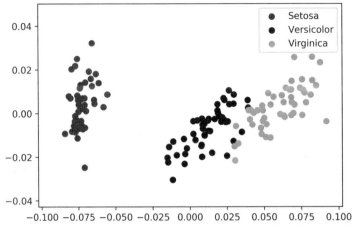

图 14-18 以二维形式绘制的四维归一化花卉测量值。每个绘制的点都根据其种类进行着色。这 3 个种类归为 3 个聚类。
因此，将四维降到二维可以正确捕获区分种类所需的信号

代码清单 14-38 归一化后绘制二维 PCA 输出

```
visualize_flower_data(transformed_data_2D)
```

图 14-18 与之前的观察略有不同。然而，这 3 种花卉继续分成 3 个聚类，Setosa 在空间上仍然与其他种类不同。归一化保留了现有的聚类分散性，同时消除了单位差异造成的误差。

遗憾的是，归一化确实会导致意想不到的后果。这里的归一化轴值现在介于 0 和 1 之间，因此每个轴的平均值同样介于 0 和 1 之间。所有值都与它们的平均值相差不到 1 个单位。这是一个问题：PCA 要求我们从每个轴值中减去平均值，从而对数据进行中心化。然后将中心化矩阵乘以主成分，重新将轴进行对齐。由于浮点误差，数据中心化并不总是可以实现的。在计算上很难以 100% 的精度减去相似的值，因此很难从非常接近平均值的值中减去平均值。例如，假设分析一个包含两个数据点(1 + 1e-3 和 1 - 1e-3)的数组。该数组的平均值等于 1。从数组中减去 1 应该使中心化平均值为 0，但由于误差，实际平均值将不等于 0，如代码清单 14-39 所示。

代码清单 14-39 说明由接近其均值的值引起的误差

```
data = np.array([1 + 1e-3, 1 - 1e-3])
mean = data.mean()
assert mean == 1
centralized_data = data - 2 * [mean]
assert centralized_data.mean() != 0
print(f"Actual mean is equal to {centralized_data.mean()}")

Actual mean is equal to -5.551115123125783e-17
```

中心化数据的平均值
不等于 0

我们无法可靠地对靠近均值的数据进行中心化。因此，不能可靠地对归一化数据执行 PCA。应该如何解决这个问题？

这个问题确实存在解决方案。然而，要推导出它，必须深入研究 PCA 算法的原理。我们必须学习如何在不旋转的情况下从头开始计算主成分。此计算过程有点抽象，但不需要高等数学知识也

能理解。一旦推导出 PCA 算法，就可以对它稍微进行修改。这个微小的修改将完全绕过数据中心化。被称为奇异值分解(Singular Value Decomposition，SVD)的改进算法将使我们能够有效地对文本数据进行聚类。

注意

如果你对 SVD 推导不感兴趣，可以直接跳到 14.5 节。它描述了 scikit-learn 中的 SVD 用法。

14.4 在不旋转的情况下计算主成分

本节将学习如何从头开始提取主成分。为更好地说明提取过程，我们将可视化成分向量。当然，向量在二维时更容易绘制。因此，首先重新审视主成分为二维的客户 measurements 数据集。注意，我们已经为这一数据计算了以下输出。

- centralized_data：measurements 数据集的中心化版本。centralized_data 的均值为[0 0]。
- first_pc：measurements 数据集的第一主成分。它是一个两元素数组。

正如前面所讨论的，first_pc 是一个单位向量，指向第一主方向。该方向最大化数据的分散性。早些时候，我们通过旋转二维数据集发现了第一主方向。该旋转的目的是最大化 x 轴方差或最小化 y 轴方差。以前是使用向量点积计算轴方差。但是，我们可以使用矩阵乘法更有效地测量轴方差。更重要的是，通过将所有方差存储在一个矩阵中，可以在不旋转的情况下提取主成分。让我们考虑以下几点。

- 我们已经证明 axis 数组的方差等于 axis @ axis / axis.size(参见代码清单 14-8)。
- 因此，centered_data 中轴 i 的方差等于 centered_data[i] @ centered_data[i] / centered_data.shape[1]。
- 因此，运行 centered_data @ centered_data.T / centered_data.shape[1]将生成一个矩阵 m，其中 m[i][i]等于轴 i 的方差。

本质上，可以在单个矩阵运算中计算所有轴方差。我们只需要将矩阵与其转置相乘，同时除以数据大小。这会生成一个新矩阵，称为协方差矩阵。协方差矩阵的对角线存储沿每条轴的方差。

注意

协方差矩阵的非对角元素也有信息特征：它们决定了两个轴之间的线性斜率的方向。在 centered_data 中，x 和 y 之间的斜率为正。因此，centered_data @ centered_data.T 中的非对角元素也为正。

接下来计算 centered_data 的协方差矩阵并将其赋给变量 cov_matrix(如代码清单 14-40 所示)。然后确认 cov_matrix[i][i]等于每个 i 的第 i 个轴的方差。

代码清单 14-40 计算协方差矩阵

```
cov_matrix = centered_data @ centered_data.T / centered_data.shape[1]
print(f"Covariance matrix:\n {cov_matrix}")
for i in range(centered_data.shape[0]):
    variance = cov_matrix[i][i]
    assert round(variance, 10) == round(centered_data[i].var(), 10)
```

由于存在浮点误差，因此进行舍入操作

```
Covariance matrix:
[[ 26.99916667 106.30456732]
 [106.30456732 519.8206294 ]]
```

协方差矩阵和主成分共同带有一种非常特殊(且有用)的关系：协方差矩阵和主成分的归一化乘积等于该主成分。因此，归一化 cov_matrix @ first_pc 会生成一个与 first_pc 相同的向量。让我们通过绘制 first_pc 以及 cov_matrix 和 first_pc 的归一化乘积来说明这种关系，如图 14-19 和代码清单 14-41 所示。

注意

在获得矩阵和向量的乘积时，我们将向量视为只有单列的表。因此，具有 x 个元素的向量被视为具有 x 行和 1 列的矩阵。一旦向量被重新配置为矩阵，就可以执行标准矩阵乘法。该乘法生成另一个单列矩阵，它相当于一个向量。因此，矩阵 M 和向量 v 的乘积等于 np.array([row @ v for row in M])。

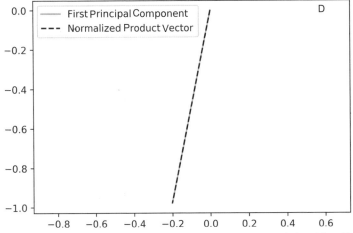

图 14-19　first_pc 与 cov_matrix 和 first_pc 的归一化乘积。绘制的两个向量是相同的。

协方差矩阵与主成分的乘积指向与该主成分相同的方向

代码清单 14-41　揭示 cov_matrix 和 first_pc 的关系

```
def plot_vector(vector, **kwargs):
    plt.plot([0, vector[0]], [0, vector[1]], **kwargs)

plot_vector(first_pc, c='y', label='First Principal Component')
product_vector = cov_matrix @ first_pc
product_vector /= norm(product_vector)
plot_vector(product_vector, c='k', linestyle='--',
        label='Normalized Product Vector')

plt.legend()
plt.axis('equal')
plt.show()
```

这个辅助函数将二维向量绘制为从原点延伸的线段

两个绘制的向量是相同的。cov_matrix 和 first_pc 的矩阵向量乘积指向与 first_pc 相同的方向。因此，根据定义，first_pc 是 cov_matrix 的特征向量。矩阵的特征向量满足以下特殊性质：矩阵与特征向量的乘积指向与特征向量相同的方向。无论计算多少次乘积，方向都不会改变。因此，cov_matrix @ product_vector 与 product_vector 指向相同的方向，并且向量之间的夹角为 0。让我们通过代码清单 14-42 进行确认。

代码清单 14-42　计算特征向量乘积之间的夹角

```
product_vector2 = cov_matrix @ product_vector
product_vector2 /= norm(product_vector2)

cosine_similarity = product_vector @ product_vector2
angle = np.degrees(np.arccos(cosine_similarity))
print(f"The angle between vectors equals {angle:.2f} degrees")

The angle between vectors equals 0.00 degrees
```

取余弦相似度的反余弦值返回向量之间的夹角

两个向量都是单位向量。如第 13 章所讨论的，两个单位向量的点积等于它们夹角的余弦

矩阵和其特征向量的乘积与特征向量的方向一致。然而，大多数情况下，它改变了特征向量的幅度。例如，first_pc 是一个特征向量，幅度为 1。将 first_pc 乘以协方差矩阵将会增加 x 倍的幅度。让我们通过运行 norm(cov_matrix @ first_pc) 打印幅度的实际变化(如代码清单 14-43 所示)。

代码清单 14-43　测量幅度的变化

```
new_magnitude = norm(cov_matrix @ first_pc)
print("Multiplication has stretched the first principal component by "
    f"approximately {new_magnitude:.1f} units.")

Multiplication has stretched the first principal component by
approximately 541.8 units
```

乘法将 first_pc 沿第一主方向拉伸 541.8 个单位。因此，cov_matrix @ first_pc 等于 541.8 * first_pc。给定任意矩阵 m 及其特征向量 eigen_vec, m 和 eigen_vec 的乘积总是等于 v * eigen_vec，其中 v 是一个数值，形式上称为特征值。first_pc 特征向量的特征值大约是 541。这个值可能看起来很熟悉，因为以前见过它：在本章的前面，我们打印了最大的 x 轴方差，大约是 541。因此，特征值等于沿第一主方向的方差。可以通过调用 (centered_data @ first_pc).var() 确认这一点(如代码清单 14-44 所示)。

代码清单 14-44　比较特征值和方差

```
variance = (centered_data.T @ first_pc).var()
direction1_var = projections[0].var()
assert round(variance, 10) == round(direction1_var, 10)
print("The variance along the first principal direction is approximately"
    f" {variance:.1f}")

The variance along the first principal direction is approximately 541.8
```

让我们来回顾观察结果。

- 第一主成分是协方差矩阵的特征向量。
- 相关特征值等于沿第一主方向的方差。

这些观察结果并非巧合。数学家们已经证明了以下事实。

- 数据集的主成分等于数据集的协方差矩阵的归一化特征向量。
- 沿主方向的方差等于相关主成分的特征值。

因此，要发现第一主成分，只需要执行以下操作。

(1) 计算协方差矩阵。

(2) 找出特征值最大的矩阵的特征向量。该特征向量对应方差覆盖率最高的方向。

我们可以使用一种叫做幂迭代的简单算法来提取特征值最大的特征向量。

关键术语

- 协方差矩阵：m @ m.T / m.shape[1]，其中 m 是一个均值为 0 的矩阵。协方差矩阵的对角线等于 m 的每条轴上的方差。
- 特征向量：与矩阵相关联的一种特殊类型的向量。如果 m 是具有特征向量 eigen_vec 的矩阵，则 m @ eigen_vec 指向与 eigen_vec 相同的方向。此外，如果 m 是协方差矩阵，则 eigen_vec 是主成分。
- 特征值：与特征向量关联的数值。如果 m 是具有特征向量 eigen_vec 的矩阵，则 m @ eigen_vec 将特征向量拉伸 eigenvalue 个单位。因此，特征值等于 norm(m @ eigen_vec) / norm(eigen_vec)。主成分的特征值等于该成分覆盖的方差。

使用幂迭代提取特征向量

我们的目标是获得 cov_matrix 的特征向量。执行此操作的过程很简单。首先生成一个随机单位向量 random_vector(如代码清单 14-45 所示)。

代码清单 14-45 生成随机单位向量

```
np.random.seed(0)
random_vector = np.random.random(size=2)
random_vector /= norm(random_vector)
```

接下来，计算 cov_matrix @ random_vector(如代码清单 14-46 所示)。这个矩阵向量乘积对随机向量执行旋转与拉伸操作。我们对新向量进行归一化，使其幅度与 random_vector 相当，然后绘制新向量和随机向量，如图 14-20 所示。我们的预期是两个向量指向不同的方向。

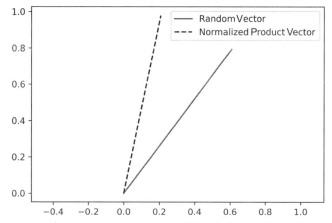

图 14-20　random_vector 与 cov_matrix 和 random_vector 的归一化乘积。绘制的两个向量指向不同的方向

代码清单 14-46　计算 cov_matrix 和 random_vector 的乘积

```
product_vector = cov_matrix @ random_vector
product_vector /= norm(product_vector)

plt.plot([0, random_vector[0]], [0, random_vector[1]],
         label='Random Vector')
plt.plot([0, product_vector[0]], [0, product_vector[1]], linestyle='--',
         c='k', label='Normalized Product Vector')

plt.legend()
plt.axis('equal')
plt.show()
```

这两个向量没有任何相同之处。让我们查看当运行 cov_matrix @ product_vector 重复上一步时会发生什么(如代码清单 14-47 所示)。然后，将这个额外的向量与之前绘制的 product_vector 一起归一化并绘制，如图 14-21 所示。

代码清单 14-47　计算 cov_matrix 和 product_vector 的乘积

```
product_vector2 = cov_matrix @ product_vector
product_vector2 /= norm(product_vector2)

plt.plot([0, product_vector[0]], [0, product_vector[1]], linestyle='--',
       c='k', label='Normalized Product Vector')
plt.plot([0, product_vector2[0]], [0, product_vector2[1]], linestyle=':',
       c='r', label='Normalized Product Vector2')
plt.legend()
plt.axis('equal')
plt.show()
```

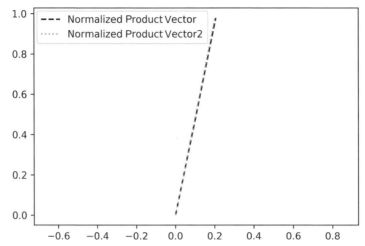

图 14-21 product_vector 与 cov_matrix 和 product_vector 的归一化乘积。绘制的两个向量是相同的。
因此，我们发现了协方差矩阵的特征向量

乘积向量指向相同的方向。因此，product_vector 是 cov_matrix 的特征向量。我们基本上执行了幂迭代，这是一种用于特征向量检测的简单算法。我们很幸运地使用了该算法：单个矩阵乘法足以揭示特征向量。但通常情况下，需要一些额外的迭代。

幂迭代的工作原理如下。

(1) 生成随机单位向量。

(2) 将向量乘以矩阵并对结果进行归一化。单位向量被旋转。

(3) 反复重复上一步，直到单位向量"卡住"：它不再旋转。根据定义，它现在是一个特征向量。

幂迭代保证收敛到一个特征向量(如果存在)。通常，10 次迭代足以实现收敛。生成的特征向量相对于矩阵的其他特征向量具有最大的可能特征值。

注意

一些矩阵的特征向量为负特征值。这种情况下，幂迭代返回具有最大绝对特征值的特征向量。

让我们定义一个以矩阵作为输入的 power_iteration 函数(如代码清单 14-48 所示)。它的输出是一个特征向量和一个特征值。我们通过运行 power_iteration(cov_matrix)测试这个函数。

代码清单 14-48 实现幂迭代算法

```
np.random.seed(0)
def power_iteration(matrix):
    random_vector = np.random.random(size=matrix.shape[0])
    random_vector = random_vector / norm(random_vector)
    old_rotated_vector = random_vector
    for _ in range(10):
        rotated_vector = matrix @ old_rotated_vector
        rotated_vector = rotated_vector / norm(rotated_vector)
        old_rotated_vector = rotated_vector

    eigenvector = rotated_vector
```

```
        eigenvalue = norm(matrix @ eigenvector)
        return eigenvector, eigenvalue

eigenvector, eigenvalue = power_iteration(cov_matrix)
print(f"The extracted eigenvector is {eigenvector}")
print(f"Its eigenvalue is approximately {eigenvalue: .1f}")

The extracted eigenvector is [0.20223994 0.979336 ]
Its eigenvalue is approximately 541.8
```

power_iteration 函数提取了一个特征值约为 541 的特征向量。这对应沿第一个主轴的方差。因此，特征向量等于第一主成分。

注意

你可能已经注意到，图 14-21 中提取的特征向量向正值延伸。同时，图 14-19 中的第一主成分向负值延伸。如前所述，在 PCA 执行期间，主成分 pc 可以与–pc 互换使用，这不会错误地影响主方向的投影。唯一值得注意的影响是反射在投影轴上的不同，如图 14-13 所示。

函数返回一个单一的特征向量，其特征值最大。因此，power_iteration(cov_matrix)返回方差覆盖率最大的主成分。如前所述，第二主成分也是一个特征向量。它的特征值对应第二主方向上的方差。因此，这个成分是一个特征向量，它的特征值第二大。如何找到它？解决方法只需要几行代码。对这个方法的理解需要高等数学知识，但我们可以了解它的基本步骤。

为提取第二个特征向量，必须消除 cov_matrix 中第一个特征向量的所有迹。这个过程被称为矩阵收缩。一旦一个矩阵进行收缩，它的第二大特征值就变成它的最大特征值。为收缩 cov_matrix，必须取特征向量与其自身的外积。该外积是通过对 i 和 j 的每个可能值取 eigenvector[i] * eigenvector[j] 的成对积来计算的。成对积被存储在矩阵 M 中，其中 M[i][j]=eigenvector[i] * eigenvector[j]。可以使用两个嵌套循环或者使用 NumPy 并运行 np.outer(eigenvector, eigenvector)来计算外积(如代码清单 14-49 所示)。

注意

通常，外积是在两个向量 v1 和 v2 之间计算的。该外积返回矩阵 m，其中 m[i][j]等于 v1[i] * v2[j]。在矩阵收缩期间，v1 和 v2 都等于特征向量。

代码清单 14-49　计算特征向量与自身的外积

```
outer_product = np.outer(eigenvector, eigenvector)
for i in range(eigenvector.size):
    for j in range(eigenvector.size):
        assert outer_product[i][j] == eigenvector[i] * eigenvector[j]
```

给定外积，可以通过运行 cov_matrix - eigenvalue * outer_product 来收缩 cov_matrix(如代码清单 14-50 所示)。该基本操作生成一个矩阵，其主特征向量等于第二主成分。

代码清单 14-50　收缩协方差矩阵

```
deflated_matrix = cov_matrix - eigenvalue * outer_product
```

运行 product_iteration(deflated_matrix)将返回一个名为 next_eigenvector 的特征向量。根据讨论，可知道以下事实。

- next_eigenvector 等于第二主成分。
- np.array([eigenvector, next_eigenvector])等于被称为 components 的主成分矩阵。
- 执行 components @ central_data 可将数据集投影到其主方向。
- 绘制投影图应生成一个水平放置的雪茄形图，类似于图 14-8 或图 14-13。

接下来，提取 next_eigenvector 并执行上述投影(如代码清单 14-51 所示)。然后绘制投影，从而确认假设是正确的，如图 14-22 所示。

代码清单 14-51 从收缩矩阵中提取第二主成分

```
np.random.seed(0)
next_eigenvector, _ = power_iteration(deflated_matrix)
components = np.array([eigenvector, next_eigenvector])
projections = components @ centered_data
plt.scatter(projections[0], projections[1])
plt.axhline(0, c='black')
plt.axvline(0, c='black')
plt.axis('equal')
plt.show()
```

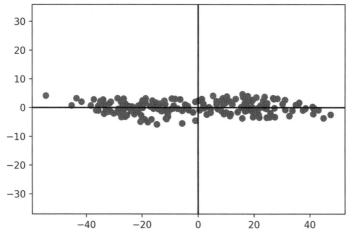

图 14-22 将 centered_data 投影到其主成分上，成分使用幂迭代计算。该图与使用 scikit-learn 的 PCA 生成的图 14-13 相同

NumPy 矩阵收缩计算

- np.outer(eigenvector, eigenvector)：计算特征向量与其自身的外积。返回矩阵 m，其中 m[i][j] 等于 eigenvector[i] * eigenvector[j]。
- matrix −= eigenvalue * np.outer(eigenvector, eigenvector)：通过从矩阵中删除具有最大特征值的特征向量的所有迹来收缩矩阵。运行 power_iteration(matrix)返回具有下一个最大特征值的特征向量。

我们基本上开发了一种算法来提取矩阵的前 K 个主成分，矩阵行均为 0。给定任何这样的 centered_matrix，算法执行如下。

(1) 通过运行 centered_matrix @ centered_matrix.T 计算 centered_matrix 的协方差矩阵。

(2) 在协方差矩阵上运行 power_iteration。该函数返回协方差矩阵的特征向量(eigenvector)，对应于最大的可能特征值(eigenvalue)。这个特征向量等于第一主成分。

(3) 通过减去 eigenvalue * np.outer(eigenvector, eigenvector)来收缩矩阵。在矩阵上运行 power_iteration 可以提取下一个主成分。

(4) 重复前面的步骤 K-2 次，从而提取前 K 个主成分。

让我们通过定义 find_top_principal_components 实现该算法。该函数从 centered_matrix 输入中提取前 K 个主成分(如代码清单 14-52 所示)。

代码清单 14-52　提取前 K 个主成分

对矩阵进行复制，这样就可以在不修改矩阵的情况下对副本进行收缩

从一个行均为 0 的矩阵中提取前 K 个主成分。K 的值预设为 2

```
def find_top_principal_components(centered_matrix, k=2):
    cov_matrix = centered_matrix @ centered_matrix.T
    cov_matrix /= centered_matrix[1].size
    return find_top_eigenvectors(cov_matrix, k=k)


def find_top_eigenvectors(matrix, k=2):
    matrix = matrix.copy()
    eigenvectors = []
    for _ in range(k):
        eigenvector, eigenvalue = power_iteration(matrix)
        eigenvectors.append(eigenvector)
        matrix -= eigenvalue * np.outer(eigenvector, eigenvector)

    return np.array(eigenvectors)
```

主成分只是协方差矩阵的顶部特征向量(特征向量秩由特征值决定)。为强调这一点，我们定义了一个单独的函数来提取任意矩阵的前 K 个特征向量

这里定义了一个函数来提取数据集的前 K 个主成分。这些主成分允许我们将数据集投影到它的 K 个主方向上。这些方向在 K 个轴上最大限度地分散数据。因此，可以忽略剩余的数据轴，将坐标列的大小缩小到 K。可以将任何数据集缩减到 K 维。

基本上，现在能够在不依赖 scikit-learn 的情况下从零开始运行 PCA。可以使用 PCA 将 N 维数据集减少到 K 维(其中 N 是输入数据矩阵的列个数)。要运行该算法，必须执行以下步骤。

(1) 计算数据集中每个轴的平均值。

(2) 从每个轴减去平均值，从而使数据集中心化在原点。

(3) 使用 find_top_principal_components 函数提取中心化数据集的前 K 个主成分。

(4) 取主成分和中心化数据集之间的矩阵乘积。

让我们在一个名为 reduce_dimensions 的函数中实现这些步骤(如代码清单 14-53 所示)。为什么不将函数命名为 pca？PCA 的前两个步骤要求我们中心化数据。然而，我们很快就会了解到，在没有中心化数据的情况下也可以实现降维。因此，将一个可选的 centralize_data 参数传递给函数。我们将该参数设置为 True，以确保函数在默认条件下执行 PCA。

代码清单 14-53 定义 reduce_dimensions 函数

该函数将一个数据矩阵作为输入,其列对应于坐标轴。这与 scikit-learn 的 fit_transform 方法的输入方向一致。然后该函数将矩阵从 N 列减少到 K 列

```
def reduce_dimensions(data, k=2, centralize_data=True):
    data = data.T.copy()
    if centralize_data:
        for i in range(data.shape[0]):
            data[i] -= data[i].mean()

    principal_components = find_top_principal_components(data)
    return (principal_components @ data).T
```

数据被转置,使其与 find_principal_components 的预期输入保持一致

可选择通过减去其均值来中心化数据,因此新均值等于 0

让我们通过将 reduce_dimensions 应用到之前分析过的 flower_measurements 数据来测试它。这里使用自定义的 PCA 实现将该数据缩减为二维,然后对结果进行可视化,如图 14-23 和代码清单 14-54 所示。这个图应该与图 14-18 一致。

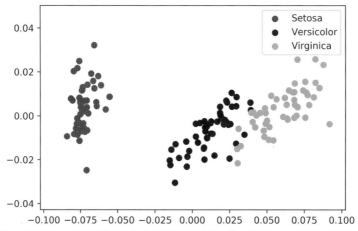

图 14-23 使用自定义 PCA 实现将四维归一化花卉测量值减少到二维。该图与 scikit-learn 生成的 PCA 输出相同

代码清单 14-54 使用自定义 PCA 实现将花卉数据减少到二维

```
np.random.seed(0)
dim_reduced_data = reduce_dimensions(flower_measurements)
visualize_flower_data(dim_reduced_data)
```

得到的图与 scikit-learn 的 PCA 输出非常相似。我们重新设计了 scikit-learn 的实现,但有一个很大的不同:在本例的函数中,中心化是可选的。这对我们来说很有用。正如前面所讨论的,无法可靠地对归一化数据执行中心化。此外,花卉数据集已经过归一化以消除单位差异。因此,不能可靠地在 flower_measurements 上运行 PCA。一种替代方法是通过将 centralize_data=False 传递给 reduce_dimensions 来绕过中心化。当然,这违反了 PCA 算法的许多假设。但是,输出可能仍然有用。如果在没有中心化的情况下减少 flower_measurements 的维度会发生什么?让我们通过将 centralize_data 设置为 False 并绘制结果来找出答案,如图 14-24 和代码清单 14-55 所示。

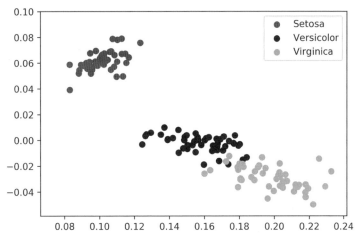

图14-24 将四维归一化花卉测量值减少到二维而无须进行中心化。每个绘制的点都根据其种类进行着色。这3个种类继续归为3个聚类。但是,该图不再与PCA输出相似

代码清单 14-55 在不进行中心化的情况下运行 reduce_dimensions

如前所述,特征向量提取的随机性会影响二维绘图方向。这里,通过 seed 可以确保方向与图 14-25 一致

```
np.random.seed(3)
dim_reduced_data = reduce_dimensions(flower_measurements,
                                     centralize_data=False)
visualize_flower_data(dim_reduced_data)
```

在输出中,3种花继续分成3个聚类。此外,Setosa 在空间分布上仍然与其他种类不同。不过,图像发生了变化。Setosa 形成的聚类比之前在 PCA 结果中观察到的更紧密。这就引出了一个问题,最新的图像是否与 PCA 输出一样全面?换句话说,它是否继续代表总数据方差的97%?可以通过测量 dim_reduced_data 的方差并将其除以 flower_measurements 的总方差来检查(如代码清单 14-56 所示)。

代码清单 14-56 在不使用中心化的情况下检查数据的方差

```
variances = [sum(data[:,i].var() for i in range(data.shape[1]))
             for data in [dim_reduced_data, flower_measurements]]
dim_reduced_var, total_var = variances
percent_coverege = 100 * dim_reduced_var / total_var
print(f"Our plot covers {percent_coverege:.2f}% of the total variance")

Our plot covers 97.29% of the total variance
```

结果是二维方差覆盖率保持不变。尽管其值略有波动,但覆盖率仍保持在97%左右。因此,可以在不依赖中心化的情况下降低维度。然而,中心化仍然是 PCA 的一个定义特征,因此修改后的技术需要一个不同的名称。如前所述,这项技术被称为奇异值分解(SVD)。

警告

与 PCA 不同，SVD 不能保证在缩减的输出中最大化每个轴的方差。然而，在大多数现实世界的情况下，SVD 能够将数据降维到非常实用的程度。

SVD 的数学性质很复杂，超出了本书的范围。尽管如此，计算机科学家可以使用这些属性非常有效地执行 SVD，并且这些优化已被纳入 scikit-learn 中。在 14.5 节中，将使用 scikit-learn 的优化后的 SVD 实现。

14.5　使用 SVD 和 scikit–learn 进行高效降维

scikit-learn 包含一个称为 TruncatedSVD 的降维类，旨在优化 SVD 的运行。让我们从 sklearn.decomposition 导入 TruncatedSVD(如代码清单 14-57 所示)。

代码清单 14-57　从 sklearn.decomposition 导入 TruncatedSVD

```
from sklearn.decomposition import TruncatedSVD
```

将 TruncatedSVD 应用于 flower_measurements 数据很容易。首先，需要运行 TruncatedSVD (n_components=2)来创建一个能够将数据减少到二维的 svd_object 对象。然后，可以通过运行 svd_object.fit_predict(flower_measurements)来进行 SVD。该方法返回一个二维 svd_transformed_data 矩阵。接下来，应用 TruncatedSVD 并对结果进行绘制，如图 14-25 和代码清单 14-58 所示。该图应该与我们自定义的 SVD 输出(见图 14-24)相似。

注意

与 PCA 类不同，scikit-learn 的 TruncatedSVD 实现需要n_components 作为输入。该参数的默认值预设为 2。

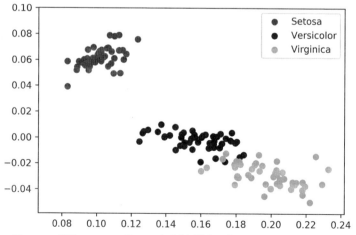

图 14-25　使用 scikit-learn 的 SVD 实现将四维归一化花卉测量值减少到二维。
其输出与使用我们自定义的 SVD 实现生成的图相同

代码清单 14-58　使用 scikit-learn 运行 SVD

```
svd_object = TruncatedSVD(n_components=2)
svd_transformed_data = svd_object.fit_transform(flower_measurements)
visualize_flower_data(svd_transformed_data)
```

毫不意外，scikit-learn 的结果与我们自定义的 SVD 相同。scikit-learn 的算法速度更快，内存效率更高，并且它的输出与我们自定义的没有差异。

注意

当减少维数时，输出不会发散。然而，随着维数的增加，我们的实现将变得不那么精确，因为微小的误差会蔓延到特征向量计算中。这些微小误差将随着每次特征向量的计算被放大。但scikit-learn 利用数学技巧限制了这些误差。

可以通过比较方差覆盖率进一步验证输出之间的重叠性。svd_object 有一个 explained_variance_ratio_ 属性，它保存了每个缩减维度所覆盖的方差数组。100 * explained_variance_ratio_ 应该返回二维图中覆盖的总方差的百分比。根据分析，我们预计该结果将接近 97.29%。这里通过代码清单 14-59 进行确认。

代码清单 14-59　从 scikit-learn 的 SVD 输出中提取方差

> 该属性是一个 NumPy 数组，包含每个轴的覆盖率。乘以 100 可以将这些数值转换为百分比

```
percent_variance_coverages = 100 * svd_object.explained_variance_ratio_
x_axis_coverage, y_axis_coverage = percent_variance_coverages
total_2d_coverage = x_axis_coverage + y_axis_coverage
print(f"Our Scikit-Learn SVD output covers {total_2d_coverage:.2f}% of "
        "the total variance")

Our Scikit-Learn SVD output covers 97.29% of the total variance
```

> 数组的第 i 个元素对应第 i 个轴的方差覆盖率

常用的 scikit-learn SVD 方法

- svd_object = TruncatedSVD(n_components=K)：创建一个能够将输入数据缩减到 K 维的 SVD 对象。
- svd_tranformed_data = svd_object.fit_transform(data)：使用初始化的 TruncatedSVD 对象对输入数据执行 SVD。fit_transform 方法假设 data 矩阵的列对应空间轴。将维数减少的结果存储在 svd_transformed_data 矩阵中。
- svd_object.explained_variance_ratio_：返回与拟合的 TruncatedSVD 对象的每个降维轴相关联的方差覆盖率。

scikit-learn 的优化 SVD 实现可以将数据从数以万计的维度减少到只有几百或几十个维度。预测算法可以更有效地存储、传输和处理缩小后的数据。许多真实世界的数据任务需要 SVD 在分析之前对数据进行缩减。应用范围包括图像压缩、音频降噪、自然语言处理等。特别是，由于文本数据的膨胀特性，NLP 依赖这个算法。正如我们在前一章中讨论的，现实世界的文档形成了非常大的

矩阵，其列个数非常之高。我们不能有效地将这些矩阵相乘，因此不能计算文本相似度。幸运的是，SVD 使这些文档矩阵更易于管理。它允许我们在保留大部分方差的同时，缩小文本矩阵的列个数，因此可以快速计算大规模文本相似度。然后可以使用这些文本相似度对输入文档进行聚类。

在接下来的章节中，将分析大型文档数据集。我们将学习如何对这些数据集进行清理和聚类，同时将聚类结果进行可视化输出。SVD 是完成这一切的基础。

14.6　本章小结

- 降低数据集的维数可以简化某些任务，如聚类。
- 通过围绕原点旋转数据，直到数据点靠近 x 轴，可以将二维数据集缩减为一维数据集。这样做可以最大化数据沿 x 轴的分布，从而允许我们删除 y 轴。然而，旋转要求我们首先对数据集进行中心化处理，使其平均值坐标位于原点。
- 将数据向 x 轴旋转类似于将 x 轴向第一主方向旋转。第一主方向是数据方差最大化的线性方向。第二主方向垂直于第一主方向。在二维数据集中，该方向表示第一主方向未覆盖的剩余方差。
- 可以通过主成分分析(PCA)进行降维。PCA 揭示了数据集的主要方向并将它们表示为使用称为主成分的单位向量。中心化数据矩阵与主成分的乘积将数据的标准轴与主方向交换。这种轴交换被称为投影。当我们将数据投影到主方向时，会在某些轴上最大化数据分散，而在其他轴上将其最小化，从而可以删除分散性最小的轴。
- 可以通过计算协方差矩阵来提取主成分，协方差矩阵是中心化数据集与其自身的矩阵乘积除以数据集大小。该矩阵的对角线表示轴的方差值。
- 主成分是协方差的特征向量。因此，根据定义，协方差矩阵和每个主成分的归一化乘积等于该主成分。
- 可以使用幂迭代算法提取矩阵的顶部特征向量。幂迭代包括向量与矩阵的重复乘法和归一化。对协方差矩阵应用幂迭代将返回第一主成分。
- 通过应用矩阵收缩，可以消除特征向量的所有迹。收缩协方差矩阵并重新应用幂迭代可返回第二主成分。重复该过程可以通过迭代方式返回所有主成分。
- PCA 对测量单位很敏感。归一化输入数据会降低这种敏感性。但是，归一化数据将使其接近其均值。这是一个问题，因为 PCA 要求我们从每个轴值中减去平均值来对数据进行中心化。减去近似值会导致浮点误差。
- 可以通过在运行降维之前拒绝对数据进行中心化来避免这些浮点误差。输出的结果仍然可以捕获数据之间的差异。这种改进的技术被称为奇异值分解(SVD)。

第 *15* 章

大型文本数据集的 NLP 分析

本章主要内容
- 使用 scikit-learn 对文本进行向量化
- 对向量化文本数据进行降维
- 对大型文本数据集进行聚类
- 对文本聚类进行可视化
- 同时显示多个可视化

我们之前对自然语言处理(NLP)技术的讨论集中在简单示例和小型数据集上。本章将对大量真实世界的文本执行 NLP 处理。结合之前你已经掌握的技术，这种类型的分析似乎很简单。例如，假设我们在多个在线论坛上进行市场调查。每个论坛都由数百名讨论特定主题的用户组成，主题包括政治、时尚、技术或汽车等。我们希望根据用户对话的内容自动提取所有讨论主题。这些提取的主题将用于策划营销活动，该活动将根据用户的在线兴趣来定位用户。

如何将用户的讨论聚类成主题？一种方法是执行以下操作。

(1) 使用第 13 章中讨论的技术将所有讨论文本转换为字数矩阵。

(2) 使用奇异值分解(SVD)对数字矩阵进行降维。这将使我们能够使用矩阵乘法有效地处理所有文本的相似度。

(3) 利用文本相似度矩阵将讨论聚类成主题。

(4) 探索主题聚类，从而识别对我们的营销活动有用的主题。

当然，在现实生活中，这种简单的分析并不像看起来那么容易。大量未知的问题仍然存在。如何在不对所有文本进行处理的情况下有效地探索主题聚类？另外，应该使用第 10 章中介绍的哪种聚类算法对它们进行聚类？

即使在比较两个文本时，我们也面临某些问题。如何处理常见的无意义单词，如 the、it 和 they？应该通过惩罚算法处理它们吗？或者直接忽略？完全过滤掉它们？其他常见的、语料库特定的词(例如论坛所在的网站名称)应该如何处理？

所有这些问题的答案都可以通过实际探索包含数千个文本的在线论坛数据集来得到解答。scikit-learn 在其示例数据集中包含一个这样的真实世界数据集。在本章中，我们将对这个大型在线论坛数据集进行加载、探索和聚类。Python 的外部数据科学库(如 scikit-learn 和 NumPy)将在这种现实世界的分析中发挥出极大的作用。

15.1 使用 scikit-learn 加载在线论坛讨论数据

scikit-learn 为我们提供来自 Usenet 的数据，Usenet 是一个完善的在线论坛集合。这些 Usenet 论坛被称为新闻组。每个独特的新闻组都专注于某个讨论主题，在新闻组名称中可以简要了解这些主题。新闻组中的用户通过发布消息进行交流。这些用户帖子的长度没有限制，因此有些帖子可能很长。帖子的多样性和不同长度都将使我们有机会扩展 NLP 技能。出于培训目的，scikit-learn 库提供了对超过 10 000 条已发布消息的访问。可以通过从 sklearn.datasets 导入 fetch_20newsgroups 来加载这些新闻组帖子。调用 fetch_20newsgroups()将返回一个包含文本数据的 newsgroups 对象。此外，可选地将 remove=('headers','footers')传递到函数可以从文本中删除冗余信息(删除的元数据与有意义的帖子内容不同)。代码清单 15-1 加载新闻组数据，同时过滤冗余信息。

警告

新闻组数据集非常大。因此，它没有与 scikit-learn 预先打包在一起。运行 fetch_20newsgroups 将使 scikit-learn 下载数据集并将其存储在本地机器上，因此第一次获取数据集时需要连接 Internet。对 fetch_20newsgroups 的所有后续调用都将在本地加载数据集，而无须 Internet 连接。

代码清单 15-1 获取新闻组数据集

```
from sklearn.datasets import fetch_20newsgroups
newsgroups = fetch_20newsgroups(remove=('headers', 'footers'))
```

newsgroups 对象包含来自 20 个不同新闻组的帖子。如前所述，每个新闻组的讨论主题都出现在其名称当中。可以通过打印 newsgroups.target_names 来查看这些新闻组名称(如代码清单 15-2 所示)。

代码清单 15-2 打印所有 20 个新闻组的名称

```
print(newsgroups.target_names)

['alt.atheism', 'comp.graphics', 'comp.os.ms-windows.misc',
 'comp.sys.ibm.pc.hardware', 'comp.sys.mac.hardware', 'comp.windows.x',
 'misc.forsale', 'rec.autos', 'rec.motorcycles', 'rec.sport.baseball',
 'rec.sport.hockey', 'sci.crypt', 'sci.electronics', 'sci.med', 'sci.space',
 'soc.religion.christian', 'talk.politics.guns', 'talk.politics.mideast',
 'talk.politics.misc', 'talk.religion.misc']
```

新闻组类别相差很大，从太空探索(sci.space)到汽车(rec.autos)再到电子产品(sci.electronics)。有些类别非常广泛。例如，政治(talk.politics.misc)可以涵盖广泛的政治主题。其他类别的范围也可能非常狭窄：例如 comp.sys.mac.hardware 专注于 Mac 硬件，而 comp.sys.ibm.pc.hardware 专注于 PC 硬件。毫无疑问，这两个新闻组极其相似：唯一的区别在于计算机硬件是属于 Mac 还是 PC。有时分类的差异是微妙的。文本主题之间的界限是不断变化的，不一定是一成不变的。我们需要在后面对新闻组帖子进行聚类时记住这一点。代码清单 15-3 打印第一个新闻组帖子。

代码清单 15-3　打印第一个新闻组帖子

```
print(newsgroups.data[0])
```

```
I was wondering if anyone out there could enlighten me on this car I saw
the other day. It was a 2-door sports car, looked to be from the late 60s/
early 70s. It was called a Bricklin. The doors were really small.
In addition, the front bumper was separate from the rest of the body. This
is all I know. If anyone can tellme a model name, engine specs, years
of production, where this car is made, history, or whatever info you
have on this funky looking car, please e-mail.
```

这篇帖子是关于汽车的。它可能发布到汽车讨论新闻组 rec.autos。我们可以通过打印
newsgroups.target_names[newsgroups.target[0]]来进行确认(如代码清单 15-4 所示)。

注意

newsgroups.target[i]返回与第 i 个文档关联的新闻组名称的索引。

代码清单 15-4　打印索引为 0 的新闻组名称

```
origin = newsgroups.target_names[newsgroups.target[0]]
print(f"The post at index 0 first appeared in the '{origin}' group")
```

```
The post at index 0 first appeared in the 'rec.autos' group
```

正如预测的那样,汽车相关帖子出现在汽车讨论组中。帖子中的一些关键词(如 car、bumper
和 engine)足以证明这一点。当然,这只是众多帖子中的一个。对剩余的帖子进行分类可能并不那
么容易。

让我们通过打印数据集大小来深入了解新闻组数据集(如代码清单 15-5 所示)。

代码清单 15-5　计算新闻组帖子的数量

```
dataset_size = len(newsgroups.data)
print(f"Our dataset contains {dataset_size} newsgroup posts")
```

```
Our dataset contains 11314 newsgroup posts
```

新闻组数据集包含超过 11 000 个帖子。我们的目标是按主题对这些帖子进行聚类,但在这种
规模上进行文本聚类需要考虑计算的效率。我们需要通过将文本数据表示为矩阵来有效地计算新闻
组帖子的相似度。为此,需要将每个新闻组帖子转换为词频(TF)向量。如第 13 章所述,TF 向量的
索引映射到文档中的单词数。以前使用自定义函数计算这些向量化的单词数,现在可以使用
scikit-learn 计算它们。

15.2　使用 scikit-learn 对文档进行向量化

scikit-learn 提供了一个用于将输入文本转换为 TF 向量的内置类:CountVectorizer。初始化
CountVectorizer 会创建一个能够对文本进行向量化的 vectorizer 对象。接下来,从 sklearn.feature_

extraction.text 导入 CountVectorizer 并对这个类进行初始化(如代码清单 15-6 所示)。

代码清单 15-6 初始化一个 CountVectorizer 对象

```
from sklearn.feature_extraction.text import CountVectorizer
vectorizer = CountVectorizer()
```

现在准备对存储在 newsgroups.data 列表中的文本进行向量化。我们需要做的就是运行 vectorizer.fit_transform(newsgroups.data)。调用该方法将返回与向量化新闻组帖子对应的 TF 矩阵。需要注意的是,TF 矩阵存储所有文本(行)中的单词(列)数。让我们对帖子进行向量化,然后打印生成的 TF 矩阵(如代码清单 15-7 所示)。

代码清单 15-7 使用 scikit-learn 计算 TF 矩阵

```
tf_matrix = vectorizer.fit_transform(newsgroups.data)
print(tf_matrix)

(0, 108644) 4
(0, 110106) 1
(0, 57577) 2
(0, 24398) 2
(0, 79534) 1
(0, 100942) 1
(0, 37154) 1
(0, 45141) 1
(0, 70570) 1
(0, 78701) 2
(0, 101084) 4
(0, 32499) 4
(0, 92157) 1
(0, 100827) 6
(0, 79461) 1
(0, 39275) 1
(0, 60326) 2
(0, 42332) 1
(0, 96432) 1
(0, 67137) 1
(0, 101732) 1
(0, 27703) 1
(0, 49871) 2
(0, 65338) 1
(0, 14106) 1
  :        :
(11313, 55901) 1
(11313, 93448) 1
(11313, 97535) 1
(11313, 93393) 1
(11313, 109366) 1
(11313, 102215) 1
(11313, 29148) 1
(11313, 26901) 1
(11313, 94401) 1
(11313, 89686) 1
```

```
(11313, 80827) 1
(11313, 72219) 1
(11313, 32984) 1
(11313, 82912) 1
(11313, 99934) 1
(11313, 96505) 1
(11313, 72102) 1
(11313, 32981) 1
(11313, 82692) 1
(11313, 101854) 1
(11313, 66399) 1
(11313, 63405) 1
(11313, 61366) 1
(11313, 7462) 1
(11313, 109600) 1
```

这里打印的 tf_matrix 似乎不是 NumPy 数组。它是一种怎样的数据结构？可以通过打印 type(tf_matrix)进行检查(如代码清单 15-8 所示)。

代码清单 15-8　检查 tf_matrix 的数据类型

```
print(type(tf_matrix))

<class 'scipy.sparse.csr.csr_matrix'>
```

该矩阵是一个名为 csr_matrix 的 SciPy 对象。CSR 是 Compressed Sparse Row 的缩写，它是一种用于压缩主要由 0 组成的矩阵的存储格式。这些大部分为空的矩阵被称为稀疏矩阵。它们可以通过只存储非 0 元素来进行压缩。这种压缩将带来更有效的内存使用效率和更好的计算性能。大规模基于文本的矩阵通常非常稀疏，因为单个文档通常只包含总词汇量的一小部分。因此，scikit-learn 会自动将向量化文本转换为 CSR 格式。一般使用从 SciPy 导入的 csr_matrix 类进行转换。

各种外部数据科学库之间的这种相互作用很有用，但也有点令人困惑。特别是，NumPy 数组和 SciPy CSR 矩阵之间的差异对于新手来说可能很难理解。这是因为数组和 CSR 矩阵共享一些(但不是全部)属性。此外，数组和 CSR 矩阵与一些(但不是全部)NumPy 函数兼容。为尽量减少混淆，我们将 tf_matrix 转换为二维 NumPy 数组。后续的大部分分析都将在该 NumPy 数组上进行。但是，我们会定期将数组的使用与 CSR 矩阵的使用进行比较。这样做将使我们能够更全面地理解两种矩阵表示之间的异同。代码清单 15-9 通过运行 tf_matrix.toarray()将 tf_matrix 转换为 NumPy，然后打印转换后的结果。

警告

这种转换非常占用内存，需要将近 10GB 的内存。如果你的本地机器的可用内存有限，那么建议你使用 Google Colaboratory(Colab)在云中执行此代码，这是一个免费的、基于云的 Jupyter Notebook 环境，具有 12GB 的免费可用内存。Google 提供了 Colab 用法的全面介绍，涵盖你入门需要的所有内容：https://colab.research.google.com/notebooks/welcome.ipynb。

代码清单 15-9　将 CSR 矩阵转换为 NumPy 数组

```
tf_np_matrix = tf_matrix.toarray()
print(tf_np_matrix)
```

```
[[0 0 0 ... 0 0 0]
 [0 0 0 ... 0 0 0]
 [0 0 0 ... 0 0 0]
 ...
 [0 0 0 ... 0 0 0]
 [0 0 0 ... 0 0 0]
 [0 0 0 ... 0 0 0]]
```

　　打印的矩阵是一个二维 NumPy 数组。所有预览的矩阵元素都是 0，这表明矩阵是相当稀疏的。每个矩阵元素对应帖子中一个单词出现的次数。矩阵的行表示帖子，而列表示独特的单词。因此，总列数等于数据集的词汇表大小。可以使用 shape 属性获得这个词汇表的大小。CSR 矩阵和 NumPy 数组都带有这个属性。让我们用 tf_np_matrix.shape 输出词汇表大小(如代码清单 15-10 所示)。

代码清单 15-10　检查词汇表大小

```
assert tf_np_matrix.shape == tf_matrix.shape
num_posts, vocabulary_size = tf_np_matrix.shape
print(f"Our collection of {num_posts} newsgroup posts contain a total of "
      f"{vocabulary_size} unique words")

Our collection of 11314 newsgroup posts contain a total of 114751 unique
words
```

　　这里的数据中包含 114 751 个唯一单词。然而，大多数帖子中只有几十个这样的单词。可以通过计算第 tf_np_matrix[i] 行中非 0 元素的数量来获得索引 i 处的帖子的唯一单词数。计算这些非 0 元素个数的最简单方法是使用 NumPy。该标准库允许我们在 tf_np_matrix[i] 处获得向量的所有非 0 索引。我们只需要把向量输入 np.flatnonzero 函数中即可。接下来，进行计数并输出 newsgroups.data[0] 中汽车帖子的非 0 索引(如代码清单 15-11 所示)。

代码清单 15-11　计算汽车帖子中的唯一单词

这相当于运行 np.nonzero(tf_vector)[0]。np.nonzero 函数概括了跨 x 维数组的非 0 索引的计算。它返回一个长度为 x 的元组，其中每个第 i 个元组元素表示沿第 i 个维度的非 0 索引。因此，给定一维 tf_vector 数组，np.nonzero 函数返回形式为 non_zero_indices 的元组

```
import numpy as np
tf_vector = tf_np_matrix[0]
non_zero_indices = np.flatnonzero(tf_vector)  ◄
num_unique_words = non_zero_indices.size
print(f"The newsgroup in row 0 contains {num_unique_words} unique words.")
print("The actual word counts map to the following column indices:\n")
print(non_zero_indices)

The newsgroup in row 0 contains 64 unique words.
The actual word-counts map to the following column indices:
[ 14106 15549 22088 23323 24398 27703 29357 30093 30629 32194
  32305 32499 37154 39275 42332 42333 43643 45089 45141 49871
  49881 50165 54442 55453 57577 58321 58842 60116 60326 64083
  65338 67137 67140 68931 69080 70570 72915 75280 78264 78701
  79055 79461 79534 82759 84398 87690 89161 92157 93304 95225
  96145 96432 100406 100827 100942 101084 101732 108644 109086 109254
  109294 110106 112936 113262]
```

第一个新闻组帖子包含 64 个唯一单词。这些词是什么？为找出答案，我们需要 TF 向量索引和词值之间的映射。该映射可以通过调用 vectorizer.get_feature_names()生成，它返回一个被称为 words 的单词列表。每个索引 i 对应列表中的第 i 个单词。因此，运行 [words[i] for i in non_zero_indices] 将返回帖子中的所有唯一单词(如代码清单 15-12 所示)。

注意

我们也可以通过调用 vectorizer.inverse_transform(tf_vector)获取这些词。inverse_transform 方法返回与输入的 TF 向量相关联的所有单词。

代码清单 15-12　打印汽车帖子中的所有唯一单词

```
words = vectorizer.get_feature_names()
unique_words = [words[i] for i in non_zero_indices]
print(unique_words)

['60s', '70s', 'addition', 'all', 'anyone', 'be', 'body', 'bricklin',
'bumper', 'called', 'can', 'car', 'could', 'day', 'door', 'doors',
'early', 'engine', 'enlighten', 'from', 'front', 'funky', 'have',
'history', 'if', 'in', 'info', 'is', 'it', 'know', 'late', 'looked',
'looking', 'made', 'mail', 'me', 'model', 'name', 'of', 'on', 'or',
'other', 'out', 'please', 'production', 'really', 'rest', 'saw',
'separate', 'small', 'specs', 'sports', 'tellme', 'the', 'there',
'this', 'to', 'was', 'were', 'whatever', 'where', 'wondering', 'years',
'you']
```

现在已经打印了 newsgroups.data[0]中的所有单词。当然，并非所有这些词都有相同的出现次数，有些单词出现的频率会明显高于其他词。也许这些频繁出现的词与汽车这个话题更相关。代码清单 15-13 打印了帖子中出现频率最高的 10 个单词及其相关的出现次数。出于可视化目的，我们将此输出表示为 Pandas 表。

提取一维 NumPy 数组的非 0 元素

- non_zero_indices = np.flatnonzero(np_vector)：返回一维 NumPy 数组中的非 0 索引。
- non_zero_vector = np_vector[non_zero_indices]：选择一维 NumPy 数组的非 0 元素(假设 non_zero_indices 对应该数组的非 0 索引)。

代码清单 15-13　打印汽车帖子中出现频率最高的单词

```
import pandas as pd
data = {'Word': unique_words,
        'Count': tf_vector[non_zero_indices]}

df = pd.DataFrame(data).sort_values('Count', ascending=False) ◀——┐
print(df[:10].to_string(index=False))                            │

Word     Count
the          6
this         4
was          4
car          4
```

根据单词出现的次数从高到低对 Pandas 表进行排序

```
if         2
is         2
it         2
from       2
on         2
anyone     2
```

帖子的 64 个单词中有 4 个至少被提及 4 次。其中一个词是 car，考虑到该帖子出现在汽车讨论组中，这并不奇怪。然而，其他 3 个词与汽车无关，the、this 和 was 是英语中最常见的词。它们不会在汽车帖子和具有不同主题的帖子之间提供区分信号——相反，常用词是噪声的来源，它们增加了两个不相关的文档聚类在一起的可能性。NLP 专业人员将此类噪声单词称为停止词，因为它们被阻止出现在向量化结果中。停止词通常在向量化之前从文本中删除。这就是 CountVectorizer 类具有内置停止词删除选项的原因。运行 CountVectorizer(stop_words='english')会初始化一个向量化器，该向量化器将被用于删除停止词。向量化器会忽略文本中所有最常见的英文单词。

接下来，重新初始化一个能感知停止词的向量化器(如代码清单 15-14 所示)。然后重新运行 fit_transform 来重新计算 TF 矩阵。该矩阵中单词列的数量将小于之前计算的词汇表大小 114 751。我们还重新生成 words 列表，这一次常见的停止词(如 the、this、of 和 it)将会消失。

代码清单 15-14   在向量化过程中删除停止词

```
vectorizer = CountVectorizer(stop_words='english')      检查以确保词汇表已
tf_matrix = vectorizer.fit_transform(newsgroups.data)   缩小
assert tf_matrix.shape[1] < 114751


words = vectorizer.get_feature_names()
for common_word in ['the', 'this', 'was', 'if', 'it', 'on']:
    assert common_word not in words                      常见的停止词已
                                                         被过滤掉
```

所有停止词已从重新计算的 tf_matrix 中删除。现在可以重新生成 newsgroups.data[0]中最常见的 10 个单词(如代码清单 15-15 所示)。注意，在这个过程中，重新计算了 tf_np_matrix、tf_vector、unique_words、non_zero_indices 和 df。

警告

这种重新计算操作依旧是内存密集型的，需要 2.5 GB 的内存。

代码清单 15-15   重新打印删除停止词后的最常见单词

```
tf_np_matrix = tf_matrix.toarray()
tf_vector = tf_np_matrix[0]
non_zero_indices = np.flatnonzero(tf_vector)
unique_words = [words[index] for index in non_zero_indices]
data = {'Word': unique_words,
        'Count': tf_vector[non_zero_indices]}

df = pd.DataFrame(data).sort_values('Count', ascending=False)
print(f"After stop-word deletion, {df.shape[0]} unique words remain.")
print("The 10 most frequent words are:\n")
print(df[:10].to_string(index=False))
```

```
After stop-word deletion, 34 unique words remain.
The 10 most frequent words are:

            Word         Count
             car            4
             60s            1
             saw            1
          looking          1
            mail           1
           model           1
        production         1
          really          1
            rest           1
         separate          1
```

过滤停止词后，还剩下 34 个单词。其中，car 是唯一一个被多次提及的词。其他 33 个单词的提及次数为 1，向量化器对它们的处理是相同的。然而，值得注意的是，并不是所有单词在相关度上都是一样的。有些词与汽车讨论主题比其他词更相关，例如 model 这个词指的是汽车型号(当然它也可以指超级模特或机器学习模型)。与此同时，really 这个词更常见，并且跟汽车无关。它几乎可以是一个停止词。事实上，这个词出现在一些 NLP 实现的停止词列表上，但其他的 NLP 实现则没有。遗憾的是，到现在为止，对于哪些词应该作为停止词在业界也没有一个统一的说法。然而，所有 NLP 专业人员都同意，如果一个词在太多的文本中被提到，它就会变得不那么重要。因此，really 比 model 更不重要，因为前者在更多的帖子中被提到。在根据相关度对单词进行排名时，我们应该同时使用发布频率和出现次数。如果两个单词的出现次数相等，那么应该根据发布频率来排序。

让我们根据发布频率和出现次数重新排列 34 个单词。然后，将探讨如何使用这些排名来改进文本向量化。

常用的 scikit-learn CountVectorizer 方法

- vectorizer = CountVectorizer()：初始化一个 CountVectorizer 对象，该对象能够根据 TF 计数对输入文本进行向量化。

- vectorizer = CountVectorizer(stopwords='english')：初始化一个能够向量化输入文本的对象，同时过滤常见的英语单词，如 this 和 the。

- tf_matrix = vectorizer.fit_transform(texts)：使用初始化的 vectorizer 对象对输入文本列表执行 TF 向量化并返回一个词频值的 CSR 矩阵。矩阵行 i 对应 texts[i]。矩阵列 j 对应单词 j 的词频。

- vocabulary_list = vectorizer.get_feature_names()：返回与计算的 TF 矩阵的列相关联的词汇列表。矩阵的每一列 j 对应 vocabulary_list[j]。

15.3 根据发布频率和出现次数对单词进行排名

df.Word 的 34 个单词中的每一个都以特定比例出现在新闻组帖子中。在 NLP 中，这个比例被称为单词的文档频率。假设文档频率可以提高单词排名。作为科学家，我们现在将尝试通过探索文档频率与单词重要性的关系来验证这一假设。最初，我们将探索限制在单个文档中。稍后，会将见解推广到数据集中的其他文档。

注意
这种开放式探索在数据科学中很常见。我们从探索一小部分数据开始。通过探索这个小型样本，可以锻炼对数据集中更宏观模式的直觉。然后可以在更大的范围内对这种直觉进行验证。

现在开始探索。我们的直接目标是计算 34 个文档频率，从而尝试提高单词相关性排名。可以使用一系列 NumPy 矩阵操作来计算这些频率。首先，要选择与 non_zero_indices 数组中的 34 个非 0 索引对应的 tf_np_matrix 列。可以通过运行 tf_np_matrix[:,non_zero_indices]获得这个子矩阵(如代码清单 15-16 所示)。

代码清单 15-16 过滤具有非 0 索引的矩阵列

```
sub_matrix = tf_np_matrix[:,non_zero_indices]
print("Our sub-matrix corresponds to the 34 words within post 0. "
      "The first row of the sub-matrix is:")
print(sub_matrix[0])
```

← 仅访问矩阵第一行中保存非 0 值的那些列

```
Our sub-matrix corresponds to the 34 words within post 0. The first row of
the sub-matrix is:
[1 1 1 1 1 1 1 4 1 1 1 1 1 1 1 1 1 1 1 1 1 1 1 1 1 1 1 1 1 1 1 1 1 1]
```

sub_matrix 的第一行对应 df 中的 34 个单词计数。总之，所有矩阵行对应所有帖子的计数。但是，我们目前对确切的字数不感兴趣：只想知道每个帖子中是否存在这些单词。因此，需要将计数转换为二进制值(如代码清单 15-17 所示)。基本上，需要一个二元矩阵，其中如果词j 出现在帖子i 中，则元素(i,j)等于 1，否则为 0。可以通过从 sklearn.preprocessing 导入 binarize 来对子矩阵进行二值化。然后，运行 binarize(sub_matrix)将生成所需的结果。

代码清单 15-17 将字数转换为二进制值

```
from sklearn.preprocessing import binarize
binary_matrix = binarize(sub_matrix)
print(binary_matrix)
```

← 二值化函数将任意 x 维数组中的所有非 0 元素替换为 1

```
[[1 1 1 ... 1 1 1]
 [0 0 0 ... 0 0 0]
 [0 0 0 ... 0 1 0]
 ...
 [0 0 0 ... 0 0 0]
 [0 0 0 ... 0 0 0]
 [0 0 0 ... 0 0 0]]
```

现在需要把二进制子矩阵的行进行相加(如代码清单 15-18 所示)。这样做将生成一个整数计数向量。第 i 个向量元素将等于存在单词 i 的唯一帖子的数量。要对二维数组的行求和,只需要将 axis=0 传递到数组的 sum 方法中。运行 binary_matrix.sum(axis=0)将返回一个唯一帖子计数向量。

注意

一个二维 NumPy 数组包含两个轴:轴 0 对应水平行,轴 1 对应垂直列。因此,运行 binary_matrix.sum(axis=0)将返回求和行的向量。同时,运行 binary_matrix.sum(axis=1)将返回求和列的向量。

代码清单 15-18　对矩阵行进行求和,从而获得帖子数量

```
unique_post_mentions = binary_matrix.sum(axis=0)
print("This vector counts the unique posts in which each word is "
      f"mentioned:\n {unique_post_mentions}")

This vector counts the unique posts in which each word is mentioned:
[ 18   21  202  314    4   26  802  536  842  154    67  348 184  25
   7  368  469 3093  238  268  780  901  292   95 1493  407 354 158
 574   95   98    2  295 1174]
```

通常,运行 multi_dim_array.sum(axis=i)会返回多维数组第 i 轴上求和值的向量

我们应该注意到,通过运行 binarize(tf_np_matrix[:,non_zero_indices]).sum(axis=0)可以将前面 3 个过程合并为一行代码(如代码清单 15-19 所示)。此外,用 SciPy 的 tf_matrix 替换 NumPy 的 tf_np_matrix 仍然会产生相同的结果。

代码清单 15-19　在一行代码中计算帖子提及次数

```
np_post_mentions = binarize(tf_np_matrix[:,non_zero_indices]).sum(axis=0)
csr_post_mentions = binarize(tf_matrix[:,non_zero_indices]).sum(axis=0)
print(f'NumPy matrix-generated counts:\n {np_post_mentions}\n')
print(f'CSR matrix-generated counts:\n {csr_post_mentions}')

NumPy matrix-generated counts:
[   18    21   202   314     4    26  802  536  842  154   67  348 184  25
     7   368   469  3093   238   268  780  901  292   95 1493  407 354 158
   574    95    98     2   295  1174]

CSR matrix-generated counts:
[[   18    21   202   314     4    26  802  536  842  154   67  348 184  25
     7   368   469  3093   238   268  780  901  292   95 1493  407 354 158
   574    95    98     2   295  1174]]
```

np_post_mentions 和 csr_post_mentions 中的数字看起来是相同的。然而,csr_post_mentioned 包含一组额外的括号,因为 CSR 矩阵行的总和返回的不是 NumPy 数组,它返回一个特殊的矩阵对象。在那个对象中,一维向量被表示为一个有 1 行和 n 列的矩阵。要将矩阵转换为一维 NumPy 数组,必须运行 np.asarray(csr_post_mentions)[0]

聚合矩阵行的方法

- **vector_of_sums = np_matrix.sum(axis=0)**：对 NumPy 矩阵的行求和。如果 np_matrix 是一个 TF 矩阵，则 vector_of_sum [i]等于数据集中提到单词 i 的总次数。
- **vector_of_sums = binarize(np_matrix).sum(axis=0)**：将 NumPy 矩阵转换为二进制矩阵，然后对其行求和。如果 np_matrix 是一个 TF 矩阵，则 vector_of_sum[i]等于提到单词 i 的文本总数。
- **matrix_1D = binarize(csr_matrix).sum(axis=0)**：将 CSR 矩阵转换为二进制，然后对其行求和。返回的结果是一个特殊的一维矩阵对象——它不是 NumPy 向量。通过运行 np.as array (matrix_1D)[0]可以将 matrix_1D 转换为 NumPy 向量。

根据打印的帖子提及计数向量，我们知道有些词出现在数千个帖子中。其他词出现在不到 10 个帖子中。让我们将这些计数转换为文档频率并将频率与 df.Word 对齐。然后输出至少 10%的新闻组帖子中提到的所有单词(如代码清单 15-20 所示)。这些单词很可能会出现在各种帖子中。因此，假设打印的单词不会针对特定主题。如果假设是正确的，则这些词将不会具有很大的相关性。

代码清单 15-20 打印文档频率最高的单词

```
document_frequencies = unique_post_mentions / dataset_size
data = {'Word': unique_words,
        'Count': tf_vector[non_zero_indices],
        'Document Frequency': document_frequencies}        我们只选择文档频率大于
                                                           1/10 的单词
df = pd.DataFrame(data)
df_common_words = df[df['Document Frequency'] >= .1]  ◄
print(df_common_words.to_string(index=False))

    Word    Count    Document Frequency  ◄
    know       1              0.273378
   really      1              0.131960           注意，文档频率对应的是所有帖子。
   years       1              0.103765           同时，计数仅对应索引 0 处的帖子
```

34 个单词中有 3 个单词的文档频率大于 0.1。不出所料，这些词是非常普遍的，而不是特定于汽车的。因此，可以利用文档频率进行排名。让我们按照下面的方式把单词按相关性排序。首先，按计数对单词进行排序，从最大到最小。然后，将所有计数相等的单词按文档频率从最小到最大排序。在 Pandas 中，可以通过 df.sort_values(['Count','Document Frequency'], ascending=[False, True])进行双列排序(如代码清单 15-21 所示)。

代码清单 15-21 根据计数和文档频率对单词进行排名

```
df_sorted = df.sort_values(['Count', 'Document Frequency'],
                           ascending=[False, True])
print(df_sorted[:10].to_string(index=False))

     Word    Count Document Frequency
      car        4           0.047375
   tellme        1           0.000177
 bricklin        1           0.000354
    funky        1           0.000619
      60s        1           0.001591
```

70s	1	0.001856
enlighten	1	0.002210
bumper	1	0.002298
doors	1	0.005922
production	1	0.008397

排序很成功。新的与车相关的词汇(如 bumper)现在出现在单词排名列表中。然而，实际的排序过程相当复杂：它要求我们分别对两列进行排序。也许可以通过将单词计数和文档频率合并到一个评分中来简化这个过程。应该如何实现呢？一种方法是将每个单词计数除以其相关的文档频率。如果以下任意一项为真，则结果值将增加。

- 单词数增加；
- 文档频率下降。

让我们将单词数和文档频率合并为一个分数(如代码清单 15-22 所示)。首先从计算 1/document_ frequencies 开始。这样做会生成一个逆文档频率(IDF)数组。接下来，将 df.Count 乘以 IDF 数组来计算组合分数。然后将 IDF 值和组合分数添加到 Pandas 表中。最后，对组合分数进行排序并输出最高结果。

代码清单 15-22　将计数和频率合并为一个分数

```
inverse_document_frequencies = 1 / document_frequencies
df['IDF'] = inverse_document_frequencies
df['Combined'] = df.Count * inverse_document_frequencies
df_sorted = df.sort_values('Combined', ascending=False)
print(df_sorted[:10].to_string(index=False))
```

Word	Count	Document Frequency	IDF	Combined
Tellme	1	0.000177	5657.000000	5657.000000
bricklin	1	0.000354	2828.500000	2828.500000
funky	1	0.000619	1616.285714	1616.285714
60s	1	0.001591	628.555556	628.555556
70s	1	0.001856	538.761905	538.761905
enlighten	1	0.002210	452.560000	452.560000
bumper	1	0.002298	435.153846	435.153846
doors	1	0.005922	168.865672	168.865672
specs	1	0.008397	119.094737	119.094737
production	1	0.008397	119.094737	119.094737

新排名失败了，car 一词不再出现在最高排名列表中。发生了什么？让我们通过查看表来寻求答案。IDF 值存在一个问题：其中一些值很大，打印的 IDF 值范围从大约 100 到超过 5 000。同时，单词个数范围非常小，从 1 到 4。因此，当将字数乘以 IDF 值时，IDF 占主导地位，并且计数对最终结果没有影响。我们需要以某种方式降低 IDF 值。应该怎么做？

数据科学家通常会遇到过大的数值。缩小值的一种方法是应用对数函数(如代码清单 15-23 所示)。例如，运行 np.log10(1 000 000)将返回 6。本质上，值 1 000 000 被该值中的 0 的个数替换。

代码清单 15-23　使用对数缩小较大的值

```
assert np.log10(1000000) == 6
```

让我们通过运行 df.Count*np.log10(df.IDF)重新计算排名分数(如代码清单 15-24 所示)。计数与缩小后的 IDF 值的乘积应该会带来更合理的排名指标。

代码清单 15-24　使用对数调整组合得分

```
df['Combined'] = df.Count * np.log10(df.IDF)
df_sorted = df.sort_values('Combined', ascending=False)
print(df_sorted[:10].to_string(index=False))
```

Word	Count	Document Frequency	IDF	Combined
car	4	0.047375	21.108209	5.297806
tellme	1	0.000177	5657.000000	3.752586
bricklin	1	0.000354	2828.500000	3.451556
funky	1	0.000619	1616.285714	3.208518
60s	1	0.001591	628.555556	2.798344
70s	1	0.001856	538.761905	2.731397
enlighten	1	0.002210	452.560000	2.655676
bumper	1	0.002298	435.153846	2.638643
doors	1	0.005922	168.865672	2.227541
specs	1	0.008397	119.094737	2.075893

调整后的排名效果很好。单词 car 再次出现在最高排名的首位。此外，bumper 仍然排在前 10 名中。与此同时，really 却不在列表中。

得到的有效分数被称为 TFIDF。可以通过取 TF(字数)和 IDF 的对数的乘积来计算 TFIDF。

注意

在数学上，np.log(1/x)等于-np.log(x)。因此，可以直接从文档频率计算 TFIDF。我们只需要运行 df.Count * -np.log10(document_frequences)。另外请注意，文献中还存在其他不太常见的 TFIDF 计算方法。例如，在处理大型文档时，一些 NLP 研究者将 TFIDF 计算为 np.log(df.Count+1) * -np.log10(document_frequences)。这将限制文档中所有常见词的影响。

TFIDF 是一个用于对文档中的单词进行排名的简单而强大的指标，当然，只有当文档是更大文档组的一部分时，这个指标才能发挥作用。否则，计算出的 TFIDF 值都为 0。当应用于类似测试的小型集合时，该指标也会失去其有效性。尽管如此，对于大多数真实世界的文本数据集，TFIDF 带来了良好的排名结果。它还有其他用途：可用于对文档中的单词进行向量化。df.Combined 的数值内容本质上是通过修改 df.Count 中存储的 TF 向量而生成的向量。以同样的方式，可以将任何 TF 向量转换为 TFIDF 向量。我们只需要将 TF 向量乘以逆文档频率的对数。

将 TF 向量转换为更复杂的 TFIDF 向量有什么好处？在较大的文本数据集中，TFIDF 向量提供更大的文本相似度和发散性信号。例如，两个文本都在讨论汽车，如果不相关的向量元素受到惩罚，它们更有可能聚集在一起。因此，使用 IDF 惩罚常用单词可提升大型文本集合的聚类。

注意

对于较小的数据集，这就不一定正确，因为在较小的数据集中，文档的数量较少，而文档频率较高。因此，IDF 可能太小，无法有效改善聚类结果。

因而，可以通过将 TF 矩阵转换为 TFIDF 矩阵来获得收益。可以使用自定义代码轻松地执行这种转换。然而，使用 scikit-learn 内置的 TfidfVectorizer 类计算 TFIDF 矩阵更方便。

用 scikit-learn 计算 TFIDF 向量

　　除了在向量化过程中考虑 IDF 外，TfidfVectorizer 类几乎与 CountVectorizer 相同。接下来，从 sklearn.feature_extraction.text 导入 TfidfVectorizer 并通过运行 TfidfVectorizer(stop_words='english') 初始化这个类(如代码清单 15-25 所示)。构造的 tfidf_vectorizer 对象通过参数忽略所有停止词。随后，执行 tfidf_vectorizer.fit_transform(newsgroups.data) 将返回一个向量化 TFIDF 值的矩阵。矩阵的形状与 tf_matrix.shape 相同。

代码清单 15-25　用 scikit-learn 计算 TFIDF 矩阵

```
from sklearn.feature_extraction.text import TfidfVectorizer
tfidf_vectorizer = TfidfVectorizer(stop_words='english')
tfidf_matrix = tfidf_vectorizer.fit_transform(newsgroups.data)
assert tfidf_matrix.shape == tf_matrix.shape
```

　　tfidf_vectorizer 使用了与更简单的 TF 向量化器相同的词汇表。实际上，tfidf_matrix 中的单词索引与 tf_matrix 中的单词索引是相同的。可以通过调用 tfidf_vectorizer.get_feature_names() 确认这一点(如代码清单 15-26 所示)。该方法将返回一个有序的单词列表，该列表与之前计算的 words 列表相同。

代码清单 15-26　确认向量化单词索引是否相等

```
assert tfidf_vectorizer.get_feature_names() == words
```

　　由于保留了单词顺序，我们知道 tfidf_matrix[0] 的非 0 索引等于之前计算的 non_zero_indices 数组。可以在将 tfidf_matrix 从 CSR 数据结构转换为 NumPy 数组后进行确认(如代码清单 15-27 所示)。

代码清单 15-27　确认非 0 索引是否相等

```
tfidf_np_matrix = tfidf_matrix.toarray()
tfidf_vector = tfidf_np_matrix[0]
tfidf_non_zero_indices = np.flatnonzero(tfidf_vector)
assert np.array_equal(tfidf_non_zero_indices,
                      non_zero_indices)
```

　　tf_vector 和 tfidf_vector 的非 0 索引是相同的。因此，可以将 TFIDF 向量作为列添加到现有 df 表中(如代码清单 15-28 所示)。添加一个 TFIDF 列将允许我们把 scikit-learn 的输出与手动计算的分数进行比较。

代码清单 15-28　向现有的 Pandas 表添加 TFIDF 向量

```
df['TFIDF'] = tfidf_vector[non_zero_indices]
```

　　按 df.TFIDF 排序将会产生与之前的观察一致的相关性排名(如代码清单 15-29 所示)。让我们验证 df.TFIDF 和 df.Combined 在排序后产生相同的单词排名。

代码清单 15-29 按 df.TFIDF 对单词进行排序

```
df_sorted_old = df.sort_values('Combined', ascending=False)

df_sorted_new = df.sort_values('TFIDF', ascending=False)
assert np.array_equal(df_sorted_old['Word'].values,
                      df_sorted_new['Word'].values)
print(df_sorted_new[:10].to_string(index=False))
```

Word	Count	Document Frequency	IDF	Combined	TFIDF
car	4	0.047375	21.108209	5.297806	0.459552
tellme	1	0.000177	5657.000000	3.752586	0.262118
bricklin	1	0.000354	2828.500000	3.451556	0.247619
funky	1	0.000619	1616.285714	3.208518	0.234280
60s	1	0.001591	628.555556	2.798344	0.209729
70s	1	0.001856	538.761905	2.731397	0.205568
enlighten	1	0.002210	452.560000	2.655676	0.200827
bumper	1	0.002298	435.153846	2.638643	0.199756
doors	1	0.005922	168.865672	2.227541	0.173540
specs	1	0.008397	119.094737	2.075893	0.163752

单词排名保持不变。但是，TFIDF 和 Combined 列的值并不相同。我们手动计算的前 10 个 Combined 值都大于 1，但 scikit-learn 的所有 TFIDF 值都小于 1。为什么会这样？

事实证明，scikit-learn 会自动归一化其 TFIDF 向量结果。df.TFIDF 的幅度已修改为等于 1。可以通过调用 norm(df.TFIDF.values) 来确认(如代码清单 15-30 所示)。

注意

要关闭归一化，必须将 norm=None 传递到向量化器的初始化函数中。运行 TfidfVectorizer(norm= None,stop_words='english')将返回一个向量化器，其中归一化已被停用。

代码清单 15-30 确认 TFIDF 向量已被归一化

```
from numpy.linalg import norm
assert norm(df.TFIDF.values) == 1
```

为什么 scikit-learn 会自动对向量进行归一化？这对我们有好处。如第 13 章所述，当所有向量幅度都等于 1 时，计算文本向量相似度会更容易。因此，归一化 TFIDF 矩阵已准备好进行相似度分析。

常用的 scikit-learn TfidfVectorizer 方法

- tfidf_vectorizer = TfidfVectorizer(stopwords='english'): 初始化一个 TfidfVectorizer 对象，该对象能够根据其 TFIDF 值对输入文本进行向量化。该对象预设为过滤常见的英语停止词。
- tfidf_matrix = tfidf_vectorizer.fit_transform(texts): 使用初始化的 vectorizer 对象对输入文本列表执行 TFIDF 向量化并返回一个归一化 TFIDF 值的 CSR 矩阵。矩阵的每一行都会自动归一化，从而便于计算相似度。
- vocabulary_list = tfidf_vectorizer.get_feature_names(): 返回与计算出的 TFIDF 矩阵的列关联的词汇表。矩阵的列 j 与 vocabulary_list[j]对应。

15.4 计算大型文档数据集之间的相似度

让我们回答一个简单的问题：哪个新闻组帖子与 newsgroups.post[0]最相似？可以通过计算 tfidf_np_matrix 和 tf_np_matrix[0]之间的所有余弦相似度来得到答案(如代码清单 15-31 所示)。如第 13 章所述，这些相似度可以通过取 tfidf_np_matrix 和 tfidf_matrix[0]的乘积来获得。矩阵和向量之间的简单乘法足够了，因为矩阵中所有行的幅度都是 1。

代码清单 15-31 计算与单个新闻组帖子的相似度

```
cosine_similarities = tfidf_np_matrix @ tfidf_np_matrix[0]
print(cosine_similarities)

[1.         0.00834093 0.04448717 ... 0.         0.00270615 0.01968562]
```

矩阵向量乘积需要几秒钟才能完成。它的输出是一个余弦相似度向量：向量的第 i 个索引对应 newsgroups.data[0]和 newsgroups.data[i]之间的余弦相似度。从打印输出中，可以看到 cosine_similarities[0]等于 1.0。这并不奇怪，因为 newsgroups_data[0]与其自身具有完美的相似度。向量中的下一个最高相似度是多少？可以通过调用 np.argsort(cosine_similarities)[-2]找到答案。argsort 调用按数组索引的升序对它们进行排序。因此，倒数第二个索引将对应具有第二高相似度的帖子。

注意

我们假设不存在完全相似度为 1 的其他帖子。另外，可以通过调用 np.argmax(cosine_similarity[1:])+1 来实现相同的结果，尽管这种方法只适用于索引为 0 的帖子。

现在提取该索引并打印其相应的相似度。另外还打印相应的文本以确认其与存储在 newsgroups.data[0]中的汽车帖子存在重叠之处(如代码清单 15-32 所示)。

代码清单 15-32 查找最相似的新闻组帖子

```
most_similar_index = np.argsort(cosine_similarities)[-2]
similarity = cosine_similarities[most_similar_index]
most_similar_post = newsgroups.data[most_similar_index]
print(f"The following post has a cosine similarity of {similarity:.2f} "
      "with newsgroups.data[0]:\n")
print(most_similar_post)

The following post has a cosine similarity of 0.64 with newsgroups.data[0]:

In article <1993Apr20.174246.14375@wam.umd.edu> lerxst@wam.umd.edu
(where's my
thing) writes:
>
> I was wondering if anyone out there could enlighten me on this car I saw
> the other day. It was a 2-door sports car, looked to be from the late
> 60s/ early 70s. It was called a Bricklin. The doors were really small. In
addition,
> the front bumper was separate from the rest of the body. This is
> all I know. If anyone can tellme a model name, engine specs, years
```

```
> of production, where this car is made, history, or whatever info you
> have on this funky looking car, please e-mail.

Bricklins were manufactured in the 70s with engines from Ford. They are
rather odd looking with the encased front bumper. There aren't a lot of
them around, but Hemmings (Motor News) ususally has ten or so listed.
Basically, they are a performance Ford with new styling slapped on top.

> ---- brought to you by your neighborhood Lerxst ----

Rush fan?
```

打印的文本是对索引为 0 的汽车帖子的回复。回复包括原始帖子，这是关于某个汽车品牌的问题。我们在回复的最底部附近看到了对该问题的详细答案。由于文字重叠，原帖和回复都非常相似。它们的余弦相似度为 0.64，这似乎不是一个很大的数字。然而，在广泛的文本集合中，大于 0.6 的余弦相似度是重叠内容的良好指标。

注意

如第 13 章所述，余弦相似度可以很容易地转换为 Tanimoto 相似度，Tanimoto 相似度对于文本重叠有更深入的理论基础。可以通过运行 cosine_similarities / (2 - cosine_similarities) 将 cosine_similarities 转换为 Tanimoto 相似度。然而，这种转换不会改变最终结果。选择 Tanimoto 数组的顶部索引仍然会返回相同的发布回复。因此，为简单起见，接下来的几个文本比较示例中将把重点放在余弦相似度上。

到目前为止，只分析了索引 0 处的汽车帖子。现在将分析扩展到其他帖子。我们将随机选择一个新闻组帖子以及它最相似的帖子，然后输出两个帖子及它们的余弦相似度。为了使这个练习更有趣，首先计算一个由所有余弦相似度组成的矩阵。然后将使用该矩阵选择随机的一对相似的帖子。

注意

为什么要计算所有相似度的矩阵？主要是为了练习在上一章学到的知识。但是，访问该矩阵确实会带来某些好处。假设我们希望将相邻帖子的网络从 2 个增加到 10 个，还希望包括每个邻居的邻居(类似于在第 10 章中对 DBSCAN 的推导)。这种情况下，提前计算所有文本相似度会更高效。

如何计算所有余弦相似度的矩阵？最简单的方法是将 tfidf_np_matrix 与其转置相乘。然而，由于在第 13 章中讨论过的原因，这种矩阵乘法计算效率不高。TFIDF 矩阵有超过 100 000 列。我们需要在执行乘法之前减小矩阵大小。在上一章中，学习了如何使用 scikit-learn 的 TruncatedSVD 类减少列数。该类能够将矩阵缩小到指定的列数。减少的列数由 n_components 参数决定。scikit-learn 的文档建议将 n_components 值设为 100 来处理文本数据。

注意

scikit-learn 的文档偶尔会为常见算法应用提供有用的参数。例如，查看 http://mng.bz/PXP9 上的 TruncatedSVD 文档。其中描述到，"截断的 SVD 适用于 sklearn.feature_extraction.text 中向量化器返回的词数/tf-idf 矩阵。这种情况下，它被称为潜在语义分析(LSA)"。再往下，文档将 n_components

参数描述为"输出数据的期望维度。必须严格小于特征数。对于 LSA，建议值为 100"。

大多数 NLP 使用者都同意使用 n_components=100 将 TFIDF 矩阵减少到有效的大小，同时保持有用的列信息。接下来，将通过运行 TruncatedSVD(n_components=100).fit_transform(tfidf_matrix)来遵循这个建议(如代码清单 15-33 所示)。调用该方法将返回一个 100 列的 shrunk_matrix 结果，即使将基于 SciPy 的 tfidf_matrix 作为输入传递，该结果也将是一个二维 NumPy 数组。

代码清单 15-33　使用 SVD 对 tfidf_matrix 进行降维

> 最终的 SVD 输出取决于计算的特征向量的方向。正如在上一章中看到的，该方向是随机确定的。因此，运行 np.random.seed(0)以确保结果一致

```
np.random.seed(0)
from sklearn.decomposition import TruncatedSVD

shrunk_matrix = TruncatedSVD(n_components=100).fit_transform(tfidf_matrix)
print(f"We've dimensionally reduced a {tfidf_matrix.shape[1]}-column "
      f"{type(tfidf_matrix)} matrix.")

print(f"Our output is a {shrunk_matrix.shape[1]}-column "
      f"{type(shrunk_matrix)} matrix.")

We've dimensionally reduced a 114441-column
<class 'scipy.sparse.csr.csr_matrix'> matrix.
Our output is a 100-column <class 'numpy.ndarray'> matrix.
```

得到的收缩矩阵仅包含 100 列。现在可以通过运行 shrunk_matrix @ shrunk_matrix.T 有效地计算余弦相似度。但是，首先需要确认矩阵行保持归一化。让我们检查 shrunk_matrix[0]的幅度(如代码清单 15-34 所示)。

代码清单 15-34　检查 shrunk_matrix[0]的幅度

```
magnitude = norm(shrunk_matrix[0])
print(f"The magnitude of the first row is {magnitude:.2f}")

The magnitude of the first row is 0.49
```

行的幅度小于 1。scikit-learn 的 SVD 输出尚未自动归一化。在计算相似度之前，需要手动对矩阵进行归一化(如代码清单 15-35 所示)。scikit-learn 的内置 normalize 函数将在这个过程中帮助我们。我们从 sklearn.preprocessing 导入 normalize，然后运行 normalize(shrunk_matrix)。生成的归一化矩阵中行的幅度随后将等于 1。

代码清单 15-35　归一化 SVD 输出

```
from sklearn.preprocessing import normalize
shrunk_norm_matrix = normalize(shrunk_matrix)
magnitude = norm(shrunk_norm_matrix[0])
print(f"The magnitude of the first row is {magnitude:.2f}")

The magnitude of the first row is 1.00
```

收缩的矩阵已被归一化。现在，运行 shrunk_norm_matrix @ shrunk_norm_matrix.T 将生成一个所有余弦相似度的矩阵(如代码清单 15-36 所示)。

代码清单 15-36　计算所有的余弦相似度

```
cosine_similarity_matrix = shrunk_norm_matrix @ shrunk_norm_matrix.T
```

现在已经获得相似度矩阵。让我们用它随机选择一对非常相似的文本(如代码清单 15-37 所示)。首先随机选择某个 index1 处的帖子。接下来选择具有第二高余弦相似度的 cosine_similarities[index1] 的索引。然后，在显示文本之前打印索引及其相似度(如代码清单 15-38 所示)。

代码清单 15-37　随机选择一对相似的帖子

```
np.random.seed(1)
index1 = np.random.randint(dataset_size)
index2 = np.argsort(cosine_similarity_matrix[index1])[-2]
similarity = cosine_similarity_matrix[index1][index2]
print(f"The posts at indices {index1} and {index2} share a cosine "
      f"similarity of {similarity:.2f}")

The posts at indices 235 and 7805 share a cosine similarity of 0.91
```

代码清单 15-38　打印随机选择的帖子

```
print(newsgroups.data[index2].replace('\n\n', '\n'))
```
◄───── 这个帖子包含空行。我们过滤掉这些行以节省空间

```
Hello,
    Who can tell me Where can I find the PD or ShareWare
Which can CAPTURE windows 3.1's output of printer mananger?
    I want to capture the output of HP Laser Jet III.
    Though the PostScript can setup to print to file,but HP can't.
    I try DOS's redirect program,but they can't work in Windows 3.1
        Thankx for any help....
--
  Internet Address: u7911093@cc.ctu.edu.cn
    English Name: Erik Wang
```

通过观察发现，打印出的帖子是一个"问题"。我们可以确信 index1 处的帖子是该"问题"的"答案"(如代码清单 15-39 所示)。

代码清单 15-39　打印最相似的帖子回复信息

```
print(newsgroups.data[index1].replace('\n\n', '\n'))

u7911093@cc.ctu.edu.cn ("By SWH ) writes:
>Who can tell me which program (PD or ShareWare) can redirect windows 3.1's
>output of printer manager to file?
>    I want to capture HP Laser Jet III's print output.
>      Though PostScript can setup print to file,but HP can't.
>    I use DOS's redirect program,but they can't work in windows.
>        Thankx for any help...
>--
```

```
>   Internet Address: u7911093@cc.ctu.edu.cn
>       English Name: Erik Wang
Try setting up another HPIII printer but when choosing what port to connect
it to choose FILE instead of like :LPT1. This will prompt you for a file
name everytime you print with that "HPIII on FILE" printer. Good Luck.
```

到目前为止，已经检查了两对类似的帖子。每个"帖子对"由一个问题和一个回复组成，其中问题包含在回复中。这种无聊的"重叠文本对"很容易提取。让我们挑战自己，寻找更有趣的东西。我们将搜索相似文本的聚类，其中聚类里面的帖子共同带有一些文本，但不完全重叠。

15.5　按主题对文本进行聚类

第 10 章中介绍了两种聚类算法：K-means 和 DBSCAN。K-means 只能在欧几里得距离上进行聚类。而 DBSCAN 可以基于任何距离指标进行聚类。一种可能的指标是余弦距离，它等于 1 减去余弦相似度。

注意

为什么使用余弦距离而不是余弦相似度？所有的聚类算法都假设两个相同的数据点的距离为 0。同时，如果两个数据点没有共同点，则余弦相似度等于 0。当两个数据点完全相同时，余弦相似度等于 1。可以通过运行 1 - cosine_similarity_matrix 来解决这个差异，从而将结果转换为余弦距离。转换后，两个相同的文本的余弦距离都为 0。

余弦距离通常与 DBSCAN 结合使用。这就是为什么 scikit-learn 的 DBSCAN 实现允许在对象初始化期间直接指定余弦距离。我们只需要将 metric='cosine'传递到类构造函数中。这样做将初始化一个基于余弦距离进行聚类的 cluster_model 对象。

注意

scikit-learn 的 DBSCAN 实现首先通过重新计算 cosine_similarity_matrix 来计算余弦距离。或者，可以通过将 metric='precomputed'传递给构造函数来避免重新计算。这样做会初始化一个 cluster_model 对象，该对象设置为在预先计算的距离矩阵上进行聚类。接下来，运行 cluster_model.fit_transform(1 - cosine_similarity_matrix)理论上应该返回聚类结果。然而，实际上，距离矩阵中的负值(可能由浮点误差引起)会在聚类过程中引起问题。在聚类之前，距离矩阵中的所有负值都必须用 0 替换。这个操作需要在 NumPy 中通过执行 x[x < 0] = 0 手动完成，其中 x = 1-cosine_similarity_matrix。

让我们基于余弦距离使用 DBSCAN 对 shrunk_matrix 进行聚类。在聚类过程中，会做出以下合理的假设。

- 如果两个新闻组帖子的余弦相似度至少为 0.6(对应不大于 0.4 的余弦距离)，则它们属于一个聚类。
- 一个聚类至少包含 50 个新闻组帖子。

基于这些假设，算法的 eps 和 min_samples 参数应该分别等于 0.4 和 50。因此，通过运行 DBSCAN(eps=0.4,min_samples=50,metric='cosine')来初始化 DBSCAN(如代码清单 15-40 所示)。然后使用初始化的 cluster_model 对象对 shrunk_matrix 进行聚类。

代码清单 15-40 使用 DBSCAN 对新闻组帖子进行聚类

```
from sklearn.cluster import DBSCAN
cluster_model = DBSCAN(eps=0.4, min_samples=50, metric='cosine')
clusters = cluster_model.fit_predict(shrunk_matrix)
```

现在已经生成一个聚类数组。让我们快速估计聚类质量。我们已经知道新闻组数据集涵盖 20 个新闻组类别。一些主题名称彼此非常相似，而其他主题非常广泛。因此，假设数据集涵盖 10~25 个不同的主题是合理的。可以预期 cluster 数组包含 10~25 个聚类，否则输入聚类参数就有问题。现在计算聚类的数量(如代码清单 15-41 所示)。

代码清单 15-41 计算 DBSCAN 聚类的数量

```
cluster_count = clusters.max() + 1
print(f"We've generated {cluster_count} DBSCAN clusters")

We've generated 3 DBSCAN clusters
```

这里只生成了 3 个聚类，其远远低于预期的聚类数量。显然，DBSCAN 参数是错误的。是否有相应的方法来调整这些参数？或者在文献中是否存在推荐的 DBSCAN 设置可以生成可接受的文本聚类？很遗憾，没有。碰巧的是，文本的 DBSCAN 聚类对输入的文档数据高度敏感。用于聚类特定类型文本(如新闻组帖子)的 DBSCAN 参数不太可能很好地转移到其他文档类别(如新闻文章或电子邮件)。因此，与 SVD 不同，DBSCAN 算法缺乏一致的 NLP 参数。这并不意味着 DBSCAN 不能应用于文本数据，但是适当的 eps 和 min_samples 输入必须通过试错的方式来确定。遗憾的是，DBSCAN 缺乏完善的算法来优化这两个关键参数。

另一方面，K-means 将单个 K 参数作为输入。可以使用第 10 章中介绍的肘部图技术来估计 K 值。但是，K-means 算法只能基于欧氏距离进行聚类，不能处理余弦距离。这有问题吗？不一定。我们很幸运，shrunk_norm_matrix 中的所有行都是归一化单位向量。第 13 章中展示了两个归一化向量 v1 和 v2 的欧几里得距离等于(2 - 2 * v1 @ v2) ** 0.5。此外，向量之间的余弦距离等于 1 - v1 @ v2。通过基本代数，可以很容易地证明两个归一化向量的欧几里得距离与余弦距离的平方根成正比。这两个距离指标密切相关，这种关系为我们使用 K-means 聚类 shrunk_norm_matrix 提供了数学依据。

警告

如果两个向量被归一化，则它们的欧几里得距离足以替代余弦相似度。然而，非归一化向量的情况并非如此。因此，如果文本衍生矩阵没有被归一化，就不应该将 K-means 应用于这些矩阵。

研究表明，K-means 聚类可以对文本数据进行合理的分割。这可能看起来令人困惑，因为在前面的章节中，DBSCAN 给了我们更好的结果。遗憾的是，在数据科学中，正确的算法选择因领域而异。一个算法很少能解决所有类型的问题。打个比方，并不是每一项工作都需要锤子，有时我们需要螺丝刀或扳手。数据科学家在为给定的任务选择合适的工具时必须保持灵活性。

注意

有时我们可能不知道在给定的问题上使用哪种算法。当陷入困境时，在线阅读已知的解决方案会有所帮助。scikit-learn 网站为常见问题提供了解决方案。例如，该站点在 http://mng.bz/wQ9q 上提供了聚类文本的示例代码。值得注意的是，文档中的代码演示了 K-means 如何聚类文本向量(在 SVD 处理后)。文档还指定必须对向量进行归一化，以"获得更好的结果"。

让我们利用 K-means 将 shrunk_norm_matrix 聚类到 K 个不同的组中。首先需要为 K 指定一个值，假设文本属于 20 个不同的新闻组类别。但正如前面提到的，实际的聚类数量可能不等于 20。我们想通过绘制肘部图来估计 K 的真实值。为此，将对 1~60 的 K 值执行 K-means，然后绘制结果。

然而，我们面临一个问题。数据集很大，包含超过 10 000 个点。scikit-learn KMeans 实现将花费一到两秒钟来聚类数据。这种延迟时间对于单个聚类运行是可以接受的，但对于 60 个不同的运行是不可接受的，其中的执行时间加起来可能长达几分钟。如何提高 K-means 运行时间？一种方法是从庞大的数据集中随机抽取样本。可以在 K-means 质心计算中随机选择 1 000 篇新闻组帖子，然后随机选择另外 1 000 篇帖子，根据帖子内容更新聚类中心。这样，可以通过采样迭代地估计中心。在任何情况下，都不需要一次性分析整个数据集。这种改进版的 K-means 算法被称为小批量 K-means。scikit-learn 通过其 MiniBatchKMeans 类提供了一个迷你批处理实现。MiniBatchKMeans 的方法几乎与标准的 KMeans 类相同。接下来，导入这两个实现并比较它们的运行时间(如代码清单 15-42 所示)。

注意

即使使用 MiniBatchKMeans，也可以减少计算时间，因为已经对数据进行了降维。

代码清单 15-42　比较 KMeans 和 MiniBatchKMeans

```
np.random.seed(0)
import time
from sklearn.cluster import KMeans, MiniBatchKMeans        计算每个聚类算法实
                                                            现的运行时间
k=20
times = []
for KMeans_class in [KMeans, MiniBatchKMeans]:
    start_time = time.time()
    KMeans_class(k).fit(shrunk_norm_matrix)
    times.append(time.time() - start_time)                 运行 time.time()将返回当前
                                                            时间，以秒为单位
running_time_ratio = times[0] / times[1]
print(f"Mini Batch K-means ran {running_time_ratio:.2f} times faster "
        "than regular K-means")

Mini Batch K-means ran 10.53 times faster than regular K-means
```

MiniBatchKMeans 的运行速度比常规 KMeans 快大约 10 倍。运行时间的减少有一定的代价：有证据表明 MiniBatchKMeans 生成的聚类质量略低于 KMeans。然而，我们最关心的不是聚类质量，而是打算使用跨 range(1,61)的肘部图来估计 K。快速的 MiniBatchKMeans 实现可以作为评估工具来

使用。

现在使用小批量 K-means 生成图形(如代码清单 15-43 所示)。我们还在图中添加了网格线,以便更好地隔离潜在的肘部坐标。如第 10 章所示,可以通过调用 plt.grid(True)显示网格线。最后,我们想将肘部与假定的新闻组类别个数进行比较。为此,将在 K 值为 20 处绘制一条垂直线,如图 15-1 所示。

代码清单 15-43 使用 MiniBatchKMeans 绘制肘部曲线

```
np.random.seed(0)
import matplotlib.pyplot as plt

k_values = range(1, 61)
inertia_values = [MiniBatchKMeans(k).fit(shrunk_norm_matrix).inertia_
                  for k in k_values]
plt.plot(k_values, inertia_values)
plt.xlabel('K')
plt.ylabel('Inertia')
plt.axvline(20, c='k')
plt.grid(True)
plt.show()
```

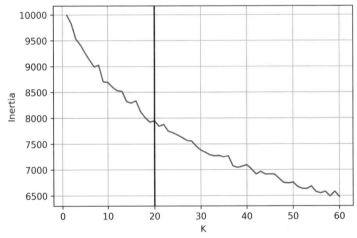

图 15-1 使用小批量 K-means 生成的肘部图,K 值范围为 1~61。肘部的精确位置难以确定。然而,绘制的曲线在 K 为 20 之前明显更陡。此外,它在 K 为 20 后开始变得平坦。因此推断 K 的恰当值大约为 20

绘制的曲线平滑下降,很难发现弯曲的肘部精确位置。我们确实看到,当 K 小于 20 时,曲线明显更陡峭。在 20 个聚类后的某个地方,曲线开始变得平缓,但没有肘部突然弯曲的单一位置。该数据集缺乏一个完美的 K,即文本在这个 K 下会落入自然聚类。为什么会这样?一方面,现实世界的文本是凌乱而微妙的。分类界限并不总是那么明显。例如,可以进行有关技术的对话或有关政治的对话。此外,可以公开讨论技术如何影响政治。看似不同的讨论话题可以融合在一起,形成自己的新话题。由于这种复杂性,文本聚类之间很少存在单一的、平滑的过渡。因此,找出理想的 K 是困难的。但是我们可以做出一些有用的推论:基于肘部图,可以推断出 20 是对 K 参数的合理估计。曲线是模糊的,也许输入 18 或 22 也可以。然而,我们需要从某个地方开始,K 值选择 20

比 3 或 50 更有意义。这里的解决方案并不完美，但它是可行的。有时，当处理现实世界的数据时，一个可行的解决方案是我们所能达到的最好的解决方案。

注意

如果你不想通过图形定性选择肘部，可以考虑使用外部 Yellowbrick 库。该库包含一个 KElbowVisualizer 类(http://mng.bz/7lV9)，它使用 Matplotlib 和 scikit-learn 的小批量 K-means 实现以自动方式突出显示肘部位置。如果初始化 KElbowVisualizer 并将其应用于数据，则相应的对象返回 K 值 23。此外，Yellowbrick 提供了更强大的 K 选择方法，例如剪影得分(第 10 章中提到过)。该库可以通过运行 pip install yellowbrick 进行安装。

现在将 shrunk_norm_matrix 分成 20 个聚类(如代码清单 15-44 所示)。我们运行原始 KMeans 实现，从而获得最大准确度，然后将文本索引和聚类 ID 存储在 Pandas 表中以便于分析。

代码清单 15-44　将新闻组帖子分为 20 个聚类

```
np.random.seed(0)
cluster_model = KMeans(n_clusters=20)
clusters = cluster_model.fit_predict(shrunk_norm_matrix)
df = pd.DataFrame({'Index': range(clusters.size), 'Cluster': clusters})
```

我们已经对文本进行了聚类并准备好探索聚类内容。然而，首先必须简要讨论在大型矩阵输入上执行 K-means 的一个重要结果：即使运行 np.random.seed(0)，结果聚类在不同计算机上也可能略有不同。这种分歧是由不同的机器如何舍入浮点数造成的。一些计算机将较小的数字向上进位，而其他计算机则将这些数字向下进位。通常，这些差异并不明显。遗憾的是，在 10 000 * 100 的元素矩阵中，微小的差异会影响聚类结果。K-means 不是确定性的，正如第 10 章中讨论的那样，它可以通过多种方式收敛到多组同样有效的聚类。因此，你本地运行的文本聚类可能与本书中的输出不同，但你的观察和结论应该是相似的。

考虑到这一点，让我们继续分析。首先分析单个聚类，稍后同时分析所有聚类。

探索单个文本聚类

20 个聚类中的其中一个包含位于 newsgroups.data 的索引 0 处的汽车帖子。让我们隔离并计算与该汽车主题消息组合在一起的文本数量(如代码清单 15-45 所示)。

代码清单 15-45　隔离汽车聚类

```
df_car = df[df.Cluster == clusters[0]]
cluster_size = df_car.shape[0]
print(f"{cluster_size} posts cluster together with the car-themed post "
      "at index 0")

393 posts cluster together with the car-themed post at index 0
```

警告

正如刚才讨论的，聚类的内容在你的本地机器上可能略有不同。聚类总数近似于393。如果发生这种情况，随后的代码清单序列可能会产生不同的结果。不管这些差异如何，你应该仍然能够从本地生成的输出中得出类似的结论。

393个帖子与索引0处的汽车主题文本聚类在一起。据推测，这些帖子也与汽车有关。如果是这样，那么随机选择的帖子应该提到汽车。让我们验证事实是否如此(如代码清单15-46所示)。

代码清单 15-46　打印汽车聚类中的随机帖子

```
np.random.seed(1)
def get_post_category(index):
    target_index = newsgroups.target[index]        ← 返回在索引 index 处找到的新闻组帖子的
    return newsgroups.target_names[target_index]      帖子类别。我们将在本章的其他地方重用
                                                      该函数

random_index = np.random.choice(df_car.Index.values)
post_category = get_post_category(random_index)

print(f"This post appeared in the {post_category} discussion group:\n")
print(newsgroups.data[random_index].replace('\n\n', '\n'))

This post appeared in the rec.autos discussion group:

My wife and I looked at, and drove one last fall. This was a 1992 model.
It was WAYYYYYYYYY underpowered. I could not imagine driving it in the
mountains here in Colorado at anything approaching highway speeds. I
have read that the new 1993 models have a newer, improved hp engine.
I'm quite serious that I laughed in the salesman face when he said "once
it's broken in it will feel more powerful". I had been used to driving a
Jeep 4.0L 190hp engine. I believe the 92's Land Cruisers (Land Yachts)
were 3.0L, the sames as the 4Runner, which is also underpowered (in my
own personal opinion).
They are big cars, very roomy, but nothing spectacular.
```

随机帖子讨论了吉普车的型号。它发布在rec.autos讨论组中。聚类中近400个帖子里面有多少属于rec.autos？让我们通过代码清单15-47进行了解。

代码清单 15-47　检查 rec.autos 的聚类成员资格

```
rec_autos_count = 0
for index in df_car.Index.values:
    if get_post_category(index) == 'rec.autos':
        rec_autos_count += 1

rec_autos_percent = 100 * rec_autos_count / cluster_size
print(f"{rec_autos_percent:.2f}% of posts within the cluster appeared "
      "in the rec.autos discussion group")

84.73% of posts within the cluster appeared in the rec.autos discussion
group
```

在这个聚类中，84%的帖子出现在recs.autos中。因此，该聚类由汽车讨论组主导。剩下的16%

的聚类帖子呢? 它们是否错误地落入了这个聚类中?还是和汽车有关? 我们很快就会知道答案。首先隔离 df_car 中不属于 recs.autos 的帖子的索引(如代码清单 15-48 所示)。然后, 选择一个随机索引并打印相关的帖子。

代码清单 15-48　检查一篇没有出现在 rec.autos 中的帖子

```
np.random.seed(1)
not_autos_indices = [index for index in df_car.Index.values
                     if get_post_category(index) != 'rec.autos']

random_index = np.random.choice(not_autos_indices)
post_category = get_post_category(random_index)

print(f"This post appeared in the {post_category} discussion group:\n")
print(newsgroups.data[random_index].replace('\n\n', '\n'))

This post appeared in the sci.electronics discussion group:

>The father of a friend of mine is a police officer in West Virginia. Not
>only is his word as a skilled observer good in court, but his skill as an
>observer has been tested to be more accurate than the radar gun in some
>cases . . .. No foolin! He can guess a car's speed to within 2-3mph just
>by watching it blow by - whether he's standing still or moving too! (Yes,
1) How was this testing done, and how many times? (Calibrated
speedometer?)
2) It's not the "some cases" that worry me, it's the "other cases" :-)

They are big cars, very roomy, but nothing spectacular.
```

这篇随机的帖子出现在一个电子讨论组中。该帖子描述了使用雷达来测量汽车速度。从主题上讲, 它是关于汽车的, 因此它的聚集是正确的。那么由 not_autos_indices 列表表示的其他大约 60 个帖子呢? 如何评估它们的相关性? 可以一个接一个地阅读每一篇帖子,但这不是一个可扩展的解决方案。事实上, 可以通过显示所有帖子中排名靠前的单词来聚合它们的内容。我们通过对 not_autos_indices 中每个索引的 TFIDF 求和来对每个单词进行排名。然后, 将根据它们聚合的 TFIDF 对单词进行排序。打印出前 10 个单词将帮助我们确定内容是否与汽车相关。

接下来, 定义一个 rank_words_by_tfidf 函数(如代码清单 15-49 所示)。该函数将一个索引列表作为输入并使用前面描述的方法对这些索引中的单词进行排序。排列好的单词存储在一个 Pandas 表中, 以便于显示。用于对单词排序的 TFIDF 值的总和也存储在该表中。定义好函数后, 我们将运行 rank_words_by_tfidf(not_autos_indices)并输出排名前 10 的结果。

注意

给定一个 indices 数组, 我们想要聚合 tfidf_np_matrix[indices]的行。如前所述, 可以通过运行 tfidf_np_matrix[indices].sum(axis=0)对行进行求和。另外, 可以通过运行 tfidf_matrix[indices].sum(axis=0)来生成总和, 其中 tfidf_matrix 是一个 SciPy CSR 对象。对稀疏 CSR 矩阵的行进行求和在计算上要快得多, 但该求和返回的是 1 * n 形状的矩阵, 而不是 NumPy 对象。我们需要通过运行 np.asarray(tfidf_matrix[indices].sum(axis=0))[0]将输出转换为 NumPy 数组。

代码清单 15-49　使用 TFIDF 排名前 10 个单词

```
def rank_words_by_tfidf(indices, word_list=words):
    summed_tfidf = np.asarray(tfidf_matrix[indices].sum(axis=0))[0]
    data = {'Word': word_list,
            'Summed TFIDF': summed_tfidf}
    return pd.DataFrame(data).sort_values('Summed TFIDF', ascending=False)

df_ranked_words = rank_words_by_tfidf(not_autos_indices)
print(df_ranked_words[:10].to_string(index=False))
```

Word	Summed TFIDF
car	8.026003
cars	1.842831
radar	1.408331
radio	1.365664
ham	1.273830
com	1.164511
odometer	1.162576
speed	1.145510
just	1.144489
writes	1.070528

这个求和相当于运行 tfidf_np_matrix[indices].sum(axis=0)。更简单的 NumPy 数组聚合需要大约 1 秒的时间来计算。1 秒钟可能看起来不长，但一旦我们在 20 个聚类上重复计算，运行时间将增加到 20 秒。对稀疏矩阵的行求和明显更快

排名前两位的单词是 car 和 cars。

注意

单词 cars 是 car 的复数形式。可以根据 cars 结尾处的 s 把这些词组合在一起。这种将复数化为词根的过程叫做词干化。外部 Natural Language Toolkit 库(https://www.nltk.org)为有效的词干提取提供了有用的函数。

在排名列表的其他地方，我们看到提到了 radar、odometer 和 speed。其中一些术语也出现在我们随机选择的 sci.electronics 帖子中。使用雷达技术测量汽车速度似乎是 not_autos_indices 所代表的文本中的一个共同主题。这些以速度为主题的关键词与汽车聚类中的其他帖子相比如何？可以通过将 df_car.Index.values 输入 rank_words_by_tfidf 来检查(如代码清单 15-50 所示)。

代码清单 15-50　汽车聚类中排名前 10 的词

```
df_ranked_words = rank_words_by_tfidf(df_car.Index.values)
print(df_ranked_words[:10].to_string(index=False))
```

Word	Summed TFIDF
Car	47.824319
cars	17.875903
engine	10.947385
dealer	8.416367
com	7.902425
just	7.303276
writes	7.272754
edu	7.216044
article	6.768039
good	6.685494

　　一般来说，df_car 聚类中的帖子主要针对汽车发动机和汽车经销商。然而，少数帖子讨论了汽车速度的雷达测量。这些雷达相关的帖子更有可能出现在 sci.electronics 新闻组中。尽管如此，这些帖子讨论了汽车相关的内容(而不是讨论政治、软件或医学)。因此，df_car 聚类似乎是符合实际的。通过检查排名靠前的关键词，我们能够对聚类进行验证，而无须手动阅读每个聚类中的帖子。

　　以同样的方式，可以利用 rank_words_by_tfidf 获得这 20 个聚类中每个聚类的排名靠前的关键词。关键词将使我们能够理解每个聚类的主题。遗憾的是，打印 20 个不同的单词表在视觉上不是很清晰，它们会占用太多的空间，给本书增加多余的页面。或者，可以将这些聚类关键词通过文字云的方式更直观地展现出来。接下来学习如何对多个文本聚类的内容进行可视化。

15.6　对文本聚类进行可视化

　　我们的目标是对多个文本聚类中的关键词排名进行可视化。首先，需要解决一个更简单的问题：如何可视化单个聚类中的重要关键词？一种方法是按照关键词的重要性顺序打印它们。遗憾的是，这种排序缺乏相对关系。例如，在 df_ranked_words 表中，单词 cars 后面紧跟着 engine。然而，cars 的 TFIDF 总分为 17.8，而 engine 的得分为 10.9。因此，相对于汽车聚类，cars 的重要性大约是 engine 的 1.6 倍。如何将相对意义融入视觉化中？可以使用字体大小表示重要性：用 17.8 的字号显示 cars，用 10.9 的字号显示 engine。在显示屏上，cars 将是 engine 的 1.6 倍大，其重要性也将是后者的 1.6 倍。当然，10.9 的字号可能太小，读起来不舒服。可以通过将 TFIDF 重要性分数的总和加倍来增大字号。

　　Python 不允许我们在打印时直接修改字号大小。但是，可以使用 Matplotlib 的 plt.text 函数来修改。通过 plt.text(x, y,word, fontsize=z)在坐标(x, y)处显示一个单词，并且设置字体大小为 z。该函数允许我们在二维网格中对单词进行可视化，其中单词大小与重要性成比例。这种类型的可视化被称为文字云。这里利用 plt.text 生成 df_ranked_words 中排名靠前的单词的文字云(如代码清单 15-51 所示)。我们将文字云绘制为一个 5*5 的单词网格，如图 15-2 所示。每个单词的字体大小等于其重要性分数的两倍。

代码清单 15-51　通过 Matplotlib 绘制文字云

```
i = 0
for x_coord in np.arange(0, 1, .2):
    for y_coord in np.arange(0, 1, .2):
        word, significance = df_ranked_words.iloc[i].values
        plt.text(y_coord, x_coord, word, fontsize=2*significance)
        i += 1

plt.show()
```

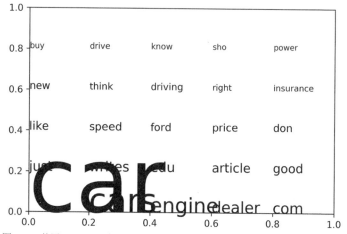

图 15-2　使用 Matplotlib 生成的文字云。由于单词相互覆盖，生成的效果并不理想

这样的可视化效果并不理想。像 car 这样的大字占用太多空间。它们与其他词重叠，使图像难以辨认。我们需要更好地绘制文字。任何两个词都不应该重叠。通过外部 Wordcloud 库可以轻松实现美观、清晰的文字云图。我们需要安装 Wordcloud，然后导入并初始化该库的 WordCloud 类(如代码清单 15-52 所示)。

注意

在命令行执行 pip install wordcloud 安装 Wordcloud 库。

代码清单 15-52　初始化 WordCloud 类

> 词在文字云中的位置是随机生成的。为保持输出的一致性，必须直接使用 random_state 参数传递随机种子

```
from wordcloud import WordCloud
cloud_generator = WordCloud(random_state=1)  ◄
```

运行 WordCloud()会返回一个 cloud_generator 对象。我们将使用该对象的 fit_words 方法生成文字云。运行 cloud_generator.fit_words(words_to_score)将根据 words_to_score 创建一个图像，这是一个单词与其重要性分数的字典映射。

注意

运行 cloud_generator.generate_from_frequencies(word_to_score)将获得相同的结果。

让我们根据 df_ranked_words 中最重要的词创建一个图像(如代码清单 15-53 所示)。我们将该图像存储在 wordcloud_image 变量中，但暂时不会绘制该图像。

代码清单 15-53　生成文字云图像

```
words_to_score = {word: score
                  for word, score in df_ranked_words[:10].values}
wordcloud_image = cloud_generator.fit_words(words_to_score)
```

现在准备对 wordcloud_image 进行可视化。Matplotlib 的 plt.imshow 函数能够根据各种输入的图像格式绘制图像。运行 plt.imshow(wordcloud_image)将显示我们生成的文字云，如图 15-3 和代码清单 15-54 所示。

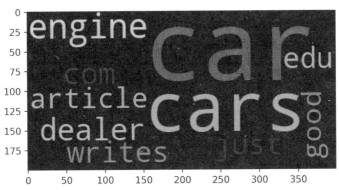

图 15-3　使用 WordCloud 类生成的文字云。单词之间不再重叠。但是背景太暗，一些字母的边缘看起来很粗糙

注意

在 Python 中有多种表示图像的方法。一种方法是将图像存储为二维 NumPy 数组。或者，可以使用 Python Imaging Library (PIL)中的特殊类来存储图像。plt.imshow 函数可以显示存储为 NumPy 对象或 PIL Image 对象的图像。它还可以显示包含 to_image 方法的自定义图像对象，但该方法的输出必须返回 NumPy 数组或 PIL Image 对象。

代码清单 15-54　使用 plt.imshow 绘制图像

```
plt.imshow(wordcloud_image)
plt.show()
```

我们已经对文字云进行了可视化，但得到的可视化图像并不理想：深色背景使单词难以辨认。可以通过在初始化期间运行 WordCloud(background_color='white')将背景从黑色更改为白色。此外，单个字母的边缘是像素化和块状的：可以在 plt.imshow 中设定 interpolation="bilinear"来对文字边缘作平滑处理。让我们用更亮的背景重新生成文字云，同时对字母边缘进行平滑处理，如图 15-4 和代码清单 15-55 所示。

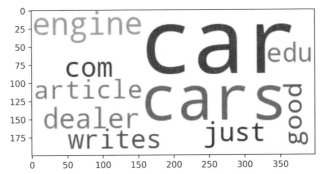

图 15-4　使用 WordCloud 类生成的文字云。背景设置为白色，从而获得更好的可视性，
并且字母的边缘已经被平滑处理

代码清单 15-55 提高文字云图像质量

```
cloud_generator = WordCloud(background_color='white',
                            random_state=1)
wordcloud_image = cloud_generator.fit_words(words_to_score)
plt.imshow(wordcloud_image, interpolation="bilinear")
plt.show()
```

至此已成功可视化汽车聚类中的重要单词。car 和 cars 这两个词显然占主导地位，还有 engine 和 dealer。只看一眼文字云就可以解读出聚类中的内容。当然，我们已经非常详细地检查了汽车聚类，但并没有从这个可视化中发现任何新东西。让我们将文字云应用于随机选择的聚类，如图 15-5 和代码清单 15-56 所示。文字云将显示聚类的 15 个最重要的单词，我们将通过文字云图找出聚类的主要主题。

图 15-5 一个随机聚类的文字云。聚类的主题似乎是关于科技和计算机硬件

注意

文字云中的词颜色是随机生成的，部分随机颜色在黑白印刷的书中显示效果不佳。为此，使用 WordCloud 类中的 color_func 参数将颜色选择限制为一小部分颜色。

代码清单 15-56 为随机聚类绘制文字云

WordCloud 类包括一个可选的 color_func 参数。该参数需要一个颜色选择函数来为每个单词分配一种颜色。这里定义了一个自定义函数来控制颜色设置

将 df_cluster 表作为输入并返回与聚类对应的前 max_words 个词的文字云图像。之前定义的 rank_words_by_tfidf 函数用于对聚类中的单词进行排名

```
np.random.seed(1)

def cluster_to_image(df_cluster, max_words=15):
    indices = df_cluster.Index.values
    df_ranked_words = rank_words_by_tfidf(indices)[:max_words]
    words_to_score = {word: score
                      for word, score in df_ranked_words[:max_words].values}
    cloud_generator = WordCloud(background_color='white',
                                color_func=_color_func,
                                random_state=1)
    wordcloud_image = cloud_generator.fit_words(words_to_score)
    return wordcloud_image
```

```
def _color_func(*args, **kwargs):
    return np.random.choice(['black', 'blue', 'teal', 'purple', 'brown'])

cluster_id = np.random.randint(0, 20)
df_random_cluster = df[df.Cluster == cluster_id]
wordcloud_image = cluster_to_image(df_random_cluster)
plt.imshow(wordcloud_image, interpolation="bilinear")
plt.show()
```

辅助函数为每个单词随机分配
5 种可接受颜色中的一种

我们随机选择的聚类包括排名靠前的词，例如 monitor、video、memory、card、motherboard、bit 以及 ram。该聚类似乎专注于技术和计算机硬件。可以通过打印聚类中最常见的新闻组类别进行验证(如代码清单 15-57 所示)。

注意

通过观察 card、video 和 memory 这 3 个词，可以推断出 card 是指 video card 或 memory card。在 NLP 中，这样的两个连续单词的序列被称为二元组。通常，将 n 个连续单词的序列称为 n 元组。TfidfVectorizer 能够对任意长度的 n 元组进行向量化。我们只需要在初始化期间传入一个 ngram_range 参数。运行 TfidfVectorizer(ngram_range(1,3))将创建一个向量化器，它跟踪所有一元组(单个词)、二元组(例如 video card)和三元组(例如 natural language processing)。当然，这些 n 元组会导致词汇表大小上升到数百万。但是，可以通过将 max_features=100000 传递给向量化器的初始化方法将词汇表大小限制为前 100 000 个 n 元组。

代码清单 15-57　检查最常见的聚类类别

```
from collections import Counter

def get_top_category(df_cluster):
    categories = [get_post_category(index)
                  for index in df_cluster.Index.values]
    top_category, _ = Counter(categories).most_common()[0]
    return top_category

top_category = get_top_category(df_random_cluster)
print("The posts within the cluster commonly appear in the "
    f"'{top_category}' newsgroup")

The posts within the cluster commonly appear in the
'comp.sys.ibm.pc.hardware' newsgroup
```

聚类中的许多帖子出现在 comp.sys.ibm.pc.hardware 新闻组中。因此，我们成功地确定了这个聚类的主题为"硬件"。只需要查看文字云即可确认这一点。

到目前为止，已经为两个不同的聚类生成了两个独立的文字云。然而，我们的最终目标是同时显示多个文字云。现在将使用称为子图的 Matplotlib 概念在单个图中可视化所有文字云。

可视化单词的常用方法

- plt.text(word, x, y, fontsize=z)：在坐标(x, y)处绘制文字，字体大小为 z。
- cloud_generator = WordCloud()：初始化一个可以生成文字云的对象。这个文字云的背景为黑色。

- cloud_generator = WordCloud(background_color='white')：初始化一个可以生成文字云的对象。这个文字云的背景为白色。
- wordcloud_image = cloud_generator.fit_words(words_to_score)：根据 words_to_score 字典生成文字云图像，将单词映射到它们的重要性分数。wordcloud_image 中每个单词的大小代表其重要性。
- plt.imshow(wordcloud_image)：绘制计算出的 wordcloud_image 对象。
- plt.imshow(wordcloud_image, interpolation="bilinear")：绘制 wordcloud_image 对象的同时对字母的边缘作平滑处理。

使用子图显示多个文字云

Matplotlib 允许我们在一个图中包含多个图像。每个不同的图像被称为子图。子图可以通过任何方式进行组织，但它们最常见的排列方式是按网格进行排列。通过运行 plt.subplots(r, c)，可以创建一个包含 r 行和 c 列的子图网格。plt.subplots 函数生成网格，同时返回一个元组(figure, axes)。figure 变量是一个特殊的类，用于跟踪包含网格的主题。axis 变量是一个包含 r 行和 c 列的二维列表。axis 的每个元素都是一个 Matplotlib AxesSubplot 对象。每个子图对象可以用来输出一个独特的可视化结果：运行 axes[i][j].plot(x, y)可以在位于网格第 i 行和第 j 列的子图中绘制 x 与 y 的关系。

警告

运行 subplots(1,z)或 subplots(z,1)将返回一维 axes 列表(其中 len(axes) == z)而不是二维网格。

这里演示 plt.subplots 的使用。我们通过运行 plt.subplots(2,2)生成一个 2*2 的子图网格。然后遍历网格中的每一行 r 和每一列 c。对于位于(r,c)处的每个唯一子图，绘制一条二次曲线，其中 y = r * x * x + c * x。通过将曲线参数链接到网格位置，生成 4 条不同的曲线，所有这些曲线都出现在单个图形中，如图 15-6 和代码清单 15-58 所示。

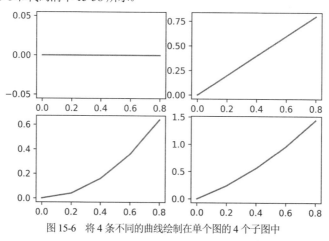

图 15-6　将 4 条不同的曲线绘制在单个图的 4 个子图中

代码清单 15-58　使用 Matplotlib 生成 4 个子图

```
figure, axes = plt.subplots(2, 2)
```

```
for r in range(2):
    for c in range(2):
        x = np.arange(0, 1, .2)
        y = r * x * x + c * x
        axes[r][c].plot(x, y)
```

```
plt.show()
```

　　4 条不同的曲线出现在网格的子图中。可以用文字云替换任意子图中的曲线(如代码清单 15-59 所示)。让我们通过运行 axes[1][0].imshow(wordcloud_image)在网格的左下象限中显示 wordcloud_image(如图 15-7 所示)。我们还为该子图指定一个标题：标题等于 top_category，即 comp.sys.ibm.pc.hardware。可以运行 axes[r][c].set_title(top_category)来设置子图标题。

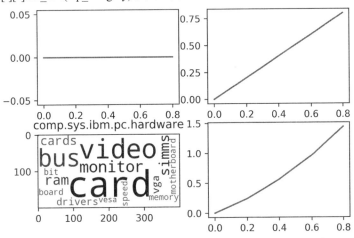

图 15-7　3 条曲线和 1 个文字云绘制在 4 个子图中。由于格式问题和图形大小，文字云可读性不佳

代码清单 15-59　在子图中绘制文字云

```
figure, axes = plt.subplots(2, 2)
for r in range(2):
    for c in range(2):
        if (r, c) == (1, 0):
            axes[r][c].set_title(top_category)
            axes[r][c].imshow(wordcloud_image,
                              interpolation="bilinear")
        else:
            x = np.arange(0, 1, .2)
            y = r * x * x + c * x
        axes[r][c].plot(x, y)
```

```
plt.show()
```

　　我们已经在子图网格中可视化一个文字云，但它存在一些问题。云中的字很难阅读，因为子图尺寸过小。我们想将子图放大，这需要我们改变图形大小。可以使用 figsize 参数做到这一点。将 figsize=(width,height)传入 plt.subplots 将创建一个 width 英寸宽和 height 英寸高的图形。图中的每个子图也将被调整以适应更新后的大小。

　　此外，还可以进行其他小改动来改善图像的显示。将显示的字数从 15 减少到 10 将减少文字云中的内容，从而更易于阅读。我们还应该从图中删除轴刻度线——它们占用太多的空间，并且没有提供有用的信息。可以通过调用 axis[r][c].set_xticks([]) 和 axis[r][c].set_yticks([]) 来删除 axis[r][c] 中的 x 轴和 y 轴刻度线。接下来，通过代码清单 15-60 生成一个宽 20 英寸、高 15 英寸的图形。

注意

由于图像格式的原因，书中图形的实际尺寸不是 20 * 15 英寸。

　　大图有 20 个子图，排列在 5*4 的网格中。每个子图都包含与一个聚类相对应的文字云，每个子图标题都设置为聚类中的主要新闻组类别。我们还在每个标题中包含聚类索引以供以后参考。最后，从所有图中删除轴刻度线。最终的可视化结果为我们提供所有 20 个聚类中所有主导词的鸟瞰图，如图 15-8 所示。

图 15-8　在 20 个子图中可视化 20 个文字云。每个文字云对应一个聚类。每个子图的标题等于每个聚类中的顶级新闻组类别。在大多数文字云中，标题与显示的词内容相对应，但是某些文字云(例如聚类 1 和 7 的文字云)没有提供有用的信息

常用的子图方法

- figure, axes = plt.subplots(x, y)：创建一个包含 x*y 子图网格的图。如果 x>1 且 y>1，则 axes[r][c] 对应子图网格的第 r 行和第 c 列中的子图。
- figure, axes = plt.subplots(x, y, figsize=(width, height))：创建一个包含 x*y 子图网格的图。该图的尺寸为 width 英寸宽和 height 英寸高。
- axes[r][c].plot(x_values, y_values)：在位于第 r 行和第 c 列的子图中对数据进行绘图。
- axes[r][c].set_title(title)：为位于第 r 行和第 c 列的子图添加标题。

代码清单 15-60　使用 20 个子图显示所有聚类

通过将聚类 ID 与聚类中最常见的
新闻组类别进行组合来生成子图
标题

```
np.random.seed(0)

def get_title(df_cluster):
    top_category = get_top_category(df_cluster)
    cluster_id = df_cluster.Cluster.values[0]
    return f"{cluster_id}: {top_category}"

figure, axes = plt.subplots(5, 4, figsize=(20, 15))
cluster_groups = list(df.groupby('Cluster'))
for r in range(5):
    for c in range(4):
        _, df_cluster = cluster_groups.pop(0)
        wordcloud_image = cluster_to_image(df_cluster, max_words=10)
        ax = axes[r][c]
        ax.imshow(wordcloud_image,
                interpolation="bilinear")
        ax.set_title(get_title(df_cluster), fontsize=20)
        ax.set_xticks([])
        ax.set_yticks([])

plt.show()
```

标题字号增加到 20，
从而提高可读性

我们已经将所有 20 个聚类中的热门词汇进行可视化。大多数情况下，显示的单词是有意义的。聚类 0 的主题是密码学，它的关键词包括 encryption、secure、keys 和 nsa。聚类 2 的主题是太空，其热门词汇包括 space、nasa、shuttle、moon 和 orbit。聚类 4 的主题是购物，热门词包括 sale、offer、shipping 和 condition。聚类 9 和聚类 18 的主题是体育，它们提到关于棒球和曲棍球等信息。其中聚类 9 中的帖子经常提到 games、runs、baseball、pitching 和 team。聚类 18 中的帖子经常提到 game、team、players、hockey 和 nhl。根据它们的文字云，大多数聚类都很容易解释。可以肯定的是，75% 的聚类包含与其主导类别标题相对应的顶级词汇。

当然，这里的输出也有问题。有几个文字云没有达到预期：例如聚类 1 的子图标题为 sci.electronics，但它的文字云是由诸如 just、like、does 和 know 这样的一般词汇组成的；同时，聚类 7 的子标题为 sci.med，然而它的文字云是由像 pitt、msg 和 gordon 这样的词组成的。文字云可视化并不总是完美的。有时，底层聚类格式不正确或者聚类中的主导语言偏向于意外的文本模式。

注意

阅读聚类中的一些采样帖子可以帮助揭示这些偏差。例如，聚类 1 中的许多电子问题包括"有人知道吗"。此外，聚类 7 中的许多帖子是由一位名叫戈登的学生写的，他在匹兹堡大学(pitt)学习。

　　幸运的是，可以采取一些措施来挽救那些无法理解的文字云。例如，可以过滤掉明显无用的词，然后重新生成文字云。或者，可以忽略聚类中排在前 x 位的单词，使用后面的单词生成文字云。让我们从聚类 7 中删除前 10 个单词，然后重新生成文字云，如图 15-9 和代码清单 15-61 所示。

图 15-9　聚类 7 的文字云，它是对单词进行过滤后重新生成的。现在我们很清楚，医学是该聚类的主题

代码清单 15-61　过滤后重新生成文字云

```
np.random.seed(3)
df_cluster= df[df.Cluster == 7]
df_ranked_words = rank_words_by_tfidf(df_cluster.Index.values)

words_to_score = {word: score
                   for word, score in df_ranked_words[10:25].values}
cloud_generator = WordCloud(background_color='white',
                            color_func=_color_func,
                            random_state=1)
wordcloud_image = cloud_generator.fit_words(words_to_score)
plt.imshow(wordcloud_image, interpolation="bilinear")
plt.title(get_title(df_cluster), fontsize=20)
plt.xticks([])
plt.yticks([])
plt.show()
```

因为子图空间有限，因此过滤前 10 个单词后对接下来的 15 个单词生成文字云

注意 plt 缺少子图的 set_title、set_xticks 和 set_yticks 方法。因此必须调用 plt.title、plt.xticks 和 plt.yticks 才能获得相同的效果

　　聚类 7 由 disease、medical、doctor、food、pain 以及 patients 等词主导。它的医学主题已经很明显。通过忽略无用的关键词，我们设法阐明了聚类的真实内容。当然，这种简单的方法并不总是奏效。在处理 NLP 问题时，没有一种解决方法可以适用于所有问题。不过，虽然复杂文本具有非结构化的性质，但我们仍然可以完成很多工作。我们已选取了 10 000 份现实世界中不同的文本并将它们聚类成多个有意义的主题。此外，在一张图片中对这些主题进行了可视化，并且该图片中的大部分主题都是可解释的。我们使用一系列简单的步骤获得了这些结果，这些步骤可以应用于任何大型文本数据集。实际上，我们开发了一个用于对非结构化文本数据进行聚类和可视化的管道。该管道的工作原理如下。

　　(1) 使用 TfidfVectorizer 类将文本转换为归一化的 TFIDF 矩阵。

　　(2) 使用 SVD 算法将矩阵减少到 100 维。

　　(3) 对维度减少的输出结果进行归一化，从而达到聚类的目的。

(4) 使用 K-means 对归一化的输出结果进行聚类。可以通过使用对速度进行过优化的小批量 K-means 生成肘部图来估计 K 值。

(5) 使用文字云对每个聚类中的热门词进行可视化。将所有的文字云都显示在同一个图的多个子图中。单词将根据它们在聚类中的所有文本内的总 TFIDF 值进行排名。

(6) 通过文字云可以解释每个聚类的主题，从而更详细地检查那些难以解释的聚类。

通过文本分析管道，可以有效地聚类和解释几乎所有真实世界的文本数据集。

15.7　本章小结

- scikit-learn 的新闻组数据集包含超过 10 000 个新闻组帖子，分布在 20 个新闻组类别中。

- 可以使用 scikit-learn 的 CountVectorizer 类将帖子转换为 TF 矩阵。生成的矩阵以 CSR 格式存储。此格式可用于有效分析主要由 0 组成的稀疏矩阵。

- 一般来说，TF 矩阵是稀疏的。一行可能只引用整个数据集词汇表中的几十个单词。可以在 np.flatnonzero 函数的帮助下访问这些非 0 的单词。

- 文本中出现频率最高的词往往是停止词，也就是像 the 或 this 这样的常见英文单词。在向量化之前，应从文本数据集中过滤掉这些停止词。

- 即使完成停止词的过滤，某些过于常用的单词仍会被保留。可以使用文档频率将这些词的影响最小化。一个词的文档频率等于该词出现在文本中的总比例。更常见的词不太重要。因此，不太重要的词具有较高的文档频率。

- 可以将词频和文档频率组合成一个称为 TFIDF 的重要性分数。通常，TFIDF 向量比 TF 向量提供更多信息。可以使用 scikit-learn 的 TfidfVectorizer 类将文本转换为 TFIDF 向量。该向量化器返回一个 TFIDF 矩阵，它的行会自动归一化，从而简化相似度计算。

- 大型 TFIDF 矩阵应在聚类之前进行降维。推荐的维数为 100。在进行后续分析前，需要对 scikit-learn 的降维 SVD 输出结果作归一化处理。

- 可以使用 K-means 或 DBSCAN 对归一化的、降维的文本数据进行聚类。遗憾的是，在文本聚类过程中很难优化 DBSCAN 的参数。因此，K-means 仍然是首选的聚类算法。可以使用肘部图来估计 K 值。如果数据集过大，则应该使用 MiniBatchKMeans 来生成图形，从而加快运行速度。

- 对于任何给定的文本聚类，我们希望查看与聚类最相关的单词。可以通过对聚类表示的所有矩阵行的 TFIDF 值求和来对每个单词进行排名。此外，可以通过文字云对这些单词进行可视化(文字云是由单词组成的二维图像，其中词的大小与重要性成正比)。

- 可以使用 plt.subplots 函数在单个图中绘制多个文字云。这种可视化为我们提供了所有聚类中主导词的鸟瞰图。

第 16 章

从网页中提取文本

本章主要内容

- 使用 HTML 呈现网页
- HTML 文件的基本结构
- 使用 Beautiful Soup 库从 HTML 文件中提取文本
- 从在线资源下载 HTML 文件

互联网是文本数据的绝佳资源。数以百万计的网页以新闻文章、百科全书页面、科学论文、餐厅评论、政治讨论、专利、公司财务报表、职位发布等形式提供无限的文本内容。如果下载它们的 HTML 文件，那么所有这些信息都可以被我们分析。标记语言是一种用于注释文档的语言系统，可将注释与文档文本区分开。在 HTML 中，这些注释是关于如何对网页进行展现的说明。

网页的可视化通常使用 Web 浏览器进行。首先，浏览器根据页面网址(URL)下载其 HTML。接下来，浏览器对 HTML 文档进行解析，从而获取布局说明。最后，浏览器的渲染引擎根据标记规范显示所有文本和图像。这样就可以轻松地阅读网页中的内容。

当然，在进行大规模数据分析时，不需要渲染每个页面。计算机可以处理文档文本，而不需要真正将它们呈现出来。因此，在分析 HTML 文档时，可以专注于文本而跳过显示指令。尽管如此，也不应该完全忽略注释，因为它们可以为我们提供有价值的信息。例如，通过文档的标题可以方便地了解文档的主要内容。幸运的是，可以通过文档注释快速找到文档的标题。如果可以区分各种文档的组成部分，就可以进行更明智的分析。因此，HTML 结构的基本知识对于在线文本分析是必不可少的。考虑到这一点，本章首先了解 HTML 结构。然后将学习如何使用 Python 库解析 HTML 文档结构。

注意

如果你已经熟悉基本的 HTML，那么可以直接跳到 16.2 节。

16.1 HTML 文档的结构

HTML 文档由 HTML 元素组成。每个元素对应一个文档组件。例如，文档的标题是一个元素，文档中的每一个段落也是一个元素。一个元素的起始位置由一个开始标签来标记：例如一个标题的开始标签是<title>，一个段落的开始标签是<p>。每个开始标签都以尖括号<>开始和结束。向标签添加正斜杠会将其转换为结束标签。大多数元素的标签是成对出现的：因此在标题的文本后面直接添加</title>表示标题的结束，在段落的文本后面添加</p>表示段落的结束。

稍后将探索许多常见的 HTML 标签。但首先必须介绍最重要的 HTML 标签<html>，它指定了整个 HTML 文档的开始。让我们利用该标签创建一个仅由一个单词组成的 HTML 文档：Hello。我们通过编码 html_contents="<html>Hello</html>"生成文档的内容(如代码清单 16-1 所示)。

代码清单 16-1　定义简单的 HTML 字串

```
html_contents = "<html>Hello</html>"
```

HTML 内容将在 Web 浏览器中呈现。因此，可以通过将 html_contents 保存到文件中，然后将其加载到我们选择的浏览器中来查看效果。或者，可以直接在 IPython Jupyter Notebook 中显示 html_contents。我们只需要从 IPython.core.display 导入 HTML 和 display(如代码清单 16-2 所示)。然后，执行 display(HTML(html_contents))即可看到如图 16-1 所示的结果。

代码清单 16-2　显示 HTML 字串

```
from IPython.core.display import display, HTML
def render(html_contents): display(HTML(html_contents))
render(html_contents)
```
← 定义一个单行显示函数，从而使用更少的代码来显示 HTML 内容

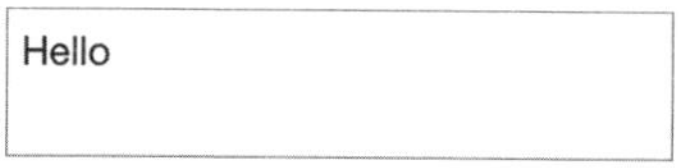

> Hello

图 16-1　显示 HTML 文档内容。它包含一个单词 Hello

我们已经呈现了 HTML 文档。这个文档显得很单调，因为文档的正文只有一个单词。此外，该文档没有标题。这里使用<title>标签为文档指定一个标题。我们将标题设置为简单的内容，如 Data Science is Fun。为此，首先创建一个内容为"<title>Data Science is Fun</title>"的标题字符串(如代码清单 16-3 所示)。

代码清单 16-3　定义 HTML 文档标题

```
title = "<title>Data Science is Fun</title>"
```

如代码清单 16-4 所示，将文档标题放入<HTML>标签中，执行 html_contents = f"<html>{title}Hello</html>"。结果如图 16-2 所示。

> Hello

图 16-2　显示 HTML 文档。文档的标题不会出现在页面的输出中，页面的正文现在依旧是一个单词 Hello

代码清单 16-4　向 HTML 字符串添加标题

```
html_contents = f"<html>{title}Hello</html>"
```

```
render(html_contents)
```

结果与之前看到的相同，标题不会出现在 HTML 的正文中，它只出现在 Web 浏览器的标题栏中，如图 16-3 所示。

图 16-3　在 Web 浏览器中查看 HTML 文档。文档的标题出现在浏览器的标题栏中

尽管标题有时显示并不完整，但它为我们提供了非常重要的信息：它总结了文档的内容。例如，在职位列表中，标题直接概括了职位的性质。因此，标题反映了重要信息，尽管它不在文档正文中。通常使用<head>和<body>标签来强调文档中哪些部分是头部信息，哪些部分是正文内容(如代码清单 16-5 所示)。由 HTML 标签<body>分隔的内容将出现在输出的正文中。同时，<head>分隔那些未在正文中呈现的重要信息。让我们通过在 HTML 的 head 元素中嵌套 title 来演示它们的具体用法，同时还将之前看到的单词 Hello 嵌套在文档的 body 元素中。

代码清单 16-5　带有 head 和 body 标签的 HTML 字符串

```
head = f"<head>{title}</head>"
body = "<body>Hello</body>"
html_contents = f"<html> {title} {body}</html>"
```

有时，我们希望在页面正文中显示文档的标题。例如，在职位发布中，雇主可能希望显示职位名称。这个可视化的标题被称为页眉(header)并用<h1>标签进行标记。当然，该标签也嵌套在<body>中，在那里可以找到所有可视化内容。让我们在 HTML 正文中添加一个标题，如图 16-4 和代码清单 16-6 所示。

代码清单 16-6　向 HTML 字符串添加一个标题

> HTML 元素可以像俄罗斯套娃一样进行嵌套。这里将 header 元素嵌套在 body 元素中，并且将 body 和 title 元素嵌套在<html>和</html>标签中

```
header = "<h1>Data Science is Fun</h1>"
body = f"<body>{header}Hello</body>"
html_contents = f"<html> {title} {body}</html>"
render(html_contents)
```

Data Science is Fun
Hello

图 16-4　显示 HTML 文档，在页面的正文显示一个大标题

相对于大标题，这里的单个单词看起来很突兀。通常，HTML 文档的正文中包含多个单词，并且它们在多个段落中包含多个句子。如前所述，这些段落用<p>标签进行标记。

让我们在 HTML 中添加两个连续的段落，如图 16-5 和代码清单 16-7 所示。这里用重复单词的序列来组成这些段落：在第一段中将 Paragraph 0 重复 40 次，在第二段中将 Paragraph 1 重复 40 次。

代码清单 16-7　将段落添加到 HTML 字符串

```
paragraphs = ''
for i in range(2):
    paragraph_string = f"Paragraph {i} " * 40
    paragraphs += f"<p>{paragraph_string}</p>"

body = f"<body>{header}{paragraphs}</body>"
html_contents = f"<html> {title} {body}</html>"
render(html_contents)
```

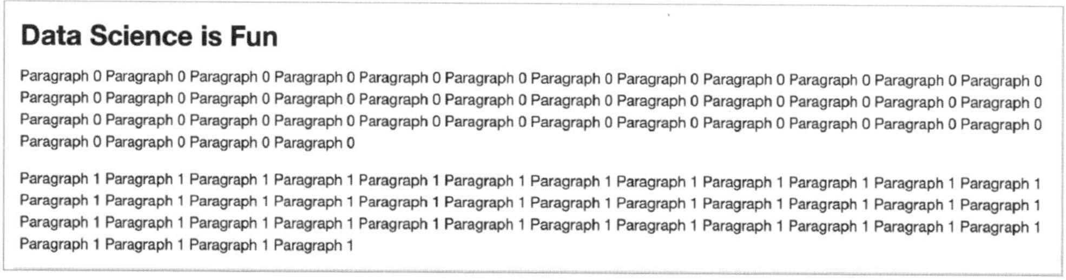

Data Science is Fun

Paragraph 0 Paragraph 0 Paragraph 0 Paragraph 0 Paragraph 0 Paragraph 0 Paragraph 0 Paragraph 0 Paragraph 0 Paragraph 0 Paragraph 0
Paragraph 0 Paragraph 0 Paragraph 0 Paragraph 0 Paragraph 0 Paragraph 0 Paragraph 0 Paragraph 0 Paragraph 0 Paragraph 0 Paragraph 0
Paragraph 0 Paragraph 0 Paragraph 0 Paragraph 0 Paragraph 0 Paragraph 0 Paragraph 0 Paragraph 0 Paragraph 0 Paragraph 0 Paragraph 0
Paragraph 0 Paragraph 0 Paragraph 0 Paragraph 0 Paragraph 0

Paragraph 1 Paragraph 1 Paragraph 1 Paragraph 1 Paragraph 1 Paragraph 1 Paragraph 1 Paragraph 1 Paragraph 1 Paragraph 1 Paragraph 1
Paragraph 1 Paragraph 1 Paragraph 1 Paragraph 1 Paragraph 1 Paragraph 1 Paragraph 1 Paragraph 1 Paragraph 1 Paragraph 1 Paragraph 1
Paragraph 1 Paragraph 1 Paragraph 1 Paragraph 1 Paragraph 1 Paragraph 1 Paragraph 1 Paragraph 1 Paragraph 1 Paragraph 1 Paragraph 1
Paragraph 1 Paragraph 1 Paragraph 1 Paragraph 1

图 16-5　在 HTML 文档中显示两个段落

我们已经在 HTML 中插入了段落元素。这些元素可以通过它们的内部文本内容进行区分。但是，它们的<p>标签是相同的。HTML 解析器不能很好地区分第一个和第二个标签。因此，让标签之间的区别更明显是值得的(特别是如果每个段落的格式都是唯一的)。可以通过为每个标签分配一个唯一 ID 来区分<p>标签，该 ID 可以直接插入标签括号中。例如，通过<p id="paragraph 0">将第一段标识设置为 paragraph 0。添加的 id 称为段落元素的属性。属性被插入元素开始标签中，从而让文档结构更清晰。

现在将 id 属性添加到段落标签中(如代码清单 16-8 所示)。稍后，将利用这些属性来区分段落。

代码清单 16-8　为段落添加 id 属性

```
paragraphs = ''
for i in range(2):
    paragraph_string = f"Paragraph {i} " * 40
    attribute = f"id='paragraph {i}'"
    paragraphs += f"<p {attribute}>{paragraph_string}</p>"

body = f"<body>{header}{paragraphs}</body>"
html_contents = f"<html> {title} {body}</html>"
```

HTML 属性扮演着许多关键角色。在文档之间进行链接时，它们尤其必要。互联网建立在超链接之上，超链接是连接网页的可点击文本。单击超链接会将你带到一个新 HTML 文档。每个超链接都由一个<a>进行标记，通过它可以让文本有链接功能。但是，需要附加信息来指定链接文档的地址。可以使用 href 属性提供该信息，其中 href 代表超文本引用。例如，通过<a href="https://www.manning.com">可以将文本链接到 Manning 网站。

接下来，创建一个到图书 *Data Science Bookcamp* 的超链接并将可点击文本链接到该书的网站(如代码清单 16-9 所示)。然后将超链接插入一个新段落中并为该段落分配一个 ID，即 paragraph 3(如图 16-6 所示)。

Data Science is Fun

Paragraph 0 Paragraph 0

Paragraph 1 Paragraph 1

Here is a link to Data Science Bookcamp

图 16-6　显示 HTML 文档，其中添加一个新段落并在段落中创建指向图书 *Data Science Bookcamp* 的超链接

代码清单 16-9　向 HTML 字符串添加超链接

> 创建一个超链接。单击文本 Data Science Bookcamp，浏览器将跳转到该书的网站

```
link_text = "Data Science Bookcamp"
url = "https:/ /www.manning.com/books/data-science-bookcamp"
hyperlink = f"<a href='{url}'>{link_text}</a>"
new_paragraph = f"<p id='paragraph 2'>Here is a link to {hyperlink}</p>"
paragraphs += new_paragraph
body = f"<body>{header}{paragraphs}</body>"
html_contents = f"<html> {title} {body}</html>"
render(html_contents)
```

HTML 文本元素的复杂程度各不相同。除标题和段落外，还可以在 HTML 文档中显示文本列表。例如，假设希望显示流行数据科学库的列表。首先在 Python 中定义该列表(如代码清单 16-10所示)。

代码清单 16-10　定义数据科学库的列表

```
libraries = ['NumPy', 'SciPy', 'Pandas', 'Scikit-Learn']
```

现在用一个<li>标签来区分列表中的每一项，它代表列表项(如代码清单 16-11 所示)。我们将这些项存储在一个 items 字符串中。

代码清单 16-11　用<li>标签划分列表项

```
items = ''
for library in libraries:
    items += f"<li>{library}</li>"
```

最后，将 items 字符串嵌套在<ul>标签中，其中 ul 代表非结构化列表。然后将非结构化列表附加到 HTML 的正文中(如代码清单 16-12 所示)。我们还在段落和列表之间插入了一个二级标题：Common Data Science Libraries。这里使用<h2>标签来区分一级标题和二级标题，如图 16-7 所示。

代码清单 16-12　向 HTML 字符串中添加非结构化列表

```
unstructured_list = f"<ul>{items}</ul>"
header2 = '<h2>Common Data Science Libraries</h2>'
body = f"<body>{header}{paragraphs}{header2}{unstructured_list}</body>"
html_contents = f"<html> {title} {body}</html>"
render(html_contents)
```

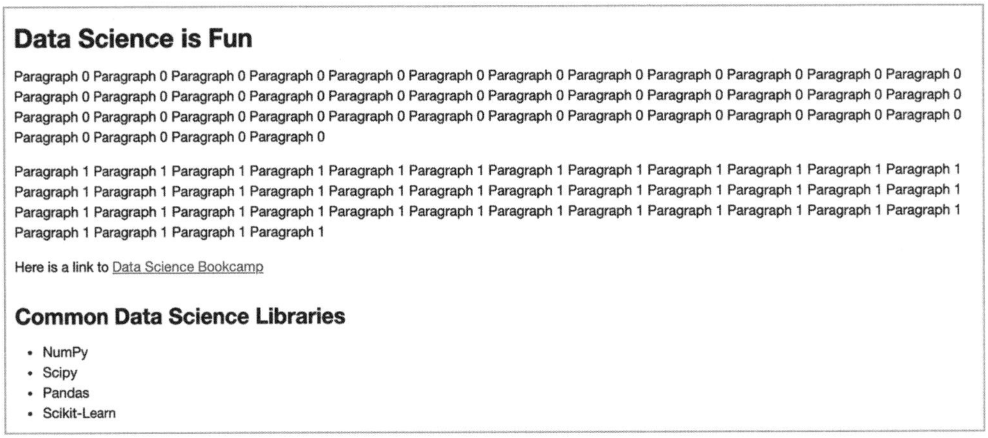

Data Science is Fun

Paragraph 0 Paragraph 0

Paragraph 1 Paragraph 1

Here is a link to Data Science Bookcamp

Common Data Science Libraries

- NumPy
- Scipy
- Pandas
- Scikit-Learn

图 16-7　更新后的 HTML 文档，里面包含数据科学库的列表

数据科学库已通过项目符号列表显示出来。每个条目占据单独的一行。通常情况下，这些要点用于表示不同的概念类别，可以是数据科学库、早餐菜单或是职位发布所需的技能等。

值得注意的是，这里的 HTML 正文分为两个不同的部分：第一部分对应 3 个段落，第二部分对应项目符号列表。通常，此类划分是使用特殊的<div>标签实现的，这些标签允许前端工程师跟踪划分的元素并相应地对它们的格式进行定义。通常，每个<div>标签都带有一些属性。在这些属性中，id 属性是唯一的。如果某个属性由多个分区共享，那么需要添加 class 指示器来进行区分。

为保持一致性，我们将两个部分嵌套在两个不同的分区中(如代码清单 16-13 所示)。第一个分区的 ID 设置为 paragraphs，第二个分区的 ID 设置为 list。此外，由于这两个分区都只包含文本，因此为它们中的每一个分配一个 class 属性并设置为 text。我们还在正文中添加了第三个空的分区。稍后会更新它。这个空分区的 ID 和 class 都设置为 empty。

代码清单 16-13　向 HTML 字符串中添加分区

```
div1 = f"<div id='paragraphs' class='text'>{paragraphs}</div>"
div2 = f"<div id='list' class='text'>{header2}{unstructured_list}</div>"
div3 = "<div id='empty' class='empty'></div>"
body = f"<body>{header}{div1}{div2}{div3}</body>"
html_contents = f"<html> {title}{body}</html>"
```

第三个分区是空的，但是它仍然可以通过 class 和 ID 进行访问。稍后我们将访问这个分区，以便插入额外文本

常用的 HTML 元素和属性

- `<html>..</html>`：定义整个 HTML 文档。
- `<title>..</title>`：文档的标题。该标题出现在 Web 浏览器的标题栏中，但不出现在浏览器的正文内容中。
- `<head>..</head>`：文档的头部。这个标签所定义的信息将不会显示在浏览器的正文内容中。
- `<body>..</body>`：文档的正文，这部分定义的内容将显示在浏览器的正文中，可以被访问者查看。
- `<h1>..</h1>`：在文档正文中定义的一级标题。
- `<h2>..</h2>`：在文档正文中定义的二级标题。
- `<p>..</p>`：在文档中定义的单个段落。
- `<p id="unique_id">..</p>`：文档中定义的单个段落，并且带有唯一的 id 属性，从而与其他元素进行区分。
- `<a href="http://www.manning.com">..</a>`：在文档中定义超链接。其中 href 为链接到的地址。
- `<ul>..</ul>`：由多个列表项组成的非结构化列表，这些列表项在浏览器中以项目符号的形式出现。
- `<li>..</li>`：非结构化列表中的单个列表项。
- `<div>..</div>`：标记文档中的特定小节。
- `<div class="category_class">..</div>`：标记文档中的特定小节。这个分区的类别通过 class 属性指定。与唯一 ID 不同，多个不同的分区可以带有相同的 class 属性。

我们对 html_contents 字符串进行了许多更改。现在查看其更改后的内容(如代码清单 16-14 所示)。

代码清单 16-14　打印修改后的 HTML 字符串

```
print(html_contents)

<html> <title>Data Science is Fun</title><body><h1>Data Science is Fun</h1>
<div id='paragraphs' class='text'><p id='paragraph 0'>Paragraph 0
Paragraph 0 Paragraph 0 Paragraph 0 Paragraph 0 Paragraph 0 Paragraph 0
Paragraph 0 Paragraph 0 Paragraph 0 Paragraph 0 Paragraph 0 Paragraph 0
Paragraph 0 Paragraph 0 Paragraph 0 Paragraph 0 Paragraph 0 Paragraph 0
Paragraph 0 Paragraph 0 Paragraph 0 Paragraph 0 Paragraph 0 Paragraph 0
Paragraph 0 Paragraph 0 Paragraph 0 Paragraph 0 Paragraph 0 Paragraph 0
Paragraph 0 Paragraph 0 Paragraph 0 Paragraph 0 Paragraph 0 Paragraph 0
Paragraph 0 Paragraph 0 Paragraph 0 </p><p id='paragraph 1'>Paragraph 1
Paragraph 1 Paragraph 1 Paragraph 1 Paragraph 1 Paragraph 1 Paragraph 1
Paragraph 1 Paragraph 1 Paragraph 1 Paragraph 1 Paragraph 1 Paragraph 1
Paragraph 1 Paragraph 1 Paragraph 1 Paragraph 1 Paragraph 1 Paragraph 1
Paragraph 1 Paragraph 1 Paragraph 1 Paragraph 1 Paragraph 1 Paragraph 1
Paragraph 1 Paragraph 1 Paragraph 1 Paragraph 1 Paragraph 1 Paragraph 1
Paragraph 1 Paragraph 1 Paragraph 1 Paragraph 1 Paragraph 1 Paragraph 1
Paragraph 1 Paragraph 1 Paragraph 1 </p><p id='paragraph 2'>
Here is a link to <a href='https:/ /www.manning.com/books/data-science-bookcamp'>
Data Science Bookcamp</a></p></div><div id='list' class='text'>
<h2>Common Data Science Libraries</h2><ul><li>NumPy</li>
```

```
<li>SciPy</li><li>Pandas</li><li>Scikit-Learn</li>
</ul></div><div id='empty' class='empty'></div></body></html>
```

打印结果非常混乱，HTML 内容几乎无法读取。此外，从 html_contents 中提取单个元素非常困难。如果想提取 HTML 文档的标题，需要先通过>符号来拆分 html_contents，然后必须对分割结果进行迭代，在等于<title 的字符串处停止。接下来，需要提取包含标题文本的字符串。最后，必须通过拆分剩余的<符号来确定标题字符串结束的位置。代码清单 16-15 将演示这个复杂的标题提取过程。

代码清单 16-15　使用 Python 提取 HTML 标题

```
split_contents = html_contents.split('>')
for i, substring in enumerate(split_contents):    ◀──  遍历>后面的每个子
    if substring.endswith('<title'):    ◀──             字符串
        next_string = split_contents[i + 1]
        title = next_string.split('<')[0]          子字符串在标题开始标签后
        print(title)                               结束。因此，下一个子字符串
        break                                      就是文档标题
```

```
Data Science is Fun
```

有没有更便捷的方法从 HTML 文档中提取元素？答案是肯定的，我们不需要手动解析文档，只需要调用外部 Beautiful Soup 库即可。

16.2　使用 Beautiful Soup 解析 HTML

首先安装 Beautiful Soup 库，然后从 bs4 导入 BeautifulSoup 类(如代码清单 16-16 所示)。按照一个常见的约定，我们简单地将 Beautiful Soup 作为 bs 进行导入。

注意

在命令行执行 pip install bs4 安装 Beautiful Soup 库。

代码清单 16-16　导入 BeautifulSoup 类

```
from bs4 import BeautifulSoup as bs
```

现在通过运行 bs(html_contents)来初始化 BeautifulSoup 类。按照惯例，将初始化的对象分配给一个 soup 变量，如代码清单 16-17 所示。

注意

默认情况下，bs 类使用 Python 内置的 HTML 解析器来提取 HTML 内容。然而，通过外部库可以获得更有效的解析器。一个流行的库叫做 lxml，它可以通过运行 pip install lxml 来安装。安装后，可以在 bs 初始化期间使用 lxml 解析器。我们只需要执行 bs(html_contents, 'lxml')即可。

代码清单 16-17　使用 HTML 字符串初始化 BeautifulSoup

```
soup = bs(html_contents)
```

这个 soup 对象将跟踪已解析的 HTML 中的所有元素。通过运行 soup.prettify()方法，可以清晰、可读的格式输出这些元素(如代码清单 16-18 所示)。

代码清单 16-18　通过 Beautiful Soup 打印 HTML 内容

```
print(soup.prettify())

<html>
  <title>
   Data Science is Fun
  </title>
  <body>
    <h1>
      Data Science is Fun
   </h1>
   <div class="text" id="paragraphs">
    <p id="paragraph 0">
      Paragraph 0 Paragraph 0 Paragraph 0 Paragraph 0 Paragraph 0 Paragraph 0
Paragraph 0 Paragraph 0 Paragraph 0 Paragraph 0 Paragraph 0 Paragraph 0
Paragraph 0 Paragraph 0 Paragraph 0 Paragraph 0 Paragraph 0 Paragraph 0
Paragraph 0 Paragraph 0 Paragraph 0 Paragraph 0 Paragraph 0 Paragraph 0
Paragraph 0 Paragraph 0 Paragraph 0 Paragraph 0 Paragraph 0 Paragraph 0
Paragraph 0 Paragraph 0 Paragraph 0 Paragraph 0 Paragraph 0 Paragraph 0
Paragraph 0 Paragraph 0 Paragraph 0 Paragraph 0
   </p>
   <p id="paragraph 1">
  Paragraph 1 Paragraph 1 Paragraph 1 Paragraph 1 Paragraph 1 Paragraph 1
Paragraph 1 Paragraph 1 Paragraph 1 Paragraph 1 Paragraph 1 Paragraph 1
Paragraph 1 Paragraph 1 Paragraph 1 Paragraph 1 Paragraph 1 Paragraph 1
Paragraph 1 Paragraph 1 Paragraph 1 Paragraph 1 Paragraph 1 Paragraph 1
Paragraph 1 Paragraph 1 Paragraph 1 Paragraph 1 Paragraph 1 Paragraph 1
Paragraph 1 Paragraph 1 Paragraph 1 Paragraph 1 Paragraph 1 Paragraph 1
Paragraph 1 Paragraph 1 Paragraph 1 Paragraph 1
   </p>
   <p id="paragraph 2">
     Here is a link to
     <a href="https:/ /www.manning.com/books/data-science-bookcamp">
      Data Science Bookcamp
     </a>
    </p>
   </div>
   <div class="text" id="list">
    <h2>
     Common Data Science Libraries
    </h2>
    <ul>
     <li>
       NumPy
     </li>
     <li>
```

```
     SciPy
    </li>
    <li>
      Pandas
    </li>
    <li>
      Scikit-Learn
    </li>
   </ul>
  </div>
  <div class="empty" id="empty">
  </div>
 </body>
</html>
```

假设我们想访问一个特定的元素，如标题。可以通过 soup 对象的 find 方法进行访问(如代码清单 16-19 所示)。运行 soup.find('title')将返回包含在\<title\>和\</title\>之间的所有内容。

代码清单 16-19　通过 Beautiful Soup 提取标题

```
title = soup.find('title')
print(title)

<title>Data Science is Fun</title>
```

输出的 title 似乎是一个由标题标签划分的 HTML 字符串。然而，title 变量不是一个字符串，它是一个初始化的 Beautiful Soup Tag 类。可以通过打印 type(title)来验证(如代码清单 16-20 所示)。

代码清单 16-20　打印 title 的数据类型

```
print(type(title))

<class 'bs4.element.Tag'>
```

每个 Tag 对象都包含一个 text 属性，该属性映射到标签中的文本。因此，打印 title.text 将返回 Data Science is Fun(如代码清单 16-21 所示)。

代码清单 16-21　输出 title 的 text 属性

```
print(title.text)

Data Science is Fun
```

我们通过运行 soup.find('title')访问了 title 标签。还可以通过运行 soup.title 访问相同的标签。因此，运行 soup.title.text 返回的结果与 title.text 相同(如代码清单 16-22 所示)。

代码清单 16-22　通过 soup 访问 title 的 text 属性

```
assert soup.title.text == title.text
```

以同样的方式，可以通过 soup.body 访问文档的正文。接下来，输出 HTML 正文中的所有文本(如代码清单 16-23 所示)。

代码清单 16-23 通过 soup 访问文档正文的 text 属性

```
body = soup.body
print(body.text)

Data Science is FunParagraph 0 Paragraph 0 Paragraph 0 Paragraph 0
Paragraph 0 Paragraph 0 Paragraph 0 Paragraph 0 Paragraph 0 Paragraph 0
Paragraph 0 Paragraph 0 Paragraph 0 Paragraph 0 Paragraph 0 Paragraph 0
Paragraph 0 Paragraph 0 Paragraph 0 Paragraph 0 Paragraph 0 Paragraph 0
Paragraph 0 Paragraph 0 Paragraph 0 Paragraph 0 Paragraph 0 Paragraph 0
Paragraph 0 Paragraph 0 Paragraph 0 Paragraph 0 Paragraph 0 Paragraph 0
Paragraph 0 Paragraph 0 Paragraph 0 Paragraph 0 Paragraph 0 Paragraph 0
Paragraph 1 Paragraph 1 Paragraph 1 Paragraph 1 Paragraph 1 Paragraph 1
Paragraph 1 Paragraph 1 Paragraph 1 Paragraph 1 Paragraph 1 Paragraph 1
Paragraph 1 Paragraph 1 Paragraph 1 Paragraph 1 Paragraph 1 Paragraph 1
Paragraph 1 Paragraph 1 Paragraph 1 Paragraph 1 Paragraph 1 Paragraph 1
Paragraph 1 Paragraph 1 Paragraph 1 Paragraph 1 Paragraph 1 Paragraph 1
Paragraph 1 Paragraph 1 Paragraph 1 Paragraph 1 Paragraph 1 Paragraph 1
Paragraph 1 Paragraph 1 Paragraph 1 Paragraph 1
Here is a link to Data Science BookcampCommon Data Science
    LibrariesNumPySciPyPandasScikit-Learn
```

输出结果是正文中所有文本的聚合。这个文本块包括文档正文的全部内容。它的格式不便于阅读。我们应该缩小输出的范围，而不是输出所有文本。让我们通过打印 body.p.text 来获取第一段的文本内容；或者通过 soup.p.text 也会生成相同的结果(如代码清单 16-24 所示)。

代码清单 16-24 访问第一段的文本内容

```
assert body.p.text == soup.p.text
print(soup.p.text)

Paragraph 0 Paragraph 0 Paragraph 0 Paragraph 0 Paragraph 0 Paragraph 0
Paragraph 0 Paragraph 0 Paragraph 0 Paragraph 0 Paragraph 0 Paragraph 0
Paragraph 0 Paragraph 0 Paragraph 0 Paragraph 0 Paragraph 0 Paragraph 0
Paragraph 0 Paragraph 0 Paragraph 0 Paragraph 0 Paragraph 0 Paragraph 0
Paragraph 0 Paragraph 0 Paragraph 0 Paragraph 0 Paragraph 0 Paragraph 0
Paragraph 0 Paragraph 0 Paragraph 0 Paragraph 0 Paragraph 0 Paragraph 0
Paragraph 0 Paragraph 0 Paragraph 0 Paragraph 0
```

通过 body.p 可以获得 body 中的第一段。那么如何获取后面两段内容呢？可以通过 find_all 方法来获取所有内容。运行 body.find_all('p')将返回正文中所有段落标签的一个列表(如代码清单 16-25 所示)。

代码清单 16-25 访问正文中的所有段落

```
paragraphs = body.find_all('p')
for i, paragraph in enumerate(paragraphs):
    print(f"\nPARAGRAPH {i}:")
    print(paragraph.text)

PARAGRAPH 0:
Paragraph 0 Paragraph 0 Paragraph 0 Paragraph 0 Paragraph 0 Paragraph 0
Paragraph 0 Paragraph 0 Paragraph 0 Paragraph 0 Paragraph 0 Paragraph 0
```

```
Paragraph 0 Paragraph 0 Paragraph 0 Paragraph 0 Paragraph 0 Paragraph 0
Paragraph 0 Paragraph 0 Paragraph 0 Paragraph 0 Paragraph 0 Paragraph 0
Paragraph 0 Paragraph 0 Paragraph 0 Paragraph 0 Paragraph 0 Paragraph 0
Paragraph 0 Paragraph 0 Paragraph 0 Paragraph 0 Paragraph 0 Paragraph 0
Paragraph 0 Paragraph 0 Paragraph 0 Paragraph 0

PARAGRAPH 1:
Paragraph 1 Paragraph 1 Paragraph 1 Paragraph 1 Paragraph 1 Paragraph 1
Paragraph 1 Paragraph 1 Paragraph 1 Paragraph 1 Paragraph 1 Paragraph 1
Paragraph 1 Paragraph 1 Paragraph 1 Paragraph 1 Paragraph 1 Paragraph 1
Paragraph 1 Paragraph 1 Paragraph 1 Paragraph 1 Paragraph 1 Paragraph 1
Paragraph 1 Paragraph 1 Paragraph 1 Paragraph 1 Paragraph 1 Paragraph 1
Paragraph 1 Paragraph 1 Paragraph 1 Paragraph 1 Paragraph 1 Paragraph 1
Paragraph 1 Paragraph 1 Paragraph 1 Paragraph 1 Paragraph 1 Paragraph 1
Paragraph 1 Paragraph 1 Paragraph 1 Paragraph 1

PARAGRAPH 2:
Here is a link to Data Science Bookcamp
```

类似地，通过运行 body.find_all('li')来访问条目列表。让我们利用 find_all 打印文档正文内的所有条目信息(如代码清单 16-26 所示)。

代码清单 16-26　访问文档正文内的所有条目信息

```
print([bullet.text for bullet
       in body.find_all('li')])

['NumPy', 'Scipy', 'Pandas', 'Scikit-Learn']
```

find 和 find_all 方法允许我们根据标签类型和属性对元素进行搜索。假设希望访问 ID 为 x 的元素。要搜索属性 ID，只需要执行 find(id ='x')。通过这一点，可以输出 ID 为 paragraph 2 的段落内容(如代码清单 16-27 所示)。

代码清单 16-27　通过 ID 访问段落内容

```
paragraph_2 = soup.find(id='paragraph 2')
print(paragraph_2.text)

Here is a link to Data Science Bookcamp
```

paragraph_2 的内容包括一个到图书 *Data Science Bookcamp* 的链接。实际的 URL 存储在 href 属性中。Beautiful Soup 允许我们使用 get 方法访问任何属性。因此，运行 paragraph_2.get('id')将返回 paragraph 2 的所有内容。运行 paragraph_2.a.get('href')将返回对应的 URL，让我们通过代码清单 16-28 进行验证。

代码清单 16-28　访问标签中的属性

```
assert paragraph_2.get('id') == 'paragraph 2'
print(paragraph_2.a.get('href'))

https:/ /www.manning.com/books/data-science-bookcamp
```

在本例的 HTML 中，所有属性 ID 都有唯一的值。然而，并不是所有属性都是独一无二的。例如，3 个分区元素中的两个具有相同的 class 属性，值为 text。同时，第三个分区元素包含一个唯一的 class，它被设置为 empty。运行 body.find_all('div') 将返回所有 3 个分区元素。如何获得这两个 class 设置为 text 的分区？只需要运行 body.find_all('div', class_='text') 即可。其中 class_参数要求结果满足 class 为特定值。代码清单 16-29 搜索这些分区并输出它们的文本内容。

注意

为什么运行 find_all 是使用 class_而不是 class？在 Python 中，class 关键字是一个受限制的标识符，用于定义新类。Beautiful Soup 通过使用 class_ 来避免发生歧义，也防止错误的产生。

代码清单 16-29　通过相同的 class 属性访问分区

```
for division in soup.find_all('div', class_='text'):
    id_ = division.get('id')
    print(f"\nDivision with id '{id_}':")
    print(division.text)


Division with id 'paragraphs':
Paragraph 0 Paragraph 0 Paragraph 0 Paragraph 0 Paragraph 0 Paragraph 0
Paragraph 0 Paragraph 0 Paragraph 0 Paragraph 0 Paragraph 0 Paragraph 0
Paragraph 0 Paragraph 0 Paragraph 0 Paragraph 0 Paragraph 0 Paragraph 0
Paragraph 0 Paragraph 0 Paragraph 0 Paragraph 0 Paragraph 0 Paragraph 0
Paragraph 0 Paragraph 0 Paragraph 0 Paragraph 0 Paragraph 0 Paragraph 0
Paragraph 0 Paragraph 0 Paragraph 0 Paragraph 0 Paragraph 0 Paragraph 0
Paragraph 0 Paragraph 0 Paragraph 0 Paragraph 0 Paragraph 1 Paragraph 1
Paragraph 1 Paragraph 1 Paragraph 1 Paragraph 1 Paragraph 1 Paragraph 1
Paragraph 1 Paragraph 1 Paragraph 1 Paragraph 1 Paragraph 1 Paragraph 1
Paragraph 1 Paragraph 1 Paragraph 1 Paragraph 1 Paragraph 1 Paragraph 1
Paragraph 1 Paragraph 1 Paragraph 1 Paragraph 1 Paragraph 1 Paragraph 1
Paragraph 1 Paragraph 1 Paragraph 1 Paragraph 1 Paragraph 1 Paragraph 1
Paragraph 1 Paragraph 1 Paragraph 1 Paragraph 1 Paragraph 1 Paragraph 1
Paragraph 1 Paragraph 1 Here is a link to Data Science Bookcamp

Division with id 'list':
Common Data Science LibrariesNumPyScipyPandasScikit-Learn
```

到目前为止，已经可以使用 Beautiful Soup 访问 HTML 中的元素。然而，Python 软件库也允许我们编辑单个元素。例如，给定一个 tag 对象，可以通过运行 tag.decompose() 删除该对象。decompose 方法将该元素从所有数据结构中删除，包括 soup。因此，调用 body.find(id='paragraph 0').decompose() 将删除第一段的所有内容。同样，调用 soup.find(id='paragraph 1').decompose() 可以从 soup 和 body 对象中删除第二段。删去这些段落后，只剩下第三段。让我们通过代码清单 16-30 进行确认。

代码清单 16-30　使用 Beautiful Soup 对段落进行删除

```
body.find(id='paragraph 0').decompose()
soup.find(id='paragraph 1').decompose()
print(body.find(id='paragraphs').text)

Here is a link to Data Science Bookcamp
```

decompose 方法从所有嵌套的标签对象中删除段落。从 soup 中删除段落也会从 body 中删除它，反之亦然此外，还可以在 HTML 中插入新标签。假设希望在最后一个空分区中插入一个新段落。为此，必须首先创建一个新段落元素。运行 soup.new_tag('p')将返回一个空的段落 Tag 对象(如代码清单 16-31 所示)。

代码清单 16-31　初始化一个空段落标签

```
new_paragraph = soup.new_tag('p')
print(new_paragraph)

<p></p>
```

接下来，必须通过将初始化段落的文本赋值给 new_paragraph.string 来更新它(如代码清单 16-32 所示)。运行 new_paragraph.string = x 将会把段落的文本设定为 x。

代码清单 16-32　对空段落的文本进行更新

```
new_paragraph.string = "This paragraph is new"
print(new_paragraph)

<p>This paragraph is new</p>
```

最后，将更新后的 new_paragraph 附加到现有的 Tag 对象。给定两个 Tag 对象(tag1 和 tag2)，可以通过运行 tag2.append (tag1)将 tag1 添加到 tag2 中。因此，运行 soup.find (id='empty').append (new_paragraph)应会将段落追加到空分区中(如代码清单 16-33 所示)。让我们更新 HTML，然后通过呈现更新后的结果来确认这些更改，如图 16-8 所示。

代码清单 16-33　使用 Beautiful Soup 插入段落

```
soup.find(id='empty').append(new_paragraph)
render(soup.prettify())
```

图 16-8　显示 HTML 文档内容。我们已对文档进行了编辑，删除了原来 3 段中的两段并插入了一个新段落

> **常用的 Beautiful Soup 方法**
> - soup = bs(html_contents)：利用解析后的 html_contents 中的 HTML 元素初始化一个 BeautifulSoup 对象。
> - soup.prettify()：以方便阅读的格式返回解析后的 HTML 文档。

- title = soup.title：返回一个与已解析文档的标题元素关联的 Tag 对象。
- title = soup.find('title')：返回一个与已解析文档的标题元素关联的 Tag 对象。
- tag_object = soup.find('element_tag')：返回一个与用指定的 element_tag 标签划分的第一个 HTML 元素关联的 Tag 对象。
- tag_objects = soup.find_all('element_tag')：返回一个用指定的 element_tag 标签划分的所有 Tag 对象的列表。
- tag_object = soup.find(id='unique_id')：返回一个包含指定的唯一 id 属性的 Tag 对象。
- tag_objects=soup.find_all('element_tag', class_='category_class')：返回一个用指定的 element_tag 标签划分并包含指定 class 属性的所有 Tag 对象的列表。
- tag_object=soup.new_tag('element_tag')：创建一个新 Tag 对象，其 HTML 元素类型由 element_tag 标签指定。
- tag_object.decompose()：从 soup 中删除 Tag 对象。
- tab_object.append(tag_object2)：给定两个 Tag 对象(tag_object 和 tag_object2)，将 tag_object2 插入 tag_object 中。
- tag_object.text：返回 Tag 对象中的所有可见文本。
- tag_object.get('attribute')：返回分配给 Tag 对象的 HTML 属性。

16.3　下载和解析在线数据

Beautiful Soup 库使我们能够轻松解析、分析和编辑 HTML 文档。大多数情况下，这些文档必须直接从 Web 下载。让我们简要了解使用 Python 的内置 urllib 模块下载 HTML 文件的过程。首先从 urllib.request 导入 urlopen 函数(如代码清单 16-34 所示)。

注意

下载单个未加密的在线 HTML 文档，urlopen 函数就够了。但是，对于更复杂的下载，应该考虑使用外部 Requests 库(https://requests.readthedocs.io)。

代码清单 16-34　导入 urlopen 函数

```
from urllib.request import urlopen
```

给定在线文档的 URL，可以通过运行 urlopen(url).read()下载相关的 HTML 内容(如代码清单 16-35 所示)。接下来，使用 urlopen 下载本书在 Manning 网站上的内容。然后打印下载的 HTML 的前 1 000 个字符。

警告

代码清单 16-35 只能联网时运行。此外，下载的 HTML 可能会随着网站内容的更改而不同。

代码清单 16-35 下载 HTML 文档

```
url = "https:/ /www.manning.com/books/data-science-bookcamp"
html_contents = urlopen(url).read()
print(html_contents[:1000])
```

urlopen 函数与指定的 URL 建立网络连接并使用特殊的 URLopener 对象跟踪该连接。调用对象的 read 方法从已建立的连接下载文本

```
b'\n<!DOCTYPE html>\n<!--[if lt IE 7 ]> <html lang="en" class="no-js ie6
ie"> <![endif]-->\n<!--[if IE 7 ]>        <html lang="en" class="no-js ie7
ie"> <![endif]-->\n<!--[if IE 8 ]>        <html lang="en" class="no-js ie8
ie"> <![endif]-->\n<!--[if IE 9 ]>        <html lang="en" class="no-js ie9
ie"> <![endif]-->\n<!--[if (gt IE 9)|!(IE)]><!--> <html lang="en"
class="no-js"><!--<![endif]-->\n<head>\n
<title>Manning | Data Science Bookcamp</title>\n\n
<meta name="msapplication-TileColor" content=" #343434"/>\n
<meta name="msapplication-square70x70logo" content="/assets/favicon/windows-
    small-tile-6f6b7c9200a7af9169e488a11d13a7d3.png"/>\n
<meta name="msapplication-square150x150logo"
    content="/assets/favicon/windows-medium-tile-
    8fae4270fe3f1a6398f15015221501fb.png"/>\n
<meta name="msapplication-wide310x150logo" content="/assets/favicon/windows-
    wide-tile-a856d33fb5e508f52f09495e2f412453.png"/>\n
<meta name="msapplication-square310x310logo"
content="/assets/favicon/windows-large-tile-072d5381c2c83afa'
```

让我们使用 Beautiful Soup 从凌乱的 HTML 内容中提取标题(如代码清单 16-36 所示)。

代码清单 16-36 使用 Beautiful Soup 提取标题

```
soup = bs(html_contents)
print(soup.title.text)

Manning | Data Science Bookcamp
```

通过使用 soup 对象,可以进一步分析页面。例如,可以提取包含 about the book 标题的分区来输出关于图书的描述。

警告

在线 HTML 不断更新。Manning 站点的未来更新可能会导致代码清单 16-37 出现故障。当遇到数据结果与预期不同时,我们建议你自己探索获取的 HTML 并找出图书的描述内容。

代码清单 16-37 获取图书的描述内容

```
for division in soup.find_all('div'):          遍历页面中的所有分区
    header = division.h2
    if header is None:        检查是否存在分区标题
        continue

    if header.text.lower() == 'about the book':    一旦识别 about 部分,就打印图书
        print(division.text)                       的描述内容

about the book
```

```
Data Science Bookcamp is a comprehensive set of challenging projects
carefully designed to grow your data science skills from novice to master.
Veteran data scientist Leonard Apeltsin sets five increasingly difficult
exercises that test your abilities against the kind of problems you'd
encounter in the real world. As you solve each challenge, you'll acquire
and expand the data science and Python skills you'll use as a professional
data scientist. Ranging from text processing to machine learning, each
project comes complete with a unique, downloadable data set and a fully
explained step-by-step solution. Because these projects come from Dr.
Apeltsin's vast experience, each solution highlights the most likely
failure points along with practical advice for getting past unexpected
pitfalls. When you wrap up these five awesome exercises, you'll have a
diverse, relevant skill set that's transferable to working in industry.
```

现在我们已准备好使用 Beautiful Soup 来解析招聘信息并将它作为案例研究解决方案的一部分。

16.4　本章小结

- HTML 文档由提供有关文本辅助信息的嵌套元素组成。大多数元素由开始标签和结束标签定义。

- 某些元素中的文本可以显示在浏览器中。一般情况下，通过浏览器看到的信息都嵌套在 HTML 文档的 body 元素中。其他元素(如文档的标题)将被放入文档的 head 元素中。

- 可以将属性插入 HTML 开始标签中，以便跟踪其他标签信息。唯一的 id 属性可以帮助区分相同类型的标签。此外，class 属性可用于按类别跟踪元素。与唯一 id 不同，同一类别中的多个元素可以具有相同的 class 属性。

- 用基本的 Python 很难从 HTML 中手动提取文本。幸运的是，Beautiful Soup 库简化了文本提取过程。它允许我们通过标签类型和分配的属性值来查找元素。此外，这个库还允许我们编辑底层 HTML。

- 通过使用 Python 内置的 urlopen 函数，可以直接从 Web 下载 HTML 文件。然后可以使用 Beautiful Soup 对这些文件中的文本进行分析。

第*17*章

案例研究 **4** 的解决方案

本章主要内容
- 从 HTML 解析文本
- 计算文本相似度
- 聚类并探索大型文本数据集

按照案例研究 4 的问题描述，我们已经下载了数以千计的招聘信息。除了这些，还有两个文本文件可供使用：resume.txt 和 table_of_contents.txt。第一个文件包含简历草稿，第二个文件包含用于查询职位列表结果的部分目录。我们的目标是从下载的职位发布中提取常见的数据科学技能。然后，会将这些技能与简历进行比较，以确定缺少哪些技能。我们将按照以下步骤进行操作。

(1) 解析下载的 HTML 文件中的所有文本。

(2) 探索解析后的输出结果，了解如何在在线招聘中描述工作技能。我们将特别关注某些 HTML 标签是否与技能描述更相关。

(3) 尝试从数据集中过滤所有不相关的职位信息。

(4) 基于文本相似度对工作技能进行聚类。

(5) 使用文字云对聚类结果进行可视化。

(6) 调整聚类参数，从而提高可视化输出效果。

(7) 将这些聚类的技能与简历进行比较，以发现缺少的技能。

警告
案例研究 4 的解决方案即将揭晓。我强烈建议你在阅读解决方案之前尝试解决问题。原始问题的陈述可以参考案例研究的开始部分。

17.1 从职位发布数据中提取技能要求

首先加载 job_posts 目录中的所有 HTML 文件，将这些文件的内容存储在 html_contents 列表中。

警告

在执行代码清单 17-1 之前，一定要手动解压缩 job_postings.zip 目录。

代码清单 17-1　载入 HTML 文件

我们使用 Python 3 glob 模块在 job_posts 目录中获取带有 HTML 扩展名的文件名。对这些文件名进行排序，从而保持在不同读者的个人计算机之间具有相同的输出结果。这确保了前两个采样文件对所有读者具有相同的结果

```python
import glob
html_contents = []

for file_name in sorted(glob.glob('job_postings/*.html')):
    with open(file_name, 'r') as f:
        html_contents.append(f.read())

print(f"We've loaded {len(html_contents)} HTML files.")

We've loaded 1458 HTML files.
```

这 1 458 个 HTML 文件都可以使用 Beautiful Soup 进行解析。让我们执行解析并将解析后的结果存储在 soup_objects 列表中(如代码清单 17-2 所示)。

代码清单 17-2　解析 HTML 文件

```python
from bs4 import BeautifulSoup as bs

soup_objects = []
for html in html_contents:
    soup = bs(html)
    assert soup.title is not None
    assert soup.body is not None
    soup_objects.append(soup)
```

每个解析过的 HTML 文件都包含一个标题和一个正文。这些文件的标题或正文是否有重复? 可以通过将所有标题文本和正文文本存储在 Pandas 表的两列中来找到答案。调用 Pandas 的 describe 方法将揭示文本中所有存在的重复情况(如代码清单 17-3 所示)。

代码清单 17-3　检查标题和正文的重复情况

```python
import pandas as pd
html_dict = {'Title': [], 'Body': []}

for soup in soup_objects:
    title = soup.find('title').text
    body = soup.find('body').text
    html_dict['Title'].append(title)
    html_dict['Body'].append(body)

df_jobs = pd.DataFrame(html_dict)
summary = df_jobs.describe()
print(summary)

                 Title    \
```

```
count                                    1458
unique                                   1364
top        Data Scientist - New York, NY
freq                                       13

                                          Body
count                                     1458
unique                                    1458
top        Data Scientist - New York, NY 10011\nAbout the...
freq                                         1
```

1 458 个标题中有 1 364 个是唯一的。剩下的 94 个标题是重复的。最常见的标题重复出现 13 次：这是纽约的一个数据科学家职位。可以很容易地验证所有重复的标题所对应的正文文本。所有的 1458 个正文都是唯一的，因此没有一个职位的发布出现超过一次，即使一些发布信息具有相同的标题。

我们已确认在 HTML 中不存在重复的内容。现在，让我们更详细地研究 HTML 的内容，探索的目标是确定如何在 HTML 中描述工作技能。

探索用于技能描述的 HTML

首先从显示 html_contents 的索引 0 处的 HTML 开始，如图 17-1 和代码清单 17-4 所示。

代码清单 17-4　显示第一个招聘信息的 HTML

```
from IPython.core.display import display, HTML
assert len(set(html_contents)) == len(html_contents)
display(HTML(html_contents[0]))
```

Data Scientist - Beavercreek, OH

Data Scientist

Position Overview:

Centauri is looking for a detail oriented, motivated, and organized Data Scientist to work as part of a team to clean, analyze, and produce insightful reporting on government data. The ideal candidate is adept at using large data sets to find trends for intelligence reporting and will be proficient in process optimization and using models to test the effectiveness of different courses of action. They must have strong experience using a variety of data mining/data analysis methods, using a variety of data tools, building and implementing models, using/creating algorithms and producing easily understood visuals to represent findings. Candidate will work closely with Data Managers and stakeholders to tailor their analysis to answer key questions. The candidate must have a strong understanding of Geographic Information Systems (GIS) and statistical analysis.

Responsibilities:

- Use statistical research methods to analyze datasets produced through multiple sources of intelligence production
- Mine and analyze data from databases to answer key intelligence questions
- Assess the effectiveness and accuracy of new data sources and data gathering techniques
- Develop custom data models and algorithms to apply to data sets
- Use predictive modeling to produce reporting about future trends based on historical data
- Spatially analyze geographic data using GIS tools
- Visualize findings in easily understood graphics and aesthetically appealing finished reports

Qualifications for Data Scientist:

- Experience using statistical computer languages (R, Python, SLQ, etc.) to manipulate data and draw insights from large data sets
- Experience in basic visualization methods, especially using tools such as Tableau, ggplot, and matplotlib
- Knowledge of a variety of machine learning techniques (clustering, decision tree learning, artificial neural networks, etc.) and their real-world advantages/drawbacks
- Knowledge of advanced statistical techniques and concepts (regression, properties of distributions, statistical tests and proper usage, etc.) and experience with applications

图 17-1　显示第一个职位发布的 HTML。第一段总结了数据科学的工作内容。这段话后面是一系列要点，每个要点都包含获得这份工作所需的技能

显示的招聘广告是关于数据科学职位的。该广告以一个简短的职位概述开始，从中可了解到这份工作需要从政府数据中获取洞察与见解。所需的各种技能包括模型构建、统计和可视化。这些技能在两个粗体部分中进一步阐述：职责和应聘者资格。每个部分由多个单句的要点组成。要点的内容多种多样：职责包括统计方法的使用(第 1 点)、未来趋势发现(第 5 点)、地理数据的空间分析(第6 点)以及创建具有吸引力的可视化图形(第 7 点)。此外，资格包括如 R 或 Python 等计算机语言、如 Matplotlib 等可视化工具(第 2 点)、如聚类等机器学习技术(第 3 点)和高级统计概念的知识(第 4点)。

值得注意的是，资格和职责并没有太大的区别。这些资格关注的是工具和概念，而职责与工作中的具体内容更为相关。但在某种程度上，这些要点是可以互换的。每个条目都描述了应聘者必须具备的一项技能。因此，可以将 html_contents[0]细分为两个概念上不同的部分。

- 开始部分的职位概要；
- 获得这份工作所需技能的列表。

下一个职位招聘信息是否也以类似的方式进行排列？让我们通过显示 html_contents[1]来找出答案，如图 17-2 和代码清单 17-5 所示。

Data Scientist - Seattle, WA 98101

Are you interested in being a part of an Artificial Intelligence Marketing (AIM) company that is transforming how B2C enterprises engage with their customers; improving customer experience, marketing throughput and for the first time directly optimizing key business KPIs? Do you want to join a startup company backed by the top firms in the venture capital and SaaS industries? Would you like to be part of a company that prides itself on being a meritocracy, where passion, innovation, integrity, and our customers are at the heart of all that we do? Then, consider joining us at Amplero, an Artificial Intelligence Marketing company that leverages machine learning and multi-armed bandit experimentation to dynamically test thousands of permutations to adaptively optimize every customer interaction and maximize customer lifetime value and loyalty. We are growing our customer base and are looking for Data Scientists to join our innovative and energetic team! This is a unique opportunity to both drive innovations for our technology and to realize their impact as you work closely with our client engagement teams to best leverage our scientific capabilities within the Amplero product for marketing optimization and customer insights.

As an Amplero Data Scientist you would:

- Interface with our internal engagement teams and clients to understand business questions, and perform analytical "deep dives" to develop relevant and interpretive insights in support of our client engagements
- Smartly leverage appropriate technologies to answer tough questions or understand root causes of unexpected outcomes and statistical anomalies
- Develop analysis tools which will influence both our products and clients; including python pipelines focused on the productization of data science and insights tools for marketing performance and optimization
- Feature generation and selection from a wide variety of raw data types including time series and graphs
- Work with the Amplero Product Team to provide ongoing feedback to the features and priorities most aligned with our clients' current and future needs to inform the product roadmap, test product hypotheses as well as to help plan the product lifecycle

We'd love to hear from you if:

- You're an expert with data analysis and visualization tools including Python (including NumPy, SciPy, Pandas, scikit-learn) and other packages that enable data mining and machine learning
- You have a proven track record of applying data science to solve difficult real-world business problems
- You're familiar with areas of marketing data science where beyond-human scale, advanced experimentation and machine learning capabilities are used for achieving marketing performance, for example, DMP's in display advertising, Multivariate Testing, Statistical Significance Evaluation
- You've got excellent written and verbal communication skills for team and customer interactions - specifically, you're a genius at communicating results and the value of complex technical solutions to a non-technical audience

图 17-2　显示第二个职位发布的 HTML。和第一个职位发布一样，第一段对数据科学工作作了总结，然后列出获得这份工作所需的技能

代码清单 17-5　显示第二个招聘信息的 HTML

```
display(HTML(html_contents[1]))
```

这个招聘信息描述的是一家人工智能营销公司的数据科学职位。这个职位的结构类似于html_contents[0]：首先对工作进行一般性的描述，然后列出该工作所需的技能。这些项目技能列表在技术要求和细节方面各不相同。例如，从底部开始的第 4 个条目需要 Python 数据科学堆栈(NumPy、SciPy、Pandas、scikit-learn)中的专业知识，下一个条目需要具有解决现实世界中困难的

业务问题的跟踪记录能力，最后一个条目需要优秀的书面和口头沟通能力。这 3 种技能差异很大。这种区别是有意为之的，招聘方是在强调获得这份工作所需的多样化要求。因此，html_contents[0] 和 html_contents[1]中的要点有一个共同的目的：它们为我们提供每个职位所需的独特技能的简短描述。

刚才看到的通过项目符号所标记的技能描述是否出现在其他职位发布中？让我们寻找答案。首先，将从每个解析后的 HTML 文件中提取项目符号。注意，招聘信息中的要点由 HTML 标签<li>表示。任何项目符号文件都包含多个这样的标签。因此，可以通过调用 soup.find_all('li')从 soup 对象中提取一个项目符号列表。接下来，将遍历 soup_objects 列表并从该列表的每个元素中提取所有项目符号(如代码清单 17-6 所示)。我们将这些结果存储在现有的 df_jobs 表的 Bullets 列中。

代码清单 17-6　从 HTML 中提取项目符号

```
df_jobs['Bullets'] = [[bullet.text.strip()
                       for bullet in soup.find_all('li')]
                      for soup in soup_objects]
```

从每个项目符号中去除换行符，从而避免在之后的分析中打印换行符

每个职位发布中的项目符号对应的信息都存储在 df_jobs.Bullets 中。但是，某些(或大部分)招聘信息可能不包含任何项目符号。在实际发布的招聘信息中，有多大比例是包含项目符号的？我们需要找出答案。如果这个比例太低，就没必要对这些条目信息再去花费时间。那么现在计算包含项目符号的招聘信息的百分比(如代码清单 17-7 所示)。

代码清单 17-7　计算带有项目符号的招聘信息的百分比

```
bulleted_post_count = 0
for bullet_list in df_jobs.Bullets:
    if bullet_list:
        bulleted_post_count += 1

percent_bulleted = 100 * bulleted_post_count / df_jobs.shape[0]
print(f"{percent_bulleted:.2f}% of the postings contain bullets")
```

```
90.53% of the postings contain bullets
```

90%的招聘信息都包含项目符号。所有(或大部分)这些项目符号都集中在技能上吗？我们目前不知道。但是，可以通过在文本中打印排名靠前的单词来更好地衡量项目符号所对应的内容。可以按出现次数对这些词进行排名，或者可以使用 TFIDF 值而不是原始计数来进行排名。如第 15 章所述，此类 TFIDF 排名不太可能包含不相关的单词。

接下来，使用汇总的 TFIDF 值对单词进行排名(如代码清单 17-8 所示)。首先计算一个 TFIDF 矩阵，其中的行对应单个项目符号信息。然后对矩阵的行求和，这些求和值将被用于对对应矩阵列的单词进行排名。最后，检查排名前 5 的单词是否存在与技能相关的术语。

代码清单 17-8　检查 HTML 项目符号中排名靠前的单词

```
import pandas as pd
from sklearn.feature_extraction.text import TfidfVectorizer

def rank_words(text_list):
    vectorizer = TfidfVectorizer(stop_words='english')
    tfidf_matrix = vectorizer.fit_transform(text_list).toarray()
    df = pd.DataFrame({'Words': vectorizer.get_feature_names(),
                       'Summed TFIDF': tfidf_matrix.sum(axis=0)})
    sorted_df = df.sort_values('Summed TFIDF', ascending=False)
    return sorted_df

all_bullets = []
for bullet_list in df_jobs.Bullets:
    all_bullets.extend(bullet_list)

sorted_df = rank_words(all_bullets)
print(sorted_df[:5].to_string(index=False))
```

返回排名靠前的单词的 Pandas 表，该表已经被排序

根据 tfidf_matrix 中各行的总 TFIDF 值对单词进行排序

```
      Words    Summed TFIDF
 experience       878.030398
       data       842.978780
     skills       440.780236
       work       371.684232
    ability       370.969638
```

skills、ability 等词汇出现在前 5 名中。有合理的证据表明项目符号对应的信息与单个工作技能有关。这些项目符号对应的单词与每个招聘信息中剩下的单词相比如何？让我们找出答案。如代码清单 17-9 所示，迭代每个招聘信息的正文并使用 Beautiful Soup 的 decompose 方法删除所有项目符号列表。然后提取剩余的正文文本并将其存储在 non_bullets 列表中。最后，将 rank_words 函数应用于该列表并显示其中前 5 个单词。

代码清单 17-9　检查 HTML 正文中排名靠前的单词

```
non_bullets = []
for soup in soup_objects:
    body = soup.body
    for tag in body.find_all('li'):
        tag.decompose()

    non_bullets.append(body.text)

sorted_df = rank_words(non_bullets)
print(sorted_df[:5].to_string(index=False))
```

调用 body.find_all('ul') 也会得到相同的结果

```
      Words    Summed TFIDF
       data        99.111312
       team        39.175041
       work        38.928948
 experience        36.820836
   business        36.140488
```

skills 和 ability 这两个词不再出现在排名输出中。它们已被 business 和 team 这两个词所取代。因此，非项目符号对应的文本似乎比项目符号对应的内容缺乏技能导向。然而，有趣的是，一些排名靠前的单词同时出现在项目符号对应的文本和非项目符号对应的文本中，如 data、experience 和 work。奇怪的是，scientist 和 science 这两个词不在排名靠前的单词列表中。是否有些职位与数据驱动有关，而不是直接与数据科学相关？让我们探索这种可能性。如代码清单 17-10 所示，首先遍历所有工作的标题并检查每个标题是否提到数据科学职位。然后测量在标题中缺少 data science 和 data scientist 这两个术语的工作的百分比。最后，打印 10 个此类标题的示例以供评估。

注意

如第 11 章所述，我们使用正则表达式将术语与标题文本进行匹配。

代码清单 17-10　检查与数据科学职位相关的标题

```
regex = r'Data Scien(ce|tist)'
df_non_ds_jobs = df_jobs[~df_jobs.Title.str.contains(regex, case=False)]

percent_non_ds = 100 * df_non_ds_jobs.shape[0] / df_jobs.shape[0]
print(f"{percent_non_ds:.2f}% of the job posting titles do not mention a "
      "data science position. Below is a sample of such titles:\n")

for title in df_non_ds_jobs.Title[:10]:
    print(title)

64.81% of the job posting titles do not mention a data science position. Below
is a sample of such titles:

Patient Care Assistant / PCA - Med/Surg (Fayette, AL) - Fayette, AL
Data Manager / Analyst - Oakland, CA
Scientific Programmer - Berkeley, CA
JD Digits - AI Lab Research Intern - Mountain View, CA
Operations and Technology Summer 2020 Internship-West Coast - Universal City, CA
Data and Reporting Analyst - Olympia, WA 98501
Senior Manager Advanced Analytics - Walmart Media Group - San Bruno, CA
Data Specialist, Product Support Operations - Sunnyvale, CA
Deep Learning Engineer - Westlake, TX
Research Intern, 2020 - San Francisco, CA 94105
```

Pandas 的 str.contains 方法可以将正则表达式与列文本进行匹配。传递 case=False 可确保匹配过程中不区分大小写

近 65% 的招聘信息标题没有提到数据科学职位。但是，从采样的输出中，可以收集可用于描述数据科学工作的替代单词，如 data specialist、data analyst 或 scientific programmer。此外，某些工作是提供研究性的实习，我们可以假设这是以数据为中心的。但并不是所有采样信息都是完全相关的：多个职位都是管理职位，这与我们当前的职业目标不一致。管理是一个独立的职业轨道，它需要相关的专业技能。我们应该考虑在分析中排除管理职位。

更麻烦的是，列表中的第一个职位是病人护理助理(Patient Care Assistant，PCA)。很明显，我们错误地爬取了这个招聘信息。也许爬取算法将 PCA 理解成数据简化技术。这个错误的招聘信息包含了我们所缺乏的技能，但我们并没有兴趣获得这些技能。这些不相关的技能对分析构成了威胁，如果不去除它们，它们就会成为噪声的来源。可以通过打印 df_non_ds_jobs[0] 的前 5 个要点来说明这种潜在威胁(如代码清单 17-11 所示)。

代码清单 17-11　从非数据科学工作描述中取得项目符号对应的信息

```
bullets = df_non_ds_jobs.Bullets.iloc[0]
for i, bullet in enumerate(bullets[:5]):
    print(f"{i}: {bullet.strip()}")

0: Provides all personal care services in accordance with the plan of
treatment assigned by the registered nurse
1: Accurately documents care provided
2: Applies safety principles and proper body mechanics to the performance
of specific techniques of personal and supportive care, such as ambulation
of patients, transferring patients, assisting with normal range of motions
and positioning
3: Participates in economical utilization of supplies and ensures that
equipment and nursing units are maintained in a clean, safe manner
4: Routinely follows and adheres to all policies and procedures
```

我们是数据科学家，主要目标不是病人护理(索引 0)或护理设备维护(索引 4)。我们需要从数据集中删除这些技能，但如何删除呢？一种方法是使用文本相似度。可以将发布的信息与简历进行比较，删除与简历内容不一致的招聘信息。此外，应该考虑将这些招聘信息与本书目录进行比较，从而获得额外的信号。基本上，应该根据简历和本书目录来评估每份工作的相关性。这将允许我们过滤无关的职位，只保留最相关的职位。

我们也可以考虑过滤项目符号对应的文本中包含的单个技能。基本上，我们会给每个项目符号对应的文本进行排序，而不是给每个工作排序。但第二种方法有一个问题。假设过滤掉所有与简历或本书目录不相符的项目符号对应的信息，那么剩下的信息将涵盖我们已拥有的技能。这与我们的目标背道而驰，我们实际想通过相关的数据科学招聘信息来发现缺失的技能。因此，应该实现以下目标。

(1) 获取部分符合我们现有技能的相关职位发布。

(2) 检查这些发布中哪些要点是我们现有技能中缺少的。

通过这个策略，现在将根据相关性对招聘信息进行过滤。

17.2　根据相关性对工作进行过滤

我们的目标是使用文本相似度来评估工作相关性。我们希望将每一个职位发布的内容与简历以及本书的目录进行比较。在准备过程中，让我们将简历存储在 resume 字符串中(如代码清单 17-12 所示)。

代码清单 17-12　载入简历

```
resume = open('resume.txt', 'r').read()
print(resume)

Experience

1. Developed probability simulations using NumPy.
2. Assessed online ad-clicks for statistical significance using Permutation
```

```
      testing.
   3. Analyzed disease outbreaks using common clustering algorithms.

   Additional Skills

   1. Data visualization using Matplotlib.
   2. Statistical analysis using SciPy.
   3. Processing structured tables using Pandas.
   4. Executing K-Means clustering and DBSCAN clustering using Scikit-Learn.
   5. Extracting locations from text using GeonamesCache.
   6. Location analysis and visualization using GeonamesCache and Cartopy.
   7. Dimensionality reduction with PCA and SVD, using Scikit-Learn.
   8. NLP analysis and text topic detection using Scikit-Learn.
```

通过同样的方式，可以将本书目录存储在 table_of_contents 字符串中(如代码清单 17-13 所示)。

代码清单 17-13　载入本书目录信息

```
table_of_contents = open('table_of_contents.txt', 'r').read()
```

总之，resume 和 table_of_contents 汇总了我们现有的技能。让我们将这些技能连接到 existing_skills 字符串中(如代码清单 17-14 所示)。

代码清单 17-14　将所有技能汇总到单一字符串中

```
existing_skills = resume + table_of_contents
```

我们的任务是计算每个职位发布和我们现有技能之间的文本相似度。换句话说，要计算 df_jobs.Body 与 existing_skills 之间的所有相似度。这种计算首先要求对所有文本进行向量化。我们需要向量化 df_jobs.Body 和 existing_skills，从而确保所有向量共享相同的词汇表。接下来，将工作职位和技能字符串合并为一个文本列表并使用 scikit-learn 的 TfidfVectorizer 对这些文本进行向量化 (如代码清单 17-15 所示)。

代码清单 17-15　对我们的技能和职位发布数据进行向量化

```
text_list = df_jobs.Body.values.tolist() + [existing_skills]
vectorizer = TfidfVectorizer(stop_words='english')
tfidf_matrix = vectorizer.fit_transform(text_list).toarray()
```

向量化文本以矩阵格式存储在 tfidf_matrix 中。最后的矩阵行(tfidf_matrix[-1])对应我们现有的技能集，而(tfidf_matrix[:-1])中的所有其他行对应工作职位。因此，可以很容易地计算工作职位和 existing_skills 之间的余弦相似度。我们只需要执行 tfidf_matrix[:-1] @ tfidf_matrix[-1]：这个矩阵-向量乘积返回一个余弦相似度数组。代码清单 17-16 对 cosine_similarities 数组进行计算。

注意

你可能想知道是否有必要将排名的分布进行可视化。答案是肯定的。我们将很快绘制这个分布，从而获得有价值的见解，但首先我们想通过打印排名靠前的职位来进行简单的完整性检查。这样做将证实我们的假设是正确的，所有打印的工作都是相关的。

代码清单 17-16 计算基于技能的余弦相似度

```
cosine_similarities = tfidf_matrix[:-1] @ tfidf_matrix[-1]
```

余弦相似度捕获了我们现有技能和发布的工作之间的文本重叠性。重叠越大的工作相关性越大，重叠越小的工作相关性越小。因此，可以使用余弦相似度来排序工作的相关性。让我们进行排名。首先，需要将余弦相似度存储在 df_jobs 的 Relevance 列中。然后，按 df_jobs.Relevance 的降序对表进行排序。最后，打印出排序表中 20 个相关度最低的职位并确认这些排位靠后的职位是否与数据科学有关(如代码清单 17-17 所示)。

代码清单 17-17 打印 20 个最不相关的工作

```
df_jobs['Relevance'] = cosine_similarities
sorted_df_jobs = df_jobs.sort_values('Relevance', ascending=False)
for title in sorted_df_jobs[-20:].Title:
    print(title)

Data Analyst Internship (8 month minimum) - San Francisco, CA
Leadership and Advocacy Coordinator - Oakland, CA 94607
Finance Consultant - Audi Palo Alto - Palo Alto, CA
RN - Hattiesburg, MS
Configuration Management Specialist - Dahlgren, VA
Deal Desk Analyst - Mountain View, CA
Dev Ops Engineer AWS - Rockville, MD
Web Development Teaching Assistant - UC Berkeley (Berkeley) - Berkeley, CA
Scorekeeper - Oakland, CA 94612
Direct Care - All Experience Levels (CNA, HHA, PCA Welcome) - Norwell, MA 02061
Director of Marketing - Cambridge, MA
Certified Strength and Conditioning Specialist - United States
PCA - PCU Full Time - Festus, MO 63028
Performance Improvement Consultant - Los Angeles, CA
Patient Services Rep II - Oakland, CA
Lab Researcher I - Richmond, CA
Part-time instructor of Statistics for Data Science and Machine Learning - San
    Francisco, CA 94105
Plant Engineering Specialist - San Pablo, CA
Page Not Found - Indeed Mobile
Director of Econometric Modeling - External Careers
```

打印出来的大多数职位是完全无关紧要的。各种无关的就业机会包括 Leadership and Advocacy Coordinator、Financial Consultant、RN(registered nurse)和 Scorekeeper。其中一个工作标题甚至显示 Page Not Found，这表明该网页没有被正确下载。然而，也有一些工作与数据科学相关，例如有一份工作需要一名统计学、数据科学和机器学习的兼职讲师。不过，这份工作并不是我们想要的。毕竟，我们当前的目标是实践数据科学，而不是教授它。我们可以丢弃排序表中排名最低的 20 个招聘信息。现在，为进行比较，让我们打印 sorted_ds_jobs 中 20 个最相关的招聘信息标题(如代码清单 17-18 所示)。

代码清单 17-18 打印 20 个相关性最高的招聘信息

```
for title in sorted_df_jobs[:20].Title:
```

```
    print(title)
```

```
Chief Data Officer - Culver City, CA 90230
Data Scientist - Beavercreek, OH
Data Scientist Population Health - Los Angeles, CA 90059
Data Scientist - San Diego, CA
Data Scientist - Beavercreek, OH
Senior Data Scientist - New York, NY 10018
Data Architect - Raleigh, NC 27609
Data Scientist (PhD) - Spring, TX
Data Science Analyst - Chicago, IL 60612
Associate Data Scientist (BS / MS) - Spring, TX
Data Scientist - Streetsboro, OH 44241
Data Scientist - Los Angeles, CA
Sr Director of Data Science - Elkridge, MD
2019-57 Sr. Data Scientist - Reston, VA 20191
Data Scientist (PhD) - Intern - Spring, TX
Sr Data Scientist. - Alpharetta, GA 30004
Data Scientist GS 13/14 - Clarksburg, WV 26301
Data Science Intern (BS / MS) - Intern - Spring, TX
Senior Data Scientist - New York, NY 10038
Data Scientist - United States
```

打印的所有招聘标题几乎都是数据科学工作。有些工作(如首席数据官)可能超出了我们现有的专业水平，但排名靠前的工作似乎与数据科学职业非常相关。

注意

从标题上看，首席数据官的职位似乎是一个管理职位。正如前面所说的，管理职位具有一套特殊的技能要求。但是，如果打印这个招聘信息的正文(sorted_df_jobs.iloc[0].Body)，会立即发现该工作根本不是管理工作。该公司只是在寻找一位经验丰富的数据科学家，从而满足其所有的数据科学需求。有时职位头衔具有一定的欺骗性，简单浏览标题并不能完全替代仔细阅读正文。

显然，当 df_jobs.Relevance 较高时，对应的工作信息更相关。因此，可以假设存在某些 df_jobs.Relevance 边界，可以将相关工作与非相关工作分开。让我们试着找出那个分界点。首先将相关性与排名进行可视化。换句话说，将绘制 range(df_jobs.shape[0])与 sorted_df_jobs.Relevance，如图 17-3 和代码清单 17-19 所示。在图中，我们希望看到一条持续下降的相关性曲线，曲线中任何相关性的突然下降都表明相关工作信息和不相关工作信息之间存在分界。

代码清单 17-19　绘制工作排名与相关性

```
import matplotlib.pyplot as plt
plt.plot(range(df_jobs.shape[0]), sorted_df_jobs.Relevance.values)
plt.xlabel('Index')
plt.ylabel('Relevance')
plt.show()
```

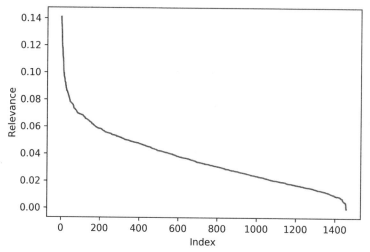

图 17-3 职位相关性与排序后的索引之间的关系。索引值越低，相关性越高。相关性等于每个工作和现有技能之间的
余弦相似度。当索引约为 60 时，这种相关性迅速下降

这里的相关性曲线类似于 K-means 肘部图。最初，相关性迅速下降。然后，在 x 值约为 60 时，
曲线开始趋于平缓。如图 17-4 所示，在 x=60 处添加一条垂线来强调这种分界关系(如代码清单 17-20
所示)。

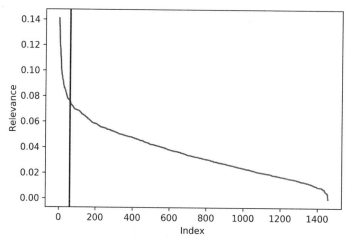

图 17-4 职位相关性与排序后的索引之间的关系。在 x=60 处添加垂线，垂线左侧部分对应更高的相关性

代码清单 17-20　在相关性曲线中添加分界线

```
plt.plot(range(df_jobs.shape[0]), sorted_df_jobs.Relevance.values)
plt.xlabel('Index')
plt.ylabel('Relevance')
plt.axvline(60, c='k')
plt.show()
```

这个图表明，前 60 份工作明显比所有随后的工作更具相关性。现在我们探讨这一含义。正如

已经看到的，前 20 份工作是与我们高度相关的。根据假设，排名 40~60 的工作也应该是高度相关的。接下来，打印 sorted_ds_jobs[40: 60].Title，以方便后续评估(如代码清单 17-21 所示)。

代码清单 17-21　打印分界线前面的工作

```
for title in sorted_df_jobs[40: 60].Title.values:
    print(title)


Data Scientist III - Pasadena, CA 91101
Global Data Engineer - Boston, MA
Data Analyst and Data Scientist - Summit, NJ
Data Scientist - Generalist - Glendale, CA
Data Scientist - Seattle, WA
IT Data Scientist - Contract - Riverton, UT
Data Scientist (Analytic Consultant 4) - San Francisco, CA
Data Scientist - Seattle, WA
Data Science & Tagging Analyst - Bethesda, MD 20814
Data Scientist - New York, NY
Senior Data Scientist - Los Angeles, CA
Principal Statistician - Los Angeles, CA
Senior Data Analyst - Los Angeles, CA
Data Scientist - Aliso Viejo, CA 92656
Data Engineer - Seattle, WA
Data Scientist - Digital Factory - Tampa, FL 33607
Data Scientist - Grapevine, TX 76051
Data Scientist - Bioinformatics - Denver, CO 80221
EPIDEMIOLOGIST - Los Angeles, CA
Data Scientist - Bellevue, WA
```

打印的所有工作职位几乎都是数据科学家或分析师。唯一的例外是一个流行病学家的职位，这可能是由于我们提到了跟踪疾病流行的经验。尽管如此，其余的工作都是高度相关的。当打印接下来的 20 个招聘信息标题时，相关性应该会下降，因为它们超出了设定的 x=60 的分界线。我们通过代码清单 17-22 进行验证。

代码清单 17-22　打印分界线后面的工作

```
for title in sorted_df_jobs[60: 80].Title.values:
    print(title)


Data Scientist - Aliso Viejo, CA
Data Scientist and Visualization Specialist - Santa Clara Valley, CA 95014
Data Scientist - Los Angeles, CA
Data Scientist Manager - NEW YORK LOCATION! - New York, NY 10036
Data Science Intern - San Francisco, CA 94105
Research Data Analyst - San Francisco, CA
Sr Data Scientist (Analytic Consultant 5) - San Francisco, CA
Data Scientist, Media Manipulation - Cambridge, MA
Manager, Data Science, Programming and Visualization - Boston, MA
Data Scientist in Broomfield, CO - Broomfield, CO
Senior Data Scientist - Executive Projects and New Solutions - Foster City, CA
Manager of Data Science - Burbank California - Burbank, CA
Data Scientist Manager - Hiring in Burbank! - Burbank, CA
Data Scientists needed in NY - Senior Consultants and Managers! - New York, NY
```

```
    10036
Data Scientist - Menlo Park, CA
Data Engineer - Santa Clara, CA
Data Scientist - Remote
Data Scientist I-III - Phoenix, AZ 85021
SWE Data Scientist - Santa Clara Valley, CA 95014
Health Science Specialist - San Francisco, CA 94102
```

在编号为 60~80 的招聘信息中，有几个职位的名称明显不那么相关。有些职位是管理职位，还有一个是健康科学专家职位。尽管如此，大多数工作都涉及数据科学或分析师角色，并不在健康科学或管理的范围。我们可以使用正则表达式快速地量化这个观察结果。如代码清单 17-23 所示，定义一个 percent_relevant_titles 函数，它返回数据框架切片中非管理数据科学和分析工作的百分比。然后将该函数应用于 sorted_df_jobs[60: 80]。输出的结果为我们提供了一个非常简单的基于职位名称的相关性度量。

代码清单 17-23　计算工作子集中职位的相关性

```
import re
def percent_relevant_titles(df):
    regex_relevant = re.compile(r'Data (Scien|Analy)',      ◄—— 匹配提及数据科学或分析
                                flags=re.IGNORECASE)            师职位的相关工作
    regex_irrelevant = re.compile(r'\b(Manage)',
                                  flags=re.IGNORECASE)       ◄—— 匹配提及管理职位的无关
    match_count = len([title for title in df.Title               工作
                       if regex_relevant.search(title)
                       and not regex_irrelevant.search(title)]) ◄—— 计算非管理数据科
    percent = 100 * match_count / df.shape[0]                       学或分析师职位匹
    return percent                                                  配的数量

percent = percent_relevant_titles(sorted_df_jobs[60: 80])
print(f"Approximately {percent:.2f}% of job titles between indices "
      "60 - 80 are relevant")

Approximately 65.00% of job titles between indices 60 - 80 are relevant
```

在 sorted_df_jobs[60:80]中，大约 2/3 的职位是相关的。虽然职位相关性在超过 x=60 后已经下降，但仍有超过 50%的职位涉及数据科学职位。如果在 80~100 的索引范围内对接下来的 20 个工作进行采样，那么这个百分比可能会继续下降。让我们通过代码清单 17-24 进行检查。

代码清单 17-24　计算下一个工作子集中职位的相关性

```
percent = percent_relevant_titles(sorted_df_jobs[80: 100])
print(f"Approximately {percent:.2f}% of job titles between indices "
      "80 - 100 are relevant")

Approximately 80.00% of job titles between indices 80 - 100 are relevant
```

结果出人意料，与数据科学相关的职位百分比上升到 80%。百分比会在什么时候降至 50%以下？方法很简单，让我们对 sorted_df_jobs[i: i+20]遍历所有 i 值。在每次迭代中，计算相关性百分比。然后绘制所有百分比，如图 17-5 和代码清单 17-25 所示。我们还在 50%处绘制一条水平线，

以便于观察和比较。

```
def relevant_title_plot(index_range=20):
    percentages = []
```

该函数在 index_range 工作的每个连续切片上运行 percent_relevant_titles。接下来，绘制所有百分比。index_range 参数预设为20。稍后，我们将调整该参数值

```
    start_indices = range(df_jobs.shape[0] - index_range)
    for i in start_indices:
        df_slice = sorted_df_jobs[i: i + index_range]
        percent = percent_relevant_titles(df_slice)
        percentages.append(percent)
```

分析 sorted_df_jobs[i:i+index_range]，其中 i 的范围从 0 到总发布数量减去索引范围

```
    plt.plot(start_indices, percentages)
    plt.axhline(50, c='k')
    plt.xlabel('Index')
    plt.ylabel('% Relevant Titles')

relevant_title_plot()
plt.show()
```

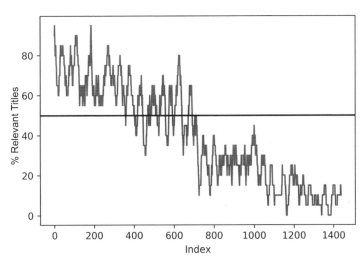

图 17-5　排名的职位发布索引与职位相关性的关系。职位相关性等于(从某个索引开始)20 个连续的工作职位中数据科学标题的百分比。水平线表示 50% 的相关性。在索引约为 700 时，相关性降至 50% 以下

　　图像的变化程度很大。尽管有波动，但可以观察到在索引约 700 处相关数据科学标题下降到 50% 以下。当然，也有可能 700 这个临界值仅是我们所选择的索引范围的人为结果。如果将索引范围加倍，分界点还会存在吗？这里将通过运行 relevant_title_plot(index_range=40) 来找到答案(如图 17-6 和代码清单 17-26 所示)。我们还在索引 700 处绘制一条垂直线，以确认在该线右侧的百分比下降到 50% 以下。

代码清单 17-26 增加索引范围后绘制百分比相关性

```
relevant_title_plot(index_range=40)
plt.axvline(700, c='k')
plt.show()
```

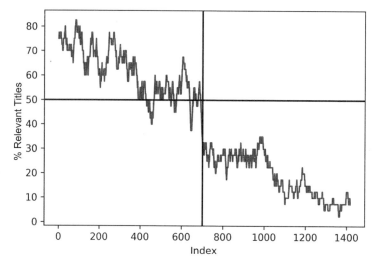

图 17-6 排名的职位发布索引与职位相关性的关系。职位相关性等于(从某个索引开始)40 个连续的
工作职位中数据科学标题的百分比。水平线表示 50%的相关性，垂直线在索引为 700 处进行划分。
在这条线右侧，相关性下降到 50%以下

更新后的图显示，在索引高于 700 后，相关性继续下降到 50%以下。

注意

我们有很多方法可以确认这个临界值。例如，假设将正则表达式简化为 r'Data (Science|Scientist)'。
因此，可以忽略所有提到分析师或经理的内容。同样，假设不使用索引范围，而是计算出现在每个
索引下的数据科学标题的总数。如果将结果绘制出来，会看到一条在索引为 700 时趋于平缓的曲线。
尽管进行了简化，但我们得到了非常相似的结果。在数据科学中，获得深刻见解的途径往往不止
一条。

现在，我们面临在两个相关性临界值之间进行选择。第一个临界值是索引为 60，它非常精确：
在该临界点左侧的大多数工作都是数据科学岗位。然而，这一界限的影响是有限的：在索引 60 的
右侧存在数百个数据科学工作。同时，第二个临界值为 700，它涵盖了更多的数据科学职位，但一
些不相干的职位也出现在临界值范围内。在两个相关性临界值之间几乎有 12 倍的差异。那么，应
该选择哪个临界值呢？选择更高的精确度还是更多的职位信息？如果选择更多的职位信息，噪声会
损害分析吗？如果选择更高的精度，所见技能的有限多样性会使分析不完整吗？这些都是重要的问
题。遗憾的是，这些问题没有一个准确的答案。以牺牲返回的信息量为代价的更高精度可能会为分
析带来不好的结果，反之亦然。我们该怎么办？

将两个临界值都试一下怎么样？这样就可以比较两者的利弊。首先，聚类 60 个工作岗位中的技能。然后，聚类 700 个工作岗位中的技能。最后，把这两种不同的分析整合成一个单一的、连贯的结论。

17.3　在相关职位发布中对技能进行聚类

我们的目标是聚类 60 个最相关工作岗位中的技能。每个职位的技能都是多种多样的，部分由职位发布中的项目符号所对应的文本来代表。因此我们面临一个选择。

- 对 sorted_df_jobs[:60].Body 中的 60 个文本进行聚类。
- 对 sorted_df_jobs[:60].Bullets 中数百个单独项目符号所对应的文本进行聚类。

出于以下原因，第二个选项更可取。

- 我们既定的目标是找出缺失的技能。项目符号所对应的文本更多地关注单个技能，而不是每个职位发布的特殊内容。
- 简短的项目符号所对应的文本易于打印和阅读。但对于较大的职位发布，情况截然不同。

因此，按项目符号聚类将允许我们通过输出聚类后的项目符号文本样本来检查每个聚类。

我们将对项目符号对应的文本进行聚类，首先需要将 sorted_df_jobs[:60].Bullets 存储在一个列表中(如代码清单 17-27 所示)。

代码清单 17-27　从 60 个最相关的工作中获取项目符号对应的文本

```
total_bullets = []
for bullets in sorted_df_jobs[:60].Bullets:
    total_bullets.extend(bullets)
```

列表中有多少条项目符号文本？是否有重复的信息？如代码清单 17-28 所示，可以通过将 total_bullets 加载到 Pandas 表中并应用 describe 方法来检查。

代码清单 17-28　汇总项目符号对应文本的基本统计信息

```
df_bullets = pd.DataFrame({'Bullet': total_bullets})
print(df_bullets.describe())

Bullet
count                                              1091
unique                                              900
top        Knowledge of advanced statistical techniques a...
freq                                                  9
```

该列表包含 1 091 个项目符号。但是，只有 900 个是唯一的，其余 191 个项目符号对应的文本是重复的。最频繁的重复被提及 9 次。如果不处理这个问题，它可能会影响聚类结果。在继续分析之前，应该删除所有重复的文本。

注意

为什么会出现重复的记录？可以通过追溯一些重复的原始职位来找出答案。为简洁起见，该分析未包含在本书中。但是，我们鼓励你自己尝试。输出显示某些公司如何为不同的工作重用工作模板。每个模板都针对每个职位进行了修改，但某些重复的项目符号对应的文本仍然存在。这些重复的要点信息会使聚类偏向于公司要求的特定技能，因此应该从 total_bullets 中删除。

接下来，对项目符号列表中的空字符串和重复项进行过滤，然后使用 TFIDF 向量化器对列表进行向量化(如代码清单 17-29 所示)。

代码清单 17-29 删除重复项并对项目符号对应的文本进行向量化

```
total_bullets = sorted(set(total_bullets))
vectorizer = TfidfVectorizer(stop_words='english')
tfidf_matrix = vectorizer.fit_transform(total_bullets)
num_rows, num_columns = tfidf_matrix.shape
print(f"Our matrix has {num_rows} rows and {num_columns} columns")
```

将 total_bullets 转换为一个集合，从而删除 191 个重复项。我们对该集合进行排序以确保获得一致的排序结果。或者，可以通过运行 df_bullets.drop_duplicates (inplace=True)直接从 Pandas 表中删除重复项

我们已经对去重的项目符号信息列表进行了向量化处理。生成的 TFIDF 矩阵有 900 行并超过 2 000 列。因此，它包含约 180 万个元素。这个矩阵对于有效的聚类来说过于庞大。让我们使用第 15 章中描述的过程对矩阵进行降维：使用 SVD 将矩阵缩小到 100 维，然后对矩阵进行归一化(如代码清单 17-30 所示)。

代码清单 17-30 对 TFIDF 矩阵进行降维

```
import numpy as np
from sklearn.decomposition import TruncatedSVD
from sklearn.preprocessing import normalize
np.random.seed(0)

def shrink_matrix(tfidf_matrix):
    svd_object = TruncatedSVD(n_components=100)
    shrunk_matrix = svd_object.fit_transform(tfidf_matrix)
    return normalize(shrunk_matrix)

shrunk_norm_matrix = shrink_matrix(tfidf_matrix)
```

将 SVD 应用于输入的 TFIDF 矩阵。矩阵减少到 100 维，然后进行归一化并返回结果

我们现在已准备好使用 K-means 对归一化矩阵进行聚类。然而，首先需要对 K 值进行估计。这里使用小批量 K-means 生成一个肘部图，它针对执行速度进行了优化，如图 17-7 和代码清单 17-31 所示。

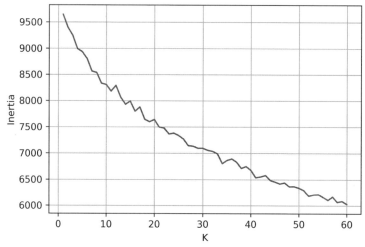

图 17-7　使用小批量 K-means 生成的肘部图，K 值范围为 1~60，但肘部的精确位置难以确定

代码清单 17-31　使用小批量 K-means 生成肘部图

```
np.random.seed(0)
from sklearn.cluster import MiniBatchKMeans
def generate_elbow_plot(matrix):                     使用小批量 K-means 由输入的
    k_values = range(1, 61)                           数据矩阵生成肘部图
    inertia_values = [MiniBatchKMeans(k).fit(matrix).inertia_
                      for k in k_values]             聚类的数量为 1~60 个
    plt.plot(k_values, inertia_values)
    plt.xlabel('K')
    plt.ylabel('Inertia')
    plt.grid(True)                ◄──  绘制网格线来帮助我们确定肘部在
    plt.show()                          x 轴上的位置

generate_elbow_plot(shrunk_norm_matrix)
```

　　绘制的曲线平滑地递减。肘部图拐点的精确位置很难发现：这条曲线在 K 值为 10 时迅速下降，然后在 K 值为 10~25 之间时逐渐弯曲。应该选择哪个 K 值？10、25 或介于两者之间的某个值，如 15 或 20？正确的答案目前还不清楚。为什么不试试 K 的多个值呢？让我们使用 K 值 10、15、20 和 25 对数据进行多次聚类，然后比较它们的结果。如果有必要，将考虑为聚类选择不同的 K 值。首先把工作技能分成 15 个聚类。

注意

　　我们的目的是研究 4 个不同 K 值的输出。生成输出的顺序完全是任意的。在本书中，从 K 值 15 开始，因为最终生成的聚类个数既不太大也不太小。这为后续对输出结果的分析奠定了良好的基础。

17.3.1 将工作技能分成 15 个聚类

我们用 K = 15 来执行 K-means 聚类(如代码清单 17-32 所示)。然后将文本索引和聚类 ID 存储在一个 Pandas 表中。为便于访问,还存储了实际的项目符号对应的文本。最后,利用 Pandas 的 groupby 方法按聚类对表进行拆分。

代码清单 17-32 将项目符号对应的文本分为 15 个聚类

在聚类、聚类 ID 和文本中跟踪每个聚类项目符号对应文本的索引

在输入的 shrunk_norm_matrix 上执行 K-means 聚类。K 参数预设为 15。该函数返回 Pandas 表的列表,其中每个表代表一个聚类。这些表中包含了聚类后的项目符号对应文本。这些项目符号对应文本是通过可选的 bullets 参数传入的

```
np.random.seed(0)
from sklearn.cluster import KMeans

def compute_cluster_groups(shrunk_norm_matrix, k=15,
                           bullets=total_bullets):
    cluster_model = KMeans(n_clusters=k)
    clusters = cluster_model.fit_predict(shrunk_norm_matrix)
    df = pd.DataFrame({'Index': range(clusters.size), 'Cluster': clusters,
                       'Bullet': bullets})
    return [df_cluster for _, df_cluster in df.groupby('Cluster')]

cluster_groups = compute_cluster_groups(shrunk_norm_matrix)
```

每个文本聚类都通过 cluster_groups 列表中的 Pandas 表进行存储。我们可以使用文字云对聚类进行可视化。第 15 章中定义了一个用于文字云可视化的自定义函数 cluster_to_image。该函数将聚类的 Pandas 表作为输入并返回一个文字云图像。代码清单 17-33 重新定义了该函数并将其应用于 cluster_groups[0],如图 17-8 所示。

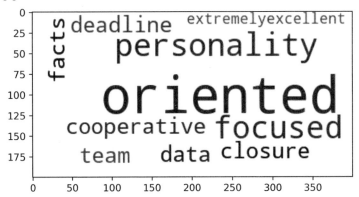

图 17-8 为索引 0 对应的聚类生成的文字云。文字云中的文字有点让人困惑,似乎在描述一个与专注力以及数据导向的个性相关的内容

注意

为什么要重新定义该函数? 在第 15 章中,cluster_to_image 依赖固定的 TFIDF 矩阵和词汇表。在目前的分析中,这些参数并不是固定的,矩阵和词汇量都会随着我们调整相关性索引而发生变化。因此,需要对函数进行更新,从而允许更多的动态输入。

代码清单 17-33　对第一个聚类进行可视化

> 将 df_cluster 表作为输入并返回与聚类对应的前 max_words 个词的
> 文字云图像。这些词是从输入的 vectorizer 类中获得的。它们通过
> 对输入的 tfidf_matrix 的行求和进行排名。当我们将工作阈值从 60
> 扩展到 700 时，vectorizer 和 tfidf_matrix 都必须相应调整

```python
from wordcloud import WordCloud
np.random.seed(0)

def cluster_to_image(df_cluster, max_words=10, tfidf_matrix=tfidf_matrix,
                     vectorizer=vectorizer):
    indices = df_cluster.Index.values
    summed_tfidf = np.asarray(tfidf_matrix[indices].sum(axis=0))[0]
    data = {'Word': vectorizer.get_feature_names(),'Summed TFIDF':
        summed_tfidf}
    df_ranked_words = pd.DataFrame(data).sort_values('Summed TFIDF',
        ascending=False)
    words_to_score = {word: score
                      for word, score in df_ranked_words[:max_words].values
                      if score != 0}
    cloud_generator = WordCloud(background_color='white',
                                color_func=_color_func,
                                random_state=1)
    wordcloud_image = cloud_generator.fit_words(words_to_score)
    return wordcloud_image

def _color_func(*args, **kwargs):
    return np.random.choice(['black', 'blue', 'teal', 'purple', 'brown'])

wordcloud_image = cluster_to_image(cluster_groups[0])
plt.imshow(wordcloud_image, interpolation="bilinear")
plt.show()
```

> 辅助函数为每个单词随机分
> 配 5 种颜色中的一种

文字云中的内容似乎是在描述一个专注和数据导向的人，但它有点模糊。也许可以通过从 cluster_group[0]打印一些项目符号对应的文本来了解有关聚类的更多信息(如代码清单 17-34 所示)。

注意

我们将打印一个随机的项目符号对应的文本。这将让我们更好地了解聚类中的信息。然而，需要强调的是，并非所有项目符号对应的文本都是同等重要的：有些信息更接近它们的 K-means 聚类质心，因此更能代表该聚类。可以根据项目符号对应的文本与聚类均值的距离对这些信息进行排序。在本书中，为简洁起见，我们绕过了项目符号对应文本的排名，但鼓励你自己进行尝试。

代码清单 17-34　打印聚类 0 的项目符号对应文本

```python
np.random.seed(1)
def print_cluster_sample(cluster_id):
    df_cluster = cluster_groups[cluster_id]
    for bullet in np.random.choice(df_cluster.Bullet.values, 5,
                                   replace=False):
        print(bullet)

print_cluster_sample(0)

Data-oriented personality
```

> 从 cluster_groups[cluster_id]中随机打印 5 个项目符号对
> 应的文本信息

```
Detail-oriented
Detail-oriented – quality and precision-focused
Should be extremelyExcellent facts and data oriented
Data oriented personality
```

打印的项目符号对应文本都使用非常相似的语言：它们需要一位注重细节和数据的员工。从技术上讲，这个聚类是正常的。遗憾的是，它代表了一种难以掌握的技能。注重细节是一项非常普遍的技能，很难量化、展现和学习。理想情况下，其他聚类将包含更具体的技术技能。

让我们使用文字云同时检查所有 15 个聚类。这些文字云显示在 5 行 3 列的 15 个子图中，如图 17-9 和代码清单 17-35 所示。

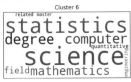

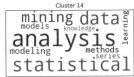

图 17-9 将 15 个文字云显示在 15 个子图中。子图的标题为聚类 ID。聚类 7 描述技术相关的技能，而聚类 0 描述的内容与技术不太相关

代码清单 17-35 对所有聚类进行可视化

为 cluster_groups 中的每个聚类绘制文字云。文字云被绘制在
num_rows * num_columns 的网格中

```
def plot_wordcloud_grid(cluster_groups, num_rows=5, num_columns=3,
                        **kwargs):
    figure, axes = plt.subplots(num_rows, num_columns, figsize=(20, 15))
    cluster_groups_copy = cluster_groups[:]
    for r in range(num_rows):
        for c in range(num_columns):
```

**kwargs 语法允许我们将附加参数传递给 cluster_to
_image 函数。这样，就可以轻松修改 vectorizer 和
tfidf_matrix

```
                  if not cluster_groups_copy:
                        break

                  df_cluster = cluster_groups_copy.pop(0)
                  wordcloud_image = cluster_to_image(df_cluster, **kwargs)
                  ax = axes[r][c]
                  ax.imshow(wordcloud_image,
                  interpolation="bilinear")
                  ax.set_title(f"Cluster {df_cluster.Cluster.iloc[0]}")
                  ax.set_xticks([])
                  ax.set_yticks([])

     plot_wordcloud_grid(cluster_groups)
     plt.show()
```

15 个技能聚类展示了不同的主题内容。有些聚类是高度技术性的。例如，聚类 7 关注外部数据科学库，如 scikit-learn、Pandas、NumPy、Matplotlib 和 SciPy。scikit-learn 库显然占主导地位。这些软件库中的大多数都出现在简历中，并且在本书中已经讨论过。让我们打印来自聚类 7 的项目符号对应的文本并确认它们对数据科学库的关注情况(如代码清单 17-36 所示)。

代码清单 17-36　打印聚类 7 的项目符号对应文本

```
np.random.seed(1)
print_cluster_sample(7)

Experience using one or more of the following software packages:
scikit-learn, numpy, pandas, jupyter, matplotlib, scipy, nltk, spacy, keras,
tensorflow
Using one or more of the following software packages: scikit-learn, numpy,
pandas, jupyter, matplotlib, scipy, nltk, spacy, keras, tensorflow
Experience with machine learning libraries and platforms, like Scikit-learn
and Tensorflow
Proficiency in incorporating the use of external proprietary and open-source
libraries such as, but not limited to, Pandas, Scikit- learn, Matplotlib,
Seaborn, GDAL, GeoPandas, and ArcPy
Experience using ML libraries, such as scikit-learn, caret, mlr, mllib
```

与此同时，其他聚类(如聚类 0)则专注于非技术技能。这些软技能(包括商业敏锐性、专注力、战略、沟通和协作能力)显然都没有出现在简历中。因此，可以知道，非技术类聚类与简历的相似度较低。这种思路引出了一种有趣的可能性：也许可以使用文本相似度来区分技术聚类和软技能聚类。这种区分方法将使我们能够更系统地检查每种技能类型。让我们从计算 total_bullets 中每条信息和简历之间的余弦相似度开始(如代码清单 17-37 所示)。

代码清单 17-37　计算项目符号对应的文本与简历的相似度

```
def compute_bullet_similarity(bullet_texts):
    bullet_vectorizer = TfidfVectorizer(stop_words='english')
    matrix = bullet_vectorizer.fit_transform(bullet_texts + [resume])
    matrix = matrix.toarray()
    return matrix[:-1] @ matrix[-1]

bullet_cosine_similarities = compute_bullet_similarity(total_bullets)
```

计算 bullet_texts 和 resume 变量之间的余弦相似度

注意

为什么只使用简历而不是在 existing_skills 变量中排序的简历与本书目录的组合？我们的最终目标是确定简历中缺少哪些技能。简历和每个聚类之间的直接相似度在这方面可能是有用的。如果相似度很低，那么聚类技能在简历文本中就没有很好地表现出来。

bullet_cosine_similarities 数组包含所有聚类后的项目符号对应文本的相似度。对于任何给定的聚类，可以通过取其平均值将这些余弦相似度合并成一个分数(如代码清单 17-38 所示)。根据假设，技术聚类的平均相似度应该高于软技能聚类。让我们确认对于技术聚类 7 和软技能聚类 0 来说情况是否如此。

代码清单 17-38　比较聚类的平均相似度

```
def compute_mean_similarity(df_cluster):
    indices = df_cluster.Index.values
    return bullet_cosine_similarities[indices].mean()

tech_mean = compute_mean_similarity(cluster_groups[7])
soft_mean = compute_mean_similarity(cluster_groups[0])
print(f"Technical cluster 7 has a mean similarity of {tech_mean:.3f}")
print(f"Soft-skill cluster 3 has a mean similarity of {soft_mean:.3f}")

Technical cluster 7 has a mean similarity of 0.203
Soft-skill cluster 3 has a mean similarity of 0.002
```

技术聚类与简历的相似度比软技能聚类高出 100 倍。因此，让我们计算所有 15 个聚类的平均相似度。然后，按照相似度分数的降序对这些聚类进行排序。如果我们的假设是正确的，技术聚类将首先出现在排序结果中。可以通过重新绘制文字云来确认。代码清单 17-39 执行排序并对排序后的聚类进行可视化，如图 17-10 所示。

注意

我们将根据技术相关性对聚类进行排序。完成本案例研究不一定需要这样做，我们可以不按顺序对每个聚类进行检查。然而，通过重新对聚类进行排序，可以更快的速度了解图表所提供的信息。因此，排序是简化工作流程的一种更好的方法。

代码清单 17-39　根据简历相似度对子图进行排序

```
def sort_cluster_groups(cluster_groups):
    mean_similarities = [compute_mean_similarity(df_cluster)
                         for df_cluster in cluster_groups]

    sorted_indices = sorted(range(len(cluster_groups)),
                            key=lambda i: mean_similarities[i],
                            reverse=True)
    return [cluster_groups[i] for i in sorted_indices]

sorted_cluster_groups = sort_cluster_groups(cluster_groups)
plot_wordcloud_grid(sorted_cluster_groups)
plt.show()
```

根据与简历的平均余弦相似度对输入的 cluster_groups 数组进行排序

图 17-10　生成 15 个聚类的文字云。通过计算与简历的平均相似度对聚类进行排序。
子图网格中的前两行显示的聚类与技术相关性更强

我们的假设是正确的。更新后的子图的前两行明显对应技术技能。此外，这些技术技能现在可以根据它们与简历的相似度方便地排序。这使我们能够系统地将技能按照相似度由高到低进行排序，那些相似度较低的技能可能是简历中遗漏的。

17.3.2　详细分析技术技能聚类

让我们将注意力转向子图网格前两行的 6 个技术技能聚类。我们在 3 行 2 列的网格中重新绘制它们相关的文字云，如图 17-11 和代码清单 17-40 所示。针对这 6 个与技术相关度较高的聚类重新可视化将允许我们扩展文字云的大小。然后，将回到图 17-10 对剩下的软技能文字云进行分析。

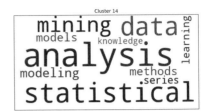
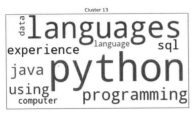
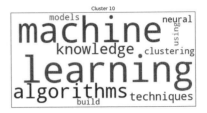
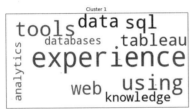

图 17-11 生成 6 个技术聚类的文字云。它们按与简历的平均相似度排序。前 4 个文字云信息丰富：它们专注于数据科学库、统计分析、Python 编程和机器学习。剩下的两个文字云含糊不清，没有提供有效信息

代码清单 17-40 仅绘制前 6 个技术聚类的文字云

```
plot_wordcloud_gri(sorted_cluster_groups[:6], num_rows=3, num_columns=2)
plt.show()
```

新生成的图中的前 4 个技术技能聚类提供了很多信息。现在，将逐个检查这些聚类，从图的左上方开始。为简洁起见，我们仅依赖文字云，通过它们的内容应该足以掌握每个聚类所代表的技能。但是，如果你想更深入地了解每个聚类，可以对聚类中的项目符号对应文本进行采样。

前 4 个技术聚类所提供的信息如下。

- 聚类 7：这个数据科学库聚类已经讨论过。本书涵盖了 scikit-learn、NumPy、SciPy 和 Pandas 等库。以下两个库没有涉及：TensorFlow 和 Keras。这些是人工智能工程师在高性能硬件上训练复杂的预测模型时使用的深度学习库。数据科学职位和人工智能职位之间的界限并不总是很清楚。尽管深度学习知识通常不是先决条件，但有时它会帮助你找到工作。考虑到这一点，如果你想更多地研究这些库，可查看 Nishant Shukla 的 *Machine Learning with TensorFlow*(Manning，2018，www.manning.com/books/machine-learning-with-tensorflow) 或 François Chollet 的 *Deep Learning with Python*，*Second Edition*(Manning，2021，www.manning.com/books/deep-learning-with-python-second-edition)。

- 聚类 14：这个聚类讨论统计分析，这在简历中有所体现。本书的案例研究 2 介绍了统计方法相关的内容。

- 聚类 13：该聚类侧重于编程语言的熟练程度。在提到的这些语言中，Python 明显占主导地位。鉴于我们有使用 Python 的经验，为什么这个编程聚类排名不高？事实证明，简历中没有提到 Python。在本书中，我们使用了大量 Python 库，这意味着我们对这门语言很熟悉，但是并未明确提出这些库是 Python 中的。也许我们应该在简历中更多地提及 Python 技能。

- 聚类 10：该聚类专注于机器学习。机器学习领域包含各种数据驱动的预测算法。本书后续的案例研究中将介绍其中的许多算法。但在本案例研究完成之前，我们不能在简历中提及机器学习的相关内容。作为扩展介绍，我们应该提到聚类技术有时被称为无监督机器学习算法。因此，在简历中增加无监督技术是可以的。但是在简历中对任何更常见的机器学习内容的引用在目前阶段都是不合适的。

最后两个技术技能聚类含糊不清且没有有效信息。它们提到了许多不相关的工具和分析技术。代码清单 17-41 从聚类 8 和聚类 1 中抽取了项目符号对应的文本，从而确认它们缺乏有效信息。

注意

两个聚类都提到了数据库。掌握数据库技术是一项有用的技能，但它不是任何一个聚类中的主要主题。本章稍后会遇到一个数据库聚类，它在我们增加 K 的值时出现。

代码清单 17-41　打印来自聚类 8 和聚类 1 的项目符号对应的文本

```
np.random.seed(1)
for cluster_id in [8, 1]:
    print(f'\nCluster {cluster_id}:')
    print_cluster_sample(cluster_id)

Cluster 8:
Use data to inform and label customer outcomes and processes
Perform exploratory data analysis for quality control and improved
understanding
Champion a data-driven culture and help develop best-in-class data science
capabilities
Work with data engineers to plan, implement, and automate integration of
external data sources across a variety of architectures, including local
databases, web APIs, CRM systems, etc
Design, implement, and maintain a cutting-edge cloud-based
data-infrastructure for large data-sets

Cluster 1:
Have good knowledge on Project management tools JIRA, Redmine, and Bugzilla
Using common cloud computing platforms including AWS and GCP in addition to
their respective utilities for managing and manipulating large data sources,
model, development, and deployment
Experience in project deployment using Heroku/Jenkins and using web Services
like Amazon Web Services (AWS)
Expert level data analytics experience with T-SQL and Tableau
Experience reviewing and assessing military ground technologies
```

我们已经完成对技术技能聚类的分析。这些聚类中有 4 个是相关的，有 2 个是不相关的。现在将注意力转向剩余的软技能聚类。我们想查看数据中是否存在任何相关的软技能聚类。

17.3.3 详细分析软技能聚类

首先在一个 3 行 3 列的网格中对剩余的 9 个软技能聚类进行可视化，如图 17-12 和代码清单 17-42 所示。

 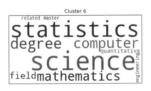 

图 17-12 显示与软技能聚类相关的 9 个文字云。它们按与简历的平均相似度进行排序。大多数聚类都含糊不清且信息量不足，但第一行的沟通技巧聚类值得关注

代码清单 17-42　绘制剩余的 9 个软技能聚类

```
plot_wordcloud_grid(sorted_cluster_groups[:6], num_rows=3, num_columns=3)
plt.show()
```

剩余的聚类看起来比前 4 个技术聚类要模糊得多。它们更难解释。例如，聚类 2 使用 work、team、research 和 environment 等模糊术语。聚类 12 同样模糊不清，由 environment、working 和 experience 等术语组成。此外，不代表真正技能的聚类使输出结果变得更复杂。例如，聚类 3 不是由技能组成，而是由工作时间和相关经验组成：它表示需要在某个行业至少具有多少年的工作经验。同样，聚类 6 也不是由技能组成，它代表了教育水平要求，需要获得一定的学位才能获得面试机会。我们的假设略有错误，实际上并非所有信息都代表具体的技能。可以通过从聚类 6 和聚类 3 中进行采样来确认这一点(如代码清单 17-43 所示)。

代码清单 17-43　打印聚类 6 和聚类 3 中对应的文本信息

```
np.random.seed(1)
for cluster_id in [6, 3]:
    print(f'\nCluster {cluster_id}:')
    print_cluster_sample(cluster_id)
```

```
Cluster 6:
MS in a quantitative research discipline (e.g., Artificial Intelligence,
Computer Science, Machine Learning, Statistics, Applied Math, Operations
Research)
Master's degree in data science, applied mathematics, or bioinformatics
preferred.
PhD degree preferred
Ph.D. in a quantitative discipline (e.g., statistics, computer science,
economics, mathematics, physics, electrical engineering, industrial
engineering or other STEM fields)
7+ years of experience manipulating data sets and building statistical
models, has advanced education in Statistics, Mathematics, Computer Science
or another quantitative field, and is familiar with the following
    software/tools:

Cluster 3:
Minimum 6 years relevant work experience (if Bachelor's degree) or minimum 3
years relevant work experience (if Master's degree) with a proven track
record in driving value in a commercial setting using data science skills.
Minimum five (5) years of experience manipulating data sets and building
statistical models, and familiarity with:
5+ years of relevant work experience in data analysis or related field.
(e.g., as a statistician / data scientist / scientific researcher)
3+ years of statistical modeling experience
Data Science: 2 years (Required)
```

有一个软技能聚类很容易解释：聚类 5 侧重于人际沟通技巧，包括书面沟通和口头沟通。良好的沟通技巧在数据科学职业中至关重要。我们从复杂的数据中提取的见解必须仔细传达给所有利益相关者。然后，利益相关者将根据我们提供的信息采取相应的行动。如果不能很好地传递工作成果，则所有努力都将付诸东流。

遗憾的是，沟通技巧并不容易学习。光看书是不够的；需要与其他人进行实践合作。如果想提升沟通能力，你应该考虑与其他优秀的数据科学家进行互动(无论是本地的还是远程的)。选择一个数据驱动的项目并作为团队的一员完成该项目。然后一定要在简历中强调你通过该项目获取的沟通技巧。

17.3.4　使用不同的 K 值来探索聚类

当我们将 K 设置为 15 时，K-means 聚类提供了不错的结果。但是，由于无法确定最佳 K 值，当时使用了随意选择的 K=15。这种随意性有点令人不安：也许只是走运获得较好的聚类结果，而选择一个不同的 K 值可能根本不会产生任何见解。或者我们可能因为错误地选择了 K 值而错过关键的聚类。我们需要探讨的问题是聚类一致性。如果修改 K 值，以洞察力驱动的聚类将保留多少？为找到答案，我们将使用不同的 K 值重新生成聚类。首先将 K 设置为 25 并将结果绘制在 5 行 5 列的网格中，如图 17-13 和代码清单 17-44 所示。其中，子图将根据聚类与简历的相似度进行排序。

图 17-13 生成 25 个与技能聚类相关的文字云。即使增加了 K 值，之前讨论的技能仍然存在。此外，我们看到了值得
注意的新技术技能，包括 Web 服务的使用和对数据库的了解

代码清单 17-44 对 25 个排序后的聚类进行可视化

```
np.random.seed(0)
cluster_groups = compute_cluster_groups(shrunk_norm_matrix, k=25)
sorted_cluster_groups = sort_cluster_groups(cluster_groups)
plot_wordcloud_grid(sorted_cluster_groups, num_rows=5, num_columns=5)
plt.show()
```

大多数先前观察到的聚类依旧保留在新生成的结果中。这些包括数据科学库的使用(聚类 20)、统计分析(聚类 11)、Python 编程(聚类 3)、机器学习(聚类 5)和沟通技巧(聚类 15)。此外，我们获得了 3 个新的技术技能聚类，它们出现在网格的前两行中。

- 聚类 8：该聚类专注于 Web 服务。这些是在客户端和远程服务器之间进行通信的工具。在大多数数据科学项目设置中，数据存储在远程服务器上，并且可以使用自定义 API 进行传输。在 Python 中，这些 API 协议通常使用 Django 框架进行编码。对于优秀的数据科学家来说，熟悉这些工具是推荐的，但不一定是必需的。要了解有关 Web 服务和 API 传输的更多信息，请参阅 Michael Wittig 和 Andreas Wittig 的 *Amazon Web Services in Action*(Manning，2018，https://www.manning.com/books/amazon-web-services-in-action-second-edition)和 Arnaud Lauret 的 *The Design of Web APIs*(Manning，2019，https://www.manning.com/books/the-design-of-web-apis)。

- 聚类 23：该聚类专注于各种类型的数据库。大规模结构化数据通常存储在关系数据库中，可以使用结构化查询语言(SQL)进行查询。但是，并非所有数据库都是关系数据库。有时，数据存储在非结构化数据库中，例如 MongoDB。可以使用 NoSQL 查询语言查询非结构化数据库中的数据。了解各种数据库的相关知识在数据科学职业中非常有用。如果你想了解有关该主题的更多信息，请参阅 *Understanding Databases*(Manning，2019，www.manning.com/books/understanding-databases)。要了解有关 MongoDB 的更多信息，请参阅 Kyle Banker 等人撰写的 *MongoDB in Action*，*Second Edition*(Manning，2016，www.manning.com/books/mongodb-in-action-second-edition)。
- 聚类 2：该聚类侧重于非 Python 可视化工具，例如 Tableau 和 ggplot。Tableau 是 Salesforce 提供的付费软件，通常由负担得起 Salesforce 软件许可的企业使用。你可以在 Ryan Sleeper 的 *Practical Tableau*(O'Reilly，2018，http://mng.bz/Xrdv)中阅读更多相关信息。ggplot 是统计编程语言 R 的数据可视化包。一般来说，Python 数据科学家不需要了解 R。但如果你想熟悉该主题，请参阅 Nina Zumel 和 John Mount 的 *Practical Data Science with R, Second Edition*(Manning，2019，www.manning.com/books/practical-data-science-with-r-second-edition)。

图中还包括 7 个新添加的聚类。这些聚类主要包含解决问题(聚类 10)和团队合作(聚类 18)等通用技能。此外，至少有一个新技能聚类与实际技能不对应(如聚类 12)。

将 K 从 15 增加到 25 保留了之前观察到的所有具备洞察力的聚类并引入了几个有趣的新聚类。如果将 K 设定为 20，这些聚类的稳定性会持续吗？接下来通过在 4 行 5 列的网格中绘制 20 个排序后的聚类来找出答案，如图 17-14 和代码清单 17-45 所示。

图 17-14　20 个与技能聚类相关的文字云，之前讨论的大部分技能仍然存在，
但现在输出中缺少统计分析聚类

代码清单 17-45 可视化 20 个排序后的聚类

```
np.random.seed(0)
cluster_groups = compute_cluster_groups(shrunk_norm_matrix, k=20)
sorted_cluster_groups = sort_cluster_groups(cluster_groups)
plot_wordcloud_grid(sorted_cluster_groups, num_rows=4, num_columns=5)
plt.show()
```

我们观察到的大多数有意义的聚类都保留在 K=20 的结果中，包括数据科学库的使用(聚类 4)、Python 编程(聚类 14)、机器学习(聚类 1)、沟通技巧(聚类 8)、Web 服务(聚类 10)和数据库使用(聚类 11)。但是，非 Python 可视化聚类消失了。更令人不安的是，在 K 值为 15 和 25 时观察到的统计分析聚类也消失了。

注意

这个统计分析聚类似乎已被一个统计算法聚类(聚类 12)取代。它由 3 个术语主导：algorithms、clustering 和 regression。到目前为止，我们对聚类非常熟悉。然而，我们的简历中缺少回归技术，因为还没有学习它们。案例研究 5 中将学习这些技巧，然后可以将它们添加到简历中。

一个看似稳定的聚类被淘汰了。遗憾的是，这种波动很常见。由于人类语言的复杂性，文本聚类对参数变化很敏感。语言主题可以通过多种方式解释，因此很难找到始终如一的完美参数。如果调整这些参数，出现在一组参数下的聚类可能会消失。如果聚类时只考虑单个 K 值，就有可能错过对我们有用的见解。因此，最好在文本分析期间使用多个 K 值进行可视化。考虑到这一点，让我们查看当将 K 减少到 10 时会发生什么，如图 17-15 和代码清单 17-46 所示。

代码清单 17-46 可视化 10 个排序后的聚类

```
np.random.seed(0)
cluster_groups = compute_cluster_groups(shrunk_norm_matrix, k=10)
sorted_cluster_groups = sort_cluster_groups(cluster_groups)
plot_wordcloud_grid(sorted_cluster_groups, num_rows=5, num_columns=2)
plt.show()
```

10 个可视化聚类非常有限。尽管如此，10 个聚类中有 4 个包含之前观察到的关键技能：Python 编程(聚类 2)、机器学习(聚类 9)和沟通技巧(聚类 1)。统计分析聚类也重新出现(聚类 0)。令人惊讶的是，一些技能聚类是多面的，即使在 K 值被大幅调整时也会出现。尽管这里的聚类存在一定随机性，但仍保持一定程度的稳定性。因此，观察到的见解不只是随机输出，它们是我们在复杂、混乱的现实世界文本中捕获的固有模式。

到目前为止，我们的观察仅限于 60 个最相关的职位信息。然而，正如所见，该数据子集中存在一些噪声。如果将分析扩展到前 700 个职位发布会发生什么？观察结果会不会发生改变？让我们继续了解。

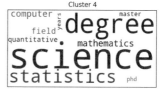

图 17-15　10 个技能聚类的文字云。尽管 K 值很低，但之前讨论过的 4 种技能仍然存在

17.3.5　分析 700 个最相关的职位发布信息

首先通过执行以下操作对 sorted_df_jobs[:700].Bullets 进行聚类前的准备(如代码清单 17-47 所示)。

(1) 提取所有项目符号对应的文本，同时删除重复项。

(2) 对项目符号对应的文本进行向量化。

(3) 对向量化的文本进行降维并对结果矩阵进行归一化。

代码清单 17-47　对 sorted_df_jobs[:700]进行聚类前的准备

```
np.random.seed(0)
total_bullets_700 = set()
for bullets in sorted_df_jobs[:700].Bullets:

    total_bullets_700.update([bullet.strip()
                             for bullet in bullets])
```

```
total_bullets_700 = sorted(total_bullets_700)
vectorizer_700 = TfidfVectorizer(stop_words='english')
tfidf_matrix_700 = vectorizer_700.fit_transform(total_bullets_700)
shrunk_norm_matrix_700 = shrink_matrix(tfidf_matrix_700)
print(f"We've vectorized {shrunk_norm_matrix_700.shape[0]} bullets")
```

```
We've vectorized 10194 bullets
```

我们已经向量化 10 194 个要点(项目符号对应的文本)。现在,通过向量化结果生成肘部图(如代码清单 17-48 所示)。基于之前的观察,我们并不期望肘部图能提供特别的信息,不过新创建的图与之前的分析保持一致,如图 17-16 所示。

代码清单 17-48 绘制 10 194 个要点的肘部图

```
np.random.seed(0)
generate_elbow_plot(shrunk_norm_matrix_700)
plt.show()
```

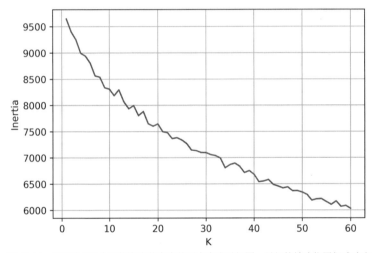

图 17-16 使用前 700 个职位发布信息中的要点生成肘部图,肘部的精确位置很难确定

不出所料,图中肘部的确切位置并不明确。肘部分布在 K 值 10 和 25 之间。这里暂且将 K 设定为 20,生成 20 个聚类并对它进行可视化,如图 17-17 和代码清单 17-49 所示。如果有必要,将对 K 进行调整,从而对聚类进行比较。

警告

正如第 15 章中所讨论的,对于包含 10 000*100 个元素的大型矩阵,K-means 输出结果可能因计算机不同而存在差异。你的本地聚类结果可能与此处显示的输出不同,但你依旧可以得出相似的结论。

图 17-17　对超过 10 000 个"要点"进行聚类并生成 20 个文字云。尽管要点的数量增加了 10 倍，
但观察到的技能聚类大多保持不变

代码清单 17-49　通过 10 194 个要点生成 20 个排序后的聚类并可视化

```
np.random.seed(0)
cluster_groups_700 = compute_cluster_groups(shrunk_norm_matrix_700, k=20,
                                        bullets=total_bullets_700)
bullet_cosine_similarities = compute_bullet_similarity(total_bullets_700)
sorted_cluster_groups_700 = sort_cluster_groups(cluster_groups_700)
plot_wordcloud_grid(sorted_cluster_groups_700, num_rows=4, num_columns=5,
                    vectorizer=vectorizer_700,
                    tfidf_matrix=tfidf_matrix_700)
```

为排序而重新计算 bullet_cosine_similarities

我们需要将更新的 TFIDF 矩阵和 vectorizer 传递给绘图函数

聚类结果看起来与之前看到的非常相似。我们在 60 个职位发布中观察到的有洞察力的聚类仍然存在，包括数据科学库的使用(聚类 17)、统计分析(聚类 0)、Python 编程(聚类 12)、机器学习(聚类 2)和沟通技巧(聚类 15)。虽然存在一些细微的变化，但大部分输出结果是相同的。

注意

一个有趣的变化是广义可视化聚类的出现(聚类 10)。该聚类包含各种可视化工具，包括 Matplotlib。此外，聚类的文字云中提到了免费提供的 JavaScript 库 D3.js。一些数据科学家使用 D3.js 库来实现交互式 Web 可视化。要了解有关该库的更多信息，请参阅 Elijah Meeks 的 *D3.js in Action*，*Second Edition*(Manning，2017，www.manning.com/books/d3js-in-action-second-edition)。

某些技能始终出现在职位发布中。这些技能对我们选择的相关性阈值不是很敏感，因此即使阈

值仍然不确定，也可以确信这些技能是大部分数据科学职位所需的。

17.4 结论

我们已经准备好更新简历。首先，应该强调Python技能，只需要添加一行说明：我们精通Python。此外，我们想要展示沟通技巧。如何表现出我们是良好的沟通者？这是一个很棘手的问题，简单地说我们可以清楚地向不同的受众传达复杂的结果是不够的。我们应该描述一个自己已完成的项目，包含如下内容。

- 与小组成员合作解决一个困难的数据问题。
- 通过口头或书面形式向非技术人员传达复杂的结果。

注意

如果你曾经参与过这类项目，那么绝对应该把它添加到简历中。否则，你应该尝试去参与此类项目。从项目中获得的技能是无价的，同时也会拓展你的就业前景。

此外，在完成简历之前，我们需要学习目前欠缺的技能。机器学习经验对数据科学事业的成功至关重要。我们还没有掌握机器学习相关技术，但在随后的案例研究中将拓展机器学习技能。然后就可以在简历中自豪地描述我们具有的机器学习技能。

最后，有必要了解一些使用工具获取和存储远程数据的经验。这些工具包括数据库和托管的Web服务。它们的细节信息不在本书的范围之内，但你可以在网络上找到很多相关的学习资料。不一定要有很多关于数据库和Web服务的使用经验才能得到数据科学工作，然而具备一些相关经验总是会受潜在雇主的欢迎。

17.5 本章小结

- 不应盲目分析文本数据。在执行任何算法之前，应该先对文本进行采样并了解其中的内容。这对于HTML文件尤其如此，其中的标签可以区分文本中的独特信号。通过观察职位发布信息样本，我们发现独特的工作技能在每个HTML文件中都用项目符号标记。如果盲目地对每个文件的正文进行聚类，最终结果就不会像现在这样提供如此丰富的信息。
- 文本聚类很难。理想的聚类个数很难获得，因为语言是不固定的，主题之间的边界也是如此。尽管存在不确定性，但不管聚类的个数如何，某些主题始终出现在聚类结果中。因此，即使肘部图没有显示确切的聚类数量，这种情况依旧可以让我们获得想要的结果：对多个聚类参数进行采样可以揭示文本中的稳定主题。
- 选择参数值并不总是那么容易。这个问题远远超出了单纯的聚类。在选择相关性临界值时，我们在两个值之间徘徊：60和700。两个值所带来的结果似乎无优劣之分，因此我们对这两个值都进行尝试。在数据科学中，有些问题没有最理想的阈值或参数。但是，我们不应该放弃和忽视这些问题。相反，应该多尝试。科学家经常通过使用不同的参数进行分析与研究。作为数据科学家，我们也可以通过调整参数来获取数据中的宝贵信息。

利用社交网络数据发现新朋友

问题描述

　　欢迎来到硅谷最热门的新创业公司 FriendHook。其旗下的 FriendHook 是一款面向大学本科生的社交网络应用。想要加入其中，学生必须扫描他们的大学 ID 以证明他们的隶属关系。获得批准后，学生可以创建 FriendHook 个人资料，其中列出他们的宿舍名称和学术兴趣。创建个人资料后，学生可以向其大学的其他学生发送好友请求。收到好友请求的学生可以批准或拒绝它。当好友请求获得批准后，他们就正式成为 FriendHook 好友。通过数字连接，FriendHook 好友之间可以分享照片、协作完成课程并让彼此了解最新的校园新闻。

　　FriendHook 应用很受欢迎，它已在全球数百所大学校园中使用。用户群不断增长，公司也在成长壮大。你是 FriendHook 的第一位数据科学员工，你的第一个具有挑战性的任务将是研究 FriendHook 的朋友推荐算法。

关于"朋友的朋友"推荐算法

　　有时，FriendHook 用户很难在应用上找到他们现实生活中的朋友。为促进学生之间更多的联系，研发团队实现了一个简单的朋友推荐引擎。每周一次，所有用户都会收到一封电子邮件，被推荐一位尚未加入其网络的新朋友。用户可以忽略电子邮件，也可以发送好友请求。然后该请求要么被接受，要么被拒绝或忽略。

　　目前，推荐引擎遵循一种称为"朋友的朋友"推荐算法的简单算法。该算法是这样工作的：假设我们想为学生 A 推荐一个新朋友。我们随机选择一个已经是学生 A 朋友的学生 B。然后随机选择一个与学生 B 是朋友但不是学生 A 的学生 C。之后将学生 C 推荐给学生 A，如图 CS5-1 所示。

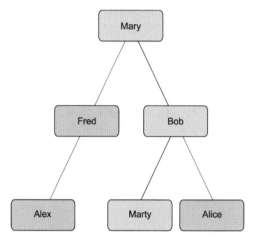

图 CS5-1 "朋友的朋友"推荐算法。Mary 有两个朋友：Fred 和 Bob。我们随机选择一个朋友 Bob。Bob 还有两个朋友：Marty 和 Alice。Marty 和 Alice 都不是 Mary 的朋友。我们随机选择 Marty 或 Alice 中的一位，如 Marty。Mary 收到一封电子邮件，建议她向 Marty 发送好友请求

本质上，该算法假设你朋友的朋友也可以成为你的朋友。这个假设是合理的，但有点简单。这个假设效果如何？没人知道。然而，作为公司的第一位数据科学家，你的工作就是找出答案。你的任务是构建一个模型，根据推荐算法预测学生的行为。

预测用户行为

"朋友的朋友"推荐引擎可以引发 3 种类型的行为。
● 用户阅读通过电子邮件发送的朋友推荐，拒绝或忽略该推荐邮件。
● 用户根据推荐发送好友请求。该好友请求被拒绝或忽略。
● 用户根据推荐发送好友请求。好友请求被接受并建立新 FriendHook 连接。

是否有可能预测这 3 种行为？FriendHook 的 CTO 希望你能找到答案。CTO 为你提供了随机选择的某大学的 FriendHook 数据。该数据涵盖了这所大学的所有 FriendHook 用户，也包括观察到的所有用户对每周好友推荐的响应行为。数据还包括每个用户的个人资料信息，包括学生专业和宿舍名称等内容。此个人资料信息已被加密，以保护每个用户的隐私(稍后会详细介绍)。最后，这些数据包括大学现有的 FriendHook 用户关系网，它们在通过电子邮件发送好友推荐之前就已经存在。

你的任务是构建一个模型，根据用户个人资料和社交网络数据预测用户行为。该模型必须可以推广到其他学院和大学。这种通用性非常重要，因为其他大学无法使用的模型对产品团队来说毫无价值。例如，假设有这样一个模型，它可以准确预测采样大学中一两个宿舍的行为。换句话说，它需要特定的宿舍名称才能做出准确的预测。这样的模式是毫无价值的，因为其他大学会有不同的宿舍名称。理想情况下，该模型应该可以推广到全球所有大学的所有宿舍。

构建通用模型后，你应该探索其内部工作原理。你的目标是深入了解大学生活如何促进新的 FriendHook 联系。

这个项目的目标雄心勃勃，可行性也非常高。你可以通过执行以下任务来完成该项目。

(1) 加载用户行为、用户个人资料和用户关系网络的 3 个数据集。探索每个数据集并根据需要对其进行清理。

(2) 构建并评估一个模型，该模型可根据用户个人资料和已建立的关系网预测用户的行为。你可以选择将此任务拆分为两个子任务：仅使用关系网构建模型，然后添加个人资料信息并测试这是否可以提高模型的性能。

(3) 确定该模型是否可以很好地推广到其他大学。

(4) 探索模型的内部运行原理，从而更好地了解学生的行为。

数据集描述

数据存储在 friendhook 目录的 3 个文件中。这些文件是 CSV 表并命名为 Profiles.csv、Observations.csv 和 Friendships.csv。让我们分别了解每个表中的内容。

Profiles 表

Profiles.csv 包含所选大学所有学生的个人资料信息。该信息存储在 6 个列中：Profile_ID、Sex、Relationship_Status、Major、Dorm 和 Year。维护学生隐私对 FriendHook 团队非常重要，因此所有个人资料信息都经过精心加密。FriendHook 的加密算法接收描述性文本并返回一个独特的由 12 个字符组成的代码，称为哈希码。例如，假设一个学生将他们的专业设置为物理(physics)。然后，physics 这个词被打乱并替换为哈希码，例如 b90a1221d2bc。如果另一个学生将他们的专业列为艺术史(art history)，则会返回不同的哈希码(例如 983a9b1dc2ef)。通过这种方式，可以检查两个学生是否属于同一个专业，而不必知道具体专业名称。作为预防性措施，个人资料文件的所有 6 个列都已加密。让我们详细讨论每个列中的内容。

- Profile_ID：用于识别每个学生的唯一标识符。该标识符可以链接到 Observations 表中的用户行为。它也可以链接到 Friendships 表中的 FriendHook 连接。

- Sex：该可选字段将学生的性别描述为 Male 或 Female。不想指定性别的学生可以将 Sex 字段留空。空白输入作为空值存储在表中。

- Relationship_Status：该可选字段指定学生的感情状态。每个学生都有 3 种感情类别可供选择：单身(Single)、恋爱(In a Relationship)或复杂(It's Complicated)。所有学生都有第 4 个选项，即将此字段留空。空白输入作为空值存储在表中。

- Major：学生选择的学习领域，例如物理、历史、经济学等。此字段是激活 FriendHook 账户所必需的。尚未选择专业的学生可以从选项中选择 Undecided。

- Dorm：学生居住的宿舍名称。此字段是激活 FriendHook 账户所必需的。住在校外的学生可以从选项中选择 Off-Campus Housing。

- Year：当前所处的年级。此字段必须设置为以下 4 个选项之一：Freshman、Sophomore、Junior 或 Senior。

Observations 表

Observations.csv 存储收到好友推荐电子邮件后的用户处理行为。它包括以下 5 个字段。

- Profile_ID：收到好友推荐的用户 ID。该 ID 对应 Profiles 表中的个人资料 ID。
- Selected_Friend：Profile_ID 列中用户的现有朋友。
- Selected_Friend_of_Friend: Selected_Friend 的随机选择的朋友，但还不是 Profile_ID 的朋友。这个随机选择的朋友将被通过电子邮件发送给用户作为朋友推荐。
- Friend_Request_Sent：一个布尔型字段。如果一个用户已经向推荐的朋友发出好友请求，那么该字段值为 True，否则为 False。
- Friend_Request_Accepted：一个布尔型字段。当用户发出好友请求且该请求被接受时，该字段为 True，否则为 False。

该表存储了所有观察到的针对每周推荐电子邮件的用户处理行为。我们的目标是根据个人资料和社交网络数据预测最后两个列的布尔值。

Friendships 表

Friendships.csv 包含与所选大学对应的 FriendHook 交友网络。该网络被用作"朋友的朋友"推荐算法的输入。Friendships 表只有两列：Friend A 和 Friend B。这些列包含映射到 Profiles 表和 Observations 表的 Profile_ID 列的个人资料 ID。每行对应一对 FriendHook 好友。例如，第一行包含 b8bc075e54b9 和 49194b3720b6 这两个 ID。从这些 ID 中，可以推断出关联的学生已经建立了 FriendHook 连接。通过这些 ID，可以查找每个学生的个人资料。然后，可以通过个人资料来探索这些学生是否是同一专业或者是否住在同一个宿舍中。

概述

为解决这个问题，我们需要知道如何执行以下操作。

- 使用 Python 分析网络数据。
- 发现社交网络中的交友聚类。
- 训练和评估监督机器学习模型。
- 探索经过训练的模型的内部工作原理以从数据中汲取见解。

第*18*章

图论和网络分析

本章主要内容

- 将不同的数据集表示为网络
- 使用 NetworkX 库进行网络分析
- 优化网络中的路径

对联系的研究可能会产生数十亿美元的收益。在 20 世纪 90 年代，两名研究生分析了互连网页的属性。他们的洞察力促使他们创办了 Google。20 世纪 00 年代初，一名本科生开始以数字方式跟踪人与人之间的联系，他推出了 Facebook。连接分析可以带来无尽的财富，同时它也可以挽救无数生命。跟踪癌细胞中蛋白质之间的联系能够生产可以消灭癌症的靶标药物；分析可疑恐怖分子之间的联系可以发现和阻止恐怖事件的发生。这些看似不同的场景有一个共同点：可以使用数学的一个分支来研究它们，有些人称其为网络理论，也有些人称其为图论。

网络理论研究物体之间的联系，这些物体可以是任何东西：通过关系连接的人、通过网络链接连接的网页或是通过道路连接的城市。物体及其分散的连接的集合被称为网络或图，具体叫什么取决于你询问的人。工程师更喜欢使用"网络"一词，而数学家更喜欢"图"这个名称。出于分析目的，我们将交替使用这两个术语。图是简单的抽象，它捕捉了我们纠缠不清、相互关联的世界的复杂性。图的属性在社会和自然系统中保持惊人的一致性。图论是一个在数学上跟踪这些一致性的框架。它结合了来自不同数学分支的思想，包括概率论和矩阵分析。这些想法可用于获得对现实世界的见解，范围从搜索引擎页面排名到社交圈聚类。因此，掌握一些图论知识对于数据科学家来说是必不可少的。

接下来的两章将基于前面研究的数据科学概念和库来学习图论的基本知识。首先在探索网页链接和道路的图的同时解决基本问题。之后，在第 19 章中，利用更高级的技术来检测社交图中的朋友聚类。不过，目前要完成一个按受欢迎程度对网站排名的较简单的数据科学任务。

18.1 使用基本图论按受欢迎程度对网站进行排名

互联网上有许多数据科学网站，有些网站比其他网站更受欢迎。假设你希望使用公开可用的数据来估计最受欢迎的数据科学网站。这排除了私人跟踪的流量数据，你该怎么办？网络理论为我们提供了一种基于公共链接对网站进行排名的简单方法。要了解如何操作，让我们构建一个由两个数据科学网站组成的简单网络：一个 NumPy 教程网站和一个 SciPy 教程网站。在图论中，这些网站被称为图中的节点。节点是可以相互连接的网络点，这些连接称为边。如果一个网站链接到另一个网站，则这两个网站节点将形成一条边，反之亦然。

首先将两个节点存储在一个双元素列表中(如代码清单 18-1 所示)。这些元素分别等于 'NumPy' 和 'SciPy'。

代码清单 18-1　定义节点列表

```
nodes = ['NumPy', 'SciPy']
```

假设 SciPy 网站正在讨论 NumPy 依赖项。这个讨论包括指向 NumPy 页面的 Web 链接。单击该链接会将读者由 nodes[1]表示的网站带到由 nodes[0]表示的网站。我们将此连接视为从索引 1 到索引 0 的边，如图 18-1 所示。边可以表示为元组(1,0)。这里通过将(1,0)存储在 edges 列表中来生成边(如代码清单 18-2 所示)。

代码清单 18-2　定义边列表 edges

```
edges = [(1, 0)]
```

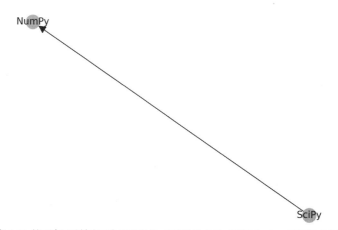

图 18-1　NumPy 和 SciPy 这两个网站被表示为圆形节点。有向边从 SciPy 指向 NumPy，表示站点之间的有向链接。如果 NumPy 和 SciPy 存储为节点索引 0 和 1，则可以将边表示为元组(1,0)。本章稍后将学习如何生成本图中的网络图

单向边(1,0)表示将用户从 nodes[1]引导到 nodes[0]的链接。这条边具有特定的方向，称为有向边。包含有向边的图称为有向图。在有向图中，边(i,j)与边(j,i)的处理方式不同。edges 列表中(i,j)的存在并不意味着一定存在边(j,i)。例如，在本例的网络中，NumPy 页面没有链接到 SciPy 页面，因此 edges 列表中不存在边元组(0,1)。

给定有向 edges 列表，可以轻松检查索引 i 处的网页是否链接到索引 j 处的网页。如果(i, j)in edges 等于 True，则该连接存在。因此，可以定义一个单行的 edge_exists 函数，用来检查索引 i 和 j 之间的边是否存在(如代码清单 18-3 所示)。

代码清单 18-3　检查边是否存在

```
def edge_exists(i, j): return (i, j) in edges

assert edge_exists(1, 0)
assert not edge_exists(0, 1)
```

edge_exists 函数虽然有效，但效率不高。该函数必须遍历一个列表来检查边是否存在。对于大小为 1 的边列表，这种遍历不是问题。但是，如果将网络大小增加到 1 000 个网页，那么边列表大小可能会增加到 100 万条边。遍历百万个边的列表在计算上是不合理的。我们需要一个替代解决方案。

一种替代方法是在表的第 i 行和第 j 列中存储表明每条边(i,j)是否存在的信息。本质上，可以构建一个表 t，其中 t[i][j]=edge_exists(i,j)，因此边查找将变得非常快速。此外，如果将 not edge_exists(i,j) 存储为 0 且 edge_exists(i,j)存储为 1，那么可以将这个表转换为二维二进制数组，因此可以将图转换为二进制矩阵 M，其中如果节点 i 和节点 j 之间存在边，则 M[i][j]=1。网络的这种矩阵表示称为邻接矩阵。我们现在计算并打印两节点单向边有向图的邻接矩阵，如代码清单 18-4 所示。最初，该矩阵仅包含 0。然后迭代 edges 中的每条边(i,j)并将 adjacency_matrix[i][j]设置为 1。

代码清单 18-4　使用矩阵跟踪节点和边

```
import numpy as np
adjacency_matrix = np.zeros((len(nodes), len(nodes)))
for i, j in edges:
    adjacency_matrix[i][j] = 1

assert adjacency_matrix[1][0]
assert not adjacency_matrix[0][1]

print(adjacency_matrix)

[[0. 0.]
 [1. 0.]]
```

矩阵打印结果允许我们查看网络中存在的边。此外，可以观察到网络中缺失的潜在边。例如，可以清楚地看到从 Node1 到 Node 0 的边。同时，图中不存在可能的边(0,0)、(0,1)和(1,1)，也没有从 Node 0 到 Node 0 的链接。NumPy 页面不会链接到自身，尽管理论上是可以的。我们可以想象一个设计糟糕的网页，其中一个超链接指向自身——该链接是无用的，因为单击它会带你回到开始的地方，但这种类型的自链接是可能的。在图论中，这种自引用边被称为自循环或扣环。在下一章中，会遇到一种算法，如果加入自循环，该算法会得到改进。但是，目前只将分析限制在不同节点之间的边上。

这里添加从 Node 0 到 Node 1 的缺失边(如代码清单 18-5 所示)。这意味着 NumPy 页面现在可以链接到 SciPy 页面。

代码清单 18-5　向邻接矩阵添加边

```
adjacency_matrix[0][1] = 1
print(adjacency_matrix)
```

```
[[0. 1.]
 [1. 0.]]
```

假设我们希望通过添加另外两个讨论 Pandas 和 Matplotlib 的数据科学站点来扩展网站网络。添加它们会将节点数从 2 增加到 4，因此需要将邻接矩阵维度从 2*2 扩展到 4*4。在扩展期间，还将维护 Node 0 和 Node 1 之间的所有现有关系。遗憾的是，在 NumPy 中，很难在保持所有现有矩阵值的同时调整矩阵大小——NumPy 的设计目的不包括快速处理形状不断变化的数组扩张。这与不断增加新网站的互联网应用场景相冲突。因此，NumPy 不是分析扩展网络的最佳工具。我们应该做什么？

注意

NumPy 不方便跟踪新添加的节点和边。然而，正如之前所讨论的，它对于有效执行矩阵乘法是必不可少的。下一章中将乘以邻接矩阵来分析社交图。因此，对 NumPy 的使用将证明其对于高级网络分析至关重要。但就目前而言，我们依靠替代的 Python 库来更轻松地构建网络。

我们需要切换到不同的 Python 库。NetworkX 是一个允许轻松修改网络的外部库。它还提供了额外的有用功能，包括网络可视化。下面使用 NetworkX 继续网站分析。

使用 NetworkX 分析 Web 网络

首先从安装 NetworkX 开始，然后按照常见的 NetworkX 使用约定将 networkx 导入为 nx(如代码清单 18-6 所示)。

注意

在命令行执行 pip install networkx 安装 NetworkX 库。

代码清单 18-6 导入 NetworkX 库

```
import networkx as nx
```

现在将利用 nx 来生成一个有向图。在 NetworkX 中，使用 nx.DiGraph 类跟踪有向图。调用 nx.DiGraph()将初始化一个包含 0 个节点和 0 条边的有向图对象。代码清单 18-7 将初始化该有向图。根据 NetworkX 约定，我们将初始化图称为 G。

代码清单 18-7 初始化有向图对象

```
G = nx.DiGraph()
```

现在慢慢扩展有向图。首先，添加一个节点。可以使用 add_node 方法将节点添加到 NetworkX 图对象。调用 G.add_node(0)将创建一个节点，其邻接矩阵索引为 0(如代码清单 18-8 所示)。可以通过运行 nx.to_numpy_array(G)查看这个邻接矩阵。

警告

add_node 方法总是通过单个节点扩展图的邻接矩阵。无论将什么输入这个方法中，都会发生这种扩展。因此，G.add_node(1000)还创建了一个邻接矩阵索引为 0 的节点。但是，该节点也将使用二级索引 1000 进行跟踪，这当然会导致混淆。确保 add_node 的数字输入对应添加的邻接矩阵索引是一种很好的做法。

代码清单 18-8　将单个节点添加到图对象

```
G.add_node(0)
print(nx.to_numpy_array(G))

[[0.]]
```

现在单个节点与 NumPy 网页相关联。可以通过执行 G.nodes[0]['webpage']='NumPy'显式地记录这种关联。G.nodes 数据类型是一个特殊的类，用于跟踪 G 中的所有节点。它的结构类似一个列表。运行 G[i]返回与 i 处的节点关联的属性字典。这些属性旨在帮助我们跟踪节点的标识。在本例中，我们希望为节点分配一个网页，因此将一个值映射到 G.nodes[i]['webpage']。

代码清单 18-9 遍历 G.nodes 并打印 G.nodes[i]处的属性字典。初始输出代表一个属性字典为空的节点：我们为该节点分配一个网页并再次打印其字典。

代码清单 18-9　向现有节点添加属性

```
def print_node_attributes():
    for i in G.nodes:
        print(f"The attribute dictionary at node {i} is {G.nodes[i]}")

print_node_attributes()
G.nodes[0]['webpage'] = 'NumPy'
print("\nWe've added a webpage to node 0")
print_node_attributes()

The attribute dictionary at node 0 is {}

We've added a webpage to node 0
The attribute dictionary at node 0 is {'webpage': 'NumPy'}
```

可以在将节点插入图中时直接分配属性，只需要将 attribute=some_value 传递给 G.add_node 方法。例如，插入一个索引为 1 的节点，它与一个 SciPy 网页相关联。执行 G.add_node(1,webpages='SciPy')将添加该节点及其属性(如代码清单 18-10 所示)。

代码清单 18-10　添加具有属性的节点

```
G.add_node(1, webpage='SciPy')
print_node_attributes()
The attribute dictionary at node 0 is {'webpage': 'NumPy'}
The attribute dictionary at node 1 is {'webpage': 'SciPy'}
```

注意，可以通过运行 G.nodes(data=True)将所有节点及其属性一起输出(如代码清单 18-11 所示)。

代码清单 18-11　输出节点及其属性

```
print(G.nodes(data=True))

[(0, {'webpage': 'NumPy'}), (1, {'webpage': 'SciPy'})]
```

现在，添加一个从 Node 1(SciPy)到 Node 0(NumPy)的 Web 链接。给定一个有向图，可以通过运行 G.add_edge(i,j)插入一条从 i 到 j 的边(如代码清单 18-12 所示)。

代码清单 18-12　向图对象添加一条边

```
G.add_edge(1, 0)
print(nx.to_numpy_array(G))

[[0. 0.]
 [1. 0.]]
```

从打印的邻接矩阵中，可以观察到从 Node 1 到 Node 0 的边。遗憾的是，随着其他节点的添加，矩阵打印结果会变得很复杂。在二维表中跟踪 1 和 0 并不是显示网络的最直观方式。如果直接绘制网络会怎样？两个节点可以绘制为二维空间中的两个点，单条边可以绘制为连接这些点的线段。使用 Matplotlib 可以轻松生成这样的图。可以使用 G 对象内置的 draw()方法通过 Matplotlib 库绘制图形。代码清单 18-13 中调用 G.draw()来可视化图形，如图 18-2 所示。

代码清单 18-13　绘制图对象

节点的位置是通过随机算法确定的。
我们使用 seed 来确保可以获得一致的
结果

```
import matplotlib.pyplot as plt
np.random.seed(0)  ◀
nx.draw(G)
plt.show()  ◀
```

根据 Matplotlib 要求，必须调用
plt.show()来显示绘图结果

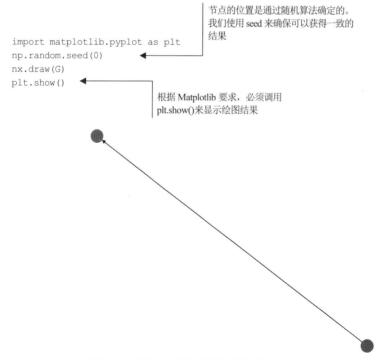

图 18-2　双节点有向图。箭头从下节点指向上节点，但其尺寸过小

　　绘制的图显然存在很大的改进空间。首先需要让箭头更大一些。这可以使用 arrowsize 参数来完成：将 arrowsize=20 传递给 G.draw 方法可使绘制的箭头的长度和宽度加倍。我们还应该为节点添加标签，可以使用 labels 参数绘制标签，该参数将节点 ID 和预期标签之间的字典映射作为输入。代码清单 18-14 通过运行{i: G.nodes[i]['webpage'] for i in G.nodes}生成映射，然后用节点标签和更大的箭头重新绘制网络，如图 18-3 所示。

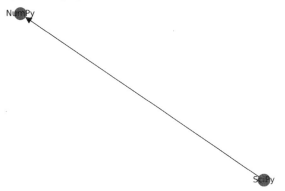

图 18-3　双节点有向图。箭头从下节点指向上节点。两个节点都使用了标签，但因为图像覆盖，很难识别标签中的内容

注意

可以通过将 node_size 参数传递给 nx.draw 方法来修改节点大小。但目前，节点大小的默认值为 300。

代码清单 18-14　对图形可视化进行调整

```
np.random.seed(0)
labels = {i: G.nodes[i]['webpage'] for i in G.nodes}
nx.draw(G, labels=labels, arrowsize=20)
plt.show()
```

　　现在图中的箭头尺寸增加了，节点的标签部分可见。遗憾的是，因为颜色问题，这些标签的内容依旧不好辨认。可以通过将节点颜色更改为较浅的颜色(如青色)使标签更清晰。这里通过将 node_color="cyan"传递给 G.draw 方法来调整节点的颜色，如图 18-4 和代码清单 18-15 所示。

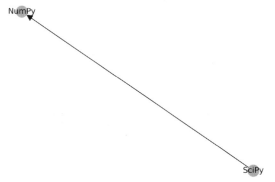

图 18-4　双节点有向图。两个节点都使用了标签并对节点的颜色进行了调整，现在的标签清晰可见

代码清单 18-15　修改节点颜色

```
np.random.seed(0)
nx.draw(G, labels=labels, node_color="cyan", arrowsize=20)
plt.show()
```

在最新的图中,标签更清晰。我们看到从 SciPy 到 NumPy 的直接链接。现在,添加一个从 NumPy 到 SciPy 的反向 Web 链接,如图 18-5 和代码清单 18-16 所示。

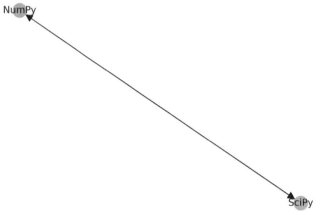

图 18-5　双节点有向图。节点之间的边的两端都有箭头,这表明它是一条双向边

代码清单 18-16　在网页之间添加反向链接

```
np.random.seed(0)
G.add_edge(0, 1)
nx.draw(G, labels=labels, node_color="cyan", arrowsize=20)
plt.show()
```

现在准备通过添加另外两个网页来扩展网络:Pandas 和 Matplotlib。这些网页将分别对应 ID 为 2 和 3 的节点。可以通过调用 G.add_node(2) 和 G.add_node(3) 添加这两个节点。或者,可以使用 G.add_nodes_from 方法同时插入节点,该方法使用要插入到图中的节点的列表。因此,运行 G.add_nodes_from([2,3]) 将向网络中添加相应 ID 的节点。然而,这些新节点将缺少网页属性分配。幸运的是,G.add_nodes_from 方法允许我们在传递节点 ID 的同时传递属性值。我们只需要将 [(2,attributes_2)], [(3, attributes_3)]传递给方法。本质上,必须传递一个由节点 ID 和属性组成的元组的列表。属性存储在将属性名称与属性值映射的字典中。例如,Pandas 的 attributes_2 字典等于 {'webpage': 'Pandas'}。让我们插入这些节点及其属性并打印 G.nodes(data=True),从而验证是否存在新节点(如代码清单 18-17 所示)。

代码清单 18-17　向一个图对象添加多个节点

```
webpages = ['Pandas', 'Matplotlib']
new_nodes = [(i, {'webpage': webpage})
             for i, webpage in enumerate(webpages, 2)]
G.add_nodes_from(new_nodes)
```

```
print(f"We've added these nodes to our graph:\n{new_nodes}")
print('\nOur updated list of nodes is:')
print(G.nodes(data=True))

We've added these nodes to our graph:
[(2, {'webpage': 'Pandas'}), (3, {'webpage': 'Matplotlib'})]

Our updated list of nodes is:
[(0, {'webpage': 'NumPy'}), (1, {'webpage': 'SciPy'}), (2, {'webpage':
    'Pandas'}), (3, {'webpage': 'Matplotlib'})]
```

我们增加了两个节点。这里显示更新后的图，如图18-6 和代码清单18-18 所示。

Matplotlib

图18-6　添加节点后的四节点有向图，Pandas 和 Matplotlib 页面之间还没有进行连接

代码清单 18-18　绘制更新后的四节点图

```
np.random.seed(0)
labels = {i: G.nodes[i]['webpage'] for i in G.nodes}
nx.draw(G, labels=labels, node_color="cyan", arrowsize=20)
plt.show()
```

新添加的两个节点之间目前还没有链接。接下来，添加两个网页链接：从 Matplotlib(Node 3)
到 NumPy(Node 0)的链接以及从 NumPy(Node 0)到 Pandas(Node 2)的链接。这些链接可以通过调用
G.add_edge(3,0)和调用 G.add_edge(0, 2)来实现。或者，可以通过 G.add_edges_from 方法来添加边：
该方法将边的列表作为输入，其中每条边都是一个(i, j)形式的元组。因此，运行 G.add_edges_
from([(0,2), (3,0)])可以将两条新边插入图中。代码清单 18-19 插入这些边并重新生成图，结果如图
18-7 所示。

代码清单 18-19　向一个图对象添加多条边

```
np.random.seed(1)
G.add_edges_from([(0, 2), (3, 0)])
nx.draw(G, labels=labels, node_color="cyan", arrowsize=20)
plt.show()
```

注意

在本例的图形可视化中，节点被分开显示，从而强调它们各自边的连通性。这种效果是通过一种称为力导向布局可视化的技术实现的。力导向布局基于物理学。节点被建模为相互排斥的带负电荷的粒子，而边被建模为连接粒子的弹簧。当连接的节点分开时，弹簧开始将它们拉回一起。在这个系统中，通过对物理方程建模生成可视化图。

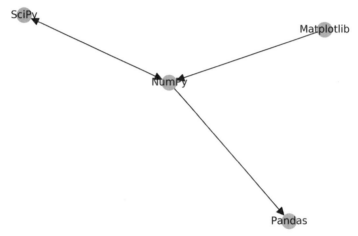

图18-7 网页的有向图。两个入站链接指向 NumPy 页面。所有其他页面最多只有一个入站链接

NumPy 网页出现在更新的图的中心。两个网页(SciPy 和 Matplotlib)都具有指向 NumPy 的链接。所有其他网页最多只有一个入站链接。与其他任何网站相比，更多的网页制作者喜欢引用 NumPy 页面：我们可以推断 NumPy 是最受欢迎的网站，因为它比其他任何页面拥有更多的入站链接。这里基本上开发了一个简单的指标，为网站在互联网上进行排名。这个指标等于指向站点的入站边的数量，也称为入度。这与出度相反，出度等于指向外部站点的边的数量。通过查看绘制的图，可以很容易推断出每个网站的入度。然而，也可以直接从图的邻接矩阵来计算入度。为进行演示，首先打印更新后的邻接矩阵(如代码清单 18-20 所示)。

代码清单 18-20 打印更新后的邻接矩阵

```
adjacency_matrix = nx.to_numpy_array(G)
print(adjacency_matrix)

[[0. 1. 1. 0.]
 [1. 0. 0. 0.]
 [0. 0. 0. 0.]
 [1. 0. 0. 0.]]
```

注意，矩阵的第 i 列跟踪节点 i 的入站边。入站边的总数等于该列中所有 1 的个数。因此，该列中值的总和等于节点的入度。例如，矩阵的第 0 列等于[0,1,0,1]。这些值的总和表示入度 2。通常，执行 adjacency_matrix.sum(axis=0)返回一个入度的向量(如代码清单 18-21 所示)。向量中最大的元素对应互联网图中最受欢迎的页面。

注意

这个简单排名系统假设所有入站链接都具有相同的权重，但事实并非如此。来自一个非常受欢迎的网站的入站链接往往具有更大的权重，因为它会为网站带来更多流量。下一章中将介绍一种称为 PageRank 的更复杂的排名算法，该算法结合了流量导向网站的受欢迎度。

代码清单 18-21　使用邻接矩阵计算入度

```
in_degrees = adjacency_matrix.sum(axis=0)
for i, in_degree in enumerate(in_degrees):
    page = G.nodes[i]['webpage']
    print(f"{page} has an in-degree of {in_degree}")

top_page = G.nodes[in_degrees.argmax()]['webpage']
print(f"\n{top_page} is the most popular page.")

NumPy has an in-degree of 2.0
SciPy has an in-degree of 1.0
Pandas has an in-degree of 1.0
Matplotlib has an in-degree of 0.0

NumPy is the most popular page.
```

或者，可以使用 NetworkX 的 in_degree 方法来计算所有的入度(如代码清单 18-22 所示)。调用 G.in_degree(i)将返回节点 i 的入度，因此我们预计 G.in_degree(0)等于 2。

代码清单 18-22　使用 NetworkX 计算入度

```
assert G.in_degree(0) == 2
```

在上面这段代码中，必须记住 G.nodes[0]对应 NumPy 网页。跟踪节点 ID 和页面名称之间的映射可能有点不方便，但可以通过将字符串 ID 分配给各个节点来解决这个问题(如代码清单 18-23 所示)。例如，给定一个空图 G2，可以通过 G2.add_nodes_from(['NumPy', 'SciPy', 'Matplotlib', 'Pandas'])将节点 ID 以字符串形式进行插入。然后调用 G2.in_degree('NumPy')获得 NumPy 页面的入度。

注意

将节点 ID 存储为字符串可以更方便地访问图中的某些节点。然而，这种便利的代价是邻接矩阵中节点 ID 和索引之间缺乏对应关系。正如我们将学到的，邻接矩阵对于某些网络任务来说是必不可少的，因此最好将节点 ID 存储为索引而不是字符串。

代码清单 18-23　在图中使用字符串表示节点 ID

```
G2 = nx.DiGraph()
G2.add_nodes_from(['NumPy', 'SciPy', 'Matplotlib', 'Pandas'])
G2.add_edges_from([('SciPy', 'NumPy'), ('SciPy', 'NumPy'),
                   ('NumPy', 'Pandas'), ('Matplotlib', 'NumPy')])
assert G2.in_degree('NumPy') == 2
```

给定一组节点属性和一组边，只需要 3 行代码就可以生成图。这种模式在许多网络问题中发挥着重要作用。通常，在处理图数据时，它会向数据科学家提供两个文件：一个包含所有节点属性，另一个包含链接信息。例如,在本案例研究中,有一个 FriendHook 个人资料表和一个当前交友关系表。交友关系被作为边,可以通过调用 add_edges_from 进行加载。同时,个人资料信息在交友关系图中描述每个用户的属性。经过适当的准备后,可以通过调用 add_nodes_from 将个人资料映射回节点。因此,将 FriendHook 图加载到 NetworkX 进行进一步分析非常简单。

常用的 NetworkX 图方法

- G = nx.DiGraph():初始化一个新有向图。
- G.add_node(i):创建一个索引为 i 的新节点。
- G.nodes[i]['attribute'] = x:将属性 x 分配给节点 i。
- G.add_node(i, attribute=x):创建一个带有属性 x 的新节点 i。
- G.add_nodes_from([i, j]):创建索引为 i 和 j 的新节点。
- G.add_nodes_from([(i, {'a': x}), (j, {'a': y})]):创建索引为 i 和 j 的新节点。每个新节点的属性 a 分别设置为 x 和 y。
- G.add_edge(i, j):创建一条从节点 i 到节点 j 的边。
- G.add_edges_from([(i, j), (k, m)]):创建从节点 i 到节点 j 和从节点 k 到节点 m 的新边。
- nx.draw(G):绘制图 G。

到目前为止,我们关注的是有向图,其中节点之间的遍历是有限的。每条有向边就像一条单行道,只能朝某个方向行驶。如果把每一条边都当作一条双行道来对待呢?此时边是无向的,我们会得到一个无向图。在一个无向图中,可以在任意一个方向上对连通的节点进行遍历。这种模式并不适用于互联网底层的有向网络,但它适用于连接世界各地城市的无向道路网络。在 18.2 节中,将使用无向图分析道路交通。之后,将利用这些图表来优化城市之间的旅行时间。

18.2 利用无向图优化城镇之间的旅行时间

在商业物流中,产品交付时间会影响某些关键决策。考虑以下场景,你开设了自己的康普茶啤酒厂。你的计划是将美味的发酵茶分批运送到可接受行驶半径内的所有城镇。更具体地说,只有在距离啤酒厂两小时车程的范围内,你才会进行送货;否则,汽油成本过高将使你无法继续生意。邻近县的一家杂货店对定期送货感兴趣。你的啤酒厂和那家商店之间的最快行驶时间是多少?

通常,可以通过在智能手机上搜索路线来获得答案,但我们假设现有的技术解决方案不可用(可能该地区很偏远,并且本地地图尚未录入在线数据库中)。换句话说,你需要自己创建一个智能工具来计算两地之间的路程时间。为此,你可以查阅当地的纸质地图。在地图上,有些城镇之间道路是曲折的,而有些城镇通过公路直接相连。方便的是,地图上清楚地说明了相连城镇之间的路程时间。我们可以使用无向图对这些连接进行建模。

假设一条道路连接两个城镇(Town 0 和 Town 1)。城镇之间的行驶时间为 20 分钟。让我们将这些信息记录在一个无向图中。首先,通过运行 nx.Graph() 在 NetworkX 中生成图。接下来,通过执行 G.add_edge(0,1) 向该图中添加一条无向边。最后,通过运行 G[0][1]['travel_time']=20 添加两地之间的车程时间作为插入边的属性(如代码清单 18-24 所示)。

代码清单 18-24　创建一个两节点无向图

```
G = nx.Graph()
G.add_edge(0, 1)
G[0][1]['travel_time'] = 20
```

旅行时间是边(0,1)的一个属性。假定边(i,j)存在属性 k，可通过运行 G[i][j][k]访问该属性，因此可以通过 G[0][1]['travel_time']来获取两地之间的旅行时间(如代码清单 18-25 所示)。在本例的无向图中，城镇之间的旅行时间不依赖方向，因此 G[1][0]['travel_time']也等于 20。

代码清单 18-25　检查图的边属性

```
for i, j in [(0, 1), (1, 0)]:
    travel_time = G[i][j]['travel_time']
    print(f"It takes {travel_time} minutes to drive from Town {i} to Town {j}.")

It takes 20 minutes to drive from Town 0 to Town 1.
It takes 20 minutes to drive from Town 1 to Town 0.
```

Town 1 和 Town 0 在地图上是相连的。然而，并非所有城镇都直接相连。想象另一个城镇 Town 2，它与 Town 1 相连，但不与 Town 0 相连。Town 0 和 Town 2 之间没有直接公路，但 Town 1 和 Town 2 之间有一条公路。在这条路上行驶的时间是 15 分钟。让我们将这个新连接添加到图中。通过执行 G.add_edge(1,2,travel_time=15)添加边和旅行时间，然后使用 nx.draw 对图进行可视化(如代码清单 18-26 所示)。通过将 with_labels=True 传递到 draw 函数中，可将可视化节点标签设置为节点 ID，如图 18-8 所示。

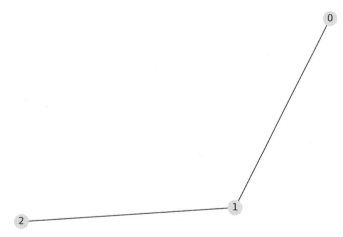

图 18-8　从 Town 0 经过 Town 1 到达 Town 2 的可视化路径

代码清单 18-26　可视化多个城镇之间的出行路径

```
np.random.seed(0)
G.add_edge(1, 2, travel_time=15)
nx.draw(G, with_labels=True, node_color='khaki')
plt.show()
```

从 Town 0 去 Town 2 需要先经过 Town 1。因此，总旅行时间等于 G[0][1]['travel_time'] 和 G[1][2] ['travel_time'] 之和。让我们计算这个总旅行时间(如代码清单 18-27 所示)。

代码清单 18-27　计算城镇之间的旅行时间

```
travel_time = sum(G[i][1]['travel_time'] for i in [0, 2])
print(f"It takes {travel_time} minutes to drive from Town 0 to Town 2.")

It takes 35 minutes to drive from Town 0 to Town 2.
```

我们计算了两个城镇之间最快的旅行时间。计算很简单，因为在 Town 0 和 Town 2 之间只有一条路线。然而，在现实生活中，各个城镇之间可能存在许多路线。优化多个城镇之间的驾驶时间并不是那么简单。为说明这一点，让我们构建一个图，其中包含分布在多个县城中的十多个城镇。在这个图模型中，当城镇位于不同的县城时，城镇之间的旅行时间会增加。我们将假设以下内容。

- 城镇位于 6 个不同的县。
- 每个县有 3~10 个镇。
- 一个县 90%的镇都有公路直接连接。两个镇之间的平均旅行时间为 20 分钟。
- 有 5%的镇可以跨越不同的县，直接相连。穿过一个县一般需要 45 分钟。

现在准备对该场景进行建模。然后会设计一个算法来计算这个复杂网络中任意两个城镇之间最快的旅行时间。

> **常用的 NetworkX 方法和属性分配**
> - G = nx.Graph()：初始化一个新无向图。
> - G.nodes[i]['attribute'] = x：将属性 x 分配给节点 i。
> - G[i][j]['attribute'] = x：将属性 x 分配给边(i, j)。

18.2.1　建立一个复杂的城镇交通网络模型

让我们从一个包含 5 个城镇的县开始建模(如代码清单 18-28 所示)。首先，在一个空图中插入 5 个节点。每个节点分配一个 county_id 属性 0，表示所有节点都属于同一个县。

代码清单 18-28　模拟同一县的 5 个镇

```
G = nx.Graph()
G.add_nodes_from((i, {'county_id': 0}) for i in range(5))
```

接下来，将在 5 个城镇之间随机创建道路，如图 18-9 和代码清单 18-29 所示。我们通过抛硬币的方式来决定如何随机创建道路，这是一枚有偏的硬币，有 90%的可能性出现正面向上。我们将对所有的两个城镇间的组合进行迭代，每当看到正面时，会在这对节点之间添加一条边。每条边的 travel_time 参数是通过从均值为 20 的正态分布中采样随机选择的。

> **注意**
> 正态分布是一种钟形曲线，通常用于分析概率和统计中的随机过程。有关该曲线的更详细讨论，请参阅第 6 章。

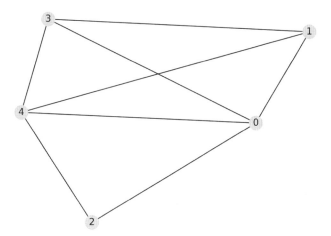

图 18-9 随机生成的 5 个城镇之间的道路网

代码清单 18-29 模拟随机县内道路

抛硬币来确定是否要插入边

```
import numpy as np
np.random.seed(0)

def add_random_edge(G, node1, node2, prob_road=0.9,
                    mean_drive_time=20):
    if np.random.binomial(1, prob_road):
        drive_time = np.random.normal(mean_drive_time)
        G.add_edge(node1, node2, travel_time=round(drive_time, 2))

nodes = list(G.nodes())
for node1 in nodes[:-1]:
    for node2 in nodes[node1 + 1:]:
        add_random_edge(G, node1, node2)


nx.draw(G, with_labels=True, node_color='khaki')
plt.show()
```

该函数试图在图 G 中的 node1 和 node2 之间生成一条随机边。边生成的概率为 prob_road。如果插入一条边,则会分配一个随机旅行时间属性。旅行时间是从均值为 mean_travel_time 的正态分布中选择的

从正态分布中选择旅行时间

我们已经连接了 County 0 中的大部分城镇。以同样的方式,可以为第二个县(County 1)随机生成道路和城镇(如代码清单 18-30 所示)。这里生成 County 1 并将结果存储在单独的图中,如图 18-10 所示。County 1 中的城镇数是 3~10 之间随机选择的值。

代码清单 18-30 模拟第二个县内的随机道路

```
np.random.seed(0)
def random_county(county_id):
    numTowns = np.random.randint(3, 10)
    G = nx.Graph()
    nodes = [(node_id, {'county_id': county_id})
             for node_id in range(numTowns)]
```

为随机的县生成图

从 3~10 的整数范围内随机选择县内的城镇数量

```
    G.add_nodes_from(nodes)
    for node1, _ in nodes[:-1]:
        for node2, _ in nodes[node1 + 1:]:
            add_random_edge(G, node1, node2)       ◄──────────   随机生成县内道路

    return G

G2 = random_county(1)
nx.draw(G2, with_labels=True, node_color='khaki')
plt.show()
```

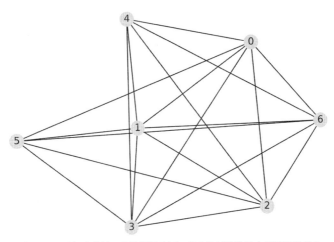

图 18-10　随机生成第二个县的道路网，县内的城镇数量也是随机选择的

　　目前，County 1 和 County 2 存储在两个单独的图中：G 和 G2。我们需要以某种方式将这些图组合在一起。由于 G 和 G2 中的节点有相同的 ID，因此对图的合并变得更困难。幸运的是，可以通过 nx.disjoint_union 函数完成这项工作，该函数将两个图作为输入：G 和 G2。然后它将每个节点 ID 重置为介于 0 和总节点数之间的唯一值。最后，它对两个图进行合并。先执行 nx.disjoint_union (G,G2)，然后绘制结果，如图 18-11 和代码清单 18-31 所示。

代码清单 18-31　对两个单独的图进行合并

```
np.random.seed(0)
G = nx.disjoint_union(G, G2)
nx.draw(G, with_labels=True, node_color='khaki')
plt.show()
```

　　两个县的交通图出现在同一张图中。图中的每个城镇都分配了一个唯一 ID。现在要在县之间随机生成道路，如图 18-12 和代码清单 18-32 所示。

图 18-11　将两个县的交通图进行合并

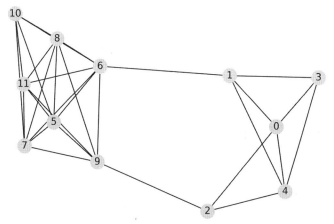

图 18-12　在两个县之间随机生成道路

我们迭代所有县之间的两两城镇(其中 G[n1]['county_id'] ! = G[n2]['county_id'])。对于每对节点，应用 add_random_edge 函数。边的生成概率为 0.05，平均旅行时间最高为 90 分钟。

代码清单 18-32　在县之间随机添加道路

在图G中为县ID不相同的节点之间随机添加边

```
np.random.seed(0)
def add_intercounty_edges(G):
    nodes = list(G.nodes(data=True))
    for node1, attributes1 in nodes[:-1]:
        county1 = attributes1['county_id']
        for node2, attributes2 in nodes[node1:]:
            if county1 != attributes2['county_id']:

                add_random_edge(G, node1, node2,
                                prob_road=0.05, mean_drive_time=45)
    return G
```

遍历每个节点及其关联属性

遍历尚未比较的节点对

尝试随机添加一个跨县的边

```
G = add_intercounty_edges(G)
np.random.seed(0)
nx.draw(G, with_labels=True, node_color='khaki')
```

我们已经成功地模拟了两个相互连接的县。现在准备模拟 6 个相互连接的县，如图 18-13 和代码清单 18-33 所示。

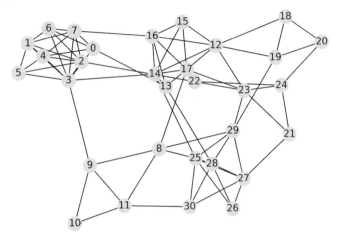

图 18-13 通过随机道路连接的 6 个县

代码清单 18-33 模拟 6 个互连的县

```
np.random.seed(1)
G = random_county(0)
for county_id in range(1, 6):
    G2 = random_county(county_id)
    G = nx.disjoint_union(G, G2)

G = add_intercounty_edges(G)
np.random.seed(1)
nx.draw(G, with_labels=True, node_color='khaki')
plt.show()
```

我们已经对六县图进行可视化，但要想在可视化图中区分每个县是很困难的。幸运的是，可以通过按县 ID 为每个节点进行着色来改进图。这样做需要我们修改 node_color 参数：传递一个颜色字符串列表，而不是一个单一的颜色字符串。列表中的第 i 个颜色将对应索引为 i 的节点颜色。代码清单 18-34 确保不同县的节点获得不同的颜色，相同的县节点将被分配相同的颜色，如图 18-14 所示。

代码清单 18-34 按照县对节点进行着色

```
np.random.seed(1)
county_colors = ['salmon', 'khaki', 'pink', 'beige', 'cyan', 'lavender']
county_ids = [G.nodes[n]['county_id']
              for n in G.nodes]
node_colors = [county_colors[id_]
               for id_ in county_ids]
```

```
nx.draw(G, with_labels=True, node_color=node_colors)
plt.show()
```

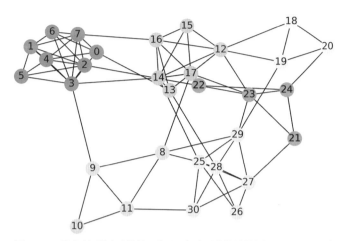

图 18-14　通过随机道路连接的 6 个县，每个县中的城镇根据县 ID 进行着色

各个县的交通图都清晰可见。大多数县在网络中形成了紧密的团块。稍后，将使用网络聚类技术自动提取这些团块。现在，把注意力集中在计算节点之间的最快旅行时间上。

常用的 NetworkX 图形可视化函数

- nx.draw(G)：绘制图 G。
- nx.draw(G, labels=True)：绘制图 G 时添加标签并将标签设定为节点 ID。
- nx.draw(G, labels=ids_to_labels)：绘制图 G 时添加标签。标签的内容由 ids_to_labels 字典决定，字典中将节点 ID 与相关的标签值进行映射。
- nx.draw(G, node_color=c)：绘制图 G 并将节点着色为颜色 c。
- nx.draw(G, node_color=ids_to_colors)：绘制图 G，节点的颜色由 ids_to_colors 字典决定，其中节点 ID 与相关颜色字符串进行映射。
- nx.draw(G, arrowsize=20)：绘制有向图 G，同时增加图的有向边的箭头大小。
- nx.draw(G, node_size=20)：绘制图 G，同时将节点大小从默认值 300 减少到 20。

18.2.2　计算节点之间的最快旅行时间

假设本例的啤酒厂位于 Town 0，而潜在客户位于 Town 30。现在要确定 Town 0 和 Town 30 之间的最短送货时间。在此过程中，需要计算 Town 0 和每个其他镇之间的最短送货时间。如何做到这一点？最初，我们所知道的只是 Town 0 和它自己之间的送货时间：0 分钟。让我们在一个 fastest_times 字典中记录这个送货时间(如代码清单 18-35 所示)。之后，用从 Town 0 到每个城镇的送货时间来填充这个字典。

代码清单 18-35　记录已知的最快送货时间

```
fastest_times = {0: 0}
```

接下来，可以回答一个简单的问题：Town 0 与其相邻城镇之间已知的送货距离是多少？这种情况下，我们将相邻的城镇定义为与 Town 0 有道路连通的城镇。在 NetworkX 中，可以通过执行 Gneighbors(0)获得 Town 0 的所有相邻城镇(如代码清单 18-36 所示)。该方法返回连接到节点 0 的所有节点 ID。或者，可以通过 G[0]来访问相邻的城镇。这里输出所有相邻城镇的 ID。

代码清单 18-36　获取 Town 0 的相邻城镇 ID

```
neighbors = list(G.neighbors(0))
assert list(neighbors) == list(G[0])
print(f"The following towns connect directly with Town 0:\n{neighbors}")

The following towns connect directly with Town 0:
[3, 4, 6, 7, 13]
```

现在，记录 Town 0 与其 5 个相邻城镇之间的送货时间并使用这些时间更新 fastest_times(如代码清单 18-37 所示)。此外，对送货时间进行排序，为后续分析做准备。

代码清单 18-37　跟踪前往相邻城镇的送货时间

```
time_to_neighbor = {n: G[0][n]['travel_time'] for n in neighbors}
fastest_times.update(time_to_neighbor)
for neighbor, travel_time in sorted(time_to_neighbor.items(),
                                    key=lambda x: x[1]):
    print(f"It takes {travel_time} minutes to drive from Town 0 to Town "
        f"{neighbor}.")

It takes 18.04 minutes to drive from Town 0 to Town 7.
It takes 18.4 minutes to drive from Town 0 to Town 3.
It takes 18.52 minutes to drive from Town 0 to Town 4.
It takes 20.26 minutes to drive from Town 0 to Town 6.
It takes 44.75 minutes to drive from Town 0 to Town 13.
```

从 Town 0 到 Town 13 大约需要 45 分钟的车程。这是这两个镇之间最快的送货时间吗？不一定。如果通过另一个城镇进行中转，也许可以更快到达目的地，如图 18-15 所示。

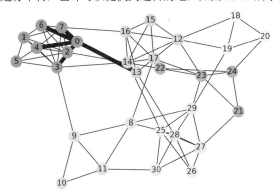

图 18-15　将 Town 0 与其相邻城镇连接起来的道路以黑粗线条突出显示。这 5 条路线的送货时间是已知的。可能存在更快的送货路线，但这些路线需要到其他城镇中转

举个例子，假设先到达 Town 7，这是距离 Town 0 最近的城镇，开车只需要 18 分钟的时间。如果 Town 7 和 Town 13 之间存在道路，并且可以将开车时间控制在 27 分钟之内，那么就找到了一条更快的送货路线。我们也可以将这个逻辑应用到 Town 3、Town 4 和 Town 6 上。首先查看 Town 7 的相邻城镇，研究是否可以缩短从 Town 0 到 Town 13 所需的时间。我们将按照如下方法进行计算。

(1) 获得 Town 7 的所有相邻城镇。

(2) 计算 Town 7 到相邻城镇 Town N 的开车时间。

(3) 在上一步得到的行程时间上再加上 18.04 分钟。这样将得到从 Town 0 出发经过 Town 7 到达 Town N 所需的时间。

(4) 如果 N 存在于 fastest_times 中，则比较通过 Town 7 中转的时间是否比 fastest_times[N] 少。如果经过 Town 7 所用的总时间更短，那么就对 fastest_times 进行更新并打印最快的送货时间。

(5) 如果 N 没有出现在 fastest_times 中，则使用步骤(3)中计算的送货时间更新该字典。这表示 Town 0 和 Town N 在没有直接道路连接的情况下所需的送货时间。

上述内容可以通过代码清单 18-38 实现。

代码清单 18-38　寻找途经 Town 7 的捷径

Town 0 和 Town town_id 之间的行程时间

检查通过绕行 Town town_id 是否改变了从 Town 0 到其他城镇的已知的最快送货时间

从 Town 0 到 Town town_id 的一个相邻城镇的时间

检查是否可以通过在其他城镇中转减少已知的从 Town 0 到 Town N 的时间

记录从 Town 0 到 Town N 的已知的最快送货时间

检查除最初出现在字典中的 6 个城镇外，还有多少新城镇被添加到 fastest_times 中

```python
def examine_detour(town_id):
    detour_found = False

    travel_time = fastest_times[town_id]
    for n in G[town_id]:
        detour_time = travel_time + G[town_id][n]['travel_time']
        if n in fastest_times:
            if detour_time < fastest_times[n]:
                detour_found = True
                print(f"A detour through Town {town_id} reduces "
                    f"travel-time to Town {n} from "
                    f"{fastest_times[n]:.2f} to "
                    f"{detour_time:.2f} minutes.")
                fastest_times[n] = detour_time

        else:
            fastest_times[n] = detour_time

    return detour_found

if not examine_detour(7):
    print("No detours were found.")

addedTowns = len(fastest_times) - 6
print(f"We've computed travel-times to {addedTowns} additional towns.")

No detours were found.
We've computed travel-times to 3 additional towns.
```

我们知道了从 Town 0 前往另外 3 个新城镇的送货时间，但没有找到前往 Town 0 的 "邻居" 的任何更快的路径。不过，这些更快的路径可能是存在的。让我们选择另一个可行的路径。刚才查看了途经 Town 0 的相邻城镇 Town 7，现在查看途经与 Town 0 相邻的其他城镇的情况。我们将通过如下步骤完成检查任务。

(1) 将 Town 0 和 Town 7 的相邻城镇合并成一个路径候选池。注意，Town 0 和 Town 7 都将出现在该候选池中，因此需要进行下一步操作。

(2) 将 Town 0 和 Town 7 从候选池中移除，剩下的城镇都是没有被探索过的。

(3) 选择一个未探索过的城镇，找出已知的从这个城镇到 Town 0 的时间。

现在执行这些步骤，使用图 18-16 中所示的逻辑来选择下一个中转站(如代码清单 18-39 所示)。

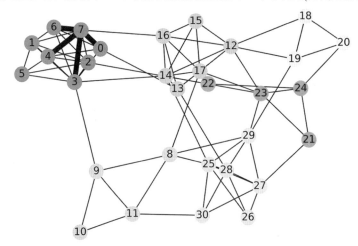

图 18-16　通过 Town 7 可以到达 Town 0 的邻镇的路径在图中被突出显示。经过 Town 7 的中转并没有减少送货时间，
也许通过 Town 3 进行中转会获得更好的结果

代码清单 18-39　选择另外一个中转站

从候选集中删除所有以前检查过的城镇

路径候选池结合了 Town 0 和 Town 7 的相邻城镇。注意，这两个城镇彼此相邻。因此，需要将它们从候选集中删除

```
candidate_pool = set(G[0]) | set(G[7])
examinedTowns = {0, 7}
unexaminedTowns = candidate_pool - examinedTowns
detour_candidate = min(unexaminedTowns,
                       key=lambda x: fastest_times[x])
travel_time = fastest_times[detour_candidate]
print(f"Our next detour candidate is Town {detour_candidate}, "
      f"which is located {travel_time} minutes from Town 0.")
```

从路径候选池中选择一个已知的可以最快到达 Town 0 的路径

```
Our next detour candidate is Town 3, which is located 18.4 minutes from Town 0.
```

要检查的下一个中转城镇是 Town 3。如代码清单 18-40 所示，我们检查了途经 Town 3 的路线：检查这个城镇的相邻城镇可能会发现新的、未经检查的城镇。这里将所有这样的城镇插入 unexaminedTowns 中，这将允许我们对剩余的途经候选城镇进行进一步的分析。注意，对这些候选城镇检查后，需要将 Town 3 从 unexaminedTowns 转移到 examinedTowns 中。

代码清单 18-40　寻找途经 Town 3 的最快路线

```
if not examine_detour(detour_candidate):
    print("No detours were found.")
```

检查 Town 3，从而寻找可能的路径

```
def new_neighbors(town_id):
    return set(G[town_id]) - examinedTowns
```

这个辅助函数获取尚未包含在路径候选集中的 Town 3 的相邻城镇

```
def shift_to_examined(town_id):
    unexaminedTowns.remove(town_id)
    examinedTowns.add(town_id)
```

在检查完成后，这个辅助函数将 Town 3 移到 examinedTowns 中

```
unexaminedTowns.update(new_neighbors(detour_candidate))
shift_to_examined(detour_candidate)
num_candidates = len(unexaminedTowns)
print(f"{num_candidates} detour candidates remain.")
```

```
No detours were found.
9 detour candidates remain.
```

与之前一样，没有发现任何更快的路径。然而，在 unexaminedTowns 集合中仍有 9 个路线候选。让我们对它们进行检查。代码清单 18-41 将通过迭代的方式执行以下操作。

(1) 选择一个已知其到达 Town 0 最快时间的未检查过的城镇。

(2) 使用 examine_detour 函数检查那个城镇是否存在捷径。

(3) 将该城镇的 ID 从 unexaminedTowns 转移到 examinedTowns。

(4) 如果还有其他未检查过的城镇，重复步骤(1)；否则终止。

代码清单 18-41　检查每个城镇以寻找更快的路径

迭代继续，直到检查了
每个可能存在的城镇

根据到 Town 0 的最快送货
时间选择新候选路径

```
while unexaminedTowns:
    detour_candidate = min(unexaminedTowns,
                    key=lambda x: fastest_times[x])
    examine_detour(detour_candidate)
    shift_to_examined(detour_candidate)
    unexaminedTowns.update(new_neighbors(detour_candidate))
```

对候选路径进行检查，
从而发现捷径

将候选路径中以前未见
过的相邻城镇添加到
unexaminedTowns 中

```
A detour through Town 14 reduces travel-time to Town 15 from 83.25 to 82.27
    minutes.
A detour through Town 22 reduces travel-time to Town 23 from 111.21 to 102.38
    minutes.
A detour through Town 28 reduces travel-time to Town 29 from 127.60 to 108.46
    minutes.
A detour through Town 28 reduces travel-time to Town 30 from 126.46 to 109.61
    minutes.
A detour through Town 19 reduces travel-time to Town 20 from 148.03 to 131.23
    minutes.
```

从 unexaminedTowns 中
删除候选路径

我们检查了到每个城镇的送货时间，发现了 5 条可能的捷径。其中两条捷径是通过 Town 28 进行中转：它们将从 Town 0 到 Town 29 和 Town 30 的送货时间从 2.1 小时缩短到 1.8 小时，因此这两个镇都在康普茶啤酒厂可配送的范围内。

距离 Town 0 不到两小时车程还有哪些城镇？让我们通过代码清单 18-42 进行了解。

代码清单 18-42   计算两小时车程范围内的所有城镇

```
closeTowns = {town for town, drive_time in fastest_times.items()
              if drive_time <= 2 * 60}

num_closeTowns = len(closeTowns)
totalTowns = len(G.nodes)
print(f"{num_closeTowns} of our {totalTowns} towns are within two "
    "hours of our brewery.")

29 of our 31 towns are within two hours of our brewery.
```

除了两个城镇外，所有其他城镇都距离啤酒厂不到两小时车程。我们已经通过寻找最短路径解决了这个问题。这个问题适用于边包含数值属性(称为边权重)的图。此外，图中为到达目的地而穿越的一系列节点组合在一起称为路径。每条路径都遍历一系列边。该序列中边权重的总和称为路径长度。该问题要求我们计算节点 N 和图中每个节点之间的最短路径长度。如果所有的边权重都是正的，那么可以像下面这样计算路径长度。

(1) 创建一个最短路径长度字典，最初该字典等于{N:0}。

(2) 创建一个检查后的节点集合，最初该集合为空。

(3) 创建一个我们打算检查的节点集合，最初它只包含 N。

(4) 从未检查的节点集合中将未检查的节点 U 删除。我们选择一个 U，其到 N 的路径长度最小。

(5) 获取 U 的所有相邻节点。

(6) 计算每个相邻节点和 N 之间的路径长度并相应地更新最短路径长度字典。

(7) 将所有尚未检查的相邻节点添加到未检查节点的集合中。

(8) 将 U 添加到已检查的节点集合中。

(9) 如果仍有未被检查的节点，重复步骤(4)；否则终止。

这种最短路径长度算法包含在 NetworkX 中。给定具有边权重属性的图 G，可以通过运行 nx.shortest_path_length(G,weight='weight',source=N)来计算从节点 N 开始的所有最短路径长度。这里利用 shortest_path_length 函数来计算 fastest_times(如代码清单 18-43 所示)。

代码清单 18-43   使用 NetworkX 计算最短路径长度

```
shortest_lengths = nx.shortest_path_length(G, weight='travel_time',
                                           source=0)
for town, path_length in shortest_lengths.items():
    assert fastest_times[town] == path_length
```

这个最短路径长度算法实际上并没有返回最短路径。然而，在现实世界中，我们想知道实现节点之间最短距离的路径。例如，仅知道 Town 0 和 Town 30 之间的最快旅行时间是不够的，还需要知道在两小时内到达那里的行车路线。幸运的是，最短路径长度算法可以很容易地修改，从而跟踪最短路径。我们需要做的就是添加一个字典结构来跟踪节点之间的中转。遍历节点的实际顺序可以用列表表示。为简洁起见，我们使用内置函数来完成，但也鼓励你自己编写最短路径函数并将其输出结果与内置的 NetworkX shortest_path 函数进行比较。调用 nx.shortest_path_length(G,weight='weight', source=N)可以计算从节点 N 到 G 中每个节点的所有最短路径。因此，执行 nx.shortest_path(G,weight='travel_time',source=0)[30]应该返回 Town 0 到 Town 30 的最快旅行路线(如代码清单 18-44 所示)。现在准备打印这条路线，该路线也显示在图 18-17 中。

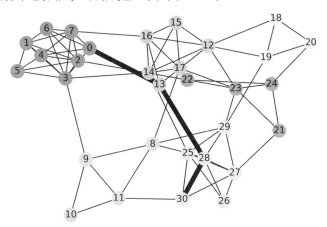

图 18-17　通过黑粗线表示 Town 0 和 Town 30 之间的最短路径。它从 Town 0 出发，途经 Town 13，然后再到 Town 28，最后到达 Town 30。值得注意的是图中存在替代路径：例如可以从 Town 13 到 Town 25，最后到达 Town 30。但是，突出显示的路径可以保证具有最短的路径长度

代码清单 18-44　使用 NetworkX 计算最短路径

```
shortest_path = nx.shortest_path(G, weight='travel_time', source=0)[30]
print(shortest_path)

[0, 13, 28, 30]
```

如果从 Town 0 出发，途经 Town 13，然后再到 Town28，最后到达 Town 30，那么驾驶时间将最短。我们预计行驶时间等于 fast_times[30]。这里通过代码清单 18-45 进行确认。

代码清单 18-45　验证最短路径的长度

```
travel_time = 0
for i, town_a in enumerate(shortest_path[:-1]):
    town_b = shortest_path[i + 1]
    travel_time += G[town_a][town_b]['travel_time']

print("The fastest travel time between Town 0 and Town 30 is "
      f"{travel_time} minutes.")
assert travel_time == fastest_times[30]

The fastest travel time between Town 0 and Town 30 is 109.61 minutes.
```

基本网络理论使我们能够优化地理位置之间的旅行路径。第 19 章将在该理论的基础上开发更先进的解决方案。更准确地说，我们模拟了城镇网络中的交通流量。该模拟将使我们能够发现图中的中心城镇。稍后将使用这些交通模拟将城镇聚类为不同的县并说明如何使用这种聚类技术来识别社交图中的朋友群。

> **常用的 NetworkX 路径相关技术**
> - G.neighbors(i)：返回节点 i 的所有相邻节点。
> - G[i]：返回节点 i 的所有相邻节点。
> - G[i][j]['weight']：返回相邻节点 i 和 j 之间的单个转移路径的长度。
> - nx.shortest_path_length(G, weight='weight', source=N)：返回从节点 N 到图中所有可访问节点的最短路径长度字典。weight 属性用于测量路径长度。
> - nx.shortest_path(G, weight='weight', source=N)：返回从节点 N 到图中所有可访问节点的最短路径字典。

18.3　本章小结

- 网络理论主要研究物体之间的联系。物体及其分散的连接的集合称为网络或图。这些物体称为节点，连接称为边。
- 如果一条边有一个特定的方向，则它被称为有向边。具有有向边的图称为有向图。如果一个图是无向的，则称它为无向图。
- 可以将一个图表示为一个二进制矩阵 M，其中如果在节点 i 和节点 j 之间存在一条边，则 M[i][j] = 1。这种图的矩阵表示称为邻接矩阵。
- 在有向图中，可以计算每个节点的入站边和出站边。入站边的数量称为入度，出站边的数量称为出度。在某些图中，入度用来度量节点的受欢迎程度。可以通过对邻接矩阵中的行求和来计算入度。
- 可以用图论来优化节点之间的路径。从一个节点出发，通过一系列的节点中转到达目的地，这些节点形成一条路径。如果每条边都赋值一个数值属性，则长度可以与该路径关联。这个数值属性称为边权重。路径中各节点序列的边权重之和称为路径长度。最短路径长度问题研究的是如何将从节点 N 出发到图中所有其他节点的路径长度最小化。如果边权重为正，则可以通过算法将路径长度最小化。

第19章

用于节点排名和社交网络分析的动态图论技术

本章主要内容

- 探索网络中的中心位置
- 对网络中的连接进行聚类
- 了解社交图分析

第 18 章中研究了几种类型的图。我们检查了通过定向链接连接的网页以及跨越多个县的道路网络。在分析中,主要将网络视为固定的静态对象,将相邻节点视为照片中的静止云朵。在现实生活中,云一直在移动,许多网络也是如此。大多数网络都在不断地快速活动。汽车在道路网络中行驶,导致热点城镇附近的交通拥堵。同样,随着数十亿用户浏览众多网络链接,网络流量在互联网上流动。我们的社交网络也随着八卦、谣言以及其他信息在朋友的圈子中传播而变得更活跃。了解这种动态过程可以帮助以自动的方式发现朋友群,而了解流量可以帮助我们识别互联网上访问量最大的网页。这种动态网络活动的建模对于许多大型技术组织的功能至关重要。事实上,本章介绍的一种建模方法促成了一家价值万亿美元的公司的诞生。

图中的(人、车等)动态流是一个固有的随机过程,因此可以使用类似于第 3 章中介绍的随机模拟来研究它。本章的前半部分利用随机模拟来研究汽车的交通流,然后尝试使用矩阵乘法更有效地计算交通流量概率。之后,使用矩阵分析来发现交通繁忙的社区聚类,然后应用聚类技术来发现社交网络中的朋友群。

让我们从发现交通繁忙城镇的简单问题开始。

19.1　根据网络中的预期流量发现中心节点

第 18 章中模拟了连接 6 个不同县的 31 个城镇的道路网络,如图 19-1 所示。我们将这个网络存储在一个名为 G 的图中,目标是优化 31 个城镇的商品配送时间。让我们进一步探讨这个场景。

假设现在业务以惊人的速度增长。我们希望通过在用 Gnodes 表示的当地城镇张贴广告来扩大客户群。为最大化广告牌的曝光率，我们将选择交通最繁忙的城镇。一般来讲，交通的繁忙程度是由每天通过城镇的汽车数量决定的。可以根据预期的每日流量对 Gnodes 中的 31 个城镇进行排名吗？当然可以。通过使用简单的模型，可以根据城镇之间的道路网络预测交通流量。稍后，将扩展这些交通流量技术，从而实现对当地县的自动识别。

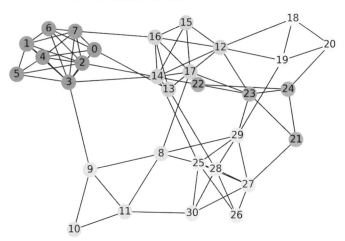

图 19-1 第 18 章的模拟节点网络，它存储在图 G 中。道路连接了分布在 6 个县的 31 个城镇。每个城镇都根据其县 ID 进行着色

我们需要一种根据预期流量对城镇进行排名的方法。可以简单地计算每个城镇的进城道路：有 5 条道路的城镇可以接收来自 5 个不同方向的交通流量，而只有一条道路的城镇的交通流量较为有限。道路计数类似于在第 18 章中介绍的网站入度排名。注意，节点的入度是指向节点的有向边的数量。然而，与网站图不同，道路网络是无向的：入站边和出站边之间没有区别。因此，节点的入度和出度之间没有区别，这两个值相等。无向图中节点的边数简称为节点的度。可以通过对图的邻接矩阵的第 i 列求和来计算任何节点 i 的度，也可以通过运行 len(Gnodes[i]) 来测量度。我们还可以通过调用 G.degree(i) 来利用 NetworkX 的 degree 方法。这里使用所有这些技术来统计通过 Town 0 的道路(如代码清单 19-1 所示)。

代码清单 19-1 计算单个节点的度

```
adjacency_matrix = nx.to_numpy_array(G)
degree_town_0 = adjacency_matrix[:,0].sum()
assert degree_town_0 == len(G[0])
assert degree_town_0 == G.degree(0)
print(f"Town 0 is connected by {degree_town_0:.0f} roads.")

Town 0 is connected by 5 roads.
```

通过利用节点的度，我们根据重要性对节点进行排名。在图论中，对节点重要性的度量通常称为节点中心性，根据节点的度排名的重要性称为中心度。我们现在选择 G 里面中心度最高的节点：这个中心节点将作为放置广告牌的初始选择，如图 19-2 和代码清单 19-2 所示。

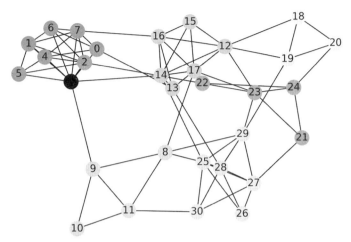

图 19-2　不同城镇之间的道路网。Town 3 中心度最高，使用黑色圆点表示

代码清单 19-2　使用中心度选择中心节点

```
np.random.seed(1)
central_town = adjacency_matrix.sum(axis=0).argmax()
degree = G.degree(central_town)
print(f"Town {central_town} is our most central town. It has {degree} "
      "connecting roads.")
node_colors[central_town] = 'k'
nx.draw(G, with_labels=True, node_color=node_colors)
plt.show()
```

```
Town 3 is our most central town. It has 9 connecting roads.
```

Town 3 是最中心的镇。道路将它与 9 个不同的城镇和 3 个不同的县连接起来。Town 3 和第二大中心镇相比怎么样？让我们找到图 G 里面中心度第二高的城镇(如代码清单 19-3 所示)。

代码清单 19-3　选择中心度第二高的节点

```
second_town = sorted(G.nodes, key=lambda x: G.degree(x), reverse=True)[1]
second_degree = G.degree(second_town)
print(f"Town {second_town} has {second_degree} connecting roads.")
```

```
Town 12 has 8 connecting roads.
```

Town 12 有 8 条连接道路，仅比 Town 3 少一条道路。如果这两个城镇的度相等，我们会怎么做？让我们试着找出答案。在图 19-2 中，可看到一条连接 Town 3 和 Town 9 的道路。假设这条道路因年久失修而封闭。封闭该道路将需要删除 G 中的一条边。如代码清单 19-4 所示，使用 G.remove_edge(3,9)删除节点 3 和 9 之间的边，因此 Town 3 的度目前等于 Town 12 的度。此外，还有其他重要的网络结构变化。这里通过图 19-3 将这些变化显示出来。

代码清单 19-4　从最中心节点删除一条边

```
np.random.seed(1)
```

```
G.remove_edge(3, 9)
assert G.degree(3) == G.degree(12)
nx.draw(G, with_labels=True, node_color=node_colors)
plt.show()
```
⟵ 删除边后，Town 3 和 Town 12 具有
相同的中心度

　　道路的拆除部分隔离了 Town 3 及其邻近的城镇。Town 3 位于编号为 County 0 的县中，这个县包括 Town 0 到 Town 7。以前，一条穿过 Town 3 的道路将编号为 County 0 的县与编号为 County 1 的县相连，现在这条路已经被封闭，因此 Town 3 比以前更难到达。这与 Town 12 形成对比，Town 12 仍然与多个来自不同县的城镇相邻并保持连通。

　　现在 Town 3 的中心性低于 Town 12 的中心性，但这两个城镇的中心度依旧相等。我们暴露了中心度的一个重大缺陷：如果道路没有通向任何重要的城镇，那么这些道路也就无关紧要。

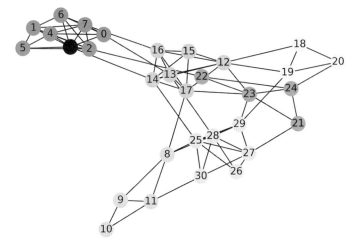

图 19-3　封闭一条道路后的不同城镇之间的道路网络。Town 3 和 Town 12 的中心度依旧相同。即便如此，Town 12 在图中似乎处于更中心的位置。它所在的县与多个其他县接壤。与此同时，道路封闭使 Town 3 与部分外界城镇隔绝

　　假设一个城镇有 1 000 条路，所有的路都通向死胡同。同时想象一个只有 4 条路的城镇，但每条路都通向一个大城市。我们预计第二个城市的交通会比第一个城市拥堵，尽管两个城市在度上有极大的差异。同样，我们预计 Town 12 将比 Town 3 具有更大的交通流量，即使它们的度是一样的。事实上，可以使用随机模拟来量化这些差异。接下来通过模拟城镇之间的交通流量来计算城镇中心性。

使用交通模拟测量中心性

　　我们准备模拟道路网络中的交通流量，让 20 000 辆模拟汽车在 31 个城镇中随机行驶。然而，首先需要模拟一辆车的随机路径(如代码清单 19-5 所示)。汽车将在一个随机的城镇 i 开始它的旅程，然后司机将随机选择其中一条 G.degree(i) 道路，这条道路穿过城镇并访问 i 的随机邻近城镇。接下来，将选择另一条随机道路。这个过程将重复进行，直到汽车驶过 10 个城镇。让我们定义一个 random_drive 函数在图 G 上运行这个模拟过程，该函数将返回汽车的最终位置。

注意

在图论中，这种节点之间的随机遍历称为随机漫步。

代码清单 19-5　模拟一辆汽车的随机路线

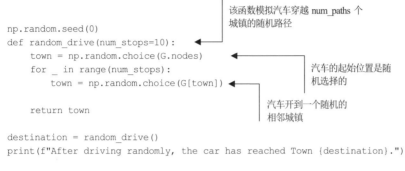

该函数模拟汽车穿越 num_paths 个
城镇的随机路径

```
np.random.seed(0)
def random_drive(num_stops=10):
    town = np.random.choice(G.nodes)
    for _ in range(num_stops):
        town = np.random.choice(G[town])

    return town
```

汽车的起始位置是随
机选择的

汽车开到一个随机的
相邻城镇

```
destination = random_drive()
print(f"After driving randomly, the car has reached Town {destination}.")
```

```
After driving randomly, the car has reached Town 24.
```

代码清单 19-6 用 20 000 辆汽车重复了这个模拟并计算了 31 个城镇中每个城镇的汽车数量。汽车数量代表了每个城镇的交通量。我们打印到访量最大城镇的交通情况，同时还对 20 000 次迭代进行计时，从而了解与交通模拟相关的运行时间成本。

注意

我们对模拟过程作了极大的简化。在现实生活中，人们不会随意从一个城镇开车到另一个城镇：某些地区的交通量很大，因为它们位于人们必须经常去的地点，在那里可以找到很多住房、就业机会、商店等。但是简化没有坏处。我们的模型不只是适用于汽车交通。它可以应用于网络流量，也可以应用于社交互动流。稍后，我们会将分析扩展到其他类别的图——如果不对模型进行简化处理，这种扩展是不可能的。

代码清单 19-6　使用 20 000 辆汽车模拟交通流量

```
import time
np.random.seed(0)
car_counts = np.zeros(len(G.nodes))
num_cars = 20000
```

将流量计数存储在数组中而不是字典
中，以便在后续代码中更容易对这些计
数进行向量化

```
start_time = time.time()
for _ in range(num_cars):
    destination = random_drive()
    car_counts[destination] += 1

central_town = car_counts.argmax()
traffic = car_counts[central_town]
running_time = time.time() - start_time
print(f"We ran a {running_time:.2f} second simulation.")
print(f"Town {central_town} has the most traffic.")
print(f"There are {traffic:.0f} cars in that town.")
```

```
We ran a 3.47 second simulation.
Town 12 has the most traffic.
```

```
There are 1015 cars in that town.
```

Town 12 的车流量最多，有超过 1 000 辆汽车经过。这并不奇怪，因为 Town 12 和 Town 3 具有最高的中心度。根据之前的讨论，我们还预计 Town 12 的交通量会比 Town 3 大。让我们通过代码清单 19-7 进行确认。

代码清单 19-7　检查 Town 3 的交通流量

```
print(f"There are {car_counts[3]:.0f} cars in Town 3.")
```

```
There are 934 cars in Town 3.
```

我们的预测得到验证。Town 3 的汽车不到 1 000 辆。我们应该注意，比较汽车数量可能很麻烦，尤其是当 num_cars 很大时。因此，最好用汽车最终选择该城镇结束旅行的概率替代最终选择该城镇结束旅行的汽车数量。如果执行 car_counts/num_cars，将得到一个概率数组：第 i 个概率等于一辆随机行驶的汽车在 Town i 结束行程的可能性。让我们打印 Town 12 和 Town 3 的相关概率(如代码清单 19-8 所示)。

代码清单 19-8　计算汽车在 Town 12 和 Town 3 结束旅行的概率

```
probabilities = car_counts / num_cars
for i in [12, 3]:
    prob = probabilities[i]
    print(f"The probability of winding up in Town {i} is {prob:.3f}.")
```

```
The probability of winding up in Town 12 is 0.051.
The probability of winding up in Town 3 is 0.047.
```

根据随机模拟结果，我们将有 5.1%的可能在 Town 12 中结束行程，而 Town 3 只有 4.7%。因此，这里已经证明了与 Town 3 相比，Town 12 更像是中心城市。遗憾的是，模拟过程很慢，无法很好地扩展到更大的图。

注意

我们的模拟运行了 3.47 秒。这似乎是一个合理的运行时间，但更大的图将需要更多的模拟时间来估计交通概率。这是由第 4 章中介绍的大数定律决定的，拥有 1 000 倍以上节点的图需要 1 000 倍以上的模拟时间，这将使运行时间增加到大约 1 小时。

可以在不模拟 20 000 辆汽车的流量的情况下直接计算这些概率吗？答案是肯定的，19.2 节将展示如何使用简单的矩阵乘法计算交通概率。

19.2　使用矩阵乘法计算交通概率

前述的交通模拟可以使用矩阵和向量进行数学建模。我们将把这个过程分解成简单的可管理的部分。例如，假设有一辆即将离开 Town 0 前往相邻城镇的汽车。它有 Gdegree(0)个邻近城镇可供选择，因此从 Town 0 开车到任何邻近城镇的概率为 1/Gdegree(0)。让我们通过代码清单 19-9 计算这个概率。

代码清单 19-9 计算前往邻近城镇的概率

```
num_neighbors = G.degree(0)
prob_travel = 1 / num_neighbors
print("The probability of traveling from Town 0 to one of its "
      f"{G.degree(0)} neighboring towns is {prob_travel}")

The probability of traveling from Town 0 to one of its
5 neighboring towns is 0.2
```

如果从 Town 0 出发，并且 Town i 是邻近城镇，我们有 20%的机会从 Town 0 开往 Town i。当然，如果 Town i 不是相邻城镇，则概率下降到 0.0。可以使用向量 v 跟踪每个可能的 i 的概率。如果 i 在 G[0]中，则 v[i]的值将等于 0.2，否则为 0。向量 v 被称为转移向量，因为它跟踪从 Town 0 开往其他城镇的概率。有多种计算转移向量的方法。

- 运行 np.array([0.2 if i in G[0] else 0 for i in G.nodes])。如果 i 在 G[0]中，则第 i 个元素将等于 0.2，否则为 0。
- 运行 np.array([1 if i in G[0] else 0 for i in G.nodes]) * 0.2。这里只是简单地将 0.2 乘以二进制向量，这个向量跟踪连接到 G[0]的边是否存在。
- 运行 M[:, 0] * 0.2，其中 M 为邻接矩阵。每个邻接矩阵的列跟踪节点之间的边是否存在，因此 M 的第 0 列将等于前面例子中的数组。

第三种计算是最简单的，0.2 等于 1/G.degree(0)。正如在本章开始时讨论的，度也可以通过邻接矩阵的列的累加来计算。因此，也可以通过运行 M[:, 0] / M[:, 0].sum()来计算转移向量。代码清单 19-10 使用上面列出的所有方法计算转移向量。

注意

目前，邻接矩阵 M 与 adjacency_matrix 变量一起存储。但是，该矩阵没有考虑 Town 3 和 Town 9 之间已删除的边，因此通过运行 adjacency_matrix = nx.to_numpy_array(G)重新计算矩阵。

代码清单 19-10 计算转移向量

```
transition_vector = np.array([0.2 if i in G[0] else 0 for i in G.nodes])

adjacency_matrix = nx.to_numpy_array(G)              ◄──────  考虑到之前的边删除操作而
v2 = np.array([1 if i in G[0] else 0 for i in G.nodes]) * 0.2    重新计算邻接矩阵
v3 = adjacency_matrix[:,0] * 0.2
v4 = adjacency_matrix[:,0] / adjacency_matrix[:,0].sum()  ◄──  直接从邻接矩阵列计算转移
                                                              向量
for v in [v2, v3, v4]:
    assert np.array_equal(transition_vector, v)      ◄──────  所有 4 种计算转移向量的方
                                                              法都得到相同的结果
print(transition_vector)

[0. 0. 0. 0.2 0.2 0. 0.2 0.2 0. 0. 0. 0. 0. 0.2 0. 0. 0.
 0. 0. 0. 0. 0. 0. 0. 0. ]
```

可以通过运行 M[:,i]/M[:,i].sum()来计算任何 Town i 的转移向量，其中 M 是邻接矩阵。此外，

可以通过运行 M/M.sum(axis=0)一次计算所有这些向量。该操作将邻接矩阵的每一列除以相关的度。最终结果是一个矩阵，它的列对应转移向量。如图 19-4 所示的矩阵被称为转移矩阵。它通常也被称为马尔可夫矩阵，这是以研究随机过程的俄罗斯数学家安德烈·马尔可夫(Andrey Markov)的名字命名的。如代码清单 19-11 所示，我们现在计算转移矩阵：预计第 0 列的输出结果应该等于 Town 0 的 transition_vector。

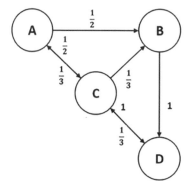 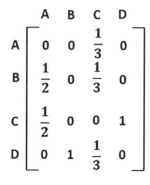

图 19-4　如果 M 是邻接矩阵，则 M/M.sum(axis=0)等于转移矩阵，即使邻接矩阵是有向的。该图显示了一个有向图，在边上面标记转移概率。这些概率也显示在等于 M/M.sum(axis=0)的矩阵中。矩阵中的每一列都是一个转移向量，其概率总和为 1.0。如矩阵所示，从 A 到 C 的概率是 1/2，从 C 到 A 的概率是 1/3

代码清单 19-11　计算转移矩阵

```
transition_matrix = adjacency_matrix / adjacency_matrix.sum(axis=0)
assert np.array_equal(transition_vector, transition_matrix[:,0])
```

通过利用转移矩阵，我们用几行代码即可计算到每个城镇的旅行概率。如果想知道经过 10 次中转最终停靠在 Town i 的概率，那么只需要执行以下操作。

(1) 初始化一个向量 v，其中 v 等于 np.ones(31)/31。

(2) 在 10 次迭代后，将 v 更新为 transition_matrix @ v。

(3) 返回 v[i]。

稍后会从头开始对这个性质进行推导。现在，通过使用矩阵乘法计算 Town 12 和 Town 3 的旅行概率来证明我们的观点。根据之前的观察，我们预计这些概率等于 0.051 和 0.047(如代码清单 19-12 所示)。

代码清单 19-12　使用转移矩阵计算旅行概率

```
v = np.ones(31) / 31
for _ in range(10):
    v = transition_matrix @ v

for i in [12, 3]:
    print(f"The probability of winding up in Town {i} is {v[i]:.3f}.")

The probability of winding up in Town 12 is 0.051.
The probability of winding up in Town 3 is 0.047.
```

我们的预测得到了证实。

可以用一系列矩阵乘法来模拟交通流量。这些乘法是 PageRank 中心性的基础，该中心性是史上最有利可图的节点重要性度量。PageRank 中心性是由 Google 的创始人发明的；他们利用它将用户的线上旅程建模为在互联网图中的一系列随机点击并对网页进行排名。这些页面点击类似于汽车驶过随机选择的城镇。更受欢迎的网页有更高的访问可能性。这种洞察力使 Google 能够以完全自动化的方式发现相关网站。因此，Google 能够超越竞争对手，成为一家价值万亿美元的公司。有时，数据科学可以带来非常丰厚的回报。

PageRank 中心性易于计算却不易于推导。尽管如此，运用基本的概率理论，可以演示为什么重复的 transition_matrix 乘法可直接生成旅行概率。

注意

如果你对 PageRank 中心性推导不感兴趣，请直接跳到 19.2.2 节。它描述了如何在 NetworkX 中使用 PageRank。

19.2.1　从概率论推导 PageRank 中心性

我们知道 transition_matrix[i][j] 等于从 Town j 直接行驶到 Town i 的概率，但这是假设我们的车实际上位于 Town j。如果汽车的位置不确定怎么办？例如，如果汽车位于 Town j 的可能性只有 50% 怎么办？这种情况下，旅行概率等于 0.5 * transition_matrix[i][j]。通常，如果在当前位置 j 的概率为 p，那么从当前位置 j 到新位置 i 的概率等于 p * transition_matrix[i][j]。

假设一辆汽车从一个随机的城镇开始它的旅程并且只开往下一个临近的城镇。这辆车从 Town 3 行驶到 Town 0 的概率是多少？这辆车可以从 31 个不同城镇中的任何一个开始旅程，因此从 Town 3 出发的概率是 1/31。从 Town 3 行驶到 Town 0 的概率是 transition_matrix[0][3]/31(如代码清单 19-13 所示)。

代码清单 19-13　计算从随机起始位置出发的旅行可能性

```
prob = transition_matrix[0][3] / 31
print("Probability of starting in Town 3 and driving to Town 0 is "
      f"{prob:.2}")

Probability of starting in Town 3 and driving to Town 0 is 0.004
```

有多种方法可以从随机起始位置直接到达 Town 0。让我们为每个可能的 Town i 打印 transition_matrix[0][i] / 31 的所有非 0 实例(如代码清单 19-14 所示)。

代码清单 19-14　计算从随机起点通往 Town 0 的旅行可能性

```
for i in range(31):
    prob = transition_matrix[0][i] / 31
    if not prob:
        continue

    print(f"Probability of starting in Town {i} and driving to Town 0 is "
          f"{prob:.2}")
```

```
print("\nAll remaining transition probabilities are 0.0")

Probability of starting in Town 3 and driving to Town 0 is 0.004
Probability of starting in Town 4 and driving to Town 0 is 0.0054
Probability of starting in Town 6 and driving to Town 0 is 0.0065
Probability of starting in Town 7 and driving to Town 0 is 0.0046
Probability of starting in Town 13 and driving to Town 0 is 0.0054

All remaining transition probabilities are 0.0
```

有 5 种不同的路线将我们带到 Town 0。每条路线都有不同的概率，这些概率的总和等于从任何随机城镇出发并直接前往 Town 0 的可能性，如图 19-5 所示。我们现在将计算这一可能性。此外，会将可能性与随机模拟的结果进行比较。这里通过将 random_drive(num_stops=1)执行 50 000 次来运行模拟(如代码清单 19-15 所示)，这代表了将 Town 0 作为随机旅程的第一站的频率。我们预期该频率接近概率总和。

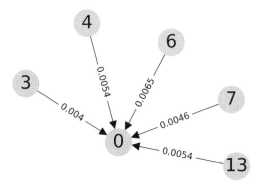

图 19-5　5 个不同的路线将我们从随机的初始城镇直接带到 Town 0。每条路线都被分配一个小的概率。将这些值相加可以得出从随机城镇开始并直接前往 Town 0 的概率

代码清单 19-15　计算旅行第一站是 Town 0 的概率

```
np.random.seed(0)
prob = sum(transition_matrix[0][i] / 31 for i in range(31))
frequency = np.mean([random_drive(num_stops=1) == 0
                     for _ in range(50000)])

print(f"Probability of making our first stop in Town 0: {prob:.3f}")
print(f"Frequency with which our first stop is Town 0: {frequency:.3f}")

Probability of making our first stop in Town 0: 0.026
Frequency with which our first stop is Town 0: 0.026
```

计算出的概率与观察到的频率一致：我们有大约 2.6%的可能性将 Town 0 当作旅程的第一站。值得注意的是，可以通过向量点积运算来进一步简化概率计算——只需要运行 transition_matrix[0] @ v 即可，其中 v 是一个 31 元素的向量，其元素都等于 1/31。让我们执行这个快捷计算(如代码清单 19-16 所示)。

代码清单 19-16　使用向量点积计算旅行概率

```
v = np.ones(31) / 31
assert transition_matrix[0] @ v == prob
```

执行 transition_matrix[i] @ v 将返回我们将 Town i 作为第一站的可能性。可以通过运行 [transition_matrix[i] @ v for i in range(31)] 来计算每个城镇的可能性。当然，这个操作相当于 transition_matrix 和 v 的矩阵乘积，因此 transition_matrix @ v 将返回所有城镇作为第一站的概率。代码清单 19-17 计算了这个 stop_1_probabilities 数组并打印了将 Town 12 作为第一站的概率。这个概率应该近似于通过随机模拟计算出的频率。

代码清单 19-17　计算所有城镇作为第一站的概率

```
np.random.seed(0)
stop_1_probabilities = transition_matrix @ v
prob = stop_1_probabilities[12]
frequency = np.mean([random_drive(num_stops=1) == 12
                     for _ in range(50000)])

print('First stop probabilities:')
print(np.round(stop_1_probabilities, 3))
print(f"\nProbability of making our first stop in Town 12: {prob:.3f}")
print(f"Frequency with which our first stop is Town 12: {frequency:.3f}")

First stop probabilities:
[0.026 0.033 0.045 0.046 0.033 0.019 0.025 0.038 0.033 0.031 0.019 0.041
 0.052 0.03  0.036 0.019 0.031 0.039 0.023 0.031 0.027 0.019 0.018 0.044
 0.038 0.046 0.015 0.045 0.04  0.035 0.023]

Probability of making our first stop in Town 12: 0.052
Frequency with which our first stop is Town 12: 0.052
```

我们已经确定 transition_matrix @ v 将返回一个第一站概率的向量。现在需要证明，迭代地重复这个操作最终将生成一个第十站概率的向量。不过，首先回答一个更简单的问题：将 Town i 作为第二站的概率是多少？根据之前的讨论，我们知道以下几点。

- 将 Town j 作为第一站的概率等于 stop_1_probabilities[j]。
- 如果处在当前位置 j 的概率是 p，那么从当前位置 j 到新位置 i 的概率等于 p * transition_matrix[i][j]。
- 先在 Town j 停留然后前往 Town i 的概率为 p * transition_matrix[i][j]，其中 p = stop_1_probability[j]。
- 可以计算每个可能的 Town j 的旅行概率。
- 这些概率的和等于第一站在一个随机城镇停留然后直接前往 Town i 的可能性。概率和等于 sum(p * transition_matrix[i][j] for j, p in enumerate(stop_1_probabilities))。
- 可以将这种可能性计算转为更简洁的向量点积运算。该运算等于 transition_matrix[i] @ stop_1_probabilities。

将 Town i 作为第二站的概率等于 transition_matrix[i] @ stop_1_probabilities。可以使用矩阵向量乘积计算每个城镇的这种可能性。因此，transition_matrix @ stop_1_probabilities 返回所有城镇作为

第二站的概率。但是 stop_1_probabilities 等于 transition_matrix @ v，因此第二站的概率等于 transition_matrix @ transition_matrix @ v。

让我们通过计算第二站概率来确认上述计算(如代码清单 19-18 所示)。然后打印将 Town 12 作为第二站的概率，它应该近似于通过随机模拟计算的频率。

代码清单 19-18 计算所有城镇作为第二站的概率

```
np.random.seed(0)
stop_2_probabilities = transition_matrix @ transition_matrix @ v
prob = stop_2_probabilities[12]
frequency = np.mean([random_drive(num_stops=2) == 12
                     for _ in range(50000)])

print('Second stop probabilities:')
print(np.round(stop_2_probabilities, 3))
print(f"\nProbability of making our second stop in Town 12: {prob:.3f}")
print(f"Frequency with which our second stop is Town 12: {frequency:.3f}")

Second stop probabilities:
[0.027 0.033 0.038 0.043 0.033 0.023 0.028 0.039 0.039 0.026 0.021 0.032
 0.048 0.034 0.039 0.023 0.032 0.041 0.023 0.029 0.025 0.024 0.023 0.04
 0.029 0.043 0.021 0.036 0.036 0.042 0.031]

Probability of making our second stop in Town 12: 0.048
Frequency with which our second stop is Town 12: 0.048
```

我们能够直接从第一站概率推导出第二站概率。以类似的方式，可以推导出第三站概率。如果重复进行推导，那么可以很容易地证明 stop_3_probabilities 等于 transition_matrix @ stop_2_probabilities。当然，这个向量也等于 M @ M @ M @ v，其中 M 是转移矩阵。

可以重复这个过程来计算第四站概率，然后是第五站概率，最后是第 N 站概率。要计算第 N 站概率，只需要在 N 次迭代中执行 M @ v。让我们定义一个函数，直接从转移矩阵 M 计算所有城镇作为第 N 站的概率(如代码清单 19-19 所示)。

注意
我们正在处理由 N 个不同步骤组成的随机过程，其中第 N 步概率可以直接从 N-1 步计算得出。这种过程被称为马尔可夫链，它以数学家安德烈·马尔可夫的名字命名。

代码清单 19-19 计算所有城镇作为第 N 站的概率

```
def compute_stop_likelihoods(M, num_stops):
    v = np.ones(M.shape[0]) / M.shape[0]
    for _ in range(num_stops):
        v = M @ v

    return v

stop_10_probabilities = compute_stop_likelihoods(transition_matrix, 10)
prob = stop_10_probabilities[12]
print('Tenth stop probabilities:')
print(np.round(stop_10_probabilities, 3))
```

```
print(f"\nProbability of making our tenth stop in Town 12: {prob:.3f}")

Tenth stop probabilities:
[0.029 0.035 0.041 0.047 0.035 0.023 0.029 0.041 0.034 0.021 0.014 0.028
 0.051 0.038 0.044 0.025 0.037 0.045 0.02  0.026 0.02  0.02  0.019 0.039
 0.026 0.047 0.02  0.04  0.04  0.04  0.027]

Probability of making our tenth stop in Town 12: 0.051
```

正如我们所讨论的,迭代矩阵乘法构成了 PageRank 中心性的基础。在 19.2.2 节中,我们把输出与 NetworkX PageRank 实现进行比较。这种比较将让我们对 PageRank 算法有更深入的理解。

19.2.2　使用 NetworkX 计算 PageRank 中心性

NetworkX 中包含计算 PageRank 中心性的函数。调用 nx.pagerank(G)将返回一个字典,该字典包含节点 ID 与其中心性值的映射。让我们打印 Town 12 的 PageRank 中心性(如代码清单 19-20 所示)。它是否等于 0.051?

代码清单 19-20　使用 NetworkX 计算 PageRank 中心性

```
centrality = nx.pagerank(G)[12]
print(f"The PageRank centrality of Town 12 is {centrality:.3f}.")

The PageRank centrality of Town 12 is 0.048.
```

打印出来的 PageRank 值为 0.048,略低于我们的预期。这种差异是由于确保 PageRank 在所有可能的网络上工作而作出的轻微调整造成的。注意,PageRank 最初旨在通过网络链接图对随机点击进行建模。网络链接图带有有向边,这意味着某些网页可能没有任何出站链接。因此,如果互联网用户依赖出站链接来遍历网络,他们可能会卡在死胡同页面上,如图 19-6 所示。为解决这个问题,PageRank 的设计者假设用户最终会厌倦点击网页链接,并且会通过访问一个完全随机的网页来重新开始他们的旅程——换句话说,他们将被传送到互联网图中的 len(G.nodes)节点之一。PageRank 设计者将“瞬移操作”编程为发生在 15%的遍历实例中。“瞬移操作”确保用户永远不会被困在没有出站链接的节点上。

在道路网络示例中,“瞬移操作”类似于调用直升机服务。想象在访问的 15%的城镇中,我们对当地感到厌烦。然后叫了一架直升机,它把我们带到一个完全随机的小镇。一旦在空中,我们飞往任何城镇的概率都等于 1/31。着陆后,我们租了一辆车,使用现有的道路网络继续旅程。因此,在 15%的实例里,我们从 Town i 飞到 Town j 的概率为 1/31。在剩下的 85%的实例里,我们从 Town i 开车到 Town j 的概率为 transition_matrix[j][i]。实际旅行概率等于 transition_matrix[j][i]和 1/31 的加权平均值。它们各自的权重分别为 0.85 和 0.15。如第 5 章所述,可以使用 np.average 函数计算加权平均值,还可以通过运行 0.85 * transition_matrix[j][i] + 0.15/31 直接计算该值。

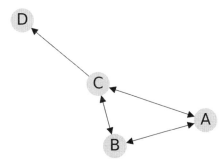

图 19-6 包含 4 个节点的有向图。我们可以在互连的节点 A、B 和 C 之间自由穿行,但节点 D 没有出站边。随机遍历迟早会将我们从 C 带到 D。然后我们将永远被困在节点 D。"瞬移操作"防止这种情况发生。在 15%的遍历中,我们将被"瞬移"到随机选择的节点。即使前往节点 D,我们仍然可以返回节点 A、B 和 C

对转移矩阵的所有元素取加权平均值将生成一个全新的转移矩阵。让我们将这个新矩阵输入 compute_stop_likelihoods 函数中并打印 Town 12 的新旅行概率(如代码清单 19-21 所示)。我们预计该概率将从 0.051 降至 0.048。

代码清单 19-21　将随机"瞬移"纳入模型中

```
new_matrix = 0.85 * transition_matrix + 0.15 / 31
stop_10_probabilities = compute_stop_likelihoods(new_matrix, 10)

prob = stop_10_probabilities[12]
print(f"The probability of winding up in Town 12 is {prob:.3f}.")

The probability of winding up in Town 12 is 0.048.
```

将 transition_matrix 乘以 0.85,然后将 0.15/31 添加到每个元素。更多关于二维 NumPy 数组的算术运算的讨论参见第 13 章

新输出与 NetworkX 结果一致。如果将停靠次数从 10 次增加到 1 000 次,输出结果会发生改变吗?让我们通过代码清单 19-22 进行了解。这里将 1 000 个停靠点输入 compute_stop_likelihoods 中并检查 Town12 的 PageRank 是否仍然等于 0.048。

代码清单 19-22　计算 1 000 次停靠后的概率

```
prob = compute_stop_likelihoods(new_matrix, 1000)[12]
print(f"The probability of winding up in Town 12 is {prob:.3f}.")

The probability of winding up in Town 12 is 0.048.
```

中心性仍然是 0.048。10 次迭代足以收敛到一个稳定值。为什么会这样?PageRank 计算只不过是矩阵和向量的重复乘法。乘法向量的元素都是 0 和 1 之间的值。也许这听起来很熟悉:PageRank 计算几乎与第 14 章中介绍的幂迭代算法相同。幂迭代重复地取矩阵和向量的乘积。最终,乘积收敛到矩阵的特征向量。注意,矩阵 M 的特征向量 v 是一个特殊的向量,其中 norm(v) == norm(M @ v)。通常,10 次迭代就足以达到收敛。因此,PageRank 值会收敛,因为我们正在执行幂迭代。这证明中心性向量是转移矩阵的特征向量。因此,PageRank 中心性与降维背后的数学有着微妙的关系。

给定任意图 G，我们使用以下一系列步骤计算其 PageRank 中心性。

(1) 获得图的邻接矩阵 M。

(2) 通过运行 M = M / M.sum(axis=0)将邻接矩阵转换为转移矩阵。

(3) 更新 M 以允许随机瞬移。这是通过取 M 和 1/n 的加权平均值来完成的，其中 n 等于图中的节点数。权重通常设置为 0.85 和 0.15，因此加权平均值等于 0.85 * M + 0.15 / n。

(4) 返回 M 的最大(也是唯一)特征向量。可以通过在大约 10 次迭代中运行 v = M @ v 来计算特征向量。最初，向量 v 设置为 np.ones(n)/n。

马尔可夫矩阵将图论与概率论和矩阵论联系在一起。它们还可用于使用称为马尔可夫聚类的过程对网络数据进行聚类。在 19.3 节中，我们利用马尔可夫矩阵对图中的社区进行聚类。

> **常用的 NetworkX 中心性计算**
> - G.in_degree(i)：返回有向图中节点 i 的入度。
> - G.degree(i)：返回无向图中节点 i 的度。
> - nx.pagerank(G)：返回节点 ID 与其 PageRank 中心性之间的字典映射。

19.3　使用马尔可夫聚类进行社区检测

图 G 代表一个城镇网络，里面包含若干个县(每个县由若干个城镇组成)。现在我们知道县 ID，但如果不知道该怎么办？如何识别县？让我们通过在没有任何颜色映射的情况下对图 G 进行可视化，从而思考这个问题，如图 19-7 和代码清单 19-23 所示。

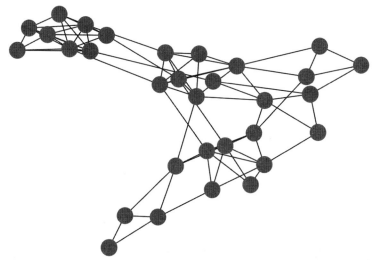

图 19-7　不同城镇之间的道路网。这些城镇并没有根据它们所属的县进行着色。但我们仍然可以在网络中发现某些县：它们在空间上聚集在一起

代码清单 19-23　绘制图 G 并且不按照县 ID 进行着色

```
np.random.seed(1)
```

```
nx.draw(G)
plt.show()
```

绘制的图既没有颜色也没有标签。尽管如此，还是可以发现潜在的县：它们看起来就像网络中紧密连接的节点聚类。在图论中，这样的聚类被称为社区。具有清晰可见的社区的图包含一个社区结构。许多类型的图都包含一个社区结构，包括城镇图和社交媒体上的朋友图。

注意

一些常见的图并不包含社区结构。例如，互联网缺乏紧密聚集的网页社区。

发现图社区的过程被称为社区检测或图聚类。目前存在多种图聚类算法，其中一些算法依赖交通流量模拟。

如何通过交通示例来揭示网络中的县聚类？我们知道，同一个县的城镇比不同县的城镇更有可能共用一条道路，因此如果开车到邻近的城镇，那么很可能会留在同一个县。在社区结构图中，即使开车经过两个城镇，这种逻辑也成立。例如，假设从 Town i 开车到 Town j，然后再到 Town k。根据网络结构，Town i 和 Town k 更有可能在同一个县。我们将很快证明这一假设。然而，首先需要计算两次停靠后从 Town i 到 Town k 的转移概率。这种概率称为随机流或简称为流。流与转移概率密切相关，但与转移概率不同的是，流涵盖了不直接相连的城镇。我们需要计算每对城镇之间的流并将该输出存储在流矩阵中。稍后，将证明同一社区的城镇中的平均流更高。

注意

一般来说，在网络理论中，流是一个定义非常松散的概念。但在马尔可夫聚类中，该定义仅限于节点之间最终旅行的概率。

如何计算流矩阵？一种策略是模拟随机城镇之间的两站旅程。然后可以将模拟频率转换为概率。然而，直接计算这些概率要容易得多。通过一些数学运算，可以证明流矩阵等于 transition_matrix @ transition_matrix。

注意

可以像下面这样证明这个命题。我们之前证明了两站旅行的概率等于 transition_matrix @ transition_matrix @ v。此外，transition_matrix @ transition_matrix 生成了一个新矩阵 M。因此，两站旅行的概率等于 M @ v。本质上，M 与 transition_matrix 的目的相同，但它跟踪两个站点而不是一个，因此 M 符合流矩阵的定义。

基本上，随机模拟近似于转移矩阵与其自身的乘积。让我们在继续学习之前进行快速验证(如代码清单 19-24 所示)。

代码清单 19-24　比较计算的流和随机模拟

```
np.random.seed(0)
flow_matrix = transition_matrix @ transition_matrix

simulated_flow_matrix = np.zeros((31, 31))
num_simulations = 10000
```

```
for town_i in range(31):
    for _ in range(num_simulations):
        town_j = np.random.choice(G[town_i])
        town_k = np.random.choice(G[town_j])
        simulated_flow_matrix[town_k][town_i] += 1

simulated_flow_matrix /= num_simulations
assert np.allclose(flow_matrix, simulated_flow_matrix, atol=1e-2)
```

跟踪从 Town i 经过两站到 Town k 的频率

确保模拟频率接近直接计算的流

flow_matrix 与随机模拟一致。现在，让我们测试之前的理论，即同一个县的城镇之间的流更高。注意，G.nodes 中的每个城镇都分配了一个县 ID(属于同一个县的城镇具有相同的县 ID)。我们认为，当 G.nodes[i]['county_id'] 等于 G.nodes[j]['county_id'] 时，Town i 和 Town j 之间的平均流更高。可以通过将所有流分成两个列表来确认：county_flows 和 between_county_flows。这两个列表分别跟踪县内流和县际流。我们将为每个列表绘制直方图并比较它们的平均流值(如图 19-8 和代码清单 19-25 所示)。如果我们是正确的，那么 np.mean(county_flows) 应该明显高于第二个列表的平均流。我们还将检查是否有任何县际流明显小于 np.min(county_flows)。

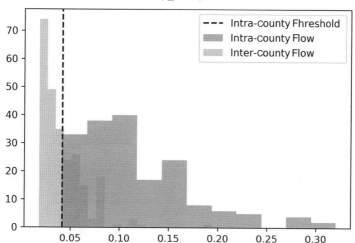

图 19-8　通过两个直方图表示所有非 0 的县际流和县内流。流量类型之间的差别是显而易见的。

县际流严重向左倾斜：约为 0.042 的阈值足以将 132 个县际流从县内流动分布中分离出来

注意，为公平比较，我们应该只考虑非 0 流。因此，如果 flow_matrix[j][i] 的值为 0，则必须跳过它。0 值意味着无法只通过两站从 i 旅行到 j(这种情况发生的概率为 0)。如果至少需要 3 站，则说明城镇之间距离较远。这实际上反映了它们不属于同一个县。因此，包含 0 流会不公平地将县际值分布偏向 0。这里只研究那些距离很近的城镇之间的流。

代码清单 19-25　县内和县际流分布的比较

```
def compare_flow_distributions():
    county_flows = []
    between_county_flows = []
    for i in range(31):
        county = G.nodes[i]['county_id']
        nonzero_indices = np.nonzero(flow_matrix[:,i])[0]
```

跟踪非 0 的县内流

跟踪非 0 的县际流

我们只迭代第 i 列中的非 0 行

```
        for j in nonzero_indices:
            flow = flow_matrix[j][i]

            if county == G.nodes[j]['county_id']:          检查两个城镇是否在
                county_flows.append(flow)                   同一个县中
            else:
                between_county_flows.append(flow)

    mean_intra_flow = np.mean(county_flows)
    mean_inter_flow = np.mean(between_county_flows)
    print(f"Mean flow within a county: {mean_intra_flow:.3f}")
    print(f"Mean flow between different counties: {mean_inter_flow:.3f}")

    threshold = min(county_flows)                          跟踪所有低于最小县
    num_below = len([flow for flow in between_county_flows  内流的县际流
                    if flow < threshold])
    print(f"The minimum intra-county flow is approximately {threshold:.3f}")
    print(f"{num_below} inter-county flows fall below that threshold.")

    plt.hist(county_flows, bins='auto', alpha=0.5,         县内流的直方图
            label='Intra-County Flow')
    plt.hist(between_county_flows, bins='auto', alpha=0.5,
            label='Inter-County Flow')
    plt.axvline(threshold, linestyle='--', color='k',
                label='Intra-County Threshold')            县际流的直方图
    plt.legend()
    plt.show()

compare_flow_distributions()

Mean flow within a county: 0.116
Mean flow between different counties: 0.042
The minimum intra-county flow is approximately 0.042
132 inter-county flows fall below that threshold.
```

县际平均流只有县内平均流的 1/3。这种差异在绘制的分布中很明显，0.04 可以作为区分县内流和县际流的阈值。可以通过一个明确的阈值来区分不同县中的城镇。当然，由于我们事先了解各个城镇与县的归属关系，因此可以确定这个阈值。在真实的场景中，实际的县 ID 是未知的，因此不可能明确地确定阈值。我们不得不假设这个阈值是一个很低的值，如 0.01。接下来让我们查看有多少非 0 的县际流小于 0.01，如代码清单 19-26 所示。

代码清单 19-26   降低分隔阈值

```
num_below = np.count_nonzero((flow_matrix > 0.0) & (flow_matrix < 0.01))
print(f"{num_below} inter-county flows fall below a threshold of 0.01")

0 inter-county flows fall below a threshold of 0.01
```

没有任何流值低于 0.01。我们应该怎么做？一种选择是操纵流分布以放大大值与小值之间的差异。理想情况下，我们将强制较小的值降至 0.01 以下，同时确保较大的流值不会下降。这种操纵可以通过一个称为膨胀的简单过程来进行。膨胀旨在影响向量的值，同时保持其均值不变。低于平均值的值将下降，而其余值则增加。我们将通过一个简单的例子来演示膨胀。假设要使某个向量 v

膨胀，它等于[0.7,0.3]。v 的平均值为 0.5。我们想增加 v[0]，同时减少 v[1]。局部解决方案是通过运行 v**2 对 v 的每个元素进行平方。这样做会将 v[1]从 0.3 减少到 0.09。遗憾的是，它也将 v[0]从 0.7 减少到 0.49，因此 v[0]低于原始向量均值。可以通过将平方向量除以它的总和来生成一个膨胀的向量 v2(其总和为 1)，从而缓解下降。因此 v2.mean()等于 v.mean()。此外，v2[0]大于 v[0]且 v2[1]小于 v[1]。让我们通过代码清单 19-27 进行确认。

代码清单 19-27　通过向量膨胀夸大数值之间的差异

```
v = np.array([0.7, 0.3])
v2 = v ** 2
v2 /= v2.sum()
assert v.mean() == round(v2.mean(), 10)
assert v2[0] > v[0]
assert v2[1] < v[1]
```

与向量 v 一样，流矩阵的列是元素和为 1 的向量。可以通过将其元素平方，然后除以平方后的列总和来膨胀每一列。为此，让我们定义一个 inflate 函数。然后对流量进行膨胀并重新运行 compare_flow_distributions()，从而检查县际阈值是否已降低，如图 19-9 和代码清单 19-28 所示。

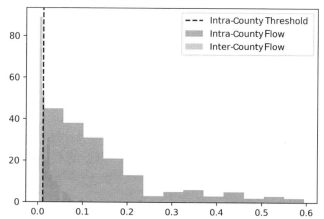

图 19-9　两个直方图代表所有膨胀后的非 0 的县际流和县内流。流之间的分离变得更明显：
膨胀使分隔阈值从 0.042 降低到 0.012

代码清单 19-28　通过向量膨胀夸大流的差异

```
def inflate(matrix):
    matrix = matrix ** 2
    return matrix / matrix.sum(axis=0)

flow_matrix = inflate(flow_matrix)
compare_flow_distributions()

Mean flow within a county: 0.146
Mean flow between different counties: 0.020
The minimum intra-county flow is approximately 0.012
118 inter-county flows fall below that threshold.
```

膨胀后，阈值从 0.042 下降到 0.012，但仍保持在 0.01 以上。如何进一步夸大县际边和县内边之间的差异？答案十分简单：我们需要做的就是取 flow_matrix 与自身的乘积，然后对结果进行膨胀(如代码清单 19-29 所示)。换句话说，将流矩阵设置为等于 inflate(flow_matrix @ flow_matrix)会导致阈值急剧下降。在讨论阈值下降背后的直接原因之前，让我们验证这个说法，如图 19-10 所示。

代码清单 19-29 对 flow_matrix 与其自身的乘积进行膨胀

```
flow_matrix = inflate(flow_matrix @ flow_matrix)
compare_flow_distributions()

Mean flow within a county: 0.159
Mean flow between different counties: 0.004
The minimum intra-county flow is approximately 0.001
541 inter-county flows fall below that threshold.
```

在这一步之前，flow_matrix 等于 inflate(transition_matrix @ transition_matrix)。我们本质上是重复一个矩阵乘积，然后再加上膨胀

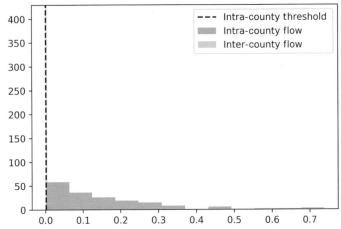

图 19-10 两个直方图表示所有通过对 flow_matrix @ flow_matrix 进行膨胀后的非 0 的县际流和县内流。大多数县际流现在都低于非常小的分隔阈值 0.001

阈值降低到 0.001。超过 500 条县际道路低于该阈值。为什么我们的策略可以获得成功？这里用一个简单的类比来回答。假设我们可以在城镇之间修建新道路，但所有建成的道路都需要每年进行一些维护。保养不善的道路会出现裂缝。驾驶员将不愿意沿着破损的道路行驶，因此定期维护非常重要。然而，在我们的类比中，在修复 G 中所有现有道路的同时，没有足够的资金建造新道路。当地交通部门面临着诸多挑战。

- 在哪里修建新道路？
- 哪些现有道路已经完成维护？
- 哪些现有道路被忽略？

该部门作出以下假设：流量大的城镇间道路需要更好的交通基础设施。因此，只有当 flow_matrix[i][j]或 flow_matrix[j][i]较高时，Town i 和 Town j 之间的这些道路才会被维护。如果 flow_matrix[i][j]较高，但 i 和 j 之间没有道路，则将创建新道路连接 Town i 和 Town j。

注意

不相邻的城镇之间如果存在多条短的绕行路径，仍然会产生高流量。在这两个城镇之间修建一条道路是有道理的，因为这样做可以减少绕路。

遗憾的是，并不是所有现有的道路都将得到维护。人少的县际道路流量会更低，也不会得到交通部门的关注。因此，这些道路将出现老化，司机将不太可能选择这些县际公路。他们更愿意走维护良好的县内道路以及城镇之间新建的道路。

注意

我们假设司机的出行是随机的，没有特定的目的地。他们的驾驶路线完全取决于道路的质量。

道路的新建、维护和弃管将不可避免地改变转移矩阵。弃管的低流量道路之间的转移概率将下降。同时，维护良好的高流量道路之间的转移概率将增加。我们需要以某种方式对矩阵的改变进行建模，同时确保矩阵列的和仍为 1。如何解决这个问题？当然是使用膨胀。inflation 函数在保持列和为 1 的同时，放大了矩阵值之间的差距。因此，我们将通过更新转移矩阵 M 并使其等于 inflation (flow_matrix)来模拟交通部门的决策结果。

但故事并没有结束。通过改变转移矩阵，我们也改变了图中的流。流等于 M @ M，其中 M 是膨胀后的流矩阵。当然，这种变化会改变当地的资源分配：在新一轮的道路建设和弃管后，转移概率将等于 inflate(M @ M)。可以用 M = inflate(M @ M)来模拟迭代道路工作的影响。注意，在代码的当前版本中，M 被设置为 flow_matrix。因此，运行 flow_matrix = inflate(flow_matrix @ flow_matrix)将加强路况良好的道路(即使不太受欢迎的道路正在消失)，如图 19-11 所示。

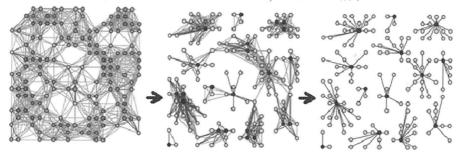

图 19-11　使用膨胀对道路图的变化进行建模。紧密相连的城镇之间的道路得到加强。同时，资源从交通流量较少的道路转移到流量更大的道路，这将导致前者被弃管。最终，只剩下图社区内的道路

这种迭代反馈循环产生了意想不到的后果：每年县际道路都在持续变糟。因此，更多的司机愿意在县内道路行驶。更多的资源分配给县内道路，而县际道路得到的支持更少，道路条件进一步恶化。这是一个恶性循环，最终县际道路完全消失，县与县之间将无法通行。每个独立的县都将变得像一个与邻居完全隔绝的孤岛。这种隔离导致了糟糕的交通政策,但它极大简化了社区检测的过程。孤立的城镇聚类很容易检测，因为它与任何其他聚类都没有连接。因此，可以将道路建设和衰败模型作为一种网络聚类算法的基础，即马尔可夫聚类算法(Markov Cluster Algorithm，MCL)，也称为马尔可夫聚类。

MCL 是通过在多次重复迭代中运行 inflate(flow_matrix @ flow_matrix)来完成的。随着每次迭代，县际流越来越小。最终它们降为 0。同时，县内流量保持正值。这种二元差异使我们能够识别

紧密相连的县聚类。代码清单 19-30 尝试通过在 20 次迭代中运行 flow_matrix = inflate(flow_matrix @ flow_matrix)来执行 MCL。

代码清单 19-30　反复对 flow_matrix 与其自身的乘积进行膨胀操作

```
for _ in range(20):
    flow_matrix = inflate(flow_matrix @ flow_matrix)
```

根据的讨论，图 G 中的某些边现在应该是 0 流量。我们希望这些边能够连接不同的县。这里隔离可疑的县际边。我们通过调用 G.edges()方法迭代每条(i,j)边。然后跟踪流为 0 的每条边(i,j)并将所有跟踪到的边在 guess_inter_county 边列表中进行排序(如代码清单 19-31 所示)。

代码清单 19-31　选择疑似的县际边

```
suspected_inter_county = [(i, j) for (i, j) in G.edges()
                             if not (flow_matrix[i][j] or flow_matrix[j][i])]
num_suspected = len(suspected_inter_county)
print(f"We suspect {num_suspected} edges of appearing between counties.")

We suspect 57 edges of appearing between counties.
```

57 条边没有任何流。我们怀疑这些边连接了不同县之间的城镇。从图中删除可疑边应该会切断所有跨县的连接。因此，如果在删除边后对图进行可视化，则应只保留聚类后的县。让我们通过从图的副本中删除这些疑似县际边来验证(如图 19-12 所示)。这里使用 NetworkX 的 remove_edge_from 方法来删除 suspected_inter_county 列表中的所有边(如代码清单 19-32 所示)。

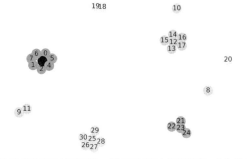

图 19-12　删除所有疑似县际边后的城镇网络。所有县已完全相互隔离。6 个县中的 4 个被完全保留，
但剩下的两个县的连接将不再完整

代码清单 19-32　删除疑似的县际边

运行 G.copy()返回图 G 的副本。我们可以删除副本
中的边，同时保留原始图中的边

```
np.random.seed(1)
G_copy = G.copy()
G_copy.remove_edges_from(suspected_inter_county)
nx.draw(G_copy, with_labels=True, node_color=node_colors)
plt.show()
```

所有县际边都已被消除。遗憾的是，一些关键的县内边也被删除。Town 8、10 和 20 不再与任何其他城镇相连。我们的算法过于激进。为什么会这样？问题在于模型中的一个小错误：它假

设旅行者可以开车到邻近的城镇，但它不允许旅行者留在他们当前的城镇。这会产生意想不到的后果。

我们将用一个简单的两节点网络来说明。假设一条道路连接 A 镇和 B 镇。在当前的模型中，A 镇的司机别无选择，只能前往 B 镇。但司机不能停留：他们必须掉头返回 A 镇。这种旅行不是两站式的。根据之前的算法，它将使 A 和 B 城镇之间的流为 0，它们的连接道路将被消除。当然，这种情况很荒谬，我们应该为司机创建一个开始城镇与结束城镇相同的道路。这条边就像一条环形路，如图 19-13 所示。换句话说，这条边是一个自循环。向图中添加自循环将限制模型的意外行为。代码清单 19-33 说明了自循环在一个简单的两节点邻接矩阵中的影响。

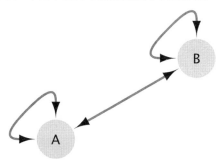

图 19-13　图中显示了 A 镇和 B 镇之间可能的旅行路径。每个节点中的自循环允许旅行者开始旅行与结束旅行的城市相同。如果没有这些循环，旅行者会从 A 出发到达 B，然后再返回 A，这将错误地使 A 和 B 城镇之间的流降为 0

代码清单 19-33　通过添加自循环来改善流

```
def compute_flow(adjacency_matrix):
    transaction_matrix = adjacency_matrix / adjacency_matrix.sum(axis=0)
    return (transaction_matrix @ transaction_matrix)[1][0]

M1 = np.array([[0, 1], [1, 0]])
M2 = np.array([[1, 1], [1, 1]])
flow1, flow2 = [compute_flow(M) for M in [M1, M2]]
print(f"The flow from A to B without self-loops is {flow1}")
print(f"The flow from A to B with self-loops is {flow2}")

The flow from A to B without self-loops is 0.0
The flow from A to B with self-loops is 0.5
```

向图 G 添加自循环可以限制错误的边删除行为。可以通过为 G.nodes 中的每个 i 运行 G.add_edge (i,i) 来添加循环。考虑到这一点，现在让我们定义一个 run_mcl 函数(如代码清单 19-34 所示)，通过执行以下步骤在输入的图上运行 MCL。

(1) 为图中的每个节点添加一个自循环。

(2) 通过将邻接矩阵除以其列的总和来计算图的转移矩阵。

(3) 通过 transition_matrix @ transition_matrix 计算流矩阵。

(4) 在 20 次迭代过程中将 flow_matrix 设置为等于 inflate(flow_matrix @ flow_matrix)。

(5) 删除图中所有缺少流的边。

定义 run_mcl 函数后，我们在图 G 的副本上执行该函数。如果对结果进行可视化，结果应该保留所有相关的县内边，同时删除社区之间的所有边，如图 19-14 所示。

图 19-14 运行 MCL 后的城镇网络，它删除了所有县际边。所有县都已完全相互隔离。
每个县的县内连接也得到了完整的保留

代码清单 19-34 定义 MCL 函数

```
def run_mcl(G):
    for i in G.nodes:                          为图中的每个节点添
        G.add_edge(i, i)              ◄────    加自循环

    adjacency_matrix = nx.to_numpy_array(G)
    transition_matrix = adjacency_matrix / adjacency_matrix.sum(axis=0)
    flow_matrix = inflate(transition_matrix @ transition_matrix)

    for _ in range(20):
        flow_matrix = inflate(flow_matrix @ flow_matrix)

    G.remove_edges_from([(i, j) for i, j in G.edges()
                         if not (flow_matrix[i][j] or flow_matrix[j][i])])

G_copy = G.copy()
run_mcl(G_copy)
nx.draw(G_copy, with_labels=True, node_color=node_colors)
plt.show()
```

我们的图完美地聚类为 6 个县。每个县内的城镇都可以相互访问，同时与外界保持隔离。在图论中，这种孤立的聚类被称为连通分量：如果两个节点之间存在路径，则它们在同一个连通分量中；否则，节点存在于不同的连通分量中(因此它们也将存在于不同的社区中)。要计算节点的完整连通分量，可以在该节点上运行 nx.shortest_path_length。最短路径长度算法仅返回聚类社区内可访问的那些节点。代码清单 19-35 使用 nx.shortest_path_length 计算从 Town 0 出发仍可访问的所有城镇，并且确认所有这些城镇具有相同的县 ID。

代码清单 19-35　使用路径长度来发现县聚类

```
component = nx.shortest_path_length(G_copy, source=0).keys()
county_id = G.nodes[0]['county_id']
for i in component:
    assert G.nodes[i]['county_id'] == county_id

print(f"The following towns are found in County {county_id}:")
print(sorted(component))

The following towns are found in County 0:
[0, 1, 2, 3, 4, 5, 6, 7]
```

通过对最短路径长度算法稍作修改，就可以提取图的连通分量。为简洁起见，我们不会讨论这些修改，但鼓励你尝试自己解决。这个修改后的算法被合并到 NetworkX 中：调用 nx.connected_components(G)将返回 G 中所有连通分量。每个连通分量都通过一组节点 ID 来表示并存储。让我们利用这个函数来找出所有的县聚类(如代码清单 19-36 所示)。

代码清单 19-36　获取所有聚类后的连通分量

```
for component in nx.connected_components(G_copy):
    county_id = G.nodes[list(component)[0]]['county_id']
    print(f"\nThe following towns are found in County {county_id}:")
    print(component)

The following towns are found in County 0:
{0, 1, 2, 3, 4, 5, 6, 7}

The following towns are found in County 1:
{8, 9, 10, 11}

The following towns are found in County 2:
{12, 13, 14, 15, 16, 17}

The following towns are found in County 3:
{18, 19, 20}

The following towns are found in County 4:
{24, 21, 22, 23}

The following towns are found in County 5:
{25, 26, 27, 28, 29, 30}
```

常用的网络矩阵计算

- adjaceny_matrix = nx.to_numpy_array(G)：返回图的邻接矩阵。
- degrees = adjaceny_matrix.sum(axis=0)：使用邻接矩阵计算度向量。
- transition_matrix = adjacency_matrix / degrees：计算图的转移矩阵。
- stop_1_probabilities = transition_matrix @ v：计算在每个节点进行第一次停靠的概率。这里假设 v 是一个同等起点概率的向量。

- stop_2_probabilities = transition_matrix @ stop_1_probabilities：计算在每个节点进行第二次停留的概率。
- transition_matrix @ stop_n_probabilities：返回在每个节点停留 N + 1 次的概率。
- flow_matrix = transition_matrix @ transition_matrix：计算在 i 和 j 之间进行两站式旅行的概率矩阵。
- (flow_matrix ** 2) / (flow_matrix ** 2).sum(axis=0)：对流矩阵中的流进行膨胀。

这里使用很少的代码成功地发现了图中的社区。遗憾的是，我们的 MCL 实现不能扩展到非常大的网络。如果想进行扩展，则需要进一步优化，这些优化已集成到外部马尔可夫聚类库中。让我们安装这个库并从 markov_clustering 模块中导入两个函数：get_clusters 和 run_mcl(如代码清单 19-37 所示)。

注意
在命令行中执行 pip install markov_clustering 来安装马尔可夫聚类库。

代码清单 19-37　从马尔可夫聚类库中导入函数

```
from markov_clustering import get_clusters, run_mcl
```

给定一个邻接矩阵 M，可以通过运行 get_clusters(run_mcl(M))有效地执行马尔可夫聚类(如代码清单 19-38 所示)。嵌套函数调用将返回一个 clusters 列表。列表中的每个元素都是由形成聚类社区的节点元组组成的。让我们在原始图 G 上执行这个聚类。输出的聚类应与 G_copy 中的连通分量保持一致。

代码清单 19-38　使用马尔可夫聚类库进行聚类

```
adjacency_matrix = nx.to_numpy_array(G)
clusters = get_clusters(run_mcl(adjacency_matrix))

for cluster in clusters:
    county_id = G.nodes[cluster[0]]['county_id']
    print(f"\nThe following towns are found in County {county_id}:")
    print(cluster)

The following towns are found in County 0:
(0, 1, 2, 3, 4, 5, 6, 7)

The following towns are found in County 1:
(8, 9, 10, 11)

The following towns are found in County 2:
(12, 13, 14, 15, 16, 17)

The following towns are found in County 3:
(18, 19, 20)

The following towns are found in County 4:
(21, 22, 23, 24)
```

```
The following towns are found in County 5:
(25, 26, 27, 28, 29, 30)
```

通过利用马尔可夫聚类，可以在社区结构图中检测社区。当我们在社交网络中搜索朋友群时，也可以使用这种方法。

19.4　在社交网络中发现朋友群

我们可以将许多过程表示为网络，包括人与人之间的关系。在社交网络中，节点代表独立的人。如果两个人以某种方式进行社交互动，那么他们之间就存在着边。例如，如果两个人是朋友，那么可以通过边把他们连接起来。

社交网络有许多不同的类型。有些网络是数字网络，例如 FriendHook 的服务是围绕在线连接构建的。然而，在社交媒体兴起之前，人们对社交网络进行了数十年的研究。研究最多的社交网络之一起源于 20 世纪 70 年代，即 Zachery 的空手道俱乐部，它基于大学空手道俱乐部的社群结构，由一位名叫 Wayne Zachery 的科学家记录。在 3 年的时间里，Zachery 追踪了俱乐部 34 名成员之间的友谊。"边"用来跟踪经常在俱乐部外见面的朋友。3 年后，出乎意料的事情发生了：一位名叫 Hi 先生的空手道教练离开，创办了自己的新俱乐部，原有空手道俱乐部的一半人被他带走了。令 Zachery 惊讶的是，通过网络结构就可以识别出大部分离开原有俱乐部的成员。

我们现在将重复 Zachery 的实验。首先，加载他著名的空手道网络，该网络可通过 NetworkX 获得。调用 nx.karate_club_graph() 可以返回该图。代码清单 19-39 打印图的节点及其属性。注意，可以通过调用 G.nodes(data=True) 输出带有属性的节点。

代码清单 19-39　加载空手道俱乐部图

```
G_karate = nx.karate_club_graph()
print(G_karate.nodes(data=True))

[(0, {'club': 'Mr. Hi'}), (1, {'club': 'Mr. Hi'}), (2, {'club': 'Mr. Hi'}),
(3, {'club': 'Mr. Hi'}), (4, {'club': 'Mr. Hi'}), (5, {'club': 'Mr. Hi'}),
(6, {'club': 'Mr. Hi'}), (7, {'club': 'Mr. Hi'}), (8, {'club': 'Mr. Hi'}),
(9, {'club': 'Officer'}), (10, {'club': 'Mr. Hi'}), (11, {'club':
'Mr. Hi'}), (12, {'club': 'Mr. Hi'}), (13, {'club': 'Mr. Hi'}), (14,
{'club': 'Officer'}), (15, {'club': 'Officer'}), (16, {'club': 'Mr. Hi'}),
(17, {'club': 'Mr. Hi'}), (18, {'club': 'Officer'}), (19, {'club':
'Mr. Hi'}), (20, {'club': 'Officer'}), (21, {'club': 'Mr. Hi'}), (22,
{'club': 'Officer'}), (23, {'club': 'Officer'}), (24, {'club':
'Officer'}), (25, {'club': 'Officer'}), (26, {'club': 'Officer'}), (27,
{'club': 'Officer'}), (28, {'club': 'Officer'}), (29, {'club': 'Officer'}),
(30, {'club': 'Officer'}), (31, {'club': 'Officer'}), (32, {'club':
'Officer'}), (33, {'club': 'Officer'})]
```

本例的节点跟踪了 34 个人。每个节点都有一个 club 属性，用于表示他所属的俱乐部。如果他去了 Hi 先生的新俱乐部，那么该属性将被设置为 Mr. Hi，否则将被设置为 Officer。让我们对这个网络进行可视化(如代码清单 19-40 所示)，根据 club 属性为每个节点着色，结果如图 19-15 所示。

代码清单 19-40 对空手道俱乐部图进行可视化

```
np.random.seed(2)
club_to_color = {'Mr. Hi': 'k', 'Officer': 'b'}

node_colors = [club_to_color[G_karate.nodes[i]['club']]
               for i in G_karate]

nx.draw(G_karate, node_color=node_colors)
plt.show()
```

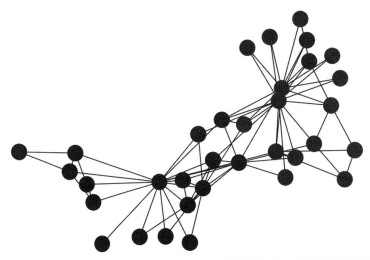

图 19-15 对空手道俱乐部图进行可视化，节点的颜色代表该成员所属的俱乐部。这些颜色与图的社区结构重叠

空手道俱乐部图具有清晰的社区结构。这并不奇怪；许多社交网络都包含可检测的社区。这种情况下，社区显示了俱乐部的分裂情况：图左侧的黑色聚类代表离开原有俱乐部并加入 Hi 先生俱乐部的成员，右侧聚类代表留在原有俱乐部的成员。这些聚类代表了多年形成的朋友群。当分裂发生时，大多数成员只是和他们喜欢的朋友选择同一家俱乐部。

可以自动提取这些朋友聚类吗？可以尝试使用 MCL。首先，在图的邻接矩阵上运行算法并打印所有结果聚类(如代码清单 19-41 所示)。

代码清单 19-41 对空手道俱乐部图进行聚类

```
adjacency_matrix = nx.to_numpy_array(G_karate)
clusters = get_clusters(run_mcl(adjacency_matrix))
for i, cluster in enumerate(clusters):
    print(f"Cluster {i}:\n{cluster}\n")

Cluster 0:
(0, 1, 3, 4, 5, 6, 7, 10, 11, 12, 13, 16, 17, 19, 21)

Cluster 1:
(2, 8, 9, 14, 15, 18, 20, 22, 23, 24, 25, 26, 27, 28, 29, 30, 31, 32, 33)
```

正如预期的那样，结果生成了两个聚类。现在重新绘制图，同时根据聚类 ID 为每个节点进行着色，如图 19-16 和代码清单 19-42 所示。

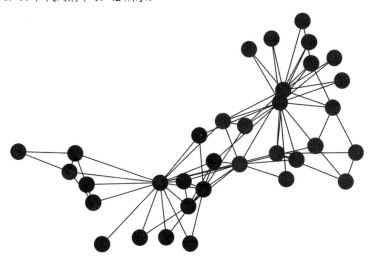

图 19-16　对空手道俱乐部图进行可视化。节点颜色对应社区聚类，这些颜色与俱乐部的最终分裂情况一致

代码清单 19-42　基于聚类为图中节点进行着色

```
np.random.seed(2)
cluster_0, cluster_1 = clusters
node_colors = ['k' if i in cluster_0 else 'b'
               for i in G_karate.nodes]

nx.draw(G_karate, node_color=node_colors)
plt.show()
```

得到的聚类与俱乐部的分裂情况几乎相同。MCL 已经能够很好地提取社交网络中的朋友群，因此在寻求案例研究解决方案时，该算法应该可以为我们提供很多帮助。在案例研究 5 中，我们要分析一个数字社交网络。提取现有的朋友群对于该分析可能是无价的。当然，在大型网络中，群的数量将超过两个，我们预计会遇到十几个(或者可能是几十个)朋友聚类。我们可能还想将图中的这些聚类进行可视化。手动将颜色分配给十几个聚类是一项繁琐的任务，因此我们希望自动生成聚类颜色。在 NetworkX 中，可以按如下方式自动分配颜色。

(1) 通过向每个节点添加 cluster_id 属性来创建每个节点与其聚类 ID 之间的映射。

(2) 将 node_colors 的每个元素设置为聚类 ID，而不是颜色。这可以通过运行 [G.nodes[n]['cluster_id'] for n in G.nodes]来完成，其中 G 是聚类后的社交图。

(3) 将 cmap=plt.cm.tab20 与数字 node_colors 列表一起传递到 nx.draw 中。cmap 参数为每个聚类 ID 分配一个颜色映射。plt.cm.tab20 表示用于生成该映射的调色板，我们之前使用过调色板映射来生成热图(详见第 8 章)。

让我们执行这些步骤来自动为聚类进行配色，如图 19-17 和代码清单 19-43 所示。

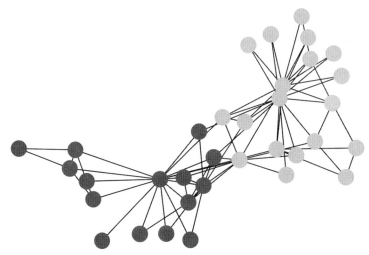

图 19-17　对空手道俱乐部图进行可视化。节点颜色与社区聚类相对应并且通过自动的方式进行配色

代码清单 19-43　自动为社交图聚类进行配色

```
np.random.seed(2)
for cluster_id, node_indices in enumerate(clusters):
    for i in node_indices:
        G_karate.nodes[i]['cluster_id'] = cluster_id

node_colors = [G_karate.nodes[n]['cluster_id'] for n in G_karate.nodes]
nx.draw(G_karate, node_color=node_colors, cmap=plt.cm.tab20)
plt.show()
```

为每个节点分配一个
聚类 ID

将节点颜色映射到数
字聚类 ID

使用 plt.cm.tab20 调色
板为每个聚类 ID 分
配颜色映射

我们已经完成对图论的深入研究。在第 20 章中，将使用新掌握的知识推导出一个简单的、基于图的预测算法。

19.5　本章小结

- 在无向图中，节点的边数简称为节点的度。可以通过对图的邻接矩阵的列求和来计算每个节点的度。

- 在图论中，对节点重要性的度量通常称为节点中心性。基于节点的度排名的重要性称为中心度。

- 有时，中心度不足以衡量节点的重要性。可以通过模拟网络中的随机流量来更好地推导出中心性。此外，可以将流量转换为在特定节点随机结束的概率。

- 交通概率可以直接从图的转移矩阵中计算出来。转移矩阵跟踪从节点 i 随机行驶到节点 j 的可能性。反复计算转移矩阵和概率向量的乘积会生成一个最终端点可能性向量。更高的

可能性对应更多的中心节点。这种中心性的度量被称为 PageRank 中心性。在数学上，它等
于转移矩阵的特征向量。

- 某些图在可视化时显示了紧密连接的聚类。这些节点聚类称为社区。具有清晰可见的社区
  的图被称为包含社区结构。在图中发现社区的过程称为社区检测。

- 可以使用马尔可夫聚类算法(MCL)进行社区检测。该算法要求我们计算一个随机流，这是
  一个多站转移概率。将转移矩阵与其自身相乘将得到一个流矩阵。较低的流值更有可能与
  社区间的边相对应。低流值和高流值之间的这种差异可以通过"膨胀"进一步放大。迭代
  重复矩阵乘法和膨胀将导致社区间流降至 0。然后，删除流为 0 的边，将图中的社区进行
  相互隔离。可以使用最短路径长度算法的变体来识别这些孤立的连通分量。

- 在社交网络中，"边"代表人与人之间的关系。社交网络通常包含社区结构，因此可以使
  用 MCL 来检测这些网络中的朋友聚类。

第 20 章

网络驱动的监督机器学习

本章主要内容

- 在监督机器学习中使用分类器
- 根据相似度作出简单的预测
- 用于评估预测质量的指标
- scikit-learn 中常见的监督学习方法

人们可以从现实世界的观察中学习。在某些方面，机器可以做同样的事情。通过向计算机提供已经存在的事实，然后让计算机去寻找其中的规律被称为监督机器学习。近年来，监督机器学习被应用到各个领域：利用计算机预测股票价格、诊断疾病，甚至驾驶汽车。这些进步被称为尖端创新。然而，在某些方面，这些创新背后的算法并不是那么新颖。现有机器学习技术的变体已经存在了几十年，但过去由于计算能力有限，这些技术无法得到充分应用。现在，计算能力得到迅猛提升。因此，多年前种下的想法终于结出了重大技术进步的果实。

本章将探索一种最古老、最简单的监督学习技术。这种算法称为 K 近邻，最早由美国空军于 1951 年开发。它植根于网络理论，可以追溯到中世纪学者 Alhazen 的发现。尽管年代久远，但该算法的使用与更现代的技术有很多共同之处。因此，可以将获得的见解应用到更广泛的监督机器学习领域。

20.1 监督机器学习的基础

监督机器学习常用于自动化某些原本由人类完成的任务。机器观察人类执行任务，然后学习复制观察到的行为。我们将使用第 14 章中介绍的花卉数据集来介绍这种学习方式。需要注意的是，该数据集代表了 3 种不同种类的鸢尾花，如图 20-1 所示。从视觉上看，这 3 个种类看起来很相似。植物学家利用叶子长度和宽度的细微差别来区分种类。如果要区分这些花卉，必须学习相关专业知识。没有经过培训，任何人或机器都无法对这些花卉进行区分。

Iris Setosa　　　　　　　Iris Versicolor　　　　　　Iris Virginica

图 20-1　3 种鸢尾花：Setosa、Versicolor 和 Virginica。花朵本身长得一模一样。它们叶子的细微差异可作为区分它们的
因素，但需要对人或机器进行培训，从而可以识别不同的花卉品种

假设植物学教授对当地牧场进行生态分析。数以百计的鸢尾科植物生长在牧场中，教授想知道这些植物中鸢尾科种类的分布情况。然而，教授有其他更重要的事情要做，没有时间亲自检查所有的花。他因此聘请了一名助手来检查田间的花朵。遗憾的是，助理不是植物学家，缺乏区分花卉品种的技能。取而代之的是，助手选择为每一朵花仔细测量叶子的长度和宽度。这些测量值能否用于自动识别所有花卉？这个问题是监督学习的核心。

本质上，我们想要构建一个模型，将输入的测量值映射到 3 个特定花卉类别之一。在机器学习中，这些输入的度量称为特征，输出的类别称为类。监督学习的目标是构建一个可以基于特征进行分类的模型。这样的模型称为分类器。

注意

根据定义，类是离散的分类变量，例如花的种类或汽车的类型。或者，有一些称为回归器的模型可以预测数字变量，例如房屋价格或汽车速度。

目前有许多不同类型的机器学习分类器。我们可能需要通过整本书的内容来讲解各种分类器。不过，尽管具有多样性，但大多数分类器都需要通过相同的步骤来构建和实现。要实现分类器，需要执行以下操作。

(1) 计算每个数据点的特征。在我们的植物学示例中，所有数据点都与花相关，因此需要测量每朵花的叶子长度。

(2) 领域专家必须为数据点的子集分配标签。植物学家别无选择，只能手动识别花卉子集中的花卉品种。没有植物专家的监督，分类器将无法正确构建。术语监督学习源自这个监督标记阶段。虽然标记花朵子集需要花费时间，但当分类器训练完成并可以进行自动预测时，这项标记工作就会得到回报。

(3) 向分类器展示特征和手动标记类的组合。然后分类器将尝试学习特征和类之间的关联关系。这个学习阶段因分类器不同而不同。

(4) 向分类器展示它以前没有见过的一组特征。然后，让它尝试根据之前分析出的特征与特定类之间的关系来预测一朵花属于哪个类别。

为构建分类器，植物学家需要一组已识别花朵的特征集。每朵花都分配以下 4 个特征(之前在第 14 章中讨论过)。

● 彩色花瓣的长度；

- 彩色花瓣的宽度；
- 支撑花瓣的绿叶的长度；
- 支撑花瓣的绿叶的宽度。

我们可以将这些特征存储在特征矩阵中。矩阵的每个列对应 4 个特征之一，矩阵的每个行对应数据集内的一朵花。类标签存储在 NumPy 数组中。此类数组用来保存数字而不是文本。因此，在机器学习中，类标签被表示为范围从 0 到 N－1 的整数(其中 N 是类的总数)。在鸢尾花示例中，我们处理 3 个种类，因此类别标签的范围为 0~2。

如第 14 章所示，可以使用 scikit-learn 的 load_iris 函数加载已知的花卉特征和类标签。我们现在就这样做。根据现有的 scikit-learn 约定，通常将特征矩阵分配给名为 X 的变量，并且将类标签数组分配给名为 y 的变量。遵循此约定，代码清单 20-1 通过将 return_X_y=True 传递到 load_iris 来加载 X 和 y。

代码清单 20-1　加载花卉特征数据和对应的类标签

```
from sklearn.datasets import load_iris
X, y = load_iris(return_X_y=True)
num_classes = len(set(y))
print(f"We have {y.size} labeled examples across the following "
      f"{num_classes} classes:\n{set(y)}\n")
print(f"First four feature rows:\n{X[:4]}")
print(f"\nFirst four labels:\n{y[:4]}")

We have 150 labeled examples across the following 3 classes:
{0, 1, 2}

First four feature rows:
[[5.1 3.5 1.4 0.2]
 [4.9 3.  1.4 0.2]
 [4.7 3.2 1.3 0.2]
 [4.6 3.1 1.5 0.2]]

First four labels:
[0 0 0 0]
```

所有 150 朵花都被标记为 3 种花之一。这样的标记工作是一项艰苦的差事。假设植物学家很忙，他只给 1/4 的花添加了标签。然后他构建一个分类器来预测剩余花的类别。我们将模拟这个场景。首先选择 X 和 y 中前 1/4 的数据。该数据切片被称为 X_train 和 y_train，因为将用它对模型进行训练。这样的数据集被称为训练集(如代码清单 20-2 所示)。在对训练集进行采样后，我们查看 y_train 的内容。

代码清单 20-2　创建训练集

```
sampling_size = int(y.size / 4)
X_train, y_train = X[:sampling_size], y[:sampling_size]
print(f"Training set labels:\n{y_train}")

Training set labels:
[0 0 0 0 0 0 0 0 0 0 0 0 0 0 0 0 0 0 0 0 0 0 0 0 0 0 0 0 0 0 0 0 0 0 0 0 0]
```

　　训练集中仅包含标记为花卉品种 0 的花朵，其余两种花未出现在其中。为增加样本多样性，应该从 X 和 y 中随机采样。可以使用 scikit-learn 的 train_test_split 函数实现随机采样，该函数将 X 和 y 作为输入并返回 4 个随机生成的输出。前两个输出是 X_train 和 y_train，对应训练集。接下来的两个输出涵盖了训练集之外的特征和类。这些输出可用于在训练后对分类器进行测试，因此这些数据通常被称为测试集。测试集的特征数据和类数据通常使用 X_test 和 y_test 表示。本章稍后将使用测试集来评估训练模型。

　　代码清单 20-3 调用 train_test_split 函数并使用可选的 train_size=0.25 参数。通过将 train_size 设定为 0.25，可以确保训练集中包含总数据的 25%。最后，打印 y_train 以确保训练数据中包含所有 3 个花卉品种。

代码清单 20-3　通过随机采样创建训练集

```
from sklearn.model_selection import train_test_split
import numpy as np
np.random.seed(0)
X_train, X_test, y_train, y_test = train_test_split(X, y, train_size=0.25)
print(f"Training set labels:\n{y_train}")

Training set labels:
[0 2 1 2 1 0 2 0 2 0 0 2 0 2 1 1 1 2 2 1 1 0 1 2 2 0 1 1 1 1 0 0 0 2 1 2 0]
```

　　现在训练集中包含了所有 3 个花卉品种。如何利用 X_train 和 y_train 来预测测试集中剩余花朵所属的类别呢？一种简单的策略是涉及几何接近度。正如在第 14 章中看到的，鸢尾花数据集中的特征可以绘制在多维空间中。这个绘制的数据形成了空间聚类：X_test 中的元素更有可能与相邻聚类中的 X_train 数据点具有相同的类。

　　让我们通过在二维空间中绘制 X_train 和 X_test 来说明这种假设，如图 20-2 和代码清单 20-4 所示。首先使用主成分分析将数据压缩到二维，然后绘制减少特征后的训练集，同时根据标记的类对每个绘制点进行着色。我们还使用三角形标记表示测试集的元素，从而让图像更清晰。然后，根据未标记点与已标记数据的接近程度来猜测其花卉类别。

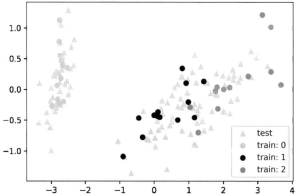

图 20-2　通过二维数据点来绘制花卉数据。每一朵被标记过的花都是根据它的品种类别进行着色的。没有标记的花也出现在图中。在视觉上，可以根据这些没有被标记的花与标记过的花的接近程度来猜测未标记花的类别

代码清单 20-4　绘制训练集和测试集

```
import matplotlib.pyplot as plt
from sklearn.decomposition import PCA

pca_model = PCA()
transformed_data_2D = pca_model.fit_transform(X_train)

unlabeled_data = pca_model.transform(X_test)
plt.scatter(unlabeled_data[:,0], unlabeled_data[:,1],
            color='khaki', marker='^', label='test')

for label in range(3):
    data_subset = transformed_data_2D[y_train == label]
    plt.scatter(data_subset[:,0], data_subset[:,1],
            color=['r', 'k', 'b'][label], label=f'train: {label}')

plt.legend()
plt.show()
```

在图的左侧部分，许多未标记的点聚集在花卉品种 0 的周围。这里没有歧义：这些未标记的花显然属于同一品种。在图中的其他地方，某些未标记的花靠近花卉品种 1 和花卉品种 2。对于每个这样的点，需要量化它们更接近哪些花卉品种。这就需要我们跟踪 X_test 中的每个特征与 X_train 中的每个特征之间的欧几里得距离。本质上，需要一个距离矩阵 M，其中 M[i][j]等于 X_test[i]和 X_test[j]之间的欧几里得距离。使用 scikit-learn 的 euclidean_distances 函数可以轻松生成这样的矩阵。我们只需要执行 euclidean_distances(X_test,X_train)即可返回距离矩阵(如代码清单 20-5 所示)。

代码清单 20-5　计算点之间的欧几里得距离

```
from sklearn.metrics.pairwise import euclidean_distances
distance_matrix = euclidean_distances(X_test, X_train)

f_train, f_test = X_test[0], X[0]
distance = distance_matrix[0][0]
print(f"Our first test set feature is {f_train}")
print(f"Our first training set feature is {f_test}")
print(f"The Euclidean distance between the features is {distance:.2f}")

Our first test set feature is [5.8 2.8 5.1 2.4]
Our first training set feature is [5.1 3.5 1.4 0.2]
The Euclidean distance between the features is 4.18
```

给定 X_test 中任何未标记的点，可以使用以下策略为它分配一个类。

(1) 根据训练集中的所有数据点与未标记点的距离进行排序。

(2) 选择该点的前 K 个近邻，这里将 K 设定为 3。

(3) 在 K 个相邻点中选择出现频率最高的类。

从本质上讲，我们假设每个未标记的点与其临近点属于相同的类。该策略构成了 K 近邻(KNN)算法的基础。让我们对随机选择的点尝试这种策略(如代码清单 20-6 所示)。

代码清单 20-6 根据最近的邻居来标记数据点

```
from collections import Counter
np.random.seed(6)
random_index = np.random.randint(y_test.size)
labeled_distances = distance_matrix[random_index]
labeled_neighbors = np.argsort(labeled_distances)[:3]
labels = y_train[labeled_neighbors]

top_label, count = Counter(labels).most_common()[0]
print(f"The 3 nearest neighbors of Point {random_index} have the "
      f"following labels:\n{labels}")
print(f"\nThe most common class label is {top_label}. It occurs {count} "
      "times.")

The 3 nearest neighbors of Point 10 have the following labels:
[2 1 2]

The most common class label is 2. It occurs 2 times.
```

如代码清单 20-7 所示，在 10 号点的邻居中，最常见的类标签是标签 2。这与花的实际类相比如何？

代码清单 20-7 检查 10 号花朵的真实类

```
true_label = y_test[random_index]
print(f"The true class of Point {random_index} is {true_label}.")

The true class of Point 10 is 2.
```

KNN 成功识别了 10 号花朵的类。我们实现这种识别的方法是通过检查花朵周围 "邻居" 中最常见的标签并将该标签作为花朵的标签。有趣的是，这个过程可以重新表述为图论问题。可以将每个点视为一个节点，将其标签视为节点属性，然后选择一个未标记的点并将边扩展到它的 K 个最近的已被标记过的 "邻居"。对邻居图进行可视化将让我们更好地理解它。

注意

这种类型的图结构被称为 K 近邻图。这类图可以被用于各种领域，包括交通规划、图像压缩和机器人技术等。此外，这些图可用于改进 DBSCAN 聚类算法。

让我们通过绘制 10 号点的邻居图进行演示(如图 20-3 所示)。这里利用 NetworkX 进行可视化(如代码清单 20-8 所示)。

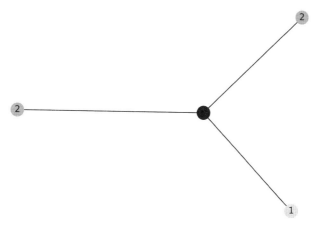

图 20-3　表示一个未标记点及其 3 个最近的已标记过的邻居的 NetworkX 图。3 个邻居中的两个被标记为类 2。因此，我们可以假设未标记的点也属于这个类

```
import networkx as nx
np.random.seed(0)
                                                绘制一个 NetworkX 图，其中包含未标记数据
                                                点与该点的已被标记的最近邻居之间的连接
def generate_neighbor_graph(unlabeled_index, labeled_neighbors):
    G = nx.Graph()
    nodes = [(i, {'label': y_train[i]}) for i in labeled_neighbors]
    nodes.append((unlabeled_index, {'label': 'U'}))
    G.add_nodes_from(nodes)
    G.add_edges_from([(i, unlabeled_index) for i in labeled_neighbors])
    labels = y_train[labeled_neighbors]
    label_colors = ['pink', 'khaki', 'cyan']
    colors = [label_colors[y_train[i]] for i in labeled_neighbors] + ['k']
    labels = {i: G.nodes[i]['label'] for i in G.nodes}
    nx.draw(G, node_color=colors, labels=labels, with_labels=True)
    plt.show()
                                                根据标签对被标记的邻
    return G                                    居进行着色

G = generate_neighbor_graph(random_index, labeled_neighbors)

获取近邻的标签
```

KNN 在只有 3 个邻居的情况下也能工作。如果将邻居数增加到 4，会发生什么？让我们通过代码清单 20-9 进行查看，如图 20-4 所示。

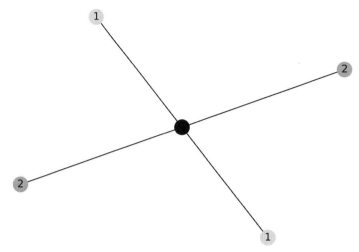

图 20-4 表示一个未标记点及其 4 个最近的已被标记的邻居的 NetworkX 图。4 个邻居中的两个被标记为类 2，其余两个属于类 1。由于出现了标签数均等的情况，因此无法识别未标记的点到底属于哪个类

代码清单 20-9　增加最近邻居的数量

```
np.random.seed(0)
labeled_neighbors = np.argsort(labeled_distances)[:4]
G = generate_neighbor_graph(random_index, labeled_neighbors)
```

结果出现了平局，没有任何标签占多数。因此，我们不能做决定。该怎么办？一种选择是随机打破平局。更好的方法是计算到标记点的距离。接近 10 号点的已知标记点更有可能与 10 号点具有相同的类。因此，应该给更接近的点更多的权重，但如何实现呢？

在最初的 KNN 实现中，每个标记点都获得了相同的权重，就像投票时的公平性一样。现在要根据距离来重新衡量每一张选票。一个简单的加权方案是给每个标记的点的票数为 1/distance：距离 1 个单位的点将获得 1 票，距离 0.5 个单位的点将获得 2 票，距离 2 个单位的点仅获得 0.5 票。这样做可以提高算法的准确性。

代码清单 20-10 为每个标记点分配一个等于它到 10 号点的距离的倒数的投票数量。然后让标记点根据它们的类进行票数统计。我们利用所得投票来选择 10 号点所属的类。

代码清单 20-10　使用距离权重对 10 号点进行投票

```
from collections import defaultdict
class_to_votes = defaultdict(int)
for node in G.neighbors(random_index):
    label = G.nodes[node]['label']
    distance = distance_matrix[random_index][node]
    num_votes = 1 / distance
    print(f"A data point with a label of {label} is {distance:.2f} units "
          f"away. It receives {num_votes:.2f} votes.")
    class_to_votes[label] += num_votes

print()
for class_label, votes in class_to_votes.items():
```

```
        print(f"We counted {votes:.2f} votes for class {class_label}.")

top_class = max(class_to_votes.items(), key=lambda x: x[1])[0]
print(f"Class {top_class} has received the plurality of the votes.")

A data point with a label of 2 is 0.54 units away. It receives 1.86 votes.
A data point with a label of 1 is 0.74 units away. It receives 1.35 votes.
A data point with a label of 2 is 0.77 units away. It receives 1.29 votes.
A data point with a label of 1 is 0.98 units away. It receives 1.02 votes.

We counted 3.15 votes for class 2.
We counted 2.36 votes for class 1.
Class 2 has received the plurality of the votes.
```

现在，我们正确地选择了类 2 作为 10 号点的类。通过加权投票可能会改善最终预测。当然，这种改进不是每次都能成功。有时，加权投票会使输出的结果恶化。根据 K 的预设值，加权投票会改善或恶化我们的预测。在测试一系列参数的预测性能之前，我们无法确定最终的参数设定。这类测试将要求我们开发一个稳健的指标来衡量性能及准确度。

20.2　测量预测的标签的准确度

到目前为止，已经了解了单个随机选择的点的类预测。现在要分析 X_test 中所有点的预测情况。为此，定义了一个 predict 函数，它将未标记点的索引和 K 值(预设为 1)作为输入(如代码清单 20-11 所示)。

注意

我们有意输入一个较低的 K 值，以产生大量需要改进的误差。稍后，我们测量多个 K 值的误差，从而优化性能。

最后一个参数是布尔型的 weighted_voting，我们将其设置为 False。该布尔值确定是否应根据距离分配选票。

代码清单 20-11　对 KNN 预测进行参数化

使用距离矩阵中的行索引并基于 K 个近邻来预测点的标签。布尔型的 weighted_voting 用来确定投票是否按邻居距离进行加权

```
def predict(index, K=1, weighted_voting=False):
    labeled_distances = distance_matrix[index]
    labeled_neighbors = np.argsort(labeled_distances)[:K]
    class_to_votes = defaultdict(int)
    for neighbor in labeled_neighbors:
        label = y_train[neighbor]
        distance = distance_matrix[index][neighbor]
        num_votes = 1 / max(distance, 1e-10) if weighted_voting else 1
        class_to_votes[label] += num_votes
    return max(class_to_votes, key=lambda x: class_to_votes[x])
```

获得 K 个近邻

返回得票最多的类标签

如果 weighted_voting 为 False，则对投票使用相等的权重，否则按距离的倒数进行加权。我们在计算倒数时采取预防措施，以避免除 0 错误

```
assert predict(random_index, K=3) == 2
assert predict(random_index, K=4, weighted_voting=True) == 2
```

现在对所有未标记的索引执行预测。遵循通用命名约定，我们将预测的类存储在名为 y_pred 的数组中(如代码清单 20-12 所示)。

代码清单 20-12　预测所有未标记的花朵的类

```
y_pred = np.array([predict(i) for i in range(y_test.size)])
```

我们想将 y_test 中预测的类结果与实际花朵类进行比较。首先打印 y_pred 和 y_test 数组，如代码清单 20-13 所示。

代码清单 20-13　比较预测结果与实际花朵类

```
print(f"Predicted Classes:\n{y_pred}")
print(f"\nActual Classes:\n{y_test}")

Predicted Classes:
[2 1 0 2 0 2 0 1 1 1 2 1 1 1 2 0 2 1 0 0 2 1 0 0 2 0 0 1 1 0 2 1 0 2 2 1 0
 2 1 1 2 0 2 0 0 0 1 2 2 1 2 1 2 1 1 1 1 1 1 1 2 1 0 2 1 1 1 2 2 0 0 2 1 0 0
 1 0 2 1 0 1 2 1 0 2 2 2 0 0 2 2 0 2 0 2 2 0 0 2 0 0 0 1 2 2 0 0 0 0 1 1 0
 0 1]

Actual Classes:
[2 1 0 2 0 2 0 1 1 1 2 1 1 1 1 0 1 1 0 0 2 1 0 0 2 0 0 2 0 0 1 1 0 2 1 0 2 1 0 2 2 1 0
 1 1 1 2 0 2 0 0 0 1 2 2 2 2 1 2 1 1 1 2 2 2 2 1 2 1 0 2 1 1 1 2 0 0 2 1 0 0
 1 0 2 1 0 1 2 1 0 2 2 2 2 0 0 2 2 0 2 2 0 0 2 0 0 0 1 2 2 0 0 0 0 1 1 0
 0 1]
```

这两个打印的数组很难比较。如果将数组聚合到一个矩阵 M 中，该矩阵为 3 行 3 列，存储相应的预测结果和实际类，则可以进行更简单的比较。行表示预测的类，列表示实际花朵类。每个 M[i][j] 代表预测的类 i 和实际类 j 之间相同的个数，如图 20-5 所示。

		Actual	
		Setosa	Versicolor	Virginica
	Setosa	**14**	1	1
Predicted	Versicolor	1	**11**	3
	Verginica	1	3	**10**

图 20-5　预测的类和实际类的假设矩阵。行表示预测的类，列表示实际类。每个 M[i][j] 代表预测的类 i 和实际类 j 之间相同的个数。因此，矩阵对角线显示所有准确的预测

这种类型的矩阵表示被称为混淆矩阵或误差矩阵。我们很快会看到，混淆矩阵可以帮助量化预测的误差。现在使用 y_pred 和 y_test 计算混淆矩阵并使用 Seaborn 将矩阵可视化为热图，如图 20-6 和代码清单 20-14 所示。

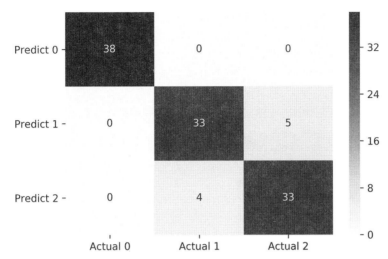

图 20-6　将预测结果与实际情况进行比较的混淆矩阵。行表示预测的类，列表示实际类。矩阵元素显示预测的类和实际类在各种花卉品种上的计数。矩阵的对角线表示所有准确的预测。大部分计数位于矩阵对角线上，这表明模型准确度较高

代码清单 20-14　计算混淆矩阵

检查类的总数。该值定义了矩阵的行数和列数

计算 y_pred 和 y_test 之间的混淆矩阵

```
import seaborn as sns
def compute_confusion_matrix(y_pred, y_test):
    num_classes = len(set(y_pred) | set(y_test))
    confusion_matrix = np.zeros((num_classes, num_classes))
    for prediction, actual in zip(y_pred, y_test):
        confusion_matrix[prediction][actual] += 1

    return confusion_matrix


M = compute_confusion_matrix(y_pred, y_test)
sns.heatmap(M, annot=True, cmap='YlGnBu',
            yticklabels=[f"Predict {i}" for i in range(3)],
            xticklabels = [f"Actual {i}" for i in range(3)])
plt.yticks(rotation=0)
plt.show()
```

每个预测的类 Prediction 与一个实际类 Actual 相对应。对于每对组合，把它们填入 Prediction 行和 Actual 列中并使用 1 来表示它们的出现。注意，如果 Prediction==Actual，那么值将出现在矩阵的对角线上

矩阵中的大多数值都在对角线上。每个对角线元素 M[i][i]表示准确预测的类 i 花朵的数量。这种准确预测通常被称为真阳性。根据显示的对角线值，我们知道真阳性计数非常高。这里通过对 M.diagonal()求和来打印真阳性总数(如代码清单 20-15 所示)。

代码清单 20-15　计算准确预测的数量

```
num_accurate_predictions = M.diagonal().sum()
print(f"Our results contain {int(num_accurate_predictions)} accurate "
    "predictions.")
```

```
Our results contain 104 accurate predictions.
```

结果包括 104 个准确预测：准确度很高。当然，并不是所有预测都是准确的。有时，分类器会混淆并产生错误的预测结果：在 113 个总预测中，矩阵中的 9 个预测位于对角线之外。总的准确预测的分数称为准确度分数。可以通过将对角线的和除以矩阵元素的总个数来计算准确度分数：在本例中，将 104 除以 113 会得到较高的准确度分数(如代码清单 20-16 所示)。

代码清单 20-16　计算准确度分数

```
accuracy = M.diagonal().sum() / M.sum()
assert accuracy == 104 / (104 + 9)
print(f"Our predictions are {100 * accuracy:.0f}% accurate.")

Our predictions are 92% accurate.
```

我们的预测相当准确，但并不完美。输出中存在误差。这些误差分布不均：例如，通过检查矩阵，可以看到类 0 预测总是正确的。该模型永远不会将类 0 与任何其他类混淆，反之亦然。该类的所有 38 个预测都位于对角线上。其他两个类的情况并非如此：模型会混淆属于类 1 和类 2 的花朵。

让我们尝试量化观察到的混淆情况。考虑矩阵第 1 行中的元素，它表示我们对类 1 的预测。通过对这一行求和，可以得出我们预测的属于类 1 的元素总数(如代码清单 20-17 所示)。

代码清单 20-17　计算预测的属于类 1 的元素个数

```
row1_sum = M[1].sum()
print(f"We've predicted that {int(row1_sum)} elements belong to Class 1.")

We've predicted that 38 elements belong to Class 1.
```

我们预测类 1 有 38 个元素。这些预测中有多少是正确的？通过观察可知，33 个预测位于 M[1][1] 对角线上。因此，我们正确识别了类 1 的 33 个真阳性。同时，其余 5 个预测位于第 2 列。这 5 个假阳性表示我们误认为属于类 1 的类 2 元素。它们使我们的类 1 预测变得不太可靠。类 1 标签在 38 个总实例中只有 33 个是正确的。计算 33/38 将得到一个称为精度的指标：真阳性个数除以真阳性和假阳性的总和。类 i 的精度等于 M[i][i] 除以第 i 行的总和。低精度表明预测的类标签不是很可靠。代码清单 20-18 计算类 1 的精度。

代码清单 20-18　计算类 1 的精度

```
precision = M[1][1] / M[1].sum()
assert precision == 33 / 38
print(f"Precision of Class 1 is {precision:.2f}")

Precision of Class 1 is 0.87
```

类 1 的精度为 0.87，因此类 1 标签只有 87%的概率是可靠的。在其余 13%的预测中，结果出现假阳性。这些假阳性是导致误差的一个原因，但它们不是唯一的原因：在不同的混淆矩阵的列中可以检测到其他误差。例如，考虑第 1 列，它表示 y_test 中的所有元素，其真实标签对应类 1。通过对这一列进行求和，将得到类 1 元素的总数(如代码清单 20-19 所示)。

代码清单 20-19　计算类 1 的元素个数

```
col1_sum = M[:,1].sum()
assert col1_sum == y_test[y_test == 1].size
print(f"{int(col1_sum)} elements in our test set belong to Class 1.")

37 elements in our test set belong to Class 1.
```

测试集中的 37 个元素属于类 1。其中 33 个元素位于 M[1][1]对角线上：这些真阳性元素已被正确识别。其余 4 个元素位于第 2 行。这些假阴性代表我们误认为属于类 2 的类 1 元素。因此，我们对类 1 元素的识别是不完整的。在 37 个可能的类实例中，只有 33 个被正确识别。计算 33/37 将得到一个称为召回率的指标：真阳性个数除以真阳性和假阴性的总和。类 i 的召回率等于 M[i][i]除以第 i 列的总和。低召回率表明我们的预测器通常会遗漏一些有效的实例。让我们输出类 1 的召回率(如代码清单 20-20 所示)。

代码清单 20-20　计算类 1 的召回率

```
recall = M[1][1] / M[:,1].sum()
assert recall == 33 / 37
print(f"Recall of Class 1 is {recall:.2f}")

Recall of Class 1 is 0.89
```

类 1 的召回率为 0.89，因此能够检测到 89%的有效类 1 实例。其余 11%的实例被错误识别。这个召回率测量的是牧场上已识别的类 1 花朵的比例。相比之下，精度衡量的是类 1 预测正确的可能性。

值得注意的是，实现 1.0 的最大召回率是很简单的：只需要将每个传入的数据点标记为属于类 1。我们将检测类 1 的所有有效实例，但这种高召回率是有代价的。精度将急剧下降，因为类 0 和类 2 的所有实例都将被误认为属于类 1。这个低精度分数等于 M[1][1] / M.sum()(如代码清单 20-21 所示)。

代码清单 20-21　检查召回率为 1.0 时的精度

```
low_precision = M[1][1] / M.sum()
print(f"Precision at a trivially maximized recall is {low_precision:.2f}")

Precision at a trivially maximized recall is 0.29
```

同样，如果召回率低，则最大化的精度也毫无价值。假设类 1 精度等于 1.0，那么我们 100%相信所有类 1 的预测都是正确的。但是，如果相应的召回率太低，大多数类 1 实例将被错误地识别为属于另一个类。因此，如果分类器忽略大多数真实的实例，高可信度就没有多大用处。

一个好的预测模型应该同时具有高精度和高召回率。因此，应该将精度和召回率合并为单个分数。如何将这两种不同的测量方法结合起来？一个常用的解决方案是通过运行(precision + recall) / 2 取它们的平均值。遗憾的是，这个解决方案有一个意想不到的缺点。精度和召回率分别是 M[1][1] / M[1].sum()和 M[1][1] / M[:,1].sum()。它们具有相同的分子，但分母不同。这是有问题的。分数只有在分母相等的情况下才能方便地相加。因此，取总值的平均值是不明智的。我们应该做什么？可以取精度和召回率的倒数。倒数会将每个分子与分母进行交换，因此 1/precision 和 1/recall 将具有相同的分母 M[1][1]。然后可以将这些倒数进行相加。让我们查看当计算指标倒数的平均值时会发生什么(如代码清单 20-22 所示)。

代码清单 20-22　计算指标倒数的平均值

```
inverse_average = (1 / precision + 1 / recall) / 2
print(f"The average of the inverted metrics is {inverse_average:.2f}")

The average of the inverted metrics is 1.14
```

倒数的平均值大于 1.0，但精度和召回率的最大上限均为 1.0。因此，它们的聚合应该低于 1.0。可以将前面的结果再次进行倒数运算来得到精度和召回率的平均值(如代码清单 20-23 所示)。

代码清单 20-23　通过倒数计算获取精度和召回率的平均值

```
result = 1 / inverse_average
print(f"The inverse of the average is {result:.2f}")

The inverse of the average is 0.88
```

最终得分是 0.88，介于精度 0.87 和召回率 0.89 之间。因此，这种聚合是精度和召回率的完美平衡。这种聚合指标被称为 f1-measure、f1-score，或者通常简称为 f-measure。f-measure 可以通过运行 2 * precision * recall / (precision + recall)更直接地计算(如代码清单 20-24 所示)。

注意

这种通过倒数计算出来的算术平均数称为调和平均值。调和平均值旨在测量比率的集中趋势，如速度。例如，假设一名运动员绕一英里的湖跑了 3 圈。第一圈需要 10 分钟，下一圈需要 16 分钟，最后一圈需要 20 分钟，因此该运动员每分钟的速度是 1/10=0.1、1/16=0.0625 和 1/20=0.05。算术平均数为(0.1+0.0625+0.05)/3，约 0.071。然而，这个值是错误的，因为是对不同的分母求和。相反，应该计算调和平均值 3/(10+16+20)，大约为每分钟 0.065 英里。根据定义，f-measure 等于精度和召回率的调和平均值。

代码清单 20-24　计算类 1 的 f-measure

```
f_measure = 2 * precision * recall / (precision + recall)
print(f"The f-measure of Class 1 is {f_measure:.2f}")

The f-measure of Class 1 is 0.88
```

我们应该注意，虽然在这里 f-measure 等于精度和召回率的平均值，但情况并非总是如此。假设一个预测有 1 个真阳性、1 个假阳性和 0 个假阴性。精确度和召回率是多少？它们的平均值与f-measure 相比如何？让我们通过代码清单 20-25 进行检查。

代码清单 20-25　将 f-measure 与平均值进行比较

```
tp, fp, fn = 1, 1, 0
```

```
precision = tp / (tp + fp)
recall = tp / (tp + fn)
f_measure = 2 * precision * recall / (precision + recall)
average = (precision + recall) / 2
print(f"Precision: {precision}")
print(f"Recall: {recall}")
print(f"Average: {average}")
print(f"F-measure: {f_measure:.2f}")


Precision: 0.5
Recall: 1.0
Average: 0.75
F-measure: 0.67
```

在这个理论示例中，精度较低，为 50%。同时，召回率是完美的 100%。这两个值的平均值是可以接受的 75%。但是，f-measure 远低于平均值，因为异常低的精度值无法证明高召回率是合理的。

f-measure 为我们提供了对单个类的可靠评估。考虑到这一点，现在将计算数据集中每个类的 f-measure(如代码清单 20-26 所示)。

代码清单 20-26 计算每个类的 f-measure

```
def compute_f_measures(M):
    precisions = M.diagonal() / M.sum(axis=0)
    recalls = M.diagonal() / M.sum(axis=1)
    return 2 * precisions * recalls / (precisions + recalls)

f_measures = compute_f_measures(M)
for class_label, f_measure in enumerate(f_measures):
    print(f"The f-measure for Class {class_label} is {f_measure:.2f}")


The f-measure for Class 0 is 1.00
The f-measure for Class 1 is 0.88
The f-measure for Class 2 is 0.88
```

类 0 的 f-measure 是 1.0：它以完美的精度和完美的召回率来识别不同的类。同时，类 1 和类 2 具有相同的 f-measure，为 0.88。这些类之间的区别并不完美，并且在识别时经常出现相互混淆。这些错误会降低每个类的精度和召回率。尽管如此，最终的 f-measure 为 0.88 是完全可以接受的。

注意

对于可接受的 f-measure 没有官方标准。适当的值可能因问题不同而不同，但通常将 f-measure 比作考试成绩：0.9~1.0 的 f-measure 被视为 A，该模型表现异常出色；0.8~0.89 的 f-measure 被视为 B，尽管模型可以接受，但仍有改进的余地；0.7~0.79 的 f-measure 被视为 C，该模型性能良好，但并不能令人满意。0.6~0.69 的 f-measure 被视为 D，几乎不可接受，有极大的改进空间。f-measure 值低于 0.6 通常被视为完全不可靠。

我们计算了 3 个不同类的 3 个 f-measure。这些 f-measure 可以通过取平均值组合成一个单一的分数。代码清单 20-27 计算了统一的 f-measure 分数。

注意

这 3 个 f-measure 是分母可能不同的分数。正如我们所讨论的，最好只在分母相等时才对分数进行合并。遗憾的是，与精度和召回率不同，没有现成的方法可以让 f-measure 输出之间的分母相等。因此，如果希望获得统一的分数，那么别无选择，只能计算它们的平均值。

代码清单 20-27 计算所有类的统一 f-measure

```
avg_f = f_measures.mean()
print(f"Our unified f-measure equals {avg_f:.2f}")

Our unified f-measure equals 0.92
```

值为 0.92 的 f-measure 与准确度相同。这并不奇怪，因为 f-measure 和准确度都旨在衡量模型性能。但是，我们必须强调，不能保证 f-measure 和准确度一定相同。当类不平衡时，指标之间的差异尤其明显。在不平衡的数据集中，某个类 A 的实例比某个类 B 的实例多得多。让我们考虑一个例子，其中有 100 个类 A 实例，但只有 1 个类 B 实例。此外，假设类 B 预测具有 100%的召回率，但准确率为 50%。可以用[[99,0],[1,1]]形式的 2*2 混淆矩阵来表示这种情况。让我们比较这种数据分布不均情况下的准确度和统一 f-measure(如代码清单 20-28 所示)。

代码清单 20-28 比较不平衡数据的性能指标

```
M_imbalanced = np.array([[99, 0], [1, 1]])
accuracy_imb = M_imbalanced.diagonal().sum() / M_imbalanced.sum()
f_measure_imb = compute_f_measures(M_imbalanced).mean()
print(f"The accuracy for our imbalanced dataset is {accuracy_imb:.2f}")
print(f"The f-measure for our imbalanced dataset is {f_measure_imb:.2f}")

The accuracy for our imbalanced dataset is 0.99
The f-measure for our imbalanced dataset is 0.83
```

这里准确度接近 100%。这种准确度具有误导性，它并不能真正代表模型预测另外的类 2 的精度。同时，较低的 f-measure 更好地反映了不同类预测之间的平衡。通常，由于其对不平衡的数据有较高的敏感性，f-measure 被视为一种优越的预测指标。接下来，我们依靠 f-measure 对分类器进行评估。

scikit-learn 的预测度量函数

到目前为止，我们讨论的所有预测指标都可以在 scikit-learn 中找到。它们可以从 sklearn.metrics 模块进行导入。每个指标函数都将 y_pred 和 y_test 作为输入并返回我们选择的指标标准。例如，可以通过导入并运行 confusion_matrix 来计算混淆矩阵(如代码清单 20-29 所示)。

代码清单 20-29 使用 scikit-learn 计算混淆矩阵

```
from sklearn.metrics import confusion_matrix
new_M = confusion_matrix(y_pred, y_test)
assert np.array_equal(new_M, M)
print(new_M)
```

```
[[38  0  0]
 [ 0 33  5]
 [ 0  4 33]]
```

以同样的方式，可以通过导入并运行 accuracy_score 来计算精度(如代码清单 20-30 所示)。

代码清单 20-30　使用 scikit-learn 计算精度

```
from sklearn.metrics import accuracy_score
assert accuracy_score(y_pred, y_test) == accuracy
```

此外，f-measure 可以通过 f1_score 函数进行计算。使用这个函数时有一点细微差别，因为 f-measure 可以作为一个向量或统一的平均值返回。通过将 average=None 传入函数，可以为每个类返回一个包含单独 f-measure 的向量(如代码清单 20-31 所示)。

代码清单 20-31　使用 scikit-learn 计算所有 f-measure

```
from sklearn.metrics import f1_score
new_f_measures = f1_score(y_pred, y_test, average=None)
assert np.array_equal(new_f_measures, f_measures)
print(new_f_measures)
```

```
[1.   0.88 0.88]
```

同时，通过设置 average='macro'将得到单个平均分数(如代码清单 20-32 所示)。

注意

通过设置参数 average='micro'，将计算所有类的平均精度和平均召回率。然后，利用这些平均值计算单个 f-measure 分数。通常，这种方法不会显著影响最终的统一 f-measure 结果。

代码清单 20-32　使用 scikit-learn 计算统一的 f-measure

```
new_f_measure = f1_score(y_pred, y_test, average='macro')
assert new_f_measure == new_f_measures.mean()
assert new_f_measure == avg_f
```

通过使用 f1_score 函数，可以轻松地用输入参数来优化 KNN 分类器。

常用的 scikit-learn 分类器评估函数

- M = confusion_matrix(y_pred, y_test)：根据 y_pred 中的预测的类和 y_test 中的实际类返回混淆矩阵 M。每个矩阵元素 M[i][j]将计算 y_pred[index]==i 和 y_test[index]==j 在每个可能的索引上的出现次数。

- accuracy_score(y_pred, y_test)：基于 y_pred 中的预测的类和 y_test 中的实际类返回准确度分数。给定混淆矩阵 M，准确度分数等于 M.diagonal().sum()/M.sum()。

- f_measure_vector = f1_score(y_pred, y_test, average=None)：返回所有可能的 f_measure_vector.size 类的 f-measure 向量。类 i 的 f-measure 等于 f_measure_vector[i]。这等于类 i 的精度和召回率的调和平均值。精度和召回率都可以从混淆矩阵 M 中计算出来。类

i 的精度等于 M[i][i]/M[i].sum()，类 i 的召回率等于 M[i][i]/M[:,i].sum()。最终的 f-measure 值 f_measure_vector[i]等于 2*precision*recall/(precision+recall)。

- f1_score(y_pred,y_test,average='macro')：返回平均 f-measure，它等于 f_measure_vector.mean()。

20.3 优化 KNN 性能

目前，predict 函数采用两个输入参数：K 和 weighted_voting。这些参数必须在训练之前设置，它们将影响分类器的性能。数据科学家将此类参数称为超参数。所有机器学习模型都有一些超参数，可以对其进行调整，从而增强预测能力。让我们尝试通过迭代 K 和 weighted_voting 的所有可能组合来优化分类器的超参数(如代码清单 20-33 所示)。K 值范围从 1 到 y_train.size，weighted_voting 参数设置为 True 或 False。对于每个超参数组合，我们在 y_train 上训练并计算 y_pred。然后根据预测计算 f-measure。所有 f-measure 都相对于输入参数 K 进行绘图。我们绘制两条独立的曲线：一条用于 weighted_voting=True，另一条用于 weighted_voting=False，如图 20-7 所示。最后，在图中找到最大 f-measure 并返回其优化参数。

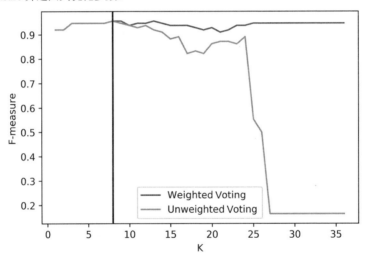

图 20-7 不同的 K 值对应的 KNN 加权和未加权投票性能测量图。当 K 设置为 8 时，f-measure 最大化。对于较低的 K 值，加权和未加权投票没有显著差异。但是，当 K 大于 10 时，未加权的性能开始下降

代码清单 20-33 优化 KNN 超参数

```
k_values = range(1, y_train.size)          跟踪每个参数组合与
weighted_voting_bools = [True, False]      f-measure 之间的映射
f_scores = [[], []]

params_to_f = {}                           计算每个参数组合的
for k in k_values:                         KNN 预测
    for i, weighted_voting in enumerate(weighted_voting_bools):
        y_pred = np.array([predict(i, K=k,
                        weighted_voting=weighted_voting)
                    for i in range(y_test.size)])
```

```
    f_measure = f1_score(y_pred, y_test, average='macro')
    f_scores[i].append(f_measure)
    params_to_f[(k, weighted_voting)] = f_measure
```

◄── 计算每个参数组合的 f-measure

```
(best_k, best_weighted), best_f = max(params_to_f.items(),
                                      key=lambda x: x[1])
```

◄── 找到最大化 f-measure 的参数

```
plt.plot(k_values, f_scores[0], label='Weighted Voting')
plt.plot(k_values, f_scores[1], label='Unweighted Voting')
plt.axvline(best_k, c='k')
plt.xlabel('K')
plt.ylabel('F-measure')
plt.legend()
plt.show()

print(f"The maximum f-measure of {best_f:.2f} is achieved when K={best_k} "
    f"and weighted_voting={best_weighted}")
```

```
The maximum f-measure of 0.96 is achieved when K=8 and weighted_voting=True
```

当 K 设置为 8 并使用加权投票时，性能最大化。然而，对于那个 K 值，加权和未加权的投票结果之间没有显著差异。有趣的是，随着 K 的不断增加，未加权的 f-measure 迅速下降。与此同时，加权 f-measure 继续徘徊在 90%以上。因此，加权 KNN 似乎比未加权的情况更稳定。

我们通过详尽地迭代所有可能的输入参数获得了这些见解。这种详尽的方法称为参数扫描或网格搜索。网格搜索是优化超参数的一种简单但有效的方法。尽管当参数数量很多时会受到计算复杂性的影响，但网格搜索很容易被并行执行。有了足够的计算能力，网格搜索可以有效优化许多常见的机器学习算法。通常，网格搜索是按如下步骤进行的。

(1) 选择感兴趣的超参数。

(2) 为每个超参数分配一系列值。

(3) 将输入数据拆分为训练集和验证集。验证集用于衡量预测质量。这种方法称为交叉验证。注意，可以将数据进一步拆分为多个训练和验证集，这样就可以计算多个预测指标的平均值。

(4) 迭代所有可能的超参数组合。

(5) 在每次迭代中，使用指定的超参数在训练数据集上训练分类器。

(6) 使用验证集测量分类器的性能。

(7) 一旦所有迭代完成，返回具有最高指标输出结果的超参数组合。

scikit-learn 允许我们对其所有内置的机器学习算法执行网格搜索。接下来，让我们利用 scikit-learn 在 KNN 上运行网格搜索。

20.4　使用 scikit–learn 进行网格搜索

scikit-learn 具有运行 KNN 分类的内置逻辑。可以通过导入 KNeighborsClassifier 类来使用这个逻辑(如代码清单 20-34 所示)。

代码清单 20-34　导入 scikit-learn 的 KNN 类

```
from sklearn.neighbors import KNeighborsClassifier
```

初始化该类会创建一个 KNN 分类器对象。按照惯例，将此对象存储在 clf 变量中(如代码清单 20-35 所示)。

注意

KNN 算法可以扩展到不只是用于分类：通过对它进行修改，可以用于预测连续值。假设我们希望预测房屋的销售价格。可以通过计算附近类似房屋的已知销售价格的平均值来做到这一点。以同样的方式，构建一个 KNN 回归器，它通过对其邻居的已知房屋价格进行平均值计算来对连续的数据值进行预测。scikit-learn 包含一个专为此特定目的而设计的 KNeighborsRegressor 类。

代码清单 20-35　初始化 scikit-learn 的 KNN 分类器

```
clf = KNeighborsClassifier()
```

初始化后的 clf 对象具有 K 和加权投票的预设值。K 值存储在 clf.n_neighbors 属性中，加权投票值存储在 clf.weights 属性中。让我们打印并检查这两个属性(如代码清单 20-36 所示)。

代码清单 20-36　打印预设的 KNN 参数

```
K = clf.n_neighbors
weighted_voting = clf.weights
print(f"K is set to {K}.")
print(f"Weighted voting is set to '{weighted_voting}'.")

K is set to 5.
Weighted voting is set to 'uniform'.
```

这里 K 设置为 5，加权投票设置为 uniform，这表示所有投票的权重相等。将 weights='distance' 传入初始化函数可确保投票按距离加权。此外，设置参数 n_neighbors=4 会将 K 设置为 4。让我们用这些参数重新初始化 clf(如代码清单 20-37 所示)。

代码清单 20-37　设置 scikit-learn 的 KNN 参数

```
clf = KNeighborsClassifier(n_neighbors=4, weights='distance')
assert clf.n_neighbors == 4
assert clf.weights == 'distance'
```

现在要对 KNN 模型进行训练。任何 scikit-learn clf 分类器都可以使用 fit 方法进行训练。我们只需要执行 clf.fit(X,y)，其中 X 是一个特征矩阵，y 是一个类标签数组。让我们使用由 X_train 和 y_train 定义的训练集来训练分类器(如代码清单 20-38 所示)。

代码清单 20-38　训练 scikit-learn 的 KNN 分类器

```
clf.fit(X_train, y_train)
```

训练后，clf 可用于预测任何输入的 X_test 矩阵(其维度与 X_train 匹配)的类。另外使用 clf.predict 方法进行预测。运行 clf.predict(X_test)将返回一个 y_pred 预测数组。随后，可以用 y_pred 和 y_test 计算 f-measure(如代码清单 20-39 所示)。

代码清单 20-39　使用经过训练的 KNN 分类器预测类

```
y_pred = clf.predict(X_test)
f_measure = f1_score(y_pred, y_test, average='macro')
print(f"The predicted classes are:\n{y_pred}")
print(f"\nThe f-measure equals {f_measure:.2f}.")

The predicted classes are:
[2 1 0 2 0 2 0 1 1 1 2 1 1 1 1 0 1 1 0 0 2 1 0 0 2 0 0 1 1 0 2 1 0 2 2 1 0
 2 1 1 2 0 2 0 0 0 1 2 2 1 2 1 2 1 1 1 1 1 1 2 1 0 2 1 1 1 1 2 0 0 2 1 0 0
 1 0 2 1 0 1 2 1 0 2 2 2 2 0 0 2 2 0 2 0 2 2 0 0 2 0 0 0 1 2 2 0 0 0 1 1 0
 0 1]

The f-measure equals 0.95.
```

clf 还允许我们提取更细微的预测输出。例如，可以为 X_test 中的输入样本生成每个类收到的投票分数。为获得这个投票分布，需要运行 clf.predict_proba(X_test)。predict_proba 方法返回一个矩阵，它的列对应投票率(如代码清单 20-40 所示)。我们打印这个矩阵的前四行，它们对应 X_test[:5]。

代码清单 20-40　输出每个类的投票率

```
vote_ratios = clf.predict_proba(X_test)
print(vote_ratios[:4])

array([[0.        , 0.21419074,  0.78580926],
       [0.        , 1.        ,  0.        ],
       [1.        , 0.        ,  0.        ],
       [0.        , 0.        ,  1.        ]])
```

如我们所见，X_test[0]处的数据点获得了 78.5%的类 2 选票。其余的选票都给了类 1。同时，X_test[4]获得了 100%的类 2 选票。虽然两个数据点都被分配了类 2 的标签，但第二个数据点被分配了具有更高置信度的标签。

值得注意的是，所有 scikit-learn 分类器都包含自己的 predict_proba 方法。该方法返回属于某个类的数据点的估计概率分布。概率最高的列索引等于 y_pred 中的类标签。

相关的 scikit-learn 分类器方法

- clf = KNeighborsClassifier()：初始化一个 KNN 分类器，其中 K = 5，投票在 5 个最近的邻居之间是一致的。
- clf = KNeighborsClassifier(n_neighbors=x)：初始化一个 KNN 分类器，其中 K=x 并且投票在 x 个邻居之间是一致的。
- clf = KNeighborsClassifier(n_neighbors=x, weights='distance')：初始化一个 KNN 分类器，其中 K=x 并且投票按与每个邻居的距离进行加权。
- clf.fit(X_train, y_train)：对任何分类器 clf 进行拟合，从而根据训练特征 X_train 和训练标签类 y_train 对特征 X 进行预测，获得类 y。
- y = clf.predict(X)：预测与特征矩阵 X 相关的类数组。每个预测的类 y[i]映射矩阵特征行 X[i]。

- M = clf.predict_proba(X)：返回概率分布矩阵 M。M[i]表示数据点 i 属于某个类的概率分布。该数据点的类预测等于概率分布的最大值。更简洁地说，M[i].argmax() == clf.predict(X)[i]。

现在，将注意力转移到在 KNeighborsClassifier 上运行网格搜索。首先，需要在超参数和它们的值范围之间指定一个字典映射。字典键等于输入参数 n_neighbors 和 weights。字典值等于各自的可迭代对象 range(1,40)和['uniform','distance']。让我们创建这个 hyperparams 字典(如代码清单 20-41 所示)。

代码清单 20-41 定义超参数字典

```
hyperparams = {'n_neighbors': range(1, 40),
               'weights': ['uniform', 'distance']}
```

在这个手动网格搜索中，邻居数量范围从 1 到 y_train.size，其中 y_train.size 等于 37。但是，该参数范围可以设置为任意值。这里将范围临界值设置为 40，这是一个不错的选择

接下来，需要导入 scikit-learn 的 GridSearchCV 类(如代码清单 20-42 所示)，我们将使用它来执行网格搜索。

代码清单 20-42 导入 scikit-learn 的网格搜索类

```
from sklearn.model_selection import GridSearchCV
```

首先要初始化 GridSearchCV 类。我们在初始化方法中输入 3 个参数。第一个参数是 KNeighborsClassifier()：一个初始化的 scikit-learn 对象，我们希望优化其超参数。第二个输入是 hyperparams 字典。最后一个参数是 score='f1_macro'，它将评估指标设置为平均 f-measure 值。

代码清单 20-43 将执行 GridSearchCV(KNeighborsClassifier(), hyperparams, rating='f1_macro')。初始化的对象可以执行分类，因此将它分配给变量 clf_grid。

代码清单 20-43 初始化 scikit-learn 的网格搜索类

```
clf_grid = GridSearchCV(KNeighborsClassifier(), hyperparams,
                        scoring='f1_macro')
```

我们已准备好在完全标记的数据集 X、y 上运行网格搜索。通过运行 clf_grid.fit(X,y)来进行参数扫描(如代码清单 20-44 所示)。scikit-learn 的内部方法在验证过程中会对 X 和 y 进行自动拆分。

代码清单 20-44 使用 scikit-learn 运行网格搜索

```
clf_grid.fit(X, y)
```

现在已经完成了网格搜索。优化后的超参数存储在 clf_grid.best_params_ 属性中，与这些参数关联的 f-measure 存储在 clf_grid.best_score_ 中。让我们通过输出来查看这些结果(如代码清单 20-45 所示)。

代码清单 20-45 检查优化后的网格搜索结果

```
best_f = clf_grid.best_score_
```

```
best_params = clf_grid.best_params_
print(f"A maximum f-measure of {best_f:.2f} is achieved with the "
      f"following hyperparameters:\n{best_params}")

A maximum f-measure of 0.99 is achieved with the following hyperparameters:
{'n_neighbors': 10, 'weights': 'distance'}
```

scikit-learn 的网格搜索达到了 0.99 的 f-measure。该值高于自定义网格搜索输出 0.96。为什么会得到更高的 f-measure？因为 scikit-learn 进行了更复杂版本的交叉验证。它不是将数据集分成两部分，而是将数据分成 5 个相等的部分。每个单独的数据部分作为一个训练集，每个部分外的数据用于测试。然后计算 5 个训练集中的 5 个 f-score 的平均值。最终得到的平均值 0.99 表示对分类器性能的更准确估计。

注意

出于评估目的将数据分成 5 个部分被称为 5 折交叉验证。通常，可以将数据分成 K 个相等的部分。在 GridSearchCV 中，拆分由 cv 参数控制。传递 cv=2 可将数据分成两部分，最终的 f-measure 类似于原始值 0.96。

当 n_neighbors 设置为 10 并使用加权投票时，模型可以获得最大的性能。包含这些参数的实际 KNN 分类器存储在 clf_grid.best_estimator_ 属性中(如代码清单 20-46 所示)。

注意

多个超参数组合将带来 f-measure 为 0.99 的结果。选择的参数组合在不同的机器上可能有所不同。因此，即使优化后的 f-measure 值保持不变，你的参数组合可能也会略有不同。

代码清单 20-46 访问优化后的分类器

```
clf_best = clf_grid.best_estimator_
assert clf_best.n_neighbors == best_params['n_neighbors']
assert clf_best.weights == best_params['weights']
```

通过 clf_best，可以对新数据进行预测。或者，通过运行 clf_grid.predict，可以直接对优化后的 clf_grid 对象进行预测(如代码清单 20-47 所示)。两个对象将返回相同的结果。

代码清单 20-47 通过 clf_grid 生成预测

```
assert np.array_equal(clf_grid.predict(X), clf_best.predict(X))
```

相关的 scikit-learn 网格搜索方法和属性

- clf_grid = GridSearchCV(ClassifierClass(), hyperparams, scoring = scoring_metric)：创建一个网格搜索对象，旨在基于由 scoring 指定的评分指标对所有可能的超参数优化分类器预测。如果 ClassifierClass() 等于 KNeighborsClassifier()，那么 clf_grid 将用于优化 KNN。如果 scoring_metric 等于 f1_macro，则利用 f-measure 的平均值进行优化。
- clf_grid.fit(X, y)：执行网格搜索，从而通过所有超参数值的可能组合来优化分类器性能。
- clf_grid.best_score：在执行网格搜索后，返回分类器性能的最佳度量值。
- clf_grid.best_params_：根据网格搜索返回具有最佳性能的超参数组合。

- clf_best = clf_grid.best_estimator_：返回一个 scikit-learn 分类器对象，该对象具有基于网格搜索的最佳性能。
- clf_grid.predict(X)：执行 clf_grid.best_estimator_.predict(X)的快捷方式。

20.5 KNN 算法的局限性

KNN 算法是所有监督学习算法中最简单的。其简单性导致了某些缺陷。与其他算法不同，KNN 是不可解释的：我们可以输入数据点并预测该数据点属于哪个类，但无法理解为什么该数据点属于那个类。假设我们训练了一个 KNN 模型，它可以预测一个高中生属于 10 个社团中的哪一个。即使模型是准确的，我们仍然不能理解为什么这个学生被归类为运动员而不是合唱团的成员。稍后，我们将遇到其他算法，它们可以更好地解释数据特征与类标识之间的相关性。

此外，KNN 只在特征数量较低时具有很好的表现。随着特征数量的增加，潜在的冗余信息开始渗入数据中。因此，距离度量变得不再可靠，预测质量也会受到影响。幸运的是，特征冗余可以通过第 14 章介绍的降维技术得到部分缓解。但是，即使应用了降维技术，过大的特征集仍然可能导致不准确的预测结果。

最后，KNN 最大的问题是它的执行速度。当训练集很大时，KNN 算法的运行速度会很慢。假设我们建立一个训练集，其中包含一百万朵标记过的花。简单地说，要想找到一朵没有标记的花最近的邻居，我们需要计算它与这百万朵花之间的距离。这要花很多时间。当然，可以通过更有效地组织训练数据来优化速度。这个过程类似于在字典中组织单词。假设我们要在一个非字母顺序的字典中查找单词 data。由于单词是随意存储的，因此需要扫描每一页。对于 6 000 页的牛津词典来说，这需要很长时间。幸运的是，所有字典都是按字母顺序排列的，因此可以在大约中间位置打开字典，快速查找单词。这里，在第 3 000 页，遇到了字母 M 和 N。然后可以翻到第 3000 页和首页的中间点，这把我们带到 1 500 页，里面应该包含以字母 D 开头的单词。我们离目标更近了。多次重复这个过程将使我们找到单词 data。

以类似的方式，如果首先根据空间距离组织训练集，那么可以快速扫描最近的邻居。scikit-learn 使用了一种称为 K-D 树的特殊数据结构，以确保相邻训练点之间的存储距离更近。这将带来更快的扫描和更快的邻居查找速度。K-D 树构造的细节超出了本书的范围，但你可以阅读 Marcello La Rocca 的 *Advanced Algorithms and Data Structures*(Manning，2021，www.manning.com/books/algorithms-and-data-structures-in-action)一书，从而了解更多关于这一非常有用的技术的知识。

尽管可以使用内置的查找优化技术，但是当训练集很大时，KNN 运行起来仍然很慢，超参数优化过程也会变得更复杂。我们将通过把训练集(X, y)中的元素增加 2 000 倍来说明这种速度下降。然后将统计增加数据后的网格搜索时间。

警告

代码清单 20-48 将运行很长时间。

代码清单 20-48 在大型训练集上优化 KNN

```
import time
X_large = np.vstack([X for _ in range(2000)])
```

```
y_large = np.hstack([y for _ in range(2000)])
clf_grid = GridSearchCV(KNeighborsClassifier(), hyperparams,
                        scoring='f1_macro')
start_time = time.time()
clf_grid.fit(X_large, y_large)
running_time = (time.time() - start_time) / 60
print(f"The grid search took {running_time:.2f} minutes to run.")

The grid search took 16.23 minutes to run.
```

该网格搜索运行耗时超过 16 分钟。这不是一个可接受的运行时间。我们需要一个替代解决方案。第 21 章中将探索预测运行时间不依赖训练集大小的新分类器。我们根据常识优先原则开发这些分类器，然后使用它们的 scikit-learn 实现技术进行预测。

20.6　本章小结

- 在监督机器学习中，我们的目标是找到输入的度量(即特征)和输出的类别(即类)之间的映射。基于特征识别类的模型称为分类器。

- 为构造分类器，首先需要一个同时具有特征和标签类的数据集。这个数据集被称为训练集。

- K 近邻(KNN)是一个非常简单的分类器。KNN 可以根据训练集中 K 个最近的标记点中占多数的类对未标记点进行分类。本质上，这些邻居投票决定未知数据点所属的类。作为可选项，可以根据邻居到未标记点的距离对投票进行加权。

- 可以通过计算混淆矩阵 M 来评估分类器的性能。每个对角上的元素 M[i][i]表示类 i 的准确预测实例数量。这种准确的预测被称为类的真阳性实例。沿 M 对角线的总元素的比例为准确度分数。

- 实际属于类 B 但被预测为类 A 的元素称为类 A 的假阳性。将真阳性数量除以真阳性和假阳性的总和获得的指标称为精度。低精度表明预测的类标签不是很可靠。

- 预测属于类 B 但实际属于类 A 的元素称为类 A 的假阴性。将真阳性数量除以真阳性和假阴性的总和获得的指标称为召回率。低召回率表明预测器通常会遗漏某个类的有效实例。

- 一个好的分类器应该具有高精度和高召回率。可以把精度和召回率合并成一个单一的称为 f-measure 的指标。给定精度 p 和召回率 r，可以通过运行 2 * p * r / (p + r) 来计算 f-measure。可以将多个类的多个 f-measure 进行平均值运算，从而获得一个单一的分数。

- f-measure 有时可能优于准确度，尤其是当数据不平衡时，因此它是更优秀的评估指标。

- 为优化 KNN 性能，需要为 K 选择一个最佳值。我们还需要决定是否使用加权投票。这两个参数化输入被称为超参数。这种超参数必须在训练之前进行设置。所有机器学习模型都具有超参数，可以对其进行调整，从而增强预测能力。

- 最简单的超参数优化技术被称为网格搜索，它通过迭代每个可能的超参数组合来执行。在迭代之前，原始数据集被分成训练集和验证集。这种拆分称为交叉验证。然后我们对参数组合进行迭代。在每次迭代中，分类器都会被训练并评估。最后，选择具有最高指标输出结果的超参数值。

第 *21* 章

使用逻辑回归训练线性分类器

本章主要内容

- 用简单的线性切割对数据类进行分离
- 什么是逻辑回归
- 使用 scikit-learn 训练线性分类器
- 解释类预测和训练过的分类器参数之间的关系

数据分类与聚类非常相似，可视为几何问题。类似地，标签类在抽象空间中聚集在一起。通过测量点之间的距离，可以识别哪些数据点属于同一个聚类或类。然而，正如在上一章了解到的，计算该距离的成本可能很高。幸运的是，可以在不测量所有点之间距离的情况下找到相关类。之前在第 14 章中研究了一家服装店的客户。每个客户都有两个特征：身高和体重。绘制这些特征可生成一个雪茄形状的图形。我们将雪茄翻转并垂直切成 3 段以代表 3 类客户：穿小号衣服的客户、穿中号衣服的客户以及穿大号衣服的客户。

通过像用刀来切割雪茄一样，就可以分离出不同的数据类。分割可以用简单的线性切割来进行。以前只做垂直向下的切割。本章将学习如何通过一个角度来切割数据，从而最大限度地实现数据分离。通过有向的线性切割，可以不依赖距离计算来分类数据。在这个过程中，我们将学习如何训练和解释线性分类器。首先从重新讨论按身材尺寸划分客户的问题开始。

21.1 根据身材尺寸对客户进行线性划分

第 14 章中模拟了客户的身高(以英寸为单位)和体重(以磅为单位)。具有较大身高和体重的客户属于大号服装客户类。现在将重新运行该模拟，将身高和体重存储在特征矩阵 X 中，客户类存储在 y 类标签数组中。出于本练习的目的，我们将重点放在 Large 和 Not Large 两个类上(如代码清单 21-1 所示)。假设 Large 类客户的身高超过 72 英寸，体重超过 160 磅。在模拟这些数据后，绘制 X 的散点图，其中绘制的数据点根据 y 中的类标签进行着色，如图 21-1 所示。这种视觉表示将帮助我们寻找不同客户类型之间的空间分离。

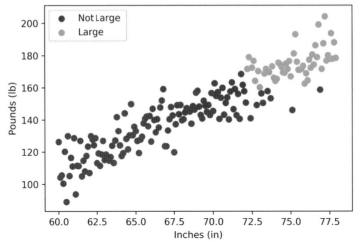

图 21-1 客户身材数据分布图，单位为英寸和磅。对 Large 类和 Not Large 类客户使用不同的颜色进行着色

代码清单 21-1 模拟分类后的客户身材数据

```
import matplotlib.pyplot as plt
import numpy as np
np.random.seed(1)

def plot_customers(X, y, xlabel='Inches (in)', ylabel='Pounds (lb)'):
    colors = ['g', 'y']
    labels = ['Not Large', 'Large']
    for i, (color, label) in enumerate(zip(colors, labels)):
        plt.scatter(X[:,0][y == i], X[:,1][y == i], color=color, label=label)

    plt.xlabel(xlabel)
    plt.ylabel(ylabel)

inches = np.arange(60, 78, 0.1)
random_fluctuations = np.random.normal(scale=10, size=inches.size)
pounds = 4 * inches - 130 + random_fluctuations
X = np.array([inches, pounds]).T
y = ((X[:,0] > 72) & (X[:,1] > 160)).astype(int)

plot_customers(X, y)
plt.legend()
plt.show()
```

绘制客户测量数据，同时根据类为客户进行着色。客户身高和体重被视为特征矩阵 X 中的两个不同特征。客户类别与标签数组 y 一起存储

将客户分为两类：Large 和 Not Large

遵循第 14 章中的线性公式，将体重设定为身高的函数

如果客户的身高大于 72 英寸且体重大于 160 磅，则将该客户放入 Large 类中

得到的散点图类似于两端颜色深浅不同的雪茄。我们可以想象用一把刀将雪茄切开，从而对颜色进行分离。这把刀就像一个边界，将两个客户类分开。可以使用斜率为–3.5 且 y 轴截距为 415 的线表示这个边界。这条线的公式为 lbs = -3.5 * inches + 415。让我们将此线性边界添加到图中，如图 21-2 和代码清单 21-2 所示。

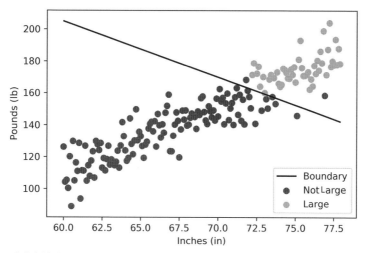

图 21-2　客户身材数据分布图,单位为英寸和磅。线性边界将 Large 类客户与 Not Large 类客户分开

注意

我们将在本章后面学习如何自动计算线性边界。

```
def boundary(inches): return -3.5 * inches + 415
plt.plot(X[:,0], boundary(X[:,0]), color='k', label='Boundary')
plot_customers(X, y)
plt.legend()
plt.show()
```

绘制的线被称为线性决策边界,因为它可用于准确选择客户所属的类。Large 类中的大多数客户都位于该线的上方。给定一个测量值为(inches,lbs)的客户,我们通过检查 lbs > -3.5 * inches + 415 是否成立来预测该客户所属的类。如果不等式成立,则该客户属于 Large 类。这里使用不等式来预测客户类(如代码清单 21-3 所示)。我们将预测结果存储在 y_pred 数组中并通过打印 f-measure 来评估预测质量。

注意

正如在第 20 章中所讨论的,f-measure 是评估类预测质量的首选方法。f-measure 等于分类器精度和召回率的调和平均值。

```
from sklearn.metrics import f1_score
y_pred = []
for inches, lbs in X:
    prediction = int(lbs > -3.5 * inches + 415)    ◀──
    y_pred.append(prediction)

f_measure = f1_score(y_pred, y)
print(f'The f-measure is {f_measure:.2f}')
```

如果 b 是一个 Python 布尔值,则 int(b)在布尔值为 True 时返回 1,否则返回 0。因此,可以通过 int(lbs > -3.5 * inches + 415)的返回值来决定(inches, lbs)所对应的类标签

```
The f-measure is 0.97
```

正如预期的那样，f-measure 值很高。给定不等式 lbs > -3.5 * inches + 415，我们可以准确地对数据进行分类。此外，可以使用向量点积更简洁地进行分类。具体思路如下。

(1) 将不等式改为 3.5 * inches + lbs - 415 > 0。

(2) 两个向量[x, y, z]和[a, b, c]的点积等于 a * x + b * y + c * z。

(3) 如果取向量[inches, lbs, 1]和[3.5, 1, -415]的点积，则结果等于 3.5 * inches + lbs - 415。

(4) 因此不等式可以简化为 w @ v>0，其中 w 和 v 都是向量，@是点积运算符，如图 21-3 所示。

注意，只有一个向量取决于 lbs 和 inches 的值。第二个向量[3.5,1,-415]不随客户测量值而变化。数据科学家将此不变向量称为权重向量或简称为权重。

注意

因为"权重"和"体重"的英文单词都是 weight，这里指的是权重，而不是以磅为单位的客户体重。

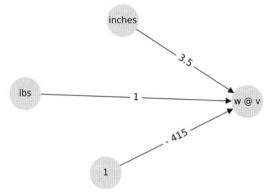

图 21-3 可以将权重和[inches, lbs, 1]之间的点积可视化为有向图。在图中，最左边的节点代表测量值[inches, lbs, 1]，边权重代表权重[3.5, 1, -415]。我们将每个节点乘以其相应的边权重并将结果相加。

该总和等于两个向量 v 和 w 之间的乘积。客户分类由 w @ v > 0 决定

通过使用向量点积，我们将在两行代码中重新创建 y_pred(如代码清单 21-4 所示)。

(1) 分配一个 weights 向量等于[3.5, 1, -415]。

(2) 使用 weights 和[inches,lbs,1]的点积对 X 中的每个(inches,lbs)客户样本进行分类。

代码清单 21-4 使用向量点积预测类

```
weights = np.array([3.5, 1, -415])
predictions = [int(weights @ [inches, lbs, 1] > 0) for inches, lbs in X]
assert predictions == y_pred
```

如果使用矩阵乘法，则可以进一步巩固代码。

考虑以下步骤。

(1) 目前，必须迭代矩阵 X 中的每一行[inch, lbs]并添加一个 1 来获得向量[inch, lbs, 1]。

(2) 或者，可以将一列 1 连接到矩阵 X 并得到一个三列矩阵 M。矩阵的每一行等于[inch, lbs, 1]。

我们将 M 称为填充的特征矩阵。

(3) 运行[weights @ v for v in M]返回 weights 与矩阵 M 中每一行的点积。当然，这个操作等价于 M 和 weights 之间的矩阵乘积。

(4) 可以通过运行 M @ weights 来计算矩阵乘积。

(5) 运行 M @ weights > 0 返回一个布尔数组。其中，仅当每个客户的测量数据满足 3.5 * inches + lbs - 415 > 0 时，每个元素才返回结果 True。

本质上，M @ weights > 0 返回一个布尔向量，如果 y_pred[i] == 1，则其第 i 个值为真，否则为假。可以使用 NumPy 的 astype 方法将布尔值转换为数字标签。因此，可以通过运行(M @ weights > 0).astype(int)来生成预测结果。让我们通过代码清单 21-5 进行确认。

代码清单 21-5　使用矩阵乘法预测类

```
M = np.column_stack([X, np.ones(X.shape[0])])     ◄——  将一列1连接到特征矩阵X，从而
print("First five rows of our padded feature matrix are:")   创建具有3个列的矩阵M
print(np.round(M[:5], 2))


predictions = (M @ weights > 0).astype(int)
assert predictions.tolist() == y_pred     ◄——

                                          检查预测结果是否与之前一致。注
First five rows of our padded feature matrix are:   意，矩阵乘积返回一个 NumPy 数
[[ 60.     126.24   1. ]                  组，必须将其转换为列表才能进行
 [ 60.1    104.28   1. ]                  比较
 [ 60.2    105.52   1. ]
 [ 60.3    100.47   1. ]
 [ 60.4    120.25   1. ]]
```

我们将客户分类归结为一个简单的矩阵向量乘积。这种矩阵乘积分类器被称为线性分类器。权重向量是线性分类器对输入特征进行分类所需的全部。这里定义一个 linear_classifier 函数(如代码清单 21-6 所示)，它将特征矩阵 X 和权重向量 weights 作为输入。它返回一个类预测数组。

代码清单 21-6　定义一个线性分类器函数

```
def linear_classifier(X, weights):
    M = np.column_stack([X, np.ones(X.shape[0])])
    return (M @ weights > 0).astype(int)

predictions = linear_classifier(X, weights)
assert predictions.tolist() == y_pred
```

线性分类器检查加权特征和常数加起来是否大于 0。存储在 weights[-1]中的常数值称为偏差。剩余的权重称为系数。在分类过程中，每个系数都与其对应的特征相乘。在本例中，weights[0]中的 inches 系数乘以 inches，而 weights[1]中的 lbs 系数乘以 lbs。因此，weights 包含两个系数和一个偏差，形式为[inches_coef,lbs_coef,bias]。

我们已使用已知的决策边界导出了 weights 向量，但 weights 也可以直接通过训练集(X, y)进行计算。在 21.2 节中，将讨论如何训练一个线性分类器。训练包括寻找系数和线性分离客户类的偏差。

注意

训练结果不等于 weights，因为无限多个 weights 向量满足不等式 M @ weights > 0。可以通过将两边乘以正的常数 k 来证明这一点。当然，0 * k 等于 0。同时，weights * k 得到一个新向量 w2。因此，只要 M @ weights > 0，M @ w2 就大于 0(反之亦然)。由于有无数个 k 常数，因此有无数个 w2 向量，但这些向量指向同一方向。

21.2　训练线性分类器

我们想找到一个权重向量来优化 X 上的类预测。首先将 weights 设置为等于 3 个随机值(如代码清单 21-7 所示)。然后计算与这个随机向量相关的 f-measure。我们预计 f-measure 会非常低。

代码清单 21-7　使用随机权重进行分类

```
np.random.seed(0)
weights = np.random.normal(size=3)
y_pred = linear_classifier(X, weights)
f_measure = f1_score(y_pred, y)

print('We inputted the following random weights:')
print(np.round(weights, 2))
print(f'\nThe f-measure is {f_measure:.2f}')

We inputted the following random weights:
[1.76 0.4 0.98]

The f-measure is 0.43
```

正如预期的那样，得出的 f-measure 很糟糕。可以通过打印 y_pred 来深入了解原因(如代码清单 21-8 所示)。

代码清单 21-8　输出预测的类

```
print(y_pred)

[1 1 1 1 1 1 1 1 1 1 1 1 1 1 1 1 1 1 1 1 1 1 1 1 1 1 1 1 1 1 1 1 1 1 1 1 1 1
 1 1 1 1 1 1 1 1 1 1 1 1 1 1 1 1 1 1 1 1 1 1 1 1 1 1 1 1 1 1 1 1 1 1 1 1 1 1
 1 1 1 1 1 1 1 1 1 1 1 1 1 1 1 1 1 1 1 1 1 1 1 1 1 1 1 1 1 1 1 1 1 1 1 1 1 1
 1 1 1 1 1 1 1 1 1 1 1 1 1 1 1 1 1 1 1 1 1 1 1 1 1 1 1 1 1 1 1 1 1 1 1 1 1 1
 1 1 1 1 1 1 1 1 1 1 1 1 1 1 1 1 1 1 1 1 1 1 1 1 1 1 1 1]
```

所有数据点都被分配一个类标签 1。权重和每个特征向量的乘积总是大于 0，因此权重一定太高了。降低权重将产生更多属于类 0 的预测结果(如代码清单 21-9 所示)。例如，如果将权重设置为 [0,0,0]，则所有的类预测结果都等于 0。

代码清单 21-9　通过降低权重来改变类预测结果

```
assert np.all(linear_classifier(X, [0, 0, 0]) == 0)
```

降低权重会产生更多的类 0 预测结果，提高它们会产生更多的类 1 预测结果。因此，可以对权重进行调整，直到预测结果与实际的类标签一致。让我们设计一个策略来调整权重，以与标签匹配。首先调整 weights[-1] 处的偏差。

注意
调整系数会有一点细微的差别，因此现在我们将专注于偏差。

我们的目标是将 y_pred 中的预测结果与 y 中的实际标签之间的差异最小化。如何做到这一点？一种简单的策略是比较每对预测出的标签与实际标签。基于每次比较，可以像下面这样来调整偏差。

- 如果预测结果与实际类相同，则预测是正确的。因此，我们不会修改偏差。
- 如果预测类为 1，而实际类为 0，则权重太高。因此，我们将偏差降低一个单位。
- 如果预测类为 0，实际类为 1，则权重太低。因此，我们将偏差增加一个单位。

让我们定义一个函数，根据预测结果和实际的标签情况来计算偏差偏移(如代码清单 21-10 所示)。

注意
根据现有的惯例，偏差偏移是从权重中减去的。因此，当权重减小时，get_bias_shift 函数返回一个正值。

代码清单 21-10　基于预测质量计算偏置偏移

```
def get_bias_shift(predicted, actual):
    if predicted == actual:
        return 0
    if predicted > actual:
        return 1

    return -1
```

在数学上，可以证明 get_bias_shift 函数等价于 predicted - actual。代码清单 21-11 针对预测和实际类标签的所有 4 种组合证明了这一点。

代码清单 21-11　使用算术运算来计算偏差偏移

```
for predicted, actual in [(0, 0), (1, 0), (0, 1), (1, 1)]:
    bias_shift = get_bias_shift(predicted, actual)
    assert bias_shift == predicted - actual
```

值得注意的是，单次单位偏移是一个任意值。我们不是偏移一个单位的偏差，而是可以偏移它的 1/10 个单位、10 个单位或 100 个单位。偏移的值可以由一个称为学习率的参数来控制。通过将学习率乘以 predicted - actual 来调整偏移大小。因此，如果想将偏移降低到 0.1，可以很容易地通过运行 learning_rate * (predicted - actual) 来做到这一点，其中 learning_rate 等于 0.1。这种调整会影响训练的质量。因此，这里将使用预设为 0.1 的 learning_rate 参数重新定义 get_bias_shift 函数(如代码清单 21-12 所示)。

代码清单 21-12　用学习率计算偏差偏移

```
def get_bias_shift(predicted, actual, learning_rate=0.1):
    return learning_rate * (predicted - actual)
```

现在准备调整偏差。代码清单 21-13 迭代 M 中的每个[inches,lbs,1]向量。对于第 i 个向量，我们预测它的类标签并将其与 y[i]中的实际类进行比较。

注意
每个向量 v 的类预测等于 int(v @ weights > 0)。

通过使用每个预测结果，我们计算偏差偏移并从 weights[-1]中存储的偏差中减去它。当所有迭代完成后，打印调整后的偏差并将其与原始值进行比较。

代码清单 21-13　迭代偏移偏差

```
def predict(v, weights): return int(v @ weights > 0)    ◄── 预测与矩阵 M 中的
                                                              行相关联的向量 v 的
starting_bias = weights[-1]                                   类标签
for i, actual in enumerate(y):
    predicted = predict(M[i], weights)
    bias_shift = get_bias_shift(predicted, actual)
    weights[-1] -= bias_shift

new_bias = weights[-1]
print(f"Our starting bias equaled {starting_bias:.2f}.")
print(f"The adjusted bias equals {new_bias:.2f}.")

Our starting bias equaled 0.98.
The adjusted bias equals -12.02
```

偏差已经大大减少。这是有意义的，因为权重太大了。让我们检查这种偏移是否使 f-measure 有所改善(如代码清单 21-14 所示)。

代码清单 21-14　检查偏差偏移后的性能

```
y_pred = linear_classifier(X, weights)
f_measure = f1_score(y_pred, y)
print(f'The f-measure is {f_measure:.2f}')

The f-measure is 0.43
```

f-measure 保持不变。简单地调整偏差是不够的。我们还需要对系数进行调整，但是怎么做呢？可以从每个系数中减去偏差。我们可以迭代每个训练实例并运行 weights -= bias_shift。遗憾的是，这种简单的方法存在缺陷：它总是对系数进行调整，但当相关特征为 0 时，调整系数是危险的。我们将用一个简单的例子来说明原因。

假设客户数据集里的一个空白条目被错误地记录为(0,0)。我们的模型将此数据点视为体重为 0 且身高为 0 的客户。当然，这样的客户在现实中是不可能的。根据之前的理论，这个客户一定不是 Large 类客户，因此他们正确的类标签应该是 0。当我们的线性模型对客户进行分类时，它采用[0,0,1]

和[inches_coef,lbs_coef,bias]的点积。当然，系数乘以 0 并被消去，最终的点积等于 bias(如图 21-4 所示)。如果 bias>0，分类器会错误地分配类 1 标签。这里需要使用 bias_shift 来减少偏差。我们也会调整系数吗？不，系数对预测没有影响。因此无法评估系数质量。据我们所知，系数被设置为它们的最佳值。如果是这样，那么减去偏差会使模型变得更糟。

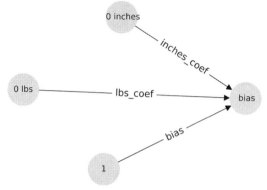

图21-4　可以将 weights 与[0,0,1]之间的点积可视化为一个有向图。图中最左边的节点代表 0 值特征，边的权重代表系数和偏差。我们将每个节点乘以相应的边权重并将结果相加。这个和等于 bias。客户分类由是否满足 bias>0 来决定。系数不影响预测，因此无须改变

如果 lbs 特征为 0，我们永远不应该偏移 lbs_coef。但是，对于非 0 输入，从 lbs_coef 中减去 bias_shift 仍然是正确的。可以通过将 lbs_coef 偏移设置为 bias_shift if lbs else 0 来确保这一点。或者，可以将偏移设置为 bias_shift * lbs。当 lbs 为 0 时，该乘积为 0。否则，乘积会在与偏差相同的方向上偏移 lbs_coef。类似地，可以将 inches_coef 偏移 bias_shift * inches 个单位。换句话说，将通过特征和 bias_shift 的乘积来偏移每个系数。

NumPy 允许我们通过运行 bias_shift * [inches,lbs,1]一次计算所有的权重偏移(如代码清单 21-15 所示)。当然，[inches,lbs,1]向量对应填充的特征矩阵 M 中的一行。因此，可以通过运行 weights-=bias_shift*M[i]根据每个第 i 个预测来调整权重。

考虑到这一点，让我们迭代 y 中的每个实际标签并根据预测值调整权重。然后检查 f-measure 是否有所改进。

代码清单 21-15　通过一行代码计算所有权重偏移

```
old_weights = weights.copy()
for i, actual in enumerate(y):
    predicted = predict(M[i], weights)
    bias_shift = get_bias_shift(predicted, actual)
    weights -= bias_shift * M[i]

y_pred = linear_classifier(X, weights)
f_measure = f1_score(y_pred, y)

print("The weights previously equaled:")
print(np.round(old_weights, 2))
print("\nThe updated weights now equal:")
print(np.round(weights, 2))
```

```
print(f'\nThe f-measure is {f_measure:.2f}')

The weights previously equaled:
[ 1.76  0.4   -12.02]

The updated weights now equal:
[ -4.64  2.22  -12.12]

The f-measure is 0.78
```

在迭代过程中，inches_coef 减少了 6.39 个单位(从 1.76 到 -4.63)，而偏差仅减少了 0.1 个单位(从 -12.02 到 -12.12)。这种差异是有道理的，因为系数偏移与身高成正比。客户平均身高 64 英寸，因此系数偏移比偏差大 64 倍。我们很快就会发现，权重偏移的巨大差异会导致问题。接下来，通过一个叫做标准化的过程来消除这些问题，但首先查看 f-measure。

f-measure 从 0.43 上升到 0.78。权重偏移策略有效。如果重复迭代 1 000 次会发生什么？代码清单 21-16 监控了 1 000 次权重偏移迭代中 f-measure 的变化。然后绘制每个第 i 个 f-measure 与第 i 个迭代之间的关系，如图 21-5 所示。我们利用该图来监控分类器的性能如何随着时间的推移而提高。

注意

出于本练习的目的，我们将权重设置为其原始随机种子值。这允许我们监视性能相对于初始 f-measure 值 0.43 如何提高。

代码清单 21-16 在多次迭代中调整权重

```
np.random.seed(0)
weights = np.random.normal(size=3)          ◀────── 将起始权重设置为随机值

f_measures = []
for _ in range(1000):                       ◀────── 在 1 000 次迭代中重复权重
    y_pred = linear_classifier(X, weights)           偏移逻辑
    f_measures.append(f1_score(y_pred, y))

跟踪每个迭代中权重的性能

    for i, actual in enumerate(y):          ◀──────
        predicted = predict(M[i], weights)           通过迭代每个 predicted/actual
        bias_shift = get_bias_shift(predicted, actual)   类标签对来偏移权重
        weights -= bias_shift * M[i]

print(f'The f-measure after 1000 iterations is {f_measures[-1]:.2f}')
plt.plot(range(len(f_measures)), f_measures)
plt.xlabel('Iteration')
plt.ylabel('F-measure')
plt.show()

The f-measure after 1000 iterations is 0.68
```

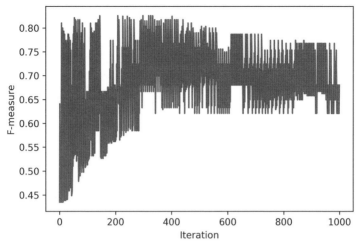

图 21-5　迭代与模型 f-measure。每次迭代都会调整模型权重。f-measure 在低值和合理值之间剧烈波动。我们应该消除这些波动

　　最终的 f-measure 是 0.68。分类器的训练效果很差。发生了什么？根据图 21-5，分类器性能在整个迭代过程中剧烈波动。有时 f-measure 高达 0.80，有时它下降到大约 0.60。在大约 400 次迭代后，分类器的 f-measure 在这两个值之间不停地波动。快速波动是由始终过高的权重偏移引起的。这类似于飞得太快的飞机。想象一架飞机起飞后每小时飞行 600 英里。这架飞机如果保持这种速度，可以在 3 小时内完成 1 500 英里的航程。然而，当飞机接近目的地时，飞行员拒绝减速，因此飞机越过目标机场并被迫掉头。如果飞行员不降低速度，飞机将再次错过着陆。这将导致一系列永无止境的空中调头动作，类似于图 21-5 中的波动情况。对于飞行员来说，解决方案很简单：在飞行过程中降低速度。

　　我们可以使用一个类似的解决方案：在每次额外的迭代中慢慢降低权重偏移(如代码清单 21-17 所示)。如何降低权重偏移？一种方法是在每个第 k 次迭代时将偏移除以 k。让我们执行这个策略。这里将权重重置为随机值并迭代从 1 到 1 001 的 k 值。在每次迭代中，设置权重偏移等于 bias_shift * M[i] / k。然后重新生成性能图，如图 21-6 所示。

代码清单 21-17　在多次迭代中减少权重偏移

使用特征 X 和标签 y 训练一个线性模型。这个函数在本章的其他地方将被重用

预测函数通过允许我们比较预测结果和实际的类来驱动权重转移。本章后面将对 predict 进行修改，从而增加权重偏移的细微差别

一个具有 N 个特征的模型的总权重为 N + 1，代表 N 个系数和 1 个偏差

```
np.random.seed(0)
def train(X, y,
          predict=predict):
    M = np.column_stack([X, np.ones(X.shape[0])])
    weights = np.random.normal(size=X.shape[1] + 1)
    f_measures = []
    for k in range(1, 1000):
        y_pred = linear_classifier(X, weights)
        f_measures.append(f1_score(y_pred, y))
```

```
        for i, actual in enumerate(y):
            predicted = predict(M[i], weights)
            bias_shift = get_bias_shift(predicted, actual)
            weights -= bias_shift * M[i] / k
    return weights, f_measures
```

在每个第 k 次迭代中，我们通过除以 k 来减弱权重偏移。这减少了权重偏移的波动

返回优化的权重以及在 1 000 次迭代中跟踪的性能

```
weights, f_measures = train(X, y)
print(f'The f-measure after 1000 iterations is {f_measures[-1]:.2f}')
plt.plot(range(len(f_measures)), f_measures)
plt.xlabel('Iteration')
plt.ylabel('F-measure')
plt.show()
```

```
The f-measure after 1000 iterations is 0.82
```

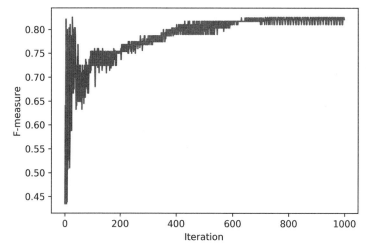

图 21-6 迭代与模型 f-measure。模型权重在每个第 k 次迭代时按 1/k 的比例进行调整。

将权重偏移除以 k 限制了波动情况。因此，f-measure 收敛到一个合理的值

逐渐减少权重偏移的操作是成功的。f-measure 收敛到稳定值 0.82。我们使用感知器训练算法实现了收敛。感知器是一种简单的线性分类器，发明于 20 世纪 50 年代。感知器很容易训练，我们只需要对训练集(X,y)应用以下步骤。

(1) 将一列 1 附加到特征矩阵 X，从而创建填充矩阵 M。

(2) 创建一个包含 M.shape[1]随机值的 weights 向量。

(3) 迭代 M 中的每个第 i 行并通过运行 M[i] @ weights > 0 来预测第 i 个类。

(4) 将第 i 个预测结果与 y[i]中的实际类标签进行比较。然后，通过运行(predicted - actual) * lr 来计算偏差，其中 lr 是学习率。

(5) 通过运行 weights -= bias_shift * M[i] / k 来调整权重。最初，常数 k 被设置为 1。

(6) 在多个迭代中重复步骤(3)~(5)。在每次迭代中，k 都增加 1，从而限制波动。

通过不断重复，感知器训练算法最终收敛到一个稳定的 f-measure。但是，该 f-measure 不一定是最佳的。例如，这里的感知器收敛到 f-measure 为 0.82。这种性能水平是可以接受的，但与最初

的性能 0.97 不符。我们训练过的决策边界并没有像最初的决策边界那样有效分离数据。

这两个边界在视觉上的比较会是怎样？我们很容易找到答案。使用代数操作，可以将权重向量 [inches_coef, lbs_coef, bias]转换为一个线性决策边界，该边界等于 lbs = -(inches_coef * inch + bias) / lbs_coef。然后将绘制新的和旧的决策边界以及客户数据，如图 21-7 和代码清单 21-18 所示。

代码清单 21-18　比较新旧决策边界

```
inches_coef, lbs_coef, bias = weights
def new_boundary(inches):
    return -(inches_coef * inches + bias) / lbs_coef

plt.plot(X[:,0], new_boundary(X[:,0]), color='k', linestyle='--',
        label='Trained Boundary', linewidth=2)

plt.plot(X[:,0], boundary(X[:,0]), color='k', label='Initial Boundary')
plot_customers(X, y)
plt.legend()
plt.show()
```

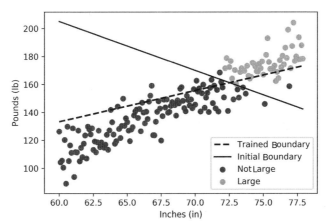

图 21-7　客户身高和体重数据分布。两个线性边界将 Large 类和 Not Large 类客户分开。
训练后的边界的分离效果不及初始的边界

训练的线性边界不如初始的线性边界，但这不是感知器算法的错。这是因为训练过程受到矩阵 X 中较大的波动特征的阻碍。接下来将讨论为什么较大的 X 值会阻碍性能。我们将通过称为标准化的过程来解除障碍，其中 X 将被调整为等于(X - X.mean(axis=0)) / X.std(axis=0)。

通过标准化提高感知器的性能

感知器的训练被 X 中较大的特征值所阻碍。这是由于系数偏移和偏差偏移之间的差异。正如我们所讨论的，系数偏移与相关特征值成比例。此外，这些值可能相当高。例如，客户的平均身高大于 60 英寸：inches_coef 偏移比偏差偏移高出 60 倍以上，因此我们无法在不大幅调整系数的情况下稍微调整偏差。通过调整偏差，我们很容易将 inches_coef 显著地移向一个不太理想的值。

我们的训练缺乏所有的细微差别,因为系数偏移过高。然而,可以通过减少矩阵 X 中的列均值来降低这些偏移。此外,还需要降低矩阵中的离散度。否则,异常大的客户度量可能会导致过大的系数偏移。因此,需要减少列均值和标准差。首先打印 X.mean(axis=0)和 X.std(axis=0)的当前值(如代码清单 21-19 所示)。

代码清单 21-19　打印特征均值和标准差

```
means = X.mean(axis=0)
stds = X.std(axis=0)
print(f"Mean values: {np.round(means, 2)}")
print(f"STD values: {np.round(stds, 2)}")

Mean values: [ 68.95 146.56]
STD values: [ 5.2 23.26]
```

特征均值和标准差都比较高。如何降低它们的值?正如在第 14 章中了解到的,将数据集的均值移到 0 很容易:只需要从 X 中减去 means。调整标准差有点复杂,但在数学上,可以证明(X - means) / stds 返回一个矩阵,它所有列的离散度都等于 1.0。

注意

我们可以像下面这样证明:运行 X - means 返回一个矩阵,其每列 v 的均值为 0.0。因此,每个 v 的方差等于[e * e for e in v] / N,其中 N 是列元素的数量。当然,这个运算可以表示为简单的点积 v @ v/N。标准差 std 等于方差的平方根,因此 std = sqrt(v @ v) / sqrt(N)。其中 sqrt(v @ v)等于 v 的幅度,我们可以将其表示为 norm(v)。因此,std = norm(v) / sqrt(N)。假设我们将 v 除以 std 来生成一个新向量 v2。由于 v2 = v / std,我们预计 v2 的幅度等于 norm(v) / std。v2 的标准差等于 norm(v2) / sqrt(N)。通过替换 norm(v2),我们得到 norm(v) / (sqrt(N) * std)。然而,norm(v) / sqrt(N) = std。因此 v2 的标准差减少到 std/std,等于 1.0。

这个简单的过程被称为标准化。让我们通过运行(X - means)/stds 对特征矩阵进行标准化(如代码清单 21-20 所示)。结果矩阵的列均值为 0,列标准差为 1.0。

代码清单 21-20　对特征矩阵进行标准化

```
def standardize(X):
    return (X - means) / stds

X_s = standardize(X)
assert np.allclose(X_s.mean(axis=0), 0)
assert np.allclose(X_s.std(axis=0), 1)
```

对从客户分布中得到的测量值进行标准化。我们在本章的其他地方会再次使用这个函数

现在检查在标准化特征矩阵上的训练是否能改善结果(如代码清单 21-21 所示)。我们还绘制了训练后的决策边界与标准化数据的对比图,如图 21-8 所示。

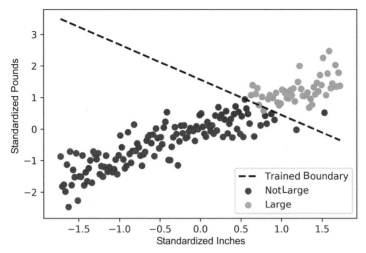

图 21-8　标准化后的客户测量数据。训练后的决策边界将 Large 客户和 Not Large 客户分开。

训练后的边界分离情况与图 21-2 中的初始决策边界相当

代码清单 21-21　对标准化的特征矩阵进行训练

```
np.random.seed(0)
weights, f_measures = train(X_s, y)
print(f'After standardization, the f-measure is {f_measures[-1]:.2f}')

def plot_boundary(weights):
    a, b, c = weights
    new_boundary = lambda x: -(a * x + c) / b
    plt.plot(X_s[:,0], new_boundary(X_s[:,0]), color='k', linestyle='--',
        label='Trained Boundary', linewidth=2)
    plot_customers(X_s, y, xlabel='Standardized Inches',
                ylabel='Standardized Pounds')
    plt.legend()
    plt.show()

plot_boundary(weights)

After standardization, the f-measure is 0.98
```

绘制从权重导出的线性决策边界以及标准化数据

将权重转换为线性函数

这次的效果很不错，新 f-measure 等于 0.98。这个 f-measure 高于基线值 0.97。此外，新决策边界的角度与图 21-2 中的初始边界非常相似。我们通过标准化实现了性能提升。

注意

标准化类似于归一化。这两种技术都降低了输入数据中的值并消除了单位差异(例如英寸与厘米)。对于某些任务，例如 PCA 分析，这两种技术可以互换使用。然而，当训练线性分类器时，标准化会取得更好的结果。

我们应该注意到，训练的分类器现在要求所有输入数据在分类之前都进行标准化。因此，给定任何新数据 d，需要通过运行 linear_classifier(standardize(d),weights)对数据进行分类(如代码清单 21-22 所示)。

代码清单 21-22 对新的分类器输入进行标准化

```
new_data = np.array([[63, 110], [76, 199]])
predictions = linear_classifier(standardize(new_data), weights)
print(predictions)

[0 1]
```

我们已对数据进行了标准化并实现了更高水平的性能。遗憾的是，训练算法仍然不能保证这个 f-measure 是最优的。即使算法在同一个训练集上重复运行，感知器的训练质量也会产生波动。这是由于在初始训练步骤中分配的随机权重造成的：某些起始权重收敛到更差的决策边界。让我们通过对感知器训练 5 次来说明模型的不一致(如代码清单 21-23 所示)。每次训练运行后，都将检查得到的 f-measure 是否低于初始基线 0.97。

代码清单 21-23 检查感知器的训练一致性

```
np.random.seed(0)
poor_train_count = sum([train(X_s, y)[1][-1] < 0.97 for _ in range(5)])
print("The f-measure fell below our baseline of 0.97 in "
      f"{poor_train_count} out of 5 training instances")

The f-measure fell below our baseline of 0.97 in 4 out of 5
training instances
```

在 80%的实例中，经过训练的模型性能低于基线。这里的基本感知器模型显然存在缺陷。我们将在随后的小节中讨论它的缺陷。在这个过程中，我们将推导数据科学中最流行的线性模型之一：逻辑回归。

21.3 使用逻辑回归改进线性分类

在类预测期间，线性边界做出简单的二元决策。然而，正如在第 20 章中了解到的，并不是所有预测都应被平等对待。有时我们对某些预测比其他预测更有信心。例如，如果 KNN 模型中的所有邻居一致投票支持类 1，则我们对该预测有 100%的信心。但是，如果 9 个邻居中只有 6 个投票支持类 1，则我们对该预测的信心为 66%。我们的感知器模型中缺乏这种信心度量。基于数据是位于决策边界之上还是之下，该模型只有两个输出：0 和 1。

如果数据点恰好位于决策边界上呢？目前，我们的逻辑会将类 0 分配给该点。

注意

如果 v 中的测量值位于决策边界上，则 weights @ v = 0。因此 int(weights @ v > 0)返回 0。

然而，这种分配是任意的。如果该点没有位于决策边界的上方或下方，则无法决定它应该属于哪个类。因此，我们对任一类的置信度都应该等于 50%。如果将点移动到边界上方 0.0001 个单位会怎样？我们对类 1 的信心应该会上升，但不会太多。可以假设类 1 似然性增加到 50.001%，而类 0 似然性减少到 49.999%。只有当点远离边界时，我们的信心才会急剧上升，如图 21-9 所示。例如，如果该点在边界上方 100 个单位，那么我们对类 1 的置信度应该达到 100%，而对类 0 的置信度应该下降到 0%。

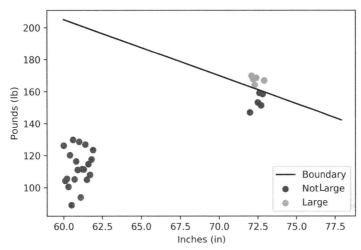

图 21-9 客户测量数据。线性边界将我们的两个客户类分开，仅显示靠近或远离边界的客户，
离边界太近的客户更难分类。我们对那些远离决策边界的客户的预测类标签更有信心

类置信度由与边界的距离和相对于边界的位置决定。如果一个点位于决策边界以下 100 个单位，则应翻转其类 1 和类 0 似然性。我们可以用有向距离捕获距离和位置。与常规距离不同，有向距离可以为负。如果数据点低于决策边界，则将为这些点分配一个负距离。

注意

因此，如果一个点在边界以下 100 个单位，则它到边界的有向距离等于 -100。

让我们选择一个函数来根据与边界的有向距离计算类 1 的置信度。随着有向距离上升到正无穷大，函数应上升到 1.0。相反，随着有向距离下降到负无穷大，函数应该下降到 0.0。最后，当有向距离为 0 时，该函数应等于 0.5。在本书中，我们遇到了一个符合这些标准的函数：第 7 章中介绍了正态曲线的累积分布函数。这条 S 形曲线等于从正态分布中随机抽取一个小于或等于某个 z 的值的概率。该函数从 0.0 开始并增加到 1.0。当 z＝0 时，它等于 0.5。注意，累积分布可以通过运行 scipy.stats.norm.cdf(z) 来计算(如代码清单 21-24 所示)。这里绘制了 z 值范围为 -10~10 的 CDF，如图 21-10 所示。

代码清单 21-24 使用 stats.norm.cdf 测量不确定性

```
from scipy import stats
z = np.arange(-10, 10, 0.1)
assert stats.norm.cdf(0.0) == 0.5
plt.plot(z, stats.norm.cdf(z))
plt.xlabel('Directed Distance')
plt.ylabel('Confidence in Class 1')
```

当 z 直接为阈值 0.0 时，确认曲线在两个类中具有相同的置信度

```
plt.show()
```

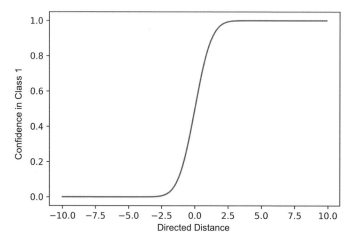

图 21-10　正态分布的累积分布函数。S 形曲线从 0.0 开始，向 1.0 上升。当输入为 0.0 时，它等于 0.5。该图符合我们
根据与决策边界的有向距离来捕捉不确定性的标准

　　S 形累积正态分布曲线符合我们规定的置信标准。这个函数可以很好地计算分类器的不确定性。但近几十年来，这条曲线的使用已经不像之前那么广泛。原因有多种。最紧迫的问题之一是不存在计算 stats.norm.cdf 的确切公式，相反正态分布下的面积是通过近似计算得到的。因此，数据科学家转向了一个不同的 S 形曲线，其简单的公式很容易记住：逻辑曲线。z 的逻辑函数是 $1/(1-e^{**}z)$，其中 e 是一个常数，大约等于 2.72。与累积正态分布非常相似，逻辑函数的范围为 0~1，当 z＝＝0 时，它等于 0.5。让我们绘制逻辑曲线及 stats.norm.cdf，如图 21-11 和代码清单 21-25 所示。

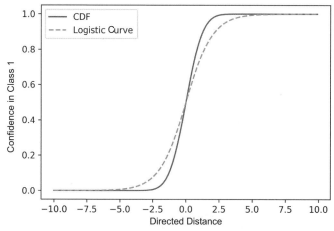

图 21-11　正态分布的累积分布函数，与逻辑曲线绘制在一起。这两条 S 形曲线都是从 0.0 开始，逐渐上升到 1.0。当输
入是 0.0 时，它们等于 0.5。这两条曲线都符合我们基于与决策边界的有向距离捕捉不确定性的标准

代码清单 21-25　使用逻辑曲线测量不确定性

```
from math import e
```

```
plt.plot(z, stats.norm.cdf(z), label='CDF')
plt.plot(z, 1 / (1 + e ** -z), label='Logistic Curve', linestyle='--')
plt.xlabel('Directed Distance')
plt.ylabel('Confidence in Class 1')
plt.legend()
plt.show()
```

这两条曲线并不完全重叠，但它们都满足如下条件。

- 当 z>5 时，结果近似等于 1。
- 当-z>5 时，结果近似等于 0。
- 当-5<z<5 时，结果等于 0 和 1 之间的不确定值。
- 当 z==0 时，结果等于 0.5。

因此，可以使用逻辑曲线作为不确定性度量。让我们利用曲线为所有客户分配类 1 标签似然性。这要求我们计算每个客户的测量值与边界之间的有向距离。计算这些距离非常简单：只需要执行 M @ weights，其中 M 是填充的特征矩阵。其实我们一直在计算这些距离。

注意

让我们快速证明 M @ weights 可以返回与决策边界的距离。为清楚起见，这里将使用初始权重[3.5,1,-415]，它代表决策边界 lbs = -3.5 * inches - 415。因此，取测量值(inches, lbs)和决策边界点(inches, -3.5 * inches + 415)之间的距离。当然，x 轴坐标都等于 inches，因此沿 y 轴计算距离。该距离等于 lbs - (-3.5* inches + 415)。公式将变为 3.5 * inches + lbs - 415。这等于[3.5,1,-415]和[inches,lbs,1]的点积。第一个向量等于 weights，第二个向量代表 M 中的一行。因此，M @ weights 返回一个有向距离数组。

如果 M @ weights 返回有向距离，那么 1 / (1 + e ** -(M @ weights))返回类 1 似然性。代码清单 21-26 绘制距离与似然性的关系。我们还将二进制感知器预测添加到图中：这些对应 M @ weights > 0，如图 21-12 所示。

注意

我们通过训练 X_s 中的标准化特征来计算 weights。因此，必须向 X_s 追加一列 1 来填充特征矩阵。

代码清单 21-26　比较逻辑不确定性和感知器的预测

```
M = np.column_stack([X_s, np.ones(X_s.shape[0])])
distances = M @ weights                                    ← 到边界的有向距离等
likelihoods = 1 / (1 + e ** -distances)                      于填充的特征矩阵和
plt.scatter(distances, likelihoods, label='Class 1 Likelihood')   权重的乘积
plt.scatter(distances, distances > 0,
            label='Perceptron Prediction', marker='x')

plt.xlabel('Directed Distance')
plt.legend()                    感知器预测是由 distances > 0 决定的。注意，Python 会自
plt.show()                      动将布尔值 True 和 False 转换为整数 1 和 0，因此可以将
                                distances>0 直接插入 plt.scatter 而不进行整数转换
```

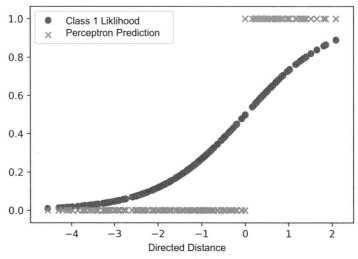

图 21-12 逻辑曲线中的类 1 依然性与感知器预测。依然性显示了细微差别，而感知器预测仅限于 0 或 1

图中的逻辑似然性随着有向距离的增加而不断增加。相比之下，感知器的预测非常简单：感知器对类 1 标签只提供 100% 的置信度或 0% 的置信度。有趣的是，当有向距离在负向非常大时，逻辑曲线和感知器的置信度均为 0%。然而，随着有向距离的增加，图开始发散。逻辑图更为保守：其置信度增长缓慢且大多低于 85%。同时，当 distances > 0 时，感知器模型的置信度会跃升至 100%。这种跃升是没有根据的。模型过于自信，这一定会犯错。幸运的是，可以通过结合逻辑曲线捕获的不确定性来让模型更严谨。

可以通过更新权重偏移计算来合并不确定性。目前，权重偏移与 predicted - actual 成正比，其中变量代表预测和实际类标签。可以使偏移与 confidence(predicted) - actual 成正比，其中 confidence(predicted) 捕获我们对预测类的信心。在感知器模型中，confidence(predicted) 始终等于 0 或 1。相比之下，在细分的逻辑模型中，权重偏移采用更细粒度的值范围。

例如，考虑一个类标签为 1 并直接位于决策边界上的数据点。当在训练期间展示这个数据时，感知器计算出 0 权重偏移，因此感知器不会调整其权重。它从观察中完全没有学到任何东西。相比之下，逻辑模型返回的权重偏移与 0.5 - 1 == - 0.5 成正比。该模型将调整其对类标签不确定性的评估并相应地调整权重。与感知器不同，逻辑模型具有灵活的学习能力。

现在更新模型训练代码，从而加入逻辑不确定性(如代码清单 21-27 所示)。我们只需要将 predict 函数输出从 int(weights @ v > 0) 变为 1 / (1 + e ** -(weights @ v))。这里使用两行代码进行交换操作。然后训练改进的模型，从而生成新权重向量并绘制新决策边界以验证结果，如图 21-13 所示。

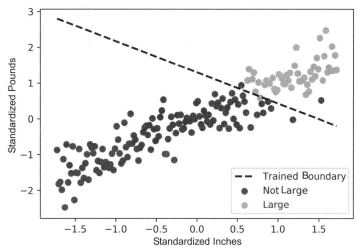

图 21-13　对客户数据进行标准化后的散点图。经过逻辑训练的决策边界将 Large 和 Not Large 客户分开。

训练后的边界与图 21-2 中的初始决策边界相同

代码清单 21-27　将不确定性纳入模型训练

> train 函数采用一个可选的行级类预测器，名为 predict。该预测器预设为返回 int(weights @ v > 0)。这里将其替换为更细粒度的 logistic_predict 函数

```
np.random.seed(0)
def logistic_predict(v, weights): return 1 / (1 + e ** -(weights @ v))
def train_logistic(X, y): return train(X, y, predict=logistic_predict)
logistic_weights = train_logistic(X_s, y)[0]
plot_boundary(logistic_weights)
```

训练后的决策边界与感知器输出的决策边界几乎相同。然而，**train_logistic** 函数略有不同：它生成比感知器更一致的结果。之前展示了经过训练的感知器模型在 5 次训练运行中有 4 次表现低于基线。那么 train_logistic 的情况如何？让我们通过代码清单 21-28 进行了解。

代码清单 21-28　检查逻辑模型的训练一致性

```
np.random.seed(0)
poor_train_count = sum([train_logistic(X_s, y)[1][-1] < 0.97
                        for _ in range(5)])
print("The f-measure fell below our baseline of 0.97 in "
    f"{poor_train_count} out of 5 training instances")

The f-measure fell below our baseline of 0.97 in 0 out of 5
training instances
```

经过训练的模型在任何一次运行中都效果高于基线，因此它优于感知器。这种高级模型称为逻辑回归分类器。该模型的训练算法通常也称为逻辑回归。

注意

这个名称在语义上是不正确的。分类器预测类别变量，而回归模型预测数值。从技术上讲，逻辑回归分类器使用逻辑回归来预测数值的不确定性，但它不是回归模型。但随着逻辑回归分类器在

机器学习领域的出现，逻辑回归这个词已变得非常普遍。

逻辑回归分类器的训练就像感知器一样，但有一个小区别。权重偏移与 int(distance - y[i] > 0) 不成正比，其中 distance = M[i] @ weights。相反，它与 1 / (1 + e ** -distance) - y[i] 成正比。这种差异带来比随机训练更稳定的性能表现。

注意

如果权重偏移与 distance - y[i] 成正比，会发生什么？经过训练的模型学习了如何最小化一条线和 y 中的值之间的距离。出于分类目的，这并不是很有效，但对于回归来说，它是无价的。例如，如果将 y 设置为等于 lbs，将 X 设置为等于 inches，则可以训练一条线来通过客户身高预测客户体重。可以通过两行代码并利用 train 来实现这种类型的线性回归算法。

对两个以上的特征运行逻辑回归

我们已经在两个客户测量值上训练了逻辑回归模型：身高(inches)和体重(lbs)。然而，train_logistic 函数可以处理任意数量的输入特征。这里将通过添加第三个特征来证明这一点：客户腰围。一般腰围等于身高的 45%。我们将使用这一事实来模拟客户的腰围测量值。然后将所有 3 个特征测量值输入 train_logistic 并评估训练模型的性能(如代码清单 21-29 所示)。

代码清单 21-29　训练具有 3 个特征的逻辑回归模型

在将该数组附加到其他标准化客户测量值之前，需要对腰围进行标准化

每个腰围尺寸等于客户身高的45%加上随机值

```
np.random.seed(0)
random_fluctuations = np.random.normal(size=X.shape[0], scale=0.1)
waist = 0.45 * X[:,0] + random_fluctuations
X_w_waist = np.column_stack([X_s, (waist - waist.mean()) / waist.std()])
weights, f_measures = train_logistic(X_w_waist, y)

print("Our trained model has the following weights:")
print(np.round(weights, 2))
print(f'\nThe f-measure is {f_measures[-1]:.2f}')

Our trained model has the following weights:
[ 1.65 2.91 1.26 -4.08]

The f-measure is 0.97
```

经过训练的具有 3 个特征的模型表现依旧出色，f-measure 为 0.97。主要区别在于模型现在包含 4 个权重。前 3 个权重是 3 个客户测量值对应的系数，最后一个权重是偏差。在几何上，这 4 个权重代表一个更高维的线性边界，它采用称为平面的三维线形式。平面在三维空间中分隔两个客户类，如图 21-14 所示。

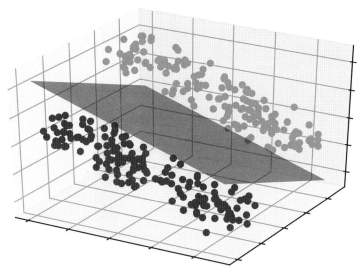

图 21-14　三维空间中的线性分类。线性平面像刀片一样切开数据并将数据分成两个不同的类

同样，可以优化任意维数的线性分离。结果权重表示多维线性决策边界。稍后，我们将在具有 13 个特征的数据集上运行逻辑回归。scikit-learn 对逻辑回归分类器的实现将被证明是有效的。

21.4　使用 scikit–learn 训练线性分类器

scikit-learn 有一个内置类用于逻辑回归分类。让我们首先导入这个 LogisticRegression 类(如代码清单 21-30 所示)。

注意
scikit-learn 还包括一个 perceptron 类，可以从 sklearn.linear_model 导入。

代码清单 21-30　导入 scikit-learn 的 LogisticRegression 类

```
from sklearn.linear_model import LogisticRegression
```

接下来，初始化分类器对象 clf(如代码清单 21-31 所示)。

代码清单 21-31　初始化 scikit-learn 的 LogisticRegression 分类器

```
clf = LogisticRegression()
```

正如第 20 章中讨论的，可以通过运行 clf.fit(X, y)来训练任何 clf。让我们使用具有两个特征的标准化矩阵 X_s 来训练逻辑分类器(如代码清单 21-32 所示)。

代码清单 21-32　训练 scikit-learn 的 LogisticRegression 分类器

```
clf.fit(X_s, y)
```

分类器已经学习了权重向量[inches_coef,lbs_coef,bias]。向量的系数存储在 clf.coef_属性中。同时，必须使用 clf.intercept_属性单独访问偏差(如代码清单 21-33 所示)。组合这些属性将为我们提供完整的向量，可以将其可视化为决策边界，如图 21-15 所示。

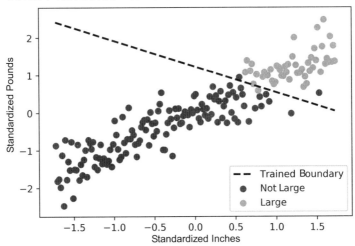

图 21-15 对客户数据进行标准化后的散点图。由 scikit-learn 派生的经过逻辑训练的决策边界
将 Large 客户和 Not Large 客户区分开

代码清单 21-33 访问经过训练的决策边界

```
coefficients = clf.coef_
bias = clf.intercept_
print(f"The coefficients equal {np.round(coefficients, 2)}")
print(f"The bias equals {np.round(bias, 2)}")
plot_boundary(np.hstack([clf.coef_[0], clf.intercept_]))

The coefficients equal [[2.22 3.22]]
The bias equals [-3.96]
```

可以通过执行 clf.predict 对新数据进行预测(如代码清单 21-34 所示)。注意，输入的数据必须先完成标准化，这样预测才能有意义。

代码清单 21-34 使用线性分类器预测类

```
new_data = np.array([[63, 110], [76, 199]])
predictions = clf.predict(standardize(new_data))
print(predictions)

[0 1]
```

此外，可以通过运行 clf.predict_proba 输出类标签的概率(如代码清单 21-35 所示)。这些概率表示由逻辑曲线生成的类标签的不确定性。

代码清单 21-35　输出与每个类相关的不确定性

```
probabilities = clf.predict_proba(standardize(new_data))
print(probabilities)
```

```
[[9.99990471e-01 9.52928118e-06]
 [1.80480919e-03 9.98195191e-01]]
```

在前两个代码清单中，我们依靠自定义的 standardize 函数来标准化输入数据。scikit-learn 包含自己的标准化类，名为 StandardScaler。这里导入它并对它进行初始化(如代码清单 21-36 所示)。

代码清单 21-36　初始化 scikit-learn 的标准化类

```
from sklearn.preprocessing import StandardScaler
standard_scaler = StandardScaler()
```

运行 standard_scaler.fit_transform(X)将返回一个标准化矩阵(如代码清单 21-37 所示)。矩阵列的均值等于 0，标准差等于 1。当然，该矩阵与现有的标准化矩阵 X_s 相同。

代码清单 21-37　使用 scikit-learn 对训练数据进行标准化

```
X_transformed = standard_scaler.fit_transform(X)
assert np.allclose(X_transformed.mean(axis=0), 0)
assert np.allclose(X_transformed.std(axis=0), 1)
assert np.allclose(X_transformed, X_s)
```

standard_scaler 对象已经学习了与我们的特征矩阵相关的均值和标准差，因此它现在可以根据这些统计数据对数据进行标准化。代码清单 21-38 通过运行 standard_scaler.transform(new_data)来标准化 new_data 矩阵。我们将标准化后的数据传递给分类器。预测的输出结果应等于之前看到的 predictions 数组。

代码清单 21-38　使用 scikit-learn 对新数据进行标准化

```
data_transformed = standard_scaler.transform(new_data)
assert np.array_equal(clf.predict(data_transformed), predictions)
```

通过结合 LogisticRegression 类和 StandardScaler 类，可以使用复杂的输入数据来训练逻辑模型。接下来，将训练一个可以处理两个以上特征并预测两个以上类标签的模型。

scikit-learn 线性分类器常用方法

- clf = LogisticRegression()：初始化逻辑回归分类器。
- scaler = StandardScaler()：初始化标准缩放器。
- clf.fit(scalar.fit_transform(X))：在标准化数据上训练分类器。
- clf.predict(scalar.transform(new_data))：通过标准化数据进行类预测。
- clf.predict_proba(scalar.transform(new_data))：通过标准化数据预测类概率。

训练多类线性模型

我们已经展示了线性分类器如何找到区分两类数据的决策边界。然而,许多问题需要区分两个以上的类。例如,考虑几个世纪以来的品酒习惯。一些专家以能够使用感官来区分许多类别的葡萄酒而闻名。假设我们尝试建造一台品酒机。通过传感器,机器将检测酒中的化学成分。这些测量值将作为特征输入线性分类器中。然后分类器将对葡萄酒进行分类。为训练线性分类器,我们需要一个训练集。幸运的是,这样的数据集可以通过 scikit-learn 获得。这里通过导入并运行 load_wine 函数来加载这个数据集,然后打印数据中的特征名称和类标签(如代码清单 21-39 所示)。

代码清单 21-39 导入 scikit-learn 的葡萄酒数据集

```
from sklearn.datasets import load_wine
data = load_wine()
num_classes = len(data.target_names)
num_features = len(data.feature_names)
print(f"The wine dataset contains {num_classes} classes of wine:")
print(data.target_names)
print(f"\nIt contains the {num_features} features:")
print(data.feature_names)

The wine dataset contains 3 classes of wine:
['class_0' 'class_1' 'class_2']

It contains the 13 features:
['alcohol', 'malic_acid', 'ash', 'alcalinity_of_ash', 'magnesium',
'total_phenols', 'flavanoids', 'nonflavanoid_phenols', 'proanthocyanins',
'color_intensity', 'hue', 'od280/od315_of_diluted_wines', 'proline']
```

该数据集将 flavonoids 误拼为 flavanoids

该数据集包含 13 个特征,包括酒精含量(特征 0)、镁含量(特征 4)和色调(特征 10)。数据集内的酒被分为 3 个类别。

注意

这些葡萄酒的真实身份已经被时间遗忘了,尽管它们可能对应不同类型的红酒,如解百纳(Cabernet)、梅洛(Merlot)和黑皮诺(Pinot Noir)。

我们如何训练一个逻辑回归模型来区分 3 种葡萄酒类型?首先,可以训练一个简单的二元分类器来检查葡萄酒是否属于类 0。或者,可以训练一个不同的分类器来预测葡萄酒是否属于类 1。最后,第三个分类器将确定葡萄酒是否为类 2 葡萄酒。这本质上是 scikit-learn 用于多类线性分类的内置逻辑。给定 3 个类别,scikit-learn 学习 3 个决策边界,每个类别一个。然后模型对输入的数据进行 3 种不同的预测并选择置信度最高的预测结果。

注意

这是计算的置信度对于执行线性分类至关重要的另一个原因。

如果在 3 种葡萄酒数据上训练逻辑回归管道,我们将获得对应类 0、1 和 2 的 3 个决策边界。每个决策边界都有自己的权重向量。每个权重向量都会有一个偏差,因此训练好的模型会有 3 个偏差。这 3 个偏差将存储在一个三元素的 clf.intercept_ 数组中。访问 clf.intercept_[i]将为我们提供类 i
的偏差。让我们训练葡萄酒模型并打印生成的 3 个偏差(如代码清单 21-40 所示)。

代码清单 21-40　训练多类葡萄酒预测器

```
X, y = load_wine(return_X_y=True)
clf.fit(standard_scaler.fit_transform(X), y)
biases = clf.intercept_

print(f"We trained {biases.size} decision boundaries, corresponding to "
    f"the {num_classes} classes of wine.\n")

for i, bias in enumerate(biases):
    label = data.target_names[i]
    print(f"The {label} decision boundary has a bias of {bias:0.2f}")

We trained 3 decision boundaries, corresponding to the 3 classes of wine.

The class_0 decision boundary has a bias of 0.41
The class_1 decision boundary has a bias of 0.70
The class_2 decision boundary has a bias of -1.12
```

除偏差外，每个决策边界都必须有系数。系数用于在分类时对输入的特征进行加权，因此系数
和特征之间存在一一对应的关系。本例的数据集包含 13 个代表葡萄酒各种属性的特征，因此每个
决策边界必须有 13 个对应的系数。3 个不同边界的系数可以存储在 3*13 矩阵中。在 scikit-learn 中，
该矩阵包含在 clf.coef_ 中。矩阵的第 i 行对应类 i 的边界，每个第 j 列对应第 j 个特征系数。例如，
我们知道特征 0 等于葡萄酒的酒精含量，因此 clf_coeff_[2][0]等于类 2 对应决策边界的酒精系数。

让我们将系数矩阵可视化为热图(如图 21-16 所示)。这将允许我们显示与行和列对应的特征名
称和类标签。注意，如果对矩阵进行转置，那么冗长的特征名称将更容易阅读。因此，将 clf.coeff_.T
输入 sns.heatmap 中(如代码清单 21-41 所示)。

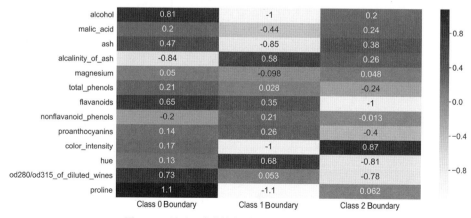

图 21-16　显示 3 个决策边界的 13 个特征系数的热图

代码清单 21-41　显示系数矩阵的转置

```
import seaborn as sns
```

```
plt.figure(figsize = (20, 10))        将热图的宽度和高度分别调整为 20 英
coefficients = clf.coef_              寸和 10 英寸

sns.heatmap(coefficients.T, cmap='YlGnBu', annot=True,
            xticklabels=[f"Class {i} Boundary" for i in range(3)],    对系数矩阵进行转
            yticklabels=data.feature_names)                          置，从而便于显示系
plt.yticks(rotation=0)                                               数名称
sns.set(font_scale=2)     调整标签字体以提高
plt.show()                可读性
```

在热图中，系数因边界而异。例如，对于类边界 0、1 和 2，酒精系数分别等于 - 0.81、- 1 和 0.2。系数的这种差异可能非常有用，它们使我们能够更好地了解输入的特征如何对预测进行驱动。

---

scikit-learn 线性分类器的属性

- clf.coef_：访问经过训练的线性分类器的系数矩阵。
- clf.intercept_：访问经过训练的线性分类器中的所有偏差值。

21.5 通过系数测量特征的重要性

第 20 章中讨论了 KNN 分类器是不可解释的。通过使用 KNN，我们可以预测与输入特征相关的类，但无法理解为什么这些特征与该类对应。幸运的是，逻辑回归分类器更容易解释。可以通过检查模型的相应系数来深入了解模型的特征如何驱动预测。

线性分类由特征和系数的加权和驱动。因此，如果模型具有 3 个特征 A、B 和 C 并依赖 3 个系数[1,0,0.25]，那么预测将部分由值 A + 0.25 * C 决定。注意，在此示例中，特征 B 是被归零的。将 0 系数乘以特征总是会得到 0 值，因此该特征永远不会影响模型的预测结果。

假设我们有一个系数非常接近于 0 的特征。该特征会影响预测，但其影响很小。或者，如果系数远远大于 0，则相关特征将更严重地影响模型的预测。基本上，绝对值越高的系数对模型的影响越大，因此它们的关联特征在评估模型性能时更为重要。例如，在本例中，特征 A 的影响最大，因为它的系数离 0 最远，如图 21-17 所示。

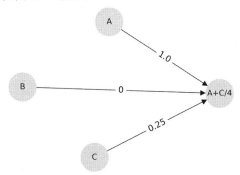

图 21-17 可以将特征[A, B, C]和系数[1, 0, 0.25]的加权和可视化为有向图。图中最左边的节点代表特征，边权重代表系数。我们将每个节点乘以相应的边权重并将结果相加。相加后等于 A+C/4，因此 A 的影响力是 C 的 4 倍。同时，B 被归零，对最终结果没有影响

　　特征可以通过它们的系数来评估其重要性：在分类过程中对特征的有用性进行评分。不同的分类器模型产生不同的特征重要性分数。在线性分类器中，将系数的绝对值作为重要程度的粗略度量。

注意

第 22 章中展示的模型将具有更细分的特征重要性分数。

　　什么特征对正确检测类 0 葡萄酒最有用？可以通过基于 clf.coef_[0] 中类 0 系数的绝对值对特征进行排序来找到最重要的特征(如代码清单 21-42 所示)。

代码清单 21-42　按重要性对类 0 的特征进行排名

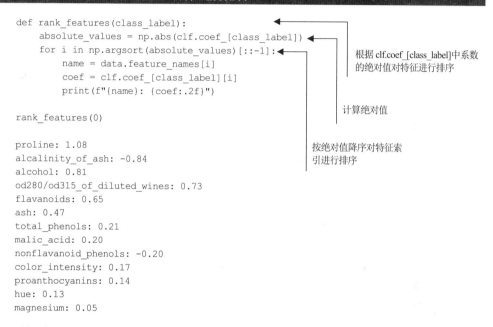

```
def rank_features(class_label):
    absolute_values = np.abs(clf.coef_[class_label])
    for i in np.argsort(absolute_values)[::-1]:
        name = data.feature_names[i]
        coef = clf.coef_[class_label][i]
        print(f"{name}: {coef:.2f}")

rank_features(0)

proline: 1.08
alcalinity_of_ash: -0.84
alcohol: 0.81
od280/od315_of_diluted_wines: 0.73
flavanoids: 0.65
ash: 0.47
total_phenols: 0.21
malic_acid: 0.20
nonflavanoid_phenols: -0.20
color_intensity: 0.17
proanthocyanins: 0.14
hue: 0.13
magnesium: 0.05
```

根据 clf.coef_[class_label] 中系数的绝对值对特征进行排序

计算绝对值

按绝对值降序对特征索引进行排序

　　脯氨酸(proline)出现在排名列表的顶部，它是葡萄酒中常见的一种化学物质，其浓度取决于葡萄类型。脯氨酸浓度是鉴别类 0 葡萄酒的最重要特征。现在，让我们检查哪个特征对识别类 1 葡萄酒更重要(如代码清单 21-43 所示)。

代码清单 21-43　根据重要性对类 1 的特征进行排名

```
rank_features(1)

proline: -1.14
color_intensity: -1.04
alcohol: -1.01
ash: -0.85
hue: 0.68
alcalinity_of_ash: 0.58
malic_acid: -0.44
flavanoids: 0.35
proanthocyanins: 0.26
nonflavanoid_phenols: 0.21
```

```
magnesium: -0.10
od280/od315_of_diluted_wines: 0.05
total_phenols: 0.03
```

脯氨酸浓度是类 0 和类 1 葡萄酒最重要的特征。然而，该特征以不同方式影响两个类的预测：类 0 脯氨酸系数为正(1.08)，类 1 系数为负(‑1.14)。系数正负符号非常重要。正系数会增加线性值的加权总和，而负系数会减少该总和。因此，脯氨酸降低了类 1 葡萄酒在分类期间的加权和。这种减少将导致与决策边界的负向距离，因此类 1 似然性降至 0。同时，正的类 0 系数具有完全相反的效果。因此，较高的脯氨酸浓度意味着以下两点。

● 这款葡萄酒不太可能是类 1 葡萄酒。
● 这款葡萄酒更可能是类 0 葡萄酒。

我们可以通过绘制两类葡萄酒的脯氨酸浓度直方图来验证假设，如图 21-18 和代码清单 21-44 所示。

代码清单 21-44　绘制类 0 和类 1 葡萄酒的脯氨酸浓度直方图

```
index = data.feature_names.index('proline')
plt.hist(X[y == 0][:, index], label='Class 0')
plt.hist(X[y == 1][:, index], label='Class 1', color='y')
plt.xlabel('Proline concentration')
plt.legend()
plt.show()
```

一般情况下，类 0 葡萄酒中的脯氨酸浓度高于类 1。这种差异是区分两种葡萄酒的信号。我们的分类器已经成功地学习到这个信号。通过探索分类器的系数，我们还了解了不同葡萄酒的化学成分。

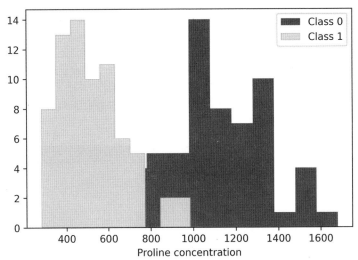

图 21-18　类 0 和类 1 类葡萄酒中脯氨酸浓度的直方图。类 0 葡萄酒中脯氨酸的浓度明显高于类 1。我们的分类器通过将脯氨酸设为类 0 和类 1 的最高排名系数来识别该信号

与 KNN 模型不同，逻辑回归分类器是可解释的。它们也易于训练且运行速度快，因此线性分

类器是对 KNN 模型的改进。遗憾的是，线性分类器仍然存在一些非常严重的缺陷，限制了它们在某些情况下的实际使用。

21.6　线性分类器的限制

线性分类器对原始数据的处理效果很差。正如我们所观察到的，标准化是获得最佳结果的必要条件。同样，线性模型在没有数据预处理的情况下也不能处理类别特征。假设我们正在建立一个模型来预测宠物是否会从收容所被收养。我们的模型可以预测 3 种宠物：猫、狗和兔子。表示这些类别最简单的方法是用数字：0 代表猫，1 代表狗，2 代表兔子。然而，这种表示将导致线性模型失败。这个模型给兔子的关注度是给狗的两倍，而且它完全忽略了猫。为了使模型对每只宠物都给予同等关注，我们必须将类别转换为三元素的二元向量 v。如果宠物属于类别 i，则 v[i]设为 1。否则，v[i]等于 0。因此，将猫表示为 v=[1,0,0]，狗表示为 v=[0,1,0]，兔子表示为 v=[0,0,1]。这种向量化类似于第 13 章中看到的文本向量化。可以使用 scikit-learn 对数据进行处理。不过，这种转换可能很麻烦。下一章介绍的模型可以在不进行额外预处理的情况下分析原始数据。

注意

分类变量向量化通常称为独热编码。scikit-learn 包含一个 OneHotEncoder 转换器，可以从 sklearn.preprocessing 导入。OneHotEncoder 类可以自动检测并向量化训练集内的所有分类特征。

线性分类器最严重的限制就在名称上：线性分类器学习线性决策边界。更准确地说，需要一条线(或更高维度的平面)来对数据类进行分隔。然而，有无数的分类问题不是线性可分的。例如，考虑对城市和非城市家庭进行分类的问题。让我们假设预测是由到市中心的距离驱动的。距离中心不到两个单位的所有家庭都归类为城市，所有其他家庭都被视为郊区。代码清单 21-45 用二维正态分布模拟这些家庭。我们还训练了一个逻辑回归分类器来区分家庭类。最后，将模型的线性边界和二维空间中的实际家庭分类进行可视化，如图 21-19 所示。

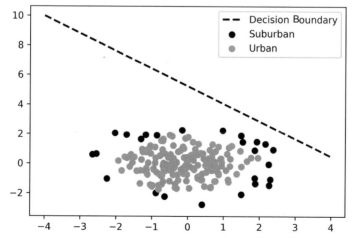

图 21-19　模拟家庭与市中心(市中心坐标为(0,0))之间的关系。靠近中心的家庭被视为城市家庭。城市和郊区家庭之间不存在线性分隔，因此训练的线性边界无法区分它们

代码清单 21-45 模拟非线性可分的场景

每个家庭的 x 和 y 坐标来自
两个标准正态分布

市中心位于坐标(0,0)处。因此，一个家庭到
市中心的空间距离等于其范数。市中心两
个单位距离内的家庭被标记为城市

```
np.random.seed(0)
X = np.array([[np.random.normal(), np.random.normal()]
                for _ in range(200)])
y = (np.linalg.norm(X, axis=1) < 2).astype(int)

clf = LogisticRegression()
clf.fit(X, y)
weights = np.hstack([clf.coef_[0], clf.intercept_])

a, b, c = weights
boundary = lambda x: -(a * x + c) / b
plt.plot(range(-4, 5), boundary(range(-4, 5)), color='k', linestyle='--',
                        linewidth=2, label='Decision Boundary')
for i in [0, 1]:
    plt.scatter(X[y == i][:, 0], X[y == i][:, 1],
                label= ['Suburban', 'Urban'][i],
                color=['b', 'y'][i])

plt.legend()
plt.show()
```

我们的数据来自均值为 0 且标准差为 1 的分布。因
此在训练线性模型之前不需要标准化

在家庭坐标旁边绘制训
练过的决策边界

线性边界不能分离类，因为数据集的几何结构不允许这样的分离。用数据科学的术语来说，数据不是线性可分的。因此，线性分类器不能得到充分的训练。我们需要使用非线性方法。在接下来的章节中，将了解可以克服这一限制的决策树技术。

21.7 本章小结

- 某些情况下，可以使用线性决策边界来分隔数据类。所有在线性边界以下的数据点归为类 0，所有在线性边界以上的数据点归为类 1。实际上，线性边界会检查加权特征和常数相加是否大于 0。这个常数值称为偏差，其余权重称为系数。

- 通过代数运算，可以将线性分类转换为由 M @ weights > 0 定义的矩阵乘积不等式。这种乘法驱动的分类定义了一个线性分类器。矩阵 M 是一个填充的特征矩阵并添加一个新列，值全为 1。weights 是一个向量，最后一个向量元素是偏差。其余的权重是系数。

- 为获得良好的决策边界，首先随机初始化权重。然后根据预测类和实际类之间的差异迭代调整权重。在最简单的线性分类器中，这种权重偏移与预测类和实际类之间的差异成比例。因此，权重偏移与以下 3 个值之一成比例：-1、0 或 1。

- 如果相关特征为 0，则永远不应该调整系数。如果将权重偏移乘以矩阵 M 中对应的特征值，就可以保证这个约束条件。

- 迭代地调整权重会导致分类器在良好和低于标准的性能之间波动。为限制波动，我们需要在每一个后续迭代中降低权重偏移。这可以通过在每个第 k 次迭代中将权重偏移除以 k 来实现。

- 迭代权重调整可以收敛到一个不错的决策边界，但不能保证获得最优决策边界。可以通过降低数据的均值和标准差来改善边界。如果减去均值，然后除以标准差，就可以实现这种标准化。结果数据集的均值为 0，标准差为 1。

- 最简单的线性分类器称为感知器。感知器表现良好，但它们的结果可能不一致。感知器的失败部分是由于缺乏细微差别造成的。靠近决策边界的点在分类时更模糊。可以使用范围介于 0 和 1 之间的 S 形曲线来捕捉这种不确定性。累积正态分布函数可以很好地衡量不确定性，但更简单的逻辑曲线更容易计算。逻辑曲线等于 1 / (1 + e ** -z)。

- 可以将不确定性合并到模型训练中，方法是将权重偏移按 actual - 1 / (1 + e ** -distance) 的比例设置。这里，distance 表示到决策边界的有向距离。可以通过运行 M @ weights 来计算所有有向距离。

- 使用逻辑不确定性训练的分类器称为逻辑回归分类器。该分类器比简单的感知器产生更一致的结果。

- 通过训练 N 个不同的线性决策边界，可以将线性分类器扩展到 N 个类。

- 线性分类器中的系数用作特征重要性的度量。绝对值最大的系数映射到对模型预测有重大影响的特征。系数的符号决定该特征对预测结果的影响是正面还是负面，如果系数为 0，则该特征不会对预测结果造成影响。

- 当数据非线性可分且不存在良好的线性决策边界时，线性分类模型就会失败。

第 *22* 章

通过决策树技术训练非线性分类器

本章主要内容

- 对非线性可分的数据集进行分类
- 从训练数据自动生成 if/else 逻辑规则
- 什么是决策树
- 什么是随机森林
- 使用 scikit-learn 训练基于树的模型

到目前为止，我们已经研究了依赖数据几何形状的监督学习技术。学习和几何之间的这种关联与我们的日常经验不一致。在认知层面，人们不是通过抽象的空间分析来学习，而是通过对世界进行逻辑推理来学习。然后可以与其他人分享这些结论。一个蹒跚学步的孩子意识到通过假装发脾气，他们有时可以获得额外的饼干。父母意识到，在不经意间放纵孩子会导致更糟糕的行为产生。学生意识到，通过准备和学习通常会在考试中取得好成绩。这样的认识并不新鲜。它们是我们集体社会智慧的一部分。一旦作出了有用的逻辑推理，就可以与他人分享，从而进行更广泛的使用。这种分享是现代科学的基础。一位科学家意识到某些病毒蛋白是药物的良好靶点。他们在期刊上发表他们的推论，并且使这些知识在整个科学界传播。最终，基于科学发现研发出一种新的抗病毒药物。

本章将学习如何通过算法从训练数据中得出逻辑推论。这些简单的逻辑规则将为我们提供不受数据几何形状限制的预测模型。

22.1 逻辑规则的自动学习

让我们分析一个看似微不足道的问题。假设一个灯泡悬挂在楼梯井上方。灯泡连接在楼梯顶部和底部的两个开关上。当两个开关都关闭时，灯泡保持关闭状态。如果任意一个开关打开，灯泡就会亮起来。然而，如果两个开关都打开，灯泡就会关闭。这种安排使得我们可以在楼梯底部开灯，然后在上楼后关闭它。

我们可以将开关和灯泡的关闭和开启状态表示为二进制数字 0 和 1。给定两个开关变量 switch0 和 switch1，可以简单地证明，只要 switch0 + switch1 == 1，灯泡就会亮。如果使用来自前两章的知识，我们可以训练一个分类器来学习这种电灯运行状态的关系吗？可以通过将每个可能的电灯开关组合存储在一个两列特征矩阵 X 中来找出答案。然后在二维空间中绘制矩阵行，同时根据灯泡的相应开/关状态标记每个点(如图 22-1 和代码清单 22-1 所示)。该图将使我们深入了解 KNN 和线性分类器如何处理这个分类问题。

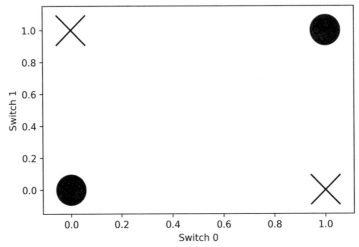

图22-1 绘制灯开关系统的所有状态。灯泡点亮用 X 表示，灯泡熄灭用 O 表示。每个 O 的最近邻居是 X 标记(反之亦然)。因此，KNN 不能用于分类。此外，X 标记和 O 标记之间没有线性分隔，因此不能应用线性分类

代码清单 22-1 在二维空间中绘制两开关问题

```python
import numpy as np
import matplotlib.pyplot as plt
X = np.array([[0, 0], [1, 0], [0, 1], [1, 1]])
y = (X[:,0] + X[:,1] == 1).astype(int)

for i in [0, 1]:
    plt.scatter(X[y == i][:,0], X[y == i][:,1],
                marker=['o', 'x'][i], color=['b', 'k'][i],
                s=1000)
plt.xlabel('Switch 0')
plt.ylabel('Switch 1')
plt.show()
```

绘制的 4 个点位于正方形的 4 个角上。同一类中的每一对数据点都在那个正方形的对角线上，所有相邻的点都属于不同的类。每个 on 开关组合的两个最近邻居都是 off 类的成员(反之亦然)。因此，KNN 将无法正确分类数据。标记的类之间也没有线性分隔，我们无法在不切割连接两个相同分类点的对角线的情况下绘制线性边界。因此，训练线性分类器也是不可能的。我们应该做什么？一种方法是定义两个嵌套的 if/else 语句作为预测模型。让我们编码并测试这个 if/else 分类器(如代码清单 22-2 所示)。

代码清单 22-2 使用嵌套的 if/else 语句对数据进行分类

```python
def classify(features):
    switch0, switch1 = features
```

```
        if switch0 == 0:
            if switch1 == 0:
                prediction = 0
            else:
                prediction = 1
        else:
            if switch1 == 0:
                prediction = 1
            else:
                prediction = 0

        return prediction

for i in range(X.shape[0]):
    assert classify(X[i]) == y[i]
```

这个 if/else 分类器 100%准确，但我们并没有训练它。相反，我们自己对分类器进行了编程。手动模型构建不算作监督机器学习，因此需要找到一种方法来从训练数据中自动推导出准确的 if/else 语句。接下来让我们分析如何实现。

首先从一个简单的训练示例开始。我们的训练集代表单个电灯开关和单个灯泡之间的一系列记录观察结果。只要开关打开，灯泡就会打开，反之亦然。我们随机打开和关闭开关并记录所看到的结果。灯泡的状态记录在 y_simple 数组中。单一特征对应于开关，被记录在一个单列的 X_simple 矩阵中。当然，X_simple[i][0]将始终等于 y[i]。让我们生成这个基本训练集(如代码清单 22-3 所示)。

代码清单 22-3　生成一个单开关训练集

```
np.random.seed(0)
y_simple = np.random.binomial(1, 0.5, size=10)
X_simple = np.array([[e] for e in y_simple])
print(f"features: {X_simple}")
print(f"\nlabels: {y_simple}")

features: [[1]
 [1]
 [1]
 [1]
 [0]
 [1]
 [0]
 [1]
 [1]
 [0]]

labels: [1 1 1 0 1 0 1 1 0]
```

灯泡的状态是通过随机抛硬币来模拟的

开关的状态总是与灯泡的状态一致

接下来，计算开关和灯泡同时处于关闭状态的次数(如代码清单 22-4 所示)。

代码清单 22-4　计算开关和灯泡都处于关闭状态的共现次数

```
count = (X_simple[:,0][y_simple == 0] == 0).sum()
print(f"In {count} instances, both the switch and the light are off")
```

```
In 3 instances, both the switch and the light are off
```

现在，让我们计算开关和灯泡同时打开的次数(如代码清单22-5所示)。

代码清单22-5   计算开关和灯泡都处于打开状态的共现次数

```
count = (X_simple[:,0][y_simple == 1] == 1).sum()
print(f"In {count} instances, both the switch and the light are on")
```

```
In 7 instances, both the switch and the light are on
```

这些共现将在分类器训练中被证明是有用的。让我们在一个共现矩阵 M 中更系统地跟踪发生次数。矩阵的行表示开关的状态，矩阵的列表示灯泡的状态。每个元素 M[i][j]计算开关处于 i 状态而灯泡处于 j 状态的次数。因此，M[0][0]应等于 7，M[1][1]应等于 3。

现在定义一个 get_co_occurrence 函数来计算共现矩阵(如代码清单22-6所示)。该函数将训练集 (X,y)以及列索引 col 作为输入。它返回 y 中所有类和 X[:,col]中所有特征状态之间的共现。

代码清单22-6   计算共现矩阵

```
def get_co_occurrence(X, y, col=0):
    co_occurrence = []
    for i in [0, 1]:
        counts = [(X[:,col][y == i] == j).sum()
                  for j in [0, 1]]
        co_occurrence.append(counts)

    return np.array(co_occurrence)

M = get_co_occurrence(X_simple, y_simple)
assert M[0][0] == 3
assert M[1][1] == 7
print(M)

[[3 0]
 [0 7]]
```

通过使用 get_co_occurrence，我们计算了矩阵 M。所有共现都位于矩阵的对角线上。当开关关闭时，灯泡永远不会打开，反之亦然。但是，现在假设开关存在缺陷。我们关掉了开关，但灯泡一直亮着。让我们将这个异常观察添加到数据中，然后重新计算矩阵 M(如代码清单22-7所示)。

代码清单22-7   向数据集中添加有缺陷的数据

```
X_simple = np.vstack([X_simple, [1]])
y_simple = np.hstack([y_simple, [0]])
M = get_co_occurrence(X_simple, y_simple)
print(M)

[[3 1]
 [0 7]]
```

当关掉开关时，灯泡大部分时间是关闭的，但不是每次都关闭。如果我们知道开关是关着的，那么能够准确地预测灯泡的状态吗？为找出答案，必须用 M[0]除以 M[0].sum()。这样做将产生开关状态设置为 0 时灯泡可能状态的概率分布(如代码清单 22-8 所示)。

代码清单 22-8　计算开关关闭时灯泡状态的概率

```
bulb_probs = M[0] / M[0].sum()
print("When the switch is set to 0, the bulb state probabilities are:")
print(bulb_probs)

prob_on, prob_off = bulb_probs
print(f"\nThere is a {100 * prob_on:.0f}% chance that the bulb is off.")
print(f"There is a {100 * prob_off:.0f}% chance that the bulb is on.")

When the switch is set to 0, the bulb state probabilities are:
[0.75 0.25]

There is a 75% chance that the bulb is off.
There is a 25% chance that the bulb is on.
```

当开关关闭时，我们应该假定灯泡是关着的。这个猜测有 75%的概率是正确的。这部分校正符合在第 20 章中对准确度的定义，因此当开关关闭时，我们可以 75%的准确度预测灯泡的状态。

现在让我们针对开关打开的场景优化准确度。首先在 M[1]上计算 bulb_probs。接下来，选择最大概率对应的开关状态。基本上，我们推断灯泡状态等于 bulb_probs.argmax()，准确度分数为 bulb_probs.max()(如代码清单 22-9 所示)。

代码清单 22-9　预测开关打开时灯泡的状态

```
bulb_probs = M[1] / M[1].sum()
print("When the switch is set to 1, the bulb state probabilities are:")
print(bulb_probs)

prediction = ['off', 'on'][bulb_probs.argmax()]
accuracy = bulb_probs.max()
print(f"\nWe assume the bulb is {prediction} with "
      f"{100 * accuracy:.0f}% accuracy")

When the switch is set to 1, the bulb state probabilities are:
[0. 1.]

We assume the bulb is on with 100% accuracy
```

当开关关闭时，我们假设灯泡以 75%的准确度关闭。当开关打开时，我们假设灯泡以 100%的准确度打开。如何将这些值组合成一个准确度分数？可以简单地取 0.75 和 1.0 的平均值，但这种方法是错误的。这两个准确度不应被平均加权，因为开关打开的频率几乎是关闭的两倍。可以通过对共现矩阵 M 的列求和来确认。如代码清单 22-10 所示，运行 M.sum(axis=1)可返回开关的关闭状态和开启状态的次数。

代码清单 22-10 统计开关的开和关状态

```
for i, count in enumerate(M.sum(axis=1)):
    state = ['off', 'on'][i]
    print(f"The switch is {state} in {count} observations.")

The switch is off in 4 observations.
The switch is on in 7 observations.
```

开关打开的频率高于关闭的频率。因此，为获得有意义的准确度分数，需要取 0.75 和 1.0 的加权平均值(如代码清单 22-11 所示)。权重对应从 M 获得的开关开或关的次数。

代码清单 22-11 计算总准确度

```
accuracies = [0.75, 1.0]
total_accuracy = np.average(accuracies, weights=M.sum(axis=1))
print(f"Our total accuracy is {100 * total_accuracy:.0f}%")

Our total accuracy is 91%
```

如果开关关闭，那么预测灯泡是关闭的。否则，预测灯泡是开着的。该模型的准确率为 91%。此外，这个模型可以表示为 Python 中的简单 if/else 语句。最重要的是，我们能够使用以下步骤从头开始训练模型。

(1) 在特征矩阵 X 中选择一个特征。

(2) 计算两个可能的特征状态和两个类之间的共现。这些共现计数存储在一个 2*2 的矩阵 M 中。

(3) 对于 M 中的第 i 行，每当特征处于状态 i 时，计算每个类的概率分布。这个概率分布等于 M[i] / M[i].sum()。M 中只有两行，因此可以将分布存储在两个变量中：probs0 和 probs1。

(4) 定义条件模型的 if 部分。如果特征等于 0，那么返回 probs0.argmax()的标签。这最大限度地提高了 if 语句的准确度。该准确度等于 probs0.max()。

(5) 定义条件模型的 else 部分。当特征不等于 0 时，返回 probs1.argmax()的标签。这最大限度地提高了 else 语句的准确度。该准确度等于 probs1.max()。

(6) 将 if 和 else 语句组合成单条 if/else 语句。有时，probs0.argmax()将等于 probs1.argmax()。这种情况下，使用 if/else 语句是多余的。可以返回简单规则 f"prediction={probs0.argmax()}"。

(7) 合并后的 if/else 语句的准确度等于 probs0.max()和 probs1.max()的加权平均值。权重等于通过对 M 的列求和获得的特征状态的计数。

让我们定义一个 train_if_else 函数来执行这 7 个步骤(如代码清单 22-12 所示)。该函数返回经过训练的 if/else 语句以及相应的准确度。

代码清单 22-12 训练一个简单的 if/else 模型

```
def train_if_else(X, y, feature_col=0, feature_name='feature'):
    M = get_co_occurrence(X, y, col=feature_col)
    probs0, probs1 = [M[i] / M[i].sum() for i in [0, 1]]
```

在训练集(X,y)上训练 if/else 语句并返回经过训练的语句以及相应的准确度。该语句是针对 X[:,feature_col]中的特征进行训练的。对应的特征名称存储在 feature_name 中

```
        if_else = f"""if {feature_name} == 0:
        prediction = {probs0.argmax()}
else:
        prediction = {probs1.argmax()}
        """.strip()

        if probs0.argmax() == probs1.argmax():
            if_else = f"prediction = {probs0.argmax()}"

        accuracies = [probs0.max(), probs1.max()]
        total_accuracy = np.average(accuracies, weights=M.sum(axis=1))
        return if_else, total_accuracy

if_else, accuracy = train_if_else(X_simple, y_simple, feature_name='switch')
print(if_else)
print(f"\nThis statement is {100 * accuracy:.0f}% accurate.")

if switch == 0:
    prediction = 0
else:
    prediction = 1

This statement is 91% accurate.
```

创建 if/else 语句

如果条件语句的两个部分都返回相同的预测，则我们将该语句简化为仅返回其中一个预测

我们已能够使用单一特征训练一个简单的 if/else 模型。现在，让我们研究如何使用两个特征来训练一个嵌套的 if/else 模型。稍后，将把这个逻辑扩展到两个以上的特征。

22.1.1　使用两个特征训练一个嵌套的 if/else 模型

让我们回到通过两个开关来控制楼道中一个灯泡的系统。注意，这个系统的所有状态都由数据集(X,y)表示并在代码清单 22-1 中生成。两个特征 switch0 和 switch1 对应矩阵 X 的第 0 列和第 1 列。但是，train_if_else 函数一次只能训练一列。让我们训练两个独立的模型：一个针对 switch0，另一个针对 switch1(如代码清单 22-13 所示)。每个模型的表现如何？我们将通过输出它们的准确度来找出答案。

代码清单 22-13　在双开关系统上训练模型

```
feature_names = [f"switch{i}" for i in range(2)]
for i, name in enumerate(feature_names):
    _, accuracy = train_if_else(X, y, feature_col=i, feature_name=name)
    print(f"The model trained on {name} is {100 * accuracy:.0f}% "
          "accurate.")

The model trained on switch0 is 50% accurate.
The model trained on switch1 is 50% accurate.
```

两个模型的表现都非常糟糕。单个 if/else 语句不足以捕捉问题的复杂性。我们应该做什么？一种方法是通过训练两个单独的模型将问题分解为多个部分：模型 A 仅考虑 switch0 关闭的场景，模型 B 考虑 switch0 开启的所有剩余场景。稍后，我们会将模型 A 和模型 B 组合成一个单一的一致

性分类器。

让我们研究第一个场景，其中 switch0 处于关闭状态。当它关闭时，X[:,0]= =0。因此，首先隔离满足此布尔要求的训练子集(如代码清单 22-14 所示)。我们将此训练子集存储在变量 X_switch0_off 和 y_switch0_off 中。

代码清单 22-14 隔离 switch0 为关闭状态的训练子集

```
is_off = X[:,0] == 0
X_switch0_off = X[is_off]
y_switch0_off = y[is_off]
print(f"Feature matrix when switch0 is off:\n{X_switch0_off}")
print(f"\nClass labels when switch0 is off:\n{y_switch0_off}")

Feature matrix when switch0 is off:
[[0 0]
 [0 1]]            ◄──────────────        第 0 列的所有元素现
                                          在都等于 0
Class labels when switch0 is off:
[0 1]
```

在训练子集中，switch0 始终处于关闭状态。因此，X_switch0_off[:,0]总是等于 0。这个 0 元素列现在是多余的，可以使用 NumPy 的 np.delete 函数删除无用的列(如代码清单 22-15 所示)。

代码清单 22-15 删除冗余的特征列

```
X_switch0_off = np.delete(X_switch0_off, 0, axis=1)   ◄────    运行 np.delete(X,r)返回删除了第 r 行的 X 的副
print(X_switch0_off)                                           本，运行 np.delete(X,c,axis=1)返回删除了第 c 列
                                                               的 X 的副本。这里删除多余的 0 元素列
[[0]        ◄─────────
 [1]]                          0 元素列已被删除
```

接下来，在训练子集上训练一个 if/else 模型。该模型根据 switch1 状态预测灯泡的状态。只有当 switch0 关闭时，这些预测才有效(如代码清单 22-16 所示)。我们将模型存储在 switch0_off_model 变量中并将模型的准确度存储在相应的 switch0_off_accuracy 变量中。

代码清单 22-16 训练当 switch0 关闭时的模型

```
results = train_if_else(X_switch0_off, y_switch0_off,
                        feature_name='switch1')
switch0_off_model, off_accuracy = results
print("If switch 0 is off, then the following if/else model is "
      f"{100 * off_accuracy:.0f}% accurate.\n\n{switch0_off_model}")

If switch 0 is off, then the following if/else model is 100% accurate.

if switch1 == 0:
    prediction = 0
else:
    prediction = 1
```

如果 switch0 关闭，那么我们训练的 if/else 模型可以 100%准确地预测灯泡的状态。现在，让我们训练一个相应的模型来覆盖 switch0 打开时的情况。首先根据条件 X[:,0]==1 对数据集进行过滤(如代码清单 22-17 所示)。

代码清单 22-17　隔离 switch0 处于打开状态时的训练子集

根据矩阵 X 的 feature_col 列中的特征过滤训练数据。
返回特征等于指定条件值的训练数据的子集

> 一个布尔数组，当 X[i][feature_col] 等于 condition 时，第 i 个元素为 True

```
def filter_X_y(X, y, feature_col=0, condition=0):
    inclusion_criteria = X[:,feature_col] == condition
    y_filtered = y[inclusion_criteria]
    X_filtered = X[inclusion_criteria]
    X_filtered = np.delete(X_filtered, feature_col, axis=1)
    return X_filtered, y_filtered

X_switch0_on, y_switch0_on = filter_X_y(X, y, condition=1)
```

> feature_col 列变得多余，因为所有过滤的值都符合条件。因此，该列从训练数据中过滤出来

接下来，使用过滤后的训练集训练 switch0_on_model(如代码清单 22-18 所示)。

代码清单 22-18　训练当 switch0 处于打开状态时的模型

```
results = train_if_else(X_switch0_on, y_switch0_on,
                        feature_name='switch1')
switch0_on_model, on_accuracy = results
print("If switch 0 is on, then the following if/else model is "
    f"{100 * on_accuracy:.0f}% accurate.\n\n{switch0_on_model}")

If switch 0 is on, then the following if/else model is 100% accurate.

if switch1 == 0:
    prediction = 1
else:
    prediction = 0
```

如果 switch==0，则 switch0_off_model 以 100%的准确度运行。在所有其他情况下，switch1_on_model 以 100%的准确度运行。总之，这两个模型可以很容易地组合成一个嵌套的 if/else 语句。这里定义一个 combine_if_else 函数，用于合并两个单独的 if/else 语句，然后将该函数应用于两个模型(如代码清单 22-19 所示)。

代码清单 22-19　合并单独的 if/else 模型

```
def combine_if_else(if_else_a, if_else_b, feature_name='feature'):
    return f"""
if {feature_name} == 0:
{add_indent(if_else_a)}
else:
{add_indent(if_else_b)}
""".strip()

def add_indent(if_else):
    return '\n'.join([4 * ' ' + line for line in if_else.split('\n')])
```

> 将两个 if/else 语句(if_else_a 和 if_else_b)组合成一个嵌套语句

> 标准的四空格 Python 缩进将在嵌套期间添加到每个语句中

> 这个辅助函数有助于在嵌套期间对所有语句进行缩进

```
nested_model = combine_if_else(switch0_off_model, switch0_on_model,
                               feature_name='switch0')
print(nested_model)

if switch0 == 0:
    if switch1 == 0:
        prediction = 0
    else:
        prediction = 1
else:
    if switch1 == 0:
        prediction = 1
    else:
        prediction = 0
```

我们从代码清单 22-2 中复制了嵌套的 if/else 模型。这个模型的准确度是 100%。可以通过取 off_accuracy 和 on_accuracy 的加权平均值来确认。这些准确度对应 switch0 的开/关状态，因此它们的权重应该对应与 switch0 关联的开/关次数。次数等于 y_switch0_off 和 y_switch0_on 数组的长度。让我们取加权平均值并确认总准确度等于 1.0(如代码清单 22-20 所示)。

代码清单 22-20　计算总嵌套准确度

```
accuracies = [off_accuracy, on_accuracy]
weights = [y_switch0_off.size, y_switch0_on.size]
total_accuracy = np.average(accuracies, weights=weights)
print(f"Our total accuracy is {100 * total_accuracy:.0f}%")

Our total accuracy is 100%
```

我们能够以自动化的方式生成嵌套的双特征模型。我们的策略取决于创建单独的训练集。这种数据集分离是由其中一个特征的开/关状态决定的。这种类型的分离称为二元拆分。通常，我们使用两个参数分割训练集(X,y)。

- 特征 i 对应 X 的第 i 列。例如，X 的第 0 列中的 switch0。
- 条件 c，其中 X[:, i] == c 对某些数据点为 True，但不是所有数据点。例如，条件 0 表示关闭状态。

特征 i 和条件 c 的分离方式如下。

(1) 获取训练子集(X_a, y_a)，其中 X_a[:, i] == c。

(2) 获取训练子集(X_b, y_b)，其中 X_b[:, i] != c。

(3) 从 X_a 和 X_b 中删除第 i 列。

(4) 返回分离的子集(X_a, y_a)和(X_b, y_b)。

注意

这些步骤并不用于在连续特征上运行。本章稍后将讨论如何将连续特征转换为二进制变量来执行拆分。

让我们定义一个 split 函数来执行这些步骤(如代码清单 22-21 所示)。然后将把这个函数整合到一个系统的训练管道中。

代码清单 22-21　定义二元拆分函数

对特征矩阵 X 的 feature_col 列中
的特征进行二元拆分

通过拆分创建两个训练集(X_a, y_a) 和
(X_b, y_b)。在第一个训练集中，X_a
[:,feature_col]总是满足条件

```
def split(X, y, feature_col=0, condition=0):
    has_condition = X[:,feature_col] == condition
    X_a, y_a = [e[has_condition] for e in [X, y]]
    X_b, y_b = [e[~has_condition] for e in [X, y]
    X_a, X_b = [np.delete(e, feature_col, axis=1) for e in [X_a, X_b]]
    return [X_a, X_b, y_a, y_b]

X_a, X_b, y_a, y_b = split(X, y)
assert np.array_equal(X_a, X_switch0_off)
assert np.array_equal(X_b, X_switch0_on)
```

在第二个训练集中，X_a[:,feature_col]
永远不满足条件

通过在 switch0 上进行拆分，我们能够训练嵌套模型。在拆分之前，首先尝试训练简单的 if/else 模型。这些模型的表现非常糟糕——我们别无选择，只能拆分训练数据。但是经过训练的嵌套模型仍应与 train_if_else 返回的更简单的模型进行比较。如果更简单的模型显示出可比的性能，则应该返回这个更简单的模型。

注意

嵌套的双特征模型永远不会比基于单个特征的简单模型表现更差。但是，这两种模型有可能性能相当。这种情况下，最好遵循奥卡姆剃刀原则：当两个相互竞争的理论作出完全相同的预测时，理论越简单越好。

让我们将训练两个特征嵌套模型的过程形式化。给定训练集(X, y)，我们执行以下步骤。

(1) 选择一个特征 i 进行拆分。最初，该特征是使用参数指定的。稍后将学习如何以自动的方式选择该特征。

(2) 尝试在特征 i 上训练一个简单的、单一的特征模型。如果该模型具有 100%的准确度，则将它作为我们的结果。理论上，可以使用 train_if_else 在第 0 列和第 1 列上训练两个单特征模型。然后对所有单特征模型进行系统比较。然而，当我们将特征数从 2 增加到 N 时，这种方法将无法扩展。

(3) 使用 split 函数对特征 i 进行分割，函数返回两个训练集(X_a, y_a)和(X_b, y_b)。

(4) 利用 split 返回的训练集来训练两个简单模型 if_else_a 和 if_else_b。对应的准确度等于 accuracy_a 和 accuracy_b。

(5) 将 if_else_a 和 if_else_b 组合成一个嵌套的 if/else 条件模型。

(6) 使用 accuracy_a 和 accuracy_b 的加权平均值计算嵌套模型的准确度。权重等于 y_a.size 和 y_b.size。

(7) 如果嵌套模型优于步骤(2)中计算的简单模型，则返回该模型。否则，返回简单模型。

让我们定义一个 train_nested_if_else 函数来执行这些步骤(如代码清单 22-22 所示)。该函数返回经过训练的模型和该模型的准确度。

代码清单 22-22 训练嵌套的 if/else 模型

位于嵌套语句内部的特征名称

在双特征训练集(X,y)上训练嵌套的 if/else 语句并返回语句以及相应的准确度。该语句通过对 X[:,split_col]中的特征进行拆分来训练。语句中的特征名称存储在 feature_names 数组中

```
def train_nested_if_else(X, y, split_col=0,
                         feature_names=['feature1', 'feature1']):
    split_name = feature_names[split_col]
    simple_model, simple_accuracy = train_if_else(X, y, split_col,
                                                  split_name)
    if simple_accuracy == 1.0:
        return (simple_model, simple_accuracy)

    X_a, X_b, y_a, y_b = split(X, y, feature_col=split_col)
    in_name = feature_names[1 - split_col]
    if_else_a, accuracy_a = train_if_else(X_a, y_a, feature_name=in_name)
    if_else_b, accuracy_b = train_if_else(X_b, y_b, feature_name=in_name)
    nested_model = combine_if_else(if_else_a, if_else_b, split_name)
    accuracies = [accuracy_a, accuracy_b]
    nested_accuracy = np.average(accuracies, weights=[y_a.size, y_b.size])
    if nested_accuracy > simple_accuracy:
        return (nested_model, nested_accuracy)

    return (simple_model, simple_accuracy)
```

语句中的特征名称存储在 feature_names 数组中

训练两个简单模型

合并简单的模型

```
feature_names = ['switch0', 'switch1']
model, accuracy = train_nested_if_else(X, y, feature_names=feature_names)
print(model)
print(f"\nThis statement is {100 * accuracy:.0f}% accurate.")

if switch0 == 0:
    if switch1 == 0:
        prediction = 0
    else:
        prediction = 1
else:
    if switch1 == 0:
        prediction = 1
    else:
        prediction = 0

This statement is 100% accurate.
```

该函数训练了一个 100%准确的模型。给定当前的训练集，即使在 switch1 而不是 switch0 上进行拆分，准确度也应该保持不变。让我们通过代码清单 22-23 进行验证。

代码清单 22-23 对 switch1 进行拆分

```
model, accuracy = train_nested_if_else(X, y, split_col=1,
                                       feature_names=feature_names)
print(model)
print(f"\nThis statement is {100 * accuracy:.0f}% accurate.")
```

```
if switch1 == 0:
    if switch0 == 0:
        prediction = 0
    else:
        prediction = 1
else:
    if switch0 == 0:
        prediction = 1
    else:
        prediction = 0
```

```
This statement is 100% accurate.
```

对任一特征进行拆分会产生相同的结果。这适用于双开关电灯系统,但对于许多现实世界的训练集而言却并非如此。对一个特征进行拆分优于另一个特征的拆分是很常见的。在 22.1.2 节中,将探讨如何在拆分过程中对特征进行优先级排序。

22.1.2　决定拆分哪个特征

假设我们希望训练一个 if/else 模型来预测外面是否在下雨。如果下雨,模型返回 1,否则返回 0。该模型依赖以下两个特征。

- 现在的季节是秋天吗?是还是否?我们假设秋季是当地的雨季,并且该特征预测有 60%的可能性会下雨。
- 现在外面潮湿吗?是还是否?通常在潮湿的时候会下雨。有时,潮湿是由晴天时自动喷淋系统引起的。另外,如果树木挡住雨滴,在森林里一个下着毛毛雨的早晨,环境可能会显得干燥。我们假设这个特征在 95%的情况下会预测下雨。

让我们通过随机采样来模拟特征和类标签。我们对 100 个天气观察值进行采样并将输出结果存储在训练集(X_rain,y_rain)中(如代码清单 22-24 所示)。

代码清单 22-24　模拟雨天训练集

```
np.random.seed(1)
y_rain = np.random.binomial(1, 0.6, size=100)
is_wet = [e if np.random.binomial(1, 0.95) else 1 - e for e in y_rain]
is_fall = [e if np.random.binomial(1, 0.6) else 1 - e for e in y_rain]
X_rain = np.array([is_fall, is_wet]).T
```

60%的可能性下雨

95%的情况下,如果外面潮湿就会下雨

60%的情况下,如果是秋天就会下雨

现在,让我们通过拆分秋季特征来训练模型(如代码清单 22-25 所示)。

代码清单 22-25　通过拆分秋季特征训练模型

```
feature_names = ['is_autumn', 'is_wet']
model, accuracy = train_nested_if_else(X_rain, y_rain,
                                feature_names=feature_names)
print(model)
print(f"\nThis statement is {100 * accuracy:.0f}% accurate.")
```

```
if is_autumn == 0:
    if is_wet == 0:
        prediction = 0
    else:
        prediction = 1
else:
    if is_wet == 0:
        prediction = 0
    else:
        prediction = 1

This statement is 95% accurate.
```

我们训练了一个准确度为95%的嵌套模型。如代码清单22-26所示，如果拆分潮湿特征会怎样？

代码清单22-26 通过拆分潮湿特征训练模型

```
model, accuracy = train_nested_if_else(X_rain, y_rain, split_col=1,
                                       feature_names=feature_names)
print(model)
print(f"\nThis statement is {100 * accuracy:.0f}% accurate.")

if is_wet == 0:
    prediction = 0
else:
    prediction = 1

This statement is 95% accurate.
```

在潮湿特征上拆分会产生一个更简单(因此更好)的模型，同时保留以前得到的准确度。并非所有分割都是平等的：对某些特征进行分割会导致更好的结果。应该如何为分割选择最佳特征？可以迭代X中的所有特征，通过拆分每个特征来训练模型，并且返回具有最高准确度的最简单的模型。这种蛮力方法在X.size[1]==2时有效，但不会随着特征数量的增加而扩展。我们的目标是开发一种可以扩展到数千个特征的技术，因此需要一种替代方法。

一种解决方案要求我们检查训练集中类的分布。目前，y_rain数组包含两个二进制类：0和1。标签1对应下雨。因此，数组总和等于观察到下雨的次数。同时，数组大小等于观察总数，因此y_rain.sum()/y_rain.size等于下雨的总概率。让我们计算这个概率(如代码清单22-27所示)。

代码清单22-27 计算下雨概率

```
prob_rain = y_rain.sum() / y_rain.size
print(f"It rains in {100 * prob_rain:.0f}% of our observations.")

It rains in 61% of our observations
```

总观察值的61%是下雨。当我们对秋季这个特征拆分时，这个概率是如何改变的？拆分将返回带有两个类标签数组的两个训练集。我们将这些数组命名为y_fall_a和y_fall_b。将y_fall_b.sum()除以数组大小会返回秋季下雨的可能性。让我们计算其他季节下雨的概率(如代码清单22-28所示)。

代码清单 22-28　根据季节计算下雨的概率

```
y_fall_a, y_fall_b = split(X_rain, y_rain, feature_col=0)[-2:]
for i, y_fall in enumerate([y_fall_a, y_fall_b]):
    prob_rain = y_fall.sum() / y_fall.size
    state = ['not autumn', 'autumn'][i]
    print(f"It rains {100 * prob_rain:.0f}% of the time when it is "
        f"{state}")

It rains 55% of the time when it is not autumn
It rains 66% of the time when it is autumn
```

正如预期的那样，我们更有可能在秋季看到下雨，但这种可能性差异并不是很大。秋季有 66% 的时间下雨，其他季节有 55% 的时间下雨。值得注意的是，这两个概率接近 61% 的整体降雨概率。如果知道是秋季，我们对下雨的信心就会稍微大一点。尽管如此，相对于原始训练集，我们的信心增加并不是很多，因此拆分秋季不是很重要。如果对潮湿进行拆分会怎样？让我们检查拆分是否改变了观察到的概率(如代码清单 22-29 所示)。

代码清单 22-29　根据潮湿特征计算下雨的概率

```
y_wet_a, y_wet_b = split(X_rain, y_rain, feature_col=1)[-2:]
for i, y_wet in enumerate([y_wet_a, y_wet_b]):
    prob_rain = y_wet.sum() / y_wet.size
    state = ['not wet', 'wet'][i]
    print(f"It rains {100 * prob_rain:.0f}% of the time when it is "
        f"{state}")

It rains 10% of the time when it is not wet
It rains 98% of the time when it is wet
```

如果我们知道外面是潮湿的，那么对下雨会很有信心。每当天气干燥时，下雨的概率保持在 10%。这个百分比很低，但对分类器来说非常重要。我们知道干燥的条件能以 90% 的准确率预测不下雨。

直觉上，是否潮湿比是否是秋季提供的特征强度更大。我们应该如何量化直觉？拆分潮湿返回两个类标签数组，它们对应的降雨概率要么非常低，要么非常高。这些极端概率表明类是不平衡的。正如在第 20 章中了解到的，在一个不平衡的数据集内，相对于类 B，它具有更多的类 A。这使得模型更容易隔离数据中的类 A。相比之下，拆分秋季返回两个数组，其可能性在 55%~66% 的中等范围内。y_fall_a 和 y_fall_b 中的类更平衡。因此，区分下雨类和不下雨类并不容易。

在两个特征分割之间进行选择时，我们应该选择产生更多不平衡类标签的特征分割。让我们弄清楚如何量化类的不平衡。通常，不平衡与类概率分布的形状有关。可以将此分布视为向量 v，其中 v[i] 等于观察到类 i 的概率。v.max() 的值越高表示类不平衡越大。在本例的两个类的数据集中，可以将 v 计算为 [1-prob_rain,prob_rain]，其中 prob_rain 是下雨的概率。根据在第 12 章中的讨论，可以将这个二元素向量可视化为二维空间中的线段，如图 22-2 和代码清单 22-30 所示。

这样的可视化是有意义的。我们现在将执行以下操作。

(1) 使用数组 y_fall_a 和 y_fall_b 计算拆分秋季的类分布向量。

(2) 使用数组 y_wet_a 和 y_wet_b 计算拆分潮湿的类分布向量。

(3) 将所有 4 个数组可视化为二维空间中的线段。

该可视化将揭示如何有效地衡量类的不平衡，如图 22-3 所示。

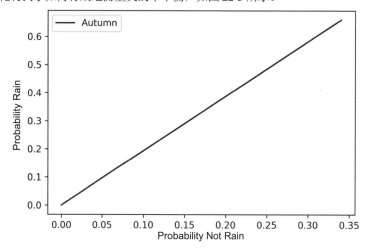

图 22-2 y_fall_a 中类标签的概率分布可视化为二维线段。y 轴表示下雨的概率(0.66)，

x 轴表示不下雨的概率(1 - 0.66 = 0.36)

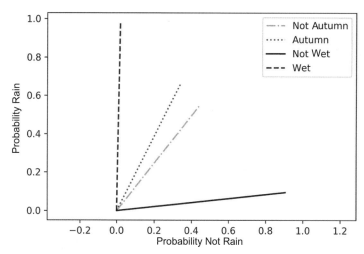

图 22-3 对每个特征进行拆分后所得的四向量分布图。潮湿向量更加不平衡，因此更靠近坐标轴。更重要的是，潮湿
向量比秋季向量显得更长

代码清单 22-30 绘制类分布向量

```
def get_class_distribution(y):
    prob_rain = y.sum() / y.size
    return np.array([1 - prob_rain, prob_rain])
```

返回一个二元的两个类的系统中类标签的概率
分布。这个分布可以看成一个二维向量

```
def plot_vector(v, label, linestyle='-', color='b'):
    plt.plot([0, v[0]], [0, v[1]], label=label,
             linestyle=linestyle, c=color)
```

　　　　　　　　　　　　　　　　　　　　　　　　将二维向量 v 绘制为从原点
　　　　　　　　　　　　　　　　　　　　　　　　延伸到 v 的线段

```
classes = [y_fall_a, y_fall_b, y_wet_a, y_wet_b]
distributions = [get_class_distribution(y) for y in classes]
labels = ['Not Autumn', 'Autumn', 'Not Wet', 'Wet']
colors = ['y', 'g', 'k', 'b']
linestyles = ['-.', ':', '-', '--']
for tup in zip(distributions, labels, colors, linestyles):
    vector, label, color, linestyle = tup
    plot_vector(vector, label, linestyle=linestyle, color=color)
```

　　　　　　　　　　　　　　　　　　　　　　　　迭代每一次可能的拆分所
　　　　　　　　　　　　　　　　　　　　　　　　生成的 4 个唯一分布向量，
　　　　　　　　　　　　　　　　　　　　　　　　然后绘制这 4 个向量

```
plt.legend()
plt.xlabel('Probability Not Rain')
plt.ylabel('Probability Rain')
plt.axis('equal')
plt.show()
```

　　在图中，两个不平衡的潮湿向量严重偏向 x 轴和 y 轴。同时，两个相对平衡的秋季向量与两个轴的距离大致相等。然而，真正值得关注的不是向量方向而是向量长度：相对平衡的秋季向量比与潮湿相关的向量短得多。这并非巧合。不平衡分布被证明具有更大的向量幅度。此外，正如在第 13 章中所展示的，幅度等于 v @ v 的平方根。因此，如果一个分布向量更不平衡，它与自身的点积就更大。

　　让我们为每个二维向量 v = [1 - p, p]证明这个性质，其中 p 是下雨的概率。代码清单 22-31 绘制 0~1 的降雨可能性内 v 的幅度。我们还绘制了幅度的平方，它等于 v @ v。绘制的值应该在 p 非常低或非常高时最大化，当 v 在 p = 0.5 时达到完全平衡，因此结果最小化，如图 22-4 所示。

代码清单 22-31　绘制分布向量幅度

将向量幅度的平方计算为
简单的点积

下雨的概率范围从 0 到
1.0(含 1.0)

向量代表所有可能的两类
分布，其中的类是下雨及不
下雨

```
prob_rain = np.arange(0, 1.001, 0.01)
vectors = [np.array([1 - p, p]) for p in prob_rain]
magnitudes = [np.linalg.norm(v) for v in vectors]
square_magnitudes = [v @ v for v in vectors]
plt.plot(prob_rain, magnitudes, label='Magnitude')
plt.plot(prob_rain, square_magnitudes, label='Squared Magnitude',
         linestyle='--')
plt.xlabel('Probability of Rain')
plt.axvline(0.5, color='k', label='Perfect Balance', linestyle=':')
plt.legend()
plt.show()
```

使用 NumPy 计算的向量幅度

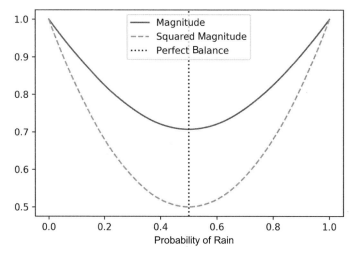

图 22-4　每个分布向量[1 - p, p]的分布向量幅度和平方幅度图。当向量在 p = 0.5 处完美平衡时，绘制的值将最小化

当 v 在 p=0.0 和 p=1.0 处完全不平衡时，平方幅度在 1.0 处最大化。当 v 处于平衡时，它将最小化为 0.5。因此，v @ v 是衡量类标签是否平衡的绝佳指标，但数据科学家更喜欢略有不同的指标 1 - v @ v。这个指标称为基尼不纯度，它本质上翻转了绘制的曲线：它在 0 处最小化并在 0.5 处最大化。让我们通过绘制所有 p 值的基尼不纯度来确认，如图 22-5 和代码清单 22-32 所示。

注意

基尼不纯度在概率论中有具体的解释。假设对于任何数据点，我们以概率 v[i]随机分配类 i，其中 v 是向量化分布。选择属于类 i 的点的概率也等于 v[i]。因此，选择属于类 i 的点并正确标记该点的概率等于 v[i] * v[i]。正确标记任何点的概率等于 sum(v[i] * v[i] for I in range(len(v)))。这可以简化为 v @ v。因此，1 - v @ v 等于错误标记数据的概率。基尼不纯度等于错误概率，随着数据变得更不平衡，错误概率会降低。

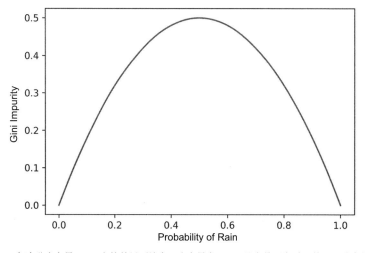

图 22-5　每个分布向量[1-p,p]上的基尼不纯度。当向量在 p=0.5 处完美平衡时，基尼不纯度最大化

代码清单 22-32　绘制基尼不纯度

```
gini_impurities = [1 - (v @ v) for v in vectors]
plt.plot(prob_rain, gini_impurities)
plt.xlabel('Probability of Rain')
plt.ylabel('Gini Impurity')
plt.show()
```

基尼不纯度是衡量类不平衡的标准。高度不平衡的数据集被认为更"纯",因为标签严重倾向于一个类而不是其他类。在训练嵌套模型时,应该在最小化整体不纯度的特征上进行拆分。对于任何带有类标签 y_a 和 y_b 的拆分,可以像下面这样计算不纯度。

(1) 计算 y_a 的不纯度。它等于 1 - v_a@v_a,其中 v_a 是在 y_a 上的类分布。

(2) 接下来,计算 y_b 的不纯度。它等于 1 - v_b@v_b,其中 v_b 是在 y_b 上的类分布。

(3) 最后,取两个不纯度的加权平均值。权重将等于 y_a.size 和 y_b.size,就像计算总精度时一样。

让我们计算与秋季和潮湿有关的不纯度(如代码清单 22-33 所示)。

代码清单 22-33　计算每个特征的基尼不纯度

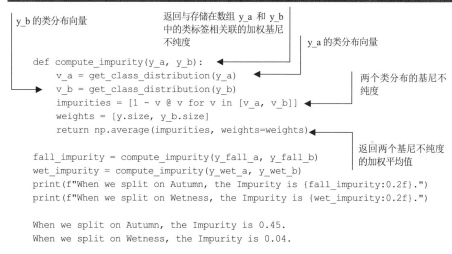

```
def compute_impurity(y_a, y_b):
    v_a = get_class_distribution(y_a)
    v_b = get_class_distribution(y_b)
    impurities = [1 - v @ v for v in [v_a, v_b]]
    weights = [y.size, y_b.size]
    return np.average(impurities, weights=weights)

fall_impurity = compute_impurity(y_fall_a, y_fall_b)
wet_impurity = compute_impurity(y_wet_a, y_wet_b)
print(f"When we split on Autumn, the Impurity is {fall_impurity:0.2f}.")
print(f"When we split on Wetness, the Impurity is {wet_impurity:0.2f}.")

When we split on Autumn, the Impurity is 0.45.
When we split on Wetness, the Impurity is 0.04.
```

正如预期的那样,当我们对潮湿特征拆分时,不纯度被最小化。这种拆分导致更多不平衡的训练数据,从而简化了分类器的训练。接下来,将拆分基尼不纯度最小化的特征。考虑到这一点,让我们定义一个 sort_feature_indices 函数。该函数将训练集(X,y)作为输入并根据每个特征拆分的不纯度返回已排序的特征索引列表(如代码清单 22-34 所示)。

代码清单 22-34　按照基尼不纯度对特征进行排序

```
def sort_feature_indices(X, y):
    feature_indices = range(X.shape[1])
    impurities = []
```

按关联的基尼不纯度对 X 中的特征索引以升序进行排序

```
for i in feature_indices:
    y_a, y_b = split(X, y, feature_col=i)[-2:]
    impurities.append(compute_impurity(y_a, y_b))

return sorted(feature_indices, key=lambda i: impurities[i])

indices = sort_feature_indices(X_rain, y_rain)
top_feature = feature_names[indices[0]]
print(f"The feature with the minimal impurity is: '{top_feature}'")

The feature with the minimal impurity is: 'is_wet'
```

拆分第 i 列中的特征并
计算不纯度

返回 X 的排序列索引。第一列对
应最小的不纯度

当我们训练具有两个以上特征的嵌套 if/else 模型时，sort_feature_indices 函数将发挥极大的作用。

22.1.3 训练具有两个以上特征的 if/else 模型

训练一个模型来预测当前的天气是一项相对简单的任务。我们现在要训练一个更复杂的模型来预测明天是否会下雨。该模型依赖以下 3 个特征。

- 今天下雨了吗？如果今天下雨，那么明天很可能会下雨。
- 今天是阴天吗？是或否？如果今天是阴天，那么下雨的可能性更大。这增加了明天下雨的可能性。
- 现在是秋天吗？是或否？我们假设秋天的雨量较多，也更容易出现阴天。

我们进一步假设 3 个特征之间存在更复杂的相互关系，这样将使问题更有趣。

- 今天是秋天的可能性为 25%。
- 在秋天，有 70% 的时间都是阴天，在其他季节有 30% 的时间是阴天。
- 如果今天是阴天，那么降雨概率为 40%。如果今天是晴天，降雨概率为 5%。
- 如果今天下雨，那么明天有 50% 的可能性还会下雨。
- 如果今天是一个干燥晴朗的秋日，那么明天有 15% 的概率会下雨。否则，在干燥晴朗的春、夏和冬日，明天下雨的可能性为 5%。

代码清单 22-35 基于特征之间的概率关系模拟训练集(X_rain, y_rain)。

代码清单 22-35 模拟具有 3 个特征的训练集

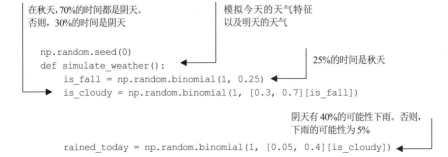

在秋天，70% 的时间都是阴天。
否则，30% 的时间是阴天

模拟今天的天气特征
以及明天的天气

```
np.random.seed(0)
def simulate_weather():
    is_fall = np.random.binomial(1, 0.25)
    is_cloudy = np.random.binomial(1, [0.3, 0.7][is_fall])
```

25% 的时间是秋天

阴天有 40% 的可能性下雨。否则，
下雨的可能性为 5%

```
    rained_today = np.random.binomial(1, [0.05, 0.4][is_cloudy])
```

如果今天下雨，那么明天也有50%的可能性下雨

```
    if rained_today:
        rains_tomorrow = np.random.binomial(1, 0.5)       ◄── 模拟干燥天气的第二天
    else:                                                      下雨的可能性较低
        rains_tomorrow = np.random.binomial(1, [0.05, 0.15][is_fall]) ◄──

    features = [rained_today, is_cloudy, is_fall]    ◄── 返回模拟的特征以及明
    return features, rains_tomorrow                       天是否会下雨

X_rain, y_rain = [], []
for _ in range(1000):                       ◄──
    features, rains_tomorrow = simulate_weather()
    X_rain.append(features)                      模拟具有1 000个训练示
    y_rain.append(rains_tomorrow)                例的数据集

X_rain, y_rain = np.array(X_rain), np.array(y_rain)
```

X_rain 中的列对应特征'is_fall'、'is_cloudy'和'rained_today'。我们可以通过基尼不纯度对这些特征进行排序，从而衡量它们对数据的拆分程度(如代码清单 22-36 所示)。

代码清单 22-36　按基尼不纯度对 3 个特征进行排序

```
feature_names = ['rained_today', 'is_cloudy', 'is_fall']
indices = sort_feature_indices(X_rain, y_rain)
print(f"Features sorted by Gini Impurity:")
print([feature_names[i] for i in indices])

Features sorted by Gini Impurity:
['is_fall', 'is_cloudy', 'rained_today']
```

在是否为秋天的特征上拆分产生最低的基尼不纯度，是否为阴天排第二。今天是否已经下雨的特征具有最高的基尼不纯度：它产生最平衡的数据集，因此不是特征拆分的最佳候选者。

注意

今天是否下雨这个特征的高基尼不纯度似乎令人惊讶。毕竟，如果今天下雨，我们知道明天下雨的可能性要大得多。因此，当 X_rain[:, 0]==1 时，基尼不纯度较低。但在干燥的天气，我们几乎无法预测明天的天气，因此当 X_rain[:, 0] == 0 时，基尼不纯度较高。一年中干燥天数多于下雨天数，因此平均基尼不纯度较高。相比之下，是否为秋天的特征信息量要大得多。它可以让我们深入了解秋天和非秋天的"第二天天气"。

给定排名后的特征列表，我们应该如何训练模型？毕竟，trained_nested_if_else 旨在处理两个特征，而不是 3 个。一种直观的解决方案是仅在两个排名靠前的特征上训练模型。这些特征将导致更大的训练集不平衡，使得更容易在雨天和非雨天类标签之间进行区分。

这里仅针对是否为秋天和是否为阴天这两个特征训练一个双特征模型(如代码清单 22-37 所示)。我们还将拆分列设置为"是否为秋天"，因为这个特征的基尼不纯度最低。

代码清单 22-37 在两个最佳特征上训练模型

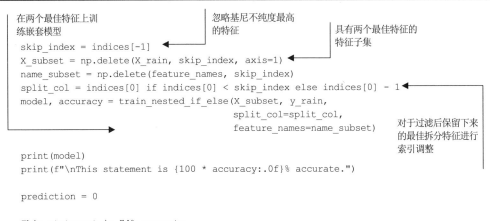

```
print(model)
print(f"\nThis statement is {100 * accuracy:.0f}% accurate.")

prediction = 0

This statement is 74% accurate.
```

我们的训练模型非常简单。它说无论如何都不会下雨。这个简单的模型只有74%的准确度——这种准确度是可以接受的，但我们肯定可以做得更好。忽略今天是否下雨的特征限制了我们的预测能力。我们必须综合这3个特征，以提高准确度得分。可以通过下面的方法整合这3个特征。

(1) 在基尼不纯度最低的特征上进行拆分，也就是"是否为秋天"这个特征。

(2) 使用 train_nested_if_else 函数训练两个嵌套模型。模型 A 将只考虑季节不是秋天的场景，而模型 B 将考虑季节是秋天的场景。

(3) 将模型 A 和模型 B 组合成一个单一的一致性分类器。

注意

这些步骤与 nested_if_else 函数背后的逻辑几乎完全相同。主要区别在于，现在我们正在把那种逻辑扩展到两个以上的特征。

让我们从"是否为秋天"的特征开始，其索引存储在 indices[0] 中(如代码清单 22-38 所示)。

代码清单 22-38 在不纯度最低的特征上拆分

```
X_a, X_b, y_a, y_b = split(X_rain, y_rain, feature_col=indices[0])
```

接下来，让我们在(X_a, y_a)上训练嵌套模型(如代码清单 22-39 所示)。该训练集包含所有的非秋天观察结果。

代码清单 22-39 使用非秋天数据集训练模型

```
name_subset = np.delete(feature_names, indices[0])         在 X_a 中产生最佳(最低)基尼不纯度
split_col = sort_feature_indices(X_a, y_a)[0]              的特征上进行拆分
model_a, accuracy_a = train_nested_if_else(X_a, y_a,
                                           split_col=split_col,
                                           feature_names=name_subset)
print("If it is not autumn, then the following nested model is "
      f"{100 * accuracy_a:.0f}% accurate.\n\n{model_a}")      在(X_a, y_a)上训练
                                                              嵌套的双特征模型
```

```
If it is not autumn, then the following nested model is 88% accurate.

if is_cloudy == 0:
    prediction = 0
else:
    if rained_today == 0:
        prediction = 0
    else:
        prediction = 1
```

经过训练的 model_a 非常准确。现在我们将根据存储在(X_b,y_b)中的秋天观察值训练第二个模型 model_b(如代码清单 22-40 所示)。

代码清单 22-40　使用秋天数据集训练模型

```
split_col = sort_feature_indices(X_b, y_b)[0]
model_b, accuracy_b = train_nested_if_else(X_b, y_b,
                                           split_col=split_col,
                                           feature_names=name_subset)
print("If it is autumn, then the following nested model is "
      f"{100 * accuracy_b:.0f}% accurate.\n\n{model_b}")

If it is autumn, then the following nested model is 79% accurate.

if is_cloudy == 0:
    prediction = 0
else:
    if rained_today == 0:
        prediction = 0
    else:
        prediction = 1
```

在 X_b 中产生最佳(最低)基尼不纯度的特征上进行拆分

在(X_b, y_b)上训练嵌套的双特征模型

对于秋天数据，model_b 的准确度为 79%，model_a 的准确度为 88%。让我们将这些模型组合成一个单独的嵌套语句(如代码清单 22-41 所示)。我们将使用 combine_if_else 函数，这是之前专门定义的。我们还将计算总准确度，它等于 accuracy_a 和 accuracy_b 的加权平均值。

代码清单 22-41　将模型组合成一个嵌套语句

```
nested_model = combine_if_else(model_a, model_b,
                               feature_names[indices[0]])
print(nested_model)
accuracies = [accuracy_a, accuracy_b]
accuracy = np.average(accuracies, weights=[y_a.size, y_b.size])
print(f"\nThis statement is {100 * accuracy:.0f}% accurate.")

if is_fall == 0:
    if is_cloudy == 0:
        prediction = 0
    else:
        if rained_today == 0:
            prediction = 0
        else:
```

```
            prediction = 1
    else:
        if is_cloudy == 0:
            prediction = 0
        else:
            if rained_today == 0:
                    prediction = 0
            else:
                    prediction = 1

This statement is 85% accurate.
```

我们能够生成嵌套的三特征模型。该过程与训练嵌套的双特征模型的方式非常相似。通过这种方式，可以扩展逻辑来训练具有 4 个特征、10 个特征甚至 100 个特征的模型。事实上，我们的逻辑可以推广到训练任何嵌套的 N 特征模型。假设我们有一个训练集(X,y)，其中 X 包含 N 列。那么应该能够通过执行以下步骤轻松地训练模型。

(1) 如果 N 等于 1，则返回简单的非嵌套 train_if_else(X,y)结果。否则，转到下一步。

(2) 根据基尼不纯度从低到高对 N 个特征进行排序。

(3) 尝试训练一个更简单的 N - 1 特征模型(使用步骤(2)中排名靠前的特征)。如果该模型以 100%的准确度运行，则将其作为输出结果返回。否则，转到下一步。

(4) 拆分具有最小基尼不纯度的特征。该拆分返回两个训练集(X_a,y_a)和(X_b,y_b)。每个训练集包含 N - 1 个特征。

(5) 使用上一步的训练集训练两个 N - 1 特征模型：model_a 和 model_b。相应的准确度等于 accuracy_a 和 accuracy_b。

(6) 将 model_a 和 model_b 组合成一个嵌套的 if/else 条件模型。

(7) 使用 accuracy_a 和 accuracy_b 的加权平均值计算嵌套模型的准确度。权重等于 y_a.size 和 y_b.size。

(8) 如果嵌套模型优于步骤(3)中计算的更简单的模型，则返回嵌套模型。否则，返回更简单的模型。

这里定义一个递归函数 train 来执行这些步骤(如代码清单 22-42 所示)。

代码清单 22-42　训练具有 N 个特征的嵌套模型

在具有最低基尼不纯度的特征上拆分

在 N 特征训练集(X,y)上训练嵌套的 if/else 语句并返回语句以及相应的准确度。语句中的特征名称存储在 feature_names 数组中

按基尼不纯度对特征索引进行排序

尝试训练一个更简单的 N - 1 特征模型，查看它是否以 100%的准确度运行

```python
def train(X, y, feature_names):
    if X.shape[1] == 1:
        return train_if_else(X, y, feature_name=feature_names[0])

    indices = sort_feature_indices(X, y)
    X_subset = np.delete(X, indices[-1], axis=1)
    name_subset = np.delete(feature_names, indices[-1])
    simple_model, simple_accuracy = train(X_subset, y, name_subset)
    if simple_accuracy == 1.0:
        return (simple_model, simple_accuracy)

    split_col = indices[0]
    name_subset = np.delete(feature_names, split_col)
```

```
    X_a, X_b, y_a, y_b = split(X, y, feature_col=split_col)
    model_a, accuracy_a = train(X_a, y_a, name_subset)   ◄─────  在拆分后返回的两个训练集上训
    model_b, accuracy_b = train(X_b, y_b, name_subset)          练两个更简单的 N-1 特征模型
    accuracies = [accuracy_a, accuracy_b]
    total_accuracy = np.average(accuracies, weights=[y_a.size, y_b.size])
    nested_model = combine_if_else(model_a, model_b, feature_names[split_col])  ◄─────
    if total_accuracy > simple_accuracy:
            return (nested_model, total_accuracy)                       合并更简单的模型

    return (simple_model, simple_accuracy)

model, accuracy = train(X_rain, y_rain, feature_names)
print(model)
print(f"\nThis statement is {100 * accuracy:.0f}% accurate.")


if is_fall == 0:
    if is_cloudy == 0:
        prediction = 0
    else:
        if rained_today == 0:
            prediction = 0
        else:
            prediction = 1
else:
    if is_cloudy == 0:
        prediction = 0
    else:
        if rained_today == 0:
            prediction = 0
        else:
            prediction = 1
```

```
This statement is 85% accurate.
```

训练输出中的分支 if/else 语句类似树的树枝。我们可以通过将输出可视化为决策树图来使相似性更明确。决策树是用于代表 if/else 决策的特殊网络结构。特征作为网络中的节点，条件为边。if 条件分支出现在特征节点的右侧，else 条件分支出现在左侧。图 22-6 显示了降雨预测模型的决策树。

任何嵌套的 if/else 语句都可以可视化为决策树，因此经过训练的 if/else 条件分类器称为决策树分类器。自 20 世纪 80 年代以来，经过训练的决策树分类器一直被广泛应用。目前存在许多有效训练这些分类器的策略，所有这些策略都具有以下共同特点。

- 通过拆分其中一个特征，将 N 特征训练问题简化为多个 N-1 特征子问题。
- 拆分是通过选择产生最高类不平衡的特征来进行的。这通常是使用基尼不纯度来完成的，尽管确实存在其他替代指标。
- 如果更简单的语句同样有效，则应注意避免不必要的复杂 if/else 语句。这个过程被称为修剪，因为过多的 if/else 分支被修剪掉了。

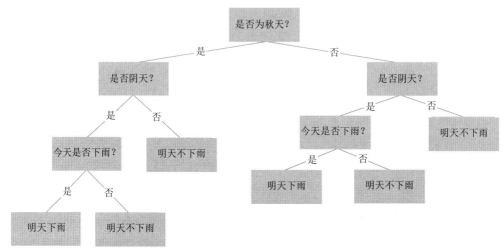

图 22-6 使用决策树图可视化降雨预测模型。该图是一个网络图。网络节点代表模型的特征，例如"是否为秋天"。图中的边代表 if/else 条件语句。例如，如果是秋天，则图表的"是"边指向左侧分支，否则，"否"边指向右侧分支

scikit-learn 包括高度优化的决策树实现。我们将在 22.2 节中对其进行探讨。

22.2 使用 scikit–learn 训练决策树分类器

在 scikit-learn 中，决策树分类由 DecisionTreeClassifier 类执行。让我们从 sklearn.tree 导入该类(如代码清单 22-43 所示)。

代码清单 22-43 导入 scikit-learn 的 DecisionTreeClassifier 类

```
from sklearn.tree import DecisionTreeClassifier
```

接下来，将这个类初始化为 clf。然后在本章开头介绍的双开关系统上训练 clf(如代码清单 22-44 所示)。该训练集存储在参数(X,y)中。

代码清单 22-44 初始化并训练决策树分类器

```
clf = DecisionTreeClassifier()
clf.fit(X, y)
```

我们可以使用决策树图来可视化经过训练的分类器。scikit-learn 包含一个 plot_tree 函数，它使用 Matplotlib 来执行该可视化。调用 plot_tree(clf)将绘制训练好的决策树图。可以使用 feature_names 和 class_names 参数控制该图中的特征名称和类名称。

让我们从 sklearn.tree 导入 plot_tree 并对 clf 进行可视化，如图 22-7 和代码清单 22-45 所示。在图中，特征名称等于 Switch0 和 Switch1，类标签等于两个灯泡状态(Off 和 On)。

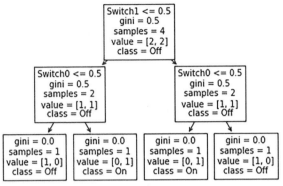

图 22-7　双开关系统的决策树图。每个顶级节点都包含一个特征名称以及其他统计信息，例如基尼不纯度和主导类。底部节点包含最终预测的电灯状态分类

代码清单 22-45　显示经过训练的决策树分类器

```
from sklearn.tree import plot_tree
feature_names = ['Switch0', 'Switch1']
class_names = ['Off', 'On']
plot_tree(clf, feature_names=feature_names, class_names=class_names)
plt.show()
```

可视化图可跟踪决策树中每个条件位置的类分布。它还跟踪相关的基尼不纯度以及主导类。这种可视化可能很有帮助，但是当总特征数很大时，这些树图会变得难以处理。这就是 scikit-learn 提供替代性可视化函数的原因：export_text 允许我们使用简化的基于文本的图表来显示树。调用 export_text(clf) 将返回一个字符串。打印该字符串将显示由 "|" 和 "-" 字符组成的树。该文本树中的特征名称可以使用 feature_names 参数指定。但由于输出的性质有限，我们无法打印类名。让我们从 sklearn.tree 导入 export_text，然后将决策树可视化为一个简单的字符串(如代码清单 22-46 所示)。

代码清单 22-46　将决策树分类器显示为字符串

```
from sklearn.tree import export_text
text_tree = export_text(clf, feature_names=feature_names)
print(text_tree)

|--- Switch0 <= 0.50
|   |--- Switch1 <= 0.50
|   |   |--- class: 0
|   |--- Switch1 >  0.50
|   |   |--- class: 1
|--- Switch0 >  0.50
|   |--- Switch1 <= 0.50
|   |   |--- class: 1
|   |--- Switch1 >  0.50
|   |   |--- class: 0
```

在文本中，我们清楚地看到了分支逻辑。最初，使用 Switch0 拆分数据。分支选择取决于是否 Switch0 <= 0.50。当然，因为 Switch0 要么是 0，要么是 1，所以这个逻辑与 Switch0 == 0 是相同的。

既然简单的 Switch0==0 语句就可以完成判断，为什么决策树还要使用不等式呢？答案与 DecisionTreeClassifier 如何处理连续特征有关。到目前为止，所有特征都是布尔值，但在大多数实际问题中，特征值是数字。幸运的是，任何数字特征都可以转换为布尔特征。我们只需要运行 feature >= thresh，其中 thresh 是一些数字阈值。在 scikit-learn 中，决策树会自动扫描这些阈值。

　　我们应该如何选择分割数字特征的最佳阈值？这很简单，只需要选择最小化基尼不纯度的阈值。假设我们正在检查由单个数字特征驱动的数据集。在该数据中，当特征小于 0.7 时，类总是等于 0，否则为 1。因此，y = (v >= 0.7).astype(int)，其中 v 是特征向量。通过应用阈值 0.7，可以完美地分离类标签。在该阈值上拆分将导致基尼不纯度为 0.0，因此可以通过计算一系列可能的阈值范围内的基尼不纯度来确定阈值。然后可以选择不纯度达到最小化的值。代码清单 22-47 从正态分布中采样一个 feature 向量，将 y 设置为(feature >= 0.7).astype(int)，计算一系列阈值范围内的不纯度并绘制结果(如图 22-8 所示)。最小不纯度出现在阈值 0.7 处。

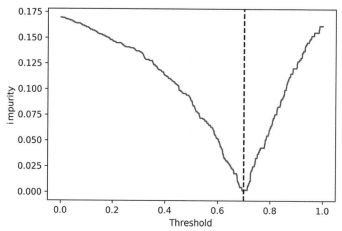

图 22-8　一个特征的每个可能阈值的基尼不纯度图。基尼不纯度最小值为 0.7。因此，
我们可以将数字特征 f 转换为二进制特征 f >= 0.7

代码清单 22-47　通过最小化基尼不纯度来选择阈值

在每个阈值处，我们进行拆分并计算得到的基尼不纯度

从一个正态分布中随机采样一个数字特征

```
np.random.seed(1)
feature = np.random.normal(size=1000)
y = (feature >= 0.7).astype(int)
thresholds = np.arange(0.0, 1, 0.001)
gini_impurities = []
for thresh in thresholds:
    y_a = y[feature <= thresh]
    y_b = y[feature > thresh]
    impurity = compute_impurity(y_a, y_b)
    gini_impurities.append(impurity)

best_thresh = thresholds[np.argmin(gini_impurities)]
print(f"impurity is minimized at a threshold of {best_thresh:.02f}")
plt.plot(thresholds, gini_impurities)
```

当特征值低于阈值 0.7 时，类标签为 0，否则为 1

迭代范围为 0~1.0 的阈值

选择基尼不纯度最小的阈值。这个阈值应该等于 0.7

```
plt.axvline(best_thresh, c='k', linestyle='--')
plt.xlabel('Threshold')
plt.ylabel('impurity')
plt.show()
```

```
Impurity is minimized at a threshold of 0.70
```

通过这种方式，scikit-learn 获得用于训练 DecisionTreeClassifier 的所有特征的不等式阈值，因此分类器可以从数值数据中导出条件逻辑。现在让我们用上一章介绍的葡萄酒数据训练 clf(如代码清单 22-48 所示)。训练后，我们将对决策树进行可视化。

注意

葡萄酒数据集包含 3 类葡萄酒。到目前为止，我们只在两类的系统上训练了决策树。然而，分支 if/else 逻辑可以很容易地扩展到预测两个以上的类。例如，语句 0 if x==0 else 1 if y==0 else 2。如果 x==0，语句返回 0。否则，如果 y==0，语句返回 1，如果 y!=0，语句返回 2。将这个添加的条件逻辑合并到分类器中是很容易实现的。

代码清单 22-48　使用数值数据训练决策树

```
np.random.seed(0)
from sklearn.datasets import load_wine
X, y = load_wine(return_X_y=True)
clf.fit(X, y)
feature_names = load_wine().feature_names
text_tree = export_text(clf, feature_names=feature_names)
print(text_tree)

|--- proline <= 755.00
| |--- od280/od315_of_diluted_wines <= 2.11
| | |--- hue <= 0.94
| | | |--- flavanoids <= 1.58
| | | | |--- class: 2
| | | |--- flavanoids > 1.58
| | | | |--- class: 1
| | |--- hue > 0.94
| | | |--- color_intensity <= 5.82
| | | | |--- class: 1
| | | |--- color_intensity > 5.82
| | | | |--- class: 2
| |--- od280/od315_of_diluted_wines > 2.11
| | |--- flavanoids <= 0.80
| | | |--- class: 2
| | |--- flavanoids > 0.80
| | | |--- alcohol <= 13.17
| | | | |--- class: 1
| | | |--- alcohol > 13.17
| | | | |--- color_intensity <= 4.06
| | | | | |--- class: 1
| | | | |--- color_intensity > 4.06
| | | | | |--- class: 0
|--- proline > 755.00
| |--- flavanoids <= 2.17
```

```
| | |--- malic_acid <= 2.08
| | | |--- class: 1
| | |--- malic_acid > 2.08
| | | |--- class: 2
| |--- flavanoids > 2.17
| | |--- magnesium <= 135.50
| | | |--- class: 0
| | |--- magnesium > 135.50
| | | |--- class: 1
```

打印的树比迄今为止看到的任何决策树或条件语句都大。这个决策树很大，因为它的深度很深。在机器学习中，决策树的深度等于捕获树中逻辑所需的嵌套 if/else 语句的数量。例如，单开关示例只需要一个 if/else 语句，因此它的深度为 1。同时，双开关系统的深度为 2。此外，三特征天气预测器的深度为 3。葡萄酒预测器深度更深，因此更难追踪其中的逻辑。在 scikit-learn 中，可以使用 max_depth 超参数来限制训练树的深度。例如，运行 DecisionTreeClassifier(max_depth=2) 将创建一个深度不能超过 2 个嵌套语句的分类器。让我们通过在葡萄酒数据上训练一个有限深度的分类器来进行演示(如代码清单 22-49 所示)。

代码清单 22-49　训练深度有限的决策树

```
clf = DecisionTreeClassifier(max_depth=2)
clf.fit(X, y)
text_tree = tree.export_text(clf, feature_names=feature_names)
print(text_tree)

|--- proline <= 755.00
| |--- od280/od315_of_diluted_wines <= 2.11
| | |--- class: 2
| |--- od280/od315_of_diluted_wines > 2.11
| | |--- class: 1
|--- proline > 755.00
| |--- flavanoids <= 2.17
| | |--- class: 2
| |--- flavanoids > 2.17
| | |--- class: 0
```

打印的树的深度为 2，有两个 if/else 语句。外部的语句是由脯氨酸浓度决定的：如果脯氨酸浓度大于 755，就通过黄酮类化合物来鉴别葡萄酒。

注意

该数据集中的 flavonoids 被错误拼写为 flavanoids。

否则，用稀释酒的 OD280 / OD315 来确定等级。根据输出结果，我们可以充分理解模型中的工作逻辑。此外，可以推断驱动类预测的特征的相对重要性。

- 脯氨酸是最重要的特征。它出现在树的顶端，因此有最低的基尼不纯度。在这个特征上拆分必然会导致最不平衡的数据。在一个不平衡的数据集中，区分不同种类的葡萄酒要容易得多，因此了解脯氨酸浓度可以让我们更容易地区分不同种类的葡萄酒。这与在第 21 章中训练的线性模型一致，其中脯氨酸系数产生了最显著的信号。
- 黄酮类化合物和 OD280 / OD315 也是重要的预测驱动因素(尽管不如脯氨酸重要)。

- 剩下的 10 个特征不那么重要。

特征在决策树中出现的深度是其相对重要性的指标。该深度由基尼不纯度决定。因此，基尼不纯度可用于计算重要性分数。所有特征的重要性分数都存储在 clf 的 feature_importances_ 属性中。代码清单 22-50 打印了 clf.feature_importances_。

注意

更准确地说，scikit-learn 通过从前一次拆分的基尼不纯度中减去特征拆分的基尼不纯度来计算特征重要性。例如，在葡萄酒的决策树中，从深度 1 处的脯氨酸基尼不纯度中减去深度 2 处的黄酮类化合物基尼不纯度。相减后，用拆分过程中所代表的训练样本的比例对重要性进行加权。

代码清单 22-50　打印特征的重要性

```
print(clf.feature_importances_)

[0.          0.          0.          0.          0.          0.
 0.117799    0.          0.          0.          0.          0.39637021
 0.48583079]
```

在打印的数组中，特征 i 的重要性等于 feature_importances_[i]。大多数特征的得分为 0，因为它们未在训练的决策树中表示。让我们根据重要性分数对其余特征进行排名(如代码清单 22-51 所示)。

代码清单 22-51　按重要性对相关特征进行排名

```
for i in np.argsort(clf.feature_importances_)[::-1]:
    feature = feature_names[i]
    importance = clf.feature_importances_[i]
    if importance == 0:
        break

    print(f"'{feature}' has an importance score of {importance:0.2f}")

'proline' has an importance score of 0.49
'od280/od315_of_diluted_wines' has an importance score of 0.40
'flavanoids' has an importance score of 0.12
```

在这些特征中，脯氨酸被列为最重要的。其次是 OD280 / OD315 和黄酮类化合物。

基于树的特征排名有助于从数据中得出有意义的见解。我们将通过探讨癌症诊断问题来强调这一点。

利用特征重要性研究癌症细胞

观察到肿瘤后，需要在显微镜下判断它是恶性的还是良性的。对单个肿瘤细胞进行放大处理，每个细胞都存在许多可以测量的特征。这些特征包括如下。

- 面积；
- 周长；
- 紧凑度(周长的平方与面积的比值)；

- 半径(细胞不是完全圆的，因此将细胞中心到细胞边缘的平均距离作为半径)；
- 平滑度(从细胞中心到边缘的距离变化)；
- 凹点(细胞壁上向内曲线的数量)；
- 凹陷度(凹点的平均向内角度)；
- 对称性(细胞的一侧与另一侧的相似性)；
- 纹理(细胞图像中颜色深浅的标准差)；
- 分形维度(细胞周长的"弯曲度"，基于测量弯曲边界所需的单独直尺测量的数量)。

成像技术使我们能够为每个单独的细胞计算这些特征。然而，肿瘤活检将在显微镜下显示数十个细胞，如图 22-9 所示，因此必须以某种方式将各个特征聚合在一起。聚合特征的最简单方法是计算它们的均值和标准差。我们还可以将细胞间的极端值存储起来，如可以记录测量到的细胞最大凹陷度。我们可以非正式地将此统计值称为最坏的凹陷度。

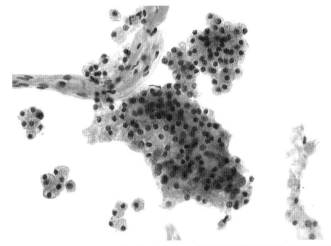

图 22-9　通过显微镜可以看到几十个肿瘤细胞。每个细胞都有 10 个不同的可测量特征。我们可以使用 3 种不同的统计数据聚合细胞中的这些特征，因此总共获得 30 个特征来确定肿瘤是恶性还是良性

注意

通常，这些特征不是在细胞本身上计算的。它们是在细胞核上计算的。细胞核是位于细胞中心的封闭圆形结构，通过显微镜很容易看到。

通过使用 10 个测量特征的 3 种不同聚合，将导致总共 30 个特征。哪些特征对于确定肿瘤细胞恶性程度最重要？scikit-learn 包含一个癌细胞数据集：让我们从 sklearn.datasets 导入它并打印特征名称和类名称(如代码清单 22-52 所示)。

代码清单 22-52　导入 scikit-learn 的癌细胞数据集

```
from sklearn.datasets import load_breast_cancer

data = load_breast_cancer()
feature_names = data.feature_names
num_features = len(feature_names)
num_classes = len(data.target_names)
```

```
print(f"The cancer dataset contains the following {num_classes} classes:")
print(data.target_names)
print(f"\nIt contains these {num_features} features:")
print(feature_names)

The cancer dataset contains the following 2 classes:
['malignant' 'benign']

It contains these 30 features:
['mean radius' 'mean texture' 'mean perimeter' 'mean area'
 'mean smoothness' 'mean compactness' 'mean concavity'
 'mean concave points' 'mean symmetry' 'mean fractal dimension'
 'radius error' 'texture error' 'perimeter error' 'area error'
 'smoothness error' 'compactness error' 'concavity error'
 'concave points error' 'symmetry error' 'fractal dimension error'
 'worst radius' 'worst texture' 'worst perimeter' 'worst area'
 'worst smoothness' 'worst compactness' 'worst concavity'
 'worst concave points' 'worst symmetry' 'worst fractal dimension']
```

该数据集包含 30 个不同的特征。让我们按重要性对它们进行排名并输出排名后的特征及其重要性分数(如代码清单 22-53 所示)。我们将忽略重要性分数接近于 0 的特征。

代码清单 22-53 按重要性对肿瘤特征进行排序

```
X, y = load_breast_cancer(return_X_y=True)
clf = DecisionTreeClassifier()
clf.fit(X, y)
for i in np.argsort(clf.feature_importances_)[::-1]:
    feature = feature_names[i]
    importance = clf.feature_importances_[i]
    if round(importance, 2) == 0:
        break
    print(f"'{feature}' has an importance score of {importance:0.2f}")
'worst radius' has an importance score of 0.70
'worst concave points' has an importance score of 0.14
'worst texture' has an importance score of 0.08
'worst smoothness' has an importance score of 0.01
'worst concavity' has an importance score of 0.01
'mean texture' has an importance score of 0.01
'worst area' has an importance score of 0.01
'mean concave points' has an importance score of 0.01
'worst fractal dimension' has an importance score of 0.01
'radius error' has an importance score of 0.01
'smoothness error' has an importance score of 0.01
'worst compactness' has an importance score of 0.01
```

排名前三的特征是 worst radius、worst concave points 和 worst texture。均值和标准差都不能驱动肿瘤的恶性程度,确定癌症诊断的是一些极端异常值。即使是一两个形状不规则的细胞也可能表明存在恶性肿瘤。在排名靠前的特征中,worst radius 尤为突出:它的重要性分数为 0.70。次高的重要性分数是 0.14。这种差异表明最大的细胞半径是癌症的一个极其重要的指标。我们通过绘制两个类的 worst radius 测量值的直方图来验证这个假设,如图 22-10 和代码清单 22-54 所示。

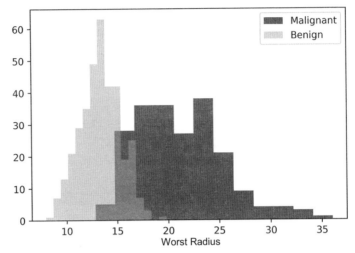

图 22-10 癌变和非癌变细胞的 worst-radius 测量的直方图。当肿瘤为恶性时，肿瘤半径明显增大

代码清单 22-54 绘制两个 worst radius 直方图

```
index = clf.feature_importances_.argmax()
plt.hist(X[y == 0][:, index], label='Malignant', bins='auto')
plt.hist(X[y == 1][:, index], label='Benign', color='y', bins='auto',
        alpha=0.5)

plt.xlabel('Worst Radius')
plt.legend()
plt.show()
```

直方图显示了恶性和良性肿瘤 worst radius 测量值之间的巨大差异。事实上，任何细胞半径大于 20 个单位都肯定是恶性肿瘤的迹象。

通过训练决策树，我们了解了医学和生物学相关的知识。一般来说，决策树是理解复杂数据集中信号的非常有用的工具。决策树非常易于解释，它们学习的逻辑语句很容易被数据科学探究。此外，决策树提供了额外的优势。

- 决策树分类器的训练非常快。它们比 KNN 分类器快几个数量级。此外，与线性分类器不同的是，它们不依赖重复的训练迭代。
- 决策树分类器在训练前不依赖数据操作。逻辑回归要求我们在训练前对数据进行标准化，决策树不需要标准化。此外，线性分类器在没有预训练转换的情况下无法处理分类特征，但决策树可以直接处理这些特征。
- 决策树不受训练数据几何形状的限制。相比之下，如图 22-1 所示，KNN 和线性分类器无法处理某些几何构型。

所有这些好处都是有代价的：经过训练的决策树分类器有时在现实世界的数据上表现不佳。

22.3　决策树分类器的局限性

决策树很好地学习了训练数据,但有时对原有数据学习过度。某些树只是简单地记住原始数据,而不会产生任何有用的真实世界的见解。这种"死记硬背"有很大的局限性。假设一名大学生正在为物理期末考试而学习。前一年的考试题可以在网上找到,包括所有问题的书面答案。这名学生记住了去年的考试答案。根据去年的问题,这名学生可以很容易地背诵答案。他自信满满,但在期末考试的那天,灾难降临了,期末考试的问题略有不同。去年的考试要求的是网球从 20 英尺的高度下落的速度,而这次考试要求的是台球从 50 英尺的高度下落的速度。这名学生不知所措。他学习的是答案,而不是驱动这些答案的一般模式;他没能在今年的考试中取得好成绩,因为他之前"学习"的内容没有归纳性。

过度记忆限制了训练模型的有效性。在监督机器学习中,这种现象被称为过拟合。过度拟合的模型与训练数据过于接近,因此它可能无法对新的观察结果进行准确预测。决策树分类器尤其容易过拟合,因为它们可以记住训练数据。例如,癌症检测器 clf 很好地记住了训练集(X, y)中的数据情况,我们可以通过输出 clf.predict(X)对应 y 的准确度来进行确认(如代码清单 22-55 所示)。

代码清单 22-55　检查癌细胞模型的准确度

```
from sklearn.metrics import accuracy_score
accuracy = accuracy_score(clf.predict(X), y)
print("Our classifier has memorized the training data with "
      f"{100 * accuracy:.0f}% accuracy.")

Our classifier has memorized the training data with 100% accuracy.
```

分类器以 100%的准确度识别任何训练示例中的细胞,但这并不意味着它可以推广到真实世界的数据。可以使用交叉验证更好地衡量分类器的真实准确度。代码清单 22-56 将(X, y)拆分为训练集(X_train, y_train)和验证集(X_test, y_test)。我们训练 clf 完美地记忆(X_train, y_train),然后检查模型能否很好地对它以前没有遇到过的数据进行判断。我们通过在验证集上计算模型的准确度来做到这一点。

代码清单 22-56　使用交叉验证来检查模型的准确度

```
np.random.seed(0)
from sklearn.model_selection import train_test_split
X_train, X_test, y_train, y_test = train_test_split(X, y, )
clf = DecisionTreeClassifier()
clf.fit(X_train, y_train)
accuracy = accuracy_score(clf.predict(X_test), y_test)
print(f"The classifier performs with {100 * accuracy:.0f}% accuracy on "
      "the validation set.")

The classifier performs with 90% accuracy on the validation set.
```

该分类器的真实准确度为90%。这个准确度还算不错,但我们肯定能做得更好。我们需要一种通过限制树的过拟合来提高模型性能的方法。这可以通过使用一种叫做随机森林分类的技术一次性训练多棵决策树来实现。

---

scikit-learn 决策树分类器的常用方法

- clf = DecisionTreeClassifier()：初始化一个决策树分类器。
- clf = DecisionTreeClassifier(max_depth=x)：初始化一个最大深度为 x 的决策树分类器。
- clf.feature_importances_：获得经过训练的决策树分类器的特征重要性分数。
- plot_tree(clf)：绘制 clf 的决策树图。
- plot_tree(clf, feature_names=x, class_names=y)：用自定义的特征名称和类标签绘制决策树图。
- export_text(clf)：使用简单的字符串形式表示决策树。
- export_text(clf, feature_names=x)：将决策树图表示为具有自定义特征名称的简单字符串。

22.4 使用随机森林分类提高模型性能

有时，在人类活动中，一部分人的总体观点胜过所有个人的预测。1906 年，一群人聚集在普利茅斯的乡村集市上猜测一头 1 198 磅重的牛的体重，每个人写下自己的最佳猜测，然后计算出这些猜测的中位数。最终的中值估计为 1 207 磅，与实际体重相差不到 1%。这种集体智慧的胜利被称为群众的智慧。

群众的智慧是一种自然现象。它不仅存在于人类身上，也存在于动物身上。蝙蝠、鱼、鸟甚至苍蝇在被同类包围时都能优化自己的行为。这种现象也可以在机器学习中观察到。一群决策树有时会胜过单棵决策树。然而，要做到这一点，每棵决策树的输入必须是不同的。

让我们通过初始化 100 棵决策树来探索群众的智慧(如代码清单 22-57 所示)。大量的树木被称为森林(这并不奇怪)。因此，我们将决策树存储在一个 forest 列表中。

代码清单 22-57 初始化具有 100 棵决策树的森林

```
forest = [DecisionTreeClassifier() for _ in range(100)]
```

我们应该如何训练森林里的决策树？简单地说，可以在癌症训练集(X_train, y_train)上训练每一棵树。然而，最终会得到 100 棵树，它们会存储完全相同的数据。因此，这些决策树会作出相同的预测，多样性的关键元素将从森林中消失。没有多样性，群众的智慧就无法应用。我们该怎么办？

一种解决方案是对训练数据进行随机处理。在第 7 章中，我们研究了一种称为"有放回的自举法"的技术。在这种技术中，N 元素数据集的内容被重复采样。元素被放回采样，这意味着允许重复元素。通过采样，可以生成一个新的 N 元素数据集，其内容与原始数据不同。让我们使用这种技术随机生成一个新训练集(X_train_new,y_train_new)，如代码清单 22-58 所示。

代码清单 22-58 通过随机采样生成一个新训练集

将自举法应用到训练集(X,y)以
生成全新的训练集

```
np.random.seed(1)
def bootstrap(X, y):
```

对(X,y)中数据点的索引进行随机采样。采样是
有放回的，因此某些索引可能会被采样两次

```
num_rows = X.shape[0]
indices = np.random.choice(range(num_rows), size=num_rows,
                           replace=True)
X_new, y_new = X[indices], y[indices]
return X_new, y_new
```

基于采样的索引返回随机的
训练集

```
X_train_new, y_train_new = bootstrap(X_train, y_train)
assert X_train.shape == X_train_new.shape
assert y_train.size == y_train_new.size
assert not np.array_equal(X_train, X_train_new)
assert not np.array_equal(y_train, y_train_new)
```

通过自举法得到的数据集与
原始数据集一样大

通过自举法得到的数据集与
原始数据集不同

现在，让我们运行 bootstrap 函数 100 次以生成 100 个不同的训练集(如代码清单 22-59 所示)。

代码清单22-59　通过随机采样生成 100 个新训练集

```
np.random.seed(1)
features_train, classes_train = [], []
for _ in range(100):
    X_train_new, y_train_new = bootstrap(X_train, y_train)
    features_train.append(X_train_new)
    classes_train.append(y_train_new)
```

在 100 个训练集中，数据可能不同，但所有特征都相同。我们可以通过对 features_train 中的特征进行随机化来增加整体多样性。一般来说，当不同的人关注不同的特征时，群体的智慧最有效。

更具体地说，在监督机器学习中，特征多样性可以限制过度拟合。例如，考虑癌症数据集。正如我们所见，worst radius 是一个非常有影响力的特征。因此，包含该特征的所有训练模型都将依赖 worst radius 作为判断依据。但在某些极少数情况下，即使半径很小，肿瘤也可能是恶性的。如果它们都依赖相同的特征，那么从众的模型就会错误地标记该肿瘤细胞。然而，假设我们训练一些模型而不在其特征集中包含 worst radius，这些模型将被迫寻找其他发现恶性肿瘤细胞的模式，并且对变化的现实世界观察更有弹性。有时，某些模型的表现可能都不尽如人意，因为其特征集是有限的。总的来说，多个决策树的模型应该比单个决策树都表现得更好。

我们的目标是在 features_train 中通过随机特征样本训练森林中的决策树。目前，每个特征矩阵包含 30 个癌症相关的测量值。我们需要将每个随机样本中的特征数量从 30 个降低到更小的数字。什么是合适的样本数量？事实证明，总特征数的平方根通常是一个很好的选择。对 30 开平方大约等于 5，因此将样本的特征个数设为 5。

让我们迭代 features_train 并将每个特征矩阵保留随机选择的 5 个列(如代码清单 22-60 所示)。我们还跟踪随机选择的特征的索引，以便在验证期间使用。

代码清单 22-60　随机抽取训练特征

我们为每棵决策树随机在 30 个特征列中选择 5 个。采样是在没有放回的情况下进行的,因为重复的特征在训练过程中不会产生新信号

样本特征大小大约等于总特征个数的平方根

```
np.random.seed(1)
sample_size = int(X.shape[1] ** 0.5)
assert sample_size == 5
feature_indices = [np.random.choice(range(30), 5, replace=False)
                   for _ in range(100)]
```

给定总共 30 个特征,我们预计样本大小等于 5

```
for i, index_subset in enumerate(feature_indices):
    features_train[i] = features_train[i][:, index_subset]

for index in [0, 99]:
    index_subset = feature_indices[index]
    names = feature_names[index_subset]
    print(f"\nRandom features utilized by Tree {index}:")
    print(names)
```

在第一个和最后一个特征子集中打印随机采样的特征名称

```
Random features utilized by Tree 0:
['concave points error' 'worst texture' 'radius error'
 'fractal dimension error' 'smoothness error']
```

5 个随机采样的特征不包括 worst radius

```
Random features utilized by Tree 99:
['mean smoothness' 'worst radius' 'fractal dimension error'
 'worst concave points' 'mean concavity']
```

5 个随机采样的特征包括具有影响力的 worst radius

我们已按行(数据点)和列(特征)随机生成了 100 个特征矩阵。每棵决策树的训练数据都非常多样化。让我们在训练集(features_train[i],classes_train[i])上训练森林中的每一棵决策树(如代码清单 22-61 所示)。

代码清单 22-61　在森林中训练决策树

```
for i, clf_tree in enumerate(forest):
    clf_tree.fit(features_train[i], classes_train[i])
```

我们训练了森林中的每一棵决策树。现在对经过训练的决策树进行投票(如代码清单 22-62 所示)。X_test[0]处数据点对应的类标签是什么? 可以用群众的智慧来检验。这里,遍历森林中每一个经过训练的 clf_tree。对于每一次迭代,我们执行以下操作。

(1) 利用决策树来预测 X_test[0]处的类标签。注意森林中的每一棵树都由特征的随机子集决定。选择的特征索引存储在 feature_indices[i]中。因此,需要在进行预测之前通过所选索引过滤 X_test[0]。

(2) 将预测结果记录为索引 i 对应的决策树的投票。

一旦所有决策树都完成投票,我们会统计这些选票并选择得票最多的类标签。

注意

这个过程与在第 20 章中使用的 KNN 投票非常相似。

代码清单 22-62　使用决策树投票对数据点进行分类

```
from collections import Counter
feature_vector = X_test[0]
votes = []
for i, clf_tree in enumerate(forest):
    index_subset = feature_indices[i]
    vector_subset = feature_vector[index_subset]
    prediction = clf_tree.predict([vector_subset])[0]
    votes.append(prediction)

class_to_votes = Counter(votes)
for class_label, votes in class_to_votes.items():
    print(f"We counted {votes} votes for class {class_label}.")

top_class = max(class_to_votes.items(), key=lambda x: x[1])[0]
print(f"\nClass {top_class} has received the plurality of the votes.")

We counted 93 votes for class 0.
We counted 7 votes for class 1.

Class 0 has received the plurality of the votes.
```

对 100 棵训练后的决策树进行迭代

调整 feature_vector 中的列，从而对应每棵决策树相关的 5 个随机特征

每棵决策树通过返回预测的类标签来投票

统计所有选票

93%的决策树投票给类 0。让我们检查这个投票结果是否正确(如代码清单 22-63 所示)。

代码清单 22-63　检查预测标签的真实类别

```
true_label = y_test[0]
print(f"The true class of the data-point is {true_label}.")

The true class of the data-point is 0.
```

森林已成功识别 X_test[0]处的数据点。现在，使用投票来识别 X_test 验证集中的所有数据点并利用 y_test 来衡量预测准确度(如代码清单 22-64 所示)。

代码清单 22-64　测量森林模型的准确度

```
predictions = []
for i, clf_tree in enumerate(forest):
    index_subset = feature_indices[i]
    prediction = clf_tree.predict(X_test[:,index_subset])
    predictions.append(prediction)

predictions = np.array(predictions)
y_pred = [Counter(predictions[:,i]).most_common()[0][0]
          for i in range(y_test.size)]
accuracy = accuracy_score(y_pred, y_test)
print("The forest has predicted the validation outputs with "
      f"{100 * accuracy:.0f}% accuracy")

The forest has predicted the validation outputs with 96% accuracy
```

我们随机生成的森林的准确度为96%。它优于我们训练的单一决策树,单一决策树的准确度徘徊在90%左右。通过利用群众的智慧,我们设法提高了模型的性能。在这个过程中,还训练了一个随机森林分类器:一组树,其训练输入是随机的,从而最大限度地提高多样性。随机森林分类器的训练方式如下。

(1) 初始化 N 棵决策树。树的数量是通过一个超参数来决定的。一般来说,更多的树会带来更高的准确度,但使用太多的树会增加分类器的运行时间。

(2) 通过放回采样生成 N 个随机训练集。

(3) 为 N 个训练集的每一个随机选择 N**0.5 个特征列。

(4) 在 N 个随机训练集上训练所有决策树。

训练后,森林中的每棵决策树都对如何标记输入数据进行投票。通过统计这些票数,分类器将得票数最多的分类作为结果进行输出。

随机森林分类器用途广泛,不易产生过拟合。当然,scikit-learn 提供随机森林的实现方法。

22.5 使用 scikit-learn 训练随机森林分类器

在 scikit-learn 中,随机森林分类由 RandomForestClassifier 类执行。让我们从 sklearn.ensemble 导入该类并对它进行初始化,然后使用(X_train,y_train)对其进行训练(如代码清单 22-65 所示)。最后,使用验证集(X_test,y_test)检查分类器的性能。

代码清单 22-65 训练随机森林分类器

```
np.random.seed(1)
from sklearn.ensemble import RandomForestClassifier
clf_forest = RandomForestClassifier()
clf_forest.fit(X_train, y_train)
y_pred = clf_forest.predict(X_test)
accuracy = accuracy_score(y_pred, y_test)
print("The forest has predicted the validation outputs with "
      f"{100 * accuracy:.0f}% accuracy")

The forest has predicted the validation outputs with 97% accuracy
```

由于随机波动以及 scikit-learn 提供的额外优化,这个结果略高于之前的96%的结果

默认情况下,scikit-learn 的随机森林分类器使用 100 棵决策树。但是,可以使用 n_estimators 参数指定更低或更高的决策树数量。如代码清单 22-66 所示,通过运行 RandomForestClassifier (n_estimators=10)将树的数量减少到 10,然后重新计算准确度。

代码清单 22-66 训练具有 10 棵决策树的随机森林分类器

```
np.random.seed(1)
clf_forest = RandomForestClassifier(n_estimators=10)
clf_forest.fit(X_train, y_train)
y_pred = clf_forest.predict(X_test)
accuracy = accuracy_score(y_pred, y_test)
print("The 10-tree forest has predicted the validation outputs with "
      f"{100 * accuracy:.0f}% accuracy")
```

```
The 10-tree forest has predicted the validation outputs with 97% accuracy
```

即使决策树数量较少，总准确度仍然非常高。有时，10 棵决策树足以训练一个非常准确的分类器。

clf_forest 的 10 棵决策树中的每棵树都被分配一个包含 5 个特征的随机子集。子集中的每个特征都包含自己的特征重要性分数。scikit-learn 可以在所有树上平均化所有这些分数，并且可以通过调用 clf_forest.feature_importances_ 访问聚合平均值。让我们利用 feature_importances_ 属性来打印森林中的前 3 个特征(如代码清单 22-67 所示)。

代码清单 22-67　对随机森林特征进行排序

```
for i in np.argsort(clf_forest.feature_importances_)[::-1][:3]:
    feature = feature_names[i]
    importance = clf_forest.feature_importances_[i]
    print(f"'{feature}' has an importance score of {importance:0.2f}")

'worst perimeter' has an importance score of 0.20
'worst radius' has an importance score of 0.16
'worst area' has an importance score of 0.16
```

worst-radius 特征继续排名靠前，但它的排名现在与 worst area 和 worst perimeter 相当。与决策树不同，随机森林不会过度依赖任何单个输入的特征。这使随机森林在处理新数据中的波动信号方面具有更大的灵活性。分类器的通用性使其成为在中等规模数据集上训练时的常用选择。

注意

随机森林分类器在具有数百或数千个数据点的多特征数据集上运行良好。但是，一旦数据集大小达到数百万，该算法就无法再扩展。在处理超大数据集时，需要更强大的深度学习技术。本书中的所有问题都不属于该要求的范围。

scikit-learn 随机森林分类器的常用方法

- clf = RandomForestClassifier()：初始化一个随机森林分类器。
- clf = RandomForestClassifier(n_estimators=x)：初始化一个随机森林分类器，其中决策树的数量设置为 x。
- clf.feature_importances_：访问经过训练的随机森林分类器的特征重要性分数。

22.6　本章小结

- 某些分类问题可以使用嵌套的 if/else 语句处理，但不能使用 KNN 或逻辑回归分类器。
- 可以通过最大化每个特征状态和每个类标签之间的共现计数的准确度来训练单特征 if/else 模型。
- 可以通过对其中一个特征进行二元拆分来训练一个包含两个特征的嵌套 if/else 模型。对特征进行拆分会返回两个不同的训练集。每个训练集都与一个独特的拆分特征状态相关联。

训练集可用于计算两个单一特征模型，然后可以将模型组合成嵌套的 if/else 语句。嵌套模型的准确度等于较简单模型准确度的加权平均值。

- 二元拆分的特征选择会影响模型的质量。通常，如果拆分产生不平衡的训练数据，则会带来更好的结果。可以使用其类标签分布来捕获训练集的不平衡性。更不平衡的训练集具有更高的分布向量幅度。因此，不平衡的数据集会产生更高的 v @ v 值，其中 v 是分布向量。此外，值 1 - v @ v 被称为基尼不纯度。最小化基尼不纯度可以带来更好的结果，因此应该总是拆分产生最小基尼不纯度的特征。

- 可以扩展双特征模型训练来处理 N 个特征。通过对含有最小基尼不纯度的特征进行拆分可以训练出 N 特征模型。然后训练两个更简单的模型，每个模型处理 N - 1 个特征。之后将两个简单模型组合成一个更复杂的嵌套模型，其准确度等于简单模型准确度的加权平均值。

- 训练过的条件模型中的 if/else 语句分支类似树的分支。通过将输出可视化为决策树图，可以使它们的相似之处更明显。决策树是一种特殊的网络结构，用于表示 if/else 决策。任何嵌套的 if/else 语句都可以可视化为决策树，因此训练过的 if/else 条件分类器被称为决策树分类器。

- 决策树深度等于捕获树中的逻辑所需的嵌套 if/else 语句的数量。限制深度可以产生更易于解释的图表。

- 一个特征在树中的深度是其相对重要性的指示器。深度是由基尼不纯度决定的，因此基尼不纯度可以用来计算重要性分数。

- 过度记忆限制了训练模型的有效性。在监督机器学习中，这种现象被称为过拟合。过拟合的模型与训练数据的对应关系过于紧密，因此可能无法准确预测新的观察结果。决策树分类器特别容易过拟合，因为它们可以记住所有训练数据。

- 可以通过并行训练多个决策树来限制过拟合。这组决策树被称为森林。森林的集体智慧可以胜过单一决策树，但这需要我们为森林引入多样性。可以通过生成具有随机选择特征的随机训练集来增加多样性。然后森林中的每一棵决策树都在一个发散的训练集上进行训练。训练后，森林中的每棵决策树都对如何标记输入数据进行投票。这种基于投票的集成模型称为随机森林分类器。

案例研究 5 的解决方案

FriendHook 是一款为大学校园设计的流行社交网络应用。学生可以在 FriendHook 网络中以朋友的身份进行联系。推荐引擎每周都会根据用户现有的联系向用户发送推荐新朋友的电子邮件。学生可以忽略这些推荐，也可以发送好友请求。我们已经获得了与朋友推荐和学生反应有关的一周数据。该数据存储在 friendhook/Observations.csv 文件中。我们还有两个额外的文件(friendhook/Profiles.csv 和 friendhook/Friendships.csv)，它们分别包含用户个人资料信息和当前交友图。用户个人资料已被加密以保护学生隐私。我们的目标是构建一个模型，根据好友推荐预测用户行为。我们将按照以下步骤进行操作。

(1) 加载包含观察结果、用户个人资料和交友联系的 3 个数据集。

(2) 训练和评估基于网络特征和个人资料文件特征预测行为的监督模型。可以选择将此任务拆分为两个子任务：使用网络特征训练模型，然后添加个人资料文件特征并评估模型性能的变化。

(3) 对模型进行检查，以确保该模型可以很好地推广到其他大学。

(4) 探索模型的内部运作方法，从而更好地了解学生的行为。

警告

案例研究 5 的解决方案即将揭晓。我强烈建议你在阅读解决方案之前尝试解决问题。原始问题的陈述可以参考案例研究的开始部分。

23.1 探索数据

现在分别探索 Profiles、Observations 和 Friendships 表。如果需要，我们将清理和调整这些表中的数据。

23.1.1 检查 Profiles 表

首先将 Profiles 表加载到 Pandas 中并汇总表的内容(如代码清单 23-1 所示)。

代码清单 23-1 载入 Profiles 表

```
import pandas as pd                          我们将在数据集中的其他两个
                                             表上重用这个汇总函数
def summarize_table(df):
    n_rows, n_columns = df.shape
    summary = df.describe()
    print(f"The table contains {n_rows} rows and {n_columns} columns.")
    print("Table Summary:\n")
    print(summary.to_string())

df_profile = pd.read_csv('friendhook/Profiles.csv')
summarize_table(df_profile)

The table contains 4039 rows and 6 columns.
Table Summary:
```

	Profile_ID	Sex	Relationship_Status	Dorm	Major	Year
count	4039	4039	3631	4039	4039	4039
unique	4039	2	3	15	30	4
top	b90a1222d2b2	e807eb960650	ac0b88e46e20	a8e6e404d1b3	141d4cdd5aaf	c1a648750a4b
freq	1	2020	1963	2739	1366	1796

该表包含两个不同性别的 4 039 个不同的个人资料文件。4 039 个个人资料文件中的 2 020 个提到了最常见的性别分类，因此可以推断这些个人资料文件代表了男性和女性之间的平等分布。此外，这些资料还记录了分布在 30 个专业和 15 个宿舍的学生群体分布。令人怀疑的是，最常被提及的宿舍有超过 2 700 名学生。这个数字看起来很大，但通过搜索引擎进行查询发现，在大型校园中，这种情况很常见。例如，威斯康星大学密尔沃基分校的 17 层桑德堡宿舍楼可容纳 2 700 名学生。这些数字也可能代表校外住宿类别的学生。计数可以用多种假设来解释，但展望未来，我们应该考虑观察到的数字背后的各种驱动因素。我们不应盲目地计算数字，而应该记住，数据来自现实世界的行为和大学生的物理条件限制。

在表摘要的感情状态列中有一个异常。Pandas 在总共 4 039 行的 3 631 行中检测到 3 个感情状态类别。剩下的约 400 行为空，它们不包含任何分配的感情状态。让我们计算空行的数目(如代码清单 23-2 所示)。

代码清单 23-2 计算感情状态为空的记录数

```
is_null = df_profile.Relationship_Status.isnull()
num_null = df_profile[is_null].shape[0]
print(f"{num_null} profiles are missing the Relationship Status field.")
```

```
408 profiles are missing the Relationship Status field.
```

408 个学生在 Relationship_Status 字段设置了空值。这是有道理的：如问题陈述中所述，
Relationship_Status 字段是可选的。我们看到，似乎有 1/10 的学生拒绝指定该字段值。但是在进行
数据探索时需要处理这些空值。我们需要删除这些记录或用其他值替换空值。删除这些带有空值的
行不是一个好的选择，这会让我们丢失其他字段所包含的潜在有价值信息。可以将空值视为未指定
的，作为第 4 种感情状态类别。为此，我们应该为这些行分配一个类别 ID。应该选择什么 ID 值？
在回答这个问题之前，让我们检查感情状态列中的所有唯一 ID 值(如代码清单 23-3 所示)。

代码清单 23-3　检查感情状态列字段中的唯一值

```
unique_ids = set(df_profile.Relationship_Status.values)
print(unique_ids)
```

```
{'9cea719429e9', nan, '188f9a32c360', 'ac0b88e46e20'}
```

正如预期的那样，感情状态值由 3 个哈希值和 1 个空的 nan 组成。哈希值是 3 种感情状态类别
加密后的结果：Single、In a Relationship 以及 It's Complicated。当然，我们无法知道这些哈希值具
体与哪个感情状态值对应。我们所能确定的是两个学生的个人资料文件的感情状态值是否属于同一
状态类别。我们的目标是最终在经过训练的机器学习模型中使用这些信息。但是，scikit-learn 库无
法处理哈希码或空值：它只能处理数字，因此我们需要将类别转换为数字值。最简单的解决方案是
为每个类别分配一个 0~4 之间的数字。让我们执行这种分配。首先在每个类别和数字之间生成字典
映射(如代码清单 23-4 所示)。

代码清单 23-4　将感情状态值映射到数字

```
import numpy as np
category_map = {'9cea719429e9': 0, np.nan: 1, '188f9a32c360': 2,
                'ac0b88e46e20': 3}
```

```
{'9cea719429e9': 0, nan: 1, '188f9a32c360': 2, 'ac0b88e46e20': 3}
```

> 通常，我们会通过执行 category_map = {id_: i for i, id_ in enumerate(unique_ids)} 自动生
> 成此映射，但数字分配的顺序可能会因 Python 版本而异。因此，我们手动设置映射以
> 确保输出结果一致

接下来，将感情状态列的内容替换为适当的数值(如代码清单 23-5 所示)。

代码清单 23-5　更新感情状态列

```
nums = [category_map[hash_code]
        for hash_code in df_profile.Relationship_Status.values]
df_profile['Relationship_Status'] = nums
print(df_profile.Relationship_Status)
```

```
0    0
1    3
2    3
3    3
```

```
4     0
      ..
4034  3
4035  0
4036  3
4037  3
4038  0
Name: Relationship_Status, Length: 4039, dtype: int64
```

我们已将感情状态转换为数字变量，但表中剩余的5列仍包含哈希值。我们也应该用数字替换这些哈希值吗? 是的，原因如下。

- 如前所述，scikit-learn无法处理字符串或哈希值。它仅将数值作为输入。
- 对于人类来说，阅读哈希值比阅读数字更费力。因此，用较短的数字将使我们更容易探索数据。

考虑到这一点，让我们在每列中的哈希值和数字之间创建一个类别映射。我们使用col_to_mapping字典跟踪每列中的类别映射关系。我们还使用映射将df_profile中的所有哈希值替换为数字(如代码清单23-6所示)。

代码清单23-6 用数值替换所有个人资料文件中的哈希值

```
col_to_mapping = {'Relationship_Status': category_map}

for column in df_profile.columns:
    if column in col_to_mapping:
        continue

    unique_ids = sorted(set(df_profile[column].values))  ◄─────
    category_map = {id_: i for i, id_ in enumerate(unique_ids)}
    col_to_mapping[column] = category_map
    nums = [category_map[hash_code]
            for hash_code in df_profile[column].values]
    df_profile[column] = nums

head = df_profile.head()
print(head.to_string(index=False))
```

对ID进行排序有助于确保所有读者可以获得一致的输出结果，而与他们的Python版本无关。注意，如果哈希值中不存在nan值，我们只能对哈希值ID进行排序，否则排序会出错

```
Profile_ID Sex Relationship_Status  Dorm   Major   Year
2899        0        0                5      13      2
1125        0        3               12       6      1
3799        0        3               12      29      2
3338        0        3                4      25      0
2007        1        0               12       2      0
```

我们已经完成了df_profile的调整，现在把注意力转向Observations表。

23.1.2 探索Observations表

首先将Observations表加载到Pandas中并统计表中的内容(如代码清单23-7所示)。

代码清单 23-7　载入 Observations 表

```
df_obs = pd.read_csv('friendhook/Observations.csv')
summarize_table(df_obs)

The table contains 4039 rows and 5 columns.
Table Summary:
```

	Profile_ID	Selected_ Friend	Selected_Friend_ of_Friend	Friend_Request_ Sent	Friend_Request_ Accepted
count	4039	4039	4039	4039	4039
unique	4039	2219	2327	2	2
top	b90a1222d2b2	89581f99fale	6caa597f13cc	True	True
freq	1	77	27	2519	2460

Observations 表中的 4 039 行没有空值。这很好,但表的列名很难阅读。这些名称非常具有描述性,但也很长。我们应该考虑缩短这些列的名称,从而减轻阅读负担。让我们简要讨论各个列并考虑进行重命名是否合适。

- Profile_ID:收到好友推荐的用户的 ID。这个名字简短而直接。它也对应 df_profile 中的 Profile_ID 列。我们应该保持这个名称不变。
- Selected_Friend:Profile_ID 列中用户的现有好友。可以将此列名简化为 Friend。
- Selected_Friend_of_Friend:Selected_Friend 的一个随机选择的朋友,但他还不是 Profile_ID 的朋友。在我们的分析中,这个随机的"朋友的朋友"将作为推荐好友通过邮件发送给用户。可以将该列重命名为 Recommended_Friend 或 FoF。让我们称这列为 FoF,因为这个首字母缩写很容易记住,也很简短。
- Friend_Request_Sent:如果用户向推荐的好友发送交友请求,此布尔列为 True,否则为 False。让我们将此列名缩短为 Sent。
- Friend_Request_Accepted:当用户发送好友请求,并且该请求被接受时,此布尔列为 True。我们可以将此列名缩短为 Accepted。

基于上述讨论,我们需要重命名 5 个列中的 4 个。让我们重命名这些列并重新生成表的摘要(如代码清单 23-8 所示)。

代码清单 23-8　对表中的列进行重命名

```
new_names = {'Selected_Friend': 'Friend',
             'Selected_Friend_of_Friend': 'FoF',
             'Friend_Request_Sent': 'Sent',
             'Friend_Request_Accepted': 'Accepted'}
df_obs = df_obs.rename(columns=new_names)
summarize_table(df_obs)

The table contains 4039 rows and 5 columns.
Table Summary:
```

	Profile_ID	Friend	FoF	Sent	Accepted
count	4039	4039	4039	4039	4039
unique	4039	2219	2327	2	2
top	b90a1222d2b2	89581f99fale	6caa597f13cc	True	True
freq	1	77	27	2519	2460

在更新后的表中，统计信息更清晰。在总共 4 039 行记录中，观察到包含 2 219 个唯一的 Friend 值和 2 327 个唯一的 FoF 值。这意味着，平均而言，每个 Friend 和 FoF 大约被使用两次。没有任何单个个人资料 ID 在数据中占主导地位，这令人放心。这将使我们能够更轻松地设计一个稳健的预测模型，而不是由单个个人资料信号驱动的模型，并且不易受到过度训练的影响。

进一步检查显示，大约 62%(2 519 条记录)的好友建议会触发发送好友请求。通常，"朋友的朋友"的建议非常有效。此外，大约 60%(2 460 条记录)的好友请求被接受。发送的好友请求仅在 2%(2519–2460=50)的情况下被忽略或拒绝。当然，我们的数字假设没有观察到 Sent 为 False 而 Accepted 为 True。这种情况是不可能的，因为如果尚未发送好友请求，则无法接受该请求。尽管如此，作为健全性检查，让我们通过确认该场景不会发生来测试数据的完整性(如代码清单 23-9 所示)。

代码清单 23-9　确保所有接受的请求的 Sent 列值为 True

```
condition = (df_obs.Sent == False) & (df_obs.Accepted == True)
assert not df_obs[condition].shape[0]
```

根据我们的观察，用户行为遵循 3 种可能的情况。

- 用户拒绝或忽略 FoF 列中列出的朋友推荐。这种情况发生率为 38%。
- 用户根据推荐发送好友请求，好友请求被接受。这种情况发生率为 62%。
- 用户根据推荐发送好友请求，好友请求被拒绝或忽略。这种情况很少见，仅占 1.2%。

这 3 个场景中的每一个都代表了用户的 3 种行为。因此，可以通过为行为模式 a、b 和 c 分配数字 0、1 和 2 来对这些行为进行编码。这里执行类别分配并将它们存储在 Behavior 列中(如代码清单 23-10 所示)。

代码清单 23-10　为用户观察分配行为类别

```
behaviors = []
for sent, accepted in df_obs[['Sent', 'Accepted']].values:
    behavior = 2 if (sent and not accepted) else int(sent) * int(accepted)
    behaviors.append(behavior)
df_obs['Behavior'] = behaviors
```

Python 将布尔值 True 和 False 分别视为整数值 1 和 0。因此，这个算术运算根据我们的行为定义返回 0、1 或 2

此外，必须将前三列中的个人资料 ID 从哈希值转换为与 df_profile.Profile_ID 一致的数字 ID。为此，代码清单 23-11 利用存储在 col_to_mapping['Profile_ID']中的映射完成这种转换。

代码清单 23-11　用数字值替换所有的观察哈希值

```
for col in ['Profile_ID', 'Friend', 'FoF']:
```

```
        nums = [col_to_mapping['Profile_ID'][hash_code]
                for hash_code in df_obs[col]]
        df_obs[col] = nums

head = df_obs.head()
print(head.to_string(index=False))
```

```
 Profile_ID    Friend      FoF      Sent    Accepted      Behavior
       2485      2899     2847     False       False             0
       2690      2899     3528     False       False             0
       3904      2899     3528     False       False             0
        709      2899     3403     False       False             0
        502      2899      345      True        True             1
```

df_obs 现在与 **df_profile** 一致。目前只有一个数据表没有被分析。让我们来探索 Friendships 表中的交友联系。

23.1.3　探索 Friendships 表

首先将 Friendships 表加载到 Pandas 中并汇总该表的内容(如代码清单 23-12 所示)。

代码清单 23-12　载入 Friendships 表

```
df_friends = pd.read_csv('friendhook/Friendships.csv')
summarize_table(df_friends)

The table contains 88234 rows and 2 columns.
Table Summary:
```

	Friend_A	Friend_B
count	88234	88234
unique	3646	4037
top	89581f99fa1e	97ba93d9b169
freq	1043	251

在这个社交网络上有超过 88 000 个友谊链接。这个社交网络非常密集，平均每个 FriendHook 用户大约有 22 个好友。该网络中的一个社交达人(89581f99fa1e)有超过 1 000 个朋友。但是，由于网络中的两列不是对称的，因此无法测量准确的好友数。事实上，我们甚至无法验证表中是否恰当地表示了所有 4 039 个用户的信息。

为进行更详细的分析，应该将交友数据加载到 NetworkX 图中。代码清单 23-13 计算了社交图。我们用从列中的哈希值映射的数值来表示节点 ID。计算完图后，我们计算 G.nodes 中的节点数。

代码清单 23-13　将社交图加载到 NetworkX

```
import networkx as nx
G = nx.Graph()
for id1, id2 in df_friends.values:
    node1 = col_to_mapping['Profile_ID'][id1]
```

```
        node2 = col_to_mapping['Profile_ID'][id2]
        G.add_edge(node1, node2)

nodes = list(G.nodes)
num_nodes = len(nodes)
print(f"The social graph contains {num_nodes} nodes.")

The social graph contains 4039 nodes.
```

让我们尝试通过使用 nx.draw(如图 23-1 所示)对其进行可视化，从而获得对图结构的更多了解(如代码清单 23-14 所示)。注意，这个图相当大，因此可视化可能需要 10~30 秒的运行时间才能完成。

代码清单 23-14　对社交图进行可视化

```
import matplotlib.pyplot as plt
np.random.seed(0)
nx.draw(G, node_size=5)
plt.show()
```

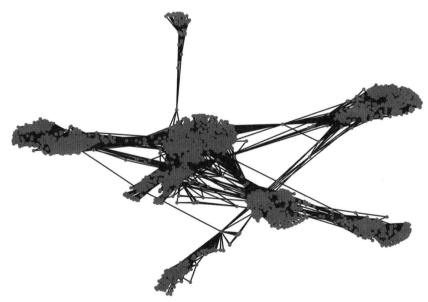

图 23-1　大学的社交图。紧密的社交聚类清晰可见，这些聚类可以使用马尔可夫聚类进行提取

紧密聚集的社交关系在网络中清晰可见。让我们使用马尔可夫聚类提取这些组，然后计算聚类的数量(如代码清单 23-15 所示)。

代码清单 23-15　使用马尔可夫聚类寻找社交团体

```
import markov_clustering as mc
matrix = nx.toSciPysparse_matrix(G)
result = mc.run_mcl(matrix)
clusters = mc.get_clusters(result)
num_clusters = len(clusters)
```

```
print(f"{num_clusters} clusters were found in the social graph.")
```

```
10 clusters were found in the social graph.
```

在社交图中发现了 10 个聚类。让我们通过基于聚类 ID 为每个节点进行着色，从而让这些聚类
更明显。首先，需要遍历 clusters 并为每个节点分配一个 cluster_id 属性(如代码清单 23-16 所示)。

代码清单 23-16　为节点分配聚类属性

```
for cluster_id, node_indices in enumerate(clusters):
    for i in node_indices:
        node = nodes[i]
        G.nodes[node]['cluster_id'] = cluster_id
```

接下来，我们根据节点的聚类属性对其进行着色，如图 23-2 和代码清单 23-17 所示。

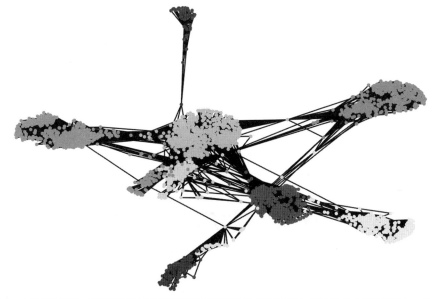

图 23-2　大学的社交图，已经使用马尔可夫聚类确定了紧密的社交团体聚类。图中的节点根据其聚类 ID 进行着色

代码清单 23-17　通过聚类 ID 对节点进行着色

```
np.random.seed(0)
colors = [G.nodes[n]['cluster_id'] for n in G.nodes]
nx.draw(G, node_size=5, node_color=colors, cmap=plt.cm.tab20)
plt.show()
```

根据聚类颜色，可以清楚地区分紧密的社交团体。我们的聚类是有效的，因此分配的 cluster_id
属性在模型构建过程中应该会有所帮助。类似地，将学生个人资料文件中的所有 5 个特征作为属性
存储在学生节点中可能很有帮助。让我们遍历 df_profile 中的行并将每个列值存储在其对应的节点
中(如代码清单 23-18 所示)。

代码清单 23-18 为节点分配个人资料属性

```
attribute_names = df_profile.columns
for attributes in df_profile.values:
    profile_id = attributes[0]
    for name, att in zip(attribute_names[1:], attributes[1:]):
        G.nodes[profile_id][name] = att

first_node = nodes[0]
print(f"Attributes of node {first_node}:")
print(G.nodes[first_node])

Attributes of node 2899:
{'cluster_id': 0, 'Sex': 0, 'Relationship_Status': 0, 'Dorm': 5,
 'Major': 13, 'Year': 2}
```

我们已经完成了对输入数据的探索，现在将训练一个预测用户行为的模型。我们将从构建一个仅利用网络特征的简单模型开始。

23.2 使用网络特征训练预测模型

我们的目标是在数据集上训练一个有监督的机器学习模型来预测用户行为。目前，所有可能的行为类都存储在 df_obs 的 Behavior 列中。3 个行为类标签为 0、1 和 2。需要注意的是，类 2 标签在 4 039 个采样实例中仅出现 50 次：类 2 相对于其他类标签非常不平衡。有必要从训练数据中删除这 50 个样本。目前，先保留这些数据以查看会发生什么。稍后，如有必要，我们将删除它们。现在，将训练类标签数组分配给 df_obs.Behavior 列(如代码清单 23-19 所示)。

代码清单 23-19 分配类标签数组 y

```
y = df_obs.Behavior.values
print(y)

[0 0 0 ... 1 1 1]
```

现在有了类标签，我们需要创建一个特征矩阵 X。我们的目标是用社交图结构产生的特征填充这个矩阵。稍后，我们将利用学生个人资料来添加其他特征，因此不需要一次性组装所有特征矩阵。我们将逐步建立矩阵，批量添加新特征，从而更好地了解这些特征对模型性能的影响。考虑到这一点，让我们创建 X 的初始版本并用一些非常基本的特征填充它。对于 FriendHook 用户，可以提出的最简单的问题是：该用户有多少朋友？这个值等于与社交图中用户节点关联的边数。换句话说，用户 n 的好友数等于 G.degree(n)。让我们将此计数作为矩阵中的第一个特征。我们将遍历 df_obs 中的所有行并为每行中对应的每个学生个人资料分配一个边数。注意，每一行都包含 3 个个人资料文件相关的字段：Profile_ID、Friend 和 FoF。我们将计算每个学生的好友数并创建特征 Profile_ID_Edge_Count、Friend_Edge_Count 和 FoF_Edge_Count。

注意

设计一个好的、一致的特征名称并不总是那么容易。我们可以选择 FoF_Friend_Count 作为名称，而不是选择 FoF_Edge_Count。然而，保持命名一致性将迫使我们也包含一个 Friend_Friend_Count
特征，从而导致一个非常尴尬的特征名称。或者，可以将 3 个特征命名为 Profile_Degree、
Friend_Degree 和 FoF_Degree。这些名称更加简短而信息明确，但需要注意的是，学生个人资料特
征之一与大学专业有关。在大学的背景下，学位和专业的定义几乎相同，因此基于学位的命名约定
可能会产生混淆。这就是我们坚持使用 Edge_Count 后缀的原因。

让我们生成一个包含 3*4039 边数特征的矩阵。我们需要一种方法来跟踪这些特征以及相关的
特征名称。我们还需要一种通过附加输入轻松更新特征及其名称的方法。一个直接的解决方案是将
特征存储在 Pandas 表 df_features 中。该表将允许我们通过 df_features.values 访问特征矩阵。让我们
通过计算 df_features 来创建特征矩阵的初始版本(如代码清单 23-20 所示)。

代码清单 23-20　根据边的数量创建特征矩阵

```
cols = ['Profile_ID', 'Friend', 'FoF']
features = {f'{col}_Edge_Count': [] for col in cols}
for node_ids in df_obs[cols].values:
    for node, feature_name in zip(node_ids, features.keys()):
        degree = G.degree(node)
        features[feature_name].append(degree)

df_features = pd.DataFrame(features)
X = df_features.values
```

注意，节点的度等于该节点的边
数。因此，G.degree(n)返回与用户
n 关联的好友数

我们有了一个初始训练集。现在通过训练和测试一个简单的模型来检查该集合中信号的质量。
我们有多种模型可供选择。一个明智的选择是决策树分类器。决策树可以处理非线性决策边界，并
且易于解释。但决策树不利的一面是，它们容易出现过度训练，因此需要进行交叉验证来衡量模型
性能。代码清单 23-21 在(X,y)的子集上训练决策树并通过剩余数据来评估结果。在评估过程中，我
们应该记住，类 2 标签是高度不平衡的。因此，f-measure 指标将提供比简单的准确度更合理的性
能评估。

注意
在本章的其余部分，我们反复训练并测试分类器模型。代码清单 23-21 为此定义了一个 evaluate
函数，它将训练集(X,y)和预设为 DecisionTreeClassifier 的模型类型作为输入。然后，该函数将 X、y
拆分为训练集和测试集并训练分类器，同时使用测试集计算 f-measure。最后，它返回 f-measure 和
训练后的分类器以进行评估。

代码清单 23-21　训练并评估一个决策树分类器

```
from sklearn.tree import DecisionTreeClassifier
from sklearn.model_selection import train_test_split
from sklearn.metrics import f1_score
def evaluate(X, y, model_type=DecisionTreeClassifier, **kwargs):
    np.random.seed(0)
    X_train, X_test, y_train, y_test = train_test_split(X, y)
```

这个随机种子值确保
(X, y)在运行期间进
行一致的拆分

将(X, y)拆分为训练
集和测试集

我们将在本章的剩余部分重复使用这个函数。它根据(X, y)中数据的子样本训练分类器。分类器
类型是使用 model_type 参数指定的：这里该参数预设为决策树分类器。可以使用**kwargs 指定
其他分类器超参数。训练后，使用保留的数据子集来评估分类器的性能

```
        clf = model_type(**kwargs)
        clf.fit(X_train, y_train)
        pred = clf.predict(X_test)
        f_measure = f1_score(pred, y_test, average='macro')
        return f_measure, clf

f_measure, clf = evaluate(X, y)
print(f"The f-measure is {f_measure:0.2f}")

The f-measure is 0.37
```

训练模型 ◄

计算 f-measure。average='macro'
参数是必需的，因为在训练数据
中有 3 个类标签

得到的 f-measure 结果很差。显然，边数本身不足以预测用户的行为。也许需要一种更复杂的节点中心性度量方法。前面已介绍了 PageRank 中心性指标如何比边计数提供更多信息。将 PageRank 值添加到训练集中会提高模型性能吗？让我们通过代码清单 23-22 找出答案。

代码清单 23-22　添加 PageRank 特征

```
node_to_pagerank = nx.pagerank(G)
features = {f'{col}_PageRank': [] for col in cols}
for node_ids in df_obs[cols].values:
    for node, feature_name in zip(node_ids, features.keys()):
        pagerank = node_to_pagerank[node]
        features[feature_name].append(pagerank)

def update_features(new_features):
    for feature_name, values in new_features.items():
        df_features[feature_name] = values
    return df_features.values

X = update_features(features)
f_measure, clf = evaluate(X, y)

print(f"The f-measure is {f_measure:0.2f}")

The f-measure is 0.38
```

这个函数被反复使用。它使用
new_features 字典中的新特征
更新 Pandas 表 df_features

返回更新后的
特征矩阵

f-measure 基本保持不变。基本的中心性度量是不够的。我们需要扩展 X，从而包括马尔可夫聚类所揭示的社交团体。毕竟，同一社交团体中的两个人更有可能成为朋友。如何将这些社交团体整合到特征矩阵中呢？可以简单地将每个引用节点的 cluster_id 属性设定为社交团体特征。然而，这种方法有一个严重的缺点：当前的聚类 ID 只与 G 中的特定社会图相关，它们与任何其他大学网络完全无关。换句话说，通过 G 中的聚类 ID 训练的模型不适用于 G_other 中的其他大学图。这不行，因为我们的目标之一是建立一个可以推广到其他大学的模型。因此，需要一个更好的解决方案。

另一种方法是考虑以下二元问题：两个人是否属于同一个社交团体？如果他们是，那么也许他们最终更有可能在 FriendHook 上成为朋友。我们可以在单次观察中的每对学生个人资料 ID 之间进行这种二元比较。更准确地说，可以问以下问题。

- Profile_ID 列中的用户是否与 Friend 列中的朋友属于同一个社交团体？我们将此特征命名为 Shared_Cluster_id_f。

- Profile_ID 列中的用户是否与 FoF 列中朋友的朋友属于同一个社交团体？我们将此特征命名为 Shared_Cluster_id_fof。
- Friend 列中的朋友是否与 FoF 列中的朋友的朋友属于同一个社交团体？我们将此特征命名为 Shared_Cluster_f_fof。

让我们通过添加 3 个附加特征来回答这 3 个问题(如代码清单 23-23 所示)。然后测试这些特征是否会提高模型性能。

代码清单 23-23　添加社交团体特征

```
features = {f'Shared_Cluster_{e}': []
            for e in ['id_f', 'id_fof', 'f_fof']}

i = 0
for node_ids in df_obs[cols].values:
    c_id, c_f, c_fof = [G.nodes[n]['cluster_id']
                        for n in node_ids]
    features['Shared_Cluster_id_f'].append(int(c_id == c_f))
    features['Shared_Cluster_id_fof'].append(int(c_id == c_fof))
    features['Shared_Cluster_f_fof'].append(int(c_f == c_fof))

X = update_features(features)
f_measure, clf = evaluate(X, y)
print(f"The f-measure is {f_measure:0.2f}")

The f-measure is 0.43
```

f-measure 从 0.38 提高到 0.43。结果仍然很差，但添加社交团体后，模型性能略有增强。相对于模型当前的性能，新的社交团体特征有多重要？我们可以使用经过训练的分类器的 feature_importance_ 属性进行检查(如代码清单 23-24 所示)。

代码清单 23-24　按重要性分数对特征进行排名

在分类器中基于重要性的顺序打印最重要的特征及其重要性分数

```
def view_top_features(clf, feature_names):
    for i in np.argsort(clf.feature_importances_)[::-1]:
        feature_name = feature_names[i]
        importance = clf.feature_importances_[i]
        if not round(importance, 2):
            break

        print(f"{feature_name}: {importance:0.2f}")
feature_names = df_features.columns
view_top_features(clf, feature_names)

Shared_Cluster_id_fof: 0.18
FoF_PageRank: 0.17
Profile_ID_PageRank: 0.17
Friend_PageRank: 0.15
FoF_Edge_Count: 0.12
Profile_ID_Edge_Count: 0.11
```

根据重要性分数对特征进行排序

重要性分数小于 0.01 的特征将不显示

```
Friend_Edge_Count: 0.10
```

Shared_Cluster_id_fof 特征是模型中最重要的特征。换句话说，用户和朋友的朋友之间的社交团体重叠是未来在线交友的最重要预测因素。然而，**PageRank** 特征在列表中的排名也很高，这表明社交图中心性在关系确定中起着一定的作用。当然，模型的性能仍然很差，因此应该谨慎对待我们对特征如何驱动预测的推断。同时，应该专注于提高模型性能。可以利用哪些其他基于图的特征？也许网络聚类大小会影响预测。我们可以找出答案，但应该小心尝试并且使模型可以推广到其他大学。如果将聚类大小用聚类 ID 替代，这将使模型仅适用于特定大学。让我们来探讨这是如何发生的。

假设我们的数据集有两个社交聚类 A 和 B。这些聚类分别包含 110 和 115 名学生。因此，它们的大小几乎相同，不会驱动预测。现在，让我们进一步假设聚类 A 中的学生比聚类 B 中的学生更有可能成为 FriendHook 朋友。我们的模型会在训练期间注意到这一点并将 110 的聚类大小与交友倾向联系起来。本质上，它会将聚类大小视为聚类 ID。如果模型遇到大小为 110 的全新聚类，这可能会在未来造成麻烦。

那么应该完全忽略聚类大小吗？并不是。我们是数据科学家，因此希望诚实地探索聚类大小如何影响模型预测。但是我们应该非常谨慎：如果聚类大小对模型质量的影响很小，那么应该从特征中删除它。但是，如果聚类大小大大提高了模型预测性能，我们将谨慎地重新评估选择。这里测试将聚类大小添加到特征列表时会发生什么(如代码清单 23-25 所示)。

代码清单 23-25　添加聚类大小特征

```
cluster_sizes = [len(cluster) for cluster in clusters]
features = {f'{col}_Cluster_Size': [] for col in cols}
for node_ids in df_obs[cols].values:
    for node, feature_name in zip(node_ids, features.keys()):
        c_id = G.nodes[node]['cluster_id']
        features[feature_name].append(cluster_sizes[c_id])

X = update_features(features)
f_measure, clf = evaluate(X, y)
print(f"The f-measure is {f_measure:0.2f}")

The f-measure is 0.43
```

聚类大小并没有改善模型性能。作为预防措施，让我们将它从特征集中删除(如代码清单 23-26 所示)。

代码清单 23-26　删除聚类大小特征

删除 df_features 中与正则表达式匹配的所有特征名称。它在本章的其他地方将被重复使用

```
import re
def delete_features(df_features, regex=r'Cluster_Size'):

    df_features.drop(columns=[name for name in df_features.columns
                              if re.search(regex, name)], inplace=True)
    return df_features.values
```

返回更新后的特征矩阵

```
X = delete_features(df_features)
```

f-measure 保持在 0.43。我们还能做些什么？也许应该尝试跳出思维定式。社会联系以何种方式驱动现实世界的行为？是否可以利用其他特定于问题的信号？是的，可以考虑以下场景。假设我们分析一位名叫 Alex 的学生，他在网络 G 中的节点 ID 是 n。Alex 有 50 个 FriendHook 好友，可以通过 G[n]访问这些好友。我们在 G[n]中随机抽取两个朋友。它们的节点 ID 是 a 和 b。然后我们检查 a 和 b 是否为好友。他们确实是好友，似乎 a 在 list(G[n])中。然后将这个操作重复 100 次。在 95% 的采样实例中，a 是 b 的朋友。基本上，Alex 的任何一对朋友都有 95%的可能性也是彼此的朋友。我们将把这个概率称为朋友分享可能性。现在，Mary 是 FriendHook 的新人。她刚刚加入并添加 Alex 为她的朋友。我们可以相当确信 Mary 也会与 Alex 的朋友联系——当然，这并不能一定发生。但是朋友分享可能性为 0.95，这比 0.10 的可能性更让我们有信心。

让我们尝试将这种可能性合并到特征中，首先计算 G 中每个节点的可能性(如代码清单 23-27 所示)。我们将节点到可能性的映射存储在一个 friend_sharing_likelihood 字典中。

代码清单 23-27　计算朋友分享可能性

```
friend_sharing_likelihood = {}
for node in nodes:
    neighbors = list(G[node])
    friendship_count = 0
    total_possible = 0
    for i, node1 in enumerate(neighbors[:-1]):
        for node2 in neighbors[i + 1:]:
            if node1 in G[node2]:
                friendship_count += 1

            total_possible += 1

    prob = friendship_count / total_possible if total_possible else 0
    friend_sharing_likelihood[node] = prob
```

追踪邻居之间共有的朋友关系数量

跟踪可能的共有朋友关系总数。注意，通过一些图论知识，我们可以证明该值始终等于 len(neighbors)*(len(neighbors-1))

检查两个邻居是否是朋友

接下来，我们为 3 个个人资料 ID 分别生成一个朋友分享可能性特征(如代码清单 23-28 所示)。添加特征后，我们重新评估训练模型的性能。

代码清单 23-28　添加朋友分享可能性特征

```
features = {f'{col}_Friend_Sharing_Likelihood': [] for col in cols}
for node_ids in df_obs[cols].values:
    for node, feature_name in zip(node_ids, features.keys()):
        sharing_likelihood = friend_sharing_likelihood[node]
        features[feature_name].append(sharing_likelihood)

X = update_features(features)
f_measure, clf = evaluate(X, y)
print(f"The f-measure is {f_measure:0.2f}")

The f-measure is 0.49
```

模型性能从 0.43 提高到 0.49。但它依旧存在提升空间，并且它正在逐渐变得更好。与模型中的其他特征相比，朋友分享可能性特征的重要性如何？让我们通过代码清单 23-29 进行了解。

代码清单 23-29 按重要性分数对特征进行排名

```
feature_names = df_features.columns
view_top_features(clf, feature_names)

Shared_Cluster_id_fof: 0.18
Friend_Friend_Sharing_Likelihood: 0.13
FoF_PageRank: 0.11
Profile_ID_PageRank: 0.11
Profile_ID_Friend_Sharing_Likelihood: 0.10
FoF_Friend_Sharing_Likelihood: 0.10
FoF_Edge_Count: 0.08
Friend_PageRank: 0.07
Profile_ID_Edge_Count: 0.07
Friend_Edge_Count: 0.06
```

新的朋友分享特征排名很高：它排在第二位，在 Shared_Cluster_id_fof 和 FoF_PageRank 之间。我们跳出思维定式的想法改进了模型，但模型依旧需要进一步提升。0.49 的 f-measure 是不可接受的，我们需要做得更好。是时候使用网络结构以外的技术了，我们需要合并存储在 df_profiles 中的个人资料特征。

23.3 向模型中添加个人资料特征

我们的目标是将 Sex、Relationship_Status、Major、Dorm 和 Year 纳入特征矩阵。根据我们对网络数据的经验，有 3 种方法可以做到这一点。

- 精确值提取：可以存储与 df_obs 中 3 个个人资料 ID 列相关联的个人资料特征的准确值。这类似于我们利用来自网络的边计数和 PageRank 输出的确切值的方式。例如，df_obs 中"朋友的朋友"的感情状态。
- 等价比较：给定一个个人资料属性，可以对 df_obs 中所有 3 个个人资料 ID 列的属性进行成对比较。对于每次比较，返回一个布尔特征，用于界定两列中的属性是否相等。这类似于我们检查两个个人资料是否属于同一社交团体的方式。例如，特定用户和"朋友的朋友"住在同一个宿舍吗？
- 大小：给定一个个人资料属性，可以返回共享该属性的个人资料数量。这类似于在我们的模型中尝试包含社交团体的大小。例如，住在特定宿舍的学生人数。

让我们利用精确值提取来扩展特征矩阵。5 个属性中的哪一个适合这种技术？Sex、Relationship_Status 和 Year 的分类值不依赖特定大学，它们应该在所有学院和大学中保持一致。但宿舍的情况并非如此，宿舍名称在其他大学网络中会发生变化。我们的目标是训练一个可以应用于其他社交图的模型，因此 Dorm 属性不是用于精确值提取的有效特征。

Major 属性如何？这里情况更棘手。大多数学院和大学都开设了某些专业，例如生物学和经济学。但是其他专业(如土木工程)可能会出现在更多以技术为主的学校，但不会出现在文理学院的课程中。某些罕见的专业(如风笛或天体生物学)只存在于一些小众学校。因此，我们可以预期各个专业的部分一致性，但不是完全一致。利用专业的精确值的模型将是部分可重用的。这种不完全的信号可能会提高模型对一些学校的预测能力，但也会以牺牲其他学校的预测质量为代价。这样的取舍值得吗？也许值得，但答案还不清楚。就目前而言，让我们查看在不依赖 Major 信息的情况下可以如何训练模型。如果发现无法训练出一个合适的模型，则将重新考虑我们的决定。

现在让我们对 Sex、Relationship_Status 和 Year 应用精确值提取，然后检查模型的改进情况(如代码清单 23-30 所示)。

代码清单 23-30　添加精确值个人资料特征

```
attributes = ['Sex', 'Relationship_Status', 'Year']
for attribute in attributes:
    features = {f'{col}_{attribute}_Value': [] for col in cols}
    for node_ids in df_obs[cols].values:
        for node, feature_name in zip(node_ids, features.keys()):
            att_value = G.nodes[node][attribute]
            features[feature_name].append(att_value)

    X = update_features(features)

f_measure, clf = evaluate(X, y)
print(f"The f-measure is {f_measure:0.2f}")

The f-measure is 0.74
```

效果很好，f-measure 从 0.49 急剧增加到 0.74。个人资料特征提供了一个非常有价值的信号，但我们仍然可以做得更好。我们需要合并来自 Major 和 Dorm 属性的信息。等价比较是一种很好的方法。关于两个学生是否具有相同的专业或宿舍的问题与他们所在的大学无关。让我们对 Major 和 Dorm 属性应用等价比较，然后重新计算 f-measure(如代码清单 23-31 所示)。

代码清单 23-31　添加等价比较个人资料特征

```
attributes = ['Major', 'Dorm']
for attribute in attributes:
    features = {f'Shared_{attribute}_{e}': []
                for e in ['id_f', 'id_fof', 'f_fof']}

    for node_ids in df_obs[cols].values:
        att_id, att_f, att_fof = [G.nodes[n][attribute]
                                  for n in node_ids]
        features[f'Shared_{attribute}_id_f'].append(int(att_id == att_f))
        features[f'Shared_{attribute}_id_fof'].append(int(att_id == att_fof))
        features[f'Shared_{attribute}_f_fof'].append(int(att_f == att_fof))

    X = update_features(features)

f_measure, clf = evaluate(X, y)
print(f"The f-measure is {f_measure:0.2f}")

The f-measure is 0.82
```

f-measure 已经上升到 0.82。合并 Major 和 Dorm 属性可以提高模型性能。现在，让我们考虑添加 Major 和 Dorm 的大小：可以计算与每个专业和宿舍相关的学生数量并将此计数作为特征之一。但我们需要格外谨慎，如前所述，对于训练模型可以使用大小作为类 ID 的替代品。例如，正如之前看到的，最大的宿舍可以容纳超过 2700 名学生。因此，可以很容易地根据其大小来确定该宿舍。我们必须谨慎行事。让我们查看当将专业和宿舍大小合并到特征时会发生什么(如代码清单 23-32 所示)。如果对模型性能的影响很小，我们将从模型中删除这些特征。否则，将重新评估选择。

代码清单 23-32　添加与大小相关的个人资料特征

```
from collections import Counter

for attribute in ['Major', 'Dorm']:
    counter = Counter(df_profile[attribute].values)
    att_to_size = {k: v
                        for k, v in counter.items()}          ◄──  跟踪每个属性在
    features = {f'{col}_{attribute}_Size': [] for col in cols}      数据集中出现的
    for node_ids in df_obs[cols].values:                            次数
        for node, feature_name in zip(node_ids, features.keys()):
            size = att_to_size[G.nodes[node][attribute]]
            features[feature_name].append(size)

    X = update_features(features)

f_measure, clf = evaluate(X, y)
print(f"The f-measure is {f_measure:0.2f}")

The f-measure is 0.85
```

模型性能从 0.82 提高到 0.85。大小的引入影响了模型。让我们深入探讨这种影响，首先打印出特征重要性分数(如代码清单 23-33 所示)。

代码清单 23-33　按重要性分数对特征进行排名

```
feature_names = df_features.columns.values
view_top_features(clf, feature_names)

FoF_Dorm_Size: 0.25
Shared_Cluster_id_fof: 0.16
Shared_Dorm_id_fof: 0.05
FoF_PageRank: 0.04
Profile_ID_Major_Size: 0.04
FoF_Major_Size: 0.04
FoF_Edge_Count: 0.04
Profile_ID_PageRank: 0.03
Profile_ID_Friend_Sharing_Likelihood: 0.03
Friend_Friend_Sharing_Likelihood: 0.03
Friend_Edge_Count: 0.03
Shared_Major_id_fof: 0.03
FoF_Friend_Sharing_Likelihood: 0.02
Friend_PageRank: 0.02
Profile_ID_Dorm_Size: 0.02
Profile_ID_Edge_Count: 0.02
Profile_ID_Sex_Value: 0.02
```

```
Friend_Major_Size: 0.02
Profile_ID_Relationship_Status_Value: 0.02
FoF_Sex_Value: 0.01
Friend_Dorm_Size: 0.01
Profile_ID_Year_Value: 0.01
Friend_Sex_Value: 0.01
Shared_Major_id_f: 0.01
Friend_Relationship_Status_Value: 0.01
Friend_Year_Value: 0.01
```

特征重要性分数由两个特征决定：FoF_Dorm_Size 和 Shared_Cluster_id_fof。这两个特征的重要性分数分别为 0.25 和 0.16。所有其他特征得分均低于 0.01。

FoF_Dorm_Size 的存在有点令人担忧。正如我们所讨论的，单个宿舍占据了 50% 的网络数据。我们的模型是否只是根据宿舍的大小来识别宿舍？可以通过可视化训练后的决策树来找出答案。为简单起见，我们将树的深度限制为 2，从而将输出限制为由两个最主要特征驱动的决策(如代码清单 23-34 所示)。

代码清单 23-34　显示决策树的顶部分支

```
from sklearn.tree import export_text

clf_depth2 = DecisionTreeClassifier(max_depth=2)
clf_depth2.fit(X, y)
text_tree = export_text(clf_depth2, feature_names=list(feature_names))
print(text_tree)

|--- FoF_Dorm_Size <= 278.50
| |--- Shared_Cluster_id_fof <= 0.50
| | |--- class: 0
| |--- Shared_Cluster_id_fof > 0.50
| | |--- class: 0
|--- FoF_Dorm_Size > 278.50
| |--- Shared_Cluster_id_fof <= 0.50
| | |--- class: 0
| |--- Shared_Cluster_id_fof > 0.50
| | |--- class: 1
```

> export_text 函数无法将 NumPy 数组作为输入，因此我们将 feature_names 转换为一个列表

> "朋友的朋友"的宿舍大小小于 279。这些情况下，最有可能的类标签是 0(忽略好友建议)

> "朋友的朋友"的宿舍大小>= 279

> "朋友的朋友"和用户不属于同一个社交团体。最有可能的类标签是 0

> "朋友的朋友"和用户属于同一个社交团体。最有可能的类标签是 1(建立 FriendHook 连接)

根据决策树的显示结果，最重要的信号是 FoF_Dorm_Size 是否小于 279。如果"朋友的朋友"的宿舍少于 279 名学生，那么 FoF 和用户不太可能成为 FriendHook 朋友。否则，如果他们已经加入同一个社交团体(Shared_Cluster_id_fof > 0.50)，则更有可能成为朋友。这提出了一个问题，即有多少宿舍可以容纳至少 279 名学生？让我们通过代码清单 23-35 进行检查。

代码清单 23-35　统计至少可以容纳 279 名学生的宿舍

```
counter = Counter(df_profile.Dorm.values)
for dorm, count in counter.items():
    if count < 279:
        continue
```

```
print(f"Dorm {dorm} holds {count} students.")
```

```
Dorm 12 holds 2739 students.
Dorm 1 holds 413 students.
```

15 个宿舍中只有两个宿舍的注册学生超过 279 人。从本质上说，我们的模型依赖两个人数最多的宿舍来做出决策。这让我们陷入了困境：一方面，观察到的信号非常有趣，FriendHook 联系在某些宿舍比其他宿舍更有可能发生。宿舍的大小是这些联系的一个因素。这种见解可以让 FriendHook 开发者更好地理解用户行为，也许这种理解会带来更好的用户黏性。如果我们可以掌握这方面的知识就更好了。然而，目前的模型有一个严重的缺点。

我们的模型主要关注最大的两个宿舍。这种关注可能不会推广到其他大学校园。例如，考虑一个宿舍较小且最多可容纳 200 名学生的校园。这种情况下，该模型将完全无法预测用户行为。

注意

从理论上讲，如果将宿舍大小除以学生总数，则可以避免这种情况。这将确保宿舍大小这个特征始终位于 0 和 1 之间。

更令人担忧的是，我们正在处理一种非常真实的可能性，即模型只是根据这两个特定宿舍独有的行为进行判断。这正是我们在问题陈述中被要求避免的场景类型。应该怎么办？

遗憾的是，没有明确的正确答案。有时，数据科学家被迫做出艰难的决定，每个决定都会带来风险且需要权衡。我们可以保持特征列表不变，从而保持较高的模型性能，但这将带来不能推广到其他学校的风险。或者，可以删除与大小相关的特征并以牺牲模型整体性能为代价，但可以保持模型的较高泛化能力。

也许还有第三种选择：可以尝试删除与大小相关的特征，同时调整分类器的选择。在不依赖宿舍大小的情况下，我们也有机会取得类似的结果。也许这不太可能，但仍值得一试。让我们为变量 X_with_sizes 分配一个当前特征矩阵的副本(以防以后需要它)，然后从矩阵 X 中删除所有与大小相关的特征(如代码清单 23-36 所示)。最后，我们将寻找其他方法来提高 f-measure，使其超过 0.82。

代码清单 23-36　删除所有与大小相关的特征

```
X_with_sizes = X.copy()
X = delete_features(df_features, regex=r'_Size')
```

23.4　通过一组稳定的特征优化模型性能

在第 22 章中，我们了解了随机森林模型如何优于决策树。将模型类型从决策树切换到随机森林是否会提高模型性能？让我们通过代码清单 23-37 找出答案。

代码清单 23-37　训练并评估随机森林分类器

```
from sklearn.ensemble import RandomForestClassifier
f_measure, clf = evaluate(X, y, model_type=RandomForestClassifier)
print(f"The f-measure is {f_measure:0.2f}")
```

```
The f-measure is 0.75
```

模型的性能比之前下降了。为什么会这样？随机森林的表现通常优于决策树是一个既定事实，但这并不能保证随机森林的表现总是更好。在某些训练实例中，决策树优于随机森林。我们现在看到的似乎就是这样一个例子。对于特定数据集，我们不能通过切换到随机森林模型来提高预测性能。

注意

在有监督的机器学习中，有一个公认的定理，即"没有免费的午餐"定理。更通俗地讲，这个定理表明：某一种训练算法不可能总是优于所有其他算法。换句话说，我们不能对每种类型的训练问题都依赖单一的算法。一个在大多数情况下都有效的算法并不一定在所有情况下都有效。随机森林在大多数问题上表现良好，但不是所有问题都适用这种算法。特别是，当预测仅依赖一两个输入特征时，随机森林的表现就非常差。随机特征采样会削弱信号的表现并降低预测的质量。

既然更换模型无济于事，也许可以通过优化超参数来提高性能。在本书中，我们专注于一个决策树超参数：最大深度。目前最大深度设置为 None。这意味着树的深度不受限制。限制深度会改善预测吗？让我们使用一个简单的网格搜索来快速检查。我们将 max_depth 参数值范围设置为 1~100，然后确定优化性能的最佳深度(如代码清单 23-38 所示)。

代码清单 23-38　使用网格搜索优化最大深度

```
from sklearn.model_selection import GridSearchCV
np.random.seed(0)
```
> 通过 cv=2，我们进行了双重交叉验证，从而更符合我们目前将(X, y) 随机分成训练和测试数据集的做法。注意，网格搜索可能会以略微不同的方式拆分数据，从而导致 f-measure 值发生波动

```
hyperparams = {'max_depth': list(range(1, 100)) + [None]}
clf_grid = GridSearchCV(DecisionTreeClassifier(), hyperparams,
                        scoring='f1_macro', cv=2)
clf_grid.fit(X, y)
best_f = clf_grid.best_score_
best_depth = clf_grid.best_params_['max_depth']
print(f"A maximized f-measure of {best_f:.2f} is achieved when "
      f"max_depth equals {best_depth}")
```

```
A maximized f-measure of 0.84 is achieved when max_depth equals 5
```

把 max_depth 设置为 5 可将 f-measure 值从 0.82 提高到 0.84。这种水平的表现可以与宿舍大小依赖模型相媲美。因此，我们在不依赖宿舍大小的情况下实现了性能均等。当然，故事还没有结束：如果不首先在包含大小的 X_with_sizes 特征矩阵上运行网格搜索，我们就无法进行公平的比较。优化 X_with_sizes 会产生更好的分类器吗？让我们通过代码清单 23-39 进行了解。

注意

好奇的读者可能想知道是否可以通过对树的数量运行网格搜索来改进随机森林模型。在这种特殊情况下，答案是否定的。将决策树的数量从 100 改为其他数值不会显著提高模型性能。

代码清单 23-39　将网格搜索应用于大小相关的训练数据

```
np.random.seed(0)
clf_grid.fit(X_with_sizes, y)
best_f = clf_grid.best_score_
best_depth = clf_grid.best_params_['max_depth']
print(f"A maximized f-measure of {best_f:.2f} is achieved when "
      f"max_depth equals {best_depth}")

A maximized f-measure of 0.85 is achieved when max_depth equals 6
```

网格搜索并没有提高 **X_with_sizes** 的性能。因此，可以得出结论，通过正确选择最大深度，大小相关的模型和大小无关的模型的性能大致相同，我们可以在不牺牲模型性能的情况下训练一个可泛化的、大小无关的模型。这对我们来说是一个好消息，让我们将 max_depth 设置为 5 并在 X 上训练决策树，然后探索模型的现实意义(如代码清单 23-40 所示)。

代码清单 23-40　训练将 max_depth 设置为 5 的决策树

```
clf = DecisionTreeClassifier(max_depth=5)
clf.fit(X, y)
```

23.5　解释训练模型

让我们打印模型的特征重要性分数，如代码清单 23-41 所示。

代码清单 23-41　根据重要性分数对特征进行排名

```
feature_names = df_features.columns
view_top_features(clf, feature_names)

Shared_Dorm_id_fof: 0.42
Shared_Cluster_id_fof: 0.29
Shared_Major_id_fof: 0.10
Shared_Dorm_f_fof: 0.06
Profile_ID_Relationship_Status_Value: 0.04
Profile_ID_Sex_Value: 0.04
Friend_Edge_Count: 0.02
Friend_PageRank: 0.01
Shared_Dorm_id_f: 0.01
```

现在只剩下 9 个重要特征。排在靠前的特征是共同宿舍、社交团体以及专业。其次是划分用户性别和感情状态类别的特征。简单的网络特征(如边的数量和 **PageRank**)出现在列表的底部。有趣的是，"朋友分享可能性"特征甚至不在列表中。当朋友分享可能性被加入后，f-measure 会上升 0.06个单位。但最终这些努力并不重要。有了足够多的附加特征，朋友分享可能性就变得无关紧要。这样的经历有时会让人感到沮丧。遗憾的是，特征选择仍然不是一门科学，而是一门艺术。我们很难预先知道要使用哪些特征以及要避免哪些特征。在真正训练模型之前，我们无法知道一个特征将如何对模型的表现产生影响。这并不意味着我们要放弃创造力——创造力通常是有回报的。作为科学家，我们应该多去实验。我们应该尽量利用我们所掌握的每一个可能的信号，直到取得满意的模型性能。

让我们回到主要特征。只有 3 个特征的重要性分数等于或高于 0.10：Shared_Dorm_id_fof、Shared_Cluster_id_fof 和 Shared_Major_id_fof。因此，该模型主要由以下 3 个问题驱动。

- 该用户和朋友的朋友同住一个宿舍吗？
- 用户和朋友的朋友是否同在一个社交团体？
- 用户和朋友的朋友就读同一个专业吗？

一般来说，如果所有 3 个问题的答案都是肯定的，那么用户和朋友的朋友更有可能在 FriendHook 上建立联系。让我们通过显示决策树来验证这种直觉。我们将决策树的深度限制为 3，以便简化输出，同时确保前 3 个特征得到适当的表示(如代码清单 23-42 所示)。

代码清单 23-42 显示决策树的顶部分支

```
clf_depth3 = DecisionTreeClassifier(max_depth=3)
clf_depth3.fit(X, y)
text_tree = export_text(clf_depth3,
                        feature_names=list(feature_names))
print(text_tree)

|--- Shared_Dorm_id_fof <= 0.50          ◄──  用户和朋友的朋友不
|   |--- Shared_Cluster_id_fof <= 0.50   ◄──  住在同一个宿舍
|   |   |--- Shared_Major_id_fof <= 0.50
|   |   |   |--- class: 0                      用户和朋友的朋友不属于同一个社交团体。
|   |   |--- Shared_Major_id_fof > 0.50       在这些情况下，交友建议将被忽略(类 0 占
|   |   |   |--- class: 0                      主导地位)
|   |--- Shared_Cluster_id_fof > 0.50
|   |   |--- Shared_Major_id_fof <= 0.50
|   |   |   |--- class: 0
|   |   |--- Shared_Major_id_fof > 0.50       用户和朋友的朋友住在
|   |   |   |--- class: 1                      同一个宿舍
|--- Shared_Dorm_id_fof > 0.50           ◄──
|   |--- Shared_Cluster_id_fof <= 0.50
|   |   |--- Profile_ID_Sex_Value <= 0.50     在这个分支中，类 2 占主导地位，而 Sex 特征驱
|   |   |   |--- class: 0                      动类 2 的预测。我们很快就会调查这个意想不到
|   |   |--- Profile_ID_Sex_Value > 0.50  ◄──  的结果
|   |   |   |--- class: 2
|   |--- Shared_Cluster_id_fof > 0.50     ◄──
|   |   |--- Shared_Dorm_f_fof <= 0.50         用户和朋友的朋友同在一个社交团体。在这些情
|   |   |   |--- class: 1                      况下，FriendHook 连接很可能发生(类 1 占主导
|   |   |--- Shared_Dorm_f_fof > 0.50          地位)
|   |   |   |--- class: 1
```

正如预期的那样，主要由宿舍特征和社交团体特征驱动模型的预测。如果用户和朋友的朋友同住一个宿舍，并且在同一社交团体，他们更有可能建立联系。如果他们既不住同一宿舍，也不在同一社交团体，就不太可能建立联系。此外，如果他们属于同一个社交团体，学习相同的专业，即使不住在同一个宿舍，他们也可能建立联系。

注意

决策树的文本表示缺少每个决策树分支上的类标签的准确计数。正如在第 22 章中讨论的，可以通过调用 plot_tree(clf_depth3,feature_names=list(feature_names)) 来得到这些计数。为简洁起见，我们不生成树状图，但鼓励你尝试对它进行可视化。在可视化的树状统计中，你应该看到用户和 FoF 在 1 635 个实例中共享一个聚类和一个宿舍，这些实例中有 93%代表类 1 标签。此外，你会观察到用户和 FoF 在 356 个实例中既不共享聚类也不在同一宿舍。这些实例中有 97%代表类 0 标签。因此，社交团体和是否住同一宿舍是用户行为的有力预测因素。

我们几乎已准备好向雇主提供基于社会团体、宿舍和专业的模型。该模型的逻辑非常简单：在相同社交团体中并具有相同生活空间或学习时间表的用户更有可能建立联系。这并不奇怪。令人惊讶的是 Sex 特征如何驱动类 2 标签预测。注意，类 2 标签对应被拒绝的 FriendHook 请求。根据我们的决策树，当存在如下情况时，拒绝的可能性更大。

- 用户住在一个宿舍，但不在同一个社交团体中。
- 请求发送者是某一特定性别。

当然，我们知道类 2 标签在本例的数据中是相当稀疏的。它们的发生率只有 1.2%。也许模型的预测是由稀疏采样产生的随机噪声引起的。我们可以找出答案，这里快速检查我们预测"拒绝"的准确程度。我们将对(X, y_reject)执行 evaluate，其中如果 y[i]等于 2，则 y_reject[i]等于 2，否则等于 0(如代码清单 23-43 所示)。换句话说，我们将评估一个只预测"拒绝"的模型。如果模型的 f-measure 很低，那么我们的预测主要是由随机噪声驱动的。

代码清单 23-43　评估"拒绝"分类器

```
y_reject = y *(y == 2)
f_measure, clf_reject = evaluate(X, y_reject, max_depth=5)
print(f"The f-measure is {f_measure:0.2f}")

The f-measure is 0.97
```

f-measure 实际上非常高。尽管数据稀少，但我们可以很好地预测"拒绝"情况。驱动"拒绝加为好友"的特征是什么？让我们通过打印新特征重要性分数来进行检查(如代码清单 23-44 所示)。

代码清单 23-44　按重要性分数对特征进行排名

```
view_top_features(clf_reject, feature_names)

Profile_ID_Sex_Value: 0.40
Profile_ID_Relationship_Status_Value: 0.24
Shared_Major_id_fof: 0.21
Shared_Cluster_id_fof: 0.10
Shared_Dorm_id_fof: 0.05
```

结果很有趣，拒绝主要由用户的 Sex 和 Relationship_Status 属性驱动。让我们可视化经过训练的决策树来了解更多信息(如代码清单 23-45 所示)。

代码清单 23-45　显示作出"拒绝"预测的决策树

```
text_tree = export_text(clf_reject,
                        feature_names=list(feature_names))
print(text_tree)
```

```
|--- Shared_Cluster_id_fof <= 0.50  ◄
| |--- Shared_Major_id_fof <= 0.50
| | |--- Shared_Dorm_id_fof <= 0.50
| | | |--- class: 0
| | |--- Shared_Dorm_id_fof > 0.50
| | | |--- Profile_ID_Relationship_Status_Value <= 2.50
| | | | |--- class: 0
| | | |--- Profile_ID_Relationship_Status_Value > 2.50  ◄
| | | | |--- Profile_ID_Sex_Value <= 0.50
| | | | | |--- class: 0
| | | | |--- Profile_ID_Sex_Value > 0.50
| | | | | |--- class: 2
| |--- Shared_Major_id_fof > 0.50
| | |--- Profile_ID_Sex_Value <= 0.50
| | | |--- class: 0
| | |--- Profile_ID_Sex_Value > 0.50
| | | |--- Profile_ID_Relationship_Status_Value <= 2.50
| | | | |--- class: 0
| | | |--- Profile_ID_Relationship_Status_Value > 2.50
| | | | |--- class: 2
|--- Shared_Cluster_id_fof > 0.50  ◄
| |--- class: 0
```

用户和朋友的朋友不在相同的社交团体

用户的感情状态等于 3。如果用户的性别等于 1，则可能被拒绝(类2)，因此"拒绝"取决于用户的性别和当前感情状态

用户和朋友的朋友在同一个社交团体中。这种情况下，拒绝是不可能的

根据决策树，"拒绝"可能在以下情况下发生。

- 用户不属于同一个社交团体。
- 用户在同一个宿舍或学习相同的专业。
- 请求发送者的性别为类别 1。
- 请求发送者的感情状态为类别 3。根据决策树，状态类别必须大于 2.5，而 df_Profile.Relationship_Status 的最大值为 3。

本质上，sex 类别 1 和感情状态类别 3 的人是在向他们所在社交团体之外的人发送好友请求。这些好友请求很可能会被拒绝。当然，我们无法准确地识别导致拒绝的具体原因，但作为科学家，我们仍然可以进行推测。鉴于我们对人性的了解，如果这种行为是由单身男性驱动的，也就不足为奇了。也许男学生正试图与他们社交圈外的女学生联系，从而获得约会机会。如果是这样，他们的请求很可能会被拒绝。再说一次，所有这些都是推测，但这个假设值得与 FriendHook 的产品经理讨论。如果我们的假设是正确的，那么应该对产品进行某些改变。官方可能会采取更多措施来限制不必要的约会请求。或者，通过减少这种限制，使单身人士更容易联系。

为什么模型泛化如此重要

在这个案例研究中，我们为保持模型的泛化能力而苦恼。如果一个模型不能在训练集之外进行泛化，那么它就是毫无价值的，即使它的性能得分很高。遗憾的是，除非在外部数据上进行测试，

否则很难知道一个模型的泛化能力。但是我们可以尝试了解无法很好地推广到其他数据集的那些隐藏因素。不这样做会产生严重的后果，让我们考虑以下真实场景。

多年来，机器学习研究人员一直试图在放射学领域实现自动化。在放射学中，训练有素的医生通过检查医学影像(如 X 光片)来诊断疾病。这可以看成一个有监督的学习问题，其中医学影像是特征，诊断结果是类标签。到 2016 年，多个放射学模型在科学文献中发表。每个公布的模型都经过内部评估并获得较高的准确度。那一年，领先的机器学习研究人员公开宣称"我们应该停止培训放射学家，放射学家应该担心他们的工作"。4 年后，负面的宣传导致了世界范围内放射科医生的短缺——医学生不愿意进入一个似乎注定要完全自动化的领域。但到 2020 年，自动化医学影像识别的承诺并没有实现。大多数已发表的模型在新数据方面表现很差。这是为什么？因为每家医院生成的医学影像各不相同。不同的医院在成像设备上使用略有不同的照明和设置。因此，在 A 医院训练的模型并不能很好地推广到 B 医院。尽管这些模型的性能分数看起来很高，但并不适合推广使用。机器学习研究人员过于乐观，他们没有考虑到数据中固有的偏差。这些失败无意中导致了医学界的危机。对泛化性进行更深入的评估本可以避免这种情况的发生。

23.6 本章小结

- 优秀的机器学习算法并不一定适用于所有情况。决策树模型有时优于随机森林模型，尽管后者在文献中被认为更好。我们不应该盲目地假设一个模型在任何可能的情况下都能很好地工作。相反，应该根据问题的具体情况，科学地调整模型选择。
- 恰当的特征选择与其说是一门科学，不如说是一门艺术。我们不能总是预先知道哪些特征会提高一个模型的性能。然而，如果根据常识将各种有趣的特征整合到模型中，最终应该可以提高预测质量。
- 应该仔细观察我们提供给模型的特征。否则，该模型可能不能推广到其他数据集。
- 适当的超参数优化有时可以显著提高模型的性能。
- 有时，各种调整似乎没有任何效果，而且我们的数据根本不够用。然而，通过努力，我们最终可以产出有意义的结果。记住，一名优秀的数据科学家在用尽所有可能的分析方法之前永远不应该放弃。